钢铁行业环境保护政策法规

环境保护部环境工程评估中心　编

中国环境科学出版社·北京

图书在版编目（CIP）数据

钢铁行业环境保护政策法规/环境保护部环境工程评估中心编. —北京：中国环境科学出版社，2012.4
ISBN 978-7-5111-0799-2

Ⅰ. ①钢… Ⅱ. ①环… Ⅲ. ①钢铁工业—环境保护政策—中国②钢铁工业—环境保护法—中国 Ⅳ. ①X-012 ②D922.68

中国版本图书馆 CIP 数据核字（2011）第 244493 号

责任编辑 黄晓燕
责任校对 扣志红
装帧设计 玄石至上

出版发行 中国环境科学出版社
（100062 北京东城区广渠门内大街 16 号）
网　　址：http://www.cesp.com.cn
电子邮箱：gjbl@cesp.com.cn
联系电话：010-67112765（编辑管理部）
010-67112735（环评与监察图书出版中心）
发行热线：010-67125803，010-67113405（传真）

印　　刷 北京市联华印刷厂
经　　销 各地新华书店
版　　次 2012 年 4 月第 1 版
印　　次 2012 年 4 月第 1 次印刷
开　　本 787×1092 1/16
印　　张 34
字　　数 800 千字
定　　价 95.00 元

本书编写委员会

主　编　李海生

副主编　任洪岩

编　委　邢芳芳　刘大钧　张　红　李时蓓　杨晓东
　　　　李　杰　韩　松　许红霞　李　飒　王柏莉
　　　　关晓东

前　言

本书收集、归纳、整理国家和地方颁布的钢铁行业环境管理相关政策标准共 89 项，其中国家颁布的钢铁行业政策标准 54 项，地方钢铁产业政策 35 项。

本书可作为各级环保部门、钢铁企业、环境影响评价机构、评估机构和相关单位的人员在开展钢铁行业环境管理相关业务工作时使用。

在本书编写出版过程中，环境保护部、地方环保部门给予了大力支持，中国环境科学出版社的领导和编校人员付出了辛勤的劳动，在此表示衷心的感谢！

由于时间紧迫，本书难免有缺漏，敬请读者批评指正。

编　者

2011 年 6 月 30 日

前 言

目　录

第一部分　国家钢铁环境保护政策标准

一、政策规划

钢铁产业发展政策（中华人民共和国国家发展和改革委员会令第35号）........................2

钢铁产业调整和振兴规划（国发[2009]6号）........................8

二、结构调整

产业结构调整指导目录（2011年本）
（中华人民共和国国家发展和改革委员会令第9号）........................15

国务院关于发布实施《促进产业结构调整暂行规定》的决定（国发[2005]40号）..........21

三、产能过剩

国务院批转发展改革委等部门关于抑制部分行业产能过剩和重复建设
引导产业健康发展若干意见的通知（国发[2009]38号）........................27

关于抑制部分行业产能过剩和重复建设引导产业健康发展的若干意见........................28

关于贯彻落实抑制部分行业产能过剩和重复建设引导产业健康发展的通知
（环发[2009]127号）........................34

国务院关于加快推进产能过剩行业结构调整的通知（国发[2006]11号）........................37

关于进一步加强产业政策和信贷政策协调配合控制信贷风险有关问题的通知
（发改产业[2004]746号）........................41

四、清理整顿

关于清理钢铁项目的通知
（发改产业[2010]2600号）........................45

国家发展改革委关于钢铁、电解铝、水泥行业项目清理有关意见的通知
（发改工业[2004]1791号）........................50

国务院办公厅关于清理固定资产投资项目的通知（国办发[2004]38号）........................54

国务院办公厅转发国家经贸委关于清理整顿小钢铁厂意见的通知
（国办发[2000]10号）........................57

五、淘汰落后

淘汰落后产能中央财政奖励资金管理办法（财建[2011]180号）........................59

国务院关于进一步加强淘汰落后产能工作的通知（国发[2010]7号）........................62

国家发展改革委关于进一步做好钢铁工业关停和淘汰落后生产能力工作的通知
（发改工业[2007]2761号）........................68

国家发展改革委关于禁止落后炼铁高炉等淘汰设备转为他用有关问题的紧急通知
（发改产业[2007]2047号）........................69

关于钢铁工业控制总量淘汰落后加快结构调整的通知
（发改工业[2006]1084号）........................71

六、准入条件

中华人民共和国工业和信息化部公告（工原[2010]105 号） 76
焦化行业准入条件（2008 年修订）（产业[2008]15 号） 79

七、节能减排

国务院关于印发节能减排综合性工作方案的通知（国发[2007]15 号） 84
贯彻落实《国务院办公厅关于进一步加大节能减排力度加快钢铁工业结构调整的若干意见》有关工作的通知（工信部原[2010]381 号） 94
国务院办公厅关于进一步加大节能减排力度 加快钢铁工业结构调整的若干意见（国办发[2010]34 号） 96
关于钢铁工业节能减排的指导意见（工业和信息化部 工信部节[2010]176 号） 101
国务院办公厅关于印发 2009 年节能减排工作安排的通知（国办发[2009]48 号） 107
粗钢生产主要工序单位产品能源消耗限额 111
焦炭单位产品能源消耗限额 117

八、污染防治

1. 大气污染

国务院办公厅转发环境保护部等部门关于推进大气污染联防联控工作改善区域空气质量指导意见的通知（国办发[2010]33 号） 121
炼焦炉大气污染物排放标准 125
工业炉窑大气污染物排放标准 130
钢铁工业除尘工程技术规范 137

2. 水污染

钢铁工业水污染物排放标准 156

3. 危险废物

国家危险废物名录 161

4. 防治技术

钢铁工业环境保护设计规范 163
关于印发《国家先进污染防治技术示范名录》（2008 年度）和《国家鼓励发展的环境保护技术目录》（2008 年度）的通知（环发[2008]91 号） 199

九、清洁生产

国务院办公厅转发发展改革委等部门关于加快推行清洁生产意见的通知（国办发[2003]100 号） 226
清洁生产标准 钢铁行业 231
清洁生产标准 钢铁行业（中厚板轧钢） 240
清洁生产标准 钢铁行业（烧结） 244
清洁生产标准 钢铁行业（高炉炼铁） 249
清洁生产标准 钢铁行业（炼钢） 255
清洁生产标准 钢铁行业（铁合金） 263
清洁生产标准 炼焦行业 275

十、循环经济

国务院关于加快发展循环经济的若干意见（国务院国发[2005]22 号） 293
钢铁工业发展循环经济环境保护导则 298

钢铁工业资源综合利用设计规范 306

十一、审批管理

建设项目环境影响评价文件分级审批规定 335
建设项目环境影响评价分类管理名录 337
国家发展改革委关于降低部分建设项目收费标准　规范收费行为等有关问题的通知（发改价格[2011]534 号） 339

十二、盲目投资

国务院办公厅转发国家发展改革委等部门关于制止钢铁电解铝水泥行业盲目投资若干意见的通知（国办发[2003]103 号） 341
关于制止钢铁行业盲目投资的若干意见 344

十三、进出口

关于发布鼓励进口技术和产品目录（2011 年版）的通知（发改产业[2011]937 号） 346
关于废物进口环境保护管理暂行规定的补充规定（环控[1996]629 号） 347
废物进口环境保护管理暂行规定（环控[1996]204 号） 348

第二部分　地方钢铁环境保护政策标准

一、天津

天津市人民政府关于印发天津市节能减排工作实施方案的通知（津政发[2007]88 号） 354
天津市人民政府办公厅关于开展固定资产投资项目清理工作的通知（津政办发[2004]033 号） 362

二、河北

河北省人民政府关于印发《河北省钢铁工业发展指导意见》和《河北省水泥工业发展指导意见》的通知（冀政[2004]32 号） 366
河北省人民政府办公厅关于清理整顿小钢铁厂的通知（办字[2000]18 号） 371

三、山西

山西省人民政府关于印发山西省冶金产业调整和振兴规划的通知 372
山西省人民政府办公厅转发省发展改革委等部门关于山西省严格控制部分行业过度投资工作方案的通知（晋政办发[2004]20 号） 377

四、黑龙江

黑龙江省人民政府办公厅关于印发全省清理固定资产投资项目工作方案的通知（黑政办发[2004]20 号） 380

五、江苏

江苏省人民政府关于印发江苏省钢铁产业调整和振兴规划纲要的通知（苏政发[2009]81 号） 383
江苏省发改委关于印发《江苏省“十一五”钢铁工业调整和发展专项规划》的通知（苏发改工业发[2007]636 号） 390

江苏省政府办公厅关于印发江苏省钢铁工业淘汰落后生产能力实施方案的通知（苏政办发[2007]73 号） 398
江苏省发展改革委关于印发《江苏省钢铁行业结构调整总体思路》的通知（苏发改工业发[2005]761 号） 401
六、浙江
浙江省人民政府办公厅关于制止钢铁、电解铝、水泥行业盲目投资的若干意见（浙政办发[2004]10 号） 407
七、安徽
安徽省钢铁产业调整和振兴规划（2009 年 5 月 6 日） 409
八、福建
福建省钢铁及有色金属产业调整和振兴实施方案（2009 年 10 月 9 日） 415
九、山东
山东省钢铁工业调整和振兴规划（2009—2011 年）（2009 年 4 月 8 日） 421
山东省人民政府办公厅转发省发展改革委关于加快我省钢铁工业结构调整的指导意见的通知（鲁政办发[2006]118 号） 426
山东省钢铁工业污染物排放标准 431
十、河南
河南省钢铁产业调整和振兴规划（2009 年 9 月 5 日） 441
河南省人民政府办公厅转发省发展改革委等部门关于严格控制钢铁电解铝水泥行业过度投资防止低水平重复建设若干意见的通知（豫政办[2004]33 号） 448
十一、湖北
湖北省钢铁、有色金属产业调整和振兴实施方案（2009—2011 年）（2009 年 7 月 15 日） 452
十二、湖南
湖南省人民政府关于印发《湖南省钢铁产业振兴实施规划（2009—2011 年）》的通知（湘政发[2009]24 号） 456
十三、广东
广东省钢铁产业调整和振兴规划（2009 年 7 月 30 日） 459
广东省人民政府办公厅印发广东省关停和淘汰落后钢铁生产能力实施方案的通知（粤府办[2007]84 号） 463
十四、重庆
重庆市人民政府关于加快推进工业产业结构调整的若干意见（渝府发[2006]120 号） 467
重庆市人民政府办公厅关于开展全市固定资产投资项目清理工作的通知（渝办发[2004]142 号） 472
十五、四川
四川省钒钛钢铁产业调整和振兴行动计划（2009—2011 年）（2009 年 7 月） 476
十六、贵州
省人民政府关于印发贵州省工业十大产业振兴规划的通知（黔府发[2010]16 号） 483

十七、云南

云南省人民政府贯彻落实国务院办公厅关于清理固定资产投资项目文件的通知（云政发[2004]88 号）……492

十八、甘肃

甘肃省钢铁有色产业调整和振兴规划（2010 年 1 月 6 日）……496

甘肃省人民政府办公厅关于贯彻落实制止钢铁电解铝水泥行业盲目投资若干意见的通知（甘政办发[2004]12 号）……504

十九、陕西

陕西省钢铁产业调整和振兴规划实施方案（2009 年 4 月 20 日）……505

陕西省人民政府办公厅关于认真贯彻国务院精神严格控制钢铁电解铝水泥行业过度投资的通知（陕政办发[2004]23 号）……509

二十、青海

青海省人民政府关于印发钢铁产业调整和振兴实施意见的通知……511

青海省人民政府办公厅关于严格控制部分行业过度投资有关问题的通知（青政办[2004]26 号）……514

二十一、新疆

新疆维吾尔自治区人民政府关于清理固定资产投资项目的通知（新政办发[2004]105 号）……515

第三部分　通用法律法规和标准目录

一、国家法律法规、规章、标准

（一）法律法规……520

（二）部门规章……521

（三）标准……522

1. 大气……522
2. 水……522
3. 声和振动……523
4. 土壤和固废……523
5. 评价导则……523

二、地方法规标准

1. 北京……523
2. 天津……524
3. 河北……524
4. 山西……524
5. 辽宁……524
6. 吉林……525
7. 黑龙江……525
8. 上海……525
9. 江苏……525
10. 浙江……526
11. 安徽……526

12. 福建 527
13. 江西 527
14. 山东 527
15. 河南 528
16. 湖北 528
17. 湖南 529
18. 广东 529
19. 广西 530
20. 海南 530
21. 重庆 530
22. 四川 531
23. 贵州 531
24. 云南 531
25. 陕西 531
26. 甘肃 532
27. 青海 532
28. 宁夏 532

第一部分

国家钢铁环境保护政策标准

一、政策规划

钢铁产业发展政策

中华人民共和国国家发展和改革委员会令

第35号

《钢铁产业发展政策》业经国务院常务会议讨论通过，经国务院同意，现予以发布，自发布之日起施行。

附：钢铁产业发展政策

国家发展和改革委员会主任：马凯

二〇〇五年七月八日

钢铁产业发展政策

钢铁产业是国民经济的重要基础产业，是实现工业化的支撑产业，是技术、资金、资源、能源密集型产业，钢铁产业的发展需要综合平衡各种外部条件。我国是一个发展中大国，在经济发展的相当长时期内钢铁需求较大，产量已多年居世界第一位，但钢铁产业的技术水平和物耗与国际先进水平相比还有差距，今后发展重点是技术升级和结构调整。为提高钢铁工业整体技术水平，推进结构调整，改善产业布局，发展循环经济，降低物耗能耗，重视环境保护，提高企业综合竞争力，实现产业升级，把钢铁产业发展成在数量、质量、品种上基本满足国民经济和社会发展需求，具有国际竞争力的产业，依据有关法律法规和钢铁行业面临的国内外形势，制定钢铁产业发展政策，以指导钢铁产业的健康发展。

第一章　政策目标

第一条　根据我国经济社会发展需要和资源、能源及环保状况，钢铁生产能力保持合理规模，具体规模可在规划中解决。钢铁综合竞争能力达到国际先进水平，使我国成为世界钢铁生产的大国和具有竞争力的强国。

第二条　通过产品结构调整，到2010年，我国钢铁产品优良品率有大幅度提高，多数产品基本满足建筑、机械、化工、汽车、家电、船舶、交通、铁路、军工以及新兴产业等国民经济大部分行业发展需要。

第三条　通过钢铁产业组织结构调整，实施兼并、重组，扩大具有比较优势的骨干企业集团规模，提高产业集中度。到2010年，钢铁冶炼企业数量较大幅度减少，国内排名前十位的钢铁企业集团钢产量占全国产量的比例达到50%以上；2020年达到70%以上。

第四条　通过钢铁产业布局调整，到2010年，布局不合理的局面得到改善；到2020年，形成与资源和能源供应、交通运输配置、市场供需、环境容量相适应的比较合理的产业布局。

第五条　按照可持续发展和循环经济理念，提高环境保护和资源综合利用水平，节能降耗。最大限度地提高废气、废水、废物的综合利用水平，力争实现“零排放”，建立循环型钢铁工厂。钢铁企业必须发展余热、余能回收发电，500 万吨以上规模的钢铁联合企业，要努力做到电力自供有余，实现外供。2005 年，全行业吨钢综合能耗降到 0.76 吨标煤、吨钢可比能耗 0.70 吨标煤、吨钢耗新水 12 吨以下；2010 年分别降到 0.73 吨标煤、0.685 吨标煤、8 吨以下；2020 年分别降到 0.7 吨标煤、0.64 吨标煤、6 吨以下。即今后十年，钢铁工业在水资源消耗总量减少和能源消耗总量增加不多的前提下实现总量适度发展。

第六条　在 2005 年底以前，所有钢铁企业排放的污染物符合国家和地方规定的标准，主要污染物排放总量应符合地方环保部门核定的控制指标。

第二章　产业发展规划

第七条　国家通过钢铁产业发展政策和中长期发展规划指导行业健康、持续、协调发展。钢铁产业中长期发展规划由国家发展和改革委员会会同有关部门制定。

第八条　2003 年钢产量超过 500 万吨的企业集团可以根据国家钢铁产业中长期发展规划和所在城市的总体规划，制定本集团规划，经国务院或国家发展和改革委员会进行必要衔接平衡后批准执行。规划内的具体建设项目国家发展和改革委员会不再审批或核准，由企业办理土地、环保、安全、信贷等审批手续后自行组织实施，并按规定报国家发展和改革委员会备案。

第九条　其他钢铁企业的发展也必须符合钢铁产业发展政策和钢铁工业中长期发展规划的要求。

第三章　产业布局调整

第十条　钢铁产业布局调整要综合考虑矿产资源、能源、水资源、交通运输、环境容量、市场分布和利用国外资源等条件。钢铁产业布局调整，原则上不再单独建设新的钢铁联合企业、独立炼铁厂、炼钢厂，不提倡建设独立轧钢厂，必须依托有条件的现有企业，结合兼并、搬迁，在水资源、原料、运输、市场消费等具有比较优势的地区进行改造和扩建。新增生产能力要和淘汰落后生产能力相结合，原则上不再大幅度扩大钢铁生产能力。

重要环境保护区、严重缺水地区、大城市市区，不再扩建钢铁冶炼生产能力，区域内现有企业要结合组织结构、装备结构、产品结构调整，实施压产、搬迁，满足环境保护和资源节约的要求。

第十一条　从矿石、能源、资源、水资源、运输条件和国内外市场考虑，大型钢铁企业应主要分布在沿海地区。内陆地区钢铁企业应结合本地市场和矿石资源状况，以矿定产，不谋求生产规模的扩大，以可持续生产为主要考虑因素。

东北的鞍山—本溪地区有比较丰富的铁矿资源，邻近煤炭产地，有一定水资源条件，根据振兴东北老工业基地发展战略，该区域内现有钢铁企业要按照联合重组和建设精品基地的要求，淘汰落后生产能力，建设具有国际竞争力的大型企业集团。

华北地区水资源短缺，产能低水平过剩，应根据环保生态要求，重点搞好结构调整，兼并重组，严格控制生产厂点继续增多和生产能力扩张。对首钢实施搬迁，与河北省钢铁工业进行重组。

华东地区钢材市场潜力大，但钢铁企业布局过于密集，区域内具有比较优势的大型骨干企业可结合组织结构和产品结构调整，提高生产集中度和国际竞争能力。

中南地区水资源丰富，水运便利，东南沿海地区应充分利用深水良港条件，结合产业重组和城市钢厂的搬迁，建设大型钢铁联合企业。

西南地区水资源丰富，攀枝花—西昌地区铁矿和煤炭资源储量大，但交通不便，现有重点骨干企业要提高装备水平，调整品种结构，发展高附加值产品，以矿石可持续供应能力确定产量，不追求数量的增加。

西北地区铁矿石和水资源短缺，现有骨干企业应以满足本地区经济发展需求为主，不追求生产规模扩大，积极利用周边国家矿产资源。

第四章　产业技术政策

第十二条　为确保钢铁工业产业升级和实现可持续发展，防止低水平重复建设，对钢铁工业装备水平和技术经济指标准入条件规定如下，现有企业要通过技术改造努力达标：

建设烧结机使用面积 180 米^{2}及以上；焦炉炭化室高度 6 米及以上；高炉有效容积 1 000 米^{3}及以上；转炉公称容量 120 吨及以上；电炉公称容量 70 吨及以上。

沿海深水港地区建设钢铁项目，高炉有效容积要大于 3 000 米^3；转炉公称容量大于 200 吨，钢生产规模 800 万吨及以上。钢铁联合企业技术经济指标达到：吨钢综合能耗高炉流程低于 0.7 吨标煤，电炉流程低于 0.4 吨标煤，吨钢耗新水高炉流程低于 6 吨，电炉流程低于 3 吨，水循环利用率 95%以上。其他钢铁企业工序能耗指标要达到重点大中型钢铁企业平均水平。

钢铁建设项目要节约用地，严格土地管理，有关部门要抓紧完成钢铁厂用地指标和建筑系数标准修订工作。

第十三条　所有生产企业必须达到国家和地方污染物排放标准，建设项目主要污染物排放总量控制指标要严格执行经批准的环境影响评价报告书（表）的规定，对超过核定的污染物排放指标和总量的，不准生产运行。

新上项目高炉必须同步配套高炉余压发电装置和煤粉喷吹装置；焦炉必须同步配套干熄焦装置并匹配收尘装置和焦炉煤气脱硫装置；焦炉、高炉、转炉必须同步配套煤气回收装置；电炉必须配套烟尘回收装置。

企业应根据发展循环经济的要求，建设污水和废渣综合处理系统，采用干熄焦，焦炉、高炉、转炉煤气回收和利用，煤气－蒸汽联合循环发电，高炉余压发电、汽化冷却，烟气、粉尘、废渣等能源、资源回收再利用技术，提高能源利用效率、资源回收利用率和改善环境。

第十四条　加快培育钢铁工业自主创新能力，支持企业建立产品、技术开发和科研机构，提高开发创新能力，发展具有自主知识产权的工艺、装备技术和产品。支持企业跟踪、研究、开发和采用连铸薄带、熔融还原等钢铁生产流程前沿技术。

第十五条　企业应积极采用精料入炉、富氧喷煤、铁水预处理、大型高炉、转炉和超高功率电炉、炉外精炼、连铸、连轧、控轧、控冷等先进工艺技术和装备。

第十六条　支持和组织实施钢铁工业装备本地化，提高我国钢铁工业的重大技术装备研发、设计、制造水平。对于以国产新开发装备为依托建设的钢铁重大项目，国家给予税收、贴息、科研经费等政策支持。

第十七条　加快淘汰并禁止新建土烧结、土焦（含改良焦）、化铁炼钢、热烧结矿、容积 300 米^{3}及以下高炉（专业铸铁管厂除外）、公称容量 20 吨及以下转炉、公称容量 20 吨及以下电炉（机械铸造和生产高合金钢产品除外）、叠轧薄板轧机、普钢初轧机及开坯用中型轧机、三辊劳特式中板轧机、复二重式线材轧机、横列式小型轧机、热轧窄带钢轧机、直径 76 毫米以下热轧无缝管机组、中频感应炉等落后工艺技术装备。

钢铁产业必须严格遵守国家适时修订的《工商领域制止重复建设目录》、《淘汰落后生产能力、工艺和产品的目录》，或依照环保法规要求，淘汰落后工艺、产品和技术。

第十八条　进口技术和装备政策：鼓励企业采用国产设备和技术，减少进口。对国内不能生产或不能满足需求而必须引进的装备和技术，要先进实用。对今后量大面广的装备要组织实施本地化生产。

禁止企业采用国内外淘汰的落后二手钢铁生产设备。

第十九条　特钢企业要向集团化、专业化方向发展，鼓励采用以废钢为原料的短流程工艺，不支持特钢企业采用电炉配消耗高、污染重的小高炉工艺流程。鼓励特钢企业研发生产国内需求的军工、轴承、齿轮、工模具、耐热、耐冷、耐腐蚀等特种钢材，提高产品质量和技术水平。

第五章　企业组织结构调整

第二十条　支持钢铁企业向集团化方向发展，通过强强联合、兼并重组、互相持股等方式进行战略重组，减少钢铁生产企业数量，实现钢铁工业组织结构调整、优化和产业升级。

支持和鼓励有条件的大型企业集团，进行跨地区的联合重组，到2010年，形成两个3 000万吨级，若干个千万吨级的具有国际竞争力的特大型企业集团。大型钢铁企业均要进行股份制改造并支持其公开上市，鼓励包括民营资本在内的各类社会资本通过参股、兼并等方式重组现有钢铁企业，推进资本结构调整和机制创新。

第二十一条　国家支持具备条件的联合重组的大型钢铁联合企业通过结构调整和产业升级适当扩大生产规模，提高集约化生产度，并在主辅分离、人员分流、社会保障等方面给予政策支持。

第六章　投资管理

第二十二条　国家对各类经济类型的投资主体投资国内钢铁行业和国内企业投资境外钢铁领域的经济活动实行必要的管理，投资钢铁项目需按规定报国家发展和改革委员会审批或核准。

第二十三条　建设炼铁、炼钢、轧钢等项目，企业自有资本金比例必须达到40%及以上。

建设钢铁项目除满足环保生态、安全生产等国家法律法规要求外，企业还必须具备较强的资金实力、先进技术和管理能力，以及健全的市场营销网络，水资源、矿石原料、煤炭和电力能源、运输等外部条件要稳定可靠和基本落实。

钢铁企业跨地区投资建设钢铁联合企业项目，普钢企业上年钢产量必须达到500万吨及以上，特钢企业产量达到50万吨及以上。非钢铁企业投资钢铁联合企业项目的，必须具有资金实力和较高的公信度，必须对企业注册资本进行验资，银行提供资信证明，会计事务所提供业绩报告，有条件的通过招标方式选择项目业主。

境外钢铁企业投资中国钢铁工业，须具有钢铁自主知识产权技术，其上年普通钢产量必须达到1 000万吨以上或高合金特殊钢产量达到100万吨。投资中国钢铁工业的境外非钢铁企业，必须具有强大的资金实力和较高的公信度，提供银行、会计事务所出具的验资和企业业绩证明。境外企业投资国内钢铁行业，必须结合国内现有钢铁企业的改造和搬迁实施，不布新点。外商投资我国钢铁行业，原则上不允许外商控股。

第二十四条　对不符合本产业发展政策和未经审批或违规审批的项目，国土资源部门不予办理土地使用手续，工商管理部门不予登记，商务管理部门不批准合同和章程，金融机构不提供贷款和其他形式的授信支持，海关不予办理免税进口设备手续，质检部门不予颁发生产许可证，环保部门不予审批项目环境影响评价文件和不予发放排污许可证。

第二十五条 各金融机构向炼铁、炼钢、轧钢项目发放中长期固定资产投资贷款，要符合钢铁产业发展政策，加强风险管理，向新增能力的炼铁、炼钢、轧钢项目发放固定资产投资贷款需要项目单位提供国家发展和改革委员会出具的相应的项目批复、核准或备案文件。

第二十六条 企业申请首次公开发行股票或在证券市场融资，募集资金投向于钢铁行业，必须符合钢铁产业发展政策，并需向证券监管部门提供由国家发展和改革委员会出具的募集资金投向的文件。

第二十七条 国家鼓励钢铁生产和设备制造企业采用工贸或技贸结合的方式出口国内有优势的技术和冶金成套设备，并在出口信贷等方面给予支持。

第七章 原材料政策

第二十八条 矿产资源属国家所有。国家鼓励大型钢铁企业进行铁矿等资源勘探开发，矿山开采必须依法取得采矿许可证。储量 5 000 万吨及以上铁矿资源的开采建设项目必须经国家发展和改革委员会核准或审批，同时做好矿山规划、安全生产以及土地复垦、水土保持、地下矿井回填等环境保护工作，禁止乱采滥挖行为。未经合法审批手续乱采滥挖的，国土资源部门要收回采矿权，停止非法开采行为。

第二十九条 根据我国富矿少、贫矿多的资源现状，国家鼓励企业发展低品位矿采选技术，充分利用国内贫矿资源。国土资源部门要加大矿产资源勘探力度，保护矿产资源，对乱采滥挖行为，要给予必要处罚和进行整顿。

第三十条 按照优势互补、互利双赢的原则，加强与境外矿产资源国际合作。支持有条件的大型骨干企业集团到境外采用独资、合资、合作、购买矿产资源等方式建立铁矿、铬矿、锰矿、镍矿、废钢及炼焦煤等生产供应基地。沿海地区企业所需的矿石、焦炭等重要原辅材料，国家鼓励依靠海外市场解决。

钢铁协会要搞好行业自律和协调，稳定国内外原料市场。国内多家企业对境外资源造成恶性竞争时，国家可采取行政协调方式，进行联合或确定一家企业进行投资，避免恶性竞争。企业应服从国家行政协调。

限制出口能耗高、污染大的焦炭、铁合金、生铁、废钢、钢坯（锭）等初级加工产品，降低或取消对这些产品的出口退税。

第八章 钢材节约使用

第三十一条 全社会要树立节约使用钢材意识，科学使用，鼓励用可再生材料替代和废钢材回收，减少钢材使用数量。

第三十二条 建设部门要适时组织修订和完善建筑钢材使用设计规范和标准，在确保安全的情况下，降低钢材使用系数。

设计部门要严格按照设计规范和标准进行设计，把研发的经济、节约型产品及时纳入标准设计。

第三十三条 鼓励研究、开发和使用高性能、低成本、低消耗的新型材料，替代钢材。

第三十四条 鼓励钢铁企业生产高强度钢材和耐腐蚀钢材，提高钢材强度和使用寿命，降低钢材使用数量。

通过推广Ⅲ级（400 MPa）及以上级别热轧带肋钢筋、各类用途的高强度钢板、H 型钢等钢材品种，降低钢材消耗。

开发应用抗硫化氢、抗二氧化碳腐蚀的油井管和管线钢板、耐大气腐蚀钢板和型钢、耐火钢等产品，提高钢材的耐腐蚀性和钢材使用寿命。

第三十五条　随着市场保有钢铁产品数量增加和废钢回收量增加，逐渐减少铁矿石比例和增加废钢比重。

第九章　其他

第三十六条　咨询、设计、施工单位从事钢铁业活动，必须遵守本产业政策。相关行业协会要建立自律机制，互相监督。违反本产业政策规定的，由国家发展和改革委员会、建设部、国家工商管理总局等有关部门根据规定对责任人、责任单位进行处罚。

本产业发展政策是对钢铁行业的基本要求，各有关部门和行业协会可根据本产业政策制定和修订有关技术规范和相关标准。

第三十七条　规范市场秩序，维护市场稳定。鼓励钢铁企业与用户建立长期战略联盟，稳定供需关系，提高钢材加工配送能力，延伸钢铁企业服务。

第三十八条　发挥行业协会的作用，行业协会要建立和完善钢铁市场供求、生产能力、技术经济指标等方面信息定期发布制度和行业预警制度，向政府行政部门及时反映行业动向和提出政策建议，协调行业发展的重大事项，加强行业自律，引导企业的发展。

第三十九条　本产业政策由国务院授权发布，各政府行政管理部门都应遵守。对违反本产业发展政策的建设单位和行政单位，各级监察、投资、土地、工商、税务、质检、环保、商务、金融、证券监管等部门要追究其责任。

第四十条　钢铁产业发展政策，由国家发展和改革委员会组织有关部门制定、修订报国务院批准，并监督执行。

注：1. 本产业发展政策所称钢铁产业的范围包括铁矿、锰矿、铬矿采选，烧结、焦化、铁合金、碳素制品、耐火材料、炼铁、炼钢、轧钢、金属制品等各工艺及相关配套工艺。

2. 跨地区投资指跨国、跨省、自治区、直辖市。

3. 境外企业包括国外和在香港、澳门、台湾地区注册的企业。

钢铁产业调整和振兴规划

国务院办公厅　国发[2009]6 号　2009 年 3 月 20 日公布

钢铁产业是国民经济的重要支柱产业，涉及面广、产业关联度高、消费拉动大，在经济建设、社会发展、财政税收、国防建设以及稳定就业等方面发挥着重要作用。

为应对国际金融危机的影响，落实党中央、国务院保增长、扩内需、调结构的总体要求，确保钢铁产业平稳运行，加快结构调整，推动产业升级，特编制本规划，作为钢铁产业综合性应对措施的行动方案。规划期为 2009—2011 年。

一、钢铁产业现状及面临的形势

我国是钢铁生产和消费大国，粗钢产量连续 13 年居世界第一位。进入 21 世纪以来，我国钢铁产业快速发展，粗钢产量年均增长 21.1%。2008 年，粗钢产量达到 5 亿吨，占全球产量的 38%，国内粗钢表观消费量 4.53 亿吨，直接出口折合粗钢 6 000 万吨，占世界钢铁贸易量的 15%。2007 年，规模以上钢铁企业完成工业增加值 9 936 亿元，占全国 GDP 的 4%，实现利润 2 436 亿元，占工业企业利润总额的 9%，直接从事钢铁生产的就业人数 358 万。钢铁产品基本满足国内需要，部分关键品种达到国际先进水平。钢铁产业有力支撑和带动了相关产业的发展，促进了社会就业，对保障国民经济又好又快发展做出了重要贡献。

但是，钢铁产业长期粗放发展积累的矛盾日益突出。一是盲目投资严重，产能总量过剩。截至 2008 年年底，我国粗钢产能超出实际需求约 1 亿吨。二是创新能力不强，先进生产技术、高端产品研发和应用还主要依靠引进和模仿，一些高档关键品种钢材仍需大量进口，消费结构处于中低档水平。三是产业布局不合理，大部分钢铁企业分布在内陆地区的大中型城市，受到环境容量、水资源、运输条件、能源供应等因素的严重制约。四是产业集中度低，粗钢生产企业平均规模不足 100 万吨，排名前 5 位的企业钢产量仅占全国总量的 28.5%。五是资源控制力弱，国内铁矿资源禀赋低，自给率不足 50%。六是流通秩序混乱。钢铁产品经销商超过 15 万家，投机经营倾向较重。

2008 年下半年以来，随着国际金融危机的扩散和蔓延，我国钢铁产业受到严重冲击，出现了产需陡势下滑、价格急剧下跌、企业经营困难、全行业亏损的局面，钢铁产业稳定发展面临着前所未有的挑战。应当看到，钢铁产业在经历了长期粗放型扩张后，必然要进行一次大的调整。现阶段，我国城镇化、工业化任务依然繁重，内需潜力巨大，钢铁产业发展的基本面没有改变。必须抓住历史机遇，制定实施钢铁产业结构调整和振兴规划，促进钢铁产业平稳运行、健康发展。

二、指导思想、基本原则及目标

（一）指导思想

全面贯彻党的十七大精神，以邓小平理论和 “三个代表”重要思想为指导，深入贯彻落实科学发展观，按照保增长、扩内需、调结构的总体要求，统筹国内外两个市场，以控制总量、淘汰落后、企业重组、技术改造、优化布局为重点，着力推动钢铁产业结构调整和优化升级，切实增强企业素质和国际竞争力，加快钢铁产业由大到强的转变。

（二）基本原则

1. 应对危机与振兴产业相结合。立足当前，着眼长远，既要着力解决钢铁产业当前面临的主要困难，保先进生产力，保重点骨干企业，保关键品种，保市场稳定，促进产业平稳发展，又要利用市场倒逼机制，充分利用各种有利因素，加快钢铁产业结构优化升级，不断增强产业发展后劲。

2. 控制总量与优化布局相结合。按照沿海、沿江、内陆科学合理布局和与资源环境相适应的要求，结合淘汰落后、企业重组和城市钢厂搬迁，在控制总量的前提下，调整优化产业布局。

3. 自主创新与技术改造相结合。培育企业原始创新、集成创新和引进消化吸收再创新能力，着力突破制约产业转型升级的关键技术，加大技术改造力度，提高工艺装备水平，提升产品档次和质量。

4. 企业重组与体制创新相结合。通过体制创新，努力消除影响企业重组的财税利益分配、资产划拨、债务核定和处置等体制性障碍，为推动钢铁企业集团化发展和实现跨地区、跨所有制、跨行业的兼并重组创造良好的环境。

5. 内需为主与全球配置相结合。坚持充分利用两个市场、两种资源，以满足国内市场需求为主，优化直接出口，扩大间接出口，在努力加强地质勘查和合理开发利用国内铁矿资源的同时，抓住机遇，积极实施“走出去”战略。

（三）规划目标

力争在2009年遏制钢铁产业下滑势头，保持总体稳定。到2011年，钢铁产业粗放发展方式得到明显转变，技术水平、创新能力再上新台阶，综合竞争力显著提高，支柱产业地位得到巩固和加强，步入良性发展的轨道。

1. 总量恢复到合理水平。2009年我国粗钢产量4.6亿吨，同比下降8%；表观消费量维持在4.3亿吨左右，同比下降5%。到2011年，粗钢产量5亿吨左右，表观消费量4.5亿吨左右，工业增加值占GDP的比重维持在4%的水平。

2. 淘汰落后产能有新突破。按期淘汰300米^{3}及以下高炉产能和20吨及以下转炉、电炉产能。提高淘汰落后产能的标准，力争三年内再淘汰落后炼铁能力7 200万吨、炼钢能力2 500万吨。

3. 联合重组取得重大进展。形成若干个具有较强自主创新能力和国际竞争力的特大型企业，国内排名前5位钢铁企业的产能占全国产能的比例达到45%以上，沿海沿江钢铁企业产能占全国产能的比例达到40%以上，产业布局明显优化，重点中心城市钢铁企业污染明显减少。

4. 技术进步得到较大提升。加强技术改造，加快技术进步，降低生产成本，提高产品质量，优化品种结构。重点大中型钢铁企业60%以上产品实物质量达到国际先进水平，百万千瓦火电及核电用特厚钢板和高压锅炉管、25万千伏安以上变压器用高磁感低铁损取向硅钢等产品生产实现自主化，关键钢材品种自给率达到90%以上，400 MPa及以上热轧带肋钢筋使用比例达到60%以上。

5. 自主创新能力进一步增强。通过引进消化吸收和创新，提高技术装备水平，一般装备基本实现本地化、自主化，大型装备本地化率92%以上。力争在关键工艺技术、节能减排技术，以及高端产品研发、生产和应用技术等方面取得新突破。

6. 节能减排取得明显成效。重点大中型企业吨钢综合能耗不超过620千克标准煤，吨钢耗用新水量低于5吨，吨钢烟粉尘排放量低于1.0千克，吨钢二氧化硫排放量低于1.8千克，二次能源基本实现100%回收利用，冶金渣近100%综合利用，污染物排放浓度和排放总量“双达标”。

三、产业调整和振兴的重点任务

按照上述指导思想、基本原则和规划目标，当前和今后一个时期，要着力做好以下八个方面的工作。

（一）保持国内市场稳定，改善出口环境

积极落实国家扩大内需措施，稳定建筑用钢市场，保障重点工程用钢。通过调整和振兴相关产业，努力稳定和扩大汽车、造船、装备制造等产业需求，以及保障性住房等房地产建设、新农村建设、地震灾后重建和公路、铁路、机场等重大基础设施建设的用钢需求。建筑用钢占国内消费量的比重稳定在50%左右。

改善钢铁产品进出口环境，实施适度灵活的出口税收政策，稳定国际市场份额，鼓励钢材间接出口。组织协会和企业积极应对反倾销、反补贴等贸易摩擦，争取良好的国际贸易环境。

（二）严格控制钢铁总量，加快淘汰落后

严格控制新增产能，不再核准和支持单纯新建、扩建产能的钢铁项目，所有项目必须以淘汰落后为前提。2010 年年底前淘汰 300 米^{3}及以下高炉产能 5 340 万吨，20 吨及以下转炉、电炉产能 320 万吨；2011 年年底前再淘汰 400 米^{3}及以下高炉、30 吨及以下转炉和电炉，相应淘汰落后炼铁能力 7 200 万吨、炼钢能力 2 500 万吨。实施淘汰落后、建设钢铁大厂的地区和其他有条件的地区，要将淘汰落后产能标准提高到 1 000 米^{3}以下高炉及相应的炼钢产能。

（三）促进企业重组，提高产业集中度

进一步发挥宝钢、鞍本、武钢等大型企业集团的带动作用，推动鞍本集团、广东钢铁集团、广西钢铁集团、河北钢铁集团和山东钢铁集团完成集团内产供销、人财物统一管理的实质性重组；推进鞍本与攀钢、东北特钢，宝钢与包钢、宁波钢铁等跨地区的重组，推进天津钢管与天铁、天钢、天津冶金公司，太钢与省内钢铁企业等区域内的重组。力争到 2011 年，全国形成宝钢集团、鞍本集团、武钢集团等几个产能在 5 000 万吨以上、具有较强国际竞争力的特大型钢铁企业；形成若干个产能在 1 000 万～3 000 万吨级的大型钢铁企业。

（四）加大技术改造力度，推动技术进步

实施钢铁产业技术进步与技术改造专项（详见附表），对符合国家产业政策的大型骨干企业，对实施跨区域、跨所有制、跨行业重组的龙头企业，对实施跨区域、跨所有制、跨行业重组的龙头企业，以及国防军工、航天航空关键材料用钢等关键钢材品种，推广高强度钢筋使用和节材技术，发展高温高压干熄焦、烧结余热利用、烟气脱硫等循环经济和节能减排工艺技术，以及提升开发利用低品位、难选冶铁矿等技术，给予重点支持。

（五）优化钢铁产业布局，统筹协调发展

在减少或不增加产能的前提下，加快调整钢铁产业布局。一是建设沿海钢铁基地。按期完成首钢搬迁工程，建成曹妃甸钢铁精品基地。结合广州钢铁搬迁，推动宝钢与广东钢铁企业、武钢与广西钢铁企业兼并重组，通过淘汰或减少现有产能，适时建设湛江、防城港沿海钢铁精品基地。按照首钢在曹妃甸减少产能、发展循环经济的模式，结合济钢、莱钢、青钢压缩产能和搬迁，对山东省内钢铁企业实施重组和淘汰落后产能，推动日照钢铁精品基地建设。结合杭

钢搬迁，以及宝钢跨地区重组和淘汰落后、压缩产能，论证宁波钢铁续建项目。二是推进城市钢厂搬迁，引导产业有序转移和集聚发展，减少城市环境污染。组织实施好北京、广州、杭州、合肥等城市钢厂搬迁项目，统筹研究推进抚顺、青岛、重庆、石家庄等城市钢厂搬迁。三是抓紧实施《汶川地震灾后重建生产力布局和产业调整专项规划》确定的钢铁项目建设。

（六）调整钢材品种结构，提高产品质量

重点发展高速铁路用钢、高强度轿车用钢、高档电力用钢和工模具钢、特殊大锻材等关键钢材品种，支持有条件的企业、科研单位开展百万千瓦火电及核电用特厚钢板和高压锅炉管、25万千伏安以上变压器用高磁感低铁损取向硅钢等技术进行攻关。提高认证标准，加强政策引导，促进钢材实物质量达到国际先进水平。修改相关设计规范，淘汰强度335 MPa及以下热轧带肋钢筋，加快推广使用强度400 MPa及以上钢筋，促进建筑钢材的升级换代。

（七）保持进口铁矿石资源稳定，整顿市场秩序

行业协（商）会通过行业协调，加强自律，规范进口铁矿石市场秩序。探索、推行代理制。抓住当前市场全面疲软时机，协调国内用户与铁矿石供应商，建立互惠互利的进口矿定价机制和长期稳定的合作关系。规范钢材销售制度，建立产销风险共担机制，发挥流通环节对稳定钢材市场的调节功能。

（八）开发国内外两种资源，保障产业安全

加大国内铁矿资源的勘探力度，合理配置与开发国内铁矿资源，增加资源储备。鼓励大型钢铁企业开展铁矿勘探开发，适度开发利用低品位矿和尾矿，加强对共生矿、伴生矿产资源的研究、开发和综合利用。积极推进河北司家营、山西袁家村等大型铁矿资源开发，提高国产铁矿石自给率；支持邯钢中关、唐钢石人沟、通钢塔东、武钢恩施等现有矿山的深部开采，提高资源综合利用水平；鼓励四川攀西、河北承德地区钒钛资源综合利用；整合开发安徽霍邱地区和山东苍山等地区的铁矿资源。

鼓励有条件的大型企业到国外独资或合资办矿，组织实施好已经开展前期工作的境外矿产资源项目。鼓励沿海钢铁企业充分利用区位和运输优势，尽可能利用国外铁矿石、煤炭等资源。

四、政策措施

（一）调整部分产品的进出口税率

继续坚持控制“两高一资”低附加值产品出口的政策导向，认真落实提高部分钢铁产品出口退税率的措施，适时适当提高技术含量高、附加值高的钢材产品的出口退税率。加快出口退税进度，确保及时足额退税。

（二）实施公平贸易政策

研究国产钢材和进口钢材公平税负政策，制定具体措施，为国内钢铁企业创造公平竞争的市场环境。

（三）加大技术进步及技术改造投入

在中央预算内基本建设投资中列支专项资金，支持钢铁企业开展技术改造（不包括节能技

术改造）、技术研发和技术引进，推动钢铁产业技术进步，调整品种结构，提升钢材质量。加大节能技术改造财政奖励支持力度，鼓励、引导钢铁企业积极推进节能技术改造。

（四）完善落后产能退出机制

加大淘汰落后产能的财政奖励力度，支持钢铁企业在淘汰落后产能过程中妥善解决职工安置、企业转产、债务化解等问题，促进社会和谐稳定。严格实行节能减排、淘汰落后问责制，比照《国务院批转节能减排统计监测及考核实施方案和办法的通知》（国发[2007]36 号）规定，对未完成节能减排、淘汰落后任务的地区暂停项目的核准和审批。工业和信息化部会同有关部门，加强对淘汰落后产能工作的监督检查，定期向国土资源、金融、环保、工商、质检等部门通报淘汰落后企业名单。地方各级人民政府要对限期淘汰的落后装备实施严格监管，防止擅自扩容改造或异地转移。对擅自扩容改造或异地转移落后装备的，金融机构不提供任何形式的信贷支持，国土资源管理部门不予办理用地手续。

（五）完善企业重组政策

制定鼓励钢铁企业兼并重组的政策措施，妥善解决富余人员安置、企业资产划转、债务核定与处置、财税利益分配等问题，对大型企业跨省（区、市）重组后的改扩建等项目优先予以核准。落实好鼓励钢铁企业重组的税收政策。适时研究制定钢铁企业兼并重组条例。

（六）适时修订钢铁产业政策

调整更新《产业结构调整指导目录》，修订完善《钢铁产业发展政策》。一是提高吨钢综合能耗、吨钢耗新水以及炼铁、炼钢淘汰落后标准；二是修改国内钢铁产业集中度指标的考核范围和比重；三是增加节能减排指标，包括化学需氧量（COD）排放、二氧化硫排放、烟粉尘排放、可燃气体回收利用率、固体废弃物综合利用率等环保指标；四是明确资源配置的具体要求，储量 5 000 万吨以上铁矿资源，优先依法配置给国内大中型钢铁企业；五是提高矿产资源开发准入门槛。

（七）提高建筑工程用钢标准

尽快完善建筑领域工程建设标准体系，结合提高抗震标准，研究出台扩大工业厂房、公共建筑、商业设施等建筑物钢结构使用比例的规定，修改提高地震多发地区建筑物、重点工程、建筑物基础工程等用钢标准及设计规范。

（八）实现钢铁与相关产业协调发展

完善装备、汽车、造船、家电等相关产业发展政策，带动钢铁产品消费和产业升级。加强钢铁新技术、新产品研发，适应和促进上下游及相关产业升级和产品换代。鼓励和支持钢铁企业与相关领域用钢企业开展合作，实现协调发展。

（九）继续实施有保有压的融资政策

加大对钢铁重点骨干企业的金融支持力度，对符合环保、土地法律法规以及投资管理规定的项目，以及实施并购、重组、走出去、技术进步的企业，在发行股票、企业债券、公司债、中期票据、短期融资券以及银行贷款、吸收私募股权投资等方面给予支持。防范大型骨干企业资金断链风险，必要时给予贷款贴息支持。对违法违规建设、越权审批的项目和产能落后企业，继续实施融资限制等措施。

（十）积极实施“走出去”战略

进一步简化项目审批程序，完善信贷、外汇、财税、人员出入境等政策措施。提高境外资源开发企业准入条件。支持符合准入条件的重点骨干企业到境外开展资源勘探、开发、技术合作和对外并购。进一步加强境外资产的经营管理，切实防范和化解境外资产风险。扩大冶金设备出口信贷规模，带动设备物资出口。完善出口信用保险政策，支持钢铁企业建立境外营销网络，稳定高端产品出口份额。充分利用境外矿产资源权益投资专项资金、对外经济技术合作专项资金和国外矿产资源风险勘探专项资金，支持企业实施“走出去”战略，增强资源保障能力。

（十一）建立产业信息披露制度

建立部门联合发布信息制度，适时向社会发布产业政策导向及项目核准、生产销售库存、产能利用、淘汰落后、企业重组、污染排放、银行贷款情况等信息，切实加强信息共享，为企业投资决策、银行贷款、土地预审等提供信息指导。

（十二）发挥行业协（商）会作用

充分发挥行业协（商）会的桥梁和纽带作用，支持企业联合对外谈判，由钢铁协会组织用矿企业统一对外谈判，建立新的“双赢”定价机制。由钢铁协会会同相关商会协调企业，积极应对国际贸易中的反补贴、反倾销诉讼，维护市场秩序和公平竞争环境。行业协（商）会要及时反映行业问题和企业诉求，为企业提供信息服务，引导企业落实国家产业政策，加强行业自律，提高行业整体素质。

五、规划实施

各地区要按照《规划》确定的目标、任务和政策措施，结合当地实际抓紧制订具体落实方案，确保取得实效。各省（区、市）要将具体工作方案和实施过程中出现的新情况、新问题及时报送国家发展改革委。

国务院各有关部门要按照《规划》分工，加强沟通协商，密切配合，尽快制定具体实施办法，明确政策措施的实施范围和执行期限，并加强指导和监督检查。有关部门要认真开展实施《规划》的中后期后评价工作，及时提出评价意见。

附表：钢铁产业技术进步与技术改造专项表

附表：

钢铁产业技术进步与技术改造专项表

类别	专项内容	实施内容
技术研发专项	前沿技术和关键产品生产技术	支持非高炉炼铁技术、连铸薄带技术、高效低成本纯净钢生产技术、大型板坯连铸技术、钢渣综合利用等关键共性技术研发和成果转化。重点支持百万千瓦火电及核电用特厚板和高压锅炉管、25 万千伏安以上变压器用高磁感低铁损取向硅钢等品种的生产技术
	自主集成重大装备和首台首套设备	千万吨级钢铁企业的设计、制造和系统耦合技术，热轧和冷轧宽带钢关键技术装备，重大装备国产化依托工程，首台首套设备
	成熟应用技术的推广	高强度钢筋、汽车板、造船板等应用技术
技术引进专项	高端产品生产技术	高磁感取向硅钢、耐高温高压腐蚀电站用钢、高强度轿车板生产技术
	清洁生产和循环经济工艺技术	焦炉煤调湿、大型热电联产技术、海水淡化技术等
技术改造专项	关键钢材品种	重点发展高速铁路用钢、高牌号无取向硅钢、高磁感取向硅钢、高强度机械用钢、抗腐蚀抗大变形的管线钢、高强度轿车用钢、高档电力用钢、高强度建筑用钢、高档精密不锈钢薄板带、高档工模具钢、特殊大锻材、特殊质量要求的高级无缝钢管等
	高强度钢筋和节材	修改相关设计规范，加快淘汰强度 335 MPa 热轧带肋钢筋。对地震多发地区的建筑物、建筑物基础工程、重点工程，强制使用强度 400 MPa 以上钢筋。采用超细晶粒或微合金化等工艺对建筑钢材产量较大的大中型企业生产线进行改造，促进建筑钢材的升级换代
	可循环工艺和节能减排	在现有大型骨干企业和国家核准的新建钢铁企业建设中推广高温高压干熄焦技术、烧结余热利用、烧结烟气脱硫、高炉工序系统工艺技术、高炉炉顶余压发电和干法除尘技术、转炉煤气干法除尘及回收利用技术、铸轧一体化技术及综合能源管理技术，鼓励沿海大厂采用风力发电
	低品位难选冶矿产资源选矿冶炼	支持开发利用共生、低品位、难选冶的褐铁矿、高磷铁矿、菱铁矿等选冶技术，深部开采技术，鼓励钒钛、硼铁资源综合利用
	焦化和辅料	支持焦化产品回收，铁合金、碳素和耐火材料等产品生产的先进节能减排技术开发和应用
	信息化与自动化	支持自主开发钢铁生产工艺自动化控制技术和信息化管理技术

二、结构调整

产业结构调整指导目录（2011 年本）（节选）

产业结构调整指导目录（2011 年本）

中华人民共和国国家发展和改革委员会令 第 9 号

为加快转变经济发展方式，推动产业结构调整和优化升级，完善和发展现代产业体系，根据《国务院关于发布实施〈促进产业结构调整暂行规定〉的决定》（国发[2005]40 号），我委会同国务院有关部门对《产业结构调整指导目录（2005 年本）》进行了修订，形成了《产业结构调整指导目录（2011 年本）》，现予公布，自 2011 年 6 月 1 日起施行。《产业结构调整指导目录（2005 年本）》同时废止。法律、行政法规和国务院文件对产业结构调整另有规定的，从其规定。

国家发展和改革委员会主任：张平
二〇一一年三月二十七日

产业结构调整指导目录（2011 年本）（节选）

第一类 鼓励类

八、钢铁

1. 黑色金属矿山接替资源勘探及关键勘探技术开发

2. 煤调湿、风选调湿、捣固炼焦、配型煤炼焦、干法熄焦、导热油换热、焦化废水深度处理回用、煤焦油精深加工、苯加氢精制、煤沥青制针状焦、焦油加氢处理、焦炉煤气高附加值利用等先进技术的研发与应用

3. 非高炉炼铁技术

4. 先进压水堆核电管、百万千瓦火电锅炉管、耐蚀耐压耐温油井管、耐腐蚀航空管、高耐腐蚀化工管生产

5. 高性能、高质量及升级换代钢材产品技术开发与应用。包括 600 兆帕级及以上高强度汽车板、油气输送高性能管线钢、高强度船舶用宽厚板、海洋工程用钢、420 兆帕级及以上建筑和桥梁等结构用中厚板、高速重载铁路用钢、低铁损高磁感硅钢、耐腐蚀耐磨损钢材、节约合金资源不锈钢（现代铁素体不锈钢、双相不锈钢、含氮不锈钢）、高性能基础件（高性能齿轮、12.9 级及以上螺栓、高强度弹簧、长寿命轴承等）用特殊钢棒线材、高品质特钢锻轧材（工模具钢、不锈钢、机械用钢等）等

6. 在线热处理、在线性能控制、在线强制冷却的新一代热机械控制加工（TMCP）工艺技术应用

7. 直径 600 毫米及以上超高功率电极、高炉用微孔和超微孔碳砖、特种石墨（高强、高密、高纯、高模量）、石墨（质）化阴极、内串石墨化炉开发与生产

8. 焦炉、高炉、热风炉用长寿节能环保耐火材料生产工艺；精炼钢用低碳、无碳耐火材料和高效连铸用功能环保性耐火材料生产工艺

9. 生产过程在线质量检测技术应用

10. 利用钢铁生产设备处理社会废弃物

11. 烧结烟气脱硫、脱硝、脱二𫫇英等多功能干法脱除，以及副产物资源化、再利用化技术

12. 难选贫矿、（共）伴生矿综合利用先进工艺技术

13. 冶金固体废弃物（含冶金矿山废石、尾矿，钢铁厂产生的各类尘、泥、渣、铁皮等）综合利用先进工艺技术

14. 利用低品位锰矿冶炼铁合金的新工艺技术，以及高效利用红土镍矿炼精制镍铁的回转窑一矿热炉（RKEF）工艺技术

15. 冶金废液（含废水、废酸、废油等）循环利用工艺技术与设备

16. 新一代钢铁可循环流程（在做好钢铁产业内部循环的基础上，发展钢铁与电力、化工、装备制造等相关产业间的横向、纵向物流和能流的循环流程）工艺技术开发与应用

17. 高炉、转炉煤气干法除尘

三十八、环境保护与资源节约综合利用

1. 矿山生态环境恢复工程
2. 海洋环境保护及科学开发
3. 微咸水、苦咸水、劣质水、海水的开发利用及海水淡化工程
4. 消耗臭氧层物质替代品开发与利用
5. 区域性废旧汽车、废旧电器电子产品、废旧船舶、废钢铁、废旧木材等资源循环利用基地建设
6. 流出物辐射环境监测技术工程
7. 环境监测体系工程
8. 危险废弃物（放射性废物、核设施退役工程、医疗废物、含重金属废弃物）安全处置技术设备开发制造及处置中心建设
9. 流动污染源（机车、船舶、汽车等）监测与防治技术
10. 城市交通噪声与振动控制技术应用
11. 电网、信息系统电磁辐射控制技术开发与应用
12. 削减和控制二𫫇英排放的技术开发与应用
13. 持久性有机污染物类产品的替代品开发与应用
14. 废弃持久性有机污染物类产品处置技术开发与应用
15. “三废”综合利用及治理工程
16. “三废”处理用生物菌种和添加剂开发与生产
17. 含汞废物的汞回收处理技术、含汞产品的替代品开发与应用
18. 重复用水技术应用
19. 高效、低能耗污水处理与再生技术开发

20. 城镇垃圾及其他固体废弃物减量化、资源化、无害化处理和综合利用工程

21. 废物填埋防渗技术与材料

22. 新型水处理药剂开发与生产

23. 节能、节水、节材环保及资源综合利用等技术开发、应用及设备制造

24. 高效、节能采矿、选矿技术（药剂）

25. 鼓励推广共生、伴生矿产资源中有价元素的分离及综合利用技术

26. 低品位、复杂、难处理矿开发及综合利用

27. 尾矿、废渣等资源综合利用

28. 再生资源回收利用产业化

29. 废旧电器电子产品、废印刷电路板、废旧电池、废旧船舶、废旧农机、废塑料、废橡胶、废弃油脂等再生资源循环利用技术与设备开发

30. 废旧汽车、工程机械、矿山机械、机床产品、农业机械、船舶等废旧机电产品及零部件再利用、再制造，墨盒、有机光导鼓的再制造（再填充）

31. 综合利用技术设备：4 000 马力以上废钢破碎生产线；废塑料复合材料回收处理成套装备（回收率 95%以上）；轻烃类石化副产物综合利用技术装备；生物质能技术装备（发电、制油、沼气）；硫回收装备（低温克劳斯法）

32. 含持久性有机污染物土壤修复技术的研发与应用

33. 削减和控制重金属排放的技术开发与应用

34. 工业难降解有机废水处理技术

35. 有毒、有机废气、恶臭处理技术

36. 高效、节能、环保采选矿技术

37. 为用户提供节能诊断、设计、融资、改造、运行管理等服务

38. 餐厨废弃物资源化利用技术开发及设施建设

39. 碳捕获、存储及利用技术装备

40. 冰蓄冷技术及其成套设备制造

第二类 限制类

六、钢铁

1. 未同步配套建设干熄焦、装煤、推焦除尘装置的炼焦项目

2. 180 米^{2}以下烧结机（铁合金烧结机除外）

3. 有效容积 400 米^{3}以上 1 200 米^{3}以下炼铁高炉；1 200 米^{3}及以上但未同步配套煤粉喷吹装置、除尘装置、余压发电装置，能源消耗大于 430 千克标煤/吨、新水耗量大于 2.4 米^3/吨等达不到标准的炼铁高炉

4. 公称容量 30 吨以上 100 吨以下炼钢转炉；公称容量 100 吨及以上但未同步配套煤气回收、除尘装置，新水耗量大于 3 米^3/吨等达不到标准的炼钢转炉

5. 公称容量 30 吨以上 100 吨（合金钢 50 吨）以下电炉；公称容量 100 吨（合金钢 50 吨）及以上但未同步配套烟尘回收装置，能源消耗大于 98 千克标煤/吨、新水耗量大于 3.2 米^3/吨等达不到标准的电炉

6. 1 450 毫米以下热轧带钢（不含特殊钢）项目

7. 30 万吨/年及以下热镀锌板卷项目

8. 20 万吨/年及以下彩色涂层板卷项目

9. 含铬质耐火材料

10. 普通功率和高功率石墨电极压型设备、焙烧设备和生产线

11. 直径 600 毫米以下或 2 万吨/年以下的超高功率石墨电极生产线

12. 8 万吨/年以下预焙阳极（炭块）、2 万吨/年以下普通阴极炭块、4 万吨/年以下炭电极生产线

13. 单机 120 万吨/年以下的球团设备（铁合金球团除外）

14. 顶装焦炉炭化室高度<6.0 米、捣固焦炉炭化室高度<5.5 米，100 万吨/年以下焦化项目，热回收焦炉的项目，单炉 7.5 万吨/年以下、每组 30 万吨/年以下、总年产 60 万吨以下的半焦（兰炭）项目

15. 3 000 千伏安及以上，未采用热装热兑工艺的中低碳锰铁、电炉金属锰和中低微碳铬铁精炼电炉

16. 300 米^{3}以下锰铁高炉；300 米^{3}及以上，但焦比高于 1 320 千克/吨的锰铁高炉；规模小于 10 万吨/年的高炉锰铁企业

17. 1.25 万千伏安以下的硅钙合金和硅钙钡铝合金矿热电炉；1.25 万千伏安及以上，但硅钙合金电耗高于 11 000 千瓦时/吨的矿热电炉

18. 1.65 万千伏安以下硅铝合金矿热电炉；1.65 万千伏安及以上，但硅铝合金电耗高于 9 000 千瓦时/吨的矿热电炉

19. 2×2.5 万千伏安以下普通铁合金矿热电炉（中西部具有独立运行的小水电及矿产资源优势的国家确定的重点贫困地区，矿热电炉容量<2×1.25 万千伏安）；2×2.5 万千伏安及以上，但变压器未选用有载电动多级调压的三相或三个单相节能型设备，未实现工艺操作机械化和控制自动化，硅铁电耗高于 8 500 千瓦时/吨，工业硅电耗高于 12 000 千瓦时/吨，电炉锰铁电耗高于 2 600 千瓦时/吨，硅锰合金电耗高于 4 200 千瓦时/吨，高碳铬铁电耗高于 3 200 千瓦时/吨，硅铬合金电耗高于 4 800 千瓦时/吨的普通铁合金矿热电炉

20. 间断浸出、间断送液的电解金属锰浸出工艺；10 000 吨/年以下电解金属锰单条生产线（一台变压器），电解金属锰生产总规模为 30 000 吨/年以下的企业

第三类　淘汰类

注：条目后括号内年份为淘汰期限，淘汰期限为 2011 年是指应于 2011 年底前淘汰，其余类推；有淘汰计划的条目，根据计划进行淘汰；未标淘汰期限或淘汰计划的条目为国家产业政策已明令淘汰或立即淘汰。

一、落后生产工艺装备

（五）钢铁

1. 土法炼焦（含改良焦炉）；单炉产能 5 万吨/年以下或无煤气、焦油回收利用和污水处理达不到准入条件的半焦（兰炭）生产装置

2. 碳化室高度小于 4.3 米焦炉（3.8 米及以上捣固焦炉除外）（西部地区 3.8 米捣固焦炉可延期至 2011 年）；无化产回收的单一炼焦生产设施

3. 土烧结矿

4. 热烧结矿

5. 90 米^{2}以下烧结机（2013 年）、8 米^{2}以下球团竖炉；铁合金生产用 24 米^{2}以下带式锰矿、铬矿烧结机

6. 400 米^{3}及以下炼铁高炉（铸造铁企业除外，但需提供企业工商局注册证明、三年销售凭证和项目核准手续等），200 米^{3}及以下铁合金、铸铁管生产用高炉

7. 用于地条钢、普碳钢、不锈钢冶炼的工频和中频感应炉

8. 30 吨及以下转炉（不含铁合金转炉）

9. 30 吨及以下电炉（不含机械铸造电炉）

10. 化铁炼钢

11. 复二重线材轧机

12. 横列式线材轧机

13. 横列式棒材及型材轧机

14. 叠轧薄板轧机

15. 普钢初轧机及开坯用中型轧机

16. 热轧窄带钢轧机

17. 三辊劳特式中板轧机

18. 直径 76 毫米以下热轧无缝管机组

19. 三辊式型线材轧机（不含特殊钢生产）

20. 环保不达标的冶金炉窑

21. 手工操作的土沥青焦油浸渍装置，矿石原料与固体原料混烧、自然通风、手工操作的土竖窑，以煤直接为燃料、烟尘净化不能达标的倒焰窑

22. 6 300 千伏安以下铁合金矿热电炉，3 000 千伏安以下铁合金半封闭直流电炉、铁合金精炼电炉（钨铁、钒铁等特殊品种的电炉除外）

23. 蒸汽加热混捏、倒焰式焙烧炉、艾奇逊交流石墨化炉、10 000 千伏安及以下三相桥式整流艾奇逊直流石墨化炉及其并联机组

24. 冷轧带肋钢筋生产装备

25. 生产预应力钢丝的单罐拉丝机生产装备

26. 预应力钢材生产消除应力处理的铅淬火工艺

27. 2.5 万吨/年及以下的单套粗（轻）苯精制装置（酸洗蒸馏法苯加工工艺及装置）

28. 5 万吨/年及以下的单套煤焦油加工装置（2012 年）

29. 100 米^{3}及以下铁合金锰铁高炉

30. 煅烧石灰土窑

31. 每炉单产 5 吨以下的钛铁熔炼炉、用反射炉焙烧钼精矿的钼铁生产线及用反射炉还原、煅烧红矾钠、铬酐生产金属铬的生产线

32. 燃煤倒焰窑耐火材料及原料制品生产线

33. 单条生产线规模小于 20 万吨的铸铁管项目

34. 环形烧结机

35. 一段式固定煤气发生炉项目（不含粉煤气化炉）

36. 电解金属锰用 5 000 千伏安及以下的整流变压器、150 米^{3}以下的化合槽（2011 年），化合槽有效容积 150 米^{3}以下的生产设备

37. 单炉产能 7.5 万吨/年以下的半焦（兰炭）生产装置（2012 年）

38. 未达到焦化行业准入条件要求的热回收焦炉（2012 年）

39. 6 300 千伏安铁合金矿热电炉（2012 年）（国家贫困县、利用独立运行的小水电，2014 年）

40. 还原二氧化锰用反射炉（包括硫酸锰厂用反射炉、矿粉厂用反射炉等）

41. 电解金属锰一次压滤用除高压隔膜压滤机以外的板框、箱式压滤机

42. 电解金属锰用 5 000 千伏安以上、6 000 千伏安及以下的整流变压器；150 米^{3}以上、170 米^{3}及以下的倾倒槽（2014 年）

43. 有效容积 18 米^{3}及以下轻烧反射窑

44. 有效容积 30 米^{3}及以下重烧镁砂竖窑

二、落后产品

（三）钢铁

1. 热轧硅钢片
2. 普通松弛级别的钢丝、钢绞线
3. 热轧钢筋：牌号 HRB335、HPB235

国务院关于发布实施《促进产业结构调整暂行规定》的决定

国发[2005]40 号

各省、自治区、直辖市人民政府，国务院各部委、各直属机构：

《促进产业结构调整暂行规定》（以下简称《暂行规定》）已经 2005 年 11 月 9 日国务院第 112 次常务会议审议通过，现予发布。

制定和实施《暂行规定》，是贯彻落实党的十六届五中全会精神，实现“十一五”规划目标的一项重要举措，对于全面落实科学发展观，加强和改善宏观调控，进一步转变经济增长方式，推进产业结构调整和优化升级，保持国民经济平稳较快发展具有重要意义。各省、自治区、直辖市人民政府要将推进产业结构调整作为当前和今后一段时期改革发展的重要任务，建立责任制，狠抓落实，按照《暂行规定》的要求，结合本地区产业发展实际，制定具体措施，合理引导投资方向，鼓励和支持发展先进生产能力，限制和淘汰落后生产能力，防止盲目投资和低水平重复建设，切实推进产业结构优化升级。各有关部门要加快制定和修订财税、信贷、土地、进出口等相关政策，切实加强与产业政策的协调配合，进一步完善促进产业结构调整的政策体系。各省、自治区、直辖市人民政府和国家发展改革委、财政、税务、国土资源、环保、工商、质检、银监、电监、安全监管以及行业主管等有关部门，要建立健全产业结构调整工作的组织协调和监督检查机制，各司其职，密切配合，形成合力，切实增强产业政策的执行效力。在贯彻实施《暂行规定》时，要正确处理政府引导与市场调节之间的关系，充分发挥市场配置资源的基础性作用，正确处理发展与稳定、局部利益与整体利益、眼前利益与长远利益的关系，保持经济平稳较快发展。

国务院

二〇〇五年十二月二日

促进产业结构调整暂行规定

第一章　总则

第一条　为全面落实科学发展观，加强和改善宏观调控，引导社会投资，促进产业结构优化升级，根据国家有关法律、行政法规，制定本规定。

第二条　产业结构调整的目标：

推进产业结构优化升级，促进一、二、三产业健康协调发展，逐步形成农业为基础、高新技术产业为先导、基础产业和制造业为支撑、服务业全面发展的产业格局，坚持节约发展、清洁发展、安全发展，实现可持续发展。

第三条　产业结构调整的原则：

坚持市场调节和政府引导相结合。充分发挥市场配置资源的基础性作用，加强国家产业政策的合理引导，实现资源优化配置。

以自主创新提升产业技术水平。把增强自主创新能力作为调整产业结构的中心环节，建立以企业为主体、市场为导向、产学研相结合的技术创新体系，大力提高原始创新能力、集成创新能力和引进消化吸收再创新能力，提升产业整体技术水平。

坚持走新型工业化道路。以信息化带动工业化，以工业化促进信息化，走科技含量高、经济效益好、资源消耗低、环境污染少、安全有保障、人力资源优势得到充分发挥的发展道路，努力推进经济增长方式的根本转变。

促进产业协调健康发展。发展先进制造业，提高服务业比重和水平，加强基础设施建设，优化城乡区域产业结构和布局，优化对外贸易和利用外资结构，维护群众合法权益，努力扩大就业，推进经济社会协调发展。

第二章　产业结构调整的方向和重点

第四条　巩固和加强农业基础地位，加快传统农业向现代农业转变。加快农业科技进步，加强农业设施建设，调整农业生产结构，转变农业增长方式，提高农业综合生产能力。稳定发展粮食生产，加快实施优质粮食产业工程，建设大型商品粮生产基地，确保粮食安全。优化农业生产布局，推进农业产业化经营，加快农业标准化，促进农产品加工转化增值，发展高产、优质、高效、生态、安全农业。大力发展畜牧业，提高规模化、集约化、标准化水平，保护天然草场，建设饲料草场基地。积极发展水产业，保护和合理利用渔业资源，推广绿色渔业养殖方式，发展高效生态养殖业。因地制宜发展原料林、用材林基地，提高木材综合利用率。加强农田水利建设，改造中低产田，搞好土地整理。提高农业机械化水平，健全农业技术推广、农产品市场、农产品质量安全和动植物病虫害防控体系。积极推行节水灌溉，科学使用肥料、农药，促进农业可持续发展。

第五条　加强能源、交通、水利和信息等基础设施建设，增强对经济社会发展的保障能力。

坚持节约优先、立足国内、煤为基础、多元发展，优化能源结构，构筑稳定、经济、清洁的能源供应体系。以大型高效机组为重点优化发展煤电，在生态保护基础上有序开发水电，积极发展核电，加强电网建设，优化电网结构，扩大西电东送规模。建设大型煤炭基地，调整改造中小煤矿，坚决淘汰不具备安全生产条件和浪费破坏资源的小煤矿，加快实施煤矸石、煤层气、矿井水等资源综合利用，鼓励煤电联营。实行油气并举，加大石油、天然气资源勘探和开发利用力度，扩大境外合作开发，加快油气领域基础设施建设。积极扶持和发展新能源和可再生能源产业，鼓励石油替代资源和清洁能源的开发利用，积极推进洁净煤技术产业化，加快发展风能、太阳能、生物质能等。

以扩大网络为重点，形成便捷、通畅、高效、安全的综合交通运输体系。坚持统筹规划、合理布局，实现铁路、公路、水运、民航、管道等运输方式优势互补，相互衔接，发挥组合效率和整体优势。加快发展铁路、城市轨道交通，重点建设客运专线、运煤通道、区域通道和西部地区铁路。完善国道主干线、西部地区公路干线，建设国家高速公路网，大力推进农村公路建设。优先发展城市公共交通。加强集装箱、能源物资、矿石深水码头建设，发展内河航运。扩充大型机场，完善中型机场，增加小型机场，构建布局合理、规模适当、功能完备、协调发展的机场体系。加强管道运输建设。

加强水利建设，优化水资源配置。统筹上下游、地表地下水资源调配、控制地下水开采，积极开展海水淡化。加强防洪抗旱工程建设，以堤防加固和控制性水利枢纽等防洪体系为重点，强化防洪减灾薄弱环节建设，继续加强大江大河干流堤防、行蓄洪区、病险水库除险加固和城市防洪骨干工程建设，建设南水北调工程。加大人畜饮水工程和灌区配套工程建设改造力度。

加强宽带通信网、数字电视网和下一代互联网等信息基础设施建设，推进“三网融合”，健全信息安全保障体系。

第六条　以振兴装备制造业为重点发展先进制造业，发挥其对经济发展的重要支撑作用。

装备制造业要依托重点建设工程，通过自主创新、引进技术、合作开发、联合制造等方式，提高重大技术装备国产化水平，特别是在高效清洁发电和输变电、大型石油化工、先进适用运输装备、高档数控机床、自动化控制、集成电路设备、先进动力装备、节能降耗装备等领域实现突破，提高研发设计、核心元器件配套、加工制造和系统集成的整体水平。

坚持以信息化带动工业化，鼓励运用高技术和先进适用技术改造提升制造业，提高自主知识产权、自主品牌和高端产品比重。根据能源、资源条件和环境容量，着力调整原材料工业的产品结构、企业组织结构和产业布局，提高产品质量和技术含量。支持发展冷轧薄板、冷轧硅钢片、高浓度磷肥、高效低毒低残留农药、乙烯、精细化工、高性能差别化纤维。促进炼油、乙烯、钢铁、水泥、造纸向基地化和大型化发展。加强铁、铜、铝等重要资源的地质勘查，增加资源地质储量，实行合理开采和综合利用。

第七条　加快发展高技术产业，进一步增强高技术产业对经济增长的带动作用。

增强自主创新能力，努力掌握核心技术和关键技术，大力开发对经济社会发展具有重大带动作用的高新技术，支持开发重大产业技术，制定重要技术标准，构建自主创新的技术基础，加快高技术产业从加工装配为主向自主研发制造延伸。按照产业聚集、规模化发展和扩大国际合作的要求，大力发展信息、生物、新材料、新能源、航空航天等产业，培育更多新的经济增长点。优先发展信息产业，大力发展集成电路、软件等核心产业，重点培育数字化音视频、新一代移动通信、高性能计算机及网络设备等信息产业群，加强信息资源开发和共享，推进信息技术的普及和应用。充分发挥我国特有的资源优势和技术优势，重点发展生物农业、生物医药、生物能源和生物化工等生物产业。加快发展民用航空、航天产业，推进民用飞机、航空发动机及机载系统的开发和产业化，进一步发展民用航天技术和卫星技术。积极发展新材料产业，支持开发具有技术特色以及可发挥我国比较优势的光电子材料、高性能结构和新型特种功能材料等产品。

第八条　提高服务业比重，优化服务业结构，促进服务业全面快速发展。坚持市场化、产业化、社会化的方向，加强分类指导和有效监管，进一步创新、完善服务业发展的体制和机制，建立公开、平等、规范的行业准入制度。发展竞争力较强的大型服务企业集团，大城市要把发展服务业放在优先地位，有条件的要逐步形成服务经济为主的产业结构。增加服务品种，提高服务水平，增强就业能力，提升产业素质。大力发展金融、保险、物流、信息和法律服务、会计、知识产权、技术、设计、咨询服务等现代服务业，积极发展文化、旅游、社区服务等需求潜力大的产业，加快教育培训、养老服务、医疗保健等领域的改革和发展。规范和提升商贸、餐饮、住宿等传统服务业，推进连锁经营、特许经营、代理制、多式联运、电子商务等组织形式和服务方式。

第九条　大力发展循环经济，建设资源节约型和环境友好型社会，实现经济增长与人口资源环境相协调。坚持开发与节约并重、节约优先的方针，按照减量化、再利用、资源化原则，大力推进节能节水节地节材，加强资源综合利用，全面推行清洁生产，完善再生资源回收利用体系，形成低投入、低消耗、低排放和高效率的节约型增长方式。积极开发推广资源节约、替代和循环利用技术和产品，重点推进钢铁、有色、电力、石化、建筑、煤炭、建材、造纸等行业节能降耗技术改造，发展节能省地型建筑，对消耗高、污染重、危及安全生产、技术落后的工艺和产品实施强制淘汰制度，依法关闭破坏环境和不具备安全生产条件的企业。调整高耗能、高污染产业规模，降低高耗能、高污染产业比重。鼓励生产和使用节约性能好的各类消费品，形成节约资源的消费模式。大力发展环保产业，以控制不合理的资源开发为重点，强化对水资源、土地、森林、草原、海洋等的生态保护。

第十条 优化产业组织结构，调整区域产业布局。提高企业规模经济水平和产业集中度，加快大型企业发展，形成一批拥有自主知识产权、主业突出、核心竞争力强的大公司和企业集团。充分发挥中小企业的作用，推动中小企业与大企业形成分工协作关系，提高生产专业化水平，促进中小企业技术进步和产业升级。充分发挥比较优势，积极推动生产要素合理流动和配置，引导产业集群化发展。西部地区要加强基础设施建设和生态环境保护，健全公共服务，结合本地资源优势发展特色产业，增强自我发展能力。东北地区要加快产业结构调整和国有企业改革改组改造，发展现代农业，着力振兴装备制造业，促进资源枯竭型城市转型。中部地区要抓好粮食主产区建设，发展有比较优势的能源和制造业，加强基础设施建设，加快建立现代市场体系。东部地区要努力提高自主创新能力，加快实现结构优化升级和增长方式转变，提高外向型经济水平，增强国际竞争力和可持续发展能力。从区域发展的总体战略布局出发，根据资源环境承载能力和发展潜力，实行优化开发、重点开发、限制开发和禁止开发等有区别的区域产业布局。

第十一条 实施互利共赢的开放战略，提高对外开放水平，促进国内产业结构升级。加快转变对外贸易增长方式，扩大具有自主知识产权、自主品牌的商品出口，控制高能耗高污染产品的出口，鼓励进口先进技术设备和国内短缺资源。支持有条件的企业“走出去”，在国际市场竞争中发展壮大，带动国内产业发展。提高加工贸易的产业层次，增强国内配套能力。大力发展服务贸易，继续开放服务市场，有序承接国际现代服务业转移。提高利用外资的质量和水平，着重引进先进技术、管理经验和高素质人才，注重引进技术的消化吸收和创新提高。吸引外资能力较强的地区和开发区，要着重提高生产制造层次，并积极向研究开发、现代物流等领域拓展。

第三章 产业结构调整指导目录

第十二条 《产业结构调整指导目录》是引导投资方向，政府管理投资项目，制定和实施财税、信贷、土地、进出口等政策的重要依据。

《产业结构调整指导目录》由发展改革委会同国务院有关部门依据国家有关法律法规制订，经国务院批准后公布。根据实际情况，需要对《产业结构调整指导目录》进行部分调整时，由发展改革委会同国务院有关部门适时修订并公布。

《产业结构调整指导目录》原则上适用于我国境内的各类企业。其中外商投资按照《外商投资产业指导目录》执行。《产业结构调整指导目录》是修订《外商投资产业指导目录》的主要依据之一。《产业结构调整指导目录》淘汰类适用于外商投资企业。《产业结构调整指导目录》和《外商投资产业指导目录》执行中的政策衔接问题由发展改革委会同商务部研究协商。

第十三条 《产业结构调整指导目录》由鼓励、限制和淘汰三类目录组成。不属于鼓励类、限制类和淘汰类，且符合国家有关法律、法规和政策规定的，为允许类。允许类不列入《产业结构调整指导目录》。

第十四条 鼓励类主要是对经济社会发展有重要促进作用，有利于节约资源、保护环境、产业结构优化升级，需要采取政策措施予以鼓励和支持的关键技术、装备及产品。按照以下原则确定鼓励类产业指导目录：

（一）国内具备研究开发、产业化的技术基础，有利于技术创新，形成新的经济增长点；

（二）当前和今后一个时期有较大的市场需求，发展前景广阔，有利于提高短缺商品的供给能力，有利于开拓国内外市场；

（三）有较高技术含量，有利于促进产业技术进步，提高产业竞争力；

（四）符合可持续发展战略要求，有利于安全生产，有利于资源节约和综合利用，有利于新能源和可再生能源开发利用、提高能源效率，有利于保护和改善生态环境；

（五）有利于发挥我国比较优势，特别是中西部地区和东北地区等老工业基地的能源、矿产资源与劳动力资源等优势；

（六）有利于扩大就业，增加就业岗位；

（七）法律、行政法规规定的其他情形。

第十五条　限制类主要是工艺技术落后，不符合行业准入条件和有关规定，不利于产业结构优化升级，需要督促改造和禁止新建的生产能力、工艺技术、装备及产品。按照以下原则确定限制类产业指导目录：

（一）不符合行业准入条件，工艺技术落后，对产业结构没有改善；

（二）不利于安全生产；

（三）不利于资源和能源节约；

（四）不利于环境保护和生态系统的恢复；

（五）低水平重复建设比较严重，生产能力明显过剩；

（六）法律、行政法规规定的其他情形。

第十六条　淘汰类主要是不符合有关法律法规规定，严重浪费资源、污染环境、不具备安全生产条件，需要淘汰的落后工艺技术、装备及产品。按照以下原则确定淘汰类产业指导目录：

（一）危及生产和人身安全，不具备安全生产条件；

（二）严重污染环境或严重破坏生态环境；

（三）产品质量低于国家规定或行业规定的最低标准；

（四）严重浪费资源、能源；

（五）法律、行政法规规定的其他情形。

第十七条　对鼓励类投资项目，按照国家有关投资管理规定进行审批、核准或备案；各金融机构应按照信贷原则提供信贷支持；在投资总额内进口的自用设备，除财政部发布的《国内投资项目不予免税的进口商品目录（2000年修订）》所列商品外，继续免征关税和进口环节增值税，在国家出台不予免税的投资项目目录等新规定后，按新规定执行。对鼓励类产业项目的其他优惠政策，按照国家有关规定执行。

第十八条　对属于限制类的新建项目，禁止投资。投资管理部门不予审批、核准或备案，各金融机构不得发放贷款，土地管理、城市规划和建设、环境保护、质检、消防、海关、工商等部门不得办理有关手续。凡违反规定进行投融资建设的，要追究有关单位和人员的责任。

对属于限制类的现有生产能力，允许企业在一定期限内采取措施改造升级，金融机构按信贷原则继续给予支持。国家有关部门要根据产业结构优化升级的要求，遵循优胜劣汰的原则，实行分类指导。

第十九条　对淘汰类项目，禁止投资。各金融机构应停止各种形式的授信支持，并采取措施收回已发放的贷款；各地区、各部门和有关企业要采取有力措施，按规定限期淘汰。在淘汰期限内国家价格主管部门可提高供电价格。对国家明令淘汰的生产工艺技术、装备和产品，一律不得进口、转移、生产、销售、使用和采用。

对不按期淘汰生产工艺技术、装备和产品的企业，地方各级人民政府及有关部门要依据国家有关法律法规责令其停产或予以关闭，并采取妥善措施安置企业人员、保全金融机构信贷资产安全等；其产品属实行生产许可证管理的，有关部门要依法吊销生产许可证；工商行政管理部门要督促其依法办理变更登记或注销登记；环境保护管理部门要吊销其排污许可证；电力供应企业要依法停止供电。对违反规定者，要依法追究直接责任人和有关领导的责任。

第四章 附 则

第二十条 本规定自发布之日起施行。原国家计委、国家经贸委发布的《当前国家重点鼓励发展的产业、产品和技术目录（2000年修订）》、原国家经贸委发布的《淘汰落后生产能力、工艺和产品的目录（第一批、第二批、第三批）》和《工商投资领域制止重复建设目录（第一批）》同时废止。

第二十一条 对依据《当前国家重点鼓励发展的产业、产品和技术目录（2000年修订）》执行的有关优惠政策，调整为依据《产业结构调整指导目录》鼓励类目录执行。外商投资企业的设立及税收政策等执行国家有关外商投资的法律、行政法规规定。

三、产能过剩

国务院批转发展改革委等部门关于抑制部分行业产能过剩和重复建设引导产业健康发展若干意见的通知

国发[2009]38号

各省、自治区、直辖市人民政府，国务院各部委、各直属机构：

国务院同意发展改革委等部门《关于抑制部分行业产能过剩和重复建设引导产业健康发展的若干意见》，现转发给你们，请认真贯彻执行。

为应对国际金融危机的冲击和影响，党中央、国务院审时度势，及时制定和实施了扩大内需、促进经济增长的“一揽子”计划。按照“保增长、扩内需、调结构”的总体要求，出台了钢铁等十个重点产业调整和振兴规划，在推动结构调整方面提出了控制总量、淘汰落后、兼并重组、技术改造、自主创新等一系列对策措施，各地也相继出台了一些扶持产业发展的政策措施。目前，政策效应已初步显现，企业生产经营困难情况有所缓解，产业发展总体向好。但从当前产业发展状况看，结构调整虽取得一定进展，但总体进展不快，各地区、各行业也不平衡。不少领域产能过剩、重复建设问题仍很突出，有的甚至还在加剧。特别需要关注的是，不仅钢铁、水泥等产能过剩的传统产业仍在盲目扩张，风电设备、多晶硅等新兴产业也出现了重复建设倾向，一些地区违法、违规审批，未批先建、边批边建现象又有所抬头。

对于部分行业出现的产能过剩和重复建设，如不及时加以调控和引导，任其发展，市场恶性竞争难以避免，经济效益难以提高，并将导致企业倒闭或开工不足、人员下岗失业、银行不良资产大量增加等一系列问题，不仅严重影响国家扩大内需“一揽子”计划的实施效果和来之不易的企稳向好的形势，而且将错失利用国际金融危机形成的市场形势推动结构调整的历史机遇。

各地区、各部门要根据本通知精神，切实把思想和行动统一到党中央、国务院的决策部署上来，认真贯彻落实科学发展观，进一步增强大局意识、责任意识和忧患意识，在保增长中更加注重推进结构调整，坚持产业政策导向，严格执行环境监管、用地管理、金融政策和项目投资管理有关规定，将坚决抑制部分行业产能过剩和重复建设作为结构调整的重点工作抓紧抓好。要大力发展符合市场需求的高新技术产业和服务业，把握好调整的方向、力度和节奏，切实转变经济发展方式，提高经济发展的质量和效益，促进经济社会全面协调可持续发展。

国务院

二〇〇九年九月二十六日

关于抑制部分行业产能过剩和重复建设引导产业健康发展的若干意见

发展改革委 工业和信息化部 监察部 财政部 国土资源部 环境保护部
人民银行 质检总局 银监会 证监会

为切实将党中央、国务院应对国际金融危机的“一揽子”计划落到实处，巩固和发展当前经济企稳向好的势头，加快推动结构调整，坚决抑制部分行业的产能过剩和重复建设，引导新兴产业有序发展，现提出以下意见：

一、部分行业产能过剩和重复建设问题需引起高度重视

为应对国际金融危机的冲击和影响，党中央、国务院审时度势，及时制定和实施了扩大内需、促进经济增长的“一揽子”计划。按照“保增长、扩内需、调结构”的总体要求，出台了钢铁等十个重点产业调整和振兴规划，在推动结构调整方面提出了控制总量、淘汰落后、兼并重组、技术改造、自主创新等一系列对策措施，各地也相继出台了一些扶持产业发展的政策措施。目前政策效应已初步显现，工业增速稳中趋升，企业生产经营困难情况有所缓解，产业发展总体向好。

但从当前产业发展状况看，结构调整虽取得一定进展，但总体进展不快，各地区、各行业也不平衡。不少领域产能过剩、重复建设问题仍很突出，有的甚至还在加剧。特别需要关注的是，不仅钢铁、水泥等产能过剩的传统产业仍在盲目扩张，风电设备、多晶硅等新兴产业也出现了重复建设倾向，一些地区违法、违规审批，未批先建、边批边建现象又有所抬头。

（一）钢铁

2008 年我国粗钢产能 6.6 亿吨，需求仅 5 亿吨左右，约四分之一的钢铁及制成品依赖国际市场。2009 年上半年全行业完成投资 1 405.5 亿元，目前在建项目粗钢产能 5 800 万吨，多数为违规建设，如不及时加以控制，粗钢产能将超过 7 亿吨，产能过剩矛盾将进一步加剧。

（二）水泥

2008 年我国水泥产能 18.7 亿吨，其中新型干法水泥 11 亿吨，特种水泥与粉磨站产能 2.7 亿吨，落后产能约 5 亿吨，当年水泥产量 14 亿吨。目前在建水泥生产线 418 条，产能 6.2 亿吨，另外还有已核准尚未开工的生产线 147 条，产能 2.1 亿吨。这些产能全部建成后，水泥产能将达到 27 亿吨，市场需求仅为 16 亿吨，产能将严重过剩。

（三）平板玻璃

2008 年全国平板玻璃产能 6.5 亿重箱，产量 5.74 亿重箱，约占全球产量的 50%，其中浮法玻璃产量为 4.79 亿重箱，占平板玻璃总量的 80%。2009 年上半年新投产 13 条生产线，新增产能 4 848 万重箱，目前各地还有 30 余条在建和拟建浮法玻璃生产线，平板玻璃产能将超过 8 亿重箱，产能明显过剩。

（四）煤化工

近年来，一些煤炭资源产地片面追求经济发展速度，不顾生态环境、水资源承载能力和现

代煤化工工艺技术仍处于示范阶段的现实，不注重能源转化效率和全生命周期能效评价，盲目发展煤化工。传统煤化工重复建设严重，产能过剩 30%，在进口产品的冲击下，2009 年上半年甲醇装置开工率只有 40%左右。目前煤制油示范工程正处于试生产阶段，煤制烯烃等示范工程尚处于建设或前期工作阶段，但一些地区盲目规划现代煤化工项目，若不及时合理引导，势必出现“逢煤必化、遍地开花”的混乱局面。

（五）多晶硅

多晶硅是信息产业和光伏产业的基础材料，属于高耗能和高污染产品。从生产工业硅到太阳能电池全过程综合电耗约 220 万千瓦时/兆瓦。2008 年我国多晶硅产能 2 万吨，产量 4 000 吨左右，在建产能约 8 万吨，产能已明显过剩。我国光伏发电市场发展缓慢，国内太阳能电池 98%用于出口，相当于大量输出国内紧缺的能源。

（六）风电设备

风电是国家鼓励发展的新兴产业。2008 年年底已安装风电机组 11 638 台，总装机容量 1 217 万千瓦。近年来风电产业快速发展，出现了风电设备投资一哄而上、重复引进和重复建设现象。目前，我国风电机组整机制造企业超过 80 家，还有许多企业准备进入风电装备制造业，2010 年我国风电装备产能将超过 2 000 万千瓦，而每年风电装机规模为 1 000 万千瓦左右，若不及时调控和引导，产能过剩将不可避免。

此外，电解铝、造船、大豆压榨等行业产能过剩矛盾也十分突出，一些地区和企业还在规划新上项目。目前，全球范围内电解铝供过于求，我国电解铝产能为 1 800 万吨，占全球的 42.9%，产能利用率仅为 73.2%；我国造船能力为 6 600 万载重吨，占全球的 36%，而 2008 年国内消费量仅为 1 000 万载重吨左右，70%以上产量靠出口；大型锻件存在着产能过剩的隐忧；化肥行业氮肥和磷肥自给有余，钾肥严重短缺，产业结构亟待进一步优化。

必须清醒地认识到，2008 年第四季度以来我国工业生产经营出现的困难，一方面是国际金融危机冲击的外因影响；另一方面也有我国经济发展方式粗放的内因，不少行业重复建设、盲目扩张，在外需严重萎缩的情况下产能过剩矛盾加剧。当前我国经济回升的基础还不够稳固，应对国际金融危机取得的成果还是初步的、阶段性的。对于部分行业出现的产能过剩和重复建设，如不及时加以调控和引导，任其发展，市场恶性竞争难以避免，经济效益难以提高，并将导致企业倒闭或开工不足、人员下岗失业、银行不良资产大量增加等一系列问题，不仅严重影响国家扩大内需“一揽子”计划的实施效果和来之不易的企稳向好的形势，而且将错失利用国际金融危机形成的市场形势推动结构调整的历史机遇。因此，尽快抑制产能过剩和重复建设，把有限的要素资源引导和配置到优化存量、培育新的增长点上来，大力发展符合市场需求的高新技术产业和服务业，不仅对实现产业的良性发展，而且对转变发展方式，实现经济社会可持续发展具有重要的意义。

二、正确把握抑制产能过剩和重复建设的政策导向

当前，我国经济正处于企稳回升的关键时期，必须认真贯彻落实科学发展观，进一步统一思想，增强忧患意识，在保增长中更加注重推进结构调整，将坚决抑制部分行业产能过剩和重复建设作为结构调整的重点工作抓紧、抓实，抓出成效。抑制产能过剩和重复建设所涉及的行业具有很强的市场性和全球资源配置特点，既要充分发挥市场机制的作用，又要辅之必要的调控措施，注意把握好以下原则和产业政策导向：

（一）主要原则

一是控制增量和优化存量相结合。严格控制产能过剩行业盲目扩张和重复建设，推进企业兼并重组和联合重组，加快淘汰落后产能；结合实施“走出去”战略，支持有条件的企业转移产能，形成参与国际产业竞争的新格局；依靠技术进步，优化存量，调整产品结构，谋求有效益、有质量、可持续的发展。

二是分类指导和有保有压相结合。对钢铁、水泥等高耗能、高污染产业，要坚决控制总量、抑制产能过剩；鼓励发展高技术、高附加值、低消耗、低排放的新工艺和新产品，延长产业链，形成新的增长点。对多晶硅、风电设备等新兴产业，要集中有效资源，支持企业提高关键环节和关键部件自主创新能力，积极开展产业化示范，防止投资过热和重复建设，引导有序发展。

三是培育新兴产业和提升传统产业相结合。立足于新一轮国际竞争和可持续发展的需要，尽快培育一批科技含量高、发展潜力大、带动作用强的新兴产业，及时制定出台专项产业政策和规划，明确技术装备路线，建立和完善准入标准；抓紧改造提升传统产业，及时修订产业政策，提高准入标准，对结构调整给予明确产业政策引导。

四是市场引导和宏观调控相结合。加强行业产销形势的监测、分析和国内外市场需求的信息发布，发挥市场配置资源的基础性作用；综合运用法律、经济、技术、标准以及必要的行政手段，协调产业、环保、土地和金融政策，形成抑制产能过剩、引导产业健康发展的合力；同时，坚持深化改革，标本兼治，通过体制机制创新解决重复建设的深层次矛盾。

（二）产业政策导向

钢铁：充分利用当前市场倒逼机制，在减少或不增加产能的前提下，通过淘汰落后、联合重组和城市钢厂搬迁，加快结构调整和技术进步，推动钢铁工业实现由大到强的转变。不再核准和支持单纯新建、扩建产能的钢铁项目。严禁各地借等量淘汰落后产能之名，避开国家环保、土地和投资主管部门的监管、审批，自行建设钢铁项目。重点支持有条件的大型钢铁企业发展百万千瓦火电及核电用特厚板和高压锅炉管、25 万千伏安以上变压器用高磁感低铁损取向硅钢、高档工模具钢等关键品种。尽快完善建筑用钢标准及设计规范，加快淘汰强度 335 兆帕以下热轧带肋钢筋，推广强度 400 兆帕及以上钢筋，促进建筑钢材升级换代。2011 年底前，坚决淘汰 400 米^{3}及以下高炉、30 吨及以下转炉和电炉，碳钢企业吨钢综合能耗应低于 620 千克标准煤，吨钢耗用新水量低于 5 吨，吨钢烟粉尘排放量低于 1.0 千克，吨钢二氧化硫排放量低于 1.8 千克，二次能源基本实现 100%回收利用。

水泥：严格控制新增水泥产能，执行等量淘汰落后产能的原则，对 2009 年 9 月 30 日前尚未开工水泥项目一律暂停建设并进行一次认真清理，对不符合上述原则的项目严禁开工建设。各省（区、市）必须尽快制定三年内彻底淘汰落后产能时间表。支持企业在现有生产线上进行余热发电、粉磨系统节能改造和处置工业废弃物、城市污泥及垃圾等。新项目水泥熟料烧成热耗要低于 105 千克标煤/吨熟料，水泥综合电耗小于 90 千瓦时/吨水泥；石灰石储量服务年限必须满足 30 年以上；废气粉尘排放浓度小于 50 毫克/标准米^3。落后水泥产能比较多的省份，要加大对企业联合重组的支持力度，通过等量置换落后产能建设新线，推动淘汰落后工作。

平板玻璃：严格控制新增平板玻璃产能，遵循调整结构、淘汰落后、市场导向、合理布局的原则，发展高档用途及深加工玻璃。对现有在建项目和未开工项目进行认真清理，对所有拟建的玻璃项目，各地方一律不得备案。各省（区、市）要制定三年内彻底淘汰“平拉法”（含格法）落后平板玻璃产能时间表。新项目能源消耗应低于 16.5 千克标煤/重箱；硅质原料的选矿回收率要达到80%以上；严格环保治理措施，二氧化硫排放低于500毫克/标准米^3、氮氧化物排放低于700毫克/标准米^3、颗粒物排放浓度低于50毫克/标准米^3。鼓励企业联合重组，在符合规划的前提下，支持大企业集团发展电子平板显示玻璃、光伏太阳能玻璃、低辐射镀膜等技术含量高的玻璃以及优质浮法玻璃项目。

煤化工：要严格执行煤化工产业政策，遏制传统煤化工盲目发展，今后三年停止审批单纯扩大产能的焦炭、电石项目。禁止建设不符合《焦化行业准入条件（2008年修订）》和《电石行业准入条件（2007年修订）》的焦化、电石项目。综合运用节能环保等标准提高准入门槛，加强清洁生产审核，实施差别电价等手段，加快淘汰落后产能。对焦炭和电石实施等量替代方式，淘汰不符合准入条件的落后产能。对合成氨和甲醇实施上大压小、产能置换等方式，降低成本、提高竞争力。稳步开展现代煤化工示范工程建设，今后三年原则上不再安排新的现代煤化工试点项目。

多晶硅：研究扩大光伏市场国内消费的政策，支持用国内多晶硅原料生产的太阳能电池以满足国内需求为主，兼顾国际市场。严格控制在能源短缺、电价较高的地区新建多晶硅项目，对缺乏配套综合利用、环保不达标的多晶硅项目不予核准或备案；鼓励多晶硅生产企业与下游太阳能电池生产企业加强联合与合作，延伸产业链。新建多晶硅项目规模必须大于3 000吨/年，占地面积小于6公顷/千吨多晶硅，太阳能级多晶硅还原电耗小于60千瓦时/千克，还原尾气中四氯化硅、氯化氢、氢气回收利用率不低于98.5%、99%、99%；引导、支持多晶硅企业以多种方式实现多晶硅—电厂—化工联营，支持节能环保太阳能级多晶硅技术开发，降低生产成本。到2011年前，淘汰综合电耗大于200千瓦时/千克的多晶硅产能。

风电设备：抓住大力发展风电等可再生能源的历史机遇，把我国的风电装备制造业培育成具有自主创新能力和国际竞争力的新兴产业。严格控制风电装备产能盲目扩张，鼓励优势企业做大做强，优化产业结构，维护市场秩序。原则上不再核准或备案建设新的整机制造厂；严禁风电项目招标中设立要求投资者使用本地风电装备、在当地投资建设风电装备制造项目的条款；建立和完善风电装备标准、产品检测和认证体系，禁止落后技术产品和非准入企业产品进入市场。依托优势企业和科研院所，加强风电技术路线和海上风电技术研究，重点支持自主研发2.5兆瓦及以上风电整机和轴承、控制系统等关键零部件及产业化示范，完善质量控制体系。积极推进风电装备产业大型化、国际化，培育具有国际竞争力的风电装备制造业。

此外，严格执行国家产业政策，今后三年原则上不再核准新建、扩建电解铝项目。现有重点骨干电解铝厂吨铝直流电耗要下降到12 500千瓦时以下，吨铝外排氟化物量大幅减少，到2010年底淘汰落后小预焙槽电解铝产能80万吨。要严格执行船舶工业调整和振兴规划及船舶工业中长期发展规划，今后三年各级土地、海洋、环保、金融等相关部门不再受理新建船坞、船台项目的申请，暂停审批现有造船企业船坞、船台的扩建项目，要优化存量，引导企业利用现有造船设施发展海洋工程装备。

三、坚决抑制产能过剩和重复建设的对策措施

各地区、各部门要认真贯彻落实《中共中央国务院转发〈国家发展和改革委员会关于上半年经济形势和做好下半年经济工作的建议〉的通知》（中发[2009]8号）以及重点产业调整和振兴规划中关于坚决抑制产能过剩行业盲目重复建设的有关要求，把思想和行动统一到党中央、国务院的决策部署上来，把握好调整的方向、力度和节奏，切实转变经济发展方式，进一步增强大局意识、责任意识，各司其职，密切配合，采取措施坚决抑制产能过剩和重复建设势头。

（一）严格市场准入

相关行业管理部门要切实履行职责，抓紧制定、完善相关产业政策，尽快修订发布《产业结构调整指导目录》，进一步提高钢铁、水泥、平板玻璃、传统煤化工等产业的能源消耗、环境保护、资源综合利用等方面的准入门槛。加快编制或修订专项规划，对多晶硅、风电设备等新兴产业要及时建立和完善准入标准，避免盲目和无序建设。质量管理部门要切实负起监管责任，按照产业政策的要求和企业的质量保证能力，严格核发螺纹钢、线材、水泥等产品生产许可证，坚决查处无证生产。依法加强产品质量监督，加大处罚力度。建设主管部门要禁止落后水泥进入重点建设工程和建筑结构工程。

（二）强化环境监管

推进开展区域产业规划的环境影响评价。区域内的钢铁、水泥、平板玻璃、传统煤化工、多晶硅等高耗能、高污染项目环境影响评价文件必须在产业规划环评通过后才能受理和审批。未通过环境评价审批的项目一律不准开工建设。环保部门要切实负起监管责任，定期发布环保不达标的生产企业名单。对使用有毒、有害原料进行生产或者在生产中排放有毒、有害物质的企业限期完成清洁生产审核，对达不到排放标准或超过排污总量指标的生产企业实行限期治理，未完成限期治理任务的，依法予以关闭。对主要污染物排放超总量控制指标的地区，要暂停增加主要污染物排放项目的环评审批。

（三）依法依规供地用地

切实加强对各类建设项目用地监管。对不符合产业政策和供地政策、未达到现行《工业项目建设用地控制指标》或相关工程建设项目用地指标要求的项目，一律不批准用地；对未按规定履行审批或核准手续的项目，一律不得供应土地。国土资源部门要切实负起监管责任。对未经依法批准擅自占地开工建设的，要依法从重处理；对有关责任人要追究政纪法律责任，构成犯罪的，依法追究刑事责任。

（四）实行有保有控的金融政策

要加强宏观信贷政策指导和监管，引导和督促金融机构改进和完善信贷审核。对不符合重点产业调整和振兴规划以及相关产业政策要求，未按规定程序审批或核准的项目，金融机构一律不得发放贷款，已发放贷款的要采取适当方式予以纠正。严格发债、资本市场融资审核程序。对不符合重点产业调整和振兴规划以及相关产业政策要求，不按规定程序审批或核准的项目及项目发起人，一律不得通过企业债、项目债、短期融资券、中期票据、可转换债、首次公开发行股票、增资扩股等方式进行融资。人民银行、银监会、证监会、发展改革委要对违反规定的金融机构和有关单位予以严肃处理。

（五）严格项目审批管理

各级投资主管部门要进一步加强钢铁、水泥、平板玻璃、煤化工、多晶硅、风电设备等产能过剩行业项目审批管理，原则上不再批准扩大产能的项目，不得下放审批权限，严禁化整为零、违规审批。严格防止各级政府的财政性资金流向产能过剩行业的扩大产能项目。尽快修订完善政府投资项目核准目录，在新的核准目录出台前，上述产能过剩行业确有必要建设的项目，需报国家发展改革委组织论证和核准。

（六）做好企业兼并重组工作

产能过剩行业企业兼并和联合重组的任务十分紧迫和艰巨，结构调整、控制总量和淘汰落后产能均需要企业组织结构进行相应的调整。要抓紧建立科学规范、行之有效的工作程序，同时要扎实做好企业改组、改制中的思想政治工作，切实维护群众利益，保持社会稳定，防止国有资产流失。按照重点产业调整和振兴规划要求，尽快制定出台加快企业兼并重组的指导意见。

（七）建立信息发布制度

发展改革委会同有关部门，建立部门联合发布信息制度，加强行业产能及产能利用率的统一监测，适时向社会发布产业政策导向及产业规模、社会需求、生产销售库存、淘汰落后、企业重组、污染排放等信息。充分发挥行业协会作用，及时反映行业问题和企业诉求，为企业提供信息服务，引导企业和投资者落实国家产业政策和行业发展规划，加强行业自律，提高行业整体素质。

（八）实行问责制

地方各级人民政府不得强制企业投资低水平产能过剩行业。政府各有关部门及金融机构要认真履行职责，依法依纪把好土地关、环保关、信贷关、产业政策关和项目审批（核准）关，并加强政策研究、信息共享和工作协调，形成合力，有效抑制部分行业产能过剩和重复建设，引导产业健康发展，促进结构调整和发展方式转变。要按照《中共中央办公厅国务院办公厅印发〈关于实行党政领导干部问责的暂行规定〉的通知》（中办发[2009]25 号）的有关要求，对违反国家土地、环保法律法规和信贷政策、产业政策规定，工作严重失职或失误造成重大损失或恶劣影响的行为要进行问责，严肃处理。

（九）深化体制改革

要着眼于推进产业结构调整以及解决长期困扰我国产业良性发展的深层次矛盾，进一步深化财税体制、投融资体制、价格体制、社会保障体制等方面的改革，完善干部考核制度，形成有力促进经济结构战略性调整，推动我国工业实现由大到强转变的体制环境。

关于贯彻落实抑制部分行业产能过剩和重复建设引导产业健康发展的通知

环发[2009]127 号

各省、自治区、直辖市环境保护厅（局），计划单列市环境保护局，新疆生产建设兵团环境保护局：

2009 年 9 月 26 日，国务院印发《国务院批转发展改革委等部门关于抑制部分行业产能过剩和重复建设引导产业健康发展若干意见的通知》（国发[2009]38 号，以下简称《通知》）。为认真贯彻落实《通知》精神，强化产能过剩、重复建设行业的环境监管，现通知如下：

一、学习贯彻落实《通知》精神，抓好产能过剩、重复建设行业的环境管理

（一）统一思想，提高认识

为应对国际金融危机的冲击和影响，党中央、国务院审时度势，及时制定了扩大内需、促进经济增长的“一揽子”计划，出台了钢铁等十个重点产业调整和振兴规划。目前，产业发展总体向好，但产业结构调整总体进展不快，各地区、各行业不平衡，部分行业产能过剩、重复建设问题仍很突出，一些地区违法、违规审批，未批先建、边批边建现象有所抬头。这些问题如不及时加以调控和指导，将错失推动结构调整的历史时机。

各级环保部门必须切实把思想和行动统一到党中央、国务院的决策部署上来，认真贯彻落实科学发展观，积极推动产业结构调整，引导产业健康发展，促进经济、社会与环境的全面协调可持续发展，推进生态文明建设，探索中国特色环保新道路。同时，充分认识产能过剩、重复建设带来的环境问题，牢固树立以环境保护优化经济增长的观念，引导企业贯彻清洁生产、循环经济、低碳经济的发展理念，正确处理好经济建设与环境保护的关系。

（二）分类指导，有保有压

充分发挥环评作为推动产业结构调整和经济发展方式转变“调节器”的作用，切实落实国家宏观调控政策措施。通过提高环保准入门槛、严格环评审批、强化环境监管、加强信息引导等措施，进一步加强对钢铁、水泥、平板玻璃、多晶硅、煤化工等产能过剩、重复建设行业的环境管理工作。对国家鼓励的高技术、高附加值、低消耗、低排放等推动科技进步、优化存量、调整产品结构的项目以及淘汰落后、兼并重组、技术升级改造等有利于结构调整、环境改善的项目，加快环评审批。

（三）统筹安排，明确责任

把落实《通知》精神与环保系统工程建设领域突出问题专项治理工作有机结合，作为今后一段时期的工作重点，围绕产能过剩、重复建设行业的环境管理，切实加强组织领导，抓紧制订工作方案，采取有效措施，落实环境保护监管措施和目标责任制，务求取得实效。

二、提高环保准入门槛，严格建设项目环评管理

（四）提高环保准入门槛

制订和完善环境保护标准体系，严格执行污染物排放标准、清洁生产标准和其他环境保护标准，严格控制物耗能耗高的项目准入。严格产能过剩、重复建设行业企业的上市环保核查，建立并完善上市企业环保后督察制度，提高总量控制要求。进一步细化产能过剩、重复建设行业的环保政策和环评审批要求。

（五）加强区域产业规划环评

认真贯彻执行《规划环境影响评价条例》（国务院第 559 号令），做好本区域的产业规划环评工作，以区域资源承载力、环境容量为基础，以节能减排、淘汰落后产能为目标，从源头上优化产能过剩、重复建设行业建设项目的规模、布局以及结构。未开展区域产业规划环评、规划环评未通过审查的、规划发生重大调整或者修编而未经重新或者补充环境影响评价和审查的，一律不予受理和审批区域内上述行业建设项目环评文件。

（六）严格建设项目环评审批

严格遵守环评审批中“四个不批，三个严格”的要求。原则上不得受理和审批扩大产能的钢铁、水泥、平板玻璃、多晶硅、煤化工等产能过剩、重复建设项目的环评文件。在国家投资项目核准目录出台之前，确有必要建设的淘汰落后产能、节能减排的项目环评文件，需报我部审批。未完成主要污染物排放总量减排任务的地区，一律不予受理和审批新增排放总量的上述行业建设项目环评文件。

三、加强环境监管，严格落实环境保护“三同时”制度

（七）清查突出环境问题并责令整改

2009 年年底前，开展“十一五”期间审批的钢铁、水泥、平板玻璃、多晶硅、煤化工、石油化工、有色冶金等行业建设项目环评的清查，重点调查环境影响评价、施工期环境监理、环保“三同时”验收、日常环境监管等方面情况，对突出环境问题责令整改，于 2010 年 1 月 15 日前将整改情况报送我部。

（八）强化项目建设过程环境监管

加强建设项目施工期日常监管和现场执法，督促建设单位落实环评批复的各项环保措施，开展工程环境监理，确保建设项目环境保护“三同时”制度落到实处。

（九）加强建设项目竣工环保验收工作

加强对申请试生产项目环保设施和措施落实情况的现场检查。对环境保护“三同时”制度落实不到位的项目，责令限期整改。

四、严肃查处环境违法行为，落实环保政策措施

（十）严肃查处企业环境违法行为

对达不到排放标准或超过排污总量指标的生产企业实行限期治理，未完成限期治理任务的，依法予以关闭；未通过环评审批的项目，一律不允许开工建设；对建设单位未落实环保“三同时”制度，“久拖不验”、“久试不验”，未经环保验收或验收不合格擅自投入生产的，依法予以查处，责令停止生产，限期补办建设项目竣工环保验收手续；对“双超双有”企业（污染物排放浓度超标、主要污染物排放总量超过控制指标的企业和使用有毒、有害原料进行生产或者在生产中排放有毒、有害物质的企业）实行强制性清洁生产审核，对达不到清洁生产要求和拒不实施清洁生产审核的企业应限期整改。对环境违法严重的区域、行业、企业集团，环保部门继续推行“区域限批”政策，暂停区域、行业、企业集团所有建设项目的环评审批，限期纠正环境违法行为。

（十一）建立重污染企业退出机制

加快建立重污染企业退出机制，通过实施合理的经济补偿和政策引导等综合配套措施，加快产能过剩、重复建设行业中重污染企业的退出步伐。退出的范围主要包括：因重污染或者高环境风险，严重危害周围人群身体健康的；需要淘汰严重污染或者破坏生态环境的落后生产工艺和设备的；为实现节能减排目标而采取上大压小、关停并转以及其他企业重组方式等需要退出的。

（十二）严禁违规审批

地方各级环保部门要严格按照我部和地方人民政府划定的建设项目环评文件分级审批权限，进一步加强钢铁、水泥、平板玻璃、多晶硅、风电设备、煤化工、石油化工、有色冶金等产能过剩、重复建设行业的项目环评审批管理，不得下放审批权限，严禁化整为零、违规审批。

（十三）认真落实问责制

严格按照《中共中央办公厅国务院办公厅印发〈关于实行党政领导干部问责的暂行规定〉的通知》（中办发[2009]25 号）和《环境保护违法违纪行为处分暂行规定》的有关要求，对越权审批、违规审批行为进行问责，除对当事人作出严肃处理外，还要追究有关领导的责任。

（十四）加强环保信息发布工作

各级环保部门应主动与发展改革委、国土资源、规划、监察等部门联系，建立信息发布制度。根据国家宏观政策和环境保护政策，充分发挥信息引导作用，适时向社会发布产能过剩、重复建设行业环境保护政策和管理信息，定期公布重点行业污染排放情况和污染物排放不达标企业名单，及时向银行业金融机构提供企业环境违法、环评审批等环保信息。

二〇〇九年十月三十一日

国务院关于加快推进产能过剩行业结构调整的通知

国发[2006]11 号

各省、自治区、直辖市人民政府，国务院各部委、各直属机构：

推进经济结构战略性调整，提升产业国际竞争力，是“十一五”时期重大而艰巨的任务。当前，部分行业盲目投资、低水平扩张导致生产能力过剩，已经成为经济运行的一个突出问题，如果不抓紧解决，将会进一步加剧产业结构不合理的矛盾，影响经济持续快速协调健康发展。为加快推进产能过剩行业的结构调整，现就有关问题通知如下：

一、加快推进产能过剩行业结构调整的重要性和紧迫性

近年来，随着消费结构不断升级和工业化、城镇化进程加快，带动了钢铁、水泥、电解铝、汽车等行业的快速增长。但由于经济增长方式粗放，体制机制不完善，这些行业在快速发展中出现了盲目投资、低水平扩张等问题。2004 年，国家及时采取一系列宏观调控措施，初步遏制了部分行业盲目扩张的势头，投资增幅回落，企业兼并重组、关闭破产、淘汰落后生产能力等取得了一定成效。

但从总体上看，过度投资导致部分行业产能过剩的问题仍然没有得到根本解决。钢铁、电解铝、电石、铁合金、焦炭、汽车等行业产能已经出现明显过剩；水泥、煤炭、电力、纺织等行业目前虽然产需基本平衡，但在建规模很大，也潜藏着产能过剩问题。在这种情况下，一些地方和企业仍在这些领域继续上新的项目，生产能力大于需求的矛盾将进一步加剧。还应看到，这些行业不但总量上过剩，在企业组织结构、行业技术结构、产品结构上的不合理问题也很严重。目前，部分行业产能过剩的不良后果已经显现，产品价格下跌，库存上升，企业利润增幅下降，亏损增加。如果任其发展下去，资源环境约束的矛盾就会更加突出，结构不协调的问题就会更加严重，企业关闭破产和职工失业就会显著增加，必须下决心抓紧解决。要充分认识到，加快产能过剩行业的结构调整，既是巩固和发展宏观调控成果的客观需要，也是宏观调控的一项重要而艰巨的任务；既是把经济社会发展切实转入科学发展轨道的迫切需要，也是继续保持当前经济平稳较快增长好势头的重要举措。

部分行业产能过剩，给经济和社会发展带来了负面影响，但同时也为推动结构调整提供了机遇。在供给能力超过市场需求的情况下，市场竞争加剧，企业才有调整结构的意愿和压力，也有条件淘汰一部分落后的生产能力。国家在宏观调控的过程中，已经积累了产业政策与其他经济政策协调配合的经验，形成了相对完善的市场准入标准体系，为推进产业结构调整、淘汰落后生产能力提供了一定的制度规范和手段。各地区、各有关部门要进一步树立和落实科学发展观，加深对统筹协调发展、转变经济增长方式必要性和紧迫性的认识，增强预见性，避免盲目性，提高主动性和自觉性，因势利导，化害为利，加快推进产能过剩行业结构调整。

二、推进产能过剩行业结构调整的总体要求和原则

加快推进产能过剩行业结构调整的总体要求是：坚持以科学发展观为指导，依靠市场，因势利导，控制增能，优化结构，区别对待，扶优汰劣，力争今年迈出实质性步伐，经过几年努力取得明显成效。在具体工作中要注意把握好以下原则：

（一）充分发挥市场配置资源的基础性作用

坚持以市场为导向，利用市场约束和资源约束增强的“倒逼”机制，促进总量平衡和结构优化。调整和理顺资源产品价格关系，更好地发挥价格杠杆的调节作用，推动企业自主创新、主动调整结构。

（二）综合运用经济、法律手段和必要的行政手段

加强产业政策引导、信贷政策支持、财税政策调节，推动行业结构调整。提高并严格执行环保、安全、技术、土地和资源综合利用等市场准入标准，引导市场投资方向。完善并严格执行相关法律法规，规范企业和政府行为。

（三）坚持区别对待，促进扶优汰劣

根据不同行业、不同地区、不同企业的具体情况，分类指导、有保有压。坚持扶优与汰劣结合，升级改造与淘汰落后结合，兼并重组与关闭破产结合。合理利用和消化一些已经形成的生产能力，进一步优化企业结构和布局。

（四）健全持续推进结构调整的制度保障

把解决当前问题和长远问题结合起来，加快推进改革，消除制约结构调整的体制性、机制性障碍，有序推进产能过剩行业的结构调整，促进经济持续快速健康发展。

三、推进产能过剩行业结构调整的重点措施

推进产能过剩行业结构调整，关键是要发挥市场配置资源的基础性作用，充分利用市场的力量推动竞争，促进优胜劣汰。各级政府在结构调整中的作用，一方面是通过深化改革，规范市场秩序，为发挥市场机制作用创造条件；另一方面是综合运用经济、法律和必要的行政手段，加强引导，积极推动。2006 年，要通过重组、改造、淘汰等方法，推动产能过剩行业加快结构调整步伐。

（一）切实防止固定资产投资反弹

这是顺利推进产能过剩行业结构调整的重要前提。一旦投资重新膨胀，落后产能将死灰复燃，总量过剩和结构不合理矛盾不但不能解决，而且会越来越突出。要继续贯彻中央关于宏观调控的政策，严把土地、信贷两个闸门，严格控制固定资产投资规模，为推进产能过剩行业结构调整创造必要的前提条件和良好的环境。

（二）严格控制新上项目

根据有关法律法规，制定更加严格的环境、安全、能耗、水耗、资源综合利用和质量、技术、规模等标准，提高准入门槛。对在建和拟建项目区别情况，继续进行清理整顿；对不符合国家有关规划、产业政策、供地政策、环境保护、安全生产等市场准入条件的项目，依法停止建设；对拒不执行的，要采取经济、法律和必要的行政手段，并追究有关人员责任。原则上不批准建设新的钢厂，对个别结合搬迁、淘汰落后生产能力的钢厂项目，要从严审批。提高煤炭开采的井型标准，明确必须达到的回采率和安全生产条件。所有新建汽车整车生产企业和现有企业跨产品类别的生产投资项目，除满足产业政策要求外，还要满足自主品牌、自主开发产品的条件；现有企业异地建厂，还必须满足产销量达到批准产能 80%以上的要求。提高利用外资

质量，禁止技术和安全水平低、能耗物耗高、污染严重的外资项目进入。

（三）淘汰落后生产能力

依法关闭一批破坏资源、污染环境和不具备安全生产条件的小企业，分期分批淘汰一批落后生产能力，对淘汰的生产设备进行废毁处理。逐步淘汰立窑等落后的水泥生产能力；关闭淘汰敞开式和生产能力低于 1 万吨的小电石炉；尽快淘汰 5 000 千伏安以下铁合金矿热炉（特种铁合金除外）、100 米^{3}以下铁合金高炉；淘汰 300 米^{3}以下炼铁高炉和 20 吨以下炼钢转炉、电炉；彻底淘汰土焦和改良焦设施；逐步关停小油机和 5 万千瓦及以下凝汽式燃煤小机组；淘汰达不到产业政策规定规模和安全标准的小煤矿。

（四）推进技术改造

支持符合产业政策和技术水平高、对产业升级有重大作用的大型企业技术改造项目。围绕提升技术水平、改善品种、保护环境、保障安全、降低消耗、综合利用等，对传统产业实施改造提高。推进火电机组以大代小、上煤压油等工程。支持汽车生产企业加强研发体系建设，在消化引进技术的基础上，开发具有自主知识产权的技术。支持纺织关键技术、成套设备的研发和产业集群公共创新平台、服装自主品牌的建设。支持大型钢铁集团的重大技改和新产品项目，加快开发取向冷轧硅钢片技术，提升汽车板生产水平，推进大型冷、热连轧机组国产化。支持高产高效煤炭矿井建设和煤矿安全技术改造。

（五）促进兼并重组

按照市场原则，鼓励有实力的大型企业集团，以资产、资源、品牌和市场为纽带实施跨地区、跨行业的兼并重组，促进产业的集中化、大型化、基地化。推动优势大型钢铁企业与区域内其他钢铁企业的联合重组，形成若干年产 3 000 万吨以上的钢铁企业集团。鼓励大型水泥企业集团对中小水泥厂实施兼并、重组、联合，增强在区域市场上的影响力。突破现有焦化企业的生产经营格局，实施与钢铁企业、化工企业的兼并联合，向生产与使用一体化、经营规模化、产品多样化、资源利用综合化方向发展。支持大型煤炭企业收购、兼并、重组和改造一批小煤矿，实现资源整合，提高回采率和安全生产水平。

（六）加强信贷、土地、建设、环保、安全等政策与产业政策的协调配合

认真贯彻落实《国务院关于发布实施〈促进产业结构调整暂行规定〉的决定》（国发[2005]40号），抓紧细化各项政策措施。对已经出台的钢铁、电解铝、煤炭、汽车等行业发展规划和产业政策，要强化落实，加强检查，在实践中不断完善。对尚未出台的行业发展规划和产业政策，要抓紧制定和完善，尽快出台。金融机构和国土资源、环保、安全监管等部门要严格依据国家宏观调控和产业政策的要求，优化信贷和土地供应结构，支持符合国家产业政策、市场准入条件的项目和企业的土地、信贷供应，同时要防止信贷投放大起大落，积极支持市场前景好、有效益、有助于形成规模经济的兼并重组；对不符合国家产业政策、供地政策、市场准入条件、国家明令淘汰的项目和企业，不得提供贷款和土地，城市规划、建设、环保和安全监管部门不得办理相关手续。坚决制止用压低土地价格、降低环保和安全标准等办法招商引资、盲目上项目。完善限制高耗能、高污染、资源性产品出口的政策措施。

（七）深化行政管理和投资体制、价格形成和市场退出机制等方面的改革

按照建设社会主义市场经济体制的要求，继续推进行政管理体制和投资体制改革，切实实行政企分开，完善和严格执行企业投资的核准和备案制度，真正做到投资由企业自主决策、自担风险，银行独立审贷；积极稳妥地推进资源性产品价格改革，健全反映市场供求状况、资源稀缺程度的价格形成机制，建立和完善生态补偿责任机制；建立健全落后企业退出机制，在人员安置、土地使用、资产处置以及保障职工权益等方面，制定出台有利于促进企业兼并重组和退出市场，有利于维护职工合法权益的改革政策；加快建立健全维护市场公平竞争的法律法规体系，打破地区封锁和地方保护。

（八）健全行业信息发布制度

有关部门要完善统计、监测制度，做好对产能过剩行业运行动态的跟踪分析。要尽快建立判断产能过剩衡量指标和数据采集系统，并有计划、分步骤建立定期向社会披露相关信息的制度，引导市场投资预期。加强对行业发展的信息引导，发挥行业协会的作用，搞好市场调研，适时发布产品供求、现有产能、在建规模、发展趋势、原材料供应、价格变化等方面的信息。同时，还要密切关注其他行业生产、投资和市场供求形势的发展变化，及时发现和解决带有苗头性、倾向性的问题，防止其他行业出现产能严重过剩。

加快推进产能过剩行业结构调整，涉及面广，政策性强，任务艰巨而复杂，各地区、各有关部门要增强全局观念，加强组织领导，密切协调配合，积极有序地做好工作。要正确处理改革、发展、稳定的关系，从本地区、本单位实际情况出发，完善配套措施，认真解决企业兼并、破产、重组中出现的困难和问题，做好人员安置和资产保全等工作，尽量减少损失，避免社会震动。各地区、各有关部门要及时将贯彻落实本通知的情况上报国务院。国家发展改革委要会同有关部门抓紧制定具体的政策措施，做好组织实施工作。

国务院

二〇〇六年三月十二日

关于进一步加强产业政策和信贷政策协调配合控制信贷风险有关问题的通知

发改产业[2004]746 号

各省、自治区、直辖市及计划单列市、新疆生产建设兵团发展改革委（计委）、经贸委（经委），人民银行各分行（营业管理部）、各省会（首府）城市中心支行，银监会各监管局，国家政策性银行，国有独资商业银行、股份制商业银行：

为深入贯彻党的十六届三中全会和中央经济工作会议精神，树立和落实科学发展观，促进经济增长方式转变，推进产业结构优化升级，提高经济增长质量，切实解决当前部分行业低水平盲目扩张和信贷增长过快，产业结构失衡等突出问题，现就进一步加强国家产业政策和信贷政策协调配合，控制信贷风险有关问题通知如下：

一、统一思想，提高认识。产业政策和信贷政策是国家实施宏观调控的重要手段，当前，进一步加强产业政策和信贷政策的协调配合，采取有效措施，停止对产业政策明确淘汰产品的信贷支持，控制对采用落后工艺、技术装备项目的贷款，特别是控制信贷资金流入低水平盲目扩张行业，不仅是加强宏观经济调控和防范金融风险的需要，也是树立和落实科学发展观，实现经济、社会全面可持续和协调发展的需要。对此，各方面必须高度重视，把思想和行动统一到中央的决策和部署上来。产业政策和信贷政策要根据产业发展情况和宏观调控要求适时、适度进行调整，逐步完善产业政策与信贷政策间良好、能动的协调配合机制。今后，国家发展改革委将定期发布和适时调整相关产业政策，指导社会投资方向；人民银行和银行监管部门将配套提出加强和改进银行信贷管理、优化信贷结构的政策措施，为商业银行适时调整信贷投向提供有效的支持和服务；商业银行也要提高风险管理能力，改进信贷投向管理技术和手段。

二、调查分类，区别处理。根据当前经济运行和产业发展的实际情况，国家发展改革委会同有关部门制定了《当前部分行业制止低水平重复建设目录》。列入禁止类目录的原则是：严重危及生产安全；环境污染严重；质量不符合国家标准；原材料和能源消耗高及国家法律、法规规定的禁止投资的项目。列入限制类目录的原则是：生产能力严重过剩，新上项目对产业结构没有改善；工艺技术落后，已有先进、成熟工艺技术替代；不利于节约资源和保护生态环境及法律、法规规定的限制投资的项目。

各级发展改革委（计委）、经贸委（经委）及相关金融机构对《当前部分行业制止低水平重复建设目录》所涉及的企业要立即组织调查，分类排队，区别不同情况进行处理，具体是：

（一）对属于禁止类目录的国家明令淘汰的生产能力、工艺和产品建设项目，一律停止建设，对已建成的项目要坚决限期淘汰、依法关闭；各金融机构要立即停止各种形式的新增授信支持，对已实施的项目授信要采取妥善措施予以收回。

（二）对于限制类目录所涉及的建设项目，各级投资主管部门要立即停止审批，拟建项目一律停止建设；在建项目暂停建设，由各级投资主管部门牵头进行清理整顿，区别对待，分类处理；在清理整顿期间，各金融机构要停止给予新的各种形式授信支持。

三、各司其职，协调配合。各有关部门要按照职责分工，加强沟通协调，各个环节齐抓共管，形成合力。

（一）各级发展改革委（计委）、经贸委（经委）要认真贯彻国家产业政策，严格执行投资项目审批管理规定，及时向有关商业银行通报对《当前部分行业制止低水平重复建设目录》涉及项目的清理情况，协助有关金融机构做好调整信贷投向、化解信贷风险、保全信贷资产的相关工作。

（二）人民银行各分行（营业管理部）、各省会（首府）城市中心支行要认真贯彻总行制定的信贷政策，适时发布信贷政策指引，协调、督促、指导商业银行建立和完善信贷风险预警控制体系，不断优化信贷投向。

（三）银监会各监管局要及时将本通知转发至辖区内各城市商业银行等有关金融机构，采取措施加强对当地商业银行信贷投向的监督检查，促使商业银行贯彻产业政策和信贷政策，着力调整信贷结构，防范信贷风险。

（四）各商业银行要根据国家宏观调控的要求，关注行业发展，贯彻国家产业政策。针对各自经营情况，按照《当前部分行业制止低水平重复建设目录》尽快调整信贷投向，认真组织对该目录涉及项目贷款的清理，采取切实有效的措施，保全信贷资产。要建立市场信息预测体系，准确把握市场供求关系和产业变化趋势，实现贷款科学决策，合理配置信贷资金，规避信贷风险。对风险较大的行业，可根据风险大小，区别不同企业和项目，采取在规定范围内上浮贷款利率和上收贷款审批权限等方式，加强风险控制。

（五）建立定期协调和信息通报制度。各银行每季度要将贷款行业结构和质量情况及时报送人民银行（报表格式见附件二）。国家发展改革委、人民银行和银监会要定期召开会议，研究分析产业政策和信贷政策的协调配合情况，及时发现问题，提出解决对策。

四、对违反本通知要求或政策执行不力，违规审批项目和提供授信支持，造成严重损失的，要依照有关法律法规，追究有关当事人和负责人的责任。

五、2004 年 6 月底以前，各省、区、市发展改革委（计委）、人民银行各分支机构、银监会各监管局要将贯彻落实本通知的情况分别报送国家发展改革委、人民银行、银监会。国家发展改革委、人民银行、银监会下半年将视情况组成联合检查组对各地执行情况进行抽查。

六、本通知原则适用于农村商业银行、农村合作银行、城市信用合作社和农村信用合作社。

附件：一、《当前部分行业制止低水平重复建设目录》

二、《贷款行业结构季度报表》（略）

国家发展改革委

中国人民银行

银 监 会

二〇〇四年四月三十日

附件一：

当前部分行业制止低水平重复建设目录（节选）

一、钢铁行业

（一）禁止类

1. 土法炼焦（含改良焦炉）

2. 炭化室高度小于 4.3 米焦炉（捣固焦炉除外）（2007 年）

3. 土烧结矿

4. 热烧结矿

5. 100 米^{3}及以下高炉

6. 30 米^{2}以下烧结机（2005 年）

7. 100 米^{3}以上、200 米^{3}及以下高炉（不含铁合金高炉）（2005 年）

8. 200 米^{3}以上、300 米^{3}及以下高炉（2007 年）

9. 15 吨及以下转炉（不含铁合金转炉）

10. 10 吨及以下电炉（不含机械制造用）

11. 化铁炼钢

12. 15 吨以上、20 吨以下转炉（2005 年）

13. 10 吨以上、20 吨以下电炉（不含特殊钢和机械制造用）（2005 年）

14. 复二重线材轧机

15. 横列式线材轧机

16. 横列式小型轧机

17. 叠轧薄板轧机

18. 开坯用轧机（不含特殊钢生产用）

19. 折叠式热轧窄带轧机

20. 三辊劳特式中厚板轧机

21. 直径 76 毫米以下自动热轧管机组（不含生产特殊专用品种机组）

22. 三辊式型线材轧机（不含特殊钢生产）（2005 年）

23. 环保不达标的冶金炉窑（2005 年）

24. 手工操作的土沥青焦油浸渍装置、矿石原料与固体原料混烧、自然通风、手工操作的土竖窑，以煤为燃料、烟尘净化不能达标的倒焰窑（2005 年）

25. 3 200 千伏安及以下矿热电炉、3 000 千伏安以下半封闭直流还原电炉、3 000 千伏安以下精炼电炉（钨铁、钒铁精炼电炉除外）

26. 5 000 千伏安以下的铁合金矿热电炉（2005 年）

27. 蒸汽加热混捏、倒焰式焙烧炉、交流石墨化炉、3 340 千伏安以下石墨化炉及其并联机组、最大输出电流 50 000 安以下的石墨化炉（2005 年）

28. 工频炉和中频炉等生产的地条钢，工频炉和中频炉生产的钢锭或连铸坯及以其为原料生产的钢材产品

29. 热轧硅钢片

30. 25A 空腹钢窗料

31. Ⅰ级螺纹钢筋产品（2005 年）

（二）限制类

1. 炭化室高度 4.3 米及以上、同时未配套建设干熄焦、装煤、推焦除尘装置的焦炉

2. 180 米^{2}以下烧结机

3. 有效容积 1 000 米^{3}以下炼铁高炉或 1 000 米^{3}及以上、未同步配套煤粉喷吹装置、除尘装置、余压发电装置，能源消耗、新水耗量等不达标的高炉

4. 公称容量 100 吨以下炼钢转炉或公称容量 100 吨及以上、未同步配套煤气回收、除尘装置，能源消耗、新水耗量等不达标的转炉

5. 公称容量 60 吨以下电炉或公称容量 60 吨及以上、未同步配套烟尘回收装置，能源消耗、新水耗量等不达标的电炉

6. 600 毫米以下热轧窄带钢（不含特殊钢）

7. 年产 25 万吨及以下热镀锌板卷

8. 年产 10 万吨及以下彩色涂层板卷

9. 新建铁合金项目

10. 含铬质耐火材料生产

11. 新建、扩建碳素制品生产

12. 一段式固定煤气发生炉（不含粉煤气气化炉）

注：1. 禁止类条目后括号内数字为淘汰期限，淘汰期限为 2005 年是指应于 2005 年底前淘汰，其余类推；未标淘汰期限的条目，为立即淘汰。

2. 生产规模大于限制类条目规定，但环保指标不达标的项目，均禁止投资。

四、清理整顿

关于清理钢铁项目的通知

发改产业[2010]2600 号

各省、自治区、直辖市、计划单列市发展改革委、国土资源厅（局）、环境保护厅（局）：

为贯彻落实《国务院关于进一步加大工作力度确保实现“十一五”节能减排目标的通知》（国发[2010]12 号）和《国务院办公厅关于进一步加大节能减排力度加快钢铁工业结构调整若干意见》（国办发[2010]34 号）文件精神，国家发展改革委、国土资源部、环境保护部将会同有关部门，对钢铁项目进行一次性清理。现将有关事项通知如下：

一、清理目的

为“十二五”钢铁产业布局、结构调整和产业升级提供第一手资料，为钢铁产业宏观调控、能耗和环保指标分配、资源和土地配给、企业融资、差别电价、联合重组、淘汰落后、技术改造等政策的制订提供重要依据。

二、清理范围

根据国办发[2010]34 号文件精神，此次项目清理的范围为 2005 年以来开工建设（含在建和已建成）的钢铁项目（包括新建、改扩建的铁矿开发项目和钢铁生产项目）。

三、清理内容

此次钢铁项目的清理内容，主要包括产能总体情况，项目核准情况，项目用地情况，以及项目节能环保等情况。

四、清理方式

请各省级发展改革委牵头，对辖区内现有钢铁企业总体情况和 2005 年以来开工建设的钢铁项目（包括经国务院投资主管部门核准和未经国务院投资主管部门核准的全部钢铁项目）进行清理，并填写钢铁产能情况表，达到产业政策准入条件的钢铁项目填写钢铁项目基本情况表，其中具备完整“炼铁—炼钢—热轧”或“电炉—热轧”流程的综合项目要填写钢铁综合项目情况表，清理结果报告和附表（附光盘）于 12 月 31 日前报送国家发展改革委、国土资源部、环境保护部。

各单位要认真清理，如实填报，严禁瞒报和弄虚作假，一经查实，涉及的项目将取消下一步整顿核准资格，所涉及地区“十二五”产业布局将实行“区域限批”。

五、清理结果处理

国家发展改革委、国土资源部、环境保护部将会同有关部门，研究出台《钢铁建设项目清理整顿处理意见》，对各省上报的钢铁项目清理结果，进行分类处理，并对外公布清理结果。

联系方式：
国家发展改革委：水恒勇
联系电话：010-68501582，68502060（传真）
电子信箱：shuihy@ndrc.gov.cn
国土资源部：刘天科
联系电话：010-66558144（兼传真）
电子信箱：liutk666@126.com
环境保护部：李清龙
联系电话：010-66556422，66556419（传真）
电子信箱：lian.jun@mep.gov.cn
附件：1. 钢铁项目产能情况表
2. 省（区、市）钢铁项目基本情况表
3. 钢铁综合项目情况表

国家发展改革委
国 土 资 源 部
环 境 保 护 部
二〇一〇年十月二十九日

附件 1：

钢铁项目产能情况表

________省（区、市）发展改革委（盖章）

	铁矿开发		炼铁	炼钢		热轧	备注
	开采	选矿		电炉	转炉		
一、现有钢铁产能总体情况							
1. 产能总量							
2. 企业个数							
二、2005 年以来开工建设的项目情况							
1. 产能总量							
2. 项目数量							
3. 已建成项目产能							
4. 已建成项目数量							
5. 经国务院投资主管部门核准的已建成项目产能							
6. 经国务院投资主管部门核准的已建成项目数							
7. 在建项目产能							
8. 在建项目数量							
9. 经国务院投资主管部门核准的在建项目产能							
10. 经国务院投资主管部门核准的在建项目数							

填表人：　　　　　　　　　　联系电话：　　　　　　　　填表时间：　　年　　月　　日

钢铁项目产能情况表

填 表 说 明

1. 填表单位为各省、自治区、直辖市发展改革委，上报表格需加盖公章；

2. 产能单位均为“万吨”；铁矿开发项目中，“开采”产能填原矿产能，“选矿”产能填铁精粉产能；

3. 现有钢铁产能总量和企业个数，指 2005 年前及 2005 年后开工建设的全部产能和企业个数；

4. 2005 年以来开工的钢铁项目产能总量和项目个数，包括已经国务院投资主管部门核准和未经国务院投资主管部门核准的全部项目产能和项目个数；

5. 经国务院投资主管部门核准的项目，需提供核准批复文件的复印件备查。

附件 2：

________省（区、市）钢铁项目基本情况表

________省（区、市）发展改革委（盖章）

序号	项目名称	建设地点	所属企业	开工时间	建成时间	核准或备案部门和文号	土地审批部门和文号	环保审批部门和文号	铁矿山		炼铁		炼钢			热轧		备注
									资源储量	精矿产能	高炉	产能	转炉	电炉	产能	主要装备	产能	
1																		
2																		
3																		
4																		
5																		
6																		
7																		
8																		
	……																	
	合计	—	—	—	—	—	—	—										

填表人： 联系电话： 填表时间： 年 月 日

钢铁项目基本情况表

填 表 说 明

1. 本表格请用 A3 纸打印填报；

2. 填写的项目为 2005 年以来开工建设，且达到产业政策准入条件的项目；

3. 项目建设地点按照“××市××县”或“××市××区”格式填写；

4. 开工时间和建成时间填写到月份，改扩建项目开工时间填写改扩建的时间，并注明是改扩建，未完工项目的建成时间填写“在建”，并注明预计完工时间；

5. 项目的核准（备案）、土地、环评等手续要填写出具批复的部门名称和批复文号，文件复印件留存各地发展改革委备查；

6. 炼铁、炼钢、热轧工序填写主要生产装备，填写格式为高炉：“数量×高炉有效容积”（非高炉炼铁请注明），单位“座×米^3”，转炉/电炉：“数量×炼钢炉出钢量”，单位“座×吨”，热轧：“数量×轧机规格、类型”；

7. 所有数字精确到小数点后一位，无相应内容的，请在相应栏目填写“无”。

附件 3：

钢铁综合项目情况表

项目名称		
一、项目主要产品产量		
	设计能力	2009 年实际产量
生铁（万吨）		
粗钢（万吨）		
热轧材（万吨）		
冷轧材（万吨）		
……		
二、项目建设、投资指标		
	设计指标	实际指标
总投资（万元）		
自有本金（万元）		
资本金比例（%）		
总占地面积（米^2）		
三、项目吨钢消耗、环保指标		
	设计指标	实际指标
综合能耗（千克标煤）		
耗新水（吨）		
烟粉尘排放量（千克）		
二氧化硫排放量（千克）		
四、项目效益情况		
	2009 年实际	2010 年预计
销售收入（万元）		
净利润（万元）		
吨钢利润率（%）		

填表人：　　　　　　　　　　　联系电话：　　　　　　　　填表日期：　　年　月　日

钢铁综合项目情况表

填 表 说 明

1. 达到钢铁产业政策准入条件的铁、钢、材综合项目（即具备完整的“炼铁—炼钢—热轧”或“电炉—热轧”流程的钢铁项目）需填写本表格；

2. 项目建设投资情况指项目建设时的投资情况，资本金比例指项目建设投资中自有资金占总投资的比例；

3. 项目吨钢综合能耗包括铁前、炼钢、热轧工序的综合能耗，不包括冷轧及后道工序的能耗；

4. 所有数字精确到小数点后一位，无相应内容的，请在相应栏目填写“无”。

国家发展改革委关于钢铁、电解铝、水泥行业项目清理有关意见的通知

发改工业[2004]1791 号

各省、自治区、直辖市及计划单列市、新疆生产建设兵团发展改革委（计委）、经贸委（经委）：

按照国务院的统一部署，根据国务院办公厅转发的《发展改革委等部门关于制止钢铁电解铝水泥行业盲目投资若干意见的通知》（国办发[2003]103 号）的要求，在各级地方政府的配合下，我委会同有关部门对钢铁、电解铝、水泥行业投资在建、拟建项目进行了清理，按照区别情况，妥善处理的原则，提出了项目清理意见，已经国务院批准。现将三个行业项目清理情况及处理原则通知如下：

一、清理中暴露出的问题必须引起高度重视

（一）我国钢铁、电解铝、水泥行业产能增长过快

到 2003 年年底，全国共有钢铁生产企业 871 家（其中炼铁企业 472 家，炼钢企业 264 家），比“十五”初期统计增长了 2.1 倍，形成炼铁能力 2.78 亿吨、炼钢能力 3.1 亿吨、轧材能力 2.93 亿吨，仅 2003 年就新增炼铁能力 1.1 亿吨、新增炼钢能力 1 亿吨。更为严重的是在建炼铁、炼钢能力分别为 1.43 亿吨、1.52 亿吨，规模十分惊人。

到 2003 年年底，我国已建成电解铝厂 140 家，形成电解铝能力 800 万吨，产量 556 万吨，其中当年新增产能 260 万吨。目前，在建电解铝项目 19 个，产能 200 万吨，此外，还有拟建电解铝项目 9 个，产能 150 万吨，已有和在建电解铝能力已超过国内市场预期需求，能力过剩问题突出。

到 2003 年年底，我国水泥生产能力已达 10 亿吨，当年产量 8.62 亿吨，其中新型干法水泥生产能力比重达到 25%，较上年提高 9 个百分点。目前在建和当年建成投产的新型干法生产线共 242 条，总能力 2.28 亿吨。今年开工在建项目 347 个，总计生产能力 1.6 亿吨，其中 88%是日产 2 500 吨以上的新型干法水泥生产线，其余为日产 1 000 吨以下规模的项目。局部地区新上项目过于集中，生产能力增长过快，同时也存在少数地方违规建设明令淘汰的落后立窑的现象。

（二）盲目投资低水平重复建设严重

钢铁在建项目 47%是以螺纹钢、线材、窄带钢为主的长线产品。从装备水平上看，在建高炉小于 1 000 米^{3}的共 256 座，合计占在建总能力的 58%，转炉小于 100 吨的 150 座，合计占在建总能力的 45.3%，均不符合国办发[2003]103 号文件规定的准入标准。50%的新增规模来自原规模不足 100 万吨或根本未从事过钢铁生产的企业，盲目投资低水平重复建设问题十分严重。

已建成的 140 家铝厂遍布全国 25 个省市自治区，其中有些省区电解铝企业超过 21 家，盲目投资、布局混乱问题突出。

（三）投资增速过快，相当部分资金来自银行贷款

2003 年，钢铁行业完成投资 1 445 亿元，增长 96.2%；电解铝工业完成投资 300 亿元，增

长 75%；水泥行业完成投资 303 亿元，增长 137%。均大大高于全国固定资产投资增长 26.7% 的平均水平，三个行业投资增速明显过快。

据人民银行、银监会调查，2003 年，钢铁行业增加贷款 500 亿元，增长 23.6%；电解铝行业增加贷款 131 亿元，增长 46.8%；水泥行业增加贷款 165 亿元，增长 23.4%，贷款增长相对较快。根据对典型项目的调查，银行贷款比例钢铁项目一般为总投资的 60%，电解铝和水泥项目均为总投资的 70%左右。

（四）违法违规占用土地现象普遍

三个行业新建项目违规占用土地和耕地比较普遍，主要问题是：均未经过合法的审批手续或欠资问题严重。有的未向土地部门申请，经当地政府默认，就擅自占用土地；有的采用未征先用或边征边用；有的虽经过批准征用但只交纳很少的土地出让金，欠交部分用项目建成后的税收抵免。

（五）未经环境评估或环保审批把关不严

许多地区对环保重视不够，有的地区环保审批形同虚设，把环保审查仅作为手续办理，相当一批项目边办理环保审批边开工建设，有的甚至未办理环保审批就违法开工。某地方违规审批的 1 个 50 万吨电解铝项目根本未办理环保评价手续就开工建设，受到国家环保总局点名通报。

钢铁、电解铝、水泥三个行业盲目投资、低水平重复建设加剧了全国煤、电、油、运供应的紧张局面，资源、能源、环境的制约凸显，如不及时采取有效措施，必将导致产能严重过剩，结构失调，投资效率降低，给国民经济健康、持续发展以及社会稳定造成不利的影响。国家采取宏观调控后，钢铁、电解铝、水泥工业盲目投资的势头得到一定程度的遏制，一批不符合条件的项目停建和缓建，结构调整正在稳步推进。事实充分说明党中央、国务院对三个行业采取的一系列宏观调控措施是丨分必要和及时的。

在对钢铁、电解铝、水泥三个行业实施宏观调控取得一定成效的同时，应当清醒地看到取得的成效还是初步的、阶段性的。上半年，这三个行业投资增幅仍然处在较高水平，特别是随着 7 月份钢材价格回升，一些地区的钢铁企业已经出现停产的恢复生产、停建的恢复建设的现象，应引起各地高度重视，防止出现反复。必须继续认真贯彻实施国务院宏观调控的决策，决心不能动摇，工作不能放松。

二、在建、拟建投资项目的处理原则

为巩固宏观调控成果，妥善处理在建项目的遗留问题，保证国民经济平稳较快发展，对三个行业在建、拟建项目的处理应遵循以下原则：

（一）要按照确定的政策抓紧清理，务必严肃认真，不走过场

要清醒地认识到这次投资项目清理实际上是对这些行业进行实实在在的结构调整，必须根据总量需求和结构优化的要求把握标准，按照产业政策，严格市场准入，防止反弹。对不符合条件的拟建项目，一律取消立项，停止前期工作，不得再建；对在建项目要区别情况，妥善处理，该停建的坚决停建，该限期整改的要严格整改，符合条件的可以继续建设，尽量减少损失。

（二）在抑制低水平盲目扩张、技术落后、能耗高、污染严重企业的同时，要继续支持符合产业政策、技术先进、产品市场前景好的企业，加快实施有利于产业升级和结构调整的重点项目建设

钢铁行业要加快钢材精品基地建设，推进联合重组。电解铝行业在调控总量的前提下，结合淘汰落后能力，适度建设有稳定氧化铝原料供应和电力保障的电解铝，加快现有大型铝基地的建设。水泥行业要继续支持上大压小，鼓励大型企业跨地区的发展、重组和联合。

（三）金融机构要根据不同情况，对三个行业的建设项目区别对待发放贷款

各金融机构对于国家已批准的钢铁、电解铝、水泥建设项目应继续给予支持。对不符合产业发展政策、行业规划、市场准入条件的项目，金融机构不得给予贷款；证监会不得同意项目单位上市融资、增发、配股及发行可转换债券；土地部门不予审批土地；环保部门不予审批环境影响评价报告书。

（四）外资项目也要纳入统一管理，与内资企业一样严格按产业政策和上述原则清理、善后

三、具体处理意见

按照上述原则，对三个行业在建、拟建项目的具体处理意见是：

（一）钢铁行业

1. 对于已经国务院和国家发展改革委、原国家计委、原国家经贸委审批的项目，支持继续搞好建设。

2. 对未经国家批准违规建设的项目，正在进行土地平整、征地拆迁、设备订货和正在开展前期工作的项目要坚决停下来，特别是新建企业或另开新区建设的企业。

3. 对于符合国办发[2003]103 号文准入技术条件的在建项目，符合国家布局和行业发展规划的，由省级投资主管部门提出处理意见，报国家发展改革委核准。

4. 对于不符合国办发[2003]103 号文件准入技术条件的在建项目，要暂停建设，严格整顿。凡属 $300m^3$ 及以下高炉、20 吨及以下转炉、20 吨及以下电炉等国家产业政策禁止投资的项目，一律停止建设。

（二）电解铝行业

1. 对于不符合铝工业产业发展政策、市场准入条件和未经国家审批的电解铝和氧化铝项目，要坚决停止建设。本着谁审批、谁投资、谁负责的原则，妥善处理善后问题。

2. 对于有淘汰本地区自焙槽或小于焙槽落后能力的违规在建项目，在落实氧化铝原料和电力供应的前提下，结合本地区淘汰落后产能，由省级投资管理部门从严把关，按国家有关规定重新核准。

3. 对于已经开展前期工作的拟建电解铝项目，严格执行国家有关规定，按程序办理。任何未按国家规定审批和没有落实合法铝土矿来源的氧化铝建设项目，一律不得开工建设。

（三）水泥行业

水泥工业发展要有保有压，加快结构调整，支持大企业的发展，重点支持在有资源的地方

建设日产 4 000 吨及以上规模新型干法熟料基地项目；鼓励地方和企业以淘汰落后生产能力的方式发展新型干法水泥；除一些受市场容量和运输条件限制的特殊地区外，原则上不再建设日产 2 000 吨以下新型干法水泥项目；坚决遏制落后工艺的水泥项目建设。

1. 对于日产 4 000 吨及以上、中西部地区日产 2 000 吨及以上符合国家产业政策和发展规划、布局合理的项目，由省级投资主管部门核准，报国家发展改革委备案。国家环保部门按照有关环保要求，对项目环境影响评价报告书进行确认；国土部门按规定办理土地使用手续；对符合信贷条件的项目，银行可以提供信贷支持。条件具备的方可恢复建设。

2. 对日产 1 500 吨以下规模新型干法水泥在建项目，由省级投资主管部门提出处理意见后，报国家发展改革委核准。

3. 对立窑水泥、其他形式回转窑等国家产业政策禁止建设的项目，在建的一律停建，质检部门不得发放生产许可证，并依据有关法律法规处理。

请各地发展改革委（计委）、经贸委（经委）会同当地有关部门按上述原则和要求开展下步工作。

国务院办公厅关于清理固定资产投资项目的通知

国办发[2004]38 号

各省、自治区、直辖市人民政府，国务院各部委、各直属机构：

当前，我国经济持续较快发展，经济效益进一步提高，经济形势总体上是好的。但是，经济发展中存在的一些突出矛盾和问题没有得到有效缓解，有的还在进一步发展。集中表现在固定资产投资增长过快、规模过大，同时煤、电、油、运和重要原材料供求紧张的矛盾突出。当前，要着力解决投资膨胀问题，促进经济平稳较快发展，防止出现大的起落。为了进一步加强宏观调控，国务院决定开展固定资产投资项目清理工作。

一、清理工作的指导思想和原则

（一）清理工作要贯彻落实科学发展观，各方面要把思想统一到中央的决策和部署上来，充分认识当前经济发展中存在的投资膨胀问题，以及由此带来的不利影响。通过此次清理，各地区、各部门要把工作的着力点切实转到提高经济增长的质量和效益上来，坚决克服相互攀比、盲目上项目、铺摊子的现象。

（二）清理工作依据现行的法律、行政法规和国家政策进行。主要按照国家产业政策和行业规划、土地管理、环境保护、银行信贷、项目审批等方面的法规和政策，国务院关于控制钢铁、电解铝、水泥以及党政机关办公楼和培训中心、城市快速轨道交通、高尔夫球场建设等通知的要求进行清理。对不符合要求的项目要采取措施，该停止建设的要停止建设，该限期整改的要限期整改。

（三）清理工作坚持突出重点，分类指导，区别对待。在遏制投资过快增长势头的同时，注重结构调整。对技术含量低、明显超出市场需求、不符合结构调整要求的项目，特别是盲目投资和低水平重复建设的高耗能、高耗水、高物耗、污染严重的项目，要坚决压下来。对其中政府行为推动的建设项目，要加大清理力度。对技术含量高、符合结构调整要求的项目，需要加强农林水利、生态建设、环境基础设施、社会事业等薄弱领域的项目，要继续给予支持。

（四）清理工作要按照项目隶属关系进行。发展改革委负责清理的组织工作，并与监察部、国土资源部、建设部、人民银行、审计署、环保总局、银监会等部门按照各自职责分工，加强对清理工作的督导和检查。

二、清理的范围

各地区、各部门和各有关单位要对所有在建、拟建项目进行一次全面清理、审核。在建项目是指已开工建设的项目；拟建项目是指项目单位已提出申请，政府部门正在受理且尚未开工的项目。

要重点清理：（1）钢铁、电解铝、水泥以及党政机关办公楼和培训中心、城市快速轨道交通、高尔夫球场、会展中心、物流园区、大型购物中心等项目；（2）2004 年以来新开工的所有项目。

农林水利（含农村“六小”工程）、生态建设、教育（不含大学城）、卫生、科学（不含科技园区）项目不在清理范围内。

三、清理的内容

清理中要对在建、拟建项目逐个进行审核，清理的内容是：

（一）是否符合国家产业政策和行业规划。

（二）是否符合土地利用总体规划并纳入土地利用年度计划。

（三）是否符合国家环境保护的有关规定并通过环境影响评价。

（四）是否符合城市总体规划。

（五）是否符合项目审批等各项建设程序。

（六）是否符合信贷政策和固定资产贷款的有关规定。

（七）是否符合《国务院办公厅转发发展改革委等部门关于制止钢铁电解铝水泥行业盲目投资若干意见的通知》（国办发[2003]103 号）、《中共中央办公厅、国务院办公厅关于继续从严控制党政机关办公楼和培训中心项目建设的通知》（中办发[2003]3 号）、《国务院办公厅关于加强城市快速轨道交通建设管理的通知》（国办发[2003]81 号）、《国务院办公厅关于暂停新建高尔夫球场的通知》（国办发[2004]1 号）的要求。

（八）是否属于《国务院办公厅关于严格禁止违规建设 135 万千瓦及以下火电机组的通知》（国办发明电[2002]6 号）、原国家经贸委《淘汰落后生产能力、工艺和产品的目录（第一、二、三批）》（国家经贸委令第 6 号、16 号、32 号）规定范围内的项目。

（九）是否符合与项目建设有关的其他法律、行政法规和国家政策。

四、清理后的处理

（一）对国家明令禁止建设的、违反土地管理法等有关法律、行政法规和国家政策的在建项目，要停止建设。

（二）对不符合环保规定、城市规划、项目审批等建设程序以及信贷政策等要求的在建项目，要暂停建设，限期整改。

（三）对符合法律、行政法规和国家政策要求的在建项目，要在落实好项目建设条件的基础上，合理安排建设进度。

（四）对不符合法律、行政法规和国家政策要求的拟建项目，一律取消立项，严禁擅自开工建设。

（五）对钢铁、电解铝、水泥项目，年内原则上不再开工新项目。个别调整优化结构的重大项目，确需今年开工的，须报国家批准。

五、工作方式

（一）地方项目由省级人民政府负责清理；中央项目由国务院有关部门和有关单位负责清理；中央和地方共同出资的建设项目，中央投资为主的由国务院有关部门和有关单位负责清理，地方投资为主的由省级人民政府负责清理。

（二）发展改革委负责具体组织和督促落实清理工作，并从国家产业政策、行业规划、项目审批程序等方面对清理工作进行督导和抽查。

（三）国土资源部、建设部、环保总局分别从土地管理、城市规划、环境保护等方面进行督导和抽查；银监会从信贷政策和固定资产贷款规定方面进行督导和抽查，并负责落实对城市建设打捆项目贷款的抽查。

（四）由发展改革委牵头，监察部、国土资源部、建设部、人民银行、审计署、环保总局、银监会等部门参加，组成工作班子，负责具体落实清理工作。

六、工作进度

（一）各地区、各部门和各有关单位要高度重视，加强领导，主要负责同志要亲自挂帅，抽调人员组成临时机构，明确责任，制定周密工作方案，从速组织开展项目清理工作。

（二）各地区、各部门和各有关单位的清理工作要在发出通知之日起 1 个半月内完成，并将清理结果和处理措施报发展改革委。（1）清理范围内所有在建、拟建项目的清理结果和处理措施；（2）对重点清理的项目中总投资 1 000 万元及以上的项目，以及清理的其他项目中总投资 3 000 万元及以上的项目，按项目提出停止建设、暂停建设限期整改、取消立项和符合要求的处理意见。

（三）各地区、各部门和各有关单位的清理工作结束后，发展改革委、监察部、国土资源部、建设部、人民银行、审计署、环保总局、银监会要对清理情况进行抽查。抽查工作结束后，发展改革委会同有关部门，形成清理报告上报国务院。

（四）各地区、各部门和各有关单位要从大局出发，切实做好清理工作，如实上报清理结果，防止出现地方、行业保护主义。特别要妥善处理好项目停止或暂停建设后可能出现的问题，制定预案，做好善后工作。对弄虚作假、有意隐瞒不报的，对因工作原因造成停止或暂停建设后出现新的不良后果的，一经查实，要追究有关领导的责任。

（五）清理固定资产投资项目，政策性强，涉及面大，国务院各部门要认真履行职责，密切配合，加强沟通，及时发现并协调解决清理工作中的突出问题。重大问题要向国务院报告。

国务院办公厅

二〇〇四年四月二十七日

国务院办公厅转发国家经贸委关于清理整顿小钢铁厂意见的通知

国办发[2000]10号

各省、自治区、直辖市人民政府，国务院各部委、各直属机构：

国家经贸委《关于清理整顿小钢铁厂的意见》已经国务院同意，现转发给你们，请认真贯彻执行。

国务院办公厅
二〇〇〇年二月三日

关于清理整顿小钢铁厂的意见

（国家经贸委　二〇〇〇年一月十四日）

为了认真贯彻党的十五届四中全会和中央经济工作会议精神，落实党中央、国务院关于淘汰落后的工艺和设备，压缩过剩的生产能力的要求，加大钢铁工业结构调整力度，促进产业优化升级，提高冶金行业发展的质量和效益，经与有关方面共同研究，对依法清理整顿小钢铁厂提出以下意见：

一、清理整顿小钢铁厂的范围和要求

（一）依据《中华人民共和国环境保护法》、《中华人民共和国大气污染防治法》、《国务院关于发布〈工业产品生产许可证试行条例〉的通知》（国发[1984]54 号）、《关于公布第一批严重污染环境（大气）的淘汰工艺与设备名录的通知》（国经贸资[1997]367 号）、《淘汰落后生产能力、工艺和产品的目录（第一批）》（国家经贸委 1999 年第 6 号令）等有关法律法规和文件的规定，分阶段限期关停小钢铁厂。

2000 年对使用以下生产设备的小钢铁厂予以关停：土焦生产设备（含地方改良焦生产设备）和土烧结生产设备，18 米^{2}以下（含 18 米^2）烧结机，50 米^{3}以下（含 50 米^3）的小高炉，公称容量 10 吨以下（含 10 吨）的小转炉（含侧吹转炉）、小电炉（机械行业生产铸钢件的小电炉除外），1 800 千伏安以下（含 1 800 千伏安）铁合金电炉；1998 年产钢 10 万吨以下（含 10 万吨）的小炼钢厂，横列式小型材、线材轧机年产量 10 万吨以下（含 10 万吨）的小轧钢厂；坚决取缔生产地条钢或开口锭的其他炼钢设备。

3 200 千伏安以下（含 3 200 千伏安）小铁合金电炉要在 2001 年底前关停。

生产热烧结矿的烧结机，100 米^{3}以下（含 100 米^3）小高炉，公称容量 15 吨以下（含 15 吨）小转炉，年产普碳钢 30 万吨以下（含 30 万吨）的小炼钢厂，横列式小型材、线材轧机年产量 25 万吨以下（含 25 万吨）的小轧钢厂，要在 2002 年底前关停。

（二）属上述关停范围内的在建小钢铁厂立即停止建设。

（三）国家有关部门和各省、自治区、直辖市人民政府，一律不再批准新建上述小炼铁（高炉）、小炼钢（转炉、电炉）项目；2000 年不得批准扩大现有炼铁、炼钢生产规模的技术改造

项目。

（四）上述关停范围内承担军工任务的冶炼和轧钢设备，由省、自治区、直辖市经贸委（经委、计经委）牵头，组织有关部门和单位，进行检查核实，并报国家经贸委审核同意后，可暂不列入关停范围。

二、清理整顿小钢铁厂的措施

（一）对应予关停的小钢铁厂，煤炭、石油行业不得为其提供煤炭、燃油；电力部门不得为其提供电力；银行不得为其提供贷款；国家质量技术监督部门要会同有关部门依法收回其生产许可证；工商行政管理部门对逾期不申请注销登记的要吊销其营业执照；环保部门要吊销其排污许可证。

（二）凡不按规定关停小钢铁厂的地区，国家有关部门和各省、自治区、直辖市人民政府，一律停止审批该地区钢铁企业新的技改、基建项目。

（三）凡属上述关停范围内的工艺设备和设施，设计单位不得进行设计，设备制造单位不得生产，建设施工单位不得建设施工。对违反这一规定的，由相应行政主管部门依法分别对设计、生产、施工单位进行处罚。

（四）小钢铁厂关停后，其设备要就地拆除报废，不得出租、变卖和易地使用。

（五）关闭小钢铁厂的善后问题，按照谁批准谁负责、谁投资谁承担风险的原则，依法清理债权债务。根据国务院有关规定，妥善解决、安排好企业职工的下岗分流和再就业工作。

（六）以上措施，适用于不同所有制的所有小钢铁厂。

（七）对依法关停的国有小钢铁厂，由国家经贸委、人民银行审核，报经国务院批准后，可享受《国务院关于在若干城市试行国有企业兼并破产和职工再就业有关问题的补充通知》（国发[1997]10 号）等有关文件规定的政策。

三、组织实施

（一）清理整顿小钢铁厂的工作，由国家经贸委牵头，会同国家计委、财政部、建设部、环保总局、工商局、质量技监局和冶金局等有关部门负责指导、监督。各省、自治区、直辖市人民政府负责组织实施。

（二）各省、自治区、直辖市经贸委（经委、计经委）负责提出本地区应予取缔、关停的小钢铁厂名单，报国家经贸委，国家经贸委会同有关部门审核批准后实施。

（三）各地要及时向国家经贸委报告清理整顿小钢铁厂工作的进展情况；国家冶金局要及时向各地通报有关情况，并根据工作需要提出措施和建议。

清理整顿小钢铁厂的工作涉及面广，政策性强，任务重，各地人民政府要统一认识，加强领导，明确责任，按照国务院的统一部署，加大执法监督力度，狠抓落实。同时，要做好宣传教育工作，妥善处理关停工作中出现的各种矛盾和问题，保证这项工作的顺利进行。

五、淘汰落后

淘汰落后产能中央财政奖励资金管理办法

财建[2011]180 号

各省、自治区、直辖市、计划单列市财政厅（局）、工业和信息化主管部门、发展改革委（能源局），新疆生产建设兵团财务局、工业和信息化主管部门、能源主管部门：

为加快产业结构调整升级，提高经济增长质量，深入推进节能减排，根据《国务院关于进一步加强淘汰落后产能工作的通知》（国发[2010]7 号）、《国务院办公厅转发环境保护部等部门关于加强重金属污染防治工作指导意见的通知》（国办发[2010]61 号）以及国务院制订的钢铁、有色金属、纺织行业等产业调整和振兴规划等文件要求，“十二五”期间，中央财政将继续采取专项转移支付方式对经济欠发达地区淘汰落后产能工作给予奖励。为加强财政资金管理，提高资金使用效益，我们制定了《淘汰落后产能中央财政奖励资金管理办法》，现印发给你们，请遵照执行。

附件：淘汰落后产能中央财政奖励资金管理办法

财政部　工业和信息化部　国家能源局

二〇一一年四月二十日

淘汰落后产能中央财政奖励资金管理办法

第一章　总　则

第一条　根据国务院节能减排工作部署和《国务院关于进一步加强淘汰落后产能工作的通知》（国发[2010]7 号）、《国务院办公厅转发环境保护部等部门关于加强重金属污染防治工作指导意见的通知》（国办发[2010]61 号）以及国务院制订的钢铁、有色金属、纺织行业等产业调整和振兴规划等文件要求，“十二五”期间，中央财政将继续安排专项资金，对经济欠发达地区淘汰落后产能工作给予奖励（以下简称奖励资金）。为规范奖励资金管理，提高资金使用效益，特制订本办法。

第二条　企业要切实承担起淘汰落后产能的主体责任，严格遵守节能、环保、质量、安全等法律法规，主动淘汰落后产能；地方政府要切实负担起本行政区域内淘汰落后产能工作的职责，依据有关法律、法规和政策组织督促企业淘汰落后产能。

第三条　本办法适用行业为国务院有关文件规定的电力、炼铁、炼钢、焦炭、电石、铁合金、电解铝、水泥、平板玻璃、造纸、酒精、味精、柠檬酸、铜冶炼、铅冶炼、锌冶炼、制革、印染、化纤以及涉及重金属污染的行业。

第二章　奖励条件和标准

第四条　奖励资金支持淘汰的落后产能项目必须具备以下条件：

1. 满足奖励门槛要求。奖励门槛依据国家相关文件、产业政策等确定，并根据国家产业政策、产业结构调整等情况逐步提高，2011—2013 年的奖励门槛详见附 1。

2. 相关生产线和设备型号与项目批复等有效证明材料相一致，必须在当年拆除或废毁，不得转移。

3. 近三年处于正常生产状态（根据企业纳税凭证、电费清单、生产许可证等确定），如年均实际产量比项目批复生产能力少 20%以上，落后产能按年均实际产量确定。

4. 所属企业相关情况与项目批复、工商营业执照、生产许可证等有效证明材料相一致。

5. 经整改环保不达标，规模较小的重金属污染企业应整体淘汰。

6. 未享受与淘汰落后产能相关的其他财政资金支持。

第五条 中央财政根据年度预算安排、地方当年淘汰落后产能目标任务、上年度目标任务实际完成和资金安排使用情况等因素安排奖励资金。对具体项目的奖励标准和金额由地方根据本办法要求和当地实际情况确定。

第三章 资金安排和使用

第六条 每年 3 月底前，省级财政会同工业和信息化、能源主管部门根据省级人民政府批准上报的本年度重点行业淘汰落后产能年度目标任务及计划淘汰落后产能企业名单，提出计划淘汰且符合奖励条件的落后产能规模、具体企业名单以及计划淘汰的主要设备等，联合上报财政部、工业和信息化部、国家能源局。中央企业按属地原则上报，同等享受奖励资金支持。

第七条 财政部、工业和信息化部、国家能源局审核下达奖励资金预算。

第八条 各地区要积极安排资金支持淘汰落后产能，与中央奖励资金一并使用。

第九条 省级财政部门会同工业和信息化、能源主管部门，根据中央财政下达的奖励资金预算，制定切实可行的资金使用管理办法和资金分配方案，按规定审核下达和拨付奖励资金。

第十条 奖励资金必须专项用于淘汰落后产能企业职工安置、企业转产、化解债务等淘汰落后产能相关支出，不得用于平衡地方财力。

第十一条 奖励资金由地方统筹安排使用，但必须坚持以下原则：

1. 支持的淘汰落后产能项目须符合本办法第四条和第五条规定。

2. 优先支持淘汰落后产能企业职工安置，妥善安置职工后，剩余资金再用于企业转产、化解债务等相关支出。

3. 优先支持淘汰落后产能任务重、职工安置数量多和困难大的企业，主要是整体淘汰企业。

4. 优先支持通过兼并重组淘汰落后产能的企业。

第四章 监督管理

第十二条 每年 12 月底前，各地区要按照《关于印发淘汰落后产能工作考核实施方案的通知》（工信部联产业[2011]46 号）要求，对落后产能实际淘汰情况进行现场检查和验收，出具书面验收意见，并在省级人民政府网站或当地主流媒体上向社会公告本地区已完成淘汰落后产能任务的企业名单。

次年 2 月底前，省级财政、工业和信息化、能源等部门要将奖励资金安排和使用情况（详见附 2）、落后产能实际淘汰情况和书面验收意见等上报财政部、工业和信息化部、国家能源局。同时，要将使用中央财政奖励资金的企业基本情况、录像、图片等相关资料整理成卷，以备检查。

第十三条 工业和信息化部、国家能源局、财政部组织对地方落后产能实际淘汰、奖励资金安排使用等情况进行专项检查。

第十四条　对有下列情形的，各级财政部门应扣回相关奖励资金，情节严重的，按照《财政违法行为处罚处分条例》（国务院令第427号）规定，依法追究有关单位和人员责任。

（一）提供虚假材料，虚报冒领奖励资金的；

（二）转移淘汰设备，违规恢复生产的；

（三）重复申报淘汰落后产能项目的；

（四）出具虚假报告和证明材料的。

第十五条　对未完成淘汰落后产能任务及未按规定安排使用奖励资金的地方，财政部将收回相关奖励资金，情节严重的，将对项目所在市县给予通报批评、暂停中央财政淘汰落后产能奖励资金申请资格等处罚，并依法追究有关单位和人员责任。

第十六条　各级财政部门应结合当地实际情况，可采取先淘汰后奖励、先制定职工安置方案后安排资金、按落后产能淘汰进度拨付资金等方式，加强资金监督管理，确保奖励资金的规范性、安全性和有效性。

第五章　附　则

第十七条　本办法由财政部、工业和信息化部、国家能源局负责解释，各省（区、市）要依据本办法和当地实际情况制定实施细则，明确奖励资金安排原则、支持重点、支持标准等，报财政部、工业和信息化部、国家能源局备案。

第十八条　本办法自印发之日起实施，同时《淘汰落后产能中央财政奖励资金管理暂行办法》（财建[2007]873号）废止。

附：1. 淘汰落后产能中央财政奖励范围

2. 淘汰落后产能财政奖励资金安排使用情况表（略）

附1：

淘汰落后产能中央财政奖励范围

行业	2011年	2012年	2013年
炼铁	200米^{3}及以上高炉	300米^{3}及以上高炉	400米^{3}及以上高炉
炼钢	20吨及以上转炉、电炉	30吨及以上转炉、电炉	30吨及以上转炉、电炉
焦炭	炭化室2.5米及以上小机焦炉	炭化室3.2米及以上小机焦炉	炭化室4.3米（捣固焦炉3.8米）及以上机焦炉
	单炉产能5万吨/年及以上炭化炉（兰炭）	单炉产能7.5万吨/年及以上炭化炉（兰炭）	单炉产能7.5万吨/年及以上炭化炉（兰炭）
	未达到准入条件的热回收焦炉	未达到准入条件的热回收焦炉	产能40万吨及以上的热回收焦炉
铁合金	5 000千伏安及以上铁合金矿热电炉	6 300千伏安及以上铁合金矿热电炉	6 300千伏安及以上铁合金矿热电炉
	1 500千伏安以下铁合金硅钙合金电炉和硅钙钡铝合金电炉	1 500千伏安及以上铁合金硅钙合金电炉和硅钙钡铝合金电炉	1 500千伏安及以上铁合金硅钙合金电炉和硅钙钡铝合金电炉
	电解金属锰5 000千伏安及以下的整流变压器生产线	电解金属锰5 000千伏安以上的整流变压器生产线	电解金属锰5 000千伏安以上的整流变压器生产线

国务院关于进一步加强淘汰落后产能工作的通知

国发[2010]7 号

各省、自治区、直辖市人民政府，国务院各部委、各直属机构：

为深入贯彻落实科学发展观，加快转变经济发展方式，促进产业结构调整和优化升级，推进节能减排，现就进一步加强淘汰落后产能工作通知如下：

一、深刻认识淘汰落后产能的重要意义

加快淘汰落后产能是转变经济发展方式、调整经济结构、提高经济增长质量和效益的重大举措，是加快节能减排、积极应对全球气候变化的迫切需要，是走中国特色新型工业化道路、实现工业由大变强的必然要求。近年来，随着加快产能过剩行业结构调整、抑制重复建设、促进节能减排政策措施的实施，淘汰落后产能工作在部分领域取得了明显成效。但是，由于长期积累的结构性矛盾比较突出，落后产能退出的政策措施不够完善，激励和约束作用不够强，部分地区对淘汰落后产能工作认识存在偏差、责任不够落实，当前我国一些行业落后产能比重大的问题仍然比较严重，已经成为提高工业整体水平、落实应对气候变化举措、完成节能减排任务、实现经济社会可持续发展的严重制约。必须充分发挥市场的作用，采取更加有力的措施，综合运用法律、经济、技术及必要的行政手段，进一步建立健全淘汰落后产能的长效机制，确保按期实现淘汰落后产能的各项目标。各地区、各部门要切实把淘汰落后产能作为全面贯彻落实科学发展观，应对国际金融危机影响，保持经济平稳较快发展的一项重要任务，进一步增强责任感和紧迫感，充分调动一切积极因素，抓住关键环节，突破重点难点，加快淘汰落后产能，大力推进产业结构调整和优化升级。

二、总体要求和目标任务

（一）总体要求

1. 发挥市场作用。充分发挥市场配置资源的基础性作用，调整和理顺资源性产品价格形成机制，强化税收杠杆调节，努力营造有利于落后产能退出的市场环境。

2. 坚持依法行政。充分发挥法律法规的约束作用和技术标准的门槛作用，严格执行环境保护、节约能源、清洁生产、安全生产、产品质量、职业健康等方面的法律法规和技术标准，依法淘汰落后产能。

3. 落实目标责任。分解淘汰落后产能的目标任务，明确国务院有关部门、地方各级人民政府和企业的责任，加强指导、督促和检查，确保工作落到实处。

4. 优化政策环境。强化政策约束和政策激励，统筹淘汰落后产能与产业升级、经济发展、社会稳定的关系，建立健全促进落后产能退出的政策体系。

5. 加强协调配合。建立主管部门牵头，相关部门各负其责、密切配合、联合行动的工作机制，加强组织领导和协调配合，形成工作合力。

（二）目标任务

以电力、煤炭、钢铁、水泥、有色金属、焦炭、造纸、制革、印染等行业为重点，按照《国务院关于发布实施〈促进产业结构调整暂行规定〉的决定》（国发[2005]40 号）、《国务院关于

印发节能减排综合性工作方案的通知》（国发[2007]15 号）、《国务院批转发展改革委等部门关于抑制部分行业产能过剩和重复建设引导产业健康发展若干意见的通知》（国发[2009]38 号）、《产业结构调整指导目录》以及国务院制订的钢铁、有色金属、轻工、纺织等产业调整和振兴规划等文件规定的淘汰落后产能的范围和要求，按期淘汰落后产能。各地区可根据当地产业发展实际，制定范围更宽、标准更高的淘汰落后产能目标任务。

近期重点行业淘汰落后产能的具体目标任务是：

电力行业：2010 年底前淘汰小火电机组 5 000 万千瓦以上。

煤炭行业：2010 年底前关闭不具备安全生产条件、不符合产业政策、浪费资源、污染环境的小煤矿 8 000 处，淘汰产能 2 亿吨。

焦炭行业：2010 年底前淘汰炭化室高度 4.3 米以下的小机焦（3.2 米及以上捣固焦炉除外）。

铁合金行业：2010 年底前淘汰 6 300 千伏安以下矿热炉。

电石行业：2010 年底前淘汰 6 300 千伏安以下矿热炉。

钢铁行业：2011 年底前，淘汰 400 米^{3}及以下炼铁高炉，淘汰 30 吨及以下炼钢转炉、电炉。

有色金属行业：2011 年底前，淘汰 100 千伏安及以下电解铝小预焙槽；淘汰密闭鼓风炉、电炉、反射炉炼铜工艺及设备；淘汰采用烧结锅、烧结盘、简易高炉等落后方式炼铅工艺及设备，淘汰未配套建设制酸及尾气吸收系统的烧结机炼铅工艺；淘汰采用马弗炉、马槽炉、横罐、小竖罐（单日单罐产量 8 吨以下）等进行焙烧、采用简易冷凝设施进行收尘等落后方式炼锌或生产氧化锌制品的生产工艺及设备。

建材行业：2012 年底前，淘汰窑径 3.0 米以下水泥机械化立窑生产线、窑径 2.5 米以下水泥干法中空窑（生产高铝水泥的除外）、水泥湿法窑生产线（主要用于处理污泥、电石渣等的除外）、直径 3.0 米以下的水泥磨机（生产特种水泥的除外）以及水泥土（蛋）窑、普通立窑等落后水泥产能；淘汰平拉工艺平板玻璃生产线（含格法）等落后平板玻璃产能。

轻工业：2011 年底前，淘汰年产 3.4 万吨以下草浆生产装置、年产 1.7 万吨以下化学制浆生产线，淘汰以废纸为原料、年产 1 万吨以下的造纸生产线；淘汰落后酒精生产工艺及年产 3 万吨以下的酒精生产企业（废糖蜜制酒精除外）；淘汰年产 3 万吨以下味精生产装置；淘汰环保不达标的柠檬酸生产装置；淘汰年加工 3 万标张以下的制革生产线。

纺织行业：2011 年底前，淘汰 74 型染整生产线、使用年限超过 15 年的前处理设备、浴比大于 1∶10 的间歇式染色设备，淘汰落后型号的印花机、热熔染色机、热风布铗拉幅机、定形机，淘汰高能耗、高水耗的落后生产工艺设备；淘汰 R531 型酸性老式黏胶纺丝机、年产 2 万吨以下粘胶生产线、湿法及 DMF 溶剂法氨纶生产工艺、DMF 溶剂法腈纶生产工艺、涤纶长丝锭轴长 900 毫米以下的半自动卷绕设备、间歇法聚酯设备等落后化纤产能。

三、分解落实目标责任

（一）工业和信息化部、能源局要根据当前和今后一个时期经济发展形势以及国务院确定的淘汰落后产能阶段性目标任务，结合产业升级要求及各地区实际，商有关部门提出分行业的淘汰落后产能年度目标任务和实施方案，并将年度目标任务分解落实到各省、自治区、直辖市。各有关部门要充分发挥职能作用，抓紧制定限制落后产能企业生产、激励落后产能退出、促进落后产能改造等方面的配套政策措施，指导和督促各地区认真贯彻执行。

（二）各省、自治区、直辖市人民政府要根据工业和信息化部、能源局下达的淘汰落后产能目标任务，认真制订实施方案，将目标任务分解到市、县，落实到具体企业，及时将计划淘汰落后产能企业名单报工业和信息化部、能源局。要切实担负起本行政区域内淘汰落后产能工作的职责，严格执行相关法律、法规和各项政策措施，组织督促企业按要求淘汰落后产能、拆除落后设施装置，防止落后产能转移；对未按要求淘汰落后产能的企业，要依据有关法律法规责令停产或予以关闭。

（三）企业要切实承担起淘汰落后产能的主体责任，严格遵守安全、环保、节能、质量等法律法规，认真贯彻国家产业政策，积极履行社会责任，主动淘汰落后产能。

（四）各相关行业协会要充分发挥政府和企业间的桥梁纽带作用，认真宣传贯彻国家方针政策，加强行业自律，维护市场秩序，协助有关部门做好淘汰落后产能工作。

四、强化政策约束机制

（一）严格市场准入。强化安全、环保、能耗、物耗、质量、土地等指标的约束作用，尽快修订《产业结构调整指导目录》，制定和完善相关行业准入条件和落后产能界定标准，提高准入门槛，鼓励发展低消耗、低污染的先进产能。加强投资项目审核管理，尽快修订《政府核准的投资项目目录》，对产能过剩行业坚持新增产能与淘汰产能“等量置换”或“减量置换”的原则，严格环评、土地和安全生产审批，遏制低水平重复建设，防止新增落后产能。改善土地利用计划调控，严禁向落后产能和产能严重过剩行业建设项目提供土地。支持优势企业通过兼并、收购、重组落后产能企业，淘汰落后产能。

（二）强化经济和法律手段。充分发挥差别电价、资源性产品价格改革等价格机制在淘汰落后产能中的作用，落实和完善资源及环境保护税费制度，强化税收对节能减排的调控功能。加强环境保护监督性监测、减排核查和执法检查，加强对企业执行产品质量标准、能耗限额标准和安全生产规定的监督检查，提高落后产能企业和项目使用能源、资源、环境、土地的成本。采取综合性调控措施，抑制高消耗、高排放产品的市场需求。

（三）加大执法处罚力度。对未按期完成淘汰落后产能任务的地区，严格控制国家安排的投资项目，实行项目“区域限批”，暂停对该地区项目的环评、核准和审批。对未按规定期限淘汰落后产能的企业吊销排污许可证，银行业金融机构不得提供任何形式的新增授信支持，投资管理部门不予审批和核准新的投资项目，国土资源管理部门不予批准新增用地，相关管理部门不予办理生产许可，已颁发生产许可证、安全生产许可证的要依法撤回。对未按规定淘汰落后产能、被地方政府责令关闭或撤销的企业，限期办理工商注销登记，或者依法吊销工商营业执照。必要时，政府相关部门可要求电力供应企业依法对落后产能企业停止供电。

五、完善政策激励机制

（一）加强财政资金引导。中央财政利用现有资金渠道，统筹支持各地区开展淘汰落后产能工作。资金安排使用与各地区淘汰落后产能任务相衔接，重点支持解决淘汰落后产能有关职工安置、企业转产等问题。对经济欠发达地区淘汰落后产能工作，通过增加转移支付加大支持和奖励力度。各地区也要积极安排资金，支持企业淘汰落后产能。在资金申报、安排、使用中，要充分发挥工业、能源等行业主管部门的作用，加强协调配合，确保资金安排对淘汰落后产能产生实效。

（二）做好职工安置工作。妥善处理淘汰落后产能与职工就业的关系，认真落实和完善企业职工安置政策，依照相关法律法规和规定妥善安置职工，做好职工社会保险关系转移与接续工作，避免大规模集中失业，防止发生群体性事件。

（三）支持企业升级改造。充分发挥科技对产业升级的支撑作用，统筹安排技术改造资金，落实并完善相关税收优惠和金融支持政策，支持符合国家产业政策和规划布局的企业，运用高新技术和先进适用技术，以质量品种、节能降耗、环境保护、改善装备、安全生产等为重点，对落后产能进行改造。提高生产、技术、安全、能耗、环保、质量等国家标准和行业标准水平，做好标准间的衔接，加强标准贯彻，引导企业技术升级。对淘汰落后产能任务较重且完成较好的地区和企业，在安排技术改造资金、节能减排资金、投资项目核准备案、土地开发利用、融资支持等方面给予倾斜。对积极淘汰落后产能企业的土地开发利用，在符合国家土地管理政策的前提下，优先予以支持。

六、健全监督检查机制

（一）加强舆论和社会监督。各地区每年向社会公告本地区年度淘汰落后产能的企业名单、落后工艺设备和淘汰时限。工业和信息化部、能源局每年向社会公告淘汰落后产能企业名单、落后工艺设备、淘汰时限及总体进展情况。加强各地区、各行业淘汰落后产能工作交流，总结推广、广泛宣传淘汰落后产能工作先进地区和先进企业的有效做法，营造有利于淘汰落后产能的舆论氛围。

（二）加强监督检查。各省、自治区、直辖市人民政府有关部门要及时了解、掌握淘汰落后产能工作进展和职工安置情况，并定期向国家有关部门报告。工业和信息化部、发展改革委、财政部、能源局要组织有关部门定期对各地区淘汰落后产能工作情况进行监督检查，切实加强对重点地区淘汰落后产能工作的指导，并将进展情况报告国务院。

（三）实行问责制。将淘汰落后产能目标完成情况纳入地方政府绩效考核体系，参照《国务院批转节能减排统计监测及考核实施方案和办法的通知》（国发[2007]36 号）对淘汰落后产能任务完成情况进行考核，提高淘汰落后产能任务完成情况的考核比重。对未按要求完成淘汰落后产能任务的地区进行通报，限期整改。对瞒报、谎报淘汰落后产能进展情况或整改不到位的地区，要依法依纪追究该地区有关责任人员的责任。

七、切实加强组织领导

建立淘汰落后产能工作组织协调机制，加强对淘汰落后产能工作的领导。成立由工业和信息化部牵头，发展改革委、监察部、财政部、人力资源和社会保障部、国土资源部、环境保护部、农业部、商务部、人民银行、国资委、税务总局、工商总局、质检总局、安全监管总局、银监会、电监会、能源局等部门参加的淘汰落后产能工作部际协调小组，统筹协调淘汰落后产能工作，研究解决淘汰落后产能工作中的重大问题，根据“十二五”规划研究提出下一步淘汰落后产能目标并做好任务分解和组织落实工作。有关部门要认真履行职责，积极贯彻落实各项政策措施，加强沟通配合，共同做好淘汰落后产能的各项工作。地方各级人民政府要健全领导机制，明确职责分工，做到责任到位、措施到位、监管到位，确保淘汰落后产能工作取得明显成效。

附件：淘汰落后产能重点工作分工表

国务院

二〇一〇年二月六日

附件：

淘汰落后产能重点工作分工表

序号	工 作 任 务	负责单位	参加单位
1	提出分行业的淘汰落后产能年度目标任务和实施方案，并分解落实到各省（区、市）	工业和信息化部、能源局分别负责	发展改革委、国土资源部、环境保护部、商务部、安全监管总局等相关部门
2	根据国家下达的淘汰落后产能目标任务，制订实施方案，将目标任务分解到市、县，落实到具体企业；将拟淘汰落后产能企业名单报工业和信息化部、能源局	各省、自治区、直辖市人民政府	
3	制订和完善落后产能界定标准	工业和信息化部、能源局分别负责	环境保护部、安全监管总局等相关部门
4	加强投资项目审核管理，严格环评、土地和安全生产审批，防止新增落后产能	发展改革委、工业和信息化部、国土资源部、环境保护部、安全监管总局、能源局分别负责	
5	支持优势企业通过兼并、收购、重组落后产能企业淘汰落后产能	工业和信息化部	发展改革委、国资委、能源局
6	完善差别电价政策，加大对落后产能执行差别电价的力度	发展改革委	工业和信息化部、财政部、电监会、能源局
7	推进资源性产品价格改革	发展改革委	工业和信息化部、财政部、能源局
8	落实和完善资源及环境保护税费制度，强化税收对节能减排的调控功能	财政部	发展改革委、工业和信息化部、国土资源部、环境保护部、税务总局、能源局
9	加强环境保护监督性监测、减排核查和执法检查	环境保护部	工业和信息化部、能源局
10	加强对企业执行产品质量标准情况的监督检查	质检总局	工业和信息化部
11	加强对企业执行产品能耗限额标准情况的监督检查	工业和信息化部、发展改革委、能源局	
12	加强对企业安全生产情况的监督检查	安全监管总局	
13	提高落后产能企业和项目的土地使用成本	国土资源部	
14	采取综合性调控措施，抑制高消耗、高排放产品的市场需求	发展改革委、商务部、财政部	工业和信息化部、能源局等相关部门
15	对未按期完成淘汰落后产能任务的地区严格控制国家安排的投资项目，实行项目“区域限批”	发展改革委、工业和信息化部、环境保护部、能源局等分别负责	
16	对未按规定期限淘汰落后产能的企业吊销排污许可证，银行业金融机构不得提供任何形式的新增授信支持，投资管理部门不予审批和核准新的投资项目，国土资源管理部门不予批准新增用地，相关管理部门不予办理生产许可，撤回已颁发的生产许可证、安全生产许可证	发展改革委、工业和信息化部、国土资源部、环境保护部、人民银行、质检总局、安全监管总局、银监会、能源局分别负责	

序号	工 作 任 务	负责单位	参加单位
17	对未按规定淘汰落后产能、被地方政府责令关闭或撤销的企业，限期办理工商注销登记，或者依法吊销工商营业执照	工商总局	
18	统筹支持各地区开展淘汰落后产能工作，加大对经济欠发达地区的支持和奖励力度	财政部	工业和信息化部、能源局
19	指导、督促地方和企业做好职工安置工作	人力资源和社会保障部、发展改革委、财政部	工业和信息化部、能源局
20	提高生产、技术、安全、能耗、环保、质量等国家标准和行业标准水平，做好标准间的衔接，加强标准贯彻	质检总局、国家标准委、工业和信息化部、环境保护部、安全监管总局、能源局等分别负责	
21	统筹安排技术改造资金，落实完善相关税收优惠和金融支持政策，支持对落后产能进行技术改造；对淘汰落后产能任务较重且完成较好的地区和企业，在安排技术改造资金、节能减排资金、投资项目核准备案、土地开发利用、融资支持等方面给予倾斜	发展改革委、工业和信息化部、财政部、国土资源部、人民银行、税务总局、安全监管总局、银监会、能源局分别负责	
22	支持积极淘汰落后产能企业的土地开发利用	国土资源部	
23	向社会公告本地区年度淘汰落后产能的企业名单、落后工艺设备和淘汰时限，定期向国务院有关部门报告工作进展情况	各省、自治区、直辖市人民政府	
24	向社会公告淘汰落后产能企业名单、落后工艺设备、淘汰时限及总体进展情况	工业和信息化部、能源局分别负责	
25	加强工作交流，宣传、推广淘汰落后产能工作先进地区和先进企业的有效做法	工业和信息化部、能源局分别负责	相关部门
26	对各地区淘汰落后产能工作情况进行监督检查，对任务完成情况进行考核，并将情况报告国务院	工业和信息化部、发展改革委、财政部、能源局	监察部、国土资源部、环境保护部、商务部、人民银行、工商总局、质检总局、安全监管总局、银监会、电监会
27	对瞒报、谎报淘汰落后产能进展情况或整改不到位的地区，依法追究该地区有关责任人员的责任	监察部	
28	建立淘汰落后产能工作部际协调机制	工业和信息化部	发展改革委、监察部、财政部、人力资源和社会保障部、国土资源部、环境保护部、农业部、商务部、人民银行、国资委、税务总局、工商总局、质检总局、安全监管总局、银监会、电监会、能源局
29	根据“十二五”规划研究提出下一步淘汰落后产能的目标	工业和信息化部、能源局分别负责	相关部门

国家发展改革委关于进一步做好钢铁工业关停和淘汰落后生产能力工作的通知

发改工业[2007]2761号

各省（区、市）发展改革委、经委：

今年4月27日，国务院召开了钢铁工业关停和淘汰落后产能工作会议。会上，我委与河北、山西等10个主要产钢省（区、市）政府签订了第一批《关停和淘汰落后钢铁生产能力责任书》（以下简称《责任书》）。会后，10省（区、市）认真贯彻落实会议精神，细化实施方案，确定工作目标，明确责任、措施和考核办法，积极稳妥地推进各项工作。总体看，关停和淘汰落后钢铁产能工作已取得阶段性进展，但在具体工作过程中也出现了一些突出问题，主要有：一是有的企业将属于淘汰类的设备稍加改造，扩大规模，躲避淘汰；二是一些企业只是暂时停产，并没有拆除落后设备和对场地进行平整，这些产能随时可以复产；三是个别企业将淘汰下来的设备转卖到其他地区；四是有的企业将应淘汰的炼铁小高炉转产国内产量已严重过剩的铸铁管、铁合金等产品。这些问题都削弱了关停和淘汰落后工作的努力成效。对此，为更好地贯彻落实科学发展观，指导地方开展工作，确保关停和淘汰落后工作落到实处，现将有关要求通知如下：

一、严格执行淘汰落后钢铁产能标准。为了解决各地淘汰落后执行标准不尽一致，造成有的落后设备关而不拆、死灰复燃等问题，现将淘汰落后钢铁产能标准明确为：拆除高炉、转炉、电炉炉体以及配套的风机、烧结、烟囱等设备设施，且场地平整完毕。请各地照此严格执行。

二、防止落后设备躲避淘汰。各省（区、市）发改委及经委要组织环保、土地等有关部门对落后产能淘汰工作进行实地督查，按照上述标准进行设备拆除。拆除设备不得作为二手设备变卖，必须拆除解体并只能作为废钢铁原料。落后小高炉不允许转产铸管和铁合金等。落后设备不得通过由淘汰类改造为限制类等方式躲避淘汰。

三、出具《拆除落后钢铁产能设备证明》。各地要严格按照《责任书》的要求，按期淘汰本地落后产能。各省（区、市）发改委及经委在落后设备拆除后，要及时向我委报送《拆除落后钢铁产能设备证明》（格式见附件），注明设备所属企业、设备规模和产能、具体淘汰时间等。

四、加大执法力度。环保部门对不符合排放标准的企业应依法令其立即停产。对到期未淘汰落后产能的企业，工商部门要坚决吊销营业执照，质检部门吊销生产许可证，尤其是供电、供水部门要采取断电和停水等措施，迫使其退出市场。

五、加强宣传和舆论监督。各地要组织新闻单位对本地落后钢铁设备拆除现场进行报道，充分利用电视、广播、报刊、互联网等多种媒体，对本地关停淘汰工作情况进行宣传；对企业弄虚作假，拖延、逃避淘汰的，要坚决曝光，并对当事人给予相应处罚。

各地在下一阶段具体实施淘汰落后，拆除钢铁有关设备前，请及时通知我委（工业司），我们将根据具体情况专门组织新闻媒体到现场采访并予以报道。

六、加强核查。我委将组织环保、国土、质检、工商等部门对各地淘汰落后情况进行现场核查，并将核查情况通过新闻媒体向社会公布。

联系电话：010-68501582

附件：××省（区、市）拆除落后钢铁产能设备证明（略）

国家发展改革委关于禁止落后炼铁高炉等淘汰设备转为他用有关问题的紧急通知

发改产业[2007]2047号

各省、自治区、直辖市、计划单列市及新疆生产建设兵团发展改革委、经委（经贸委）：

落后生产能力是资源能源浪费、环境污染的源头。加快淘汰落后生产能力是促进产业结构优化升级、转变经济增长方式、实现“十一五”节能减排目标的一项重要措施。近年来，各地认真贯彻国家法律、法规和产业政策，淘汰严重浪费资源、污染环境的落后生产能力，取得了积极成效。但是，近来在一些地方出现了部分企业不认真执行国家法律、法规和产业政策，将国家明令淘汰的设备转为他用的问题。这种做法严重影响淘汰落后生产能力工作，不利于产业结构的调整和优化升级，也影响节能减排目标的实现。因此，各地必须高度重视，采取切实可行的措施加以制止。现将有关问题通知如下：

一、目前问题比较突出的是淘汰的部分炼铁高炉用来生产铁合金。

（一）高炉铁合金生产能力严重过剩。铁合金生产中高炉主要用于生产高炉锰铁，高炉容积一般为100～300米^3。据初步统计，目前我国共有铁合金高炉36座，高炉锰铁生产能力约100万吨。而近年来我国高炉锰铁的产量仅60万吨左右，产能过剩约40%。

（二）部分落后炼铁高炉盲目转产铁合金。由于300米^{3}及以下的炼铁高炉属于淘汰的落后炼铁生产能力，部分企业为逃避淘汰将300米^{3}以下的炼铁高炉转产铁合金。这些高炉有300多座，如全部转产可增加铁合金生产能力1 000多万吨，这将进一步加剧铁合金产能过剩的矛盾。

（三）以铁合金名义盲目建设　批镍铬生铁高炉。2006年以来，随着不锈钢生产的快速增长，金属镍价格上涨，一些地区以铁合金项目的名义建设（新建或改建）了一批以进口的红土矿为原料生产镍铬生铁的高炉，有些地区还准备新建。初步统计，目前镍铬生铁高炉生产能力在200万吨以上。这些镍铬生铁高炉容积小，装备比较落后，有些是用应淘汰的炼铁高炉转产生产镍铬生铁，无烟气净化措施，氟污染严重，难以治理，“三废”排放严重超标。另外，由于这种镍铬生铁高炉生产工艺是先炼出镍铬生铁再生产不锈钢，没有实现与炼钢工序的热装热送，热能利用效率低，浪费能源。这种镍铬生铁高炉实际上就是炼铁高炉，应该按炼铁项目要求进行建设，以铁合金项目建设降低了行业的准入门槛。落后炼铁高炉转产铁合金，以及铁合金高炉建设中存在的上述问题，在目前铁合金生产能力严重过剩的情况下，如果进一步发展，将加剧铁合金产能过剩矛盾，严重冲击铁合金企业生产，影响落后炼铁高炉的淘汰进度，不利于钢铁行业和铁合金行业的结构调整和宏观调控。

二、针对上述问题，为进一步促进钢铁行业和铁合金行业结构调整，加快淘汰落后生产能力，特提出如下要求：

（一）落后炼铁高炉要按期淘汰，禁止转产铁合金。炼铁高炉的淘汰，以炉体及风机、烧结、烟囱等设备设施拆除，生产场地平整为标准。各地要对淘汰的落后高炉转产铁合金的情况认真进行清理，发现一起，纠正一起，并将处理结果于9月底前报我委（产业政策司）。

（二）停止建设铁合金高炉。对新建、拟建铁合金高炉项目，各级投资主管部门不予核准和备案，金融机构不得提供信贷支持，对在建项目各地要认真进行清理，并将清理结果于9月底前报我委（产业政策司）。

（三）新建镍铬生铁高炉严格按炼铁项目进行管理。按《钢铁产业发展政策》要求，新建镍铬生铁高炉有效炉容应在1 000米^{3}及以上，同步配套污染治理和综合利用设施，能源消耗、新水耗量等达到炼铁高炉的准入条件。项目应按程序核准。对现有300米^{3}以下的镍铬生铁高炉按照炼铁高炉的要求限期淘汰。

（四）铁合金高炉必须生产铁合金。对改变用途冶炼生铁的，按照炼铁高炉要求重新进行审核。属于2005年8月以后建设的1 000米^{3}以下的高炉项目，不符合产业政策规定，应予以停产。属于300米^{3}以下的高炉应予以淘汰。

（五）各地区要举一反三，关注其他行业淘汰落后生产能力情况，及时发现和解决苗头性、倾向性问题。认真贯彻落实《国务院关于发布实施〈促进产业结构调整暂行规定〉的决定》和《国务院关于加快推进产能过剩行业结构调整的通知》等国家产业政策，严格执行行业准入条件，坚决淘汰落后生产能力。禁止落后生产能力转移，禁止落后生产设备转产。

国家发展和改革委员会

二〇〇七年八月十八日

关于钢铁工业控制总量淘汰落后加快结构调整的通知

发改工业[2006]1084 号

各省、自治区、直辖市、计划单列市、新疆生产建设兵团发展改革委（计委）、经贸委（经委）、商务厅、国土资源厅（局）、环保局，海关总署广东分署、天津、上海特派办，各直属海关，质监局、人民银行各分行（营业管理部）、各省会（首府）城市中心支行，银监会各监管局，国家政策性银行，国有独资商业银行、股份制商业银行：

根据国务院《关于加快推进产能过剩行业结构调整的通知》（国发[2006]11 号）的有关部署，现将钢铁工业控制总量、淘汰落后、加快结构调整的实施要求通知如下：

一、充分认识钢铁工业产能过剩的严峻形势

钢铁工业是国民经济的重要原材料产业。改革开放以来，我国钢铁工业取得了长足发展，已成为世界上最大的钢铁生产和消费国，为国民经济持续、稳定、健康发展作出了重要贡献。值得注意的是，钢铁工业在快速增长的同时，由于受体制和机制不完善的影响，粗放型特征非常明显，近两年来，盲目投资问题尤其突出。为加强对钢铁等行业的宏观调控，国务院印发了《国务院办公厅转发发展改革委等部门关于制止钢铁电解铝水泥行业盲目投资若干意见的通知》（国办发[2003]103 号），及时召开了电视电话会议，进行研究部署，发改委、国土、金融、环保、质检等各部门密切协作，完善调控措施，控制土地、金融两个闸门效果开始显现；经国务院审议批准，国家发展改革委发布了《钢铁产业发展政策》，具体明确了钢铁工业结构调整任务和方向。总体上看，这一轮宏观调控对抑制钢铁工业盲目发展发挥了重要作用，并取得了积极成效。一是投资增长幅度明显回落。钢铁工业投资由 2003 年增长 92.6%回落到 2005 年的 27.5%，与全国固定资产投资增长 27.2%的幅度基本持平；二是钢材需求过快增长的势头明显减弱。钢材表观消费量增幅由 2003 年的 28%回落到 2005 年的 22%；三是产品结构不断改善。2005 年钢材板带比已达 38.56%，比 2003 年提高 4.56 个百分点；四是企业兼并重组加快。鞍钢与本钢，武钢与鄂钢，唐钢与宣钢、承钢等企业联合标志着我国钢铁工业重组迈出了重要的一步；五是淘汰落后产能初见端倪。受去年下半年大部分钢材价格跌破成本的市场压力，一些技术、设备落后的钢铁企业已开始停产、半停产；部分地方，如河南省政府已根据环保等法律法规关闭了部分污染严重的落后产能。尽管钢铁工业宏观调控取得了一些成效，但盲目扩张累积的问题已十分突出，一些地方和企业还在继续上新项目，产能过剩的矛盾在进一步加剧，其后果正在显现。具体表现在：

一是产能过剩的矛盾十分突出。2005 年底已形成炼钢能力 4.7 亿吨，还有在建能力 0.7 亿吨、拟建能力 0.8 亿吨，如果任其全部建成，届时，我国炼钢产能将突破 6 亿吨。而 2005 年钢表观消费量在 3.5 亿吨左右，即使考虑到未来钢材需求的增长，供求也是严重失衡的。严重短缺的一些钢材品种，如不锈钢，也出现了产能过剩的问题。在市场已经过剩的情况下，不少企业仍在违规盲目上新项目，2003 年以后新增的炼钢产能中，经国家发展改革委、环保总局、国土资源部核准的项目产能不足全部新增产能的 20%，绝大部分产能未经核准、环评和科学论证。

二是资源供给和环境容量难以支撑。目前，我国钢铁工业所用的铁矿石已有 50%以上来自进口，全球新增铁矿石量的 90%以上用于我国的消费，受此影响，2005 年进口铁矿石价格上涨 71.5%，今年还有进一步上涨的压力；2004 年钢铁工业耗能近 3 亿吨标准煤，占全国能耗总量的 15%，耗新水近 40 亿吨，占工业耗新水总量的 14%，运输量 10 亿吨，占全社会货运量的 6%。而钢铁工业增加值仅占 GDP 的 3.14%；钢铁工业粉尘年排放量约 120 万吨，占工业排放量的 14%，钢铁企业已成为许多地方的主要污染源，引起了人民群众的强烈不满，也是政协和人大代表比较集中关注的问题之一。因此，无论是资源供给还是环境容量，均不允许钢铁工业粗放型发展下去了。

三是低水平产能占相当比重。在 2004 年末形成的 4.2 亿吨钢产能中，落后的 300 米^{3}及以下的小高炉能力约 1 亿吨，20 吨及以下的小转炉和小电炉能力 5 500 万吨，分别占总能力的 27%和 13.1%。这部分落后产能，规模小、效率低、污染重、无综合利用设施，单位能耗通常要比大型设备高出 10%～15%，物耗高出 7%～10%，二氧化硫排放量高 3 倍以上，粉尘、煤气超标排放，对周边生态环境构成严重威胁。

四是行业恶性竞争已经出现。2005 年 9 月下旬以来，在钢材价格出现全面下跌，原材料价格居高不下，95%的钢材产品价格跌破成本，企业产成品资金占用增长 50%，钢铁工业整体走向微利甚至亏损的形势下，相当多的企业仍在继续增产，加剧了市场供大于求的矛盾。

五是产业集中度进一步下降。由于我国钢铁企业数量增长过快，钢铁工业总体规模迅速扩张，产业集中度不升反降。2005 年我国 69 家重点统计企业钢产量占全国的 79.81%，比上年下降了 3.71 个百分点。

上述问题，如不及时加以解决，资源、能源、运输和环境矛盾将进一步加剧，并引发市场恶性竞争，国际贸易摩擦，企业亏损面扩大，一些企业将被迫停产，失业人数增加，银行呆坏账扩大等，我国钢铁工业有可能再次丧失由大到强转变的重要战略机遇。

二、抓住机遇，审时度势，明确目标，稳妥调控

当前，随着科学发展观的深入人心，各地区和钢铁企业已感受和认识到过度投资的危害和后果，提高了转变增长方式和加快结构调整紧迫性的认识。钢材供需形势的变化，为钢铁工业结构调整带来了市场压力，国务院通过的钢铁产业发展政策，对钢铁行业结构调整提出了具体要求。目前，钢铁工业正处于结构调整有压力、发展有动力、宏观调控有政策的有利时机，要抓住和利用好这一机遇，把控制总量、淘汰落后和调整结构作为当前和今后一个时期钢铁工业发展的重要任务，作为转变增长方式、实现单位国内生产总值能耗下降 20%的重要举措加以推进。要清醒地认识到，早调整、主动调整比晚调整、被动调整对钢铁工业造成的损失少，对社会震动小，更有助于钢铁工业增长方式的转变。

（一）结构调整目标

严格控制钢铁工业新增产能，加快淘汰落后生产能力，“十一五”期间，淘汰约 1 亿吨落后炼铁能力，2007 年前淘汰 5 500 万吨落后炼钢能力等，2006 年淘汰落后产能工作要取得实质性进展；钢铁工业布局不合理的局面得到改善，结合城市钢厂搬迁和淘汰落后产能，建成曹妃甸等沿海钢铁基地；产品结构调整取得进展，主要产品满足国民经济发展需要，2010 年板带比达到 50%；加快兼并重组，产业集中度有所提高，形成 2～3 个 3 000 万吨级、若干个千万吨级的具有国际竞争力的大型钢铁企业集团，国内排名前 10 位的钢铁企业集团钢产量占全国的比例达到 50%以上。

（二）结构调整需要把握的原则

1. 坚持市场机制为主，严格执行法律法规。钢铁工业具有市场竞争性强、全球资源配置的特征，在充分发挥市场机制对钢铁工业结构调整的推动和基础性作用的同时，要采取有效的经济手段，严格执行土地、信贷、环保等法律法规。宏观调控是完善和发挥市场机制、顺利实现优胜劣汰的必要措施。

2. 坚持区别对待，分类指导原则。要根据不同地区、不同企业的实际情况，按照钢铁产业政策和规划的要求，有保有压，坚持总量调控和结构调整相结合，扶优与汰劣相结合，兼并重组与关停相结合，现有企业改造与搬迁相结合。

3. 注重平稳发展，防止大起大落。为确保钢铁工业控制总量、淘汰落后、结构调整的顺利进行，需要一个相对稳定的环境，既要抓住当前有利时机，坚决推进，又要把握力度和节奏，以最小的代价，换取明显的成效，特别要避免出现因钢铁工业大的滑坡等不稳定因素，而影响和动摇结构调整正常进行的被动局面。因此，在目前比较脆弱的市场形势下，要审时度势，把握宏观调控的力度，当前首先要不放松现有政策的执行力度。

4. 注意标本兼治，建立长效机制。在着力对钢铁工业控制总量、淘汰落后能力的同时，要研究解决和消除钢铁工业粗放型发展的体制性因素，推动相应的体制改革，建立有助于钢铁工业健康发展的长效机制，避免再度出现反弹。

三、采取有力措施，务求控制总量、淘汰落后和结构调整取得实效

钢铁工业控制总量和淘汰落后，是“十一五”期间结构调整的一项重要任务，为顺利完成上述任务，要继续加强和改善宏观调控，采取以下具体措施：

（一）严格执行法律法规和钢铁产业发展政策

国家制定颁发的一系列保护环境、安全生产法律和国务院常务会议通过的《钢铁产业发展政策》等，对控制总量、淘汰落后能力、加快结构调整都提出了具体要求。贯彻落实法律法规和钢铁产业发展政策，是发改委、金融、土地、环保、质检、商务等行政主管部门的重要职责。对于违反法律法规和钢铁产业政策的企业或项目，金融机构不提供任何形式的信贷支持；国土资源管理部门不予办理用地手续；环保管理部门不受理其环境影响评价文件；商务部门不予批准其合同和章程，不发放外商投资企业证书；质检部门不发放生产许可证或依法收回生产许可证；证监会不允许其在境内外证券市场上募集资金；项目审批部门不予出具项目确认书；海关不予减免进口设备的关税和进口环节增值税；工商、税务部门不予登记；设计部门不提供设计；物价部门及水、电供应单位，要研究制定差别水价、电价政策，对能耗高、污染重、装备水平低的落后钢铁企业，提高其用水、用电价格，并报国家有关部门备案。各部门要根据产业政策，结合部门职能，制定具体配套办法。

（二）严格控制钢铁工业生产能力

一是依法把违规项目停下来。各地发改委（计委）、经贸委（经委）对未经科学论证、用地手续不合法和缺少环保审批手续，违规建设的钢铁项目，应立即停建，并进行清理整顿和依法予以处理。对符合产业政策的项目要按程序核准；对不符合产业政策的在建能力，尤其是产业政策明令禁止建设和限期淘汰的工艺装备，要采取强有力的果断措施，令其停建。二是对国办发[2003]103 号文件下发后仍继续违规审批和建设的项目，各部门要按照有关规定，从严查处。各地区要认真开展对钢铁企业土地使用情况、金融、环保和项目审批进行一次自查，由各省市发改委（计委）、经贸委（经委）牵头，将自查结果和处理意见于 2006 年 7 月 31 日前上报国家各有关部门。三是严把项目准入关。投资主管部门严格按照钢铁产业政策规定的技术、

资金、资源消耗、能耗、水耗、土地和环保等方面的准入标准，严格市场准入。原则上不批准新建钢铁企业，个别结合搬迁、淘汰落后的项目也要从严掌握。

（三）淘汰落后生产能力

按照《大气污染防治法》《水污染防治法（96修正）》《固体废物污染环境防治法（2004年修订）》《清洁生产促进法》和《安全生产法》以及《钢铁产业发展政策》《产业结构调整指导目录》（2005年本）等现行的有关法律法规，关闭一批浪费资源、污染环境和不具备生产条件的落后生产能力。2007年前重点淘汰200米^{3}及以下高炉、20吨及以下转炉和电炉的落后能力；2010年前淘汰300米^{3}及以下高炉等其他落后装备的能力。对列入淘汰目录的装备，不得进行转让、变卖，金融机构要慎贷，环保部门要加强排污监控，质检部门要加强质量检查；在能源、水、电供应、流动资金贷款、铁矿等资源配置方面也要采取相应措施，不支持污染严重、能耗高、属于应淘汰的落后生产企业；地方可根据实际情况，采取差别电价、水价等经济手段，促其尽快淘汰；国家发展改革委核准钢铁项目将与该地区淘汰落后产能进度挂钩。各地、各部门本着谁审批谁负责的原则，妥善处理淘汰落后能力过程中出现的问题。国家发展改革委将会同土地、金融、环保等部门对重点地区进行检查。

（四）支持企业技术改造和技术创新

要按照钢铁产业发展政策的要求，支持增强自主创新能力，着力提升产业技术水平，改善品种，提高质量，降低消耗，加强综合利用、环境保护和安全生产的项目。继续支持符合钢铁产业政策，对调整结构、改善环境、调整布局方面有重大影响和带动作用的项目。鼓励企业加大技术开发力度，促进清洁生产，开发高质量、节约型、有特色的高附加值产品。对于淘汰企业转产其他符合国家产业政策的项目，土地、金融等方面应给予支持。

（五）推进钢铁企业的联合重组

要按照市场优胜劣汰原则，鼓励有实力的大型企业集团，以资产和资源为纽带，实施跨地区、跨所有制的兼并、联合重组，促进钢铁产业集中度的提高。金融、社保、财税部门要制定鼓励兼并重组的政策，提供必要的方便。联合重组要注重实效，实现企业生产要素的优化组合，提高竞争力。既要防止不顾市场规律的“拉郎配”，也要排除体制障碍，顺应市场要求，推动重组。要巩固鞍本联合的成果，推动鞍本资产、人事和管理的实质性重组；要结合首钢搬迁改造，促进与河北省钢铁企业的联合重组；要总结宝钢与上海冶金企业重组的经验，推动其他大型钢铁企业进行区域内及跨地区的联合重组。

（六）加强行业自律

钢铁工业协会要关心行业发展方向和行业的整体利益，及时发布关系行业健康发展的需求预测、产能变化、落后生产能力等信息，及时与政府、企业进行沟通，形成协调互动的机制，确保各项政策措施落到实处。同时，协会和企业要加强行业自律，统一思想认识，规范行业秩序，避免无序竞争和盲目发展。

（七）加强领导，落实责任

钢铁行业控制总量、淘汰落后和结构调整具有涉及面广、市场性强、政策配套和依法行政的特点，要充分认识到这一工作的重要性、紧迫性、艰巨性和复杂性。各地区，特别是淘汰落后产能任务比较重的地区要统一思想认识，加强领导，责任到人，根据不同情况和地区特点，制定出本地区五年规划和实施方案，摸清落后产能情况，明确重点和进度，于2006年第三季度前报国家发展改革委，每半年将进展情况上报国务院有关部门。各级政府要高度重视淘汰落后工作，形成地方政府主导，部门配合联动的工作体系。地方经济综合主管部门应当依法向当地政府提出淘汰设备、关停企业的意见，在政府统一组织下，依法实施关闭。与此同时，各地要正确处理改革、发展与稳定的关系，认真解决淘汰落后、结构调整过程中出现的困难和问题，做好人员安置，维护社会稳定。国务院有关部门要密切配合，积极主动，各司其职，及时总结淘汰落后和结构调整的经验，加强对地方的指导。

附件：淘汰落后产能的法律依据（略）

国家发展改革委
商务部
国土资源部
环保总局
海关总署
质检总局
银监会
证监会
二〇〇六年六月十四日

六、准入条件

中华人民共和国工业和信息化部
公　告

工原[2010]105 号

为进一步加强钢铁行业管理，规范现有钢铁企业生产经营秩序，根据《国务院办公厅关于进一步加大节能减排力度加快钢铁工业结构调整的若干意见》（国办发[2010]34 号）和相关法律法规及政策的规定，工业和信息化部会同有关部门制定了《钢铁行业生产经营规范条件》，现予以公告。

附件：钢铁行业生产经营规范条件

钢铁行业生产经营规范申请报告（略）

二○一○年六月二十一日

附件：

钢铁行业生产经营规范条件

一、总则

钢铁行业快速发展对保障我国国民经济又好又快发展作出了重要贡献，但仍存在产能增长过快、产业集中度低、布局不合理、淘汰落后进展缓慢、铁矿石经营秩序不规范等突出问题。

为进一步加强钢铁行业管理，规范现有钢铁企业生产经营秩序，根据《国务院办公厅关于进一步加大节能减排力度加快钢铁工业结构调整的若干意见》（国办发[2010]34 号）及相关法律法规，特制定《钢铁行业生产经营规范条件》，对钢铁行业现有企业生产经营实行规范管理，作为有关部门核准或备案项目、配置资源、核发建筑钢材生产许可证、规范铁矿石经营秩序及推进淘汰落后钢铁产能等事项的依据。钢铁行业生产经营规范要与兼并重组、淘汰落后等工作相结合，逐步减少钢铁企业数量，降低落后产能比例，改进和完善行业管理。

本规范条件是现有钢铁行业生产经营的一个基本条件，是适应我国钢铁工业目前发展水平的过渡性标准，随着我国钢铁工业总体水平的提升将不断提高。对于钢铁行业建设及改造项目要达到更高的准入标准，需按照《钢铁产业发展政策》的有关要求执行。

二、钢铁行业生产经营规范条件

（一）产品质量

1. 钢铁企业须具备完备的质量管理体系，产品质量须达到国家和行业标准要求，两年内未发生重大产品质量事故。

2. 钢铁企业生产属于国家生产许可制度管理的产品，须依法取得工业产品生产许可证。

（二）环境保护

1. 钢铁企业吨钢污水排放量不超过 2.0 米^3，吨钢烟粉尘排放量不超过 1.0 千克，吨钢二氧化硫排放量不超过 1.8 千克。

2. 钢铁企业须依法执行环评审批和“三同时”制度，建设项目未经环评审批的，须补办环评审批手续。企业须具备健全的环境保护管理体系，配套完备的污染物排放监测和治理设施，安装自动监控系统并与当地环保部门联网。

3. 钢铁企业应持证排污、达标排放，两年内未发生重大环境污染事故；水和大气污染物排放符合国家和地方污染物排放标准的相关规定，固体废物污染控制应符合国家固体废物污染控制标准的相关规定，危险废物依法处置；企业污染物排放总量须符合环保部门核定的总量控制指标。企业有主要污染物减排任务的，应落实主要污染物总量减排措施，并满足总量减排指标要求。

4. 其他法律法规规定必须满足的环保要求。

（三）能源消耗和资源综合利用

1. 钢铁企业须具备健全的能源管理体系，配备必要的能源计量器具。有条件的企业要建立能源管理中心。

2. 钢铁企业主要生产工序能源消耗指标须符合《粗钢生产主要工序单位产品能源消耗限额》（GB 21256）和《焦炭单位产品能源消耗限额》（GB 21342）的规定，其中焦化工序能耗≤155 千克标煤/吨、烧结工序能耗≤56 千克标煤/吨、高炉工序能耗≤446 千克标煤/吨、转炉工序能耗≤0 千克标煤/吨、普钢电炉工序能耗≤92 千克标煤/吨、特钢电炉工序能耗≤171 千克标煤/吨。吨钢新水消耗不超过 5 吨。高炉渣综合利用率不低于 97%，转炉渣不低于 60%，电炉渣不低于 50%。

（四）工艺与装备

1. 高炉有效容积 400 米^{3}以上，转炉公称容量 30 吨以上，电炉公称容量 30 吨以上，烧结机使用面积 90 米^{2}以上，焦炉炭化室高度 4.3 米以上，不属《产业结构调整指导目录》规定淘汰类工艺装备；2005 年 7 月《钢铁产业发展政策》颁布实施后建设改造的装备须满足《钢铁产业发展政策》规定的装备准入要求且不属于《产业结构调整指导目录（2005 年本）》规定的限制类工艺装备，即烧结机使用面积 180 米^{2}及以上，焦炉炭化室高度 6 米及以上，高炉有效容积 1 000 米^{3}及以上，转炉公称容量 120 吨及以上，电炉公称容量 70 吨及以上。高炉须配套煤粉喷吹和余压发电装置，焦炉、高炉、转炉须配套煤气回收装置。有条件的企业焦炉须采用煤调湿并配套干熄焦装置，烧结机须配套烟气余热回收及脱硫装置，轧钢采用蓄热式加热炉。

2. 钢铁企业须按照《钢铁产业发展政策》、《钢铁产业调整和振兴规划》、国家适时修订的《产业结构调整指导目录》以及其他法律法规的要求，在规定的时限内淘汰落后的生产装备。

（五）生产规模

2009 年普钢企业粗钢产量 100 万吨及以上，特钢企业 30 万吨及以上，且合金钢比大于 60%（不含合金钢比 100%的高速钢、工模具钢等专业化企业）。

（六）安全、卫生和社会责任

1. 钢铁企业须符合《安全生产法》、《冶金企业安全生产监督管理规定》、《工业企业设计卫生标准》等一系列有关安全卫生的法律法规，具备安全生产和职业卫生责任制、防治条件和管理体系，两年内未发生重大安全事故。

2. 钢铁企业不得拖欠国家税收和职工工资，须按国家有关规定交纳各项社会保险费。

三、钢铁行业生产经营规范管理办法

（一）工业和信息化部负责钢铁行业生产经营的规范管理，商相关部门后以公告形式公布符合规范条件的企业名单，实行社会监督、动态管理。

（二）现有钢铁企业生产经营规范申请、审核及公告程序：

1. 现有钢铁企业均需纳入规范管理，申请规范的钢铁企业须编制《钢铁行业生产经营规范申请报告》并附相关证明文件（格式要求见附件）。地方企业通过本地区工业主管部门向工业和信息化部申请，中央企业直接向工业和信息化部申请。

2. 各省、自治区、直辖市、计划单列市工业主管部门负责受理本地区钢铁企业的规范申请和初审，中央企业自审。初审或自审需按规范条件要求对企业的相关情况进行核实，提出初审或自审意见，附企业申请材料及有关土地、项目核准或备案等审批文件、证明文件报送工业和信息化部。

3. 环境保护部负责现有钢铁企业环保要求符合情况的审查工作，未通过审查的，工业和信息化部不予进行规范公告。具体审查办法环境保护部另行制定。

4. 工业和信息化部收到申请后，对申请材料组织审查并提出审查意见，对符合规范条件的企业进行公示，无异议后予以公告。

（三）地方各级工业主管部门每年要对本地区企业执行规范条件的情况进行监督检查，中央企业要自检，工业和信息化部组织有关部门对公告企业进行抽查。

（四）中国钢铁工业协会协助政府有关部门做好规范条件实施工作。中国钢铁工业协会、五矿进出口商会组织企业做好行业自律、加强协调，使铁矿石资源流向符合规范条件的企业。

（五）公告企业有下列情况，将撤销其公告资格：

1. 填报相关资料有弄虚作假行为；

2. 拒绝接受监督检查；

3. 不能保持规范条件；

4. 发生重大安全和污染责任事故；

5. 违反法律、法规和国家产业政策规定。

（六）不具备规范条件的企业需按照规范条件要求进行整改，整改后仍达不到要求的企业应逐步退出钢铁生产。

（七）对不符合规范条件的企业，有关部门不予核准或备案新的项目、不予配置新的矿山资源和土地、不予新发放产品生产许可证、不予提供信贷支持。

四、附则

（一）本规范条件适用于中华人民共和国境内（港澳台地区除外）的现有钢铁联合、冶炼企业。

（二）本规范条件所涉及的政策、法规和标准若进行修订，则按修订后内容执行。

（三）本规范条件自发布之日起实施，由工业和信息化部负责解释，并根据行业发展情况和宏观调控要求适时进行修订。

焦化行业准入条件（2008年修订）

产业[2008]　15号

为遏制焦化行业低水平重复建设和盲目扩张趋势，推动产业结构升级，规范行业健康发展，促进节能减排和技术进步，维护市场竞争秩序，依据国家有关法律法规和产业政策要求，我部会同有关部门对原《焦化行业准入条件》进行了修订，进一步提高了行业准入水平。现予以公告。

各有关部门在对焦化行业生产建设项目进行投资管理、土地供应、环境评估、信贷融资、电力供给等工作中要以行业准入条件为依据。

附件：焦化行业准入条件（2008年修订）

中华人民共和国工业和信息化部

二〇〇八年十二月十九日

附件：

焦化行业准入条件（2008年修订）

总　则

为促进焦化行业产业结构优化升级，规范市场竞争秩序，依据国家有关法律法规和产业政策要求，按照“总量控制、调整结构、节约能（资）源、保护环境、合理布局”的可持续发展原则，特制定本准入条件。

本准入条件适用于常规机焦炉、半焦（兰炭）焦炉和现有热回收焦炉生产企业及炼焦煤化工副产品加工生产企业。

常规机焦炉系指炭化室、燃烧室分设，炼焦煤隔绝空气间接加热干馏成焦炭，并设有煤气净化、化学产品回收利用的生产装置。装煤方式分顶装和捣固侧装。

半焦（兰炭）炭化炉是以不黏煤、弱黏煤、长焰煤等为原料，在炭化温度750℃以下进行中低温干馏，以生产半焦（兰炭）为主的生产装置。加热方式分内热式和外热式。

热回收焦炉系指焦炉炭化室微负压操作、机械化捣固、装煤、出焦、回收利用炼焦燃烧废气余热的焦炭生产装置。以生产铸造焦为主。

一、生产企业布局

新建和改扩建焦化生产企业厂址应靠近用户或炼焦煤原料基地。必须符合各省（自治区、直辖市）地区焦化行业发展规划、城市建设发展规划、土地利用规划、环境保护和污染防治规划、矿产资源规划和国家焦化行业结构调整规划要求。

在城市规划区边界外2公里（城市居民供气项目、现有钢铁生产企业厂区内配套项目除外）以内，主要河流两岸、公路干道两旁和其他严防污染的食品、药品等企业周边1公里以内，居民聚集区《焦化厂卫生防护距离标准》（GB 11661—89）范围内，依法设立的自然保护区、风景名胜区、文化遗产保护区、世界文化自然遗产和森林公园、地质公园、湿地公园等保护地以及饮用水水源保护区内，不得建设焦化生产企业。已在上述区域内投产运营的焦化生产企业要根据该区域规划要求，在一定期限内，通过“搬迁、转产”等方式逐步退出。

二、工艺与装备

新建和改扩建焦化生产企业应满足节能、环保和资源综合利用的要求，实现合理规模经济。

1. 焦炉

常规机焦炉：新建顶装焦炉炭化室高度必须≥6.0 m、容积≥38.5 m^3；新建捣固焦炉炭化室高度必须≥5.5 m、捣固煤饼体积≥35 m^3，企业生产能力 100 万吨/年及以上。

半焦（兰炭）炭化炉：新建直立炭化炉单炉生产能力≥7.5 万吨/年，每组生产能力≥30 万吨/年，企业生产能力 60 万吨/年及以上。

热回收焦炉：企业生产能力 40 万吨/年及以上。应继续提升热回收炼焦技术。禁止新建热回收焦炉项目。

钢铁企业新建焦炉要同步配套建设干熄焦装置并配套建设相应除尘装置。

2. 煤气净化和化学产品回收

焦化生产企业应同步配套建设煤气净化（含脱硫、脱氰、脱氨工艺）、化学产品回收装置与煤气利用设施。

热回收焦炉应同步配套建设热能回收和烟气脱硫、除尘装置。

3. 化学产品加工与生产

新建煤焦油单套加工装置应达到处理无水煤焦油 15 万吨/年及以上；新建的粗（轻）苯精制装置应采用苯加氢等先进生产工艺，单套装置要达到 5 万吨/年及以上；已有的单套加工规模 10 万吨/年以下的煤焦油加工装置、酸洗法粗（轻）苯精制装置应逐步淘汰。

新建焦炉煤气制甲醇单套装置应达到 10 万吨/年及以上。

4. 环境保护、事故防范与安全

焦化企业应严格执行国家环境保护、节能减排、劳动安全、职业卫生、消防等相关法律法规。应同步建设煤场、粉碎、装煤、推焦、熄焦、筛运焦等抑尘、除尘设施，以及熄焦水闭路循环、废气脱硫除尘及污水处理装置，并正常运行。具体有：

（1）常规机焦炉企业应按照设计规范配套建设含酚氰生产污水二级生化处理设施、回用系统及生产污水事故储槽（池）。

（2）半焦（兰炭）生产的企业氨水循环水池、焦油分离池应建在地面以上。生产污水应配套建设污水焚烧处理或蒸氨、脱酚、脱氰生化等有效处理设施，并按照设计规范配套建设生产污水事故储槽（池），生产废水严禁外排。

（3）热回收焦炉企业应配置烟气脱硫、除尘设施和二氧化硫在线监测、监控装置。

（4）焦化生产企业应采用可靠的双回路供电；焦炉煤气事故放散应设有自动点火装置。

（5）焦化生产企业的化学产品生产装置区及储存罐区和生产污水槽池等应做规范的防渗漏处理，油库区四周设置围堰，杜绝外溢和渗漏。

（6）规范排污口的建设，焦炉烟囱、地面除尘站排气烟囱和废水总排口安装连续自动监测和自动监控系统，并与环保部门联网。

（7）焦化生产企业应建设足够容积事故水池、消防事故水池。

三、主要产品质量

1. 焦炭

冶金焦应达到 GB/T 1996—2003 标准；

铸造焦应达到 GB/T 8729—1988 标准；

半焦（兰炭）应参照 YB/T 034—92 标准。

2. 焦炉煤气

城市民用煤气应达到 GB 13612—92 标准；

工业或其他用煤气 H_2S 含量应≤250 mg/m^3。

3. 化学工业产品

硫酸铵符合 GB 535—1995 标准（一级品）；

粗焦油符合 YB/T 5075—1993 标准（半焦所产焦油应参照执行）；

粗苯符合 YB/T 5022—1993 标准；

甲醇、焦油和苯加工等及其他化工产品应达到国标或相关行业产品标准。

四、资（能）源消耗和副产品综合利用

1. 资（能）源消耗

焦化生产企业应达到《焦炭单位产品能耗》标准（GB 21342—2008）和以下指标：

项目	常规焦炉	热回收焦炉	半焦（兰炭）炉
综合能耗/（kg 标煤/t 焦）	≤165①	≤165①	≤260①（内热） ≤230①（外热）
煤耗（干基）/（t/t 焦）	1.33②	1.33	1.65
吨焦耗新水/（m³/t 焦）	2.5	1.2	2.5
焦炉煤气利用率/%	≥98	—	≥98
水循环利用率/%	≥95	≥95	≥95
炼焦煤烧损率/%		≤1.5	

注：① 综合能耗引用《焦炭单位产品能耗》标准（GB 21342—2008）当电力折标系数为 0.404 kg 标煤/（kW · h）等价值时的现值标准，如采用电力折标系数为 0.122 9 kg 标煤/（kW · h）的当量值时，应为 155 kg 标煤/t 焦；半焦（兰炭）炉的综合能耗标准相应调整，≤250（内热）、≤220（外热）。

② 适于装炉煤挥发分 *Vd*=24%～27%。若装炉煤挥发分超出此范围时，当予以折算。

热回收焦炉吨焦余热发电量：入炉煤干基挥发分为 17%时，吨焦发电量≥350 kW · h；入炉煤干基挥发分为 23%时，吨焦发电量≥430 kW · h。

2. 焦化副产品综合利用

焦化生产企业生产的焦炉煤气应全部回收利用，不得放散；煤焦油及苯类化学工业产品必须回收，并鼓励集中深加工。

五、环境保护

1. 污染物排放量

焦化生产企业主要污染物排放量不得突破环保部门分配给其排污总量指标。

2. 气、水污染物排放标准

焦炉无组织污染物排放执行《炼焦炉大气污染物排放标准》（GB 16171—1996），其他有组

织废气执行《大气污染物综合排放标准》（GB 16297—1996），NH_3、H_2S执行《恶臭污染物排放标准》（GB 14554—1996）。

酚氰废水处理合格后要循环使用，不得外排。外排废水应执行《污水综合排放标准》（GB 8978—1996）。排入污水处理厂的达到二级标准，排入环境的达到一级标准。

3. 固（液）体废弃物

备配煤、推焦、装煤、熄焦及筛焦工段除尘器回收的煤（焦）尘、焦油渣、粗苯蒸馏再生器残渣、苯精制酸焦油渣、脱硫废渣（液）以及生化剩余污泥等一切焦化生产的固（液）体废弃物，应按照相关法规要求处理和利用，不得对外排放。

六、技术进步

鼓励焦化生产企业采用煤调湿、风选调湿、捣固炼焦、配型煤炼焦、粉煤制半焦、干法熄焦、低水分熄焦、热管换热、导热油换热、焦炉烟尘治理、焦化废水深度处理回用、焦炉煤气制甲醇、焦炉煤气制合成氨、苯加氢精制、煤沥青制针状焦、焦油加氢处理、煤焦油产品深加工等先进适用技术。

七、监督与管理

1. 焦化生产企业建设项目的投资管理、土地供应、环评审批、能源评价、信贷融资等必须依据本准入条件。环境影响评价报告应由省级行业主管部门提出预审意见后，报省级及以上环境保护行政主管部门审批。

2. 焦化生产企业生产装置建成投产前，应经省级及以上焦化行业、环境保护等行政主管部门组织联合检查组，按照本准入条件中第一、二款要求进行监督检查。经检查未达到准入条件要求的，环境保护行政主管部门不颁发其排污许可证，行业主管部门应责令限期完成符合准入条件的有关建设内容。仍达不到要求的，环境保护行政主管部门依照有关法律法规要求吊销其排污许可证，水电供应部门报请同级行政主管部门批准后，将依法停止供电、供水。

3. 焦化建设项目应在投产6个月内达到本准入条件第四、五款中规定的资（能）源消耗、副产品综合利用和环境保护指标。逾期者除按正常规定缴纳相关费用外，环境保护行政主管部门要根据国家有关法律、法规的要求责令限期整改或停产。

4. 各省级焦化行业主管部门会同环境保护行政主管部门应对本地区执行焦化行业准入条件情况进行监督检查，工业和信息化部应组织国家有关部门进行不定期抽查和检查。

5. 中国炼焦行业协会要加强对国内外焦炭市场、焦化工艺技术发展等情况进行分析研究，推广焦化行业环保、节能和资源综合利用新技术；建立符合准入条件的评估体系，科学公正提出评估意见；研究建立清洁生产评价指标体系，在行业内积极推广清洁生产；协助政府有关部门做好监督和管理工作。

6. 工业和信息化部定期公告符合准入条件的焦化生产企业名单。符合准入条件的焦化生产企业可享受政府的相关扶持政策，可按有关程序规定取得焦炭产品出口资格。

7. 对不符合准入条件的新建或改扩建焦化建设项目，环境保护行政管理部门不得办理环保审批手续，金融机构不得提供信贷，电力供应部门依法停止供电。地方人民政府或相关主管部门依法决定撤销或责令关闭的企业，有关管理部门应依法撤销相关许可证件，工商行政管理部门依法责令其办理变更登记或注销登记。

附 则

本准入条件适用于中华人民共和国境内（台湾、香港、澳门特殊地区除外）焦化行业生产企业。

本准入条件中涉及的国家和行业标准若进行了修订，则按修订后的新标准执行。

本准入条件自 2009 年 1 月 1 日起实施，国家发展改革委 2004 年第 76 号公告《焦化行业准入条件》同时废止。

本准入条件由工业和信息化部负责解释，并根据行业发展情况和宏观调控要求进行修订。

七、节能减排

国务院关于印发节能减排综合性工作方案的通知

国发[2007]15号

各省、自治区、直辖市人民政府，国务院各部委、各直属机构：

国务院同意发展改革委会同有关部门制定的《节能减排综合性工作方案》（以下简称《方案》），现印发给你们，请结合本地区、本部门实际，认真贯彻执行。

一、充分认识节能减排工作的重要性和紧迫性

《中华人民共和国国民经济和社会发展第十一个五年规划纲要》提出了“十一五”期间单位国内生产总值能耗降低20%左右，主要污染物排放总量减少10%的约束性指标。这是贯彻落实科学发展观，构建社会主义和谐社会的重大举措；是建设资源节约型、环境友好型社会的必然选择；是推进经济结构调整，转变增长方式的必由之路；是提高人民生活质量，维护中华民族长远利益的必然要求。

当前，实现节能减排目标面临的形势十分严峻。去年以来，全国上下加强了节能减排工作，国务院发布了加强节能工作的决定，制定了促进节能减排的一系列政策措施，各地区、各部门相继做出了工作部署，节能减排工作取得了积极进展。但是，去年全国没有实现年初确定的节能降耗和污染减排的目标，加大了“十一五”后四年节能减排工作的难度。更为严峻的是，今年第一季度，工业特别是高耗能、高污染行业增长过快，占全国工业能耗和二氧化硫排放近70%的电力、钢铁、有色、建材、石油加工、化工等六大行业增长20.6%，同比加快6.6个百分点。与此同时，各方面工作仍存在认识不到位、责任不明确、措施不配套、政策不完善、投入不落实、协调不得力等问题。这种状况如不及时扭转，不仅今年节能减排工作难以取得明显进展，“十一五”节能减排的总体目标也将难以实现。

我国经济快速增长，各项建设取得巨大成就，但也付出了巨大的资源和环境代价，经济发展与资源环境的矛盾日趋尖锐，群众对环境污染问题反映强烈。这种状况与经济结构不合理、增长方式粗放直接相关。不加快调整经济结构、转变增长方式，资源支撑不住，环境容纳不下，社会承受不起，经济发展难以为继。只有坚持节约发展、清洁发展、安全发展，才能实现经济又好又快发展。同时，温室气体排放引起全球气候变暖，备受国际社会广泛关注。进一步加强节能减排工作，也是应对全球气候变化的迫切需要，是我们应该承担的责任。

各地区、各部门要充分认识节能减排的重要性和紧迫性，真正把思想和行动统一到中央关于节能减排的决策和部署上来。要把节能减排任务完成情况作为检验科学发展观是否落实的重要标准，作为检验经济发展是否“好”的重要标准，正确处理经济增长速度与节能减排的关系，真正把节能减排作为硬任务，使经济增长建立在节约能源资源和保护环境的基础上。要采取果断措施，集中力量，迎难而上，扎扎实实地开展工作，力争通过今明两年的努力，实现节能减排任务完成进度与“十一五”规划实施进度保持同步，为实现“十一五”节能减排目标打下坚实基础。

二、狠抓节能减排责任落实和执法监管

发挥政府主导作用。各级人民政府要充分认识到节能减排约束性指标是强化政府责任的指标，实现这个目标是政府对人民的庄严承诺，必须通过合理配置公共资源，有效运用经济、法律和行政手段，确保实现。当务之急，是要建立健全节能减排工作责任制和问责制，一级抓一级，层层抓落实，形成强有力的工作格局。地方各级人民政府对本行政区域节能减排负总责，政府主要领导是第一责任人。要在科学测算的基础上，把节能减排各项工作目标和任务逐级分解到各市（地）、县和重点企业。要强化政策措施的执行力，加强对节能减排工作进展情况的考核和监督，国务院有关部门定期公布各地节能减排指标完成情况，进行统一考核。要把节能减排作为当前宏观调控重点，作为调整经济结构，转变增长方式的突破口和重要抓手，坚决遏制高耗能、高污染产业过快增长，坚决压缩城市形象工程和党政机关办公楼等楼堂馆所建设规模，切实保证节能减排、保障民生等工作所需资金投入。要把节能减排指标完成情况纳入各地经济社会发展综合评价体系，作为政府领导干部综合考核评价和企业负责人业绩考核的重要内容，实行“一票否决”制。要加大执法和处罚力度，公开严肃查处一批严重违反国家节能管理和环境保护法律法规的典型案件，依法追究有关人员和领导者的责任，起到警醒教育作用，形成强大声势。省级人民政府每年要向国务院报告节能减排目标责任的履行情况。国务院每年向全国人民代表大会报告节能减排的进展情况，在“十一五”期末报告五年两个指标的总体完成情况。地方各级人民政府每年也要向同级人民代表大会报告节能减排工作，自觉接受监督。

强化企业主体责任。企业必须严格遵守节能和环保法律法规及标准，落实目标责任，强化管理措施，自觉节能减排。对重点用能单位加强经常监督，凡与政府有关部门签订节能减排目标责任书的企业，必须确保完成目标；对没有完成节能减排任务的企业，强制实行能源审计和清洁生产审核。坚持“谁污染、谁治理”，对未按规定建设和运行污染减排设施的企业和单位，公开通报，限期整改，对恶意排污的行为实行重罚，追究领导和直接责任人员的责任，构成犯罪的依法移送司法机关。同时，要加强机关单位、公民等各类社会主体的责任，促使公民自觉履行节能和环保义务，形成以政府为主导、企业为主体、全社会共同推进的节能减排工作格局。

三、建立强有力的节能减排领导协调机制

为加强对节能减排工作的组织领导，国务院成立节能减排工作领导小组。领导小组的主要任务是，部署节能减排工作，协调解决工作中的重大问题。领导小组办公室设在发展改革委，负责承担领导小组的日常工作，其中有关污染减排方面的工作由环保总局负责。地方各级人民政府也要切实加强对本地区节能减排工作的组织领导。

国务院有关部门要切实履行职责，密切协调配合，尽快制定相关配套政策措施和落实意见。各省级人民政府要立即部署本地区推进节能减排的工作，明确相关部门的责任、分工和进度要求。各地区、各部门和中央企业要在2007年6月30日前，提出本地区、本部门和本企业贯彻落实的具体方案报领导小组办公室汇总后报国务院。领导小组办公室要会同有关部门加强对节能减排工作的指导协调和监督检查，重大情况及时向国务院报告。

节能减排综合性工作方案

一、进一步明确实现节能减排的目标任务和总体要求

（一）主要目标。到2010年，万元国内生产总值能耗由2005年的1.22吨标准煤下降到1吨标准煤以下，降低20%左右；单位工业增加值用水量降低30%。“十一五”期间，主要污染物排放总量减少10%，到2010年，二氧化硫排放量由2005年的2 549万吨减少到2 295万吨，化学需氧量（COD）由1 414万吨减少到1 273万吨；全国设市城市污水处理率不低于70%，工业固体废物综合利用率达到60%以上。

（二）总体要求。以邓小平理论和“三个代表”重要思想为指导，全面贯彻落实科学发展观，加快建设资源节约型、环境友好型社会，把节能减排作为调整经济结构、转变增长方式的突破口和重要抓手，作为宏观调控的重要目标，综合运用经济、法律和必要的行政手段，控制增量、调整存量，依靠科技、加大投入，健全法制、完善政策，落实责任、强化监管，加强宣传、提高意识，突出重点、强力推进，动员全社会力量，扎实做好节能降耗和污染减排工作，确保实现节能减排约束性指标，推动经济社会又好又快发展。

二、控制增量，调整和优化结构

（三）控制高耗能、高污染行业过快增长。严格控制新建高耗能、高污染项目。严把土地、信贷两个闸门，提高节能环保市场准入门槛。抓紧建立新开工项目管理的部门联动机制和项目审批问责制，严格执行项目开工建设“六项必要条件”（必须符合产业政策和市场准入标准、项目审批核准或备案程序、用地预审、环境影响评价审批、节能评估审查以及信贷、安全和城市规划等规定和要求）。实行新开工项目报告和公开制度。建立高耗能、高污染行业新上项目与地方节能减排指标完成进度挂钩、与淘汰落后产能相结合的机制。落实限制高耗能、高污染产品出口的各项政策。继续运用调整出口退税、加征出口关税、削减出口配额、将部分产品列入加工贸易禁止类目录等措施，控制高耗能、高污染产品出口。加大差别电价实施力度，提高高耗能、高污染产品差别电价标准。组织对高耗能、高污染行业节能减排工作专项检查，清理和纠正各地在电价、地价、税费等方面对高耗能、高污染行业的优惠政策。

（四）加快淘汰落后生产能力。加大淘汰电力、钢铁、建材、电解铝、铁合金、电石、焦炭、煤炭、平板玻璃等行业落后产能的力度。“十一五”期间实现节能1.18亿吨标准煤，减排二氧化硫240万吨；今年实现节能3 150万吨标准煤，减排二氧化硫40万吨。加大造纸、酒精、味精、柠檬酸等行业落后生产能力淘汰力度，“十一五”期间实现减排化学需氧量（COD）138万吨，今年实现减排COD 62万吨（详见附表）。制订淘汰落后产能分地区、分年度的具体工作方案，并认真组织实施。对不按期淘汰的企业，地方各级人民政府要依法予以关停，有关部门依法吊销生产许可证和排污许可证并予以公布，电力供应企业依法停止供电。对没有完成淘汰落后产能任务的地区，严格控制国家安排投资的项目，实行项目“区域限批”。国务院有关部门每年向社会公告淘汰落后产能的企业名单和各地执行情况。建立落后产能退出机制，有条件的地方要安排资金支持淘汰落后产能，中央财政通过增加转移支付，对经济欠发达地区给予适当补助和奖励。

（五）完善促进产业结构调整的政策措施。进一步落实促进产业结构调整暂行规定。修订《产业结构调整指导目录》，鼓励发展低能耗、低污染的先进生产能力。根据不同行业情况，适

当提高建设项目在土地、环保、节能、技术、安全等方面的准入标准。尽快修订颁布《外商投资产业指导目录》，鼓励外商投资节能环保领域，严格限制高耗能、高污染外资项目，促进外商投资产业结构升级。调整《加工贸易禁止类商品目录》，提高加工贸易准入门槛，促进加工贸易转型升级。

（六）积极推进能源结构调整。大力发展可再生能源，抓紧制订出台可再生能源中长期规划，推进风能、太阳能、地热能、水电、沼气、生物质能利用以及可再生能源与建筑一体化的科研、开发和建设，加强资源调查评价。稳步发展替代能源，制订发展替代能源中长期规划，组织实施生物燃料乙醇及车用乙醇汽油发展专项规划，启动非粮生物燃料乙醇试点项目。实施生物化工、生物质能固体成型燃料等一批具有突破性带动作用的示范项目。抓紧开展生物柴油基础性研究和前期准备工作。推进煤炭直接和间接液化、煤基醇醚和烯烃代油大型台套示范工程和技术储备。大力推进煤炭洗选加工等清洁高效利用。

（七）促进服务业和高技术产业加快发展。落实《国务院关于加快发展服务业的若干意见》，抓紧制定实施配套政策措施，分解落实任务，完善组织协调机制。着力做强高技术产业，落实高技术产业发展“十一五”规划，完善促进高技术产业发展的政策措施。提高服务业和高技术产业在国民经济中的比重和水平。

三、加大投入，全面实施重点工程

（八）加快实施十大重点节能工程。着力抓好十大重点节能工程，“十一五”期间形成 2.4 亿吨标准煤的节能能力。今年形成 5 000 万吨标准煤节能能力，重点是：实施钢铁、有色、石油石化、化工、建材等重点耗能行业余热余压利用、节约和替代石油、电机系统节能、能量系统优化，以及工业锅炉（窑炉）改造项目共 745 个；加快核准建设和改造采暖供热为主的热电联产和工业热电联产机组 1 630 万千瓦；组织实施低能耗、绿色建筑示范项目 30 个，推动北方采暖区既有居住建筑供热计量及节能改造 1.5 亿米^2，开展大型公共建筑节能运行管理与改造示范，启动 200 个可再生能源在建筑中规模化应用示范推广项目；推广高效照明产品 5 000 万支，中央国家机关率先更换节能灯。

（九）加快水污染治理工程建设。“十一五”期间新增城市污水日处理能力 4 500 万吨、再生水日利用能力 680 万吨，形成 COD 削减能力 300 万吨；今年设市城市新增污水日处理能力 1 200 万吨，再生水日利用能力 100 万吨，形成 COD 削减能力 60 万吨。加大工业废水治理力度，“十一五”形成 COD 削减能力 140 万吨。加快城市污水处理配套管网建设和改造。严格饮用水水源保护，加大污染防治力度。

（十）推动燃煤电厂二氧化硫治理。“十一五”期间投运脱硫机组 3.55 亿千瓦。其中，新建燃煤电厂同步投运脱硫机组 1.88 亿千瓦；现有燃煤电厂投运脱硫机组 1.67 亿千瓦，形成削减二氧化硫能力 590 万吨。今年现有燃煤电厂投运脱硫设施 3 500 万千瓦，形成削减二氧化硫能力 123 万吨。

（十一）多渠道筹措节能减排资金。十大重点节能工程所需资金主要靠企业自筹、金融机构贷款和社会资金投入，各级人民政府安排必要的引导资金予以支持。城市污水处理设施和配套管网建设的责任主体是地方政府，在实行城市污水处理费最低收费标准的前提下，国家对重点建设项目给予必要的支持。按照“谁污染、谁治理，谁投资、谁受益”的原则，促使企业承担污染治理责任，各级人民政府对重点流域内的工业废水治理项目给予必要的支持。

四、创新模式，加快发展循环经济

（十二）深化循环经济试点。认真总结循环经济第一批试点经验，启动第二批试点，支持一批重点项目建设。深入推进浙江、青岛等地废旧家电回收处理试点。继续推进汽车零部件和机械设备再制造试点。推动重点矿山和矿业城市资源节约和循环利用。组织编制钢铁、有色、煤炭、电力、化工、建材、制糖等重点行业循环经济推进计划。加快制订循环经济评价指标体系。

（十三）实施水资源节约利用。加快实施重点行业节水改造及矿井水利用重点项目。“十一五”期间实现重点行业节水 31 亿米^3，新增海水淡化能力 90 万米^3/日，新增矿井水利用量 26 亿米^3；今年实现重点行业节水 10 亿米^3，新增海水淡化能力 7 万米^3/日，新增矿井水利用量 5 亿米^3。在城市强制推广使用节水器具。

（十四）推进资源综合利用。落实《“十一五”资源综合利用指导意见》，推进共伴生矿产资源综合开发利用和煤层气、煤矸石、大宗工业废弃物、秸秆等农业废弃物综合利用。“十一五”期间建设煤矸石综合利用电厂 2 000 万千瓦，今年开工建设 500 万千瓦。推进再生资源回收体系建设试点。加强资源综合利用认定。推动新型墙体材料和利废建材产业化示范。修订发布新型墙体材料目录和专项基金管理办法。推进第二批城市禁止使用实心黏土砖，确保 2008 年底前 256 个城市完成“禁实”目标。

（十五）促进垃圾资源化利用。县级以上城市（含县城）要建立健全垃圾收集系统，全面推进城市生活垃圾分类体系建设，充分回收垃圾中的废旧资源，鼓励垃圾焚烧发电和供热、填埋气体发电，积极推进城乡垃圾无害化处理，实现垃圾减量化、资源化和无害化。

（十六）全面推进清洁生产。组织编制《工业清洁生产审核指南编制通则》，制定和发布重点行业清洁生产标准和评价指标体系。加大实施清洁生产审核力度。合理使用农药、肥料，减少农村面源污染。

五、依靠科技，加快技术开发和推广

（十七）加快节能减排技术研发。在国家重点基础研究发展计划、国家科技支撑计划和国家高技术发展计划等科技专项计划中，安排一批节能减排重大技术项目，攻克一批节能减排关键和共性技术。加快节能减排技术支撑平台建设，组建一批国家工程实验室和国家重点实验室。优化节能减排技术创新与转化的政策环境，加强资源环境高技术领域创新团队和研发基地建设，推动建立以企业为主体、产学研相结合的节能减排技术创新与成果转化体系。

（十八）加快节能减排技术产业化示范和推广。实施一批节能减排重点行业共性、关键技术及重大技术装备产业化示范项目和循环经济高技术产业化重大专项。落实节能、节水技术政策大纲，在钢铁、有色、煤炭、电力、石油石化、化工、建材、纺织、造纸、建筑等重点行业，推广一批潜力大、应用面广的重大节能减排技术。加强节电、节油农业机械和农产品加工设备及农业节水、节肥、节药技术推广。鼓励企业加大节能减排技术改造和技术创新投入，增强自主创新能力。

（十九）加快建立节能技术服务体系。制订出台《关于加快发展节能服务产业的指导意见》，促进节能服务产业发展。培育节能服务市场，加快推行合同能源管理，重点支持专业化节能服务公司为企业以及党政机关办公楼、公共设施和学校实施节能改造提供诊断、设计、融资、改造、运行管理一条龙服务。

（二十）推进环保产业健康发展。制订出台《加快环保产业发展的意见》，积极推进环境服务产业发展，研究提出推进污染治理市场化的政策措施，鼓励排污单位委托专业化公司承担污染治理或设施运营。

（二十一）加强国际交流合作。广泛开展节能减排国际科技合作，与有关国际组织和国家建立节能环保合作机制，积极引进国外先进节能环保技术和管理经验，不断拓宽节能环保国际合作的领域和范围。

六、强化责任，加强节能减排管理

（二十二）建立政府节能减排工作问责制。将节能减排指标完成情况纳入各地经济社会发展综合评价体系，作为政府领导干部综合考核评价和企业负责人业绩考核的重要内容，实行问责制和“一票否决”制。有关部门要抓紧制订具体的评价考核实施办法。

（二十三）建立和完善节能减排指标体系、监测体系和考核体系。对全部耗能单位和污染源进行调查摸底。建立健全涵盖全社会的能源生产、流通、消费、区域间流入流出及利用效率的统计指标体系和调查体系，实施全国和地区单位 GDP 能耗指标季度核算制度。建立并完善年耗能万吨标准煤以上企业能耗统计数据网上直报系统。加强能源统计巡查，对能源统计数据进行监测。制订并实施主要污染物排放统计和监测办法，改进统计方法，完善统计和监测制度。建立并完善污染物排放数据网上直报系统和减排措施调度制度，对国家监控重点污染源实施联网在线自动监控，构建污染物排放三级立体监测体系，向社会公告重点监控企业年度污染物排放数据。继续做好单位 GDP 能耗、主要污染物排放量和工业增加值用水量指标公报工作。

（二十四）建立健全项目节能评估审查和环境影响评价制度。加快建立项目节能评估和审查制度，组织编制《固定资产投资项目节能评估和审查指南》，加强对地方开展“能评”工作的指导和监督。把总量指标作为环评审批的前置性条件。上收部分高耗能、高污染行业环评审批权限。对超过总量指标、重点项目未达到目标责任要求的地区，暂停环评审批新增污染物排放的建设项目。强化环评审批向上级备案制度和向社会公布制度。加强“三同时”管理，严把项目验收关。对建设项目未经验收擅自投运、久拖不验、超期试生产等违法行为，严格依法进行处罚。

（二十五）强化重点企业节能减排管理。“十一五”期间全国千家重点耗能企业实现节能 1 亿吨标准煤，今年实现节能 2 000 万吨标准煤。加强对重点企业节能减排工作的检查和指导，进一步落实目标责任，完善节能减排计量和统计，组织开展节能减排设备检测，编制节能减排规划。重点耗能企业建立能源管理师制度。实行重点耗能企业能源审计和能源利用状况报告及公告制度，对未完成节能目标责任任务的企业，强制实行能源审计。今年要启动重点企业与国际国内同行业能耗先进水平对标活动，推动企业加大结构调整和技术改造力度，提高节能管理水平。中央企业全面推进创建资源节约型企业活动，推广典型经验和做法。

（二十六）加强节能环保发电调度和电力需求侧管理。制定并尽快实施有利于节能减排的发电调度办法，优先安排清洁、高效机组和资源综合利用发电，限制能耗高、污染重的低效机组发电。今年上半年启动试点，取得成效后向全国推广，力争节能 2 000 万吨标准煤，“十一五”期间形成 6 000 万吨标准煤的节能能力。研究推行发电权交易，逐年削减小火电机组发电上网小时数，实行按边际成本上网竞价。抓紧制定电力需求侧管理办法，规范有序用电，开展能效电厂试点，研究制定配套政策，建立长效机制。

（二十七）严格建筑节能管理。大力推广节能省地环保型建筑。强化新建建筑执行能耗限额标准全过程监督管理，实施建筑能效专项测评，对达不到标准的建筑，不得办理开工和竣工验收备案手续，不准销售使用；从 2008 年起，所有新建商品房销售时在买卖合同等文件中要载明耗能量、节能措施等信息。建立并完善大型公共建筑节能运行监管体系。深化供热体制改革，实行供热计量收费。今年着力抓好新建建筑施工阶段执行能耗限额标准的监管工作，北方地区地级以上城市完成采暖费补贴“暗补”变“明补”改革，在 25 个示范省市建立大型公共建筑能耗统计、能源审计、能效公示、能耗定额制度，实现节能 1 250 万吨标准煤。

（二十八）强化交通运输节能减排管理。优先发展城市公共交通，加快城市快速公交和轨道交通建设。控制高耗油、高污染机动车发展，严格执行乘用车、轻型商用车燃料消耗量限值标准，建立汽车产品燃料消耗量申报和公示制度；严格实施国家第三阶段机动车污染物排放标准和船舶污染物排放标准，有条件的地方要适当提高排放标准，继续实行财政补贴政策，加快老旧汽车报废更新。公布实施新能源汽车生产准入管理规则，推进替代能源汽车产业化。运用先进科技手段提高运输组织管理水平，促进各种运输方式的协调和有效衔接。

（二十九）加大实施能效标识和节能节水产品认证管理力度。加快实施强制性能效标识制度，扩大能效标识应用范围，今年发布《实行能效标识产品目录（第三批)》。加强对能效标识的监督管理，强化社会监督、举报和投诉处理机制，开展专项市场监督检查和抽查，严厉查处违法违规行为。推动节能、节水和环境标志产品认证，规范认证行为，扩展认证范围，在家用电器、照明等产品领域建立有效的国际协调互认制度。

（三十）加强节能环保管理能力建设。建立健全节能监管监察体制，整合现有资源，加快建立地方各级节能监察中心，抓紧组建国家节能中心。建立健全国家监察、地方监管、单位负责的污染减排监管体制。积极研究完善环保管理体制机制问题。加快各级环境监测和监察机构标准化、信息化体系建设。扩大国家重点监控污染企业实行环境监督员制度试点。加强节能监察、节能技术服务中心及环境监测站、环保监察机构、城市排水监测站的条件建设，适时更新监测设备和仪器，开展人员培训。加强节能减排统计能力建设，充实统计力量，适当加大投入。充分发挥行业协会、学会在节能减排工作中的作用。

七、健全法制，加大监督检查执法力度

（三十一）健全法律法规。加快完善节能减排法律法规体系，提高处罚标准，切实解决“违法成本低、守法成本高”的问题。积极推动节约能源法、循环经济法、水污染防治法、大气污染防治法等法律的制定及修订工作。加快民用建筑节能、废旧家用电器回收处理管理、固定资产投资项目节能评估和审查管理、环保设施运营监督管理、排污许可、畜禽养殖污染防治、城市排水和污水管理、电网调度管理等方面行政法规的制定及修订工作。抓紧完成节能监察管理、重点用能单位节能管理、节约用电管理、二氧化硫排污交易管理等方面行政规章的制定及修订工作。积极开展节约用水、废旧轮胎回收利用、包装物回收利用和汽车零部件再制造等方面立法准备工作。

（三十二）完善节能和环保标准。研究制订高耗能产品能耗限额强制性国家标准，各地区抓紧研究制订本地区主要耗能产品和大型公共建筑能耗限额标准。今年要组织制订粗钢、水泥、烧碱、火电、铝等 22 项高耗能产品能耗限额强制性国家标准（包括高耗电产品电耗限额标准）以及轻型商用车等 5 项交通工具燃料消耗量限值标准，制（修）订 36 项节水、节材、废弃产品回收与再利用等标准。组织制（修）订电力变压器、静电复印机、变频空调、商用冰柜、家用电冰箱等终端用能产品（设备）能效标准。制订重点耗能企业节能标准体系编制通则，指导和规范企业节能工作。

（三十三）加强烟气脱硫设施运行监管。燃煤电厂必须安装在线自动监控装置，建立脱硫设施运行台账，加强设施日常运行监管。2007 年底前，所有燃煤脱硫机组要与省级电网公司完

成在线自动监控系统联网。对未按规定和要求运行脱硫设施的电厂要扣减脱硫电价，加大执法监管和处罚力度，并向社会公布。完善烟气脱硫技术规范，开展烟气脱硫工程后评估。组织开展烟气脱硫特许经营试点。

（三十四）强化城市污水处理厂和垃圾处理设施运行管理和监督。实行城市污水处理厂运行评估制度，将评估结果作为核拨污水处理费的重要依据。对列入国家重点环境监控的城市污水处理厂的运行情况及污染物排放信息实行向环保、建设和水行政主管部门季报制度，限期安装在线自动监控系统，并与环保和建设部门联网。对未按规定和要求运行污水处理厂和垃圾处理设施的城市公开通报，限期整改。对城市污水处理设施建设严重滞后、不落实收费政策、污水处理厂建成后一年内实际处理水量达不到设计能力60%的，以及已建成污水处理设施但无故不运行的地区，暂缓审批该地区项目环评，暂缓下达有关项目的国家建设资金。

（三十五）严格节能减排执法监督检查。国务院有关部门和地方人民政府每年都要组织开展节能减排专项检查和监察行动，严肃查处各类违法违规行为。加强对重点耗能企业和污染源的日常监督检查，对违反节能环保法律法规的单位公开曝光，依法查处，对重点案件挂牌督办。强化上市公司节能环保核查工作。开设节能环保违法行为和事件举报电话和网站，充分发挥社会公众监督作用。建立节能环保执法责任追究制度，对行政不作为、执法不力、徇私枉法、权钱交易等行为，依法追究有关主管部门和执法机构负责人的责任。

八、完善政策，形成激励和约束机制

（三十六）积极稳妥推进资源性产品价格改革。理顺煤炭价格成本构成机制。推进成品油、天然气价格改革。完善电力峰谷分时电价办法，降低小火电价格，实施有利于烟气脱硫的电价政策。鼓励可再生能源发电以及利用余热余压、煤矸石和城市垃圾发电，实行相应的电价政策。合理调整各类用水价格，加快推行阶梯式水价、超计划超定额用水加价制度，对国家产业政策明确的限制类、淘汰类高耗水企业实施惩罚性水价，制定支持再生水、海水淡化水、微咸水、矿井水、雨水开发利用的价格政策，加大水资源费征收力度。按照补偿治理成本原则，提高排污单位排污费征收标准，将二氧化硫排污费由目前的每千克 0.63 元分三年提高到每千克 1.26 元；各地根据实际情况提高 COD 排污费标准，国务院有关部门批准后实施。加强排污费征收管理，杜绝“协议收费”和“定额收费”。全面开征城市污水处理费并提高收费标准，吨水平均收费标准原则上不低于 0.8 元。提高垃圾处理收费标准，改进征收方式。

（三十七）完善促进节能减排的财政政策。各级人民政府在财政预算中安排一定资金，采用补助、奖励等方式，支持节能减排重点工程、高效节能产品和节能新机制推广、节能管理能力建设及污染减排监管体系建设等。进一步加大财政基本建设投资向节能环保项目的倾斜力度。健全矿产资源有偿使用制度，改进和完善资源开发生态补偿机制。开展跨流域生态补偿试点工作。继续加强和改进新型墙体材料专项基金和散装水泥专项资金征收管理。研究建立高能耗农业机械和渔船更新报废经济补偿制度。

（三十八）制定和完善鼓励节能减排的税收政策。抓紧制定节能、节水、资源综合利用和环保产品（设备、技术）目录及相应税收优惠政策。实行节能环保项目减免企业所得税及节能环保专用设备投资抵免企业所得税政策。对节能减排设备投资给予增值税进项税抵扣。完善对废旧物资、资源综合利用产品增值税优惠政策；对企业综合利用资源，生产符合国家产业政策规定的产品取得的收入，在计征企业所得税时实行减计收入的政策。实施鼓励节能环保型车船、节能省地环保型建筑和既有建筑节能改造的税收优惠政策。抓紧出台资源税改革方案，改进计征方式，提高税负水平。适时出台燃油税。研究开征环境税。研究促进新能源发展的税收政策。

实行鼓励先进节能环保技术设备进口的税收优惠政策。

（三十九）加强节能环保领域金融服务。鼓励和引导金融机构加大对循环经济、环境保护及节能减排技术改造项目的信贷支持，优先为符合条件的节能减排项目、循环经济项目提供直接融资服务。研究建立环境污染责任保险制度。在国际金融组织和外国政府优惠贷款安排中进一步突出对节能减排项目的支持。环保部门与金融部门建立环境信息通报制度，将企业环境违法信息纳入人民银行企业征信系统。

九、加强宣传，提高全民节约意识

（四十）将节能减排宣传纳入重大主题宣传活动。每年制订节能减排宣传方案，主要新闻媒体在重要版面、重要时段进行系列报道，刊播节能减排公益性广告，广泛宣传节能减排的重要性、紧迫性以及国家采取的政策措施，宣传节能减排取得的阶段性成效，大力弘扬“节约光荣，浪费可耻”的社会风尚，提高全社会的节约环保意识。加强对外宣传，让国际社会了解中国在节能降耗、污染减排和应对全球气候变化等方面采取的重大举措及取得的成效，营造良好的国际舆论氛围。

（四十一）广泛深入持久开展节能减排宣传。组织好每年一度的全国节能宣传周、全国城市节水宣传周及世界环境日、地球日、水日宣传活动。组织企事业单位、机关、学校、社区等开展经常性的节能环保宣传，广泛开展节能环保科普宣传活动，把节约资源和保护环境观念渗透在各级各类学校的教育教学中，从小培养儿童的节约和环保意识。选择若干节能先进企业、机关、商厦、社区等，作为节能宣传教育基地，面向全社会开放。

（四十二）表彰奖励一批节能减排先进单位和个人。各级人民政府对在节能降耗和污染减排工作中作出突出贡献的单位和个人予以表彰和奖励。组织媒体宣传节能先进典型，揭露和曝光浪费能源资源、严重污染环境的反面典型。

十、政府带头，发挥节能表率作用

（四十三）政府机构率先垂范。建设崇尚节约、厉行节约、合理消费的机关文化。建立科学的政府机构节能目标责任和评价考核制度，制订并实施政府机构能耗定额标准，积极推进能源计量和监测，实施能耗公布制度，实行节奖超罚。教育、科学、文化、卫生、体育等系统，制订和实施适应本系统特点的节约能源资源工作方案。

（四十四）抓好政府机构办公设施和设备节能。各级政府机构分期分批完成政府办公楼空调系统低成本改造；开展办公区和住宅区供热节能技术改造和供热计量改造；全面开展食堂燃气灶具改造，“十一五”时期实现食堂节气 20%；凡新建或改造的办公建筑必须采用节能材料及围护结构；及时淘汰高耗能设备，合理配置并高效利用办公设施、设备。在中央国家机关开展政府机构办公区和住宅区节能改造示范项目。推动公务车节油，推广实行一车一卡定点加油制度。

（四十五）加强政府机构节能和绿色采购。认真落实《节能产品政府采购实施意见》和《环境标志产品政府采购实施意见》，进一步完善政府采购节能和环境标志产品清单制度，不断扩大节能和环境标志产品政府采购范围。对空调机、计算机、打印机、显示器、复印机等办公设备和照明产品、用水器具，由同等优先采购改为强制采购高效节能、节水、环境标志产品。建立节能和环境标志产品政府采购评审体系和监督制度，保证节能和绿色采购工作落到实处。

附表：

“十一五”时期淘汰落后生产能力一览表

行业	内容	单位	“十一五”时期	2007 年
电力	实施“上大压小”关停小火电机组	万千瓦	5 000	1 000
炼铁	300 米^{3}以下高炉	万吨	10 000	3 000
炼钢	年产 20 万吨及以下的小转炉、小电炉	万吨	5 500	3 500
电解铝	小型预焙槽	万吨	65	10
铁合金	6 300 千伏安以下矿热炉	万吨	400	120
电石	6 300 千伏安以下炉型电石产能	万吨	200	50
焦炭	炭化室高度 4.3 米以下的小机焦	万吨	8 000	1 000
水泥	等量替代机立窑水泥熟料	万吨	25 000	5 000
玻璃	落后平板玻璃	万重量箱	3 000	600
造纸	年产 3.4 万吨以下草浆生产装置、年产 1.7 万吨以下化学制浆生产线、排放不达标的年产 1 万吨以下以废纸为原料的纸厂	万吨	650	230
酒精	落后酒精生产工艺及年产 3 万吨以下企业（废糖蜜制酒精除外）	万吨	160	40
味精	年产 3 万吨以下味精生产企业	万吨	20	5
柠檬酸	环保不达标柠檬酸生产企业	万吨	8	2

贯彻落实《国务院办公厅关于进一步加大节能减排力度加快钢铁工业结构调整的若干意见》有关工作的通知

工信部原[2010]381 号

为贯彻《国务院办公厅关于进一步加大节能减排力度加快钢铁工业结构调整的若干意见》（国办发[2010]34 号）文件精神，使各项工作落到实处，现就有关事项通知如下：

一、着力推进钢铁企业兼并重组，提高产业集中度

加快钢铁企业兼并重组，提高钢铁产业集中度是解决我国钢铁工业结构性矛盾的关键措施。各地工业主管部门要摸清家底，全面掌握本地区钢铁企业的基本情况，在此基础上尽快研究制定本省（自治区、直辖市）钢铁企业兼并重组方案。兼并重组方案主要包括以下内容：钢铁企业基本情况（企业基本情况、生产能力、年产量、销售收入、利税等）、兼并重组的规划方案、结合兼并重组和技术进步拟淘汰的落后产能及关闭的企业名单、兼并重组的进度安排和本地区采取的相关措施等。

兼并重组方案要力争科学实际，可操作。一是方案的编制要按照市场化运作、企业平等自愿、政府引导的原则，处理好各种关系；二是国有企业的兼并重组要加强与各地国有资产管理部门的联系，认真听取其意见和建议；三是兼并重组工作要尊重各方企业的权益，坚决避免“拉郎配”；四是在研究方案或规划设想的同时，要注意研究本地区大型钢铁企业在全国范围内的兼并重组和外地区的大型钢铁企业对本地区钢铁企业兼并重组的可能性；五是要注重兼并重组、淘汰落后、技术改造三结合，通过重组，推进淘汰落后和企业总体竞争力的提高。

各地区编制完成的钢铁企业兼并重组方案，经地方人民政府审核同意后，由地方工业主管部门于 2010 年年底前上报工业和信息化部审批。对于已成熟的钢铁企业兼并重组个案，由省工业主管部门组织编制兼并重组方案，报经地方政府同意后，按国办发[2010]34 号文件要求，由地方人民政府负责上报，可成熟一个上报一个。对于近期已经实施或计划实施的钢铁企业兼并重组，如首钢重组吉林通钢、天津渤海钢铁集团的组建、山西钢铁企业重组等，要在 8 月底前将兼并重组方案报送工业和信息化部。对于中央钢铁企业实施的跨地区或区域内兼并重组，除了仍按原规定报相关部门外，要将重组方案报送工业和信息化部，工业和信息化部将从行业管理的角度会同有关部门予以审批。

二、切实规范生产经营秩序，加强行业管理

《钢铁行业生产经营规范条件》是对国办发[2010]34 号文的具体落实，是对现有钢铁企业全部存量实施行业管理的新举措，我国现有的钢铁企业均需纳入规范管理的范畴。

各地工业主管部门要统筹组织安排所在地钢铁企业的规范管理工作，分期分批组织审查和上报。首先要在 2010 年 9 月底前上报所在地条件较好的钢铁企业的规范申请，同时做好与本地区环保部门的衔接，同步完成规范条件的环保审查。工业和信息化部将与环境保护部等部门保持沟通，争取年内公示、公布 2～3 批规范企业名单。对于 2009 年钢产量 100 万吨及以上的企业中尚不具备规范条件要求的企业，应督促企业提出整改措施，抓紧进行整改，并补办环评、土地等相应手续。对于 2009 年钢产量在 100 万吨以下的钢铁企业，要区别情况进行分类指导，

对于装备水平满足规范条件、产品质量满足国家标准要求的企业，要引导他们参与兼并重组；对于污染严重、装备水平差、产品质量难以保证的企业要迫使其逐步退出钢铁生产。对于国家明令禁止的用工频炉生产“地条钢”的企业要坚决予以打击和取缔。

对于中央钢铁企业，由钢铁企业集团统筹上报所属钢铁企业的规范申请，相关地区工业主管部门要积极配合中央企业做好自审工作。地方钢铁企业集团中涉及在多个省区有钢铁企业的情况，由所在地工业主管部门分别提出审查意见，报工业和信息化部。集团内不同地区具有独立法人的钢铁企业要在总申请报告的基础上，单独编制分报告，与总报告一同上报。在实施规范管理过程中，各地工业主管部门要注意与各地环保部门的衔接，拟申请的规范企业名单提前提供给环保部门，以求工作进度的一致性。

工业和信息化部将组织对申请报告的审查，并结合各地申报企业兼并重组、淘汰落后等工作的贯彻落实情况，对经审查符合规范条件的企业进行公示，经公示无异议后予以公告。对于在某些方面存在问题的钢铁企业，将给予一定的整改时限。争取用 3 年左右的时间，对我国钢铁行业生产经营状况进行一次全面的整顿与规范。

三、落实好淘汰落后工作，促进钢铁企业节能减排

各地工业主管部门务必将钢铁行业淘汰落后产能目标任务分解落实到市、县和具体企业，坚决杜绝擅自将落后炼铁产能以生产铸造铁、铁合金为由免予淘汰的做法。要注意妥善处理淘汰落后和行业发展过程中出现的困难和问题，切实做好职工安置工作，维护社会稳定。

按照国办发[2010]34 号文件要求，各地要用好国家淘汰落后产能奖励资金，充分发挥差别电价的作用，加强对差别电价执行情况的监督检查，加大环保、质量、能耗、安全方面的监督检查和执法，压缩钢铁落后产能的生存空间。

各地要及时向社会公告本地区年度淘汰落后产能的企业名单、落后工艺设备、淘汰时限等信息，及时将有关工作进展情况报送工业和信息化部。同时，各地工业主管部门要加强检查验收和监督考核，并于年底前，报送本地区淘汰落后钢铁产能工作进展情况和年度目标任务完成情况。

四、认真做好其他工作

对于国办发[2010]34 号文件中提到的抑制钢铁产能过快增长、切实规范铁矿石流通秩序、推进国内铁矿开发和“走出去”战略的实施等工作，各地工业主管部门要按照国家及相关部委的统一部署和有关文件要求，会同有关部门，切实贯彻实施。对在贯彻落实过程中出现的问题和情况，及时报工业和信息化部。各地工业主管部门务必提高认识，增加工作的紧迫感和责任感，主动加强与相关部门和单位的协调配合，加强监督指导，积极开展工作，确保加大节能减排力度加快钢铁工业结构调整的各项工作落到实处。

二〇一〇年八月九日

国务院办公厅关于进一步加大节能减排力度加快钢铁工业结构调整的若干意见

国办发[2010]34号

各省、自治区、直辖市人民政府，国务院各部委、各直属机构：

为深入贯彻科学发展观，进一步落实《钢铁产业调整和振兴规划》，实现国家确定的“十一五”节能减排目标，加快钢铁工业结构调整，经国务院同意，现就做好钢铁工业节能减排和结构调整有关工作提出以下意见。

一、充分认识加强钢铁工业节能减排和结构调整工作的重要意义

（一）认清形势，统一思想，提高认识。钢铁工业是国民经济的支柱产业，在推进工业化和城镇化进程中发挥着重要作用，为应对国际金融危机挑战、促进经济社会发展作出了积极贡献。同时，钢铁工业在快速发展过程中，也存在着重复建设严重、产能过剩、铁矿石流通秩序混乱、资源环保压力加大等深层次矛盾和问题，必须充分利用市场变化形成的倒逼机制，综合运用经济、技术、法律和必要的行政手段，切实加大节能减排力度，加快结构调整步伐，促进钢铁工业的全面、协调和可持续健康发展。

钢铁工业是节能减排潜力最大的行业，在节能减排工作中占有举足轻重的地位。加强节能减排和结构调整，是转变钢铁工业发展方式、提高产业发展质量和效益、实现可持续发展的重大举措，是适应全球供求结构发生重大变化、应对世界铁矿石资源垄断加剧严峻形势、增强抵御国际市场风险能力的有效途径，是抑制钢铁产能过快增长、推进淘汰落后产能的重要抓手，是走低消耗、低排放、高效益、高产出的新型工业化道路的必然要求。各地区、各有关部门要充分认识推进钢铁工业节能减排和结构调整的重要性和紧迫性，进一步统一思想，正确处理速度与效益、局部与整体、当前与长远的关系，认真贯彻党中央、国务院的相关决策部署和政策规定，扎扎实实抓好组织实施。

二、坚决抑制钢铁产能过快增长

（二）切实制止钢铁行业盲目投资和重复建设。将抑制钢铁产能过快增长作为落实节能减排工作的重中之重，除国家已批准开展前期工作的项目外，2011年底前不再核准、备案任何扩大产能的钢铁项目。要将控制总量和优化布局结合起来，切实推进钢铁产业布局调整。要进一步依法提高行业准入门槛，强化质量、安全、环保、能耗、清洁生产等指标约束作用，加强质量、用地、金融等方面的监督管理，进一步加大对违规建设项目的政策压力。积极引导钢铁企业以品牌、标准、服务和效益为重点，全面提升产品质量，增强国际竞争力。

（三）严格履行钢铁项目审批和核准程序。对所有新建和改造项目，严格依法依规进行审批。坚决制止以淘汰落后产能等名义擅自建设钢铁项目，对违规建设的要严肃处理。发展改革委要牵头组织对2005年以来建设的钢铁项目进行清理。国土资源部牵头组织对在建和已建成的钢铁项目违法违规用地行为进行查处。环境保护部牵头组织对未经环评审批或污染超标的项目进行查处。要进一步健全项目审批问责制，认真查处越权审批、未批先建、边批边建等行为，依法严肃追究相关负责人的责任。环境保护、国土资源部门及金融机构要依法严格环境影响评

价、建设用地和贷款的审批。

三、加大淘汰落后产能力度

（四）完善落后产能退出机制。充分发挥市场配置资源的基础性作用，严格税收征管，清理和纠正地方擅自出台的对钢铁企业的税收优惠政策，努力营造促进企业公平竞争和落后产能退出的市场环境。完善和落实土地使用、差别电价政策，加大差别电价实施力度，大幅提高差别电价的加价标准，进一步提高落后产能的生产成本。中央财政要加大对钢铁工业淘汰落后产能的支持力度，将淘汰落后产能奖励资金与淘汰落后产能企业挂钩。工业和信息化部要尽快公布淘汰落后产能企业名单，抓紧牵头制定《钢铁行业生产经营规范条件》，及时公布符合规范条件的企业名单，为有关部门和金融机构做好促进钢铁企业兼并重组、淘汰落后和扶持优势企业发展等工作提供重要依据。

（五）强化淘汰落后产能工作的组织实施。各有关部门要各司其职，密切配合，加强对各地的督促检查，切实抓好相关政策落实。各省、自治区、直辖市人民政府要根据工业和信息化部提出的淘汰落后钢铁产能年度目标任务，制订实施方案并分解落实到市、县和具体企业。对未完成淘汰落后钢铁产能任务的地区，要严格执行项目“区域限批”规定，暂停对该地区其他建设项目的环评、供地和核准审批；对完成淘汰落后产能任务较好的地区实施先拆后建的技术改造项目，经综合平衡后可优先予以核准。各地在淘汰落后产能过程中要按照政策规定妥善解决职工安置、企业转产、债权债务重组等问题，维护社会和谐稳定。

四、进一步强化节能减排

（六）大力推进钢铁工业节能减排。实现钢铁工业节能减排要将控制总量、淘汰落后、技术改造结合起来。大力推广高温高压干熄焦、干法除尘、煤气余热余压回收利用、烧结烟气脱硫等循环经济和节能减排新技术新工艺，提高“三废”的综合治理和利用水平。加强和完善废钢铁综合利用，鼓励发展短流程炼钢。有关部门要尽快出台鼓励余热余压发电上网政策。要强化节能减排计量管理，提高能耗和排放计量检测的准确性和数据分析能力。通过强化环境准入、执法监管、考核问责等工作机制，进一步加强环保监测、减排核查、清洁生产审核、能耗限额标准执行监察，推动重污染企业加快退出市场。

（七）调整钢铁产品进出口结构。钢铁产品进出口政策要服从和服务于满足国内市场需求、促进钢铁工业节能减排、控制总量、淘汰落后产能的总体目标。要继续控制“两高一资”低附加值钢铁产品出口，在符合世界贸易组织有关规定的基础上，统筹研究有利于钢铁工业节能减排的进出口措施，相应调整钢铁产品进出口政策。

五、加快钢铁企业兼并重组

（八）明确钢铁企业兼并重组的工作目标。要按照市场化运作、企业平等协商、政府引导的原则，支持各类钢铁企业开展兼并重组。支持优势大型钢铁企业集团开展跨地区、跨所有制兼并重组，鼓励各省、自治区、直辖市人民政府继续推动本地区钢铁企业的兼并重组，进一步提高我国钢铁产业集中度，培育形成3～5家具有较强国际竞争力、6～7家具有较强实力的特大型钢铁企业集团。力争到2015年，国内排名前10位的钢铁企业集团钢产量占全国产量的比例从2009年的44%提高到60%以上，推动钢铁工业结构调整迈上一个新的台阶。各省、自治区、直辖市人民政府要抓紧制定和上报本地区2010—2011年钢铁企业兼并重组方案，由工业和信息化部会同有关部门审批后组织实施。

（九）抓紧完善和落实促进钢铁企业兼并重组的政策措施。要在项目审批、土地供应、贷款授信、资本市场融资以及安排国有资本经营预算支出等方面，加强对企业兼并重组的支持。对国有钢铁企业因重组出现阶段性经营绩效下降和负债率上升等情况，国有资产监管机构要在确定年度考核和任期考核目标中作相应调整。钢铁企业兼并重组要切实依法规范操作，保护出资人和职工合法权益，维护金融机构合法债权安全，切实防止国有资产流失，维护企业和社会稳定。

六、大力实施企业技术创新和技术改造

（十）积极支持钢铁行业做好技术创新工作。充分重视发挥科技支撑作用，持续加大科研经费投入力度。依托相关科技计划，引导和鼓励钢铁企业和科研机构围绕重大工程和战略需求进一步加大投入，加强新工艺、新技术、新产品研发，加强引进消化吸收再创新，加强前瞻性储备技术研究，尽快形成具有自主知识产权、适应未来国际竞争需要、支撑钢铁工业转型升级的核心关键技术和高附加值产品。

（十一）重点支持钢铁企业开展技术改造。积极落实财政支持政策，鼓励、引导钢铁企业加强技术改造。切实提高资金使用效率，集中支持对钢铁工业结构调整意义重大的关键项目和企业。加大关键钢材品种、钢铁新材料、新一代全流程可循环工艺、节能减排、矿山资源综合利用以及工业化与信息化融合等技术改造工作力度，促进钢铁产业升级。

七、切实规范铁矿石流通秩序

（十二）强化行业自律，规范铁矿石进口秩序。在推进钢铁行业结构调整、加快兼并重组和淘汰落后产能，大幅度减少国内钢铁企业数量的基础上，通过行业自律，进一步提高铁矿石进口经营集中度。要加快落实《钢铁产业调整和振兴规划》，加大行业协调力度，抑制囤积居奇、倒买倒卖、哄抬铁矿石价格等行为。优化铁矿石资源配置，铁矿石资源要优先配置给符合《钢铁行业生产经营规范条件》的企业。进一步做好进口铁矿石信息报送工作，有关行业协会、商会要根据公布的符合规范条件的钢铁企业名单，加强对铁矿石进口流向的监测管理。

（十三）建立长期稳定的铁矿石进口渠道。有关行业协会、商会要加强与各类钢铁生产和贸易企业的协商，建立健全进口铁矿石价格形成机制。有关部门要积极创造条件，支持国内用户和国外供应商加强协调协作，建立长期稳定、互利互惠的合作关系，保持进口铁矿石的合理价格水平。

八、推进国内铁矿开发和“走出去”战略的实施

（十四）大力推进国内铁矿资源的勘探开发。加大国内铁矿石资源的勘探力度，增加资源储量。研究降低国内铁矿石生产和开采企业负担、提高国内铁矿石资源保障能力的政策措施。加大对共伴生矿、难选冶矿的技术和科研开发力度，对尾矿回收等综合利用项目研究完善有关税收优惠政策。推动国内矿山的有序建设和开发，加快推进铁矿资源的开发整合，将铁矿矿业权依法优先配置给符合钢铁产业政策的钢铁企业和大型矿山企业。用好现有扶持政策，支持大型铁矿山技术改造和资源综合利用。

（十五）进一步推进“走出去”战略。支持钢铁企业充分利用两个市场、两种资源，加强对外投资和跨国经营，深化经济技术合作。鼓励钢铁和矿山企业开展多种形式的境外铁矿石资源勘探开发，在境外建立稳定、可靠的铁矿石供应基地，并统筹考虑矿山、道路、港口、供电、供水设施的规划与建设。鼓励有条件的大型钢铁企业到国外建设钢铁厂和钢铁工业园区，努力

提高钢铁企业的国际化经营水平。商务部要会同有关部门组织协会商会和企业，积极应对国外对我钢材产品提起的反倾销、反补贴等贸易救济调查，加强与各国政府及行业间的交流合作，积极化解贸易摩擦，营造良好的国际贸易环境。

九、加强工作的组织协调

（十六）加强组织协调，狠抓各项工作落实。钢铁工业节能减排和结构调整是一项重要而艰巨的任务，要狠抓各项政策措施的落实。各有关部门要加强沟通配合，切实做好钢铁工业节能减排、结构调整工作的统筹规划和政策协调，抓紧细化和落实有关政策措施。各地区要切实加强组织领导，结合当地实际制定具体实施方案和配套办法并抓好落实。行业协会、商会要充分发挥桥梁和纽带作用，积极反映钢铁行业的新情况新问题，及时提出政策建议，督促钢铁企业认真落实国家钢铁产业政策。钢铁企业要从产业发展的大局出发，强化内部管理，积极开展淘汰落后、节能减排、技术改造、兼并重组等各项工作。工业和信息化部要会同有关部门加强监督指导，确保加大节能减排力度加快钢铁工业结构调整各项工作措施落到实处。

附件：重点工作分工表

国务院办公厅

二〇一〇年六月四日

附件：

重点工作分工表

序号	工 作 任 务	负 责 单 位	参 加 单 位
1	严格钢铁建设项目核准	发展改革委、工业和信息化部	
2	清理钢铁建设项目	发展改革委	监察部、工业和信息化部、国土资源部、环境保护部
3	查处违法用地行为	国土资源部	
4	查处环保违规行为	环境保护部	
5	严格钢铁行业贷款审批	银监会、人民银行	
6	加强产品质量监督管理	质检总局	
7	严格税收征管	财政部、税务总局	
8	完善差别电价政策	发展改革委	
9	下达淘汰落后产能年度目标任务	工业和信息化部	
10	公布淘汰落后产能企业名单	工业和信息化部	
11	制定《钢铁行业生产经营规范条件》，公布符合规范条件的企业名单	工业和信息化部	环境保护部、商务部
12	落实淘汰落后产能奖励资金	财政部、工业和信息化部	
13	制定鼓励余热余压发电上网政策	发展改革委	
14	加强节能减排计量工作	质检总局	
15	调整钢铁产品进出口税收政策	财政部	发展改革委、工业和信息化部、商务部、海关总署、税务总局、钢铁工业协会
16	推进钢铁企业兼并重组	工业和信息化部	发展改革委、财政部、国土资源部、国资委、税务总局、银监会、证监会
17	促进钢铁企业技术改造	发展改革委、工业和信息化部	
18	规范铁矿石流通秩序	钢铁工业协会、五矿进出口商会	商务部、外交部、发展改革委、工业和信息化部
19	加大国内铁矿资源勘探开发力度	国土资源部	财政部
20	鼓励国内企业到境外进行矿山开发和钢厂建设	发展改革委、商务部	工业和信息化部、人民银行、国资委
21	应对国际贸易摩擦	商务部	发展改革委、工业和信息化部、质检总局、钢铁工业协会

关于钢铁工业节能减排的指导意见

工业和信息化部　工信部节[2010]176 号

为深入贯彻落实科学发展观，加快钢铁工业结构调整和产业升级，切实转变钢铁工业发展方式，促进节约、清洁和可持续发展，现就进一步加强钢铁工业节能减排工作，提出如下意见：

一、充分认识钢铁工业节能减排的重要意义

钢铁工业是国民经济的基础产业，也是我国能源资源消耗和污染排放的重点行业。2009 年，全国粗钢产量突破 5.6 亿吨，占全球的 46%，能源消耗约占全国总能耗的 16.1%、工业总能耗的 23%；新水消耗、废水、二氧化硫、固体废物排放量分别占工业的 3%、8%、8%和 16%左右。

近年来，钢铁工业节能减排不断取得进步。2008 年，重点大中型钢铁企业总能耗 2.43 亿吨标准煤，吨钢综合能耗 626.92 千克标准煤，吨钢耗新水 5.18 米^3，同比分别下降 0.2%和 7.2%；吨钢二氧化硫、化学需氧量（COD）、工业烟粉尘排放分别下降到 2.27 千克、0.13 千克、1.55 千克，同比下降 6.2%、18.75%和 1.9%。

但是，钢铁工业节能减排仍然面临一些突出问题：

一是能源利用效率与国际先进水平相比仍有差距。同口径相比，吨钢综合能耗高于国际先进水平约 15%。重点大中型企业按照工序能耗计算，48.6%的烧结工序、37.8%的炼铁工序、76%的转炉工序、38.7%的电炉工序能耗高于《粗钢生产主要工序单位产品能源消耗限额》国家强制性标准中的参考限定值（电力折标系数按当量值计算），13%的焦化工序能耗高于《焦炭单位产品能源消耗限额》国家强制性标准中的参考限定值（电力折标系数按当量值计算）。高炉、转炉煤气放散率分别达到 6%和 10%，余热资源回收利用率不足 40%。

二是主要污染物排放控制水平有待进一步提高。重点大中型企业吨钢烟粉尘、SO_2 排放量与国外先进钢铁企业相比尚有较大差距；通过国家及地方政府清洁生产审核的钢铁企业仅 1.4%，其中重点大中型企业约 30%；钢铁行业氮氧化物、CO_2、二噁英等污染物减排尚处于研究探索阶段。

三是固体废物综合利用技术水平偏低。重点大中型企业中，冶金废渣、粉煤灰和炉渣利用率分别达到 94.93%、79.47%，但固体废物高附加值利用技术和水平亟待提高；尾矿综合利用率仅 5.02%。

四是落后产能比重大。整个行业企业较多、产能及布局分散；还存在土法炼焦、环形小烧结机、横列式轧机等落后工艺；相当多的企业仍然使用 400 米^{3}及以下高炉、30 吨及以下转炉等落后装备，淘汰落后产能工作有待进一步加强。

五是先进节能减排技术的推广应用力度不够。重点大中型企业高炉干式炉顶压差发电（TRT）、干熄焦、转炉干法除尘配备率仅 30%、52%和 20%；煤调湿技术仅在少数企业得到应用。依靠先进技术推进节能减排的激励机制还未完全建立，相应节能减排技术规范不完善，企业现代化管理水平还有待进一步提升。

目前，我国工业能源消耗占全社会能源消耗的 70%以上，是耗费能源、资源，产生环境污染的主要产业，而钢铁工业又是工业中消耗资源能源和产生污染排放的重点行业。钢铁工业节

能减排成效对实现国家“十一五”约束性目标意义重大，是实施节能减排战略的主攻方向。特别是我国仍处于工业化、城镇化加速发展阶段，经济社会发展面临着严峻的资源和环境双重约束，迫切需要加速推进钢铁等重点行业节能减排，这既是国家节能减排战略的迫切需要，也是钢铁工业调整产业结构、提升产业竞争力、走内涵式发展道路的紧迫任务。

二、指导思想、基本原则和目标

（一）指导思想

以科学发展观为指导，按照党的十七大提出的走中国特色新型工业化道路要求，认真贯彻国务院关于节能减排的工作部署，落实《钢铁产业调整和振兴规划》，以降低钢铁生产能源资源消耗和减少钢渣、二氧化硫等废物排放为目标，加强科技进步和技术创新，加大淘汰落后产能力度，加快推行清洁生产和发展循环经济，强化企业监督管理，全面提升钢铁工业节能减排水平，推动发展方式转变，努力构建资源节约型、环境友好型钢铁工业。

（二）基本原则

坚持政府引导与市场推动相结合。加强政府宏观引导，加快完善有利于节能减排的政策和市场环境。充分发挥企业的市场主体作用，严格执行节能环保法律法规，落实节能减排目标责任。

坚持控制增量与优化存量相结合。把节能减排作为项目准入的重要标准，严格执行项目审批制度，严把节能环保两个闸门，严控新增产能，加快淘汰落后产能。鼓励支持钢铁企业积极挖潜，改造落后生产工艺和装备，配套完善节能环保关键装备和设施，提升现有产能节能环保水平。

坚持自主创新与技术改造相结合。针对钢铁节能减排目标任务需求，加快培育企业原始创新、集成创新和引进消化吸收再创新能力，建设节能减排技术支撑平台，推动建立以企业为主体、产学研相结合的节能减排技术创新与成果转化体系，大力推广应用先进适用节能减排技术。以重点技术为支撑，围绕节能减排重点工程，大力支持钢铁企业开展技术改造，促进产业升级。

坚持重点突破与全面提升相结合。以企业能源管理中心建设、二次能源回收利用等重点环节和领域为突破口，加快专项工程建设，力争钢铁行业关键环节、重点企业节能环保技术和管理水平取得突破；通过加强行业指导，强化企业和行业管理，加快行业信息化技术应用，带动全行业节能减排水平的全面提升。

（三）主要目标

到 2011 年底，重点大中型钢铁企业吨钢综合能耗不超过 620 千克标准煤；吨钢耗用新水量低于 5 米^3，水重复利用率 95%以上；吨钢烟粉尘排放量小于 1.0 千克，吨钢二氧化硫排放量低于 1.8 千克，吨钢化学需氧量排放量低于 0.2 千克；二次能源基本实现回收利用；钢渣综合利用率 94%，铁渣综合利用率 97%，尘泥综合利用率 99%，尾矿综合利用率 10%。钢铁工业新增 2 200 万吨标准煤的节能能力，污染物排放浓度和排放总量“双达标”。

到“十二五”末，重点大中型企业基本建成资源节约型、环境友好型企业，能耗、水耗达到国际先进水平。吨钢综合能耗不超过 615 千克标准煤，主要生产工序能耗全部达到国家《粗钢生产主要工序单位产品能源消耗限额》和《焦炭单位产品能源消耗限额》限定值（电力折标系数按当量值计算）。全面实施综合污（废）水回收利用，钢铁联合企业废水基本实现“零”排放；氮氧化物、二噁英等污染物排放得到有效控制。冶金废渣基本实现综合利用，尾矿综合利用率较大幅度提高。大幅提升废钢资源循环利用水平，铁钢比降低 5 个百分点。全国钢铁行业初步形成资源节约型、环境友好型发展模式。

三、重点任务

（一）加快淘汰落后产能。严格执行国家炼钢、炼铁、铁合金、焦炭等落后产能淘汰标准，分解制定和严格执行淘汰落后产能年度计划，确保 2011 年底前实现淘汰 400 米^{3}及以下高炉炼铁能力 12 540 万吨，30 吨及以下转炉和电炉炼钢能力 2 820 万吨的目标。积极研究制定以节能环保强制性标准淘汰落后产能的具体措施，加快推动规模优势企业兼并重组落后产能和低水平企业，促进产能改造和技术水平提升。

（二）强化工序节能和二次能源利用。焦化工序加强焦炉改造，重点发展高压干熄焦、煤调湿；烧结工序加强烧结余热利用；炼铁工序强化高炉喷煤、高炉干式 TRT；转炉工序提升煤气回收利用水平，发展干法除尘、低压饱和蒸汽发电；热轧工序积极推广应用蓄热式加热炉。钢铁企业要全流程系统优化和提升煤气、余热、余压资源回收利用。积极采取综合节电措施，推广应用变频调速、节能型变压器、高效风机水泵等设备，鼓励钢铁企业积极参与有序用电等电力需求侧管理。制定和发布焦炉煤调湿、干熄焦、烧结余热发电、高炉喷煤、高炉干式 TRT、热送热装和无头轧制、全煤气高温高压锅炉、燃气蒸汽联合循环（CCPP）热电联产、饱和蒸汽余热发电、蓄热式加热炉、变频调速、无功补偿节电等 12 项成熟适用节能技术的推广应用方案。

（三）开展行业能效对标达标。积极督促钢铁企业对比《粗钢生产主要工序单位产品能源消耗限额》（GB 21256　2007）、《焦炭单位产品能源消耗限额》（GB 21342—2008）、《铁合金单位产品能源消耗限额》（GB 21341—2008）确定的限值。组织行业协会和有关技术支撑机构建立和完善行业能效对标信息平台，定期发布主要工序能耗领先水平和“领跑”企业名单，引领钢铁企业结合自身能耗现状，开展对标达标活动，不断挖掘节能减排潜力。

（四）推进冶金废渣资源化利用。重点解决冶炼废渣高附加值利用、粉煤灰及尾矿综合利用问题。探索钢渣磁选后尾渣等固体废物综合利用技术和途径，推进钢铁渣微粉加工、氧化铁皮生产粉末冶金利用；加强矿山企业尾矿综合利用，做好废弃尾矿有价组分复选回收工作，提高铁尾矿综合利用水平。在确保安全的基础上，做好闭库尾矿库、排岩场生态恢复治理。推广尾矿生产建材、干排填埋塌陷区、胶结充填采空区等尾矿综合利用技术。

（五）加强水资源循环利用。建立各工序内部、厂内、厂际、多极用水循环；与主体技术改造配合，采用不用水或少用水工艺及大型装备，做到源头用水减量化；采用高效、安全、可靠的先进水处理技术工艺，提高水循环利用率，降低吨钢耗新水量；采用先进工艺对排放的废水进行有效处理，实现废水资源化，减少水循环系统的废水排放量。重点推广干熄焦、干法除尘、干式 TRT（“三干”节水技术）、焦化废水深度处理回用、清污分流、循环串级供水技术等 6 项节水技术。

（六）努力推进废钢循环利用。充分利用国内外两种资源，加强废钢铁供应基地建设，努力提升废钢资源循环利用水平。围绕车辆、舰船、机械、家电等机电产品报废拆解，支持建设国内现代化废钢铁回收、加工、配送基地，大力推进国内废钢铁资源分类分级高效利用。研究调整有关鼓励进口的管理政策和法规体系，支持国内大型钢铁企业开拓国外供应渠道，更好地利用境外废钢资源。

（七）全面推行清洁生产。组织编制和实施钢铁行业清洁生产推行方案，加强非高炉冶炼-炼钢、精炼-直接轧制全新流程清洁工艺技术研发和试验，推广应用烧结烟气循环富集技术、高炉喷吹废塑料技术、洁净钢生产系统优化技术、转炉炼钢自动控制技术、转底炉处理含铁尘泥生产技术、废水膜处理回用技术等典型清洁生产工艺技术。积极支持钢铁企业编制清洁生产规划，组织钢铁企业对照钢铁行业清洁生产评价指标体系开展清洁生产审核，支持钢铁企业清洁生产中高费方案的实施，到2011年重点大中型企业达到“清洁生产企业”以上水平。

（八）加快构建钢铁工业循环经济模式。继续加强循环经济试点探索，总结提升钢铁工业十家国家级循环经济试点企业发展经验。积极支持和引导重点大中型企业加快建立以钢铁企业为中心，集钢铁生产与化工、建材、能源转化等行业为一体的循环经济发展模式，实现资源相互共享、废物互为利用。重点支持富余煤气发电、冶炼废渣制水泥、氧化铁皮生产粉末冶金等循环经济重点工程。推进钢铁生态工业园区建设，支持钢铁企业建立废物消纳中心，利用钢铁生产高炉、焦炉等高温冶炼环境条件，对工业废物、废橡胶、废塑料、城市污泥等社会废物尤其是有毒有害固体废物进行消纳处理，实现区域内物质循环利用，推进钢铁企业与社会环境和谐发展。

（九）提升节能减排装备和配套设施水平。鼓励沿海钢铁企业发展有效容积3 000米^{3}以上高炉、炭化室高度7.0米及以上焦炉、炭化室高度达到6米及以上捣固焦炉、公称容量200吨及以上转炉，生产所需铁矿石和炼焦煤立足于进口，发展海水冷却和海水淡化技术。鼓励内陆钢铁企业发展面积180米^{2}及以上烧结机、炭化室高度6米及以上焦炉、炭化室高度5.5米及以上捣固焦炉、有效容积1 200米^{3}及以上高炉、公称容量100吨及以上转炉、公称容量100吨及以上电炉。加快完善配套节能环保设施建设，对钢铁企业改扩建项目必须同步配套建设节能环保设施：高炉应配套余压发电装置和煤粉喷吹装置，烧结机配套烟气脱硫和余热回收利用装置，焦炉配套干熄焦及收尘、煤气脱硫装置，焦炉、高炉、转炉配套煤气回收装置，电炉配套除尘和余热回收装置，铁合金矿热电炉配套烟尘回收处理、余热和煤气回收装置等。

（十）加快节能减排信息化建设。2011年前重点支持300万吨以上钢铁企业新建或改造能源管理中心，支持钢铁企业数字化测量仪器仪表的推广使用，积极应用电子信息技术，对能源输配和消耗情况实施动态监测、控制和优化管理，不断加强能源的平衡、调度、分析和预测，实现系统性节能降耗。支持重点地区和行业协会建设基于企业能源管理中心和节能减排管理系统的信息化监测平台，逐步建立统一的企业综合能耗及排放数据采集、传输、处理接口标准，构建钢铁行业互联互通的节能减排数据采集和信息监测平台。争取到“十二五”末，全行业基本实现能源管理信息化、数字化及自动化，显著提高企业科学用能、科学管理水平。

（十一）组织实施节能减排技术改造重点工程。重点实施能源管理中心、高温高压干熄焦、高炉干式压差发电（TRT）、炼焦煤调湿、烧结余热发电、大型热电联产、蓄热式燃烧、高炉干法除尘、转炉干法除尘等节能技术改造专项，新增2 250万吨标准煤的节能量；实施干法除尘、干法熄焦等节水技术工程及综合污（废）水处理回用工程，进一步提升钢铁企业节水能力；实施烧结烟气脱硫示范工程，新增烧结烟气脱硫能力20万吨；实施冶金废渣资源化利用工程，提升资源综合利用水平。

（十二）强化企业节能减排管理。认真贯彻《中华人民共和国节约能源法》相关要求，建立钢铁企业能源管理负责人制度。督促钢铁企业聘任能源管理负责人，设立能源管理岗位，健全企业内部能源管理机构，加强节能管理体系和制度建设。按照《企业能源审计技术通则》等规定要求，组织钢铁企业开展能源审计，提出切实可行的节能降耗措施并加以实施。组织钢铁企业开展电力平衡测试，强化用电管理。组织开展能源管理体系试点，探索推进钢铁企业能源管理体系建设。积极推进钢铁企业明确节能环保岗位和机构的职责和目标考核要求，建立健全能源资源节约、清洁生产、减排治污等各项内部管理制度，进一步加强能源计量监测器具配备，完善节能减排奖惩制度，根据节能减排目标完成情况，把奖惩落实到车间、班组和机台。引导钢铁企业改善物流管理，开展钢铁工业物流信息系统试点，适时推广钢铁企业物流管理系统，提高物流效率，促进节能减排。

四、政策措施

（一）认真开展节能减排目标责任考核。对与国家和地方政府签订“十一五”节能责任书的钢铁企业，要加大监督指导力度，积极督促其按期完成节能目标。按照《中华人民共和国节约能源法》对重点用能企业目标责任考核的要求，树立钢铁企业节能减排的主体责任意识，制定具体管理办法，建立和实施钢铁企业节能目标责任制评价考核制度，积极开展节能目标责任评价考核。对没有完成节能目标的钢铁企业要加强问责，及时组织整改。加强节能减排、落后产能淘汰目标任务完成情况与新上改扩建钢铁项目的审批、核准相衔接。完善钢铁行业清洁生产水平评价指标，对长期稳定实现清洁生产各项指标达标的钢铁企业，予以表彰和奖励。

（二）严格执行能源资源和环保准入条件。认真贯彻落实《钢铁产业发展政策》和《产业结构调整目录》，严格执行焦化、铁合金等行业准入条件，从严控制钢铁企业盲目扩张。加快研究制订钢铁行业改扩建项目节能评估审查具体办法，严格执行钢铁行业能耗、排放强制性标准等有关要求，从源头上把好改扩建项目能耗和污染排放关。研究完善按照节能环保标准甄别落后产能的执行机制，把钢铁行业能耗、环保及清洁生产等相关标准确定的指标作为落后产能界定的主要标准，定期公告淘汰落后产能企业名单，实现名单公告与资金补贴、差别政策相互衔接，进一步完善落后产能退出的资金补贴、差别政策政策机制，加大政策执行力度。

（三）加快推进实施钢铁余热余压发电上网激励政策。为切实解决钢铁企业二次能源回收利用问题，会同有关部门积极研究钢铁余热余压发电上网政策。积极推动把钢铁企业余热余压发电作为资源综合利用认定的重要内容，制订认定具体管理办法，切实推进相关税收减免等鼓励政策的落实。

（四）加大节能减排技术改造投入力度。把钢铁工业节能减排作为国家技术改造的重点予以支持，加大中央财政技术改造资金、国家节能减排资金对节能减排重点专项工程的支持力度，优先支持符合国家产业政策的钢铁企业加强节能减排技术改造。

（五）加强“两型”示范企业创建。选择一批具备条件、有代表性的钢铁企业，积极开展资源节约型、环境友好型企业创建试点工作，争取在较短时间内建设一批“两型”企业示范典型。加强资源环境、循环经济基础研究，建立体现资源节约型、环境友好型钢铁工业资源环境统计指标体系和评价标准。及时总结先进典型经验，加强经验交流和推广。研究制定鼓励资源节约型、环境友好型企业发展的具体政策，推进全行业向资源节约型、环境友好型发展模式转变。

（六）实施合同能源管理等节能新机制。选择认定一批在全国有影响力、具有钢铁行业节能成功业绩经验的专业性节能服务公司，支持其通过合同能源管理方式为钢铁企业开展节能技术改造服务。加强对节能服务公司的资金和政策扶持，引导金融信贷机构加强信贷支持。探索实施钢铁企业节能减排自愿协议，对开展清洁生产审核、实施节能减排自愿协议的钢铁企业，研究制定优先支持技术改造项目等具体激励措施。

（七）强化节能减排监管。加快制定《能源管理系统技术规范》、《干熄焦节能技术规范》、《烧结系统余热利用技术规范》、《电炉钢冶炼电耗限额》和《钢铁行业蓄热式燃烧技术规范》以及轧钢、金属制品等产品能耗限额国家强制性标准，完善相关标准规范的制定工作。组织各地节能监察中心加强对各地区钢铁企业节能减排标准执行情况的监督检查，适时开展钢铁企业能效强制性标准、能源计量器具配备、能源计量数据及使用、特种设备等专项检查。逐步实施钢铁企业污染排放在线监控，及时掌握钢铁企业能源利用和污染物排放情况。根据对钢铁企业能源审计、环境监测结果，对现有工序能耗指标和污染物排放指标达不到国家钢铁生产主要工序单位产品能源消耗限额限定值要求以及国家《钢铁工业大气污染物排放标准》(烧结、球团、炼铁、炼钢、轧钢)、《钢铁工业水污染物排放标准》新标准要求的，适时向媒体公布。

（八）加强组织领导。各地工业和信息化主管部门、有关中央企业要加强钢铁行业节能减排工作的组织领导，结合本地区、本企业实际，按照《钢铁产业调整和振兴规划》和本意见要求，抓紧制订具体落实方案，切实抓好淘汰落后产能、项目能评、重点技术推广、技术改造等具体工作，确保钢铁行业节能减排取得实效。行业协会要积极协助开展企业能效对标达标活动，推广先进典型技术、经验和做法，加强行业节能减排的统计监测和技术指导。对推进钢铁工业节能减排工作过程中出现的新情况、新问题，应认真加以研究，制定解决措施，并及时报送工业和信息化部。

国务院办公厅关于印发 2009 年节能减排工作安排的通知

国办发[2009]48 号

各省、自治区、直辖市人民政府，国务院各部委、各直属机构：

《2009 年节能减排工作安排》已经国务院同意，现印发给你们，请认真贯彻执行。

国务院办公厅

二〇〇九年七月十九日

2009 年节能减排工作安排

“十一五”前三年，各地区、各部门认真落实党中央、国务院的部署，把节能减排作为促进科学发展的重要抓手，作为扩内需、保增长、调结构的重要内容，工作力度不断加大，节能减排取得积极进展。全国单位 GDP 能耗逐年逐季降低，2006 年下降 1.79%，2007 年下降 4.04%，2008 年下降 4.59%，三年累计下降 10.1%，节能约 2.9 亿吨标准煤。全国二氧化硫、化学需氧量（COD）排放总量不断降低，2007 年分别下降 4.66%和 3.14%，2008 年分别下降 5.95%和 4.42%，“十一五”前三年累计分别下降 8.95%和 6.61%。

虽然节能减排取得积极进展，特别是今年以来产业结构发生了一些积极变化，但结构不合理的问题仍然突出，第三产业比重偏低，高耗能工业增速较快。国际金融危机对我国影响加剧，给节能减排工作带来新的问题和挑战。有的地方出现盲目上高耗能、高排放项目的苗头，有的地方擅自出台高耗能行业电价优惠政策；一些企业效益回落，影响节能减排重点工程实施。工作层面也还存在着认识不到位、激励政策不完善、机制不健全、监管不到位、基础工作薄弱等问题。从目前进展情况看，“十一五”节能目标完成进度仍落后于时间进度，形势严峻，任务艰巨。

2009 年是实现“十一五”节能减排目标具有决定性意义的一年，各地区、各部门要进一步统一思想，充分认识节能减排工作的重要性和艰巨性，增强紧迫感和责任感，以科学发展观为指导，在保持经济平稳较快增长中坚持节能减排不动摇，继续把节能减排作为调整经济结构、转变发展方式的重要抓手，作为应对国际金融危机，扩内需、保增长、调结构的重要内容，作为减缓和适应全球气候变化、促进人类可持续发展的重要举措，全面落实各项节能减排政策措施，进一步加大工作力度，务求取得更大成效，确保节能减排目标完成进度与“十一五”规划实施进度同步。

一、加强目标责任考核。组织相关部门和专家对省级政府 2008 年节能减排目标完成情况进行现场评价考核，评价考核结果向社会公告，落实奖惩措施，实行严格的问责制。组织各地节能主管部门开展千家企业节能目标责任评价考核，审核汇总考核结果，向社会公告并做好考核结果的运用。发布 2008 年全国和各地区单位 GDP 能耗、主要污染物排放及工业增加值用水量指标公报，以及 2009 年上半年全国单位 GDP 能耗和主要污染物排放量指标公报。抓好军队资源节约统计与考评工作。

二、推动重点工程实施。继续加大中央预算内投资、新增中央投资、中央财政专项资金和国外优惠贷款对节能减排的支持力度，重点支持十大重点节能工程建设、循环经济发展、淘汰落后产能、城镇污水处理设施及配套管网建设、重点流域水污染治理，以及节能环保能力建设。2009 年，通过实施十大重点节能工程，形成 7 500 万吨标准煤的节能能力；实施“节能产品惠民工程”，对能效等级 1 级或 2 级以上高效节能空调、冰箱等 10 大类产品，通过财政补贴方式加大推广力度；推广节能灯 1.2 亿支；支持在北京、上海、重庆等 13 个城市开展节能与新能源汽车示范试点。新增城市污水日处理能力 1 000 万米 ^{3}，全国 36 个大城市基本实现污水全部收集处理；新增燃煤电厂烟气脱硫设施 5 000 万千瓦以上，新增钢铁企业烧结机烟气脱硫设施 20 台（套）。

三、严控高耗能、高排放行业盲目扩张。组织修订《产业结构调整目录》。在抓紧组织实施钢铁、汽车、造船、石化、轻工、纺织、有色金属、装备制造、电子信息、物流等重点产业调整振兴规划过程中，严格执行国家产业政策和项目审核管理规定，强化用地审查、节能评估审查、环境影响评价，从严控制高耗能、高排放行业盲目扩张。继续推动外商投资产业结构优化升级。加大信息技术在传统产业中的应用力度，对高耗能、高排放行业进行改造和提升。加大淘汰落后产能的力度，2009 年“上大压小”关停小火电机组 1 500 万千瓦，淘汰落后炼铁产能 1 000 万吨、炼钢 600 万吨、水泥 5 000 万吨、造纸 50 万吨、铁合金 70 万吨、焦炭 600 万吨。完善淘汰落后产能退出机制，公告淘汰落后产能企业名单，推广大型企业兼并重组落后企业等有效做法，落实好差别电价政策和淘汰落后产能企业职工安置政策措施。发布节能设备指导目录、落后高耗能设备淘汰目录等，推动淘汰落后高耗能设备。落实节能发电调度办法，抓紧出台配套政策。大力促进服务业和高技术产业发展，提高其在国民经济中的比重。

四、加快技术开发和推广。围绕能源、资源、环境等领域，建设和完善若干国家工程中心、国家工程实验室和国家重点实验室，在高效发电、重污染行业清洁生产、建筑节能等方面组织科研攻关，攻克一批节能减排关键和共性技术。编制工业、通信业清洁生产技术指南和重点节能技术推广专项规划。支持大型先进压水堆及高温气冷堆核电站重大科技专项。加大新技术、新产品产业化的实施力度，推动电动汽车产业化，做好“金太阳”太阳能发电、大型超超临界发电、有机废水循环利用等技术的规模化推广应用。制定半导体照明（LED）产业发展意见。推进浅层地热能开发利用。加快风能资源的评估与开发。发布农业机械节能减排技术。出台关于推行合同能源管理加快节能服务产业发展的意见，鼓励专业节能公司采用合同能源管理方式，为中小企业、公共机构实施节能改造。启动污泥处理处置示范工作。积极推进环保产业发展，继续开展烟气脱硫特许经营试点，规范城镇污水和垃圾处理特许经营，鼓励排污单位委托专业化公司承担污染治理或设施运营。发布当前国家鼓励发展的环保设备（产品）目录，编制环保装备示范工程规划。广泛开展节能减排国际合作，切实加强双边、区域和多边在节能、新能源和低碳技术研发等方面的交流，积极引进国际先进技术和管理经验。

五、着力抓好重点领域节能减排。继续大力推进千家企业节能行动，发布能源利用状况公告，开展节能管理师试点，形成 2 000 万吨标准煤的节能能力。制定发布钢铁、建材、电子信息、军工和中小企业节能减排指导意见，深入开展重点耗能行业能效水平对标活动。扩大强制性能效标识实施范围，制定发布电风扇、微波炉、通风机、工业锅炉等 6 种产品能效标识实施规则。组织开展 5 万个锅炉房节能管理达标活动。2009 年底施工阶段执行节能强制性标准比例提高到 90%以上；全面开展北方采暖地区既有居住建筑节能改造，2009 年改造 6 000 万米 ^{2}；继续推进供热按用热量计量收费；扩大可再生能源建筑应用示范规模，出台推动太阳能光电技术在建筑领域应用的实施意见，实施好新建经济适用房、廉租房、新农村农房可再生能源建筑规模化应用项目。大力发展公共交通，优化道路运输组织管理；严格执行汽车燃料消耗量限值标准，实施落后车辆淘汰制度，完善报废汽车回收机制；加快发展水路运输，推进船型标准化；加快电气化铁路建设；优化航线航路，启动机场节电工程，研究建立民航业节能减排激励约束机制；建立交通运输行业节能减排监测考核体系。安排财政资金70亿元，鼓励汽车、家电“以旧换新”。推进节约型机关、学校、科技场馆、文化场馆、医院、体育场馆等“六个100示范工程”建设，研究建立公共机构节能考核制度。开展大型公共建筑能耗统计、审计和公示工作。继续安排中央投资支持农村沼气建设；实施农村清洁工程，加大“以奖促治”工作力度，解决一批村镇存在的突出环境问题。推进零售业节能降耗。

六、大力发展循环经济。做好循环经济促进法贯彻实施工作。组织编制重点行业和重点领域循环经济发展规划，印发省市循环经济发展规划编制指南。建立循环经济发展专项资金，支持循环经济技术研发、示范推广、能力建设等。深化循环经济示范试点，开展“循环经济专家行”活动。加快实施汽车零部件再制造试点，出台促进汽车零部件再制造产业发展意见，建立汽车零部件再制造产品标识制度。组织编制实施再生金属利用规划、重大机电装备再制造产业发展规划。加快国家生态示范工业园区建设。研究建立循环经济评价指标体系和统计制度。发展矿产资源领域循环经济，推进矿产资源综合利用，加快脱硫石膏、磷石膏、农作物秸秆等资源化重点工程建设。启动第三批禁止使用实心黏土砖和第三批“禁止现场搅拌砂浆”工作。制定重点电子信息产品污染物管理目录，推动废弃电器电子产品回收利用。加快第二批再生资源回收体系建设试点，支持建设一批统一规范的社区回收站点、专业化分拣中心和区域集散市场。推进城镇污水处理再生利用。启动餐厨垃圾无害化处理试点。促进灾区建筑废弃物资源化利用。进一步加大“限塑”和秸秆综合利用工作力度。落实国务院办公厅关于治理商品过度包装的有关文件精神，抓紧制定治理商品过度包装的相关标准和政策。推动机电产品包装节材代木。推进循环农业促进行动，重点抓好10个循环农业地市建设，以及农垦制糖业、天然橡胶业的循环产业建设。

七、完善相关经济政策。继续推进资源性产品价格改革，落实成品油价格和税费改革方案。完善天然气价格形成机制。实行鼓励余热余压发电的上网和价格政策。继续推进电价改革，完善需求侧电价管理制度。继续实行促进节约用水的水价制度，鼓励使用再生水。完善老旧汽车报废更新补偿制度。出台农村老旧渡船拆解改造补偿制度。研究调整车辆购置税政策。推进环保收费改革，提高收缴率。研究建立污染物减排激励机制。修订《高污染、高环境风险产品名录》，继续控制高耗能、高排放和资源性产品出口。继续实施促进节能减排的政府采购政策，完善清单动态管理制度、公示制度和执行政策的奖惩制度。完善矿产资源有偿使用制度改革。逐步建立生态环境补偿机制。进一步扩大用于节能减排的企业债券发行规模，研究开展污水处理项目收益债券试点、环境污染责任保险试点。金融机构继续加大对节能减排重大项目的信贷支持。推进有条件的地区开展排污权有偿使用和交易试点工作。

八、加快法规和标准建设。完善节能减排法律法规体系，加快节约能源法和循环经济促进法配套法规建设。落实好民用建筑节能条例、公共机构节能条例。研究起草排污许可证条例。尽快出台固定资产投资项目节能评估和审查办法、城镇排水和污水处理条例。修订《重点用能单位节能管理办法》、《能效标识管理办法》、《节能产品认证管理办法》，组织制定、修订《电炉钢冶炼和氧化铝、尿素等高耗能产品能耗限额强制性国家标准》，以及《水源热泵机组、小功率电机、容积式空气压缩机、通风机、工业锅炉等用能产品强制性能效标准》。进一步完善并严格执行《电石、热轧带肋钢筋等高耗能和易造成环境污染产品的市场准入条件》。制定电力企业节能降耗主要指标监管评价标准。

九、强化节能减排监管。加强对各地区节能减排工作的监督检查，督促各项节能减排优惠政策的落实，坚决制止和纠正擅自出台对高耗能行业实行优惠电价、违规乱上高耗能和高排放项目等行为。加强节能减排执法检查，严肃查处严重浪费能源资源、严重破坏环境、违反能源利用状况报告制度、私自排污等问题。开展能效标识、能源计量器具配备、能源计量数据及使用、高耗能特种设备等专项检查。深入开展环保执法专项行动，重点做好电力、钢铁、建材、造纸等 12 个高耗能、高排放行业排放总量控制和排污许可制度执行情况的监督检查。加强职工节能减排义务监督员队伍建设，强化对义务监督员的培训。发布电力企业节能减排情况通报。

十、加强监管能力建设。加快节能减排统计、监测和考核体系建设。加强资源环境、循环经济基础研究，建立体现资源节约型、环境友好型社会建设的中国资源环境统计指标体系。抓紧组建国家节能中心，健全省级节能监察机构和节能技术服务中心。结合第二次全国经济普查，组织实施第二、三产业用能单位能耗调查和主要耗能行业重点耗能设备普查。继续推进污染源普查工作，加强环境质量监测、污染源自动监控、信息传输与统计等能力建设。进一步完善城镇污水处理管理信息系统，启动建设全国城镇生活垃圾处理管理信息系统。建设电力行业节能减排监管信息平台。

十一、开展规划编制等重大问题研究。编制节能环保产业发展规划，加快培育新的经济增长点。开展“十二五”节能专项规划前期研究，研究节能重大问题，重点做好节能目标预测。对节能中长期专项规划实施情况进行评估。开展“十二五”污染物排放总量控制计划前期研究，重点对实施总量控制的污染物及排放指标等开展专题研究。做好“十二五”城镇污水、垃圾处理设施建设规划的前期研究，重点是目标、技术路线、政策机制等，特别是对垃圾处理技术路线、污泥无害化处理做专题研究，为制订“十二五”规划纲要做好前期准备。

十二、加大宣传教育工作力度。继续广泛深入开展“节能减排全民行动”，以节油节电和全民节能为重点，深入开展节能减排宣传教育，普及节能环保知识，积极倡导节约型的生产方式、消费模式和生活习惯。做好 2009 年全国节能宣传周、中国城市无车日、世界水日、中国水周、全国城市节水宣传周、“六·五”环境日的宣传活动。各地区要对节能减排作出突出贡献的单位和个人予以表彰，在全社会进行广泛宣传。开展“汽车节能环保驾驶”活动，大力宣传节能环保驾驶理念。新闻媒体要加大节能减排报道力度，宣传先进经验，曝光反面典型，发挥舆论的引导和监督作用。发展改革委要加强节能减排综合协调，环境保护部要做好减排协调工作，指导、督促、检查各地区、各部门落实国务院节能减排综合性工作方案和本工作安排的各项工作，及时向国务院报告节能减排进展情况，提出意见和建议。

中华人民共和国国家标准

粗钢生产主要工序单位产品能源消耗限额

The norm of energy consumption per unit product of major procedure of crude steel manufacturing process

GB 21256—2007

前言

本标准的4.1和4.2是强制性的，其余是推荐性的。

本标准附录A为资料性附录。

本标准由国家发展和改革委员会资源节约和环境保护司、国家标准化管理委员会工业标准一部提出。

本标准由全国能源基础与管理标准化技术委员会归口。

本标准主要起草单位：中国钢铁工业协会，钢铁研究总院。

本标准主要起草人：张春霞、郦秀萍、陈丽云、兰德年、黄导。

1 范围

本标准规定了粗钢生产主要工序单位产品能源消耗（以下简称能耗）限额的技术要求、统计范围和计算方法、节能管理与措施。

本标准适用于钢铁企业进行烧结工序（不含球团）、高炉工序、转炉工序和电炉工序单位产品能耗的计算、考核，以及新建设备的能耗控制。

2 规范性引用文件

下列文件中的条款通过本标准的引用而成为本标准的条款。凡是注日期的引用文件，其随后所有的修改单（不包括勘误的内容）或修订版均不适用于本标准，然而，鼓励根据本标准达成协议的各方研究是否可使用这些文件的最新版本。凡是不注日期的引用文件，其最新版本适用于本标准。

GB 17167 用能单位能源计量器具配备和管理通则

3 术语和定义

下列术语和定义适用于本标准。

3.1 烧结工序单位产品能耗 the energy consumption per unit product of sintering procedure

报告期内，烧结工序（不含球团）每生产一吨合格烧结矿，扣除工序回收的能源量后实际消耗的各种能源总量。

3.2 高炉工序单位产品能耗 the energy consumption per unit product of blast furnace procedure

报告期内，高炉工序每生产一吨合格生铁，扣除工序回收的能源量后实际消耗的各种能源总量。

3.3 转炉工序单位产品能耗 the energy consumption per unit product of converter or BOF（Basic Oxygen Furnace）procedure

报告期内，转炉工序（不包含精炼和连铸）每生产一吨合格粗钢，扣除工序回收的能源量后实际消耗的各种能源总量。

3.4 电炉工序单位产品能耗 the energy consumption per unit product of EAF（Electric Arc Furnace）procedure

报告期内，电炉工序（不包含精炼和连铸）每生产一吨合格粗钢所消耗的各种能源总量。

4 技术要求

4.1 现有粗钢生产工序单位产品能耗限额限定值

现有钢铁企业生产过程中，烧结工序、高炉工序、转炉工序和电炉工序的单位产品能耗限额限定值应符合表 1 的要求。

表 1　现有粗钢生产主要工序单位产品能耗限额限定值

工序名称		单位产品能耗限额限定值/（kg 标煤/t）
烧结工序		≤65
高炉工序		≤460
转炉工序		≤10
电炉工序	普钢电炉	≤215
	特钢电炉	≤325

注 1：电力折标准煤系数采用等价值 0.404kg 标煤/（kW·h）。

注 2：若原料稀土矿比例每增加 10%，烧结工序能耗增加 1.5kg 标煤/t。对原料中钒钛磁铁矿用量每增加 10%，高炉工序能耗增加 3kg 标煤/t。

4.2 新建粗钢生产工序单位产品能耗限额准入值

钢铁企业新建或改扩建烧结机、高炉、转炉和电炉设备时，其工序单位产品能耗限额准入值应符合表 2 的要求。

表 2　新建粗钢生产工序单位产品能耗限额准入值

工序名称		单位产品能耗限额准入值/（kg 标煤/t）
烧结工序		≤60
高炉工序		≤430
转炉工序		≤0
电炉工序	普钢电炉	≤190
	特钢电炉	≤300

注：电力折标准煤系数采用等价值 0.404 kg 标煤/（kW·h）。

4.3 粗钢生产工序单位产品能耗限额先进值

钢铁企业应通过节能技术改造和加强节能管理，使烧结工序、高炉工序和转炉工序单位产品能耗达到表 3 中的粗钢生产工序单位产品能耗限额先进值。

表 3　粗钢生产工序单位产品能耗限额先进值

工序名称		单位产品能耗限额先进值/（kgce/t）
烧结工序		≤55
高炉工序		≤390
转炉工序		≤−8
电炉工序	普钢电炉	≤180
	特钢电炉	≤280

注：电力折标准煤系数采用等价值 0.404 kg 标煤/（kW・h）。

4.4 粗钢生产工序主要能源回收量先进值

4.4.1 高炉炉顶余压发电量是指高炉工序每生产一吨合格生铁、利用炉顶余压所发的电量。

4.4.2 烧结工序余热回收量是指烧结工序每生产一吨合格烧结矿回收的余热蒸汽量（或发电量）折标准煤量。

4.4.3 转炉煤气和蒸汽回收量是指转炉工序每生产一吨合格粗钢所回收的转炉煤气量和余热蒸汽量折标准煤量之和。

钢铁企业粗钢生产工序中，应配备先进的节能设备，最大限度回收工序产生的能源，使之达到表 4 中的粗钢生产工序主要能源回收量先进值。

表 4　粗钢生产工序主要能源回收量先进值

分类	能源回收量先进值
合格生铁高炉炉顶余压发电量/（kW・h/t）	干式：≥35 湿式：≥30
合格烧结矿烧结工序余热回收量/（kg 标煤/t）	≥6
合格粗钢转炉煤气和蒸汽回收量/（kg 标煤/t）	≥30

注：电力折标准煤系数采用等价值 0.404 kg 标煤/（kW・h）

4.5 电力折标准煤系数为当量值条件下的粗钢生产工序单位产品能耗限额参考值

当电力折标准煤系数从等价值 0.404 kg 标煤/（kW・h）改为当量值 0.122 9 kg 标煤/（kW・h）时，粗钢各主要工序单位产品能耗限额限定值、限额准入值及限额先进值参考值见表 5。

表 5　电力折标准煤系数当量值条件下[0.1229 kg 标煤/（kW・h）]的粗钢生产工序能耗限额参考值

工序名称		单位产品能耗限额限定值/（kg 标煤/t）	单位产品能耗限额准入值/（kg 标煤/t）	单位产品能耗限额先进值/（kg 标煤/t）
烧结工序		≤56	≤51	≤47
高炉工序		≤446	≤417	≤380
转炉工序		≤0	≤−8	≤−20
电炉工序	普钢电炉	≤92	≤90	≤88
	特钢电炉	≤171	≤159	≤154

注：若原料稀土矿比例每增加 10%，烧结工序能耗（以标准煤计）增加 1.5 kg 标煤/t。对原料中钒钛磁铁矿用量每增加 10%，高炉工序能耗（以标准煤计）增加 3kg 标煤/t。

5 统计范围和计算方法

5.1 能耗统计范围及能源折标准煤系数取值原则

5.1.1 统计范围

5.1.1.1 烧结工序单位产品能耗包括生产系统（从熔剂、燃料破碎开始，经配料、原料运输、工艺过程混料、烧结机、烧结矿破碎、筛分等到成品烧结矿皮带机进入炼铁厂为止的各生产环节）、辅助生产系统（机修、化验、计算、环保等）和生产管理及调度指挥系统等消耗的能源量，扣除工序回收的能源量。不包括直接为生产服务的附属生产系统（如食堂、保健站、休息室等）消耗的能源量。

5.1.1.2 高炉工序单位产品能耗包括高炉工艺生产系统（原燃料供给、高炉本体、渣铁处理、鼓风、热风炉、煤粉喷吹等系统）、辅助生产系统（机修、化验、计量、环保等）和生产管理及调度指挥系统等消耗的能源量，扣除工序回收的能源量。不包括直接为生产服务的附属生产系统（如食堂、保健站、休息室等）消耗的能源量。

5.1.1.3 转炉工序单位产品能耗包括从铁水进厂到转炉出合格钢水为止的生产系统（铁水预处理、转炉本体、渣处理、钢包烘烤、煤气回收与处理系统等）、辅助生产系统（机修、化验、计量、环保等）和生产管理及调度指挥系统等消耗的能源量，扣除工序回收的能源量，不包括精炼、连铸（浇铸）、精整的能耗及直接为生产服务的附属生产系统（如食堂、保健站、休息室等）消耗的能源量。

5.1.1.4 电炉工序单位产品能耗包括从原料进入厂到电炉出合格钢水为止的生产系统（废钢预热和处理、原料的烘烤和干燥、电炉本体、渣处理、钢包烘烤等）、辅助生产系统（机修、化验、计量、环保等）和生产管理及高度指挥系统等消耗的能源量，不包括炉外精炼、炉外处理、铸（坯）锭、钢锭退火、精整的能耗及直接为生产服务的附属生产系统（如食堂、保健站、休息室等）消耗的能源量。

5.1.2 能源折标准煤系数取值原则

各种能源的热值以企业在报告期内实测的热值为准。没有实测条件的，采用附录 A 中该能源的平均低位发热值对应的折标准煤参考系数。

5.2 计算方法

5.2.1 烧结工序单位产品能耗的计算

烧结工序单位产品能耗按式（1）计算：

$$E_{\mathrm{SJ}}=\frac{e_{\mathrm{sjz}}-e_{\mathrm{sjh}}}{P_{\mathrm{SJ}}} \tag{1}$$

式中：E_{SJ}——烧结工序单位产品能耗，kg 标煤/t;

e_{sjz}——烧结工序消耗的各种能源的折标准煤量总和，kg 标煤；

e_{sjh}——烧结工序回收的能源量折标准煤量，kg 标煤；

P_{SJ}——烧结工序合格烧结矿产量，t。

5.2.2 高炉工序单位产品能耗的计算

高炉工序单位产品能耗应按式（2）计算：

$$E_{\mathrm{GL}}=\frac{e_{\mathrm{glz}}-e_{\mathrm{glh}}}{P_{\mathrm{GL}}} \tag{2}$$

式中：E_{GL}——高炉工序单位产品能耗，kg 标煤/t；

e_{glz}——高炉工序消耗的各种能源的折标准煤量总和，kg 标煤；

e_{glh}——高炉工序回收的能源量折标准煤量，kg 标煤；

P_{GL}——高炉工序合格生铁产量，t。

5.2.3 转炉工序单位产品能耗的计算

转炉工序单位产品能耗应按式（3）计算：

$$E_{ZL}=\frac{e_{zlz}-e_{zlh}}{P_{ZL}} \tag{3}$$

式中：E_{ZL}——转炉工序单位产品能耗，kg 标煤/t；

e_{zlz}——转炉工序消耗的各种能源的折标准煤量总和，kg 标煤；

e_{zlh}——转炉工序回收的能源量折标准煤量，kg 标煤；

P_{ZL}——转炉工序合格粗钢产量，t。

5.2.4　电炉工序单位产品能耗的计算

电炉工序单位产品能耗应按式（4）计算：

$$E_{DL}=\frac{e_{dlz}}{P_{DL}} \tag{4}$$

式中：E_{DL}——电炉工序单位产品能耗，kg 标煤/t；

c_{dlz}——电炉工序消耗的各种能源的折标准煤量总和，kg 标煤；

P_{DL}——电炉工序合格粗钢产量，t。

6　节能管理与措施

6.1 节能基础管理

6.1.1 企业应定期对粗钢生产的几个主要工序能耗情况进行考核，并把考核指标分解落实到各基层单位，建立用能责任制度。

6.1.2 企业应按要求建立健全能耗统计体系，建立能耗计算和考核结果的文件档案，并对文件进行受控管理。

6.1.3 企业应根据 GB 17167 的要求配备能源计量器具，并建立能源计量管理制度。

6.2 节能技术管理

钢铁企业各生产工序应配备先进的节能设备，最大限度地回收工序产生的能源。

附录 A（资料性附录）

各种能源折标准煤参考系数

能源名称	平均低位发热量	折标准煤（ce）系数
原煤	20 908 kJ/kg（5 000 kcal/kg）	0.714 3 kgce/kg
干洗精煤（灰分 10%）	29 689 kJ/kg（7 100 kcal/kg）	1.014 3 kgce/kg
无烟煤（湿）	25 090 kJ/kg（6 000 kcal/kg）	0.857 1 kgce/kg
动力煤（湿）	20 908 kJ/kg（5 000 kcal/kg）	0.714 3 kgce/kg
焦炭（干全焦）（灰分 13.5%）	28 435 kJ/kg（6 800 kcal/kg）	0.971 4 kgce/kg
燃料油	41 816 kJ/kg（10 000 kcal/kg）	1.428 6 kgce/kg
汽油	43 070 kJ/kg（10 300 kcal/kg）	1.471 4 kgce/kg
煤油	43 070 kJ/kg（10 300 kcal/kg）	1.471 4 kgce/kg
柴油	42 652 kJ/kg（10 200 kcal/kg）	1.457 1 kgce/kg
液化石油气	50 179 kJ/kg（12 000 kcal/kg）	1.714 3 kgce/kg
炼厂干气	46 055 kJ/kg（11 000 kcal/kg）	1.571 4 kgce/kg
油田天然气	38 931 kJ/m³（9 310 kcal/m³）	1.330 0 kgce/m³
气田天然气	35 544 kJ/m³（8 500 kcal/m³）	1.214 3 kgce/m³
液化天然气	40 980 kJ/kg（9 800 kcal/kg）	1.427 kgce/kg
高炉煤气	3 763 kJ/m³（900 kcal/m³）	0.128 6 kgce/kg
转炉煤气	4 976～17 160 kJ/m³ （1 190～4 104 kcal/m³）	0.17～0.59 kgce/kg
焦炉煤气	16 726～17 981 kJ/m³ （4 000～4 300 kcal/m³）	0.571 4～0.614 3 kgce/m³
重油催化裂解煤气	19 235 kJ/m³（4 600 kcal/m³）	0.657 1 kgce/m³
电力（等价值）	11 826 kJ/（kW·h） [2 828 kcal/（kW·h）]	0.404 0 kgce/（kW·h）
电力（当量值）	3 600 kJ/（kW·h） [860 kcal/（kW·h）]	0.122 9 kgce/（kW·h）

注 1：洗精煤或煤炭的灰分、水分每增、减 1%，则热值相应要减、增约 334 kJ/kg。

2：无烟煤、动力煤热值波动范围较大，推荐值为大体平均值。

中华人民共和国国家标准

焦炭单位产品能源消耗限额

The norm of energy consumption per unit product of coke

GB 21342—2008

前言

本标准的 4.1 和 4.2 是强制性的，其余是推荐性的。

本标准附录 A 为资料性附录。

本标准由国家发展和改革委员会资源节约和环境保护司、国家标准化管理委员会工业标准一部提出。

本标准由全国能源基础与管理标准化技术委员会归口。

本标准主要起草单位：中国钢铁工业协会、钢铁研究总院。

本标准主要起草人：陈丽云、张春霞、郦秀萍、兰德年、黄导。

1 范围

本标准规定了焦炭单位产品能源消耗（以下简称能耗）限额的技术要求、统计范围和计算方法、节能管理与措施。

本标准适用于焦炭单位产品能耗的计算、考核以及新建装置的能耗控制。

2 规范性引用文件

下列文件中的条款通过本标准的引用而成为本标准的条款。凡是注日期的引用文件，其随后所有的修改单（不包括勘误的内容）或修订版均不适用于本标准，然而，鼓励根据本标准达成协议的各方研究是否可使用这些文件的最新版本。凡是不注日期的引用文件，其最新版本适用于本标准。

GB 17167　用能单位能源计量器具配备和管理通则

3 术语和定义

3.1 下列术语和定义适用于本标准。

焦炭单位产品综合能耗[①]　the comprehensive energy consumption per unit product of coke

在报告期内炼焦工序生产单位合格焦炭所消耗的各种能源，扣除回收能源量后实际消耗的各能源折合标准煤总量。

4 技术要求

4.1 现有焦炭生产装置单位产品能耗限额限定值

① 此处“焦炭单位产品能耗”等同于钢铁企业的“焦化工序能耗”。

当电力折标准煤系数采用等价值时，现有焦炭生产企业或工序的焦炭单位产品综合能耗应不大于165kgce/t。

4.2 新建焦炭生产装置单位产品能耗限额准入值

当电力折标准煤系数采用等价值时，新建或改扩建焦炭生产设备焦炭单位产品综合能耗应不大于135kgce/t，如使用捣固焦，焦炭单位产品综合能耗应不大于140kgce/t。

4.3 焦炭生产装置单位产品能耗限额先进值

当电力折标准煤系数采用等价值时，焦炭生产企业或工序应通过节能技术改造和加强节能管理，达到焦炭单位产品能耗限额先进值，其值为焦炭单位产品综合能耗不大于125kgce/t。

4.4 焦炭生产主要二次能源利用先进值

焦炭生产工序主要二次能源指标为干熄焦蒸汽回收量。

干熄焦蒸汽回收量是指每生产单位合格焦炭利用干熄焦装置回收的蒸汽量。

焦炭生产企业或工序应配备先进的节能设备，最大限度回收产生的能源，使干熄焦蒸汽回收量不小于60kgce/t。

4.5 电力折标准煤系数按当量值时的焦炭单位产品能耗限额参考值

当电力折标准煤系数从等价值0.404kg标煤/（kW·h）改为当量值0.122 9kg标煤/（kW·h）时，焦炭单位产品综合能耗限额限定值、限额准入值和限额先进值的参考值见表1。

表1 电力折算标准煤系数为当量值时焦炭单位产品能耗限额参考值

单位产品综合能耗限额限定值/（kg标煤/t）	单位产品综合能耗限额准入值/（kg标煤/t）	单位产品综合能耗限额先进值/（kg标煤/t）
155	125（若使用捣固焦，为130）	115

5 统计范围和计算方法

5.1 能耗统计范围及能源折标准煤系数取值原则

5.1.1 统计范围

备煤（不包括洗煤）、炼焦和煤气净化工段的能耗扣除自身回收利用和外供的能源量，不包括精制。备煤工段包括贮煤、粉碎、配煤及系统除尘；炼焦工段包括炼焦、熄焦、筛运焦、装煤除尘、出焦除尘和筛运焦除尘；煤气净化工段内容包括冷凝鼓风、脱硫、脱氰、脱氨、脱苯、脱萘等工序和酚氰污水处理；干熄焦产出只计蒸汽，不含发电。

5.1.2 能源折标准煤系数取值原则

各种能源的热值对标准煤计。各种能源等价热值以企业在报告期内实测的热值为准。没有实测条件的，采用附录A中各种能源折标准煤参考系数。

5.2 计算方法

焦炭单位产品综合能耗应按以下公式计算：

$$E_{JT}=\frac{e_{yl}+e_{jg}-e_{cp}-e_{yr}}{P_{JT}}$$

式中：E_{JT}——焦炭单位产品综合能耗，kg标煤/t；

e_{yl}——原料煤量，kg标煤；

e_{jg}——加工能耗量，是指炼焦生产所用焦炉煤气、高炉煤气、水、电、蒸汽、压缩空气等能源，kg 标煤；

e_{cp}——焦化产品外供量，是指供外厂（车间）的焦炭、焦炉煤气、粗焦油、粗苯等的数量，kg 标煤；

e_{yr}——余热回收量，如干熄焦工序回收的蒸汽数量等，kg 标煤；

P_{JT}——焦炭产量，t。

6 节能管理与措施

6.1 节能基础管理

6.1.1 企业应定期对焦炭生产的能耗情况进行考核，并把考核指标分解落实到各基层部门，建立用能责任制度。

6.1.2 企业应按要求建立能耗统计体系，建立能耗计算和考核结果的文件档案，并对文件进行受控管理。

6.1.3 企业应根据 GB 17167 的要求配备能源计量器具并建立能源计量管理制度。

6.2 节能技术管理

新建或改扩建焦炉，原则上要同步配套建设干熄焦装置，焦炉煤气应全部回收利用，不得直排或点火炬，要采用先进的配煤工艺，合理配比炼焦用煤，尽量减少优质主焦煤用量。

附录 A（资料性附录）

各种能源折标准煤参考系数

能源名称	平均低位发热量	折标准煤（ce）系数
原煤	20 908 kJ/kg	0.714 3 kgce/kg
干洗精煤（灰分 10%）	29 689 kJ/kg	1.014 3 kgce/kg
无烟煤（湿）	25 090 kJ/kg	0.857 1 kgce/kg
动力煤（湿）	20 908 kJ/kg	0.714 3 kgce/kg
焦炭（干全焦）（灰分 13.5%）	28 435 kJ/kg	0.971 4 kgce/kg
高炉煤气	3 763 kJ/m^3	0.128 6 kgce/kg
煤焦油	33 453 kJ/kg	1.142 9 kgce/kg
焦炉煤气	16 726～17 981 kJ/m^3	0.571 4～0.614 3 kgce/m^3
蒸汽（低压）	3 763 kJ/kg	0.128 6 kgce/kg
蒸汽（中高压）		0.12 kgce/kg
粗苯	41 816 kJ/kg	1.428 6 kgce/kg
热力（当量值）		0.034 12 kgce/MJ
电力（等价值）	11 826 kJ/（kW·h）	0.404 0 kgce/（kW·h）
电力（当量值）	3 600 kJ/（kW·h）	0.122 9 kgce/（kW·h）

注 1：洗精煤或煤炭的灰分、水分每增、减 1%，则热值相应要减、增约 334 kJ/kg。

2：无烟煤、动力煤热值波动范围较大，推荐值为大体平均值。

八、污染防治

1. 大气污染

国务院办公厅转发环境保护部等部门关于推进大气污染联防联控工作改善区域空气质量指导意见的通知

国办发[2010]33号

各省、自治区、直辖市人民政府，国务院各部委、各直属机构：

环境保护部、发展改革委、科技部、工业和信息化部、财政部、住房城乡建设部、交通运输部、商务部、能源局《关于推进大气污染联防联控工作改善区域空气质量的指导意见》已经国务院同意，现转发给你们，请认真贯彻执行。

国务院办公厅

二〇一〇年五月十一日

关于推进大气污染联防联控工作改善区域空气质量的指导意见

环境保护部　发展改革委　科技部　工业和信息化部

财政部　住房和城乡建设部　交通运输部　商务部　能源局

近年来，我国一些地区酸雨、灰霾和光化学烟雾等区域性大气污染问题日益突出，严重威胁群众健康，影响环境安全。国内外的成功经验表明，解决区域大气污染问题，必须尽早采取区域联防联控措施。为进一步加大大气污染防治工作力度，现就推进区域大气污染联防联控，改善区域空气质量工作提出以下意见。

一、指导思想、基本原则和工作目标

（一）指导思想。以科学发展观为指导，以改善空气质量为目的，以增强区域环境保护合力为主线，以全面削减大气污染物排放为手段，建立统一规划、统一监测、统一监管、统一评估、统一协调的区域大气污染联防联控工作机制，扎实做好大气污染防治工作。

（二）基本原则。坚持环境保护与经济发展相结合，促进区域环境与经济协调发展；坚持属地管理与区域联动相结合，提升区域大气污染防治整体水平；坚持先行先试与整体推进相结合，率先在重点区域取得突破。

（三）工作目标。到2015年，建立大气污染联防联控机制，形成区域大气环境管理的法规、标准和政策体系，主要大气污染物排放总量显著下降，重点企业全面达标排放，重点区域内所有城市空气质量达到或好于国家二级标准，酸雨、灰霾和光化学烟雾污染明显减少，区域空气质量大幅改善。确保2010年上海世博会和广州亚运会空气质量良好。

二、重点区域和防控重点

（四）重点区域。开展大气污染联防联控工作的重点区域是京津冀、长三角和珠三角地区；在辽宁中部、山东半岛、武汉及其周边、长株潭、成渝、台湾海峡西岸等区域，要积极推进大气污染联防联控工作；其他区域的大气污染联防联控工作，由有关地方人民政府根据实际情况组织开展。

（五）防控重点。大气污染联防联控的重点污染物是二氧化硫、氮氧化物、颗粒物、挥发性有机物等，重点行业是火电、钢铁、有色、石化、水泥、化工等，重点企业是对区域空气质量影响较大的企业，需解决的重点问题是酸雨、灰霾和光化学烟雾污染等。

三、优化区域产业结构和布局

（六）提高环境准入门槛。制定并实施重点区域内重点行业的大气污染物特别排放限值，严格控制重点区域新建、扩建除“上大压小”和热电联产以外的火电厂，在地级城市市区禁止建设除热电联产以外的火电厂。针对重点区域内重点行业的建设项目实行环境影响评价区域会商机制，具体办法由环境保护部另行制定。加强区域产业发展规划环境影响评价，严格控制钢铁、水泥、平板玻璃、传统煤化工、多晶硅、电解铝、造船等产能过剩行业扩大产能项目建设。

（七）优化区域工业布局。建立产业转移环境监管机制，加强产业转入地在承接产业转移过程中的环保监管，防止污染转移。在城市城区及其近郊禁止新建、扩建钢铁、有色、石化、水泥、化工等重污染企业，对城区内已建重污染企业要结合产业结构调整实施搬迁改造，按期完成首钢搬迁工程，组织实施好石家庄、杭州、广州等城市钢铁厂搬迁项目。

（八）推进技术进步和结构调整。完善重点行业清洁生产标准和评价指标，加强对重点企业的清洁生产审核和评估验收。加大清洁生产技术推广力度，鼓励企业使用清洁生产先进技术。加快产业结构调整步伐，确保电力、煤炭、钢铁、水泥、有色金属、焦炭、造纸、制革、印染等行业淘汰落后产能任务按期完成。

四、加大重点污染物防治力度

（九）强化二氧化硫总量控制制度。提高火电机组脱硫效率，完善火电厂脱硫设施特许经营制度。加大钢铁、石化、有色等行业二氧化硫减排工作力度，推进工业锅炉脱硫工作。完善二氧化硫排污收费制度。制定区域二氧化硫总量减排目标。

（十）加强氮氧化物污染减排。建立氮氧化物排放总量控制制度。新建、扩建、改建火电厂应根据排放标准和建设项目环境影响报告书批复要求建设烟气脱硝设施，重点区域内的火电厂应在“十二五”期间全部安装脱硝设施，其他区域的火电厂应预留烟气脱硝设施空间。推广工业锅炉低氮燃烧技术，重点开展钢铁、石化、化工等行业氮氧化物污染防治。

（十一）加大颗粒物污染防治力度。使用工业锅炉的企业以及水泥厂、火电厂应采用袋式等高效除尘技术。强化施工工地环境管理，禁止使用袋装水泥和现场搅拌混凝土、砂浆，在施工场地应采取围挡、遮盖等防尘措施。加强道路清扫保洁工作，提高城市道路清洁度。实施“黄土不露天”工程，减少城区裸露地面。

（十二）开展挥发性有机物污染防治。从事喷漆、石化、制鞋、印刷、电子、服装干洗等排放挥发性有机污染物的生产作业，应当按照有关技术规范进行污染治理。推进加油站油气污染治理，按期完成重点区域内现有油库、加油站和油罐车的油气回收改造工作，并确保达标运行；新增油库、加油站和油罐车应在安装油气回收系统后才能投入使用。严格控制城市餐饮服务业油烟排放。

五、加强能源清洁利用

（十三）严格控制燃煤污染排放。严格控制重点区域内燃煤项目建设，开展区域煤炭消费总量控制试点工作。推进低硫、低灰分配煤中心建设，提高煤炭洗选比例，重点区域内未配备脱硫设施的企业，禁止直接燃用含硫量超过 0.5%的煤炭。加强高污染燃料禁燃区划定工作，逐步扩大禁燃区范围，禁止原煤散烧。建设火电机组烟气脱硫、脱硝、除尘和除汞等多污染物协同控制技术示范工程。

（十四）大力推广清洁能源。改善城市能源消费结构，加大天然气、液化石油气、煤制气、太阳能等清洁能源的推广力度，逐步提高城市清洁能源使用比重。继续推进清洁能源行动，积极开展清洁能源利用示范。推进工业、交通和建筑节能，提高能源利用效率。加快发展农村清洁能源，鼓励农作物秸秆综合利用，推广生物质成型燃料技术，大力发展农村沼气。禁止露天焚烧秸秆等农作物废弃物，确保城市周边、交通干线、机场周围空气质量。鼓励采用节能炉灶，逐步淘汰传统高污染炉灶。

（十五）积极发展城市集中供热。推进城市集中供热工程建设，加强城镇供热锅炉并网工作，不断提高城市集中供热面积。加强集中供热锅炉烟气脱硫、脱硝和高效除尘综合污染防治工作。发展洁净煤技术，加大高效洁净煤锅炉集中供热示范推广力度。在城市城区及其近郊，禁止新建效率低、污染重的燃煤小锅炉，逐步拆除已建燃煤小锅炉。

六、加强机动车污染防治

（十六）提高机动车排放水平。严格实施国家机动车排放标准，完善新生产机动车环保型式核准制度，禁止不符合国家机动车排放标准车辆的生产、销售和注册登记。继续推进汽车“以旧换新”工作，加速“黄标车”和低速载货车淘汰进程，积极发展新能源汽车。

（十七）完善机动车环境管理制度。加强机动车环保定期检验，实施机动车环保标志管理，对排放不达标车辆进行专项整治。依法加强对机动车环保检验机构的监督管理，促进其健康发展。加强机动车环保监管能力建设，建立机动车环保管理信息系统。研究有利于机动车污染防治的税费政策。

（十八）加快车用燃油清洁化进程。推进车用燃油低硫化，加快炼油设施改造步伐，增加优质车用燃油市场供应。尽快制定并实施国家第四、五阶段车用燃油标准和车用燃油有害物质限量标准。强化车用燃油清净剂核准管理。

（十九）大力发展公共交通。完善城市交通基础设施，落实公交优先发展战略，加快建设公共汽车、电车专用道（路）并设置公交优先通行信号系统。改善居民步行、自行车出行条件，鼓励居民选择绿色出行方式。

七、完善区域空气质量监管体系

（二十）加强重点区域空气质量监测。提高空气质量监测能力，优化重点区域空气质量监测点位，开展酸雨、细颗粒物、臭氧监测和城市道路两侧空气质量监测，制定大气污染事故预报、预警和应急处理预案，完善环境信息发布制度，实现重点区域监测信息共享。到 2011 年年底前，初步建成重点区域空气质量监测网络。

（二十一）完善空气质量评价指标体系。加快空气质量评价指标修订工作，完善臭氧和细颗粒物空气质量评价方法，增加相应评价指标。

（二十二）强化城市空气质量分级管理。空气质量未达到二级标准的城市，应当制订达标方案，确保按期实现空气质量改善目标。国家环境保护重点城市的达标方案应报环境保护部批准后实施。空气质量已达到二级标准的城市，应制订空气质量持续改善方案，防止空气质量恶化。

（二十三）加强区域环境执法监管。环境保护部要会同有关地方和部门确定并公布重点企业名单，开展区域大气环境联合执法检查，集中整治违法排污企业。各地环保部门应加强对重点企业的监督性监测，并推进其安装污染源在线监测装置。到 2012 年年底前，重点企业应全部安装在线监测装置并与环保部门联网。

八、加强空气质量保障能力建设

（二十四）加大资金投入。各级人民政府要根据大气污染防治工作实际，加大资金投入力度，强化环境保护专项资金使用管理，着力推进重点治污项目和区域空气质量监测、监控能力建设。空气质量未达到标准的城市，应逐年加大资金投入，加快城市大气环境保护基础设施和污染治理工程建设。

（二十五）强化科技支撑。加强区域大气污染形成机理研究。开展烟气脱硝、有毒有害气体治理、洁净煤利用、挥发性有机污染物和大气汞污染治理、农村生物质能开发等技术攻关。加大细颗粒物、臭氧污染防治技术示范和推广力度。加快高新技术在环保领域的应用，推动环保产业发展。

（二十六）完善环境经济政策。继续实施高耗能、高污染行业差别电价政策。严格火电、钢铁、水泥、电解铝等行业上市公司环保核查。积极推进主要大气污染物排放指标有偿使用和排污权交易工作。完善区域生态补偿政策，研究对空气质量改善明显地区的激励机制。

九、加强组织协调

（二十七）建立区域大气污染联防联控的协调机制。在全国环境保护部际联席会议制度下，不定期召开由有关部门和相关地方人民政府参加的专题会议，协调解决区域大气污染联防联控工作中的重大问题，组织编制重点区域大气污染联防联控规划，明确重点区域空气质量改善目标、污染防治措施及重点治理项目。到 2011 年年底前，完成规划编制和报批工作。

（二十八）严格落实责任。地方人民政府是区域大气污染防治的责任主体，要切实加强组织领导，制定本地区大气污染联防联控工作方案，并将各项工作任务分解到责任单位和企业，强化监督考核。各有关部门应加强协调配合，制定相关配套措施和落实意见，督促和指导地方相关部门开展工作。

（二十九）完善考核制度。环境保护部要会同有关部门对大气污染联防联控工作情况进行评估检查，对区域大气污染防治重点项目完成情况和城市空气质量改善情况进行考核，并将考核结果作为城市环境综合整治定量考核的重要内容，每年向社会公布。对于未按时完成规划任务且空气质量状况严重恶化的城市，严格控制其新增大气污染物排放的建设项目，具体办法由环境保护部商有关地方和部门另行制定。

（三十）加强宣传教育。组织编写大气污染防治科普宣传和培训材料，开展多种形式的大气环境保护宣传教育，动员和引导公众参与区域大气污染联防联控工作。定期公布区域空气质量状况和大气污染防治工作进展情况，充分发挥新闻媒体的舆论引导和监督作用。

各地要在 2010 年 6 月底前，将本地区落实本意见的实施方案，报送环境保护部备案。

中华人民共和国国家标准

炼焦炉大气污染物排放标准

Emission standard of air pollutants for coke oven

GB 16171—1996

前 言

根据《中华人民共和国大气污染防治法》第七条的规定，制定本标准。

本标准分年限规定了机械化炼焦炉无组织排放的颗粒物、苯可溶物和苯并[a]芘的最高允许排放浓度与非机械化炼焦炉颗粒物、二氧化硫、苯并[a]芘、林格曼黑度的最高允许排放浓度和吨产品污染物最高允许排放量。

本标准从 1997 年 1 月 1 日起实施。

本标准由国家环境保护局科技标准司提出。

本标准由国家环境保护局负责解释。

1 范 围

本标准分年限规定了机械化炼焦炉无组织排放的大气污染物最高允许排放浓度与非机械化炼焦炉大气污染物最高允许排放浓度、吨产品污染物最高允许排放量。

本标准适用于现有机械化炼焦炉和非机械化炼焦炉的排放管理，以及建设项目的环境影响评价、设计、竣工验收及其建成投产后的排放管理。

2 引用标准

下列标准所包含的条文，通过在本标准中引用而构成为本标准的条文。

GB 3095—1996　环境空气质量标准

GB/T 16157—1996　固定污染源排气中颗粒物测定与气态污染物采样方法

3 定 义

本标准采用下列定义：

3.1 标准状态

指烟气温度为 273 K、压力为 101 325 Pa 时的状态，本标准中污染物排放浓度均指标准状态干烟气中的数值。

3.2 非机械化炼焦炉

本标准所指的非机械化炼焦炉是：以洗精煤为原料有配煤工艺；成焦率≥70%；炉体严密、内外燃供热；烟气集中排放，焦炉烟囱高度不低于 25 m。

4 技术内容

4.1 排放标准的适用区域

4.1.1 本标准分为一、二、三级标准，分别与 GB 3095 的环境空气质量功能区相对应：

一类区执行一级标准；

二类区执行二级标准；

三类区执行三级标准。

4.1.2 自本标准实施之日起，禁止在 GB 3095 中一类区新建、扩建机械化炼焦炉和非机械化炼焦炉；改建项目不得增加排污量。

4.2 排放标准

4.2.1 1997 年 1 月 1 日之前通过环境影响报告书（表）审批的机械化炼焦炉，无组织排放的大气污染物最高允许排放浓度按表 1 执行。

表 1 现有机械化炼焦炉大气污染物排放标准

单位：mg/m^3

标准级别	一级			二级			三级		
污染物	颗粒物	苯可溶物（BSO）	苯并[*a*]芘（B[*a*]P）	颗粒物	苯可溶物（BSO）	苯并[*a*]芘（B[*a*]P）	颗粒物	苯可溶物（BSO）	苯并[*a*]芘（B[*a*]P）
排放标准值	1.0	0.25	0.001 0	3.5	0.80	0.004 0	5.0	1.20	0.005 5

4.2.2 1997 年 1 月 1 日起通过环境影响报告书（表）审批的机械化炼焦炉，无组织排放的大气污染物最高允许排放浓度按表 2 执行。

表 2 新建机械化炼焦炉大气污染物排放标准

单位：mg/m^3

标准级别	二级			三级		
污染物	颗粒物	苯可溶物（BSO）	苯并[*a*]芘（B[*a*]P）	颗粒物	苯可溶物（BSO）	苯并[*a*]芘（B[*a*]P）
排放标准值	2.5	0.60	0.002 5	3.5	0.80	0.004 0

4.2.3 1997 年 1 月 1 日之前已经投产的但未执行环境影响评价制度的机械化炼焦炉，应根据补做的环境影响报告书（表）通过审批的时间，确定无组织排放的大气污染物最高允许排放浓度按表 1 或表 2 执行。

4.2.4 1997 年 1 月 1 日之前通过环境影响报告书（表）审批的非机械化炼焦炉，大气污染物最高允许排放浓度、吨产品污染物排放量和林格曼黑度按表 3 执行。

表 3 现有非机械化炼焦炉大气污染物排放标准

污染物	单位	排放标准值		
		一级	二级	三级
颗粒物	mg/m^3（标态）	100	300	350
	kg/t（焦）	1.2	3.5	4.0
二氧化硫（SO_2）	mg/m^3（标态）	240	500	600
	kg/t（焦）	3.0	5.5	6.5
苯并[*a*]芘（B[*a*]P）	mg/m^3（标态）	1.00	2.0	3.00
	kg/t（焦）	0.010	0.020	0.025
林格曼黑度	级	≤1	≤1	≤1

表 4 新建非机械化炼焦炉大气污染物排放标准

污染物	单位	排放标准值	
		二级	三级
颗粒物	mg/m^3（标态）	250	300
	kg/t（焦）	3.0	3.5
二氧化硫（SO_2）	mg/m^3（标态）	400	450
	kg/t（焦）	4.5	5.0
苯并[*a*]芘（B[*a*]P）	mg/m^3（标态）	1.50	2.00
	kg/t（焦）	0.015	0.020
林格曼黑度	级	≤1	≤1

4.2.5 1997 年 1 月 1 日起通过环境影响报告书（表）审批的非机械化炼焦炉，大气污染物最高允许排放浓度、吨产品污染物排放量和林格曼黑度按表 4 执行。

4.2.6 1997 年 1 月 1 日之前已经投产的但未执行环境影响评价制度的非机械化炼焦炉，应根据补做的环境影响报告书（表）通过审批的时间，确定大气污染物最高允许排放浓度、吨产品污染物排放量和林格曼黑度按表 3 或表 4 执行。

4.3 其他规定

机械化炼焦炉的荒煤气不得直接排入大气，应于 1998 年 1 月 1 日之前在荒煤气放散管顶部安装自动放散点火装置。

5 监 测

5.1 采样点

机械化炼焦炉无组织排放的采样点位于焦炉炉顶煤塔侧第 1 至第 4 孔炭化室上升管旁。

非机械化炼焦炉应按 GB/T 16157 的规定确定采样点。

5.2 采样频率

5.2.1 机械化炼焦炉应在正常生产状况时进行采样，采用中流量采样器（无罩、无分级采样头），在焦炉炉顶的连续采样时间为 4 h/次。

5.2.2 非机械化炼焦炉应在≥60%的焦炉孔数处于点火、结焦期时进行采样及林格曼黑度的测定。

5.3 监测方法

本标准中林格曼黑度的监测方法可选用林格曼黑度烟气浓度图、测烟望远镜和照相法；苯可溶物（BSO）的监测方法，采用附录 A《苯可溶物（BSO）的测定 重量法》；二氧化硫（SO_2）的监测方法参照执行《空气和废气监测分析方法》中碘量法或甲醛缓冲溶液吸收——盐酸副玫瑰苯胺分光光度法；苯并[*a*]芘的监测方法参照执行 GB 8971—88《空气质量飘尘中苯并[*a*]芘（B[*a*]P）的测定乙酰化滤纸层析荧光分光光度法》或《空气和废气监测分析方法》中推荐的高效液相色谱法；待国家环境保护局颁布相应方法标准后，执行相应标准。

5.4 统计

非机械化炼焦炉的焦炭产量以设计产量为准。

6 标准实施

本标准由县级以上人民政府环境保护行政主管部门负责监督实施。

苯可溶物（BSO）的测定　重量法

A1 原 理

使一定体积的空气，通过已恒重的玻璃纤维滤膜、空气中颗粒物被阻留在滤膜上，将滤膜置于脂肪抽提器中，用苯作溶剂进行提取，根据提取前、后滤膜重量之差及采样体积，可计算出苯可溶物的浓度。

A2 试 剂

A 2.1 苯：分析纯。

A3 仪器、设备和材料

A.3.1 中流量采样器：流量 50～150 L/min，滤膜直径 80～100 mm。
A.3.2 分析天平：感量 0.01 mg。
A.3.3 超细玻璃纤维滤膜。
A.3.4 脂肪抽提器：容积 100 ml。
A.3.5 高温炉。
A.3.6 恒温水浴。
A.3.7 干燥器：内装干燥剂。
A.3.8 表面皿。
A.3.9 滤膜贮存袋及贮存盒。
A.3.10 布氏漏斗：φ100 mm。
A.3.11 抽滤瓶。
A.3.12 抽气瓶。

A4 试验条件

A.4.1 平衡室放置在天平室内，平衡室温度在 20～25℃之间，温度变化小于±3℃，相对湿度小于 50%，变化小于 5%。天平室温度应维持在 15～35℃之间，相对湿度应小于 50%。
A.4.2 将玻璃纤维滤膜放入高温炉中，在 300℃温度下灼烧 2 h，取出滤膜，冷至室温后，放入干燥器中。
A.4.3 滤膜在称重前需在平衡室内平衡 24 h，然后在规定的条件下迅速称重，滤膜从平衡室内取出 30 s 内称完，读数准确至 0.01 mg。记下滤膜的编号和重量 W_0，将滤膜平展地放在光滑洁净的纸袋内，然后贮于盒内备用。采样前不能弯曲和折叠滤膜。

A5 测定步骤

A.5.1 采样

a）采样前，将滤膜从盒中取出，装在采样头上，备好采样器。

b）启动采样器，将流量调节在 100～120 L/min。

c）采样 5 min 后和采样结束前 5 min，各记一次大气压力、温度和流量。

d）一般采样 4 h 以上，关闭采样器，记录采样时间。

e）采样后，用镊子小心取下滤膜，使采样面向内，将其对折好，放回原纸袋并贮于盒内。

取采过样的滤膜时，应注意滤膜是否有物理性损坏及采样过程中是否有漏气现象，若发现类似现象，则此样品滤膜作废。

A.5.2 样品的测定

a）把采样后的滤膜放在平衡室内，平衡 24 h，然后迅速称重 W_1，称量不得超过 30 s。

b）把滤膜折叠好（避免在提取时颗粒物漏进萃取剂中），放入洁净干燥的脂肪抽提器的抽出筒中，标好相应的编号。

c）向脂肪抽提器的蒸馏瓶中倒入 60 ml 苯，装上抽出筒和冷凝器，将脂肪抽提器置于 90℃恒温水浴上，加热回流，接通冷却水，第一次满流开始记时，抽提 6 h。

d）停止加热、稍冷、取出滤膜，放入干净的表面皿上，标好相应的编号，放入通风柜中，使苯挥发后，放入平衡室内。

e）如发现有残渣漏进苯溶剂中，需用布氏漏斗将溶剂中的残渣滤在滤膜上，并入残渣中。

f）滤膜在平衡室平衡 24 h，然后迅速称重 W_2，30 s 内完成。

A6 计 算

$$\text{苯可溶物浓度（mg/m}^3\text{）}=\frac{W_1-W_2}{V_0} \tag{A1}$$

式中：W_1 —— 采样后滤膜重量，mg；

W_2 —— 提取后滤膜重量，mg；

V_0 —— 标准状态下采样体积，m^3。

$$V_0=V\times\frac{P\times 273}{101\,325\times(273+t)} \tag{A2}$$

式中：V —— 采样体积，m^3；

P —— 采样时的压力，Pa；

t —— 采样时的平均温度，℃。

中华人民共和国国家标准

工业炉窑大气污染物排放标准

Emission standard of air pollutants for industrial kiln and furnace

GB 9078—1996

代替 GB 4286—84、GB 4911—85、GB 4912—85、GB 4913—85、
GB 4916—85 等 5 项标准的工业炉窑部分和 GB 9078—88

前 言

根据《中华人民共和国大气污染防治法》第七条规定，制定本标准。

本标准在原有《工业炉窑烟尘排放标准》（GB 9078—88）和其他行业性有关国家大气污染物排放标准（工业炉窑部分）的基础上修订。本标准在技术内容上与原有各标准有一定的继承关系，亦有相当大的修改和变化。

本标准规定了 10 类 19 种工业炉窑烟（粉）尘浓度、烟气黑度、6 种有害污染物的最高允许排放浓度（或排放限值）和无组织排放烟（粉）尘的最高允许浓度。

本标准从 1997 年 1 月 1 日起实施；

本标准从实施之日起，同时代替：

GB 4286—84 《船舶工业污染物排放标准》（有关工业炉窑部分）；

GB 4911—85 《钢铁工业污染物排放标准》（有关工业炉窑部分）；

GB 4912—85 《轻金属工业污染物排放标准》（有关工业炉窑部分）；

GB 4913—85 《重有色金属工业污染物排放标准》；

GB 4916—85 《沥青工业污染物排放标准》（有关工业炉窑部分）；

GB 9078—88 《工业炉窑烟尘排放标准》。

本标准从实施之日起，GB 9078—88 同时废止，其他上述各标准中的有关工业炉窑部分亦同时废止。

本标准由国家环境保护局科技标准司提出；

本标准由国家环境保护局负责解释。

1 范 围

本标准按年限规定了工业炉窑烟尘、生产性粉尘、有害污染物的最高允许排放浓度、烟气黑度的排放限值。

本标准适用于除炼焦炉、焚烧炉、水泥厂以外使用固体、液体、气体燃料和电加热的工业炉窑的管理，以及工业炉窑建设项目的环境影响评价、设计、竣工验收及其建成后的排放管理。

2 引用标准

下列标准所包含的条文，通过在本标准中引用而构成为本标准的条文。

GB 3095—1996 环境空气质量标准

GB/T 16157—1996　固定污染源排气中颗粒物的测定与气态污染物采样方法

3 定 义

本标准采用下列定义：

3.1 工业炉窑

工业炉窑是指在工业生产中用燃料燃烧或电能转换产生的热量，将物料或工件进行冶炼、焙烧、烧结、熔化、加热等工序的热工设备。

3.2 标准状态

指烟气在温度为 273 K，压力为 101 325 Pa 时的状态，简称“标态”。本标准规定的排放浓度均指标准状态下的干烟气中的数值。

3.3 无组织排放

凡不通过烟囱或排气系统而泄漏烟尘、生产性粉尘和有害污染物，均称无组织排放。

3.4 过量空气系数

燃料燃烧时实际空气需要量与理论空气需要量之比值。

3.5 掺风系数

冲天炉掺风系数是指从加料口等处进入炉体的空气量与冲天炉工艺理论空气需要量之比值。

4 技术内容

4.1 排放标准的适用区域

4.1.1 本标准分为一级、二级、三级标准，分别与 GB 3095 中的环境空气质量功能区相对应：

一类区执行一级标准；

二类区执行二级标准；

三类区执行三级标准。

4.1.2 在一类区内，除市政、建筑施工临时用沥青加热炉外，禁止新建各种工业炉窑，原有的工业炉窑改建时不得增加污染负荷。

4.2 1997 年 1 月 1 日前安装[包括尚未安装，但环境影响报告书（表）已经批准]的各种工业炉窑，烟尘及生产性粉尘最高允许排放浓度、烟气黑度限值按表 1 规定执行。

表 1

序号	炉窑类别		标准级别	排放限值	
				烟（粉）尘浓度/（mg/m^3）	烟气黑度（林格曼级）
1	熔炼炉	高炉及高炉出铁场	一	100	
			二	150	
			三	200	
		炼钢炉及混铁炉（车）	一	100	
			二	150	
			三	200	
		铁合金熔炼炉	一	100	
			二	150	
			三	250	
		有色金属熔炼炉	一	100	
			二	200	
			三	300	

序号	炉窑类别		标准级别	排放限值	
				烟（粉）尘浓度/（mg/m³）	烟气黑度（林格曼级）
2	熔化炉	冲天炉、化铁炉	一	100	1
			二	200	1
			三	300	1
		金属熔化炉	一	100	1
			二	200	1
			三	300	1
		非金属熔化、冶炼炉	一	100	1
			二	250	1
			三	400	1
3	铁矿烧结炉	烧结机（机头、机尾）	一	100	
			二	150	
			三	200	
		球团竖炉带式球团	一	100	
			二	150	
			三	250	
4	加热炉	金属压延、锻造加热炉	一	100	1
			二	300	1
			三	350	1
		非金属加热炉	一	100	1
			二	300	1
			三	350	1
5	热处理炉	金属热处理炉	一	100	1
			二	300	1
			三	350	1
		非金属热处理炉	一	100	1
			二	300	1
			三	350	1
6	干燥炉、窑		一	100	1
			二	250	1
			三	350	1
7	非金属焙（锻）烧炉窑（耐火材料窑）		一	100	1
			二	300	1
			三	400	2
8	石灰窑		一	100	1
			二	250	1
			三	400	1
9	陶瓷搪瓷砖瓦窑	隧道窑	一	100	1
			二	250	1
			三	400	1
		其他窑	一	100	1
			二	300	1
			三	500	2
10	其他炉窑		一	150	1
			二	300	1
			三	400	1

注：栏中斜线系指不监测项目，下同。

4.3 1997 年 1 月 1 日起通过环境影响报告书（表）批准的新建、改建、扩建的各种工业炉窑，其烟尘及生产性粉尘最高允许排放浓度、烟气黑度限值，按表 2 规定执行。

表 2

序号	炉窑类别		标准级别	排放限值	
				烟（粉）尘浓度/（mg/m³）	烟气黑度（林格曼级）
1	熔炼炉	高炉及高炉出铁场	一	禁排	
			二	100	
			三	150	
		炼钢炉及混铁炉（车）	一	禁排	
			二	100	
			三	150	
		铁合金熔炼炉	一	禁排	
			二	100	
			三	200	
		有色金属熔炼炉	一	禁排	
			二	100	
			三	200	
2	熔化炉	冲天炉、化铁炉	一	禁排	
			二	150	1
			三	200	1
		金属熔化炉	一	禁排	
			二	150	1
			三	200	1
		非金属熔化、冶炼炉	一	禁排	
			二	200	1
			三	300	1
3	铁矿烧结炉	烧结机（机头、机尾）	一	禁排	
			二	100	
			三	150	
		球团竖炉带式球团	一	禁排	
			二	100	
			三	150	
4	加热炉	金属压延、锻造加热炉	一	禁排	
			二	200	1
			三	300	1
		非金属加热炉	一	50*	1
			二	200	1
			三	300	1
5	热处理炉	金属热处理炉	一	禁排	
			二	200	1
			三	300	1
		非金属热处理炉	一	禁排	
			二	200	1
			三	300	1

序号	炉窑类别		标准级别	排放限值	
				烟（粉）尘浓度/（mg/m³）	烟气黑度（林格曼级）
6	干燥炉、窑		一	禁排	
			二	200	1
			三	300	1
7	非金属焙（锻）烧炉窑（耐火材料窑）		一	禁排	
			二	200	1
			三	300	2
8	石灰窑		一	禁排	
			二	200	1
			三	350	1
9	陶瓷 搪瓷 砖瓦窑	隧道窑	一	禁排	
			二	200	1
			三	300	1
		其他窑	一	禁排	
			二	200	1
			三	400	2
10	其他炉窑		一	禁排	
			二	200	1
			三	300	1

注：* 仅限于市政、建筑施工临时用沥青加热炉。

4.4 各种工业炉窑（不分其安装时间），无组织排放烟（粉）尘最高允许浓度，按表 3 规定执行。

表 3

设置方式	炉窑类别	无组织排放烟（粉）尘最高允许浓度/（mg/m³）
有车间厂房	熔炼炉、铁矿烧结炉	25
	其他炉窑	5
露天（或有顶无围墙）	各种工业炉窑	5

4.5 各种工业炉窑的有害污染物最高允许排放浓度按表 4 规定执行。

表 4

序号	有害污染物名称		标准级别	1997 年 1 月 1 日前安装的工业炉窑	1997 年 1 月 1 日起新、改、扩建的工业炉窑
				排放浓度/（mg/m³）	排放浓度/（mg/m³）
1	二氧化硫	有色金属冶炼	一	850	禁排
			二	1 430	850
			三	4 300	1 430
		钢铁烧结冶炼	一	1 430	禁排
			二	2 860	2 000
			三	4 300	2 860
		燃煤（油）炉窑	一	1 200	禁排
			二	1 430	850
			三	1 800	1 200

序号	有害污染物名称		标准级别	1997年1月1日前安装的工业炉窑 排放浓度/（mg/m³）	1997年1月1日起新、改、扩建的工业炉窑 排放浓度/（mg/m³）
2	氟及其化合物（以F计）		一	6	禁排
			二	15	6
			三	50	15
3	铅	金属熔炼	一	5	禁排
			二	30	10
			三	45	35
		其他	一	0.5	禁排
			二	0.10	0.10
			三	0.20	0.10
4	汞	金属熔炼	一	0.05	禁排
			二	3.0	1.0
			三	5.0	3.0
		其他	一	0.008	禁排
			二	0.010	0.010
			三	0.020	0.010
5	铍及其化合物（以Be计）		一	0.010	禁排
			二	0.015	0.010
			三	0.015	0.015
6	沥青油烟		一	10	5*
			二	80	50
			三	150	100

注：* 仅限于市政、建筑施工临时用沥青加热炉。

4.6 烟囱高度

4.6.1 各种工业炉窑烟囱（或排气筒）最低允许高度为15 m。

4.6.2 1997年1月1日起新建、改建、扩建的排放烟（粉）尘和有害污染物的工业炉窑，其烟囱（或排气筒）最低允许高度除应执行4.6.1和4.6.3规定外，还应按批准的环境影响报告书要求确定。

4.6.3 当烟囱（或排气筒）周围半径200 m距离内有建筑物时，除应执行4.6.1和4.6.2规定外，烟囱（或排气筒）还应高出最高建筑物3 m以上。

4.6.4 各种工业炉窑烟囱（或排气筒）高度如果达不到4.6.1、4.6.2和4.6.3的任何一项规定时，其烟（粉）尘或有害污染物最高允许排放浓度，应按相应区域排放标准值的50%执行。

4.6.5 1997年1月1日起新建、改建、扩建的工业炉窑烟囱（或排气筒）应设置永久采样、监测孔和采样监测用平台。

5 监 测

5.1 测试工况：测试在最大热负荷下进行，当炉窑达不到或超过设计能力时，也必须在最大生产能力的热负荷下测定，即在燃料耗量较大的稳定加温阶段进行。一般测试时间不得少于2 h。

5.2 实测的工业炉窑的烟（粉）尘、有害污染物排放浓度，应换算为规定的掺风系数或过量空气系数时的数值：

冲天炉（冷风炉，鼓风温度≤400℃）掺风系数规定为4.0；

冲天炉（热风炉，鼓风温度＞400℃）掺风系数规定为 2.5；

其他工业炉窑过量空气系数规定为 1.7。

熔炼炉、铁矿烧结炉按实测浓度计。

5.3 无组织排放烟尘及生产性粉尘监测点，设置在工业炉窑所在厂房门窗排放口处，并选浓度最大值。若工业炉窑露天设置（或有顶无围墙），监测点应选在距烟（粉）尘排放源 5 m，最低高度 1.5 m 处任意点，并选浓度最大值。

6 标准实施

6.1 本标准由县级以上人民政府环境保护行政主管部门负责监督实施。

6.2 位于国务院批准划定的酸雨控制区和二氧化硫污染控制区内的各种工业炉窑，SO_2 的排放除执行本标准外，还应执行总量控制标准。

中华人民共和国国家环境保护标准

钢铁工业除尘工程技术规范

Dedusting engineering technical specification of iron and steel industry

HJ 435—2008

前 言

为贯彻《中华人民共和国环境保护法》、《中华人民共和国大气污染防治法》，规范钢铁工业除尘工程建设，防治钢铁工业含尘气体污染，改善环境质量，制定本标准。

本标准规定了钢铁工业主要生产工艺中烟（粉）尘的治理原则和措施，以及除尘工程设计、施工、验收和运行的技术要求。

本标准为首次发布。

本标准由环境保护部科技标准司组织制定。

本标准主要起草单位：中钢集团天澄环保科技股份有限公司、中国环境保护产业协会（电除尘委员会）、上海宝钢工程技术有限公司。

本标准环境保护部 2008 年 6 月 6 日批准。

本标准自 2008 年 9 月 1 日起实施。

本标准由环境保护部解释。

1 适用范围

本标准规定了钢铁工业主要生产工艺中烟（粉）尘的治理原则和措施，以及除尘工程设计、施工、验收和运行的技术要求。

本标准适用于钢铁工业新建、改建、扩建除尘工程从设计、施工到验收、运行的全过程管理和已建除尘工程的运行管理，可作为钢铁工业建设项目环境影响评价、环境保护设施设计与施工、建设项目竣工环境保护验收及建成后运行与管理的技术依据。

2 规范性引用文件

本标准内容引用了下列文件中的条款。凡是不注日期的引用文件，其有效版本适用于本标准。

GB 6222　工业企业煤气安全规程
GB/T 12138　袋式除尘器性能测试方法
GB 12348　工业企业厂界噪声标准
GB 13456　钢铁工业水污染物排放标准
GB 16297　大气污染物综合排放标准
GB 50016　建筑设计防火规范
GB 50019　采暖通风与空气调节设计规范

GB 50187　工业企业总平面设计规范
GB 50231　机械设备安装工程施工及验收通用规范
GB 50235　工业金属管道工程施工及验收规范
GB 50243　通风与空调工程施工质量验收规范
GB 50254　电气装置安装工程低压电器施工及验收规范
GB 50255　电气装置安装工程电力变流设备施工及验收规范
GB 50256　电气装置安装工程起重机电气装置施工及验收规范
GB 50257　电气装置安装工程爆炸和火灾危险环境电气装置施工及验收规范
GB 50258　电气装置安装工程 1kV 及以下配线工程施工及验收规范
GB 50259　电气装置安装工程电气照明装置施工及验收规范
GB 50275　压缩机、风机、泵安装工程施工及验收规范
GB 50414　钢铁冶金企业设计防火规范
GBJ 87　工业企业噪声控制设计规范
GBZ 1　工业企业设计卫生标准
GBZ 2　工作场所有害因素职业接触限值
GB/T 13931　电除尘器性能测试方法
GB/T 16157　固定污染源排气中颗粒物测定与气态污染物采样方法
AQ2002　炼铁安全规程
HJ/T 75　固定污染源烟气排放连续监测技术规范
HJ/T 76　固定污染源排放烟气连续监测系统技术要求及检测方法
HJ/T 212　污染源在线自动监控（监测）系统数据传输标准
HJ/T 320　环境保护产品技术要求　电除尘器高压整流电源
HJ/T 321　环境保护产品技术要求　电除尘器低压控制电源
HJ/T 322　环境保护产品技术要求　电除尘器
HJ/T 324　环境保护产品技术要求　袋式除尘器用滤料
HJ/T 325　环境保护产品技术要求　袋式除尘器滤袋框架
HJ/T 326　环境保护产品技术要求　袋式除尘器用覆膜滤料
HJ/T 327　环境保护产品技术要求　袋式除尘器滤袋
HJ/T 328　环境保护产品技术要求　脉冲喷吹类袋式除尘器
HJ/T 329　环境保护产品技术要求　回转反吹袋式除尘器
HJ/T 330　环境保护产品技术要求　分室反吹类袋式除尘器
JB/T 5908　电除尘器主要件抽样检验及包装运输储存规范
JB/T 5911　电除尘器焊接技术要求
JB/T 6407　电除尘器调试、运行、维修安全技术规范
JB/T 8471　袋式除尘器安装技术要求与验收规范
JB/T 8532　脉冲喷吹类袋式除尘器
JB/T 8536　电除尘器机械安装技术条件
JB/T 8690　工业通风机噪声限值
《转炉煤气净化回收技术规程》（冶金工业部，1988 年）
《建筑工程设计文件编制深度规定》（建质[2003]84 号）
《建设项目竣工环境保护验收管理办法》（国家环境保护总局令　第 13 号）

3 术语和定义

下列术语和定义适用于本标准。

3.1 烟（粉）尘污染源

指产生烟（粉）尘的部位。

3.2 除尘系统

指治理烟（粉）尘污染的系统工程，由集尘罩、管道、除尘器、风机、排气筒以及系统辅助装置组成。

3.3 集尘罩

指捕集含尘气体或烟气的装置，可直接安装于烟（粉）尘污染源的上部、侧面或下面。

3.4 除尘器

指将颗粒物从含尘气体中分离出来的设备。

3.5 排气筒

指将经过除尘器净化后的气体排至大气的垂直管路。

3.6 卸、输灰系统

指将除尘器收集的粉尘输送至指定地点的成套装置。

3.7 高温烟气

指温度≥130℃的烟气。

3.8 冷却设备

指将高温烟气冷却至指定温度的设备。

3.9 标准状态

指含尘气体在温度为273.15K，压力为101 325Pa的干气体状态。

4 总体设计

4.1 一般规定

4.1.1 新建、扩建、改建和技术改造配套的除尘工程应按国家的基本建设程序进行。

4.1.2 除尘工程应根据钢铁生产工艺合理配置，除尘系统排放应符合国家和地方钢铁工业大气污染物排放标准的规定。岗位粉尘质量浓度应符合GBZ 2 规定的限值。

4.1.3 除尘工程应由具有国家相应设计资质的单位设计。设计文件应符合《建筑工程设计文件编制深度规定》、环境影响报告书、审批文件及本标准的要求。

4.1.4 除尘系统设计除应符合本标准的规定之外，还应遵守GB 50019及GBZ 1中有关除尘设计的相应规定。

4.1.5 除尘工程的总体布局应执行GBZ 1的规定，并符合下列要求：

a）工艺流程合理，除尘器应尽量靠近污染源布置，管道应尽量简短；

b）合理利用地形、地质条件；

c）充分利用厂区内现有公用设施及供配电系统；

d）交通便利、运输畅通，方便施工及运行维护。

4.1.6 除尘系统的场地标高、场地排水、防洪等均应符合GB 50187的规定。

4.1.7 除尘系统的装备水平应不低于生产工艺设备的装备水平。生产企业应把除尘设施作为生产系统的一部分进行管理。除尘系统应与对应的生产工艺设备同步运转。

4.1.8 对生产工况负荷变化较大的除尘系统，除尘风机宜采取调速等节能措施。

4.1.9 粉尘储存和运输应防止二次污染，鼓励综合利用。

4.2 烟（粉）尘污染源控制

4.2.1 各烟（粉）尘污染源应设置集尘罩。集尘罩的设置应考虑工艺特点、设备结构、安全生产要求、方便操作和维修等因素。

4.2.2 集尘罩不宜靠近敞开的孔洞（如操作孔、观察孔、出料口等），以免吸入大量空气或物料。

4.2.3 对产生烟（粉）尘的工艺设备，应首先考虑从工艺上采取密闭措施。集尘罩内应保持一定的负压，并避免吸入过多的生产物料，集尘罩的扩张角不宜大于60°。

4.2.4 带式输送机受料点集尘罩与溜料槽相邻两边的距离不宜小于500 mm。带式输送机导板密闭罩的净空高度不宜小于400 mm。当溜料槽与带式输送机垂直交料时，宜在溜料槽前、后分别设置集尘罩。

4.2.5 除尘系统的风量、含尘质量浓度宜实测确定，或参照同类工程、设计手册确定。测定方法按GB/T 16157执行。

4.3 除尘管道

4.3.1 除尘管网的支管宜从主管的上部或侧面接入，连接三通的夹角宜为15°～45°；丁字连接时宜采用导流措施（补角三通）。

4.3.2 除尘管道应采取防积灰措施，并考虑设置清灰设施和检查孔（门）。

4.3.3 除尘管道积灰荷载宜按管内积灰高度不低于管道直径1/8（非亲水性粉尘）或1/5（亲水性粉尘）的灰量估算，或按积灰面积不小于管道截面积5%的灰量估算。

4.3.4 除尘管道内风速在常温条件下应取14～25 m/s。

4.3.5 除尘管道的壁厚应根据管内气体温度、管道刚度及粉尘磨琢性等因素综合确定，并考虑烟气温度、管道直径（或矩形管边长）、管道壁厚、管内压力、支架间距等因素决定是否设加强筋。壁厚取值可参照表1。

表1 除尘管道壁厚

序号	除尘管道直径 D 或矩形长边 B/mm	矩形管壁厚/mm	圆管壁厚/mm
1	D（B）≤400	3	3～4
2	400＜D（B）≤1 500	4	4～6
3	1 500＜D（B）≤2 200	6	6～8
4	2 200＜D（B）≤3 000	6～8	6～8
5	3 000＜D（B）≤4 000	6～8	8～10
6	D（B）＞4 000	8	10～12

4.3.6 输送含尘质量浓度高、粉尘磨琢性强的含尘气体时，除尘管道中易受冲刷部位应采取防磨措施，宜加厚管壁或采用碳化硅、陶瓷复合管等管材。

4.3.7 高温管道或设于室外且距离除尘器较远的常温管道，宜设置补偿器，补偿器两端设支架。

4.3.8 除尘器进出口及风机进出口管道上宜设置柔性连接件，并设固定支架，隔离变形引起的推力。

4.3.9 除尘管道应设置测量孔和必要的操作平台。

4.3.10 输送相对湿度较大、易结露的含尘气体时，管道应采取保温措施。

4.3.11 除尘系统管网应进行阻力计算及阻力平衡计算，同一节点上两支管阻力差不应超过10%，否则应改变管径或安装调节装置。

4.3.12 输送爆炸性气体或粉尘的管道应设泄爆装置，并可靠接地。

4.4 除尘器

4.4.1 选择除尘器应考虑如下因素：

a）烟（粉）尘的物理、化学性质，如：温度、密度、粒径、吸水性、比电阻、黏结性、含湿量、露点、含尘质量浓度、化学成分、腐蚀性、爆炸性等；

b）含尘气体流量、排放浓度及除尘效率；

c）除尘器的投资、金属耗量、占地面积及使用寿命；

d）除尘器运行费用（水、电、备品备件等）；

e）除尘器的运行维护要求及用户管理水平；

f）粉尘回收利用的价值及形式。

4.4.2 除尘系统宜采用负压式并优先选用干式电除尘器或袋式除尘器。

4.4.3 选择袋式除尘器时，应根据气体和粉尘的物化性质、清灰方式等因素确定过滤风速。

4.4.4 袋式除尘器应分别符合 HJ/T 328、HJ/T 329、HJ/T 330 的规定，滤袋应符合 HJ/T 327 的规定，滤袋框架应符合 HJ/T 325 的规定，滤料应符合 HJ/T 324 和 HJ/T 326 的规定。

4.4.5 选择电除尘器时，应根据气体和粉尘的物化性质，尤其是粉尘比电阻值，以及要求达到的除尘效率，确定电场风速及比表面积。

4.4.6 电除尘器应符合 HJ/T 322 的规定，供电电源应符合 HJ/T 320 和 HJ/T 321 的规定。

4.4.7 除尘器在系统中的布置以及所采取的防爆、防冻、降温等措施应符合 GB 50019 的有关规定。

4.4.8 在处理高温、高湿可能导致除尘器结露的含尘气体时，除尘器应采取保温措施，必要时增设伴热系统。

4.5 除尘系统卸灰、输灰装置

4.5.1 除尘器收集的粉尘回收利用应符合 GB 50019 的有关规定。

4.5.2 干式除尘器的灰斗及中间贮灰斗的卸灰口，宜设置插板阀、卸灰阀及伸缩节。

4.5.3 除尘器卸、输灰宜采用机械输送或气力输送，卸、输灰过程不应产生二次污染。

4.5.4 卸、输灰系统设备选型应以后一级设备能力高于前一级设备能力为原则。

4.5.5 除尘器收集的灰尘需外运时，应避免粉尘二次污染，宜采用粉尘加湿、卸灰口吸风或无尘装车装置等处理措施。在条件允许的情况下，宜选用真空吸引压送罐车。

4.6 除尘系统辅助设施

4.6.1 处理高温、高浓度含尘气体时，除尘器前宜设置预处理设施，预处理设施应简单、可靠、阻力损失低。

4.6.2 烟气降温应优先考虑余热回收。

4.6.3 袋式除尘器处理含炽热颗粒物的含尘气体时，在除尘器之前应设火花捕集器。

4.6.4 袋式除尘器清灰及除尘系统阀门驱动所需压缩空气应尽量取自生产厂区压缩空气管网。

4.6.5 袋式除尘器的压缩空气供应系统由除油、除水、净化装置和贮气罐、调压装置等组成。储气罐应尽量靠近用气点，调压装置应设在储气罐之后。

4.6.6 寒冷地区应防止压缩空气供应系统结冰，输气管网应保温，必要时应采取伴热措施。

4.6.7 处理煤气等易爆气体时应采用氮气作为除尘器的清灰介质。

4.7 风机及调速装置

4.7.1 除尘系统管网的计算风量、风压不能直接用于风机、电机选型，应按 GB 50019 的规定考虑漏风损失及电机轴功率安全系数附加等因素。

4.7.2 除尘系统的实际温度和当地大气压力与风机设计工况下的温度、大气压力有差别时，风机配用电机的所需功率应按下式计算。

$$P=\frac{B}{101\,325}\times\frac{273+t}{273+t_1}\times\frac{Q\times h}{1\,000\times 3\,600\times\eta_1\times\eta_2}\times K$$

式中：P—— 电机的所需功率，kW；

B—— 使用地点的大气压力，Pa；

t—— 风机设计工况下的温度，℃；

t_1—— 风机使用的实际温度，℃；

Q—— 选型风量（在设计风量上附加管道漏风量、除尘器漏风量），m^3/h；

h—— 选型风压（由除尘系统计算压力损失和附加值组成，附加值按 GB 50019 执行），Pa；

η_1—— 机械效率，取 0.98；

η_2—— 风机内效率；

K—— 电动机轴功率安全系数（通风机取 1.15，引风机取 1.3）。

4.7.3 除尘系统需多台风机并联工作时，应选取相同型号、相同性能的机组，其风量、风压应按 GB 50019 中有关规定确定。

4.7.4 周期性变负荷运行的除尘系统，风机应配置与工艺设备联锁控制的调速装置，并采取必要的措施，防止因管道内风速过低引起的水平管道内粉尘沉降。

4.7.5 除尘系统处理潮湿或含水蒸气的含尘气体，风机内壁可能出现凝结水时，应在风机底部采取排水措施。

4.8 排气筒（烟囱）

4.8.1 除尘系统的排气筒高度应按 GB 16297 的规定计算。

4.8.2 排气筒的出口直径应根据出口流速确定，流速宜取 15m/s 左右。

4.8.3 大型除尘系统排气筒应设置清灰孔，多雨地区应考虑排水设施。

4.9 除尘系统控制及检测

4.9.1 除尘系统控制及检测应包括系统的运行控制、参数检测、状态显示、工艺联锁等。

4.9.2 除尘系统应按照 GB 50019 中有关规定的要求，采用集中和就地两种控制方式，或者单独采用某一种控制方式。

4.9.3 除尘系统集中控制的设备，应设现场手动控制装置，并可通过远程自动/手动转换开关实现自动与就地手动控制的转换。

4.9.4 除尘系统运行控制应包括系统与除尘器的启停顺序、系统与生产工艺设备的联锁、运行参数的超限报警及自动保护等功能。

4.9.5 与生产工艺紧密相关的除尘系统，宜在生产工艺控制室及除尘系统控制室分别设置操作系统，并随时显示其工作状态。除尘系统控制室应尽量靠近除尘器。

4.9.6 除尘系统的运行检测、显示及报警项目宜包括以下内容：

a）除尘器进、出口风量、静压、温度、湿度、除尘器出口粉尘质量浓度；

b）高温烟气降温设备进口和出口的介质流量、压力、温度，烟气流量、温度、静压；

c）风机轴承温度，电机轴承温度、定子温度、振幅、转速；

d）除尘系统用油循环系统及冷却介质的流量、温度、压力；

e）大型电机电流；

f）电除尘器各电场一、二次电流和电压。

4.9.7 除尘工程应按照国家钢铁工业大气污染物排放标准的要求设置连续监测系统，并与当地环保部门联网。连续监测装置和数据传输系统应分别符合 HJ/T 76 和 HJ/T 212 的规定，安装、运行和维护应符合 HJ/T 75 的规定。

4.9.8 电除尘器和袋式除尘器的性能检测应按 GB/T 13931 和 GB 12138 的规定进行。

4.10 环境保护与安全卫生

4.10.1 除尘工程在建设过程中产生的废水、废渣、噪声及其他污染物的防治与排放，应执行国家和地方现行环境保护法规和标准的规定。

4.10.2 湿式除尘系统的废水处理后宜回用，排放废水应达到 GB 13456 和地方排放标准的要求。

4.10.3 除尘工程噪声和振动控制的设计应符合 GBJ 87 的规定，厂界噪声应符合 GB 12348 的规定。风机噪声应达到 JB/T 8690 的要求。当噪声超过规定时，应在风机出口设置消声器或在风机壳体加装隔声设施。必要时，应对电机采取隔声措施。

4.10.4 除尘系统在设计、施工、运行过程中应按照国家有关规定，采取各种防护措施保护人身安全和健康。

4.10.5 除尘工程的防火防爆设计应符合 GB 6222、GB 50016、GB 50019 和 GB 50414 等的规定。

4.10.6 除尘工程室内噪声与振动控制等职业卫生要求应符合 GBZ 1 的规定。

5 烟（粉）尘污染源及除尘技术措施

5.1 原料场

5.1.1 翻车机、移动式卸料机除尘

5.1.1.1 翻车机进料工序中翻车机室及给料机和带式输送机应采取除尘措施。

5.1.1.2 翻车机室的翻车部位尽可能密封，两侧在相应位置分层设置吸风口。有条件时，火车进出口应设自动控制门。

5.1.1.3 给料机及带式输送机应采取密封措施，并设集尘罩。

5.1.1.4 翻车机进料工序应设独立的除尘系统，宜选用袋式除尘器。

5.1.1.5 移动式卸料机上宜设车载式除尘器。

5.1.2 破碎筛分除尘

5.1.2.1 对原矿、块矿以及石灰石、白云石、原煤的破碎筛分等工位，应在破碎机或粉碎机的进、出料口、振动筛上部以及带式输送机转运点等部位设密闭装置或集尘罩，转运点受料处宜设双层密闭罩。

5.1.2.2 原料和燃料应分设除尘系统。原料宜采用干式除尘系统，选用袋式除尘或电除尘器。

5.1.2.3 煤一次破碎除尘系统应采取防爆措施。除尘器选用袋式除尘器，滤料应具有防静电功能；系统和设备应静电接地，并设泄爆装置。灰斗宜采取保温或伴热措施。

5.1.3 混匀配料槽除尘

5.1.3.1 混匀配料槽的槽上卸料车和槽下定量给料工位应采取除尘措施。

5.1.3.2 槽上卸料车产生的粉尘可采用移动风口通风槽或车载式除尘器，或设大容积密闭罩。对槽下定量卸料装置产生的粉尘宜设双层密闭罩。

5.1.3.3 对混匀配料槽扬尘，宜设独立的干式除尘系统，采用袋式除尘或电除尘器。

5.1.4 料场、转运点及卸料槽除尘

5.1.4.1 原料、辅助原料及燃料等料场的大面积污染源宜采取喷水抑尘措施，必要时添加适量的表面固化剂。料场场界宜设防尘网或建室内料场。

5.1.4.2 当料场所在位置室外风速较大时，应在边界设置局部防尘网。

5.1.4.3 带式输送机转运点应采取密闭和除尘措施。

5.1.4.4 汽车卸料槽宜整体密闭并设除尘系统，整体密闭罩的设置应充分考虑便于卸料操作并尽可能减少漏风。

5.2 焦化

5.2.1 备煤除尘

5.2.1.1 煤的破、粉碎机室及全部转运点应采取除尘措施。

5.2.1.2 破、粉碎机进、出料口处应设置密闭罩。

5.2.1.3 备煤除尘系统的设置执行本标准 5.1.2.3。

5.2.1.4 备煤除尘系统收集的粉尘应回送到配煤工位。

5.2.2 焦炉装煤、出焦除尘

5.2.2.1 焦炉装煤、出焦除尘系统宜采用除尘地面站。

5.2.2.2 焦炉装煤除尘设计应考虑的烟气特性：

a）主要成分为煤尘、荒煤气、焦油烟；

b）含有苯可溶物和苯并芘；

c）含尘质量浓度、温度等。

5.2.2.3 焦炉出焦除尘设计应考虑的烟气特性：

a）主要成分为焦粉；

b）含少量焦油烟、苯可溶物和苯并芘；

c）含尘质量浓度、温度等。

5.2.2.4 焦炉装煤、出焦除尘系统应采用袋式除尘器，并采取阻火、冷却及防爆等安全措施。

5.2.2.5 焦炉装煤除尘系统的滤袋应采取预喷涂措施，预喷涂与清灰操作应联动控制。

5.2.3 干熄焦除尘

5.2.3.1 干熄炉顶的装入装置、预存室事故放散口、预存室压力自动调节放散口和干熄炉底的排出装置、运焦带式输送机受料点等产尘点应设置集尘罩。

5.2.3.2 干熄焦除尘设计应考虑的烟气特性：

a）烟气中主要含焦粉；

b）循环气体含一氧化碳、二氧化碳、氢气、氮气、水蒸气、甲烷及微量的硫化物和氯化物等；

c）含尘质量浓度。

5.2.3.3 干熄焦除尘宜采用袋式除尘，并设阻火、防爆装置。选用常温滤料时，烟气进入除尘器之前应冷却至 120℃以下。

5.2.3.4 排焦口集尘罩排出的气体中焦粉质量浓度大于 30 g/m^3（标准状态）时，不应与干熄炉顶的装入装置及预存室事故放散口排出的带火星含尘气体混合。

5.2.4 运焦除尘

5.2.4.1 湿法熄焦的筛焦楼、贮焦槽及全部转运站，均应采取除尘措施。当选用湿法除尘时，污水应排入焦化废水处理设施。

5.2.4.2 干法熄焦的筛焦楼、贮焦槽及全部转运点应采用袋式除尘系统，并采取防爆措施。

5.3 烧结

5.3.1 原料及配料除尘

5.3.1.1 原料接受、原料贮存、燃料和熔剂的破碎筛分、配料等工位应采取除尘措施。

5.3.1.2 给矿机卸料点、矿槽放料点、燃料和熔剂的破碎筛分设备、带式输送机转运点宜采取密闭和除尘措施，选用袋式除尘器或电除尘器。在工艺允许的情况下，可采取喷雾抑尘辅助措施。

5.3.1.3 冷、热返矿转运扬尘点宜视总图位置并入配料、机尾或整粒除尘系统。

5.3.1.4 燃料系统宜独立设置袋式除尘器。

5.3.1.5 熔剂系统宜独立设置袋式除尘器或电除尘器。采用袋式除尘器时，宜选用易清灰的滤料。

5.3.2 混合料除尘

5.3.2.1 混合料工序中，一次混合机、二次混合机和混合料矿槽及转运点应采取排气、除尘措施。

5.3.2.2 采用热返矿配料时，宜在带式输送机两端或中部设密闭罩和自然排气管，在圆筒混合机两端和混合料槽顶部设自然排气管。当混合机排气含尘质量浓度超过排放标准时，应设集尘罩，并对除尘管道采取保温措施。收集的含尘气体宜并入烧结机尾或配料除尘系统。

5.3.2.3 不采用热返矿配料时，应密闭尘源，并设置除尘器。

5.3.2.4 混合料工位若独立设置袋式除尘器，宜选用耐湿性滤料或塑烧板过滤元件。

5.3.3 烧结机头除尘

5.3.3.1 烧结机头除尘系统设计应考虑的烟气特性：烟气温度、含尘质量浓度、含湿量等。

5.3.3.2 烧结机头除尘系统应采用电除尘器。电除尘器入口应设冷风阀及温控装置，壳体应保温，电场流速宜≤1.1 m/s。

5.3.3.3 烟气脱硫系统若采用半干法工艺，宜配套袋式除尘器。

5.3.4 烧结机尾除尘

5.3.4.1 机尾热矿卸料、破碎、筛分、输送等工位应采取除尘措施。

5.3.4.2 烧结机尾除尘系统设计应考虑的烟气特性：烟气温度、含尘质量浓度、含湿量等。

5.3.4.3 烧结机尾应设大容积密闭罩，并将密闭罩延伸到真空箱总长的1/3～1/2部位。

5.3.4.4 烧结机尾除尘系统宜选用袋式除尘器或电除尘器。

5.3.4.5 除尘器收集的粉尘宜返回配料室，或送往附近的粉尘处理室统一处理回收。烧结工艺允许时，宜加湿后直接送入一次混合机回收。

5.3.5 冷却机除尘

5.3.5.1 应按照烧结矿冷却方式选择冷却机除尘措施。

5.3.5.2 机上冷却宜在尾部卸料处设大容积密闭罩，收集的含尘气体进入烧结机尾除尘系统。

5.3.5.3 鼓风冷却的环冷机和带冷机应选用多管旋风除尘器，净化后的烟气送烧结点火炉用做煤气助燃；抽风冷却的环冷机和带冷机应在受料点、卸料点设密闭罩，捕集的含尘气流进入机尾除尘系统。

5.3.6 整粒及成品矿槽除尘

5.3.6.1 固定筛、破碎机、振动筛、带式输送机转运点、成品矿槽顶部移动受料点和底部卸料点等工位应采取密闭和除尘措施。

5.3.6.2 成品矿槽顶部移动卸矿车卸料工位可采用移动风口通风槽或车载式除尘器。

5.3.6.3 整粒及成品矿槽除尘系统应采用袋式除尘器或电除尘器。

5.4 球团

5.4.1 磨碎及干燥脱水除尘

5.4.1.1 球团原料制备的干法磨碎机或湿法磨碎机均应设置除尘系统。

5.4.1.2 磨碎及干燥脱水除尘系统设计应考虑的含尘气体特性：

a）粉尘成分为铁矿石、膨润土、橄榄石、白云石或石灰石；

b）排气含湿量。

5.4.1.3 除尘系统宜采用袋式除尘器或电除尘器，对于含湿量高的含尘气体也可采用塑烧板除尘器。系统应采取保温等防结露措施。

5.4.1.4 除尘器收集的粉尘应返回原料系统利用。

5.4.2 球团烧结烟气除尘

5.4.2.1 球团烧结的带式烧结机、链篦机回转窑，以及烧结各段产生的废气应循环用于预热、干燥及燃烧。

5.4.2.2 带式烧结机除尘系统应采用袋式除尘器或电除尘器，链篦机回转窑除尘系统宜采用电除尘器。系统应采取保温等防结露措施。

5.4.3 成品系统除尘

5.4.3.1 球团成品筛分、贮运过程中产生的粉尘应采用电除尘或袋式除尘系统。

5.4.3.2 除尘器收集的粉尘应返回原料系统，用做造球原料。

5.5 炼铁

5.5.1 高炉煤气净化

5.5.1.1 高炉煤气净化系统宜采用袋式除尘系统和余压发电装置。

5.5.1.2 袋式除尘系统应设煤气温度控制装置。

5.5.1.3 袋式除尘器应采用氮气脉冲喷吹清灰，滤袋材质宜选用芳纶针刺毡或芳纶-玻纤复合针刺毡。

5.5.1.4 袋式除尘器设计应考虑高炉煤气高温、高压、易燃易爆以及与生产关系密切等因素，在箱体结构、密封性、防爆性以及灰斗和卸灰装置等方面应适应上述特殊要求。

5.5.2 高炉贮矿槽除尘

5.5.2.1 槽上移动卸料车、槽下振动给料器、振动筛、称量斗、带式输送机受料点和转运点等工位应采取除尘措施。

5.5.2.2 槽上移动卸料车可采用移动风口通风槽、车载式除尘器。槽上贮仓宜采用仓顶抽风方式。

5.5.2.3 槽下振动给料器、振动筛、称量斗、带式输送机转运点等工位应采取密闭措施，带式输送机受料点宜设双层密闭罩。

5.5.2.4 贮矿槽工序宜设计集中式除尘系统，采用袋式除尘器或电除尘器，收集的粉尘送烧结回用。

5.5.3 高炉出铁场除尘

5.5.3.1 出铁口、铁沟、渣沟、撇渣器、摆动流嘴或铁水罐等工位应采取除尘措施，必要时设置二次除尘系统。

5.5.3.2 高炉出铁场除尘系统设计应考虑的因素：

a）高炉出铁方式和周期；

b）烟尘颗粒细、阵发浓度高、污染面大，并随生产工艺周期变化。

5.5.3.3 出铁口宜采用侧吸加顶吸的烟尘捕集方式，铁沟和渣沟宜加盖抽风。

5.5.3.4 撇渣器宜设可拆卸式密闭罩。

5.5.3.5 摆动流嘴宜采用顶吸或侧吸的烟尘捕集方式。铁水罐宜采用顶吸的烟尘捕集方式。

5.5.4 炉顶装料除尘

5.5.4.1 炉顶装料产尘点应采取密闭措施，并设抽风点。

5.5.4.2 炉顶装料除尘宜采用袋式除尘器。

5.5.5 铸铁机除尘

5.5.5.1 铸铁机的翻罐浇注工位应采取除尘措施，铁水流槽上部宜设容积式集尘罩。

5.5.5.2 铸铁机除尘系统宜采用袋式除尘器。

5.5.6 煤磨收尘

5.5.6.1 煤磨尾气的流量应根据磨机产量及原煤的可磨系数等因素确定。

5.5.6.2 煤磨收尘系统设计应考虑烟气温度、煤粉质量浓度等特性。

5.5.6.3 煤磨收尘系统宜采用脉冲袋式除尘器，除尘器过滤速度宜低于 0.8m/min。

5.5.6.4 煤磨收尘系统应选用防静电滤料，并采用静电接地、含氧量监控、温度监控、氮气喷吹保护等防火、防爆安全措施。

5.6 炼钢

5.6.1 电弧炉除尘

5.6.1.1 电弧炉除尘系统设计应考虑炉型、原料配比、冶炼工况、冶炼周期等因素。

5.6.1.2 电弧炉的炉气量根据装料量、原料配比、脱碳速度、供电功率、吹氧强度等多种因素确定。

5.6.1.3 电弧炉炉内排烟量应按最不利的氧化期工况设计。氧化期烟气含尘质量浓度 20～30g/m^3（标准状态），烟气温度 1 200～1 600℃。

5.6.1.4 电弧炉排烟方式应根据电弧炉形式、规格、工艺条件以及排放要求确定。生产高合金钢的小型电弧炉宜采用炉盖罩或炉体密封罩排烟方式；20t 以上的电弧炉，宜采用导流罩与屋顶罩相结合的排烟方式；30t 以上的电弧炉宜在炉内排烟的基础上，采用屋顶罩排烟；60t 以上的电弧炉可增设电弧炉密闭罩。

5.6.1.5 电弧炉一次烟气冷却可采用水冷烟道、风冷器、余热锅炉等的组合。

5.6.1.6 电弧炉除尘系统应采用袋式除尘器。

5.6.2 铁水预处理除尘

5.6.2.1 混铁车（铁水罐）倒渣，铁水脱硫、脱硅、脱磷等工位均应采取除尘措施。

5.6.2.2 混铁车倒渣间应保持负压，倒渣间顶部应设屋顶集尘罩，倒渣间进出口处装活动封挡门。

5.6.2.3 铁水脱硫、脱磷工位宜整体密闭或在铁水罐上方设围挡。铁水罐上方应设集尘罩。

5.6.2.4 铁水脱硅的烟气捕集应采用顶部水冷密排管集尘罩。

5.6.2.5 铁水倒罐站应采用全封闭排烟，将混铁车（铁水罐）与受铁罐全部封闭在倒罐坑内，由倒罐坑顶部集尘罩排烟。

5.6.2.6 铁水扒渣工位应在铁水罐上方设集尘罩。在不影响扒渣操作前提下，集尘罩应略大于铁水罐烟柱横断面。

5.6.2.7 铁水预处理除尘系统宜采用袋式除尘器。

5.6.3 混铁炉除尘

5.6.3.1 混铁炉兑铁水和出铁水时均应采取除尘措施。

5.6.3.2 顶部兑铁的混铁炉宜设吹吸式气幕罩、导流式屋顶罩。侧面兑铁的混铁炉，宜将混铁炉兑铁槽和兑铁口整体密闭，在密闭罩顶部两侧设排烟口。混铁炉倒铁水工位宜设容积式密闭罩（铁水罐脱钩平台移动受铁水）或吹吸式气幕罩（铁水罐不脱钩吊车移动受铁水）。

5.6.3.3 混铁炉兑铁水和出铁水排风管路上应设切换阀门，并与生产工艺联锁控制。

5.6.4 转炉除尘

5.6.4.1 转炉除尘设计应考虑最大铁水装入量、冶炼周期、冶炼工况、吹氧强度、脱碳速度等因素。

5.6.4.2 转炉煤气（一次烟气）宜采用未燃法予以净化回收，设计时应充分考虑系统的安全和防爆措施。

5.6.4.3 转炉煤气（一次烟气）净化可采用湿法或干法工艺。新建和改建项目宜采用干法工艺。

5.6.4.4 转炉二次烟气除尘系统应对转炉采取密闭措施，设炉前集尘罩和炉后集尘罩，炉前集尘罩上沿悬挂活动帘。在炉后操作平台下设挡烟导流板。

5.6.4.5 转炉二次烟气除尘系统中炉前集尘罩和炉后集尘罩抽风点宜用阀门转换。

5.6.4.6 转炉二次除尘宜设独立除尘系统，采用袋式除尘器。

5.6.4.7 转炉一次烟气、二次烟气及铁水预处理各工序产生的烟尘，通过独立排烟系统处理尚不能完全满足环保要求时，宜增设屋顶排烟装置。

5.6.5 钢包精炼炉除尘

5.6.5.1 钢包精炼炉应配炉盖罩和排烟弯管，采用移动式滑套与固定排烟管连接，排烟量宜用滑套或阀门调节。

5.6.5.2 精炼炉排烟点宜与上料系统抽风点合设一个除尘系统。

5.6.5.3 若精炼炉工艺操作产生火星，且炉体至袋式除尘器的排烟管道较短时，除尘器之前应设置火花捕集器。

5.6.6 氩氧脱碳炉除尘

5.6.6.1 氩氧脱碳炉炉气（一次烟气）应采用燃烧法处理，燃烧烟气经冷却后与二次烟气合设一套袋式除尘系统。冷却设备可采用汽化冷却烟道、水冷烟道、风冷器等的组合。

5.6.6.2 氩氧脱碳炉排烟方式可采用炉口烟罩排烟、屋顶罩排烟和密闭罩排烟等，应根据炉型、工艺布置选用和组合。

5.7 轧钢

5.7.1 火焰清理机除尘

5.7.1.1 对火焰清理机产生的烟气应加以控制，除尘设计应考虑含尘质量浓度、烟气含湿量、粉尘中三氧化二铁含量、粉尘粒径等特性。

5.7.1.2 在火焰清理机的坯模通过部位设可拆卸式活动烟罩，排烟管道需保温，并考虑冷凝水排除措施。

5.7.1.3 火焰清理机除尘宜采用塑烧板除尘器、湿式电除尘器，并考虑防结露和防冻措施。

5.7.2 热轧精轧机除尘

5.7.2.1 对精轧机轧制过程中产生的烟气应加以控制，除尘设计应考虑含尘质量浓度、粉尘中氧化亚铁和三氧化二铁的含量、烟气含湿量、含油率、粉尘粒径等特性。

5.7.2.2 在 F4～F7 机架处应设集尘罩，集尘罩固定在机架牌坊上。

5.7.2.3 排烟管道设计时应考虑冷凝水排除措施。

5.7.2.4 精轧除尘系统宜采用塑烧板除尘器，并考虑防结露和防冻措施。

5.7.3 冷轧除尘

5.7.3.1 对干式平整机、拉矫机、焊机等产生的烟尘以及冷轧机、湿式平整机、酸洗槽、碱洗槽、电镀槽等产生的油雾、酸雾、碱雾应加以控制。

5.7.3.2 干式平整机、拉矫机、焊机应设局部密闭集尘罩，除尘系统宜采用袋式除尘器。

5.7.3.3 冷轧机和湿式平整机产生的乳化液油雾应设排雾系统，采用油雾净化装置。

5.7.3.4 带钢清洗、酸洗、碱洗、电镀及后处理段的酸雾和碱雾应设排风系统，采用除雾洗涤装置。

5.7.3.5 抛丸机、修磨机应设局部密闭集尘罩，除尘系统采用袋式除尘器。

5.8 铁合金

5.8.1 矿热电弧炉除尘

5.8.1.1 矿热电弧炉烟气应冷却和净化，宜采用袋式除尘器。对封闭型电弧炉炉气宜采用干式煤气净化回收系统。冷却设备可采用空气自然冷却器、机力冷却器、余热锅炉等。

5.8.1.2 矿热电弧炉出铁口烟尘应采取控制措施，宜在出铁口溜槽铁水罐上方设集尘罩。

5.8.1.3 矿热电弧炉除尘设计应考虑烟气温度高，烟尘粒径小、密度小、黏性大等特性。

5.8.1.4 硅铁电弧炉烟气除尘系统收集的硅粉应回收利用。

5.8.2 钨铁电弧炉除尘

5.8.2.1 钨铁电弧炉宜设炉顶罩，并加强密封。

5.8.2.2 钨铁电弧炉除尘系统应采用袋式除尘器，收集的粉尘应回收利用。

5.8.3 钼铁熔炼炉除尘

5.8.3.1 钼铁熔炼炉宜采用回转集尘罩捕集烟尘。

5.8.3.2 钼铁熔炼炉除尘系统宜采用袋式除尘器，收集的粉尘应回收利用。

6 除尘工程的施工、安装及验收

6.1 一般规定

6.1.1 除尘工程应按施工设计图纸、技术文件、设备图纸等组织施工，工程的变更应取得设计单位的设计变更文件后再实施。

6.1.2 除尘工程施工单位必须具有与该工程相应的资质等级。施工使用的材料、半成品、部件应符合国家现行标准和设计要求，并取得供货商的合格证书，严禁使用不合格产品。设备安装应符合 GB 50231 的规定。

6.1.3 除尘工程建设单位应专门成立技术质量监督小组。参与设计会审，设备监制，施工质量检查；制定运行和维护规章制度，培训工人；组织、参与工程各阶段验收，进行空载试车和负载试车，建立设备安装及运行档案。

6.1.4 设备安装之前应对土建工程按安装要求进行验收，验收记录和结果应作为工程竣工验收资料之一。

6.2 除尘工程安装

6.2.1 除尘器本体及零部件的现场贮存、运输和吊装应符合产品技术文件的规定。

6.2.2 除尘工程安装包括：除尘器本体、高低压电源及其控制系统的安装，系统相关设备和装置的安装，风管和电、气、水管线的连接；除尘系统保温、防腐和防雨等。施工单位应制定安装技术方案。

6.2.3 袋式除尘器安装应符合 JB/T 8471 的规定，电除尘器的安装应符合 JB/T 8536 的规定。

6.2.4 袋式除尘器滤袋安装应放在全部安装工作的最后，滤袋装好后，不得在壳体内部和外部再实施焊接和气割等明火作业。

6.2.5 电除尘器的壳体四角应分别进行可靠的接地，新建电除尘器的接地电阻应小于或等于 2Ω。

6.2.6 除尘器的泄压装置应确保泄压功能。气路系统要保证密封，气动元件动作应灵活、准确。各运动部件应安装牢固，运行可靠。

6.2.7 除尘工程安装完成后，应彻底清除除尘器、含尘气体管道及压缩空气管路内部的杂物、关闭各检修门。

6.2.8 控制柜（箱）的安装要求如下：

a）控制柜（箱）的安装应和水平面保持垂直，倾斜度小于 5%；

b）避免强电、磁场及剧烈振动场合；

c）控制柜（箱）体必须可靠接地；

d）室内安装应注意通风、散热，室外安装应有防尘、防雨、防晒等措施。

6.3 除尘系统调试

6.3.1 除尘系统调试分单机试车、与工艺设备空载联合试运行和带料试运行三阶段。前一阶段试车合格后进行下一阶段试车。

6.3.2 单机试车应解决转向、润滑、温升、振动等问题，连续运行时间不低于 2h。单机试车时，应记录每个设备（装置）的试车过程。

6.3.3 除尘系统与工艺设备空载联合试运行应在该系统设备全部通过单机试车后进行，要求如下：

a）试运行之前必须清理安装现场，清除系统内杂物，悬挂“警示牌”，做好安全防范。

b）各运动部件加注规定的润滑油（脂），转动灵活。

c）确认供电、供水、供气正常，仪表指示正确。

d）电除尘器应首先对所有绝缘材料加热，确认对其能进行温度控制。

e）电除尘器的升压试验应执行 JB 6407 标准及随机提供的安装说明书，只有当一个电场（或电源）升压正常并稳定后，才可以进行另一个电场（或电源）的升压试验，此时前一个电场不应关闭；全部电场升压完成后，应启动全部振打装置，在全部振打装置运行的情况下，电场的二次电压和电流应没有变化；电场升压过程记录表的格式可参照附录 A，并据升压记录绘制伏安特性曲线存档。

f）分别按手动和自动的方式依启动顺序启动各设备，检验系统设备的联锁关系。

g）工艺设备空载联合试运行时间应为 4～8h。

6.3.4 袋式除尘器系统带料试运行应在工艺设备空载联合试运行完成后进行，要求如下：

a）与除尘系统相关的水、电、气，物料输送及安全检测等配套设施已经启动且工作正常；

b）在大于额定风量 80%条件下，连续试验时间在 72h 以上；

c）观察并记录各测量仪表的显示数据及各运动部件的运行状况，各项技术指标均应达到设计要求；

d）用于高温烟气的袋式除尘器在带料试运行过程中，应设置不同的温度限值，验证自控系统的可靠性；

e）焦炉装煤车袋式除尘器在负载运行前，应先启动预喷涂系统，使滤袋附上粉料层，并消除壳体内部的堆积平面；

6.3.5 电除尘系统带料试运行应在工艺设备空载联合试运行完成后进行，要求如下：

a）同 6.3.4 条 a）～c）的要求；

b）投运前必须先经烟气加热，使壳体及内部构件的温度超过烟气露点温度 30℃以上或至少加热 8h 以后方可向电场供电；

c）电场供电后应逐点升压，直至能达到的最高工作电压和电流；

6.3.6 湿式除尘系统带料试运行应在工艺设备空载联合试运行完成后进行，要求如下：

a）按 6.3.4 条 a）～c）执行；

b）排水系统管路及设备畅通无阻，运行正常。

6.3.7 煤气净化系统带料试运行执行 GB 6222、《转炉煤气净化回收技术规程》及《炼铁安全规程》的规定。

6.4 安装工程验收

6.4.1 安装工程验收在安装工程完毕后，由建设单位组织安装单位、供货商、工程设计单位结合系统调试对除尘系统逐项进行验收，对机械设备和控制设备的性能、安全性、可靠性等运行状态进行考核。

6.4.2 安装工程验收依据为：主管部门的批准文件、设计文件和设计变更文件、合同及其附件、设备技术文件等。验收程序和内容应分别符合 GB 6222、GB/T 12138、GB 50231、GB 50235、GB 50243、GB 50254～GB 50259、GB 50275、GB/T 13931、JB/T 5908、JB/T 5911、JB/T 6407、JB/T 8471、JB/T 8532 、JB/T 8536 及 HJ/T 76 和安装文件的有关规定。

6.5 工程环境保护验收

6.5.1 与生产工程同步建设的除尘工程应与生产工程同时进行环境保护验收；现有生产设备配套或改造的除尘设施应单独进行环境保护验收。

6.5.2 除尘工程环境保护验收按《建设项目竣工环境保护验收管理办法》的规定执行。

6.5.3 除《建设项目竣工环境保护验收管理办法》规定的验收材料以外，申请单位还应提供工程质量验收报告和除尘系统性能试验报告，性能试验报告的主要参数应包括：

a）系统风量；

b）系统漏风率；

c）粉尘排放质量浓度；

d）系统阻力；

e）岗位粉尘质量浓度。

6.5.4 配套建设的烟气连续监测及数据传输系统，应与除尘工程同时进行环境保护验收。

7 除尘系统运行与维护

7.1 一般规定

7.1.1 生产单位应设环境保护管理机构，配备技术人员及除尘系统检测仪器，制定除尘系统运行及维护的规章制度。

7.1.2 除尘设施的操作和维护均应责任到人。岗位工应通过培训考核上岗，熟悉本岗位运行及维护要求，具有熟练的操作技能，遵守劳动纪律，执行操作规程。

7.1.3 除尘系统应在生产系统启动之前启动，在生产系统停机之后停机。

7.1.4 岗位工人应填写运行记录，严格执行交接班工作制度。运行记录按天上报企业生产和环保管理部门，按月成册。所有除尘器均应有运行记录，一般通风设备用除尘器运行记录可随同车间工艺设备一起编制，高温烟气系统的除尘器、处理风量大于 100 000 m^3/h 的大型除尘系统的除尘器运行记录宜单独编制，记录间隔可取 1～2h。除尘器运行记录可参照附录 B。

7.1.5 除尘工程中通用设备的备品备件按机械设备管理规程储备，专用备品备件如脉冲阀、滤袋、气动元件、绝缘材料、电极板及高低压电器元件等储备量为正常运行量的 10%～15%。

7.1.6 应制订除尘系统中、大检修计划和应急预案。除尘系统检修时间应与工艺设备同步，每 6 个月对工艺配套的除尘系统主要技术性能检查 1 次，对可能有问题的除尘系统随时检查，检修和检查结果应记录并存档。

7.2 袋式除尘系统运行

7.2.1 除尘系统开机前，应全面检查运行条件，符合要求后按开机程序启动。

7.2.2 除尘系统的运行控制应与生产系统的操作密切配合，选择自动控制状态；系统风量不得超过额定处理风量；生产工况变化时，应通过调节保证正常运行和达标排放。

7.2.3 除尘系统入口气体温度必须低于滤料使用温度的上限，且高于气体露点温度 10℃以上；系统阻力保持在正常范围内。

7.2.4 存在燃爆危险的除尘系统应控制温度、压力和一氧化碳含量，经常检查泄压阀、检测装置、灭火装置等。一旦发生燃爆事故应立即启动应急预案，并逐级上报。

7.2.5 操作工每班至少应巡回检查一次各部件，保持设备和现场的整洁，及时发现隐患，妥善处理。

7.2.6 生产系统停机后，除尘器的清灰、排灰机构还应运行一段时间，且先停清灰，后停排灰。

7.2.7 冬季或高寒地区的袋式除尘器长时间停运后，启动时应采取加热措施，沿海等空气潮湿地方的袋式除尘器负载运行启动前宜采用烟气加热，使除尘器内温度高于露点温度10℃以上。

7.2.8 在有冰冻季节的地区，除尘系统停机时冷却水和压缩空气的冷凝水应完全放掉。长期停车时还应取下滤袋，切断配电柜和控制柜电源。

7.3 电除尘系统运行

7.3.1 执行7.2.1、7.2.2、7.2.4～7.2.6条规定。

7.3.2 电除尘器投运前应提前4h将全部的电加热装置送电加热；向电场供电之前应确认烟气中一氧化碳等可燃气体在安全范围内。

7.3.3 电除尘器运行过程中应控制一次电压、一次电流、二次电压、二次电流、振打周期等运行参数。

7.3.4 电除尘器停机时应先停止向电场供电，再切断主回路和控制回路的电源；如停机时间超过8 h或要进行设备检修时，应按供货方提供的操作说明书的要求执行；如停机时间超过24 h，在停止向电场供电的同时可切断电加热器电源。

7.4 湿式除尘系统运行

7.4.1 执行7.2.1、7.2.2、7.2.5条的规定。

7.4.2 除尘器应在工艺设备停机后停止运行。除尘器停机后，其供水、排水系统还应运行一段时间，清洗除尘器、排水管道及排水设备内的沉淀。有冰冻季节的地方，除尘系统停车时，排水系统设备及管道中的冲洗水应完全放掉。

7.4.3 湿式除尘系统单独设置的沉淀池应定期清除并妥善处理沉淀物。

7.4.4 煤气净化系统运行执行GB 6222、《转炉煤气净化回收技术规程》及《炼铁安全规程》的规定。

7.5 除尘系统维护

7.5.1 除尘系统的维护包括正常运行时的检查、管路和设备清扫、疏通堵塞、定期加注或更换润滑油（脂）以及及时进行的小修、定期进行的中修和大修。维护范围包括工程配套设施。

7.5.2 除尘设备投入运行一周内应对各连接件进行紧固，对运动部件逐一检查。对袋式除尘器检查清灰机构和滤袋滤尘情况，发现滤袋破损应及时更换。对电除尘器检查振打装置、接地和电场内部情况，清扫高低压电控柜和绝缘材料。反吹风袋式除尘器使用1～2个月后，应对滤袋吊挂机构长度进行调整或更换。对湿式除尘器应定期冲洗、清除淤泥。检查冬季防冻保温措施及净化腐蚀性气体设备防腐蚀措施的完好程度，发现破损应及时处理。

7.5.3 中修宜半年进行一次，包括运转设备的换油及调整，重要配件的更换和修理，电气系统及测试设备的调整，接地极的检查和处理，电场内部、高低压电控柜和绝缘材料的清扫工作等。大修宜2～5年进行一次，除中修的内容外，还应包括各种仪器仪表的检定，滤袋或电极的更换，系统设备的改造和更换，系统加固、油漆和保温等。

7.5.4 设备检修时应做好安全防范，切断设备运行电源，在检修门、电控柜处挂“警示牌”，保管好安全联锁钥匙。人员进入电场内部或涉及到高压部位的区域，除切断全部高压电源外，还应将隔离开关全部切换到接地位置。

7.5.5 除尘设备内部检修要求如下：

a）排净粉尘；

b）用新鲜空气置换出内部残留的气体，使设备内一氧化碳等有毒、有害气体含量降至安全限度以下；

c）采取降温措施，使除尘器温度降至 40℃以下；

d）进入内部的维修人员不得吸烟；

e）采取防止维修人员进入除尘器后检修门自动关闭的措施；

f）对于在线检修的袋式除尘器应切断该单元滤室，一旦出现不适，应立即停止作业；

g）电除尘器阴极要可靠接地，袋式除尘器要拆除相应滤袋，才能进行电焊、气割作业。

7.5.6 煤气净化系统设备和管道的维护及检修应执行 GB 6222、《转炉煤气净化回收技术规程》、《炼铁安全规程》及本标准的有关规定。

附录 A（资料性附录）

电除尘器升压记录

电除尘器升压记录表格式见表 A.1。

表 A.1 电除尘器升压记录表

<table>
<tr><td colspan="4">尘源设备和名称：</td><td colspan="2">电除尘器规格：</td></tr>
<tr><td colspan="4">供货商：</td><td colspan="2">高压电源： A/kV，抽头位置： kV</td></tr>
<tr><td colspan="6">测试时天气：晴、多云、阴、雨 温度： 湿度： 风力：</td></tr>
<tr><td colspan="4">室号： 电场号：</td><td colspan="2">时 分 —— 时 分</td></tr>
<tr><td colspan="6">空载（负载）测试 第 次</td></tr>
<tr><td>序号</td><td>一次电压
V</td><td>一次电流
A</td><td>二次电压
kV</td><td>二次电流
mA</td><td>备 注</td></tr>
<tr><td>1</td><td></td><td></td><td></td><td></td><td></td></tr>
<tr><td>2</td><td></td><td></td><td></td><td></td><td></td></tr>
<tr><td>3</td><td></td><td></td><td></td><td></td><td></td></tr>
<tr><td>4</td><td></td><td></td><td></td><td></td><td></td></tr>
<tr><td>5</td><td></td><td></td><td></td><td></td><td></td></tr>
<tr><td>6</td><td></td><td></td><td></td><td></td><td></td></tr>
<tr><td>7</td><td></td><td></td><td></td><td></td><td></td></tr>
<tr><td>8</td><td></td><td></td><td></td><td></td><td></td></tr>
<tr><td>9</td><td></td><td></td><td></td><td></td><td></td></tr>
<tr><td>10</td><td></td><td></td><td></td><td></td><td></td></tr>
<tr><td>11</td><td></td><td></td><td></td><td></td><td></td></tr>
<tr><td>12</td><td></td><td></td><td></td><td></td><td></td></tr>
</table>

测试负责人： 记录人：

注：在升压过程中如要观察电场内部的放电现象，观察人员只可在进、出口喇叭管内或灰斗内进行观察，不可进入电场，观察人员应有两人以上，一人在本体外部保护。在升压过程中如发现电场内部有不正常放电问题，则应关闭全部高压电源，并将全部隔离开关接地放电后，检修人员才可进入电场进行检修。

附录 B（资料性附录）

除尘器运行记录表

除尘器运行记录表格式见表 B.1。

表 B.1 除尘器运行记录表

车间名称： 除尘器名称： 除尘器编号：

检测项目	除尘器入口		除尘器出口		时间		日期	
系统风量/（m^3/h）								
系统负压/Pa								
温度/℃								
风机阀门开度/%								
压缩空气压力/MPa								
一次电压/V								
一次电流/A								
二次电压/V								
二次电流/A								
含尘质量浓度								
清灰设备情况								
卸灰设备情况								
输灰设备情况								
备注								

操作员： 交班班长： 接班班长：

注：袋式除尘器取消表中电压和电流行，电除尘器取消表中压缩空气行。

2. 水污染

中华人民共和国国家标准

钢铁工业水污染物排放标准

Discharge standard of water pollutants for iron and steel industry

GB 13456－92

代替 GB 4911—85 废水部分及 GB8978—88 钢铁工业部分

为贯彻《中华人民共和国环境保护法》、《中华人民共和国水污染防治法》、《中华人民共和国海洋环境保护法》，促进生产工艺和污染治理技术的进步，防治水污染，制订本标准。

1 主题内容与适用范围

1.1 主题内容

本标准按照生产工艺和废水排放去向，分年限规定了钢铁企业的吨产品废水排放量和主要污染物最高允许排放浓度。

1.2 适用范围

本标准适用于钢铁工业的企业排放管理，以及建设项目的环境影响评价、设计、竣工验收及其建成后的排放管理。

2 引用标准

GB 3097　海水水质标准
GB 3838　地面水环境质量标准
GB 4918　工业废水　总硝基化合物的测定　分光光度法
GB 4919　工业废水　总硝基化合物的测定　气相色谱法
GB 6920　水质 pH 值的测定　玻璃电极法
GB 7467　水质　六价铬的测定　二苯碳酰二肼分光光度法
GB 7472　水质　锌的测定　双硫腙分光光度法
GB 7475　水质　铜、锌、铅、镉的测定　原子吸收分光光度法
GB 7478　水质　铵的测定　蒸馏和滴定法
GB 7479　水质　铵的测定　纳氏试剂比色法
GB 7481　水质　铵的测定　水杨酸分光光度法
GB 7487　水质　氰化物的测定　第二部分：氰化物的测定
GB 7490　水质　挥发酚的测定　蒸馏后 4-氨基安替比林分光光度法
GB 7491　水质　挥发酚的测定　蒸馏后溴化容量法
GB 8978　污水综合排放标准
GB 11901　水质　悬浮物的测定　重量法
GB 11914　水质　化学需氧量的测定　重铬酸盐法

3 技术内容

3.1 工艺分类

本标准按钢铁工业生产工艺，并结合生产产品分以下 8 类 15 种：

a. 选矿：重选和磁选（不包括浮选厂）；

b. 烧结：烧结和球团；

c. 焦化：包括化工产品在内的焦化厂；

d. 炼铁：炼铁厂（指普铁）；

e. 炼钢：转炉炼钢和电炉炼钢；

f. 连铸：连铸厂（车间）；

g. 轧钢：钢坯、型钢、线材、热轧板带、钢管和冷轧板带；

h. 钢铁联合企业：指烧结、焦化、炼铁、炼钢和轧钢等的基本平衡的钢铁企业。

3.2 标准分级

本标准分三级。

3.2.1 排入 GB 3838 中Ⅲ类水域（水体保护区除外），GB 3097 中Ⅱ类海域的废水，执行一级标准。

3.2.2 排入 GB 3838 中Ⅳ、Ⅴ类水域，GB 3097 中Ⅲ类海域的废水，执行二级标准。

3.2.3 排入设置二级污水处理厂的城镇下水道的废水，执行三级标准。

3.2.4 排入未设置二级污水处理厂的城镇下水道的废水，必须根据下水道出水受纳水域的功能要求，分别执行 3.2.1 和 3.2.2 的规定。

3.2.5 GB 3838 中Ⅰ、Ⅱ类水域和Ⅲ类水域中的水体保护区，GB 3097 中一类海域，禁止新建排污口，扩建、改建项目不得增加排污量。

3.3 标准值

本标准按照不同年限分别规定了钢铁工业废水最低允许循环利用率、吨产品最高允许排水量、水污染物最高允许排放浓度。

3.3.1 1989 年 1 月 1 日之前立项的钢铁工业建设项目及其建成后投产的企业按表 1 执行。

表 1

行业类别	分级	最低允许水循环利用率	污染物最高允许排放浓度，mg/L							
			pH 值	悬浮物	挥发酚	氰化物	化学需氧量（COD_{Cr}）	油类	六价铬	总硝基化合物
冶金系统选矿	一级	大、中（75%），小（60%）	6～9	150	1.0	0.5	150	15		
	二级			400	1.0	0.5	200	20		3.0
	三级				2.0	1.0	500	30		5.0
钢铁、铁合金、钢铁联合企业（不包括选矿厂）[1]	一级	缺水区[2]（85%）	6～9	150	1.0	0.5	150	15	0.5	
	二级			300	1.0	0.5	200	20	0.5	
	三级	丰水区[2]（60%）		400	2.0	1.0	500	30		

注：1）包括以单独工艺生产并设有自己单独外排口的企业。

2）丰水区：水源取自长江、黄河、珠江、湘江、松花江等大江、大河为丰水区；

缺水区：水源取自水库、地下水及国家水资源行政主管部门确定为缺水的地区为缺水区。

3.3.2 1989 年 1 月 1 日至 1992 年 6 月 30 日之间立项的钢铁工业建设项目及建成后投产的企业按表 2 执行。

表 2

行业类别	分级	最低允许水循环利用率	污染物最高允许排放浓度，mg/L								
			pH	悬浮物	挥发酚	氰化物	化学需氧量（COD_{Cr}）	油类	六价铬	锌	氨氮[2)]
黑色冶金系统选矿	一级	90%	6～9	70	0.5	0.5	100	10		2.0	
	二级			300	0.5	0.5	150	10		4.0	
	三级			400	2.0	1.0	500	30		5.0	
钢铁各工艺、铁合金、钢铁联合企业（不包括选矿厂）[1)]	一级	缺水区[3)]（90%）	6～9	70	0.5	0.5	100	10	0.5	2.0	15.0
	二级			200	0.5	0.5	150	10	0.5	4.0	40.0
	三级	丰水区[3)]（80%）		400	2.0	1.0	500	30		5.0	150

注：1）包括以单独工艺生产并设有自己单独外排口的企业。

2）焦化的氨氮指标 1994 年 1 月 1 日执行。

3）丰水区：水源取自长江、黄河、珠江、湘江、松花江等大江、大河为丰水区。

缺水区：水源取自水库，地下水及国家水资源行政主管部门确定为缺水的地区为缺水区。

3.3.3 1992 年 7 月 1 日起立项的钢铁工业建设项目及建成后投产的企业按表 3 执行。

表 3

生产工艺	分类	分级	排水量[1)]（m^3/t 产品）[2)]		pH	悬浮物（mg/L）	挥发酚（mg/L）	氰化物（mg/L）	化学需氧量（COD_{Cr}）（mg/L）	油类（mg/L）	六价铬（mg/L）	氨氮（mg/L）	锌（mg/L）
			缺水区[3)]	丰水区[3)]									
a 选矿	重、磁选	一级	0.7	0.7	6～9	70							
		二级				300							
		三级				400							
b 烧结	烧结	一级	0.01	0.01	6～9	70							
		二级				150							
		三级				400							
	球团	一级	0.005	0.005	6～9	70							
		二级				150							
		三级				400							
c 焦化	焦化[4)]	一级	3.0（7）	4.0（7）	6～9	70	0.5	0.5	100	8		15	
		二级				150	0.5	0.5	150	10		25	
		三级				400	2.0	1.0	500	30		40	
d 炼铁	炼铁	一级	3.0	10.0	6～9	70							2.0
		二级				150							4.0
		三级				400							5.0

生产工艺	分类	分级	排水量[1]（m^3/t 产品）[2]		pH	悬浮物（mg/L）	挥发酚（mg/L）	氰化物（mg/L）	化学需氧量（COD_{Cr}）（mg/L）	油类（mg/L）	六价铬（mg/L）	氨氮（mg/L）	锌（mg/L）
			缺水区[3]	丰水区[3]									
e 炼钢	转炉	一级				70							
		二级	1.5	5.0	6～9	150							
		三级				400							
	电炉	一级				70							
		二级	1.2	5.0	6～9	150							
		三级				400							
f 连铸	连铸	一级				70							
		二级	1.0	2.0	6～9	150							
		三级				400							
g 轧钢	钢坯	一级				70				8			
		二级	1.5	3.0	6～9	150				10			
		三级				400				30			
	型钢	一级				70				8			
		二级	3.0	6.0	6～9	150				10			
		三级				400				30			
	线材	一级				70				8			
		二级	2.5	4.5	6～9	150				10			
		三级				400				30			
	热轧板带	一级				70				8			
		二级	4.0	8.0	6～9	150				10			
		三级				400				30			
	钢管	一级				70				8			
		二级	4.0	10	6～9	150				10			
		三级				400				30			
	冷轧板带	一级				70				8	0.5		
		二级	3.0	6.8	6～9	150				10	0.5		
		三级				400				30	1.0		
h 联合企业	钢铁联合企业	一级				70	0.5	0.5	100	8	0.5	10	2.0
		二级	10	20	6～9	150	0.5	0.5	150	10	0.5	25	4.0
		三级				400	2.0	1.0	500	30	1.0	40	5.0

注：1）由于农业灌溉需要，允许多排放的水量，不计算在执法的指标之内。

2）选矿为原矿、烧结为烧结矿、焦化为焦炭、炼铁为生铁、炼钢为粗钢、连铸为钢坯、轧钢为钢材、钢铁联合企业为粗钢。

3）丰水区：水源取自长江、黄河、珠江、湘江、松花江等大江、大河为丰水区。

缺水区：水源取自水库、地下水及国家水资源行政主管部门确定为缺水的地区为缺水区。

4）使用地下水作冷却介质，排水指标均为 7 m^3/t 产品（不采用冷冻水）。焦化的氨氮指标 1994 年 1 月 1 日执行（表格空白栏没有数值）。

4 监测

4.1 采样点

采样点应在企业废水排放口（六价铬在车间或车间处理设施排出口采样），排放口应设置废水水量计量装置和永久性标志。

4.2 采样频率

采样频率应按生产周期确定监测频率，生产周期在 8 h 以内的，每 2 h 采集一次；生产周期大于 8 h 的，每 4 h 采集一次。废水污染物最高允许排放浓度按日均值计算。

4.3 排水量

排水量应包括生产排水量和间接冷却水量。吨产品废水允许排水量按月均值计算。

4.4 统计

企业原材料使用量、产品产量等，以法定月报表或年报表为准。

4.5 测定

本标准采用的测定方法按表 4 执行。

表 4

序号	项目	测定方法	方法标准号
1	挥发酚	蒸馏后用 4-氨基安替比林分光光度法	GB 7490
		蒸馏后用溴化容量法	GB 7491
2	氰化物	异烟酸-吡唑啉酮比色法	GB 7487
3	化学需氧量	重铬酸盐法	GB 11914
4	六价铬	二苯碳酰二肼分光光度法	GB 7467
5	氨氮（NH_3-N）	蒸馏和滴定法	GB 7478
		纳氏试剂比色法	GB7479
		水杨酸分光光度法	GB 7481
6	pH 值	玻璃电极法	GB 6920
7	悬浮物	重量法	GB 11901
8	锌	原子吸收分光光度法	GB 7475
		双硫腙分光光度法	GB 7472
9	总硝基化合物	分光光度法	GB 4918
		气相色谱法	GB 1919

5 标准实施监督

本标准由各级人民政府环境保护行政主管部门负责监督实施。

附加说明：

本标准由国家环境保护局科技标准司提出。

本标准由冶金部建筑研究总院、北京钢铁设计研究总院、中国环境科学研究院环境标准研究所、重庆钢铁设计研究院、鞍山黑色冶金矿山设计研究院、鞍山焦化耐火材料设计研究院负责起草。

本标准主要起草人刘宏明、张宏、宋伟民、滕静、孙同九、张勤、曾正平、傅轶铭、韩应健、张凤玉。

本标准由国家环境保护局负责解释。

3. 危险废物

国家危险废物名录

中华人民共和国环境保护部
中华人民共和国国家发展和改革委员会　令

第1号

根据《中华人民共和国固体废物污染环境防治法》，特制定《国家危险废物名录》。现予公布，自2008年8月1日起施行。

1998年1月4日原国家环境保护局、国家经济贸易委员会、对外贸易经济合作部、公安部发布的《国家危险废物名录》（环发[1998]89号）同时废止。

环境保护部部长　周生贤
发展改革委主任　张　平
二〇〇八年六月六日

国家危险废物名录

第一条　根据《中华人民共和国固体废物污染环境防治法》的有关规定，制定本名录。

第二条　具有下列情形之一的固体废物和液态废物，列入本名录：

（一）具有腐蚀性、毒性、易燃性、反应性或者感染性等一种或者几种危险特性的。

（二）不排除具有危险特性，可能对环境或者人体健康造成有害影响，需要按照危险废物进行管理的。

第三条　医疗废物属于危险废物。《医疗废物分类目录》根据《医疗废物管理条例》另行制定和公布。

第四条　未列入本名录和《医疗废物分类目录》的固体废物和液态废物，由国务院环境保护行政主管部门组织专家，根据国家危险废物鉴别标准和鉴别方法认定具有危险特性的，属于危险废物，适时增补进本名录。

第五条　危险废物和非危险废物混合物的性质判定，按照国家危险废物鉴别标准执行。

第六条　家庭日常生活中产生的废药品及其包装物、废杀虫剂和消毒剂及其包装物、废油漆和溶剂及其包装物、废矿物油及其包装物、废胶片及废相纸、废荧光灯管、废温度计、废血压计、废镍镉电池和氧化汞电池以及电子类危险废物等，可以不按照危险废物进行管理。

将前款所列废弃物从生活垃圾中分类收集后，其运输、贮存、利用或者处置，按照危险废物进行管理。

第七条　国务院环境保护行政主管部门将根据危险废物环境管理的需要，对本名录进行适时调整并公布。

第八条 本名录中有关术语的含义如下：

（一）“废物类别”是按照《控制危险废物越境转移及其处置巴塞尔公约》划定的类别进行的归类。

（二）“行业来源”是某种危险废物的产生源。

（三）“废物代码”是危险废物的唯一代码，为 8 位数字。其中，第 1－3 位为危险废物产生行业代码，第 4－6 位为废物顺序代码，第 7－8 位为废物类别代码。

（四）“危险特性”是指腐蚀性（Corrosivity，C）、毒性（Toxicity，T）、易燃性（Ignitability，I）、反应性（Reactivity，R）和感染性（Infectivity，In）。

第九条 本名录自 2008 年 8 月 1 日起施行。1998 年 1 月 4 日原国家环境保护局、国家经济贸易委员会、对外贸易经济合作部、公安部发布的《国家危险废物名录》（环发[1998]89 号）同时废止。

附件：国家危险废物名录（略）

4. 防治技术

中华人民共和国国家标准

钢铁工业环境保护设计规范

Code for design of environmental protection of iron and steel industry

GB 50406—2007

前言

本规范是根据建设部《关于印发“2005年工程建设标准规范制订、修订计划（第二批）”的通知》（建标函[2005]124号）的要求，由中冶京诚工程技术有限公司会同有关单位共同编制完成的。

本规范共分7章和一个附录，其主要内容有：1.总则；2.术语；3.基本原则；4.厂址选择与总图布置；5.设计文件的环保内容要求；6.环境保护设计；7.环境保护设施划分和附录A 钢铁工业各生产工序的环境保护设施内容。

本规范以黑体字标志的条文为强制性条文，必须严格执行。

本规范由建设部负责管理和对强制性条文的解释，由中冶京诚工程技术有限公司负责具体技术内容的解释。本规范在执行过程中，请各单位注意总结经验，积累资料，将有关意见反馈给中冶京诚工程技术有限公司环境工程技术所（地址：北京市宣武区白广路4号，邮政编码：100053，E-mail：qiguoqin@ceri.com.cn），以供今后修改时参考。

本规范主编单位、参编单位和主要起草人如下。

主编单位：中冶京诚工程技术有限公司（原北京钢铁设计研究总院）

参编单位：（按章节顺序排列）

中冶长天国际工程有限责任公司（原长沙冶金设计研究总院）
中冶赛迪工程技术股份有限公司（原重庆钢铁设计研究总院）
中冶北方工程技术有限公司（原鞍山冶金设计研究总院）
中冶焦耐工程技术有限公司（原鞍山焦化耐火材料设计研究总院）
宝山钢铁股份有限公司
中冶南方工程技术有限公司（原武汉钢铁设计研究总院）
济南钢铁集团总公司
中冶东方工程技术有限公司（原包头钢铁设计研究总院）

主要起草人：祁国琴 杨晓东 刘志鹏 颜学宏 王 冬
李 丽 蔡承祐 沈晓林 李少岩 叶 冰
庞 宏 钮心洁 胡明甫 昌梦华 陈惠民
朱慧玲 胡政波 周玉莲 范 凯 武 剑
黄丽华 吴运广 李友琥 励文珠 励哉拱

1 总 则

1.1 为提高钢铁工业建设项目的环境保护设计水平，全面贯彻《中华人民共和国环境保护法》、《中华人民共和国清洁生产促进法》以及有关工业污染防治、资源综合利用和节能、节水、钢铁产业发展政策等方面的法律、法规和政策，推行清洁生产，发展循环经济，保护和改善生态环境质量，制定本规范。

1.2 本规范适用于钢铁工业的新建、扩建、改建项目的环境保护设计。

1.3 钢铁工业环境保护设计必须坚持清洁生产、循环经济的原则，保护优先，以防为主，防治结合。污染治理应立足于采用先进生产工艺和技术装备，并与资源综合利用、节能、节水相结合。环保设计应严格控制环境污染，减少环境风险，保护和改善生态环境，促进经济、社会和环境的可持续发展。

1.4 钢铁工业环境保护设计，除应执行本规范的规定外，尚应符合国家现行有关标准的规定。

2 术 语

2.1 高炉一次除尘 primary dedusting of blast furnace

主要治理出铁口、铁沟、渣沟、撇渣器、摆动流槽、铁水罐等部位产生的烟尘。它是对这些产尘点在严格密闭加罩的基础上，将其烟气通过局部抽风捕集并进行净化。

2.2 高炉二次除尘 secondary dedusting of blast furnace

主要治理开、堵铁口时从出铁口骤然冲出的大量烟尘。设置二次除尘时，出铁场必须采用封闭式外围结构，以防场内出现横向气流干扰，确保二次除尘的效果。

2.3 电炉一次除尘 primary dedusting of electrical furnace

治理电炉在熔化、脱碳等过程中产生的烟气中的尘粒。

2.4 电炉二次除尘 secondary dedusting of electrical furnace

治理电炉装料和出钢等过程中排放逸散的烟气中的尘粒。

2.5 转炉二次除尘 secondary dedusting of converter

治理转炉出钢、加料及出渣时产生的烟气以及清理转炉炉体、渣罐等产生的烟气中的尘粒及扬尘，还包括冶炼时由炉口、集烟系统泄漏的烟气中的尘粒等。

2.6 粉尘 dust

在工业生产过程中，由于矿石、物料的开采、破碎、筛分、堆放、转运或其他机械处理而产生的直径介于1～100 μm之间的固体微粒称为粉尘或灰尘。

2.7 干法熄焦 coke dry quenching（CDQ）

利用惰性气体在密闭的系统中冷却炽热焦炭的工艺。

2.8 高炉炉顶煤气余压发电 top gas pressure recovery turbine（TRT）

利用高炉炉顶煤气的压力能，经透平膨胀做功来驱动发电机发电。

2.9 循环用水 utilization of recycled water

指在确定的生产系统中将使用过的水直接或经适当处理后重新用于同一生产过程中的用水方式。

2.10 串级用水 cascade utilization of water

指根据生产过程中各工序、各车间或者在不同范围内对用水水质的不同要求，将水按水质要求由高到低依序串级使用的用水方式。

2.11 直接冷却水 direct cooling water

指冷却水与被冷却设备或介质直接接触的冷却用水。

2.12 水重复利用率 recycle rate of water

指在一定的计量时间内，企业在生产全过程中的重复利用水量与总用水量之比。

2.13 恶臭 effluvium

一切能刺激人体嗅觉器官引起人不愉快及损害生活环境的气体物质。

2.14 绿化用地率 greening rate

反映企业厂区绿化土地面积情况的指标，它是绿化用地总面积占该厂区用地总面积的百分比。

3 基本原则

3.1 钢铁生产的工艺设计应符合清洁生产、循环经济的原则，必须贯彻我国《钢铁产业发展政策》。应采用无毒无害或低毒低害的原料、材料和燃料；应采用技术可行、经济合理、无污染或少污染以及不用水或少用水的新技术、新工艺、新设备。

3.2 应贯彻执行污染物总量控制与浓度控制相结合的原则，严格控制污染物排放量和排放浓度，确保污染物达标排放；对新建、扩建和改建工程，应坚持“以新带老”、“总量控制”和“三同时”的原则，淘汰污染严重的落后生产工艺和装备，对污染影响较大的有关老污染源的防治设施应进行必要的改造和完善。

3.3 对工艺过程中产生的具有利用价值的可再生资源和二次能源（废气、废水、固体废物、可燃气体、余热、余压等），应按照清洁生产、循环经济的原则，采用有效的综合利用技术，进行回收利用。并应符合下列规定：

1 工厂供热应采用集中方式。

2 应采用先进成熟的烟气、粉尘净化治理技术，宜采用干法净化技术替代湿法净化。

3 按照分级、分质供用水原则，采用清污分流、循环用水、串级用水等技术，提高各工序生产水的重复利用率，降低单位产品的取水量和外排废水量。在各工序生产废水处理回用或串级使用的前提条件下，可建设全厂总排水处理设施，对处理后的废水作为工业补充水回用。

废水处理应根据其水质和水量的不同设置相应的废水处理设施。对产生含有毒有害或有腐蚀性物质的废水，其生产区域及输送此类废水的沟渠、管道，必须采取防止渗漏、腐蚀的措施。

4 固体废物（含废液）必须进行处理，最大限度地予以回收利用；并应选用利用量大、能就地使用、产品附加值高、经济效益好的技术方案，为其设置配套的运输、处理、加工和综合利用设施。

3.4 贮存、运输、使用放射性物质及放射性废物的处理，必须符合国家现行法律《中华人民共和国放射性污染防治法》和现行国家标准《建筑材料放射性核素限量》GB 6566 等有关规定。

3.5 钢铁工业的新建、扩建、改建项目的环境保护设计宜选用低噪声的生产工艺和设备，并应对噪声源进行控制。噪声和振动超过国家、行业有关标准的，应根据噪声和振动的性质，分别采取隔声、消声、吸声、减振、阻尼等措施或综合控制措施。

3.6 建设项目产生的各种污染物（因子）的排放，必须符合国家现行有关污染物（因子）排放标准和有关法规的要求。对无地方污染物排放标准的地区，则应符合国家或该地区环保部门确认的有关污染物排放标准。建设项目建成投产后，其污染物的最终排放浓度和年排放量应符合环保部门对建设项目审批意见的要求。对引进项目，其设备、装置的污染物排放标准不得低于国家标准。

4 厂址选择与总图布置

4.1 建设项目的厂址选择必须符合《中华人民共和国环境保护法》的规定，不得在国务院、国务院有关主管部门和省、自治区、直辖市人民政府划定的风景名胜区、自然保护区和其他需要特别保护的区域内。

4.2 在厂址选择中应将环境保护列为重要的建厂条件之一。应全面地考虑建设地区的自然、生态和社会经济环境。应根据拟选厂址周围地理位置、地形、地质、气象、水文、城乡发展规划、水土保持、工农业布局、自然保护区等状况，以及大气、水体、土壤等基本环境要素的质量背景资料，提出多方案厂址选择，并进行选址综合分析比较和论证，最终选择对自然环境、生态环境和社会经济环境可能产生的不利影响最小的最佳厂址方案。

4.3 建设项目专用铁路、公路的选线，应减轻对沿线自然生态环境的破坏和污染。

4.4 向大气环境排放大量有毒有害污染物的建设项目，不应建在大气污染物不易扩散的河谷、盆地、静风频率大的地区。

4.5 排放有毒有害气体、粉尘、烟雾、恶臭、噪声的建设项目应布置在生活居住区常年最大频率风向的下风侧，并应与生活居住区保持有关规定的卫生防护距离。排放有毒有害废水的建设项目，除废水必须处理达标外，其废水排放口的位置还必须符合水源保护的有关要求。根据废渣的物理、化学性质，选定废渣的堆放场地，必须采取防止对环境敏感区污染的措施。

4.6 建设项目的总图布置，在满足工艺生产流程合理、物料运输顺畅等条件下，应将污染危害大的设施布置在厂区常年最大频率风向的下风侧，并远离对环境质量要求较高区域。对其他有污染影响的设施位置的确定，应减少其相互间的影响和污染物的叠加。因技术问题暂缓建设的环保设施，应预留其位置。

4.7 建设项目的行政管理设施和生活设施，应布置在靠近生活居住区的一侧，并作为建设项目的非扩建端。

4.8 绿化设计应根据项目性质和具体条件，因地制宜进行设计。绿化布置应结合总平面布置和生产要求，发挥绿化在卫生防护、改善厂区环境和小气候的作用。建设项目的绿化用地率应符合当地有关绿化规划的要求。老企业的改建、扩建工程应有相应的绿化用地。绿化用地率应按项目所在地的规定执行。应在合理用地的情况下提高绿化防护效能。

5 设计文件的环保内容要求

5.1 环境保护设计必须按国家规定的设计程序进行，建设项目各阶段的设计文件必须有相应的环保内容，应严格执行环境保护设计基本原则和厂址选择与总图布置的环保要求。

5.2 规划设计文件的环保内容应符合下列规定：

1 规划项目所在地区环境现状，即该地区的地理位置及地形、地貌，气象条件和水文条件及其环境质量状况描述。

2 规划项目可能产生的各类污染的宏观控制及最终排污状况、排污去向的说明。

3 规划项目对区域环境影响的宏观分析。

5.3 项目建议书的环保内容应根据建设项目的性质、规模、生产工艺和建设地区的环境状况等有关资料，简要说明建设项目建成投产后可能造成的环境影响，其主要内容应符合下列规定：

1 建设项目所在地区的自然、社会、环境概况。

2 建设项目可能造成的环境影响简要分析。

3 当地环保部门对建设项目环境保护的意见和要求。

4 存在的重要环保问题和对其采取的措施和意见。

5.4 可行性研究设计文件中的环境保护篇（章）的内容应符合下列规定：

1 设计主要依据。

2 建设项目所在区域的环境状况。

3 项目概况，主要生产工艺流程。

4 采用的清洁生产技术。

5 主要污染源、污染物及其防治方案。

6 绿化建设。

7 环境监测和环保管理机构。

8 环保设施投资估算。

9 建设项目的环境影响简要分析或环境影响评价情况简介。

5.5 项目申请报告中的生态环境影响分析，其主要内容应符合下列规定：

1 主要设计依据应根据地方环境功能区划分，说明项目应执行的空气、地表水、地下水、噪声等环境质量标准类别或级别，以及相对应的污染物排放标准级别。

2 建厂地区环境特征和环境质量现状应说明项目所在地区环境条件状况，包括自然环境条件、社会环境条件和环境质量状况。

3 工程位置及项目概况应说明工程所处的地理位置，拟建工程周围邻近的情况；说明工程的组成、规模、主要设施及设计分工等情况。

4 采用的清洁生产技术应说明设计中采用的清洁生产工艺、设备、技术（节能、降耗）等。

5 主要环境保护措施应简要说明各主要生产工序的主要污染源和污染物，主要环境保护措施（废气、废水、固体废物、危险废物和噪声治理措施）以及固体废物综合利用措施，绿化建设，环境监测和环保管理机构设置等。

6 主要污染物排放情况应估算拟建工程主要污染物排放情况。

7 项目施工对环境的影响分析应简述拟建工程在施工建设过程中，主要产生的废气、废水、噪声和固体废物的情况及废气、废水、声污染防治方案，固体废物利用、处置方案并说明其对环境的影响。

8 项目投产后对环境的影响分析应简要分析主要污染物排放对大气、水体、声、生态环境的影响。

9 环境影响评述应分别说明污染物达标排放情况（气、水、声），项目所在地区环境容量情况，污染物排放总量及控制情况，拟建项目对周围环境敏感点影响分析，卫生防护距离等。

10 环境保护投资估算。

5.6 初步设计中的环境保护篇（章）其主要内容应符合下列规定：

1 设计依据应包括初步设计所依据的国家、地方及行业的有关环保法规、标准；环保主管部门对该项目环境影响报告书（表）的审批意见；设计分工及有关协议等。

2 工程概况应包括厂址、建设性质（新建、扩建和改建）、生产规模、主要车间组成、主要生产设施、生产工艺流程、原材料、辅助材料、燃料等消耗情况。

3 采用清洁生产技术应说明设计中采用的清洁生产工艺、设备、技术（节能、降耗）等。

4 主要污染源、污染物及其防治措施和预期效果应包括产生废气、废水、噪声和固体废物等的主要污染源及其主要污染物，设计对污染防治和综合利用所采取的措施内容；经治理后污染物排入环境的数量和浓度（强度），污染物年排放总量，全厂（车间）工业水的重复利用率、吨产品的排水量；固体废物综合利用的途径和数量，治理效果达标情况。

5 绿化建设应包括绿化设计原则，绿化用地率。

6 新建项目的环境监测应包括环境监测站设计方案和环境与污染源监测制度、采样点布置（环境和污染源）监测项目等。对改建、扩建项目的环境监测应说明环境监测任务承担机构，有无新增监测项目及监测仪器、设备等。

7 环保管理机构。

8 环保设施投资应根据工程投资概算和本规范附录A，按废气、废水、固体废物、噪声的治理和综合利用，以及环境监测、绿化等统计各部分环保设施投资及环保设施投资总额占工程静态投资的百分比。

9 环境评价审批意见设计落实情况。

5.7 施工图设计中各专业必须按已批准的初步设计及其环境保护专篇（章）所确定的各项环保措施、环保指标和有关要求进行设计。如主要环保措施较初步设计有重大更改时，除必须满足环保指标、要求外，还应征得项目审批部门的同意后方可设计。

6 环境保护设计

6.1 采 矿

6.1.1 露天和地下开采矿山的穿孔、凿岩应实行湿式作业。严重缺水区采用干式作业时，应采取完善的密闭和除尘措施。露天和地下开采的铲装、爆破作业区应采取抑尘措施。溜井放矿硐室应采取喷雾洒水措施，溜井口宜采取密闭抽风净化等措施。

6.1.2 矿区永久性主干道路应采取路面硬化和洒水措施，并宜在道路两旁植树绿化。露天采场内道路及井下主斜坡道、井下汽车运输主干道应采取路面洒水或其他抑尘措施。山坡露天采场宜采用平硐溜井开拓，并应采取相应的通风除尘措施。

6.1.3 井下破碎硐室、带式输送机等产尘点应采取密闭抽风除尘或喷雾降尘措施。

6.1.4 地下采矿通风宜采用多级机站通风系统。排风井的位置应远离居民区。当条件受限制时，可设在居民区常年最大频率风向的下风侧。主入风井（巷）应位于产生粉尘等空气污染源的常年最大频率风向的上风侧，其周围环境应保持清洁，并宜设置卫生防护林带和采取洒水等改善空气质量的措施。干旱和风沙地区，吸风口应背向常年最大频率风向。

6.1.5 含放射性元素超过标准的矿石运输、贮存必须符合《中华人民共和国放射性污染防治法》的要求。

6.1.6 井下作业不宜使用燃油动力设备，必须使用时应设尾气净化装置。

6.1.7 大型深凹露天矿山应设置小型气象观测站。

6.1.8 对露天采矿场、地下采矿坑的废水和排土场的有毒淋溶水应设置集水沟（管）予以收集，并应导入废水调节池（库），废水经处理后，宜返回生产使用，含有害物质或含重金属的废水应作特殊处理，其废水调节池（库）应设防渗设施，有回收价值时应设置回收利用设施。

6.1.9 矿山炸药加工厂废水及地面油污应经处理后循环使用，其沉渣应集中处理并回收利用。

6.1.10 采矿造成的土地破坏，应按《中华人民共和国土地复垦规定》进行土地复垦设计。

6.1.11 采矿场、废石场（排土场）、道路等应按《中华人民共和国水土保持法》及相关要求，设置完善的截排水系统和防治水土流失的拦挡防护设施。

6.1.12 可能发生滑坡、泥石流、塌陷等灾害的采矿场、废石场（排土场）应采取稳定处理措施，并应设置预防监测设施。

6.1.13 矿山无毒废石宜用于采空区、地下开采塌陷坑的充填或用作建筑材料。含有毒物质或放射性物质的废石处置或利用，应符合国家现行有关标准规定。

6.1.14 露天开采作业的穿孔机、挖掘机、自卸汽车宜设置隔声操作室。气动凿岩机宜在其排气口设置消声器，并应采用减振套、包封套对其机械性、冲击性噪声采取减振、阻尼措施。多机凿岩台车上宜设置隔声操作间。柴油机设备应在其排气口设置消声器。对各类空压机应采取安装消声器及机房内密闭的隔声措施。宜采用节能、低噪、体积小、随机移动的坑内移动空压机替代坑口集中空压机。

6.1.15 矿井多级机站通风机必须在其出风口设置消声器，若矿井仍采用地面主通风机（主扇）时，除应在其出风口设置消声器外，还应设置隔声间，对其辐射噪声应采取隔声、阻尼措施。

6.1.16 露天开采、地下开采均应采用深孔、微差爆破技术。

6.2 选矿

6.2.1 选矿的污染防治应按选矿试验报告中所提出的污染物种类、数量、浓度、排放方式及其污染治理措施方案进行设计。无污染治理措施的试验报告不应作为设计依据。

6.2.2 破碎筛分系统的矿仓、破碎机、振动筛、带式输送机的受料点、卸料点等产尘处应设置抽风除尘或喷雾除尘装置。

6.2.3 磁化焙烧的回转窑和竖窑烟气净化宜选用高效除尘器。

6.2.4 矿石的干粉矿仓应加以密闭。地下矿仓的地下操作空间应有完善的通风通道。

6.2.5 选矿厂应建立循环供水系统，对尾矿浆应进行浓缩并回收利用其废水。

6.2.6 浮选作业应选用无毒性浮选药剂，不应采用高碱性、高酸性浮选作业。必须采用高碱、酸性浮选作业时，其废水应循环使用。废水必须外排时，应进行中和处理，达标后排放。

6.2.7 尾矿浆应采用浓相输送，其输送系统应使用高效耐磨管。精矿宜选用管道浓相输送。

6.2.8 破碎、筛分、运输系统湿法除尘设备的排水及各厂房冲洗地坪水应集中处理，处理后的矿泥宜回收利用；溢流水应直接回收利用，外排时宜排入尾矿系统。

6.2.9 设备冷却水冷却后应循环使用。

6.2.10 精矿过滤回水、浓缩池和尾矿库的澄清水应回用于生产；尾矿库废水外排时应符合有关排放标准。

6.2.11 **选矿厂必须设有尾矿库，严禁将尾矿排入江、河、湖、海。**

6.2.12 尾矿库址的选择、尾矿设施的环保措施以及尾矿输送系统事故处理设施的设计，应符合国家现行标准《选矿厂尾矿设施设计规范》ZBJ 1 的有关规定。

6.2.13 废弃尾矿应综合利用。

6.2.14 破碎筛分系统的振动筛宜选用橡胶筛网及弹簧减振器等措施降低噪声。球磨机宜采用橡胶衬板代替锰钢衬板。振动筛、球磨机宜采取局部密闭措施。地下矿仓应选用低噪声给、排料设备。

6.3 原料场

6.3.1 原料场地的雨排水系统应采取防止物料流失的措施。原料场应设置集水沟收集废水，并应导入废水沉淀池。废水经采取必要的处理措施后，可返回原料场用于喷水抑尘。废水处理设施收集的污泥必须予以综合利用。原料场地面应采取硬化措施。

6.3.2 原料场、煤堆场的料堆应设置喷水抑尘装置或采用防风网，对亲水性差的物料如煤等可添加化学凝固剂。

6.3.3 物料在装卸、贮运、破碎、筛分等过程中应采取有效的防止扬尘措施和除尘设施。除尘灰外运时应采取防止扬尘的措施。分散的除尘设施应设置完善的卸灰、排气装置，不得造成二次污染。

6.3.4 大宗散状物料的堆取过程应采取喷水抑尘措施；输送应采用自动控制的连续输送装置。

6.3.5 散状物料宜采用密闭库（仓）和密闭装卸。采用管道输送时应采取完善的防止事故措施。

6.3.6 原料场出口应设置汽车洗车台。

6.3.7 洗矿、冲洗地坪和湿式除尘的废水应处理后回用。

6.3.8 除尘设施收集的粉尘和废水处理产生的尘泥应分类回收予以利用，并不得造成二次污染。

6.3.9 破碎筛分设备、风机、水泵等高噪声设备，应采取消声、隔声、减振等措施。

6.4 球团、烧结

6.4.1 在烧结工艺设计中，应采用冷矿工艺。

6.4.2 烧结生产工艺应采用铺底料、厚料层和小球烧结技术，宜选用含硫低的原、燃料。

6.4.3 在选取工艺流程时应减少物料的转运次数并降低其落差。使用易产生扬尘的干粉料时应采取密闭运输或增湿措施。产尘点应设置密闭抽风除尘系统，并应选用高效除尘器。

6.4.4 链箅机—回转窑烟气应采用高效除尘器净化，其余热应回收利用。

6.4.5 烧结机尾和带式焙烧机尾应设置大容积密闭罩，其烟气净化应采用高效除尘器。烧结机头烟气净化也应采用高效除尘器。

6.4.6 球团产生的含低浓度二氧化硫的烟气，经除尘后应采用高烟囱排放，必要时应采取脱硫或降硫措施。烧结产生的含低浓度二氧化硫的烟气应采取脱硫或降硫措施；对含氟烟气应进行脱氟处理。球团、烧结处理后排放的烟气中，有害物质的浓度和排放速率必须满足国家或地方的排放标准限值。

6.4.7 冲洗地坪水和湿式除尘废水应收集处理后循环使用。

6.4.8 除尘设施收集的粉尘和废水处理产生的尘泥应回收利用。

6.4.9 对各类高噪声风机必须采取消声、隔声措施。主抽风机露天布置时，应对风机壳体、风管及消声器外壳结合防雨、隔热进行隔声处理。

6.4.10 各类破碎机应在设备与基础间设置减振器；在生产工艺条件允许时应采用局部或整体隔声罩。

6.4.11 混合机、造球机、振动筛等大型设备应针对设备特点采取减振措施。

6.4.12 对烧结矿、球团矿的显热应设置回收装置，回收的热量应予以利用。

6.5 焦　化

6.5.1 露天贮煤场应设置抑尘设施，贮煤场端部应设置煤泥沉淀池。

6.5.2 备煤系统宜采用装炉煤调湿（水分控制）装置。

6.5.3 备煤系统带式输送机应采用密闭通廊或封闭机罩。煤粉碎机室应设置袋式除尘器并达标排放，捕集的煤粉尘应回送到上煤系统炼焦。

6.5.4 成型煤系统的黏结剂贮槽、黏结剂添加混合、成型及型煤输送过程应采取密闭抽风措施，并应设置烟尘净化装置。其烟尘净化废水应送酚、氰废水处理站处理。

6.5.5 焦炉采用焦炉煤气加热时，应采用脱硫后的焦炉煤气。

6.5.6 焦炉炉门应采用弹性刀边炉门；装煤孔盖应采用隔热节能型，并应与底座球面密封；上升管盖应采用水封式；桥管与水封阀承插应采用水封或其他密封材料。

6.5.7 推焦机、拦焦机应设置炉门与炉框清扫装置。焦炉炉顶应设置机械化清扫装置。

6.5.8 焦炉装煤应采取无烟装煤措施。装煤时应有高压氨水喷洒，并应采用燃烧法或非燃烧法的除尘地面站，除尘地面站应配备先进可靠的自动控制系统。装煤也可采用污染控制水平与除尘地面站相当的干式除尘装煤车或其他烟尘净化设施。

6.5.9 焦炉出焦应采取有效的烟尘净化措施。采用出焦除尘地面站时，出焦除尘地面站应配备先进可靠的自动控制系统。

6.5.10 焦炉集气管的压力控制应设有可靠的自动调节装置。焦炉集气管荒煤气压力超过规定的放散压力上限时应能自动放散，并应设自动点火装置；压力低于规定的放散压力下限时，应能自动关闭。

6.5.11 新建焦炉应同步配套干熄焦装置。

6.5.12 干熄焦装置的装焦、排焦、预存室放散及循环气体放散等各产尘点处应采取密闭抽风除尘设施，除尘后应达标排放。当采用湿法熄焦作为干法熄焦备用时，应采用先进的湿法熄焦工艺，熄焦塔顶应设有折流板捕尘设施。粉焦沉淀池内的熄焦废水应实现闭路循环使用，不得外排。

6.5.13 干法熄焦运焦系统带式输送机应设喷雾抑尘设施，并应采用密闭通廊或封闭机罩。转运站、炉前焦库、焦炭整粒室、筛焦楼及贮焦槽各落料点应设机械除尘装置。

6.5.14 备煤、炼焦系统除尘装置收集的煤粉或焦粉应回收利用。

6.5.15 粗苯精制宜采用加氢精制技术。

6.5.16 萘精制工艺宜采用结晶分离技术。

6.5.17 煤气净化系统应设置煤气脱硫脱氰装置。

6.5.18 用于化工产品精制的管式加热炉等煤气用户应使用净化后的煤气。

6.5.19 煤气净化及化工产品精制工艺设备等排放或放散的有害气体（废气），应根据下列不同情况分类进行处理后再排放：

1 冷凝鼓风装置各类贮槽的放散气体应接入压力平衡系统返回煤气中，或经排气洗净塔洗净后达标排放。

2 粗苯蒸馏、溶剂脱酚和苯精制装置苯类贮槽的放散气体应接入压力平衡系统返回煤气中；当苯精制的放散气体接入压力平衡系统有困难时，也可经苯捕集器洗涤后达标排放。

3 硫铵干燥宜采用振动流化床干燥系统，尾气经旋风分离后达标排放，排气点高度不应低于 20 m。

4 焦油加工（含油库）系统排放的废气应经排气洗净装置净化后达标排放，也可采用呼吸阀加以控制。

6.5.20 对煤气净化及化工产品精制工艺产生的有害废水应采取下列控制措施：

1 煤气净化及化工产品精制生产工段的排水应按水质分类，严格执行清污分流的原则。

2 氨水蒸馏装置应采用脱除固定铵盐工艺。

3 粗苯蒸馏、溶剂脱酚、苯精制、焦油蒸馏等装置的各分离器、中间槽和原料产品贮槽的分离水，应加以收集并送往冷凝鼓风工段的焦油氨水分离设备处理。

4 各塔器、贮槽及泵类等设备周围地坪应进行防渗漏处理。

5 各生产装置区域内的排水应有初期雨水、地坪冲洗水的收集措施，并应统一送酚氰废水处理站集中处理。

6 洗罐车在冲洗前应尽量将废油或乳化剂排净，洗罐站的废水应经油水分离处理，回收的油应回送各自工艺系统，废水应送酚氰废水处理站处理。

7 设备或管道的放空液应进行收集并返回各自系统。

8 苯类等介质输送用泵，应选用屏蔽泵等无泄漏环保型泵。

6.5.21 低温冷却水的制取应采用节能环保型的制冷设备。

6.5.22 含酚、氰等焦化废水应集中进行处理。经处理达标后的废水可用作湿法熄焦补充水，也可用作炼铁冲渣或洗煤补充用水。

6.5.23 对煤气净化、酚氰废水处理工艺产生的废渣应采取下列控制措施：

1 焦油氨水分离设备、焦油贮槽等排出的焦油渣以及硫铵生产装置排出的酸焦油，酚氰废水处理站经脱水处理后的剩余污泥，应送配煤车间掺混到炼焦用煤中回收处理。

2 粗苯再生残渣应兑入焦油中回收利用。

3 酚精制及吡啶精制的蒸馏残渣应与杂酚油一起配制燃料油。

6.5.24 煤气脱硫产生的废液严禁外排，可根据不同的脱硫工艺，因地制宜地予以处理，同时应回收相应的化工产品或硫资源。

6.5.25 煤破碎机（破冻块）、煤粉碎机、装煤和出焦除尘风机、焦炭整粒筛分设备、干熄焦循环风机等应设置减振降噪设施。

6.5.26 煤气净化的煤气鼓风机、振动流化床干燥机、酚氰废水处理站空气鼓风机等应采取减振降噪措施。

6.6 炼铁

6.6.1 高炉炼铁生产应采用精料、高风温、高压、富氧、脱湿鼓风、大喷煤、煤气干式净化、煤气余压发电、余热利用、循环用水等清洁生产技术，降低原料、能源和新水耗量，并应回收利用高炉煤气、炉渣、尘泥。

6.6.2 炼铁生产宜采用新工艺和新技术。

6.6.3 炼铁的贮矿槽、贮焦槽及其槽上受料及槽下筛分、称量、给料、输送等产生粉尘的设施应采取密闭措施和除尘措施。转运站、胶带机头、尾卸料产尘点应进行密闭，并应设置除尘或抑尘装置。

6.6.4 炉顶装料设备的卸料点应设置除尘设施。

6.6.5 煤粉制备应采用密闭负压制粉工艺，各卸粉点应采取除尘措施。

6.6.6 出铁场的铁沟、渣沟、撇渣器应采取加设沟盖等措施，烟尘产生源应设置一次烟尘和二次烟尘除尘装置。

6.6.7 高炉煤气应净化后回收利用。煤气净化宜采用干法净化，也可采用湿法净化，不得向大气放散未经处理的煤气。

6.6.8 碾泥机室、铸铁机和铁水预处理产生的烟（粉）尘应设置除尘装置。

6.6.9 炉顶均压放散煤气应设置除尘净化措施，并宜回收利用。

6.6.10 采用高压炉顶操作的高炉应设置炉顶煤气余压发电装置。

6.6.11 热风炉宜利用烟气余热预热助燃空气和煤气，并应全部以高炉煤气或高炉和转炉混合煤气作为热风炉燃料。

6.6.12 间接冷却水、煤气洗涤水、冲渣水、铸铁机用水、干渣坑冷却水等应循环利用。各循环系统外排水宜根据用水水质要求实施串级利用。高炉间接冷却水、煤气洗涤水循环系统应采取水质稳定等水质保证措施。

6.6.13 煤气洗涤废水应根据其用水水质要求选择合理的水处理工艺，并应设置水质监控以及污泥输送和污泥脱水设施。

6.6.14 对含钒、钛和稀土元素共生或伴生矿的高炉冶炼渣应寻求综合利用途径；对一般高炉冶炼炉渣应进行资源化处理，并应采用炉前水冲渣工艺。

6.6.15 炼铁生产应少出干渣。干渣处理应配置破碎、筛分设施，生产矿渣碎石宜用作混凝土骨料或筑路材料等。

6.6.16 除尘器排灰系统应设置加湿装置，粉尘装卸、输送应采用密闭装置。尘泥的贮存、堆放应有防止二次污染的措施。

6.6.17 高炉生产系统产生的含铁尘泥宜设置集中处理设施，并应对其进行混匀、干化、造块等处理。对锌、铅、钾、钠等含量较高的尘泥，宜作脱除锌、铅、钾、钠处理后再返回烧结厂利用。

6.6.18 高炉系统的鼓风机、热风炉助燃风机、煤气减压阀组、煤气余压发电装置、放风阀、煤气均压放散阀、除尘风机等应采取消声、隔声、减振等降噪措施。

6.7 炼钢、连铸

6.7.1 炼钢、连铸工艺设计应推广采用高效连铸技术。

6.7.2 对物料破碎、筛分过程中产生的粉尘，应采取密闭抽风除尘措施。

6.7.3 炼钢散状料运输应减少倒运次数和降低落差高度。散状料筛分和上料系统（石灰）应采用密闭措施，各产尘点应设置抽风除尘系统及相应的粉尘收集、装卸、运输、贮存设施。

6.7.4 对铁水倒罐站和铁水预处理工艺产生的烟尘，应设置烟尘捕集和干式除尘系统。

6.7.5 对现有混铁炉产生的烟尘应设置密闭或半密闭的抽风除尘系统，烟气应采取干法净化设施。

6.7.6 转炉必须采用未燃法设计，并应设置煤气净化回收利用设施（包括煤气柜）。

6.7.7 转炉烟气净化宜采用干法净化工艺，其放散系统应设置点火装置。转炉应设置二次烟尘捕集系统，宜采用布袋过滤净化工艺。

6.7.8 高功率或超高功率炼钢电炉应设置一次烟尘和二次烟尘捕集系统。入炉废钢应充分利用一次高温烟气预热。

6.7.9 对产生烟尘的炉外精炼装置应设置烟尘捕集和干式除尘系统。真空吹氧脱碳精炼炉应设置布袋过滤器净化其生产的烟气。

6.7.10 连铸坯火焰切割、在线火焰清理机和中间包修理点宜设置烟尘捕集和除尘装置。

6.7.11 转炉烟气采用湿法净化工艺的，烟气洗涤水应设置独立的循环水系统，并应选用高效沉淀设施，同时应采用水质稳定措施。处理后的水质应满足循环供水的水质要求。

6.7.12 炉外精炼直接冷却水应设置独立的循环水系统，并应选用高效沉淀或过滤设施。处理后的水质应满足循环供水的水质要求。

6.7.13 连铸二次冷却水处理应采用高效沉淀、除油等设施。处理后的水质应满足连铸循环供水的水质要求。

6.7.14 除尘系统和废水处理系统收集的含铁粉尘、尘泥应回收利用。对含锌高的尘泥应经脱锌后综合利用。干粉、尘泥的收集、装卸、运输和贮存设施均应采取防止二次扬尘的措施。

6.7.15 钢渣处理应根据钢渣的物理化学性质及其综合利用途径等具体情况，选用滚筒法、浅盘热泼法、水淬法、热闷法等预处理工艺以及相应的钢渣破碎、磁选、筛分工艺流程。各尘源设备应设置封闭抽风除尘装置。

6.7.16 供综合利用的钢渣产品，其性能应符合国家现行有关各种钢渣产品的技术标准。对含有有害化合物的钢渣，应按国家或行业有关规定进行处理。

6.7.17 炼钢的破碎、筛分设备均采取隔声措施。风机应采取消声、隔声措施，风机的室外进气管道应采取隔声包扎。余热锅炉安全阀、空气缸压力调节阀等应设置消声器。

6.7.18 电炉冶炼噪声的控制宜设置密闭罩或半密闭罩。

6.7.19 炉外精炼用蒸汽喷射真空泵应设置在封闭建筑物内，也可对喷射器进行隔声包扎，其排气管与蒸汽放散管端应设置消声器。

6.8 轧钢（热轧、冷轧）、金属制品

6.8.1 轧钢生产应采用连铸坯热送热装、连续轧制、一火成材、酸洗—冷轧联合机组和涂镀层无铬钝化工艺技术。

6.8.2 各种热轧机组、冷轧机组、矫直机、平整机、酰洗开卷、抛丸、拉伸涂层机组，以及钢坯修磨、除鳞等产生烟尘油雾等的机组、工序或部位应设置烟尘等捕集净化设施。

6.8.3 轧钢工业炉窑应选用气体燃料或燃油等清洁燃料，并应采用蓄热燃烧技术和低氮燃烧技术等燃烧工艺。

6.8.4 钢材酸、碱洗机组和废酸再生装置，应设置酸、碱雾等有害气体和含氧化铁尘的密闭抽风净化装置。

6.8.5 在生产过程中散发有害气体的各种镀层、涂层或浴锅，应设置排气净化装置。

6.8.6 轧钢机轴承润滑应采用闭路润滑技术。

6.8.7 热轧机组水处理应包括净循环水系统、直接冷却水系统和层流冷却水系统。

6.8.8 冷轧机组废水处理系统应包括水量水质调节、除油、乳化液破乳分解、废油回收、曝气、中和、絮凝、沉淀、中和剂制备及投加、泥浆浓缩、污泥脱水和自控监测等设施。处理后的冷轧废水应达标排放或深度处理后回用。

6.8.9 对含油、乳化液废水和含油浓度高的浓碱废水，应设置独立的破乳、除油废水处理系统，并应经单独处理或局部预处理后再进行综合处理。酸碱废水宜采用中和处理，也可统一集中处理。

6.8.10 含铬废水应设置独立水处理设施。独立处理设施排放口的六价铬和总铬浓度应达标后再进行综合处理。

6.8.11 电镀漂洗废水和含重金属离子废水应设置独立处理系统。采用化学药剂法进行连续处理时，应回收重金属；采用离子交换法处理时，不应混入其他废水。

6.8.12 轧钢厂废油应回收再生利用，不具备条件时应送具有相应资质的单位处理。

6.8.13 轧钢厂及其他厂酸洗设施产生的各种有价值的废酸液应回收再生处理或用其他方法加以综合利用。

6.8.14 含铬污泥应妥善堆存，并应设防雨水冲刷、防渗漏措施或送具有危险废物处理资质的单位进行处理。

6.8.15 轧钢含铁尘泥可送原料场供烧结配料使用。轧钢的氧化铁皮宜供粉末冶金或炼钢使用。含油渣泥应采用焚烧处理，处理后的含铁渣料可供烧结使用。

6.8.16 轧钢厂（车间）多种机组和设施，应根据其噪声源的具体情况，分别采取消声、隔声、吸声、隔振或阻尼等方法进行降噪。

6.8.17 轧钢厂镀锌钢管的内吹，应在蒸汽喷射口设置消声器，并应在镀锌钢管出口处设置隔声集灰装置。

6.8.18 轧钢加热炉炉底管梁的冷却应采用汽化冷却装置。加热炉烟气的余热应回收利用。

6.8.19 金属制品厂钢丝表面镀（涂）层应采用无毒工艺。

6.8.20 轧钢厂的酸碱废水宜采用中和处理，也可统一集中处理，电镀漂洗废水宜采用化学药剂法等进行连续处理，采用离子交换法处理时，不应混入其他废水。电镀中心排出的含铬废水的处理应符合国家的有关规定，含重金属离子废水宜按系统单独处理，并应回收重金属。

6.8.21 在使用放射源时，应采取警示、防护措施。

6.9 冶金石灰、轻烧白云石、耐火材料

6.9.1 石灰石、白云石等料场应设置洒水抑尘设施。

6.9.2 冶金石灰、轻烧白云石、耐火材料的原料和产品贮存、破（粉）碎、筛分及耐火材料混合、成型等过程中产生粉尘的设备和扬尘点，应密闭抽风，并应设置有效的除尘装置。

6.9.3 煅烧石灰石、白云石、耐火原料的竖窑、回转窑及耐火原料干燥筒应设置烟尘净化装置。

6.9.4 耐火材料油浸过程产生的焦油、沥青烟气应经净化处理后排放。

6.9.5 采用煤作燃料的竖窑、回转窑煅烧原料，其含硫量应符合有关规定。

6.9.6 石灰石、白云石、硅石等洗石废水应集中收集、处理并回用。

6.9.7 在生产工艺允许的情况下，厂房内应设置洒水抑尘设施或水冲地坪，废水应集中收集、处理并回用。室外场地和道路应设置洒水抑尘设施。

6.9.8 除尘装置宜按同一品种原料生产系统设置，收集的粉尘应回收利用。无法利用的粉尘应妥善处置，并应防止二次污染。

6.9.9 破碎机、筒磨机、球磨机、振动筛、承受大块矿石的溜槽、高噪声的风机及空压机等应采取隔声、消声、减振等措施。动力机械设备应设置减振措施。

6.10 铁合金

6.10.1 原料和产品破碎、筛分及运输过程的扬尘点应设置抽风除尘设施。各扬尘点除尘设施应采用袋式除尘器。

6.10.2 无法回收煤气的冶炼炉应采用密闭或半封闭烟罩捕集烟气。烟气的净化宜采用袋式除尘器。高温烟气应采用余热回收利用设施。

6.10.3 可回收煤气的冶炼电炉，均应设置全封闭罩及煤气回收设施（包括煤气柜）。煤气净化宜采用干法净化工艺。

6.10.4 铁合金厂原料焙烧窑炉的烟气应设置密闭抽风除尘装置。

6.10.5 硅石水洗产生的废水应经沉淀处理后循环使用。产生的污泥应妥善处理。

6.10.6 封闭电炉烟气湿法除尘的洗涤水应经处理后循环使用。洗涤水处理系统应包括沉淀、渣滤、化学处理、泥浆处理、监控和水质稳定等设施。少量排污水可供水冲渣系统使用。

6.10.7 铁合金封闭冶炼电炉烟气洗涤水处理系统的泥浆应经二次浓缩处理后再进行脱水。脱水后泥饼应作为冶炼原料回收利用。含有害成分的污泥在堆放时应采取防止环境污染的措施，若属危险废物则应按国家有关规定处置。

6.10.8 金属铬生产废水，氢氧化铬反应废液经处理后应返回生产系统，不得外排。含铬废水处理应自成系统。

6.10.9 含钒废水处理应自成系统，不得与其他废水混合。

6.10.10 锰铁高炉煤气洗涤含氰废水处理应自成系统。处理后的废水应循环使用，不得外排。

6.10.11 锰铁、高碳铬铁、磷铁、硅锰合金等铁合金炉渣应采用水淬粒化处理。冲渣水应循环使用。

6.10.12 精炼铬铁粉等粉化渣应采用封闭式处理和运输。处理过程中的扬尘点应设置收尘罩，并应采用袋式除尘器除尘。

6.10.13 金属铬浸出渣、五氧化二钒浸出渣等有毒渣，应采取无害化处理措施，并应综合利用。无条件进行综合利用的浸出渣，应按国家现行《危险废物污染防治技术政策》中的有关规定进行处置。

6.10.14 原料和成品系统的破碎机、振动筛应在其底座与基础间设置减振器；干、湿球磨机应设置隔声罩或隔声间；其他高噪声设备声源应根据不同情况采取消声、减振、隔声等措施。

6.11 碳素

6.11.1 成型后生制品的焙烧应采用节能型环式焙烧炉。

6.11.2 石墨化炉宜采用串接石墨化工艺。

6.11.3 原料库、中碎配料、焙烧填充料加工、石墨化填充料加工、制品加工等产尘部位，应采用密闭集尘和除尘设施。除尘回收的物料应返回生产中使用。

6.11.4 延迟石油焦煅烧应根据不同原料特性及建设规模，选用回转窑、回转床煅烧或煅烧炉。对产生的高温尾气应密闭抽风、净化，并应设置余热回收装置。

6.11.5 沥青熔化和高压浸渍产生的沥青烟，应密闭集气，并应设置沥青烟净化装置。净化设备宜采用电捕焦油器。

6.11.6 混捏产生的含尘低浓度沥青烟，应密闭集气，并应采用焦粉吸附干法净化。

6.11.7 凉料产生的低浓度沥青烟应集气，并应采用焦粉吸附干法净化或电捕焦油器净化。

6.11.8 焙烧炉产生的沥青烟尘，应设置回收净化装置。电捕焦油器前宜设置蒸发式冷却器。净化装置应设有防燃、防爆措施，并应设置旁通烟道。回收的焦油应综合利用。

6.11.9 高纯制品石墨化烟气的氯、氟等有害物质，应配置相应的除氯除氟净化措施。

6.11.10 成型、浸渍工序的含油冷却水以及湿法净化沥青烟的洗涤水，应除油后循环使用。

6.11.11 生产中产生的废渣、石墨化过程中产生的碳化硅、制品加工过程中产生的碎料等应综合利用。对不能利用或暂时不能利用的废渣，应设置渣场堆存。渣场应设置防渗漏、扬散和流失以及雨水收集等措施。

6.11.12 对破碎机、振动筛、球磨机、空压机、高压风机和挤压机等，应根据不同情况设置消声、减振、隔声等装置。

6.12 公用、辅助设施

6.12.1 燃煤锅炉的设计应符合下列要求：

1 钢铁企业自备电厂、工业锅炉房的大、中型燃煤锅炉用的煤，在其装卸、贮存、破碎、筛分、运输及上料等设施的产尘点应设置机械抽风除尘设施，收集的煤尘应回收利用。煤堆场应采用喷水增湿、表面覆盖剂或封闭式贮煤设施等防止扬尘措施。

2 燃煤锅炉应使用低硫煤或燃煤同时掺烧煤气，并应设置烟气净化设施。烟气净化设施可根据锅炉型号、所用煤质、地区情况等条件而定，宜采用干式高效除尘器净化，也可采用文氏管麻石水膜除尘等湿法净化。净化后烟气应由高烟囱排放。燃煤电厂应设置脱硫装置。

3 锅炉用水系统的外排水和锅炉排污水应用作锅炉水力冲渣水。燃煤锅炉烟气湿式除尘的废水应经处理后回用。

4 锅炉水力冲渣和湿式除尘废水应设置循环系统，并应根据其废水的酸、碱特性，进行中和处理。

5 自备电厂的粉煤灰应综合利用，并应设置专用堆场。设计应根据干湿分排的原则，配置相应粉煤灰的输送贮运系统、挖灰和装灰机具以及运灰车辆。

灰场周围应设置往外运灰的道路。灰场应采取防止二次扬尘措施。

6 燃煤锅炉的鼓风机进口应设置消声器，出风口与管道间宜设置隔振挠性管；引风机及其管道应做隔声包扎处理。

6.12.2 煤气站设计应符合下列要求：

1 钢铁企业应充分利用本企业在生产过程中所产生的煤气。在无可供气体燃料条件情况下，建设煤气发生站宜选用两段式发生炉。煤气应脱硫，可根据其含硫状况，选用适当的脱硫技术。

2 煤气湿式净化处理的洗涤水，应按水质条件分为热、冷两个循环系统。冷循环水系统的外排水应补充给热循环水系统，冷循环水系统的补充水应由工业水补给。在热循环水系统中应设置改善水质的旁流处理设施。旁流处理可根据具体情况选用树脂吸附法、化学絮凝法或酸化法等。

3 煤气发生站收集的焦油、焦油渣、煤气发生炉渣、筛下料等应进行综合利用，并应防止二次污染。

4 煤气发生站焦油渣堆放场应采用防渗漏地坪，并应设置渗漏析出水收集设施，经处理后返回循环系统。

6.12.3 乙炔发生站电石渣不得随意丢弃。电石渣废水应经沉淀处理后循环使用。

6.12.4 铸造、机械加工设计应符合下列要求：

1 机修铸造用化铁炉、电弧炉等的含尘烟气应进行捕集净化，烟气净化宜采用袋式除尘器。

2 包装材料加工厂喷漆工段应设置相应的尾气净化处理装置；各种工业炉烟气和制芯尾气应设置相应的净化处理设施。

3 机修型砂处理、铸件及轧辊喷丸处理、砂轮干式修磨、胶辊干式修磨、粉煤灰输送、石灰石制备、木材加工等工序产尘点应设置相应的除尘设施。

4 机修锻造、木模、木材加工间等噪声产生点应根据不同情况采取相应的降噪措施。

5 鱼雷罐车、铁水罐修理间各产尘点，应设置相应的除尘设施。

6 铸造化铁炉冲渣废水、铸造水力清砂废水及热处理水淬废水均应经沉淀处理后循环使用。

7 机修系统湿式除尘废水、酸洗废水、含油（乳化液）废水、轧辊冷却清洗、含重金属离子废水等均应设置相应的处理系统。

6.12.5 检（化）验室、中心试验室、环境监测站等产生的废水应根据其水量和水质情况进行必要的处理达标后排放。

6.12.6 氧气站设计应符合下列要求：

1 氧气站的离心式空压机和氧压机应采取隔声措施。

2 受压气体排放（放散）口应设置消声器。空气、氩气放散口宜设置小孔喷注消声器，氧气放散口宜设置微穿孔板消声器。污氮切换阀及其前后管道宜放置在建筑物内。

3 露天布置时，对污氮切换阀体及其前后管道应做隔声处理。

4 污氮排放可采用地坑式消声器。

6.12.7 水处理及其他设施设计应符合下列要求：

1 钢铁联合企业应节约用水、减少外排水，吨钢新水消耗应按国家有关规定执行。冷却用水应采用循环用水，并应根据水质采用软水密闭循环水系统、净循环水系统或直接冷却水系统；生产废水应在各工序设置分质处理系统，并应达标后排放或回收利用，不得采用稀释等方式处理排放。

2 在净循环水系统和直接冷却水系统之间，宜以净循环水系统补充直接冷却水系统循环使用，并应设置水质稳定装置。若补充水采用中水，应进行深度处理。

3 对于缺水地区，宜设置雨水回收处理系统。

4 集中制冷站制冷机组宜采用环保型冷媒。

5 物料贮运、破（粉）碎、筛分、混合等过程中产生粉尘的设备和扬尘点应采取密闭措施，并应设置有效的除尘装置。厂房内应设置洒水抑尘设施或水冲地坪；室外场地和道路应设置洒水抑尘设施。废水应集中收集、处理并回用。

6.12.8 大、中型钢铁联合企业应建立相应的环境监测站。环境监测站设计应符合下列要求：

1 钢铁企业环境监测站应对本企业的污染源、厂界、厂区和生活区环境进行监测。

2 污染源和环境监测分析方法应符合现行国家有关规定。

3 大型钢铁企业宜设置环境自动监测站，应对企业主要废气污染源进行自动连续监测，对企业废水总排放口应进行自动连续监测。

4 被列为环境监测对象的废气污染源，应在其设备或烟囱（排气筒）等有关部位设置符合规定的监测孔及监测工作平台、梯子及电源等。

6.13 全厂集中性环保设施

6.13.1 全厂产生的含水废油较多时，宜设置全厂性废油再生站。含油泥渣应集中焚烧处理，焚烧炉应设置烟气净化设施，焚烧后的灰渣应妥善处置。全厂的含锌尘泥应建设集中脱锌处理系统，并应制成金属化球团进行综合利用。

6.13.2 企业在各车间（工序）建立各自的废水处理循环系统的前提下，对各系统拟外排的废水，宜设置全厂性的总排水处理设施，经集中处理后的水用作工业补充水进一步回用。处理系统少量外排水必须符合废水排放标准和总量控制要求。

对不宜进入全厂总排水系统的废水应自成系统进行深度处理。

6.13.3 新建钢铁企业宜设置生活污水的收集处理和回收利用系统。

6.13.4 应设置全厂性的放射性物质管理机构（含储存）和放射性废物的防电离辐射污染设施。

6.13.5 对全厂的内燃机车产生的废油应集中处理和综合利用。

6.13.6 对全厂蒸汽机车的锅炉酸洗废水应设置集中处理设施，其煤灰渣应综合利用。

6.13.7 全厂焦炉、高炉等煤气管网冷凝水，应集中回收送焦化厂或煤气站含酚氰废水处理系统一并处理。

6.13.8 全厂应设置各类固体废弃物处理、处置场，并宜设置抑尘设施。医疗废物应由地区专门机构收集后，送地区医疗废物处置中心集中处置。

7 环境保护设施划分

7.1 环境保护设施的划分应符合下列规定：

1 属防治污染、保护环境所需的各类设备、装置和工程设施以及环境监测站（含环境监测装备、矿山小型气象观测站）、环境绿化设施、矿山土地复垦等均属环保设施。

2 为保护环境和资源综合利用所采取的“三废”综合利用设施及其相应配套工程均属于环保设施。

3 既为工艺生产所需而又为保护环境所需的设施也属环保设施。

7.2 钢铁工业各生产工序的环保设施内容应符合本规范附录 A 的规定。

附录 A

钢铁工业各生产工序的环境保护设施内容

A.1 采矿、选矿

A.1.1 采矿、选矿生产过程中各尘源的除尘、抑尘和收尘等设施。

A.1.2 井下有毒有害气体、含放射性物质的废气和转窑、竖窑等焙烧设备以及湿精矿干燥设备的烟气净化处理设施。

A.1.3 井下废水、露天采场废水、选矿废水、废石场（排土场）有毒淋溶水和尾矿库（坝）溢流水及其他生产浊废水的收集净化处理和循环利用设施。

A.1.4 废石、尾矿、污泥等综合利用设施。

A.1.5 含有毒物质、放射性物质的废石场（排土场）、尾矿库的污染防治设施。

A.1.6 矿山土地复垦工程设施。

A.1.7 矿山水土保持设施，包括采矿场、废石场（排土场）、道路的截排水沟和拦挡防护设施。

A.1.8 矿山设置的预测滑坡、泥石流、塌陷等地质灾害的监测设施。

A.1.9 废石场（排土场）、尾矿库（坝）的工程设施及其配套设施。

A.1.10 深凹露天矿山的小型气象观测站。

A.1.11 矿山绿化和防护林带设施。

A.1.12 各种降噪减振设施。

A.2 原料场

A.2.1 原料堆场喷洒水及加药设施和覆盖、遮挡设施。

A.2.2 原料受卸、混匀、输送等系统的除尘设施。

A.2.3 进出料场的车辆冲洗设施。

A.2.4 生产浊废水处理和循环利用设施。

A.2.5 粉尘、尘泥处理及综合利用设施。

A.2.6 各种降噪减振设施。

A.2.7 环境绿化及绿化设施。

A.3 球团、烧结

A.3.1 原料准备系统、配料混合系统、熔剂及燃料破碎筛分系统和成品矿冷却、筛分、整粒及返矿系统的除尘设备及其管道、排气筒等；贮料场等的抑尘设施。

A.3.2 带式烧结（焙烧）机的机头、机尾和链箅机—回转窑、竖炉等烟气除尘设施及其与除尘设备连接的管道、烟囱。

A.3.3 有害气体（二氧化硫、氮氧化物、氟化氢等）的净化设施及综合利用设施。

A.3.4 生产浊废水净化处理和循环利用设施。

A.3.5 含铁粉尘及尘泥回收、处理、利用及运输设施。

A.3.6 各种降噪、减振设施。
A.3.7 球团、烧结生产的余热回收设施。
A.3.8 厂区环境绿化及绿化设施。

A.4 焦化

A.4.1 贮煤场抑尘设施和煤泥沉淀设施。
A.4.2 炼焦煤的破碎、粉碎和焦炭的筛分、贮存及输送、转运过程的密闭和除尘设施。
A.4.3 成型煤制备的密闭抽风和烟尘净化设施；装炉煤调湿装置的除尘设施。
A.4.4 焦炉炉体（炉门、装煤孔盖、上升管水封等）的密封设施、焦炉荒煤气事故放散装置、清扫装置及焦炉烟囱。
A.4.5 焦炉无烟装煤和烟尘收集及净化设施。
A.4.6 焦炉出焦烟尘收集及净化设施。
A.4.7 干熄焦装置的各产尘点的密闭抽风除尘设施。湿法熄焦塔的烟尘捕集净化装置。
A.4.8 煤气净化车间和化工产品精制车间有害气体排放的净化设备及装置（排气洗净塔、回收废气的压力平衡系统、呼吸阀及焚烧装置等）。
A.4.9 煤气脱硫、脱氰装置，脱酸蒸氢装置，硫回收、氨回收及氨分解装置，氰化氢回收装置，剩余氨水脱酚装置等。
A.4.10 生产车间各种浊废水（酚氰废水、初期雨水、地坪冲洗水等）的收集、处理和循环利用设施。
A.4.11 外排酸、碱废液的中和处理设施。
A.4.12 煤气脱硫废液的处理设施。
A.4.13 油槽车清洗设施及清洗水（液）处理设施。
A.4.14 各种粉尘、尘（污）泥和废渣等废弃物的处理和回收利用设施。
A.4.15 各种降噪减振设施。
A.4.16 厂区环境绿化及绿化设施。

A.5 炼铁

A.5.1 炼铁厂贮矿槽、贮焦槽（含贮料坑）的槽上、槽下、上料系统（含炉顶卸料点）、转运站、胶带机头、机尾以及其他部位的粉尘治理、除尘和抑尘设施。
A.5.2 出铁场一、二次烟尘治理及除尘设施。
A.5.3 铸铁机、碾泥机室等的烟（粉）尘治理及除尘设施。
A.5.4 高炉煤粉制备系统的除尘设施。
A.5.5 高炉煤气净化系统的重力除尘器（旋风除尘器）、干式或湿式煤气净化回收利用设施。
A.5.6 高炉炉顶均压放散煤气除尘装置。
A.5.7 高炉煤气洗涤废水、冲渣水及其他渣处理废水、铸铁机废水等浊废水的水处理设施，浊废水循环、串接使用系统的设施，以及水处理泥浆浓缩、污泥脱水系统设施。
A.5.8 高炉炉渣的水渣冲制（其他渣制品）设施、干渣坑，干渣的综合利用处理设施。含钒钛和稀土元素共生或伴生矿冶炼渣的综合利用设施。
A.5.9 除尘灰和煤气清洗污泥的输送、贮存、干化、加工处理及综合利用设施，其他固体废物的综合利用设施。
A.5.10 高炉煤气均压放散阀、放风阀、煤气调压阀组、余压发电装置、高炉鼓风机、热风炉助燃风机、煤粉制备的破碎机、磨煤机、除尘风机等各种设备的噪声、振动防治设施。

A.5.11 煤气余压发电装置，热风炉烟气余热利用装置。

A.5.12 厂区环境绿化及绿化设施。

A.5.13 弃渣中转场、综合利用处置场地及其污染防治的设施。

A.6 炼钢、连铸

A.6.1 转炉、电炉等一、二次烟尘净化设施及与其连接的管道、烟囱。

A.6.2 物料破碎、筛分系统、混铁炉、散状料输送系统、炉外精炼装置、炉料烘烤、钢包处理、铁水预处理等烟尘、粉尘的捕集和净化设施。

A.6.3 转炉煤气回收利用设施和电炉热烟气预热加料废钢设施。

A.6.4 连铸坯切割及表面清理除尘设施。

A.6.5 炼钢、连铸等生产浊废水处理及循环利用设施。

A.6.6 含铁粉尘、尘泥、氧化铁皮和钢渣处理与综合利用及配套净化设施。

A.6.7 电炉及风机等的降噪减振设施。

A.6.8 厂区环境绿化及绿化设施。

A.7 轧钢、金属制品

A.7.1 钢坯表面清理烟尘净化设施。

A.7.2 轧机排烟除尘设施。

A.7.3 酸、碱洗系统酸、碱雾捕集及净化设施。

A.7.4 镀（涂）层、热处理、精整系统烟尘和有害气体净化或焚烧设施。

A.7.5 各种工业炉的烟囱。

A.7.6 轧钢生产系统各种浊废水处理和循环利用设施。

A.7.7 含铁尘泥、氧化铁皮、废酸、废碱、废油、加热炉渣等处理和回收利用设施。

A.7.8 加热炉、退火炉烟气余热回收利用设施。

A.7.9 各种降噪减振设施。

A.7.10 厂区环境绿化及绿化设施。

A.8 冶金石灰、轻烧白云石、耐火材料

A.8.1 竖窑、回转窑及干燥筒等热工炉窑的烟气除尘设施及与其连接的管道、烟囱。

A.8.2 焦油及沥青烟气净化设施。

A.8.3 生产浊水处理和循环利用设施。

A.8.4 各生产工序扬尘点的密闭、除尘设施及粉尘、尘泥等处理和回收利用设施。

A.8.5 炉窑烟气余热回收利用设施。

A.8.6 各种降噪减振设施。

A.8.7 厂区环境绿化及绿化设施。

A.9 铁合金

A.9.1 原料处理及输送过程中各产尘点的密闭和除尘设施。

A.9.2 铁合金炉窑烟气除尘设施及与其连接的管道、烟囱。

A.9.3 铁合金炉窑煤气回收装置及烟气余热回收利用设施。

A.9.4 湿式除尘废水、冲渣水、洗硅石废水和工艺废水等处理和循环利用设施。
A.9.5 铁合金渣和炉窑的粉尘等处理和综合利用设施。
A.9.6 各种降噪减振设施。
A.9.7 厂区环境绿化及绿化设施。

A.10 碳素

A.10.1 原料库、中碎配料、焙烧填充料加工、石墨化填充料加工及成品加工等工序的除尘设施。
A.10.2 原料煅烧烟气净化设施及煅烧窑烟囱。
A.10.3 沥青熔化、沥青配料、混捏、凉料、焙烧、浸渍等工序的沥青烟净化设施及焙烧炉烟囱。
A.10.4 石墨化炉烟气净化设施（含净化氯、氟有害物质所需的有关措施）。
A.10.5 各种浊废水处理和循环利用设施。
A.10.6 各种废渣处理和综合利用设施。
A.10.7 各种降噪减振设施。
A.10.8 厂区环境绿化及绿化设施。

A.11 公用、辅助设施

I 燃煤锅炉
A.11.1 燃煤装卸、破碎、筛分、输送、堆存和煤粉制备系统的防尘、除尘设施。
A.11.2 锅炉烟气净化设施及与其连接的管道、烟囱。
A.11.3 燃煤电厂的脱硫装置。
A.11.4 各种浊废水处理和综合利用设施。
A.11.5 粉煤灰渣场和粉煤灰处理及综合利用设施。
A.11.6 锅炉鼓风机、引风机、球磨机、蒸汽减压装置及自备电站的透平发电机组等噪声源的噪声防治设施。
A.11.7 厂区环境绿化及绿化设施。
II 煤气站、乙炔站、氧气站、氢氧站、空压站
A.11.8 原料和燃料装卸、破碎、筛分、输送、堆存的防尘、除尘设施。
A.11.9 煤气发生站煤气净化设施。
A.11.10 煤气发生站煤气洗涤水处理和循环利用设施。
A.11.11 焦油、焦油渣、煤气发生炉渣等处理和综合利用设施。
A.11.12 乙炔发生站生产废水和电石渣处理设施。
A.11.13 氢氧站废液、废水处理设施。
A.11.14 油罐区含油废水处理设施。
A.11.15 各种降噪减振设施。
A.11.16 厂区环境绿化及绿化设施。
III 铸造、机械加工
A.11.17 机修系统各工序（砂处理、铸件落砂等）尘源的除尘设施。铸造用化铁炉、电炉等烟尘净化设施。
A.11.18 鱼雷罐车、铁水罐修理间各产尘点的除尘设施。
A.11.19 各种工业炉（含盐浴炉等）烟气和制芯尾气等净化设施。
A.11.20 各种浊废水处理和循环利用设施，废乳化液的污染治理设施。

A.11.21 化铁炉渣、电炉渣、废型砂、废切削料、废木料等处理和综合利用设施。
A.11.22 各种降噪减振设施。
A.11.23 厂区环境绿化及绿化设施。
Ⅳ 中心试验室、检（化）验室及环境监测站
A.11.24 各种废液、废水处理设施。
A.11.25 有害、有毒气体净化处理设施、局部除尘设施。
A.11.26 各种噪声防治设施。
A.11.27 厂区环境绿化及绿化设施。
A.11.28 全厂环境监测站，含仪器、设备、监测采样器材、车辆、建（构）筑物等。

A.12 全厂集中性环保设施

A.12.1 全厂含铁粉尘、尘泥、废油和含油泥渣的集中处理设施（如废油再生站、含油泥渣焚烧处理及烟气净化设施、灰渣回收利用或处置设施等）。
A.12.2 全厂焦炉、高炉煤气管道冷凝水收集、处理设施。
A.12.3 全厂污水处理厂（站）及其管网。
A.12.4 全厂的中水收集、处理、利用系统。
A.12.5 全厂绿化及防护林带。
A.12.6 全厂固体废物堆存场和防止有害物质扩散、渗漏、流失的设施及无害化处理设施。
A.12.7 全厂蒸汽机车灰渣和机车锅炉酸洗废水的处理设施。
A.12.8 全厂放射性废物的防污染设施。

本规范用词说明

1 为便于在执行本规范条文时区别对待，对要求严格程度不同的用词说明如下：

1）表示很严格，非这样做不可的用词：

正面词采用“必须”，反面词采用“严禁”。

2）表示严格，在正常情况下均应这样做的用词：

正面词采用“应”，反面词采用“不应”或“不得”。

3）表示允许稍有选择，在条件许可时首先应这样做的用词：

正面词采用“宜”，反面词采用“不宜”；

表示有选择，在一定条件下可以这样做的用词，采用“可”。

2 本规范中指明应按其他有关标准、规范执行的写法为“应符合……的规定”或“应按……执行”。

中华人民共和国国家标准

钢铁工业环境保护设计规范
GB 50406—2007

条文说明

1 总则

1.1 本条款说明制定本规范的目的。保护环境是我国的一项基本国策。我国政府历来对环境保护十分重视，1989 年 12 月七届全国人大第十一次会议通过了新的《中华人民共和国环境保护法》。此后我国还相继制定了一系列有关环境保护的法律、法规和政策，如《清洁生产促进法》《环境影响评价法》《大气污染防治法》《水污染防治法》《海洋环境保护法》《固体废物污染环境防治法》《环境噪声污染防治法》等。此外，国家还制定了一批环境保护行政法规和环境标准。这些法律、法规等都是钢铁工业建设项目环境保护设计的重要法律依据和政策依据，对做好环境保护设计具有重要的指导作用。本规范就是为了在钢铁工业环保设计中全面贯彻执行上述法律、法规、政策，并结合目前钢铁工业的实际情况，吸收国际上环境保护先进理念（循环经济、清洁生产等）和国外钢铁企业先进的行之有效的污染防治和资源综合利用措施而制定的。

我国《清洁生产促进法》明确指出："清洁生产是指不断采取改进设计、使用清洁的能源和原料、采用先进的工艺与设备、改善管理、综合利用等措施，从源头削减污染，提高资源利用效率，减少或者避免生产、服务和产品使用过程中污染物的产生和排放，以减轻或消除对人类健康和环境的危害。"钢铁联合企业的清洁生产主要包括：钢铁产品设计；钢铁产品制造所需资源的开采，提纯、加工和输送；钢铁产品的制造过程；排放物无害化、资源化处理；产品的使用、再使用和回收等环节。

"循环经济"是对物质闭环流动型经济的简称，它是把清洁生产、资源综合利用、生态设计和可持续消费等融为一体，运用生态学规律来指导人类社会的经济活动。传统工业社会的经济是一种"资源—产品—污染物排放"的单向流动的线性经济，而循环经济则是一种"资源—产品—再生资源—再生产品"的物质反复循环流动的闭环式经济。循环经济的基本原则是 3R 原则，即减量化（reduce）、再使用（reuse）、再循环（recycle）。清洁生产和循环经济是近代国际上工业生产和经济领域推行的两种新的经济理念，同时也是我国政府要求积极推行的政策，它对工业污染的防治和资源综合利用都具有十分重要的指导作用。

1.2 本规范适用的范围，按钢铁工业生产的范畴来说，钢铁工业包括铁矿、锰矿、铬矿采选，烧结、焦化、炼铁、炼钢、轧钢、铁合金、碳素制品、耐火材料、金属制品等工艺及相关配套工艺。按所指钢铁工业建设项目性质来说，它适用于钢铁工业新建、扩建和改建项目。

1.3 为贯彻执行国家有关工业污染防治的法律、法规和政策，根据近年来国内一些大中型钢铁企业环保工作的经验，资源综合利用是防治污染的有效途径，既能节省资源，又能提高企业经济效益。污染治理还要与企业技术改造相结合，方可取得较好效果。

2 基本原则

2.1、2.2 本规范条文以循环经济、清洁生产理念为依据，结合钢铁产业实际情况，提出了在钢铁工业环保设计中应遵循的基本原则，以指导钢铁工业主要生产工序的环保设计。循环经济理念是一种经济发展方式，也是一种新的污染防治模式。在设计环节要充分重视资源和能源的减量化，将减量化的理念在选择生产工艺、技术装备、技术经济指标等具体设计中体现出来，提高资源和能源利用效率，有效地降低污染物的产生量，降低三废治理的资金投入和运行费用。
2.3 第3款所指的取水量为钢铁企业生产全过程中，生产每吨钢需要的新水取水量。它包括企业自建或合建的取水设施、地区或城镇供水工程、发电厂尾水以及企业外购水量，不包括企业自取的海水、苦咸水和企业排出厂区的废水回用水。

第4款对固体废物的处理应符合《一般工业固体废物贮存、处置场污染控制标准》GB 18599和《危险废物贮存污染控制标准》GB 18597等的有关规定。
2.4、2.5 根据《中华人民共和国职业病防治法》和《中华人民共和国放射性污染防治法》及有关设计规定，本条文分别对放射性物质及放射性废物的处理和对噪声源进行控制提出要求，以保障职工的身体健康。
2.6 本条文是根据国家环境保护总局关于建设项目执行污染物排放标准的原则而制定。

对引进项目，其设备、装置引进国的污染物排放标准严于我国标准时，应采用该国的标准；国内如无标准的，该建设项目引进单位应提交项目输出国或发达国家现行的该污染物排放标准及有关技术资料，由市（地）人民政府环境保护行政主管部门结合当地环境条件和经济技术状况，提出该项目应执行的污染物排放限值，经省、自治区、直辖市人民政府环境保护行政主管部门批准后实行，并报国家环境保护总局备案。

3 厂址选择与总图布置

3.1、3.2 厂址选择是一项政策性强，涉及政治、经济、环境等各方面的综合性技术经济工作，因此必须按照国家有关规定，进行广泛深入的调查研究，通过多方案比较、论证后才能做出最佳厂址选择方案。条文依据《中华人民共和国环境保护法》和国家现行标准《钢铁企业总图运输设计规范》YBJ 52等规定，对建设项目厂址选择设计工作提出具体要求。

厂址选择条文根据《中华人民共和国环境保护法》第十八条规定和《钢铁企业总图运输设计规范》第二章厂址选择中第2.1.14条制定。《中华人民共和国环境保护法》第十八条规定“在国务院、国务院有关主管部门和省、自治区、直辖市人民政府划定的风景名胜区、自然保护区和其他需要特别保护的区域内，不得建设污染环境的工业生产设施”，《钢铁企业总图运输设计规范》中要求厂址不应选择在国家规定的风景区、森林、自然保护区和水土保持禁垦区。
3.4 在确定厂址和总图布置时，必须把环境保护要求作为一个重要的因素参与方案比较。在以往选择厂址工作中，没有把握好对环境的保护，曾忽视了选址地区的气象、地形等要素对厂区排放污染物的环境影响分析研究，因而导致企业投产后出现了一些难以解决的环境保护问题，这种教训必须认真地吸取。
3.5 为保证厂址附近居住区的生活环境质量达到与当地环境功能等级相适应的规定质量要求，保护居民的身体健康，应按国家有关卫生防护距离的规定，在厂区和居住区之间设置必要的卫生防护距离。如条件不具备或国家尚未颁布防护距离规定的建设项目，则可根据环境影响评价报告书提出的卫生防护距离，由项目所在省、市、自治区的环境保护主管部门确定。
3.6 本条文是根据《钢铁企业总图运输设计规范》第三章总图布置中第3.1.2条和第3.1.3条制

定。冷轧及金属制品厂的酸洗、电镀、涂层等工段，生产时排放各种有毒、有害气体，应布置在单独的厂房内，以防止交叉污染。

3.7 本条文是为了保证企业行政管理区等有个安静清洁的环境，以有利于提高企业管理人员的工作效率。

3.8 本条文是为了保证厂区有个优美舒适的工作环境，也有利于改善厂区的小气候。

4 设计文件的环保内容要求

4.1、4.2 建设项目设计文件主要有规划设计、项目建议书、可行性研究、项目申请报告、初步设计、施工图设计。为保证设计质量，特提出各设计文件的环保设计内容。设计文件应按照已有明确规定的设计内容要求进行编制。

在可行性研究、项目申请报告、初步设计等设计文件中的环保设施投资估算包括环保投资比例，其所指的比例是环保投资与工程静态投资之比。

对于工程静态投资说明如下：

一般静态投资包括五种费用，即建筑工程费、安装工程费、设备及工器具购置费用、其他费用和预备费。

其他费用指土地征用及拆迁补偿费、建设管理费、研究试验费、生产职工培训费、办公和生活家具购置费、勘察设计费、供电贴费、施工机构调遣费、配合辅助工程费、固定资产投资方向调节税等。

预备费指初步设计总概算中难以预料的工程费和其他费用。

在规划设计、项目建议书编制过程中均应进行必要的现场调查，根据现场资料提出初步建设方案，据此估算污染物排放情况，提出宏观分析。

对于项目申请报告环保设计内容，本规范根据2004年国家发展和改革委员会第19号令颁布的《企业投资项目核准暂行办法》的要求，并结合目前有关设计单位对项目申请报告的编制情况而提出。由于该篇在近几年才开始编制，故环保设计文件的内容还将通过实践逐步完善。

5 环境保护设计

5.1 采矿

5.1.1 露天开采是指在敞开的地表采场进行有用矿物的采剥作业；地下开采是指从地表向地下掘进一系列井巷工程通达矿体，建立完善的提升、运输、通风、排水、供电、供气、供水等生产系统及其辅助生产系统并进行有用矿物的采矿工作的总称。

矿山各生产工序都产生粉尘，其中凿岩、爆破和装运三个基本生产工序是主要尘源产生工序，应采取有效的防尘措施。一切有条件的矿山都应采用湿式凿岩，在不能采用湿式凿岩时，用干式凿岩必须配有捕尘装置。捕尘方式有孔口捕尘和孔底捕尘两种。爆破、铲装的基本防尘措施是湿式作业，即爆破前向预爆区洒水，采用水封爆破，在炮烟抛掷区内设置水幕，在电铲装矿前30分钟预先湿润爆堆，铲装时喷雾洒水。

向卸落的矿石喷雾洒水，是较简单、经济的防尘措施，但应避免造成溜井堵塞和黏结，并保证满足选矿所需含水量要求。溜井口密闭门配合喷雾洒水，适用于卸矿量不大、卸矿次数不频繁的溜井；从溜井中抽出含尘空气，由井口向内漏风，以控制矿尘外逸的方法，适用于卸矿量大而频繁的溜井。

5.1.2 矿区汽车运输路面上的粉尘，是露天矿一个严重的污染源，首先采取路面硬化，保持路面平整，避免凹凸不平，是防止道路扬尘的关键措施。其次是防止路面二次扬尘，尤其对矿区临时道路，可采取的措施有路面洒水、喷洒吸湿性强的钙盐或镁盐的溶液、散布粉状或粒状氯化钙以及用石油化工或造纸等行业的工业废物制成乳液处理路面。

5.1.3　井下破碎机系统以及带式输送机的装矿，卸矿和转载处都是主要产尘点，密闭抽风净化是普遍采用的除尘措施。对产尘量小的场所，可单独使用喷雾洒水措施，但喷水量不宜过多，否则容易导致皮带打滑。

5.1.4　从20世纪80年代开始，我国金属矿山出现了一种"多级机站压抽式通风系统"新技术，它是用几级通风机站接力来代替主通风机，能保证需风巷有足够新鲜风量，并大幅度节省能耗。因此条件许可的地下矿山宜首选该种通风方式。

为保证进入矿井的风新鲜、清洁，排出的污风不污染居民区空气环境，本条对地下采矿的主入风井和排风井的位置选择等作了相应规定。

5.1.5　本条是对含放射性元素超标的矿石运输、贮存所作的强制性规定。

5.1.6　燃油动力的装载机或运输设备会产生含一氧化碳、氮氧化物、二氧化硫等污染物的有害废气，井下作业一般已不使用。若使用燃油动力的设备，宜设置尾气净化器以及通过加强通风，消除废气污染。水洗净化器是使废气通过水浴或水喷雾，以便冷却废气和捕集有毒化合物。

5.1.7　露天矿小气候是矿区内气象要素变化规律的总和，是贴地气层与采场裸露岩层相互作用的结果。大型深凹露天矿山的大气污染状况与采场小气候特征密切相关，通过设置小型气象观测站，进行污染气象监测与预报，可制定有效的露天矿大气污染综合防治措施。监测参数包括风速、风向、气温、湿度、气压及粉尘、一氧化碳、二氧化碳、二氧化氮、二氧化硫、醛类、苯并芘浓度，自然降尘量，日照时间、地表温度、降水量、蒸发量及污染源强度等。监测范围：矿区地表、坑底、边坡、台阶面、坑内空间设立体观测网。监测时间：固定地表台阶定期与自动连续观测和采样，按季节昼夜和典型天气临时观测。根据矿山类型的不同，对监测参数、范围和时间应有所侧重。

5.1.8、5.1.9　采矿过程产生的矿坑水一般含有矿岩微粒、残余炸药以及油垢等污染物；含重金属或酸性物质的排土场（废石场）经降雨浸蚀后排出含有毒离子的酸性浸出水；矿山炸药加工厂所排废水中一般含有TNT、DNT、DNTS等硝基苯类有毒物质，这些废水均应进行必要处理达到相关要求后方可回用或外排。

采用上述经必要处理后的废水进行循环供水，使废水在生产过程中重复利用，既能减少废水排放量，减轻环境污染，又能减少新水补充，节约水资源。

5.1.10　采矿对土地的破坏较为严重，主要表现为露天开采的挖损，地下开采的塌陷以及废石场（排土场）的压占等。为保护我国有限的土地资源，《中华人民共和国土地管理法》第四十二条提出了相应的土地复垦要求，同时国务院公布了《土地复垦规定》，原冶金工业部也制定了相关的《土地复垦初步设计的内容深度及编写规定》。矿山开发应依据这些法规、规定，开展土地复垦工作。

5.1.11、5.1.12　采矿工程在基建施工和生产运行中土石方工程量较大，破坏和扰动了大量土地和植被，形成的裸露面和弃土石渣将成为水土流失的主要因素，根据相关的水土保持法律法规，其水土保持设施必须与主体工程同时设计、同时施工、同时投产使用。水土保持设施的设计应按《开发建设项目水土保持方案技术规范》SL204进行。

需要特别强调的是，露天开采形成的高陡边坡、道路和工业场地的平整挖填边坡、废石场（排土场）堆存的大量松散废土石等裸露面，在暴雨的作用下有可能发生滑坡、泥石流等地质灾害，地下开采有可能产生地表塌陷，矿山企业必须设置必要的监测设备，制定定期巡查监测制度，并采取相应的稳定处理措施，预防和避免发生地质灾害事故。

5.1.13 采矿过程产生的废石量大，堆存于地表不仅占用有限的土地资源，还将对周围环境产生较大影响。有条件的矿山应采用内排的方式，将产生的无毒废石用于采空区或地下开采塌陷坑的充填，某些采矿废石可作为建材的原料或配料的宜综合利用。对含有有毒物质或放射性物质的废石，为防止产生二次污染，应遵照国家有关的法律法规要求进行处置或利用。

5.1.14、5.1.15 采矿过程的主要噪声设备包括气动凿岩机、凿岩台车、通风机、空压机等，声压级通常在95～110dB（A）之间，有的超过115dB（A）。常用的噪声控制措施有：

1 消声器：降低风机等进、出口的空气动力性噪声。

2 隔声间（罩）：隔绝各种声源噪声。

3 吸声处理：吸收室（罩）内的混响声。

4 隔振：阻止固体声传递，减少二次辐射噪声。

5 阻尼减振：减少板壳振动辐射噪声。

不同的设备作业时产生的噪声具有不同的特性，为达到既满足噪声控制要求，又符合技术、经济的合理性，特制定此两条规定。

5.2 选矿

5.2.1 选矿是利用不同矿物的物理、物理化学或化学性质上的差异，在特定的工艺、药剂及设备条件下使矿石中的有用矿物与脉石矿物分离，或使共生的各种有用矿物彼此分离，得到一种或几种相对富集的有用矿物的作业过程。

选矿工艺根据矿石的结构及性质的不同而采用不同的生产工艺流程，工艺流程的选择，必须根据选矿试验报告予以确定。在综合治理的前提下，选矿试验报告中应提出推荐的工艺流程所产生的污染物的种类、数量、排放方式等，并提出污染治理措施，作为设计依据。与选矿试验有关的环保试验和防护设施的研究，应与选矿试验同时进行。

5.2.2 破碎筛分系统生产时，破碎机会产生次生粉矿，而各种干式振动筛、带式输送机的受料、卸料点，因为散失的粉状物料处于运动状况导致粉尘飞扬而污染环境。在选择工艺方案时，宜减少物料的转运次数，降低转运设备的落差高度，并在主要产尘点加密封罩抽风除尘。但对振动筛等不适宜密封的产尘点应采取喷雾除尘措施。

5.2.3 选别弱磁性矿物（赤铁矿、褐铁矿、菱铁矿等）可以通过磁化焙烧的办法变成强磁性矿物，一般用竖炉或回转窑焙烧。焙烧时产生的烟气中含有烟尘和硫或氟等有害元素，以往采用旋风除尘器作为末端除尘设备已无法达到现行国家标准《工业炉窑大气污染物排放标准》GB 9078的有关规定，而采用湿式除尘所产生的废水需进一步处理，因此宜选用除尘效率高的布袋除尘器。

5.2.4 粉矿的粒度很小，卸料时扬尘量很大，必须在矿仓出、入口加橡胶垫圈密封。地下矿仓的操作间除采取抽风除尘措施外，还必须采用抽风换气措施，以改善工人操作环境。

5.2.6 浮选工艺要采用絮凝、起泡、捕收等多种药剂。当前由于科技的进步，制造选矿药剂的工艺高度发展，可供选择的选矿药剂品种繁多，因此，在确定浮选药剂制度时，不宜选高酸、高碱的药品。若因工艺的特殊要求而采用腐蚀性强的药品，对其废水可采用活性炭吸附或加石灰等中和处理。

5.2.7～5.2.10 选矿厂的选别工艺基本上都是湿法选别（光电选矿除外），工艺过程中必须补加水，选别后的精矿需要浓缩过滤。为减少尾矿库占地及利用循环水的需要，大量的尾矿应通过浓缩池浓缩成高浓度矿浆输送到尾矿库。一般尾矿浓缩池附近都建有循环水泵房，除了收集精矿浓缩池、尾矿浓缩池的溢流水外，还收集大型选矿设备运转时的冷却水，而破碎筛分系统除尘设备的排水、减少金属量流失的厂房冲洗地坪水、尾矿库的澄清水等均集中处理后，再进入循环水系统，返回生产系统进行循环使用（除浮选工艺一般使用新水外）。不能循环使用的废水应处理达到排放标准才可外排。

5.2.11～5.2.13　选矿厂的设计中，尾矿库是不可缺少的环节，在尾矿库的库址选择上要考虑尾矿能自流输送，容积大，不占或少占良田，远离居民集中居住区，避免污染地表水、地下水，不影响当地农、牧、渔业生产。

尾矿库服务期满前两年，应进行闭库设计，尾矿无回收利用价值时应进行土地复垦。

尾矿库建成使用后，尾矿堆积坝外坡面随着尾矿堆积坝的加高，可进行绿化，种植草皮和果木等，美化环境，净化空气。根据土地复垦的有关规定要求，服务期满的尾矿库需进行土地复垦。如承钢双塔山的尾矿库由于绿化种植了杨柳等林木植被，加上矿物含绿泥石较多，坝坡绿莹莹的一片，垂柳飘扬，美不胜收，现已作为避暑山庄的一处景点，供游客游览。

废弃尾矿中很多有用矿物可以回收，如钒钛磁铁矿选铁尾矿含有较多的钛铁矿，全国著名的钛工业基地攀枝花钢铁公司钛业公司就是利用选铁后的尾矿，综合回收钛、硫，创造了可观的经济效益。

对尾矿中有用矿物的回收应通过试验研究及可行性研究确定再选工艺。

对回收价值不大的尾矿可用作采矿填充料或建筑材料等。

5.2.14　选矿厂产生噪声较大的设备有破碎机、振动筛、球磨机及辅助设备如鼓风机等。除采用常规的降噪措施如厂区植树绿化、厂房隔声、风机配备消声器外，针对设备自身的特点，还应采取下列措施：

由于矿石与金属衬板或筛网摩擦产生的噪声很大，采用橡胶或合成材料制成的衬板、振动筛底座能有效地减少、消除噪声。

振动筛和球磨机因工艺要求不适合全部密封，因此应对其传动部分等处采取局部密封降低噪声。

地下矿仓的给、排料设备有振动给料机、板式给料机等，振动给料机的作业噪声大，应少选或不选，而应选用板式给料机等噪声小的设备。

5.3　原料场

5.3.1～5.3.5　原料场堆存有钢铁生产所需的大量铁精矿粉、煤、冶炼熔剂等原料、燃料和辅料，在其进行堆料、取料、加工和混匀作业过程中会产生大量粉尘（扬尘），污染周围环境，因此必须采取抑尘、捕尘等措施，并对原料场地面采取硬化措施和设置雨、污水的截流收集措施，以防物料流失和污水渗漏。有条件时宜采用室内料场。对物料在装卸、贮运、破碎等过程中产生的粉尘应采取抑尘、除尘措施。对有害散装物种应采用密闭库（仓）等。

5.4　球团、烧结

5.4.1～5.4.5　热烧结矿工艺为国家明令淘汰的落后生产工艺，禁止使用。必须采用冷矿工艺，并回收烧结矿余热。球团、烧结焙烧烟气排放的烟尘和二氧化硫，应采取必要的防治设施，如机头、机尾除尘采用高效电除尘器，使用低硫的铁矿石矿粉等。焙烧工艺应采用国家推广的铺底料、厚料层、小球烧结技术，可减少产尘量、节省能耗、提高烧结矿质量。

5.4.6　我国某钢铁公司使用的铁矿含氟较高，该矿作为原料生产烧结（球团）矿时，易产生高浓度含氟烟气，对环境造成污染影响。该公司对烧结（球团）生产中产生含氟烟气采取了如下治理措施：

1997 年前建成投产的一烧车间烧结机机头烟气经 4 台电除尘器除尘后，进入空心洗涤塔进行除氟脱硫净化（其除氟效率约为 85%），氟化物排放浓度为 $15mg/m^3$；二烧车间烧结机机头烟气经 4 台多管除尘器除尘后，进入空心洗涤塔进行除氟脱硫净化，氟化物排放浓度为

14 mg/m^3。虽可满足现行国家标准《工业炉窑大气污染物排放标准》GB 9078 中对现有炉窑的排放限值（二级标准：15mg/m^3）要求，一旦出现波动，仍会导致超标。

新建的三烧车间将原料含氟进行调整，采用自产混合精矿（含氟 0.34%）和外购澳矿（含氟 0.05%）进行混配，降低原料的含氟量，同时，对机头含氟烟气采用国际先进、成熟、实用的半干法除氟脱硫工艺——德国 ENS 法进行净化。整个净化系统流程为：单电场电除尘器→除氟脱硫系统→三电场电除尘器→烟囱。其中，进入除氟脱硫系统的烟气中含氟化物 46.7mg/m^3，除氟效率大于 95%。最终烧结机头排放烟气中氟化物浓度为 2.3mg/m^3，大大低于上述标准对新建、改建、扩建炉窑的排放标准限值（二级标准：6mg/m^3），可以实现稳定达标排放；同时由于调整原料含氟量，使高炉入炉烧结矿的含氟量由约 0.57%降至 0.16%。

5.5 焦化

5.5.1 装炉煤调湿是将煤料在装炉前除掉一部分水分，确保装炉煤水分稳定的一项技术，水分控制目标值在 6%左右。煤调湿除了可以降低炼焦耗热量、提高焦炉生产能力和焦炭质量外，还可使炼焦产生的酚氰废水量大大降低，从而降低酚氰废水处理站的负荷，并有利于废水处理后的回用。

5.5.2 成型煤用黏结剂为软化点 36～40℃的软沥青，在其贮存及混合成型过程伴有蒸气管道间接加热，产生有毒气体沥青烟，必须采取密闭抽风，并设置烟尘净化装置。

5.5.3 焦炉装煤产生的大量烟尘是炼焦炉的主要污染源之一。生产实践表明，采用高压氨水喷射配合除尘地面站是最有效的无烟装煤措施，通常情况下其烟尘捕集率≥93%、除尘效率≥95%（甚至高达 99%）。国内有些焦化厂采用干式除尘装煤车也取得了较好的除尘效果。近年来，太钢、马钢及武钢焦化厂先后从国外引进的炭化室高 7.63 m 焦炉采用的单个炭化室压力调节系统（即 PROVEN 系统）也可达到较好的除尘效果。

5.5.4 焦炉出焦过程中产生的大量烟尘也是炼焦炉的主要污染物之一。出焦烟尘中的主要有害物是焦尘。焦炉出焦采用地面站除尘措施后，焦炉炉体排放的污染物浓度才能达到《炼焦炉大气污染物排放标准》GB 16171 中相应标准要求。因此，焦炉出焦操作过程必须采用出焦除尘地面站等除尘设施，并配备先进可靠的自动控制系统。

5.5.5 集气管上设荒煤气放散装置，当焦炉遇有事故时可以打开放散阀，把集气管内的荒煤气迅速排出。此时若不点燃排出的荒煤气会严重污染周围环境，故应在放散管排出口处设自动点火装置，将排出的荒煤气燃烧后排放。

5.5.6 粗苯精制采用加氢转化，使粗苯中的硫、不饱和烃、环烷烃等转化为二氧化硫、甲烷等化合物，从而彻底地消除了粗苯酸洗精制工艺所产生的初馏分、再生酸、酸焦油、吹苯残渣等有害物对环境的污染。

5.5.7 萘精制的结晶分离技术是利用萘与杂质（如硫杂茚等）的熔点差进行结晶分离，从而消除了传统的萘精制因酸洗净化所产生的酸焦油等有害物对环境的污染。

5.5.8 煤气净化及化工产品精制工艺设备等排放或放散的有害气体，应根据不同情况分类进行处理后排放。

1 放散气体接入压力平衡系统返回煤气中，是废气处理的有效措施之一。一般适用于距冷凝鼓风装置较近的水封槽、贮槽等容器放散气的处理。

2 含苯废气在有条件的情况下应汇总集中送入吸煤气管道。但是对粗苯精制装置而言，总图布置时不宜布置在厂区中心地带，且与焦炉炉体净距离不得小于 50 m。这样会形成粗苯精制装置至煤气净化的废气输送管道阻力过大甚至堵塞，使含苯废气送入煤气管道实施起来很困难，故也可直接采取苯捕集器洗涤后排至大气。

3　当硫铵采用振动流化床干燥工艺时，因流化床工艺特点及干燥机组配备的高效旋风分离器，可以满足干燥尾气达标排放。

5.5.9　对煤气净化及化工产品精制工艺产生的有害废水，应采取下列控制措施：

1　为有效地收集装置周围的初期雨水，在进行装置周围的地坪设计时，必须在装置周边设有一定坡度的排水沟，将地坪水汇集到排水坑内。排水坑的排出口设有阀门，以便收集初期雨水。

6　洗罐站是清洗轻油及粘油铁路油槽车的工艺装置。在油槽车清洗的过程中产生的废水，先经过洗罐站内的油水分离器将油分离后，再将废水送往酚氰废水处理站统一处理，其回收的废油（苯类、焦油类）则返回各自工艺系统利用。

5.5.10　煤气脱硫产生的废液严禁外排，这不但保护了环境（如水体环境），还可以将其作为原料生产化工产品或回收硫资源。其方法有：焚烧法制取硫酸、蒸发结晶法提取硫氰酸盐及硫代硫酸盐、回配炼焦煤料的方法回收硫资源等。

5.6　炼铁

5.6.1　本条体现了循环经济理念在炼铁环境保护设计中的应用。循环经济理念是一种经济发展方式，也是一种新的污染防治模式。在设计环节充分重视资源和能源的减量化，将减量化的理念在炼铁的生产工艺选择、技术装备、技术经济指标和具体的设计中体现出来，提高资源和能源利用效率，有效地降低污染物的发生量，降低三废治理的资金投入和运行费用，扭转污染末端治理产生的弊端。

5.6.2　原料系统的产尘点很多，设计应对各产尘点采取控制措施。转运站、胶带机头、机尾均应采取密闭措施，并根据输送物料的产尘特点确定采用抽风除尘或喷水抑尘。

5.6.3　不论采用胶带机上料或料车上料方式，炉顶卸料点都必须设置除尘装置。

5.6.4　烟尘产生源包括铁口、铁沟、渣沟、撇渣器、摆动流嘴、铁水罐。铁沟、渣沟均应设置沟盖，防止烟尘散发，出铁口附近的主铁沟应设置移动沟盖，打开出铁口后应立即盖上。对开、堵铁口和移开沟盖时散发的二次烟尘也必须设置烟尘净化设施。

5.6.5　高炉煤气净化采用干法净化可减少水的消耗，节省了煤气清洗废水处理设施的投资，也减少了煤气清洗废水造成水污染的可能性。采用干法净化还可以减少高炉煤气温度损失，使煤气余压发电装置能够增加30%发电量，有利于能源回收和提高经济效益。但在煤气温度过高或过低时高炉须进行休风处理。传统的湿法煤气清洗工艺有较好的运行稳定性和良好操作性。干法和湿法煤气净化两种工艺各有所长。

5.6.6　碾泥机室主要是料仓散发粉尘，宝钢碾泥机室采用布袋除尘器，排放粉尘浓度达到 $9.6mg/m^3$。宝钢铸铁机采用布袋除尘器，烟尘排放浓度也可控制在 $30mg/m^3$ 以下。

5.6.7　高炉炉顶均压放散煤气的主要污染物是烟尘和一氧化碳，其浓度与荒煤气近似，可设置均压放散煤气净化回收装置，将放散煤气净化后回收到净煤气系统。

5.6.8　煤气余压发电是国家推荐的炼铁清洁生产技术之一，能够回收大量的电能，并且在煤气压力能向电能的转换过程中没有废气、废水等污染物排放。宝钢1号（4 000 m^3 级）高炉每年可回收电能 11 200 万 kW·h，平均每吨铁回收电能 37.3 kW·h，若采用干法工艺回收电能可达到每吨铁回收电能 50 kW·h。

5.6.9　热风炉烟气余热预热助燃空气和煤气的主要目的是为了节能，降低热风炉能源消耗；此外增加助燃空气和煤气温度能够提高燃烧温度，减少焦炉煤气消耗，增加高炉煤气使用比例，提高高炉煤气利用率。

5.6.10 对高炉间接冷却废水、煤气洗涤废水、冲渣废水、铸铁机废水、干渣坑废水，因其各自生产用水对水质、水压、升温要求的不同，应设置各自独立的循环供水系统，以便于废水的处理和利用。为提高循环率，有效利用水资源，减少废水排放，宝钢高炉采用了废水串级利用技术，间接冷却循环水系统的排污水送给煤气洗涤水系统，煤气洗涤水的排污水送给冲渣水系统，最后废水在水冲渣生产中消耗掉，能够做到高炉生产不外排废水。

5.6.11　高炉煤气洗涤废水处理工艺一般选择常规的混凝沉淀处理工艺。

5.6.12　目前钒钛和稀土矿高炉渣的综合利用技术尚不成熟，利用率较低，应支持和鼓励寻求古钒钛和稀土高炉渣综合利用途径的探索，以提高资源的利用效率和减少环境污染。普通高炉渣作为一种有价值的资源加以利用，已经被广大建材企业接受，高炉水渣对市场的供应在各地均呈供不应求的状态，因此高炉渣的利用应首先考虑采用水冲渣工艺。

水渣经立辊磨机或辊压磨机磨细后可制成水渣微粉，水渣微粉可直接替代部分水泥用于工程建设，在混凝土中的掺入量可达到40%～50%，其资源化转化后产生的经济价值远高于作水泥生产的掺和料。磨细后水渣微粉的粒度见表 1，高炉水渣微粉取代水泥数量对混凝土强度影响的试验结果见表 2，高炉水渣微粉在工程建设中的使用情况见表 3。

表 1　宝钢高炉水渣微粉粒径

粒径/μm	≤2	≤4	≤8	≤16	≤32	≤64	中位粒径
数量/%	9.73～42.6	17.4～45.6	31.0～58.9	48.0～75.6	79.0～94.5	96.6～100	4.9～15.2

表 2　高炉水渣微粉取代水泥量对混凝土强度影响试验

材料用量/（kg/m³）混凝土		实际/（W/C）	坍落度/cm	扩展度/（cm/cm）	抗压强度/MPa		
水泥	渣粉				3d	7d	28d
550	0	0.32	18	—	45.5	58.0	60.4
440	110	0.31	20	27×31	44.6	58.1	60.0
330	220	0.30	22.5	40×42	38.1	53.7	62.8
220	330	0.29	24	46×48	30.3	48.8	60.3
110	440	0.28	25	52×53	26.9	43.8	52.1

注：用水量为 165 kg/m³ 混凝土，砂为 628 kg/m³ 混凝土，石为 1 102 kg/m³ 混凝土。

表 3　上海地区高炉水渣微粉使用情况

混凝土强度	微粉掺量/%	折算 28d 标准强度/MPa	坍落度/mm	工程部位
C40S8	44.5	47.5	140	R 大楼地下层柱
C35	46.2	43.6	140	R 大楼五层框架
C40	44.5	46.5	130	B 大厦十六层框架
C40S6	50	47.0	140～160	D 综合楼基础承台
C80	20	92.4	198	M 广场地下三层地上二层
C25S6	40	37.9	173	F 大厦

5.6.13　高炉干渣的利用主要作为建筑工程的石质材料使用，如路基、回填、混凝土骨料等，在综合利用方面干渣与水渣比较存在一些不足：经济方面，高炉干渣资源化转化后产生的经济价值不如水渣；环保方面，高炉干渣在加工过程中产生的污染比水渣多。对高炉生产来说，水

渣的利用渠道更加稳定、通畅，使高炉生产可靠排渣渠道得到保证。因此，除开炉或少数事故情况外不应出干渣。

5.6.14　干法除尘灰颗粒很细，在有风条件下极易转变为扬尘造成二次污染，因此除尘灰的输送和贮存必须考虑防止产生二次污染的措施，如采用螺旋输送器、管道、罐车等输送工具，灰仓要考虑除尘，堆放场地要设覆盖剂喷洒装置。除尘器排灰时，易产生二次扬尘，因此除尘器必须设有排灰加湿装置。

5.6.15　高炉除尘产生的尘、泥主要含有铁，还有碳、氧化钙、氧化镁等其他冶炼的有效成分，可作为冶炼的原料送烧结加以利用。但煤气清洗污泥（灰）中锌、铅、钾、钠含量较高时，对高炉冶炼是有害元素，在炉内高温区气化后，会沉积在高炉内衬的缝隙间破坏高炉炉衬。因此在综合利用中应鼓励和支持采用除尘灰脱锌、铅等技术，完善含铁粉尘的综合利用处理措施。

5.6.16　高炉炼铁是钢铁企业的主要噪声源，煤气减压阀组、放风阀的噪声 A 声级都在 120 dB（A）以上，影响范围很大，不仅造成环境危害，还造成安全隐患，因此主要噪声源均应采取控制措施。

5.7　炼钢、连铸

5.7.1　在炼钢、连铸工艺设计中，应积极推广高效连铸技术。它有利于简化铸坯生产工序、提高生产效率、节省能耗，是国家鼓励发展的新技术，是炼钢、连铸工艺设计中应遵循的原则。高效连铸的特点为：高拉速：小方坯连铸机拉速 3.0 m/min 以上，大板坯连铸机拉速 2.0～2.5 m/min 以上；高作业率：连铸机作业率 80%～90%以上；铸坯质量高：品种适应能力强，铸坯无缺陷率高达 95%。

5.7.2～5.7.5　炼钢物料的破碎、筛分系统、散状料筛分和上料系统、铁水倒罐站与预处理、混铁炉烟尘系统、转炉二次烟尘的烟气净化一般均采用布袋除尘器处理，净化后排放的烟气含尘浓度可以达到 30～100 mg/Nm^3，是目前技术成熟、效果较好的污染治理技术。

混铁炉烟气采用干法除尘既净化效率高，又可减少水的消耗，避免湿式除尘废水造成水污染的可能性。

5.7.6　转炉应采用未燃法生产，回收可作为二次能源的转炉煤气。转炉煤气净化可用湿法净化工艺（OG 法）或干法净化工艺（LT 法）；应优先采用干式净化工艺，有利于转炉尘的回收利用。为提高转炉煤气的输配，应设置煤气柜等综合利用配套设施。转炉煤气为钢铁企业的二次能源，应充分回收利用。一方面提高煤气的回收率，另一方面煤气作为燃料应提高其利用率。目前宝钢等企业已经达到负能炼钢。

转炉在吹炼前期（大约 3～4 min）和吹炼后期（大约 2～3 min）的炉气，由于一氧化碳浓度低，达不到回收要求而不回收。为减少对周围环境的污染，采用燃烧后排放，放散系统应设点火装置。

5.7.7　高功率或超高功率炼钢电炉在装料后进行冶炼，其冶炼一般分为熔化期、氧化期和还原期。熔化期主要是加入炉中的废钢表面上油脂类可燃物质的燃烧和金属物质在高温时熔化产生的黑褐色烟气。氧化期强化脱碳，由于吹氧或加矿石产生大量赤褐色浓烟。还原期为去除钢中的氧和硫，调整化学成分而投入碳粉等造渣材料，产生白色和黑色烟气。熔化期、氧化期和还原期的烟尘量，占总烟尘量的 80%～90%。电炉装料和出钢时排放逸散的烟尘，占总烟尘量的 10%～20%。为保护工人的作业环境，要求必须设置一、二次烟尘捕集和净化系统。烟气净化一般采用布袋除尘器，净化后排放的烟气含尘浓度可以达到 30～100 mg/Nm^3。

氧化期烟气量最大，含尘浓度和烟气温度最高，烟气含尘浓度达到 10～22 g/Nm^3，烟气温度 1 200～1 400℃，通过烟道汽化冷却回收其热量冷却至 120℃后进入布袋除尘器净化，该高温烟气可预热入炉废钢。

5.7.8、5.7.9 炼钢炉外精炼装置在精炼过程中产生一定量的烟尘，不锈钢连铸坯火焰切割、在线火焰清理机等也产生烟尘，均需设置烟尘捕集和干法除尘系统。

5.7.10～5.7.11 转炉烟气洗涤水、炉外精炼直接冷却水和连铸二次冷却水均应循环利用和串级使用，生产废水经各自的处理系统处理后均应返回循环使用。其水处理技术成熟，水的重复利用率可达到90%以上。

5.7.12 炼钢除尘及其废水处理系统收集的含铁粉尘、尘泥应回收利用。转炉煤气干法净化收集的粉尘可压块返转炉回用，湿式除尘回收的尘泥可作为烧结配料用，或加工制成球团经固化后返回转炉作为炼钢熔剂使用。

5.7.13、5.7.14 熔融的钢渣须先进行预处理，其工艺有滚筒法、浅盘热泼法、水淬法、热闷法等，凝固的钢渣可进行破碎、磁选、筛分等，加工成合格粒度的钢渣产品。各类用途的钢渣产品的性能和质量应符合国家有关钢渣产品技术标准的要求。

5.7.15、5.7.16 炼钢车间属于高噪声车间，车间内有多个噪声源，既有机械性噪声，又有空气动力性噪声和电磁噪声，应针对声源情况，分别采取吸声、隔声和消声等综合措施。条文对炼钢厂主要噪声源分别提出了吸声、消声、隔声、隔振等措施。

5.8 轧钢（热轧、冷轧）、金属制品

5.8.1 轧钢采用连铸坯热送热装、连续轧制、一火成材等工艺是为了减少能源消耗，有利于提高生产效率，国家要求采用这方面的新技术，禁止采用多火成材。

5.8.2～5.8.5 轧钢生产应采用多种节能减污的燃烧技术。燃料使用高炉煤气、高炉和焦炉混合煤气。轧钢酸碱洗机组和废酸再生装置生产时产生多种酸、碱雾和含氧化铁粉尘，应设置酸雾（尘）和有害气体的净化装置。各种镀层、涂层（如锌、锡、铬等金属镀层、非金属涂层等）和多种浴锅生产时产生含锌、铬、锡和有害的有机化合物气体应设置净化排气装置，进行卫生防护。轧钢机组润滑系统为防止润滑油的泄漏造成污染，应采用闭路循环系统。

5.8.6、5.8.7 条文规定了热轧机组和冷轧机组各类循环水系统的循环方式，其中轧钢净循环系统一般采用冷却、旁滤、水质稳定和系统监控等处理设施。浊循环水系统采用开路循环系统，一般包括沉淀、除油、过滤、冷却、水质稳定和系统监控等设施。处理后的水质应满足循环使用的要求，过滤器反洗水经污泥浓缩处理后回用。

层流冷却水系统采用开路循环系统，一般包括冷却、旁滤、水质稳定和系统监控等设施。处理后的水质应满足循环使用的要求，过滤器反洗水经污泥浓缩处理后回用。

热轧浊循环系统的氧化铁皮一般采用旋流沉淀和平流沉淀池，并有清渣、撇油设备，除油设施宜设置在平流沉淀池外；处理中、小水量的浊水也可采用旋流沉淀池和化学除油器。层流冷却系统中冷却塔宜采用逆流式机械通风冷却塔，旁滤的过滤器宜采用快速压力过滤器。

5.8.8 对含油、乳化液废水，含油浓度高的浓碱废水，必须设独立的废水处理系统，经单独处理或局部预处理后再进行综合处理。对间断排放的废水，不宜用间断处理的方式，应通过调节池进行连续处理。但当单元废水量太小（如小于1 m^3/h），若单独设置处理系统难以连续运行，既不经济又容易造成管理上的困难，此时宜集中处理，设置适当容量的贮槽，送专门处理系统处理。

含油废水、乳化液废水和含油浓度高的浓碱废水，可采用超滤法进行油水分离及水质净化处理，也可用药剂法进行破乳、油水分离。采用药剂法进行破乳、油水分离应采取气浮技术及配套设施处理。

5.8.9 含铬废水由钝化液提供商回收利用是由分散向集中处理，从根本上解决铬污染。

在采用还原法处理含铬废水时，宜采用亚硫酸氢钠或加其他还原剂，还原后的废水用石灰乳或氢氧化钠进行中和沉淀和污泥处理。

5.8.10　对轧钢厂（车间）各种机组、设施的噪声源进行降噪的具体措施如下：

1　轧机应选用低噪声减速机或采用减速机隔声罩，控制其壳体辐射噪声。加热炉宜选用低噪声的风机和烧嘴，也可采取其他隔声、消声装置。选用步进式冷床和耐高温阻尼材料制作承送物料的部件。选择合理的轧件输送速度和低噪声的挡板、辊道护板等控制物料的传输噪声。

2　可采用隔撞器减少各种管材、棒材等横向传递时物料相互碰撞。在管材、棒材传输辊道的转换过程中，应选用合理的托送承接装置代替翻转抛落设备，降低物料跌落时的碰撞噪声。

3　可选用低噪声分层锯片和采用锯片阻尼减振措施或安装锯切机隔声罩控制锯切噪声。

4　对矫直机可设置隔声屏或隔声罩。矫直机两端入口的导向槽可采用阻尼或其他低噪声构件制作。

5　降低金属物料收集时的落差，减少集料撞击噪声。

5.8.11　轧钢厂用蒸汽喷射对镀锌钢管进行内吹时产生噪声和含锌粉尘，应在蒸汽喷射口设置消声器并在钢管出口处设置隔声、集灰装置。

5.8.12　金属制品厂钢丝镀（涂）层应采用无毒工艺（如采用涂硼代替涂石灰、无氰化电镀等），以防止产生有毒有害的烟尘和废水。

5.9　冶金石灰、轻烧白云石、耐火材料

5.9.1　石灰石、白云石、硅石的废水一般是指洗石废水。洗石排水中含有大量的泥砂，其处理工艺应包括洗石水澄清处理、污泥脱水和药剂投配三部分。处理后洗石水可以循环使用。

5.9.2　对一些遇水后变质的原料（如镁砂），则不能采用洒水抑尘措施，故提出有条件的洒水抑尘。

5.9.3　由于工艺布置原因，有时难以按同一品种原料生产系统设置除尘装置，不同品种原料的粉尘在除尘装置中混合，使回收利用困难。对不能利用的粉尘应妥善处置，避免造成二次污染。

5.10　铁合金

5.10.1　铁合金原料，尤其是粉状原料的运输和堆放常常产生严重粉尘污染，可采取遮盖、袋装、罐装、洒水等抑尘措施。装卸、输送、破（粉）碎、筛分过程中的产尘点，应安装抽风罩，宜采用密闭罩，含尘气体应采用布袋除尘器净化，排气筒高度应符合相关标准要求。

5.10.2　采用半封闭集烟罩的铁合金电炉具有广泛的适用能力，既可满足冶炼时的工艺操作需要，又能有效地解决炉气净化和余热回收利用技术。

采用半封闭集烟罩的电炉烟气量约为全封闭式电炉的 10～15 倍，但比敞口电炉的烟气量少得多。炉气大都采用布袋净化除尘。在除尘器前设置汽化锅炉回收余热利用的方式有两种：一是生产蒸汽或热水；二是利用生产的蒸汽再发电。

5.10.3　可回收煤气的冶炼电炉，应采用全封闭罩。还原电炉煤气的一氧化碳含量很高，一般为 60%～80%，热值也高，其范围为 8 300～11 000 kJ/Nm^3。目前回收的煤气主要用做燃料，可供锅炉、焙烧窑、干燥窑及烘烤使用。

全封闭电炉在工艺操作顺行的条件下，应严格控制炉盖内为微正压状态，以防止空气渗入炉内。对净化后炉气应设气体自动分析仪，监测其氧气和氢气的含量。

煤气净化流程有干法和湿法两种。湿法主要特点是快速洗涤易于熄火，很短时间使高温煤气降至饱和温度，消除爆炸因素，可实现安全操作。干法净化工艺可免除二次污染及污水处理的麻烦，宜选用。煤气回收设施应包括煤气柜。

5.10.4　铁合金厂的原料焙烧窑炉（如回转窑、多层机械焙烧炉、沸腾焙烧炉等），不仅烟气量大，而且含尘量也比较高。在治理措施方面，要求选择适应性强、除尘效率高的除尘器。但由于不重视含尘炉气的密闭捕集，导致窑炉烟气无组织排放严重，影响了整体除尘效果。因此必须重视提高窑炉烟气的捕集率，采用密闭或半密闭抽风罩以彻底消除含尘烟气的无组织排放。

5.10.5 洗硅石对用水水质要求不高，应不使用新水。洗硅石废水除含有悬浮物外，基本上不增加其他有害物质，应通过沉淀或过滤装置处理后循环使用。

5.10.6 全封闭电炉烟气净化采用湿法工艺时，煤气洗涤水的循环利用率不应小于95%。

5.10.7 对含有害成分的污泥，应按照现行国家标准《危险废物鉴别标准》GB 5085、《危险废物防治技术政策》的有关规定，加以鉴别并采取相应的处置措施和防止环境二次污染的措施。

5.10.8 铬属于一类污染物，含铬废液、废水不得未经处理直接外排。含铬废水处理应自成系统，设置废水调节池、反应池、中和池、沉淀地、泥浆脱水等设施。处理工艺可采用药剂还原法或离子交换法。

5.10.9 含钒废水处理应自成系统，不得与其他废水混合。处理系统应设置混合池、调节池、反应池、沉淀池、泥浆脱水等设施。处理工艺可采用铁钡盐法和铁屑还原中和法。

5.10.10 锰铁高炉煤气洗涤含氰废水处理应自成系统。其处理工艺可采用渣滤法，氰化钠回收法等。渣滤法可以省去瓦斯泥的处理系统，且渣滤后水中悬浮物可达 50 mg/L 以下，循环水中的钾、钠得到富集，有利于闭路循环。不具备渣滤条件的，可采用药剂法处理悬浮物，但是循环水应采取一定的水质稳定技术措施，以防止管路结垢。洗涤水中的氰，宜采用氰化钠法回收。处理后的废水应循环使用，严禁外排。

5.10.11 锰铁高炉冲渣水的处理，普遍采用过滤法进行固液分离。渣滤池可以采用底滤或侧滤。冲渣水经过滤后，再用泵送至高位水池循环使用。冲渣水 pH 值一般在 9～10 范围内波动，处理后水中悬浮物不多，对水冲渣没有影响。水中 CN^-和 S^{2-}由于有挥发性，时高时低，最高值也在 5 mg/L 以内，没有富集的趋势。因此，高炉冲渣水只要解决好悬浮物问题，就完全可以循环使用。锰系铁合金炉渣水淬后可以作为水泥的掺和料。由于这些铁合金渣中含有较高的氧化钙成分，成为理想的水泥原料。

5.10.12 金属铬浸出渣、五氧化二钒浸出渣等有毒废渣属于危险废物，应按照国家《危险废物污染防治技术政策》进行处置。如其数量较大，可根据国家相关规定考虑独自建设危险废物填埋场，数量较小时，应委托所在省（区）危险废物处置单位代为处置。

金属铬浸出渣可与磷灰石、焦炭配料生产钙镁磷肥或作烧结熔剂。五氧化二钒浸出渣可与焦粉黏结剂配料，生产含钒生铁等。

5.10.13 对铁合金厂噪声源的治理应从两个方面采取措施：一是控制声源（如选择低噪声设备、设置减振器、安装消声器等），二是从传播途径上控制噪声（如设置吸声材料、隔声屏、隔声墙等）。

5.11 碳素

5.11.1 节能型环式焙烧炉采用先进的燃烧技术，沥青等挥发分在炉内燃烧率提高，与老式环式焙烧炉比较，可减少燃料消耗，烟气及各种污染物产生量又有较大程度下降，从而减少烟气治理资金的投入和大气污染物排放。

5.11.2 通常使用较多的石墨化炉是艾奇逊石墨化炉。生产高质量的石墨电极，宜采用卡斯特纳石墨化炉，又称串接石墨化工艺。后者可免用电阻料，全部用石油焦作为保温料，可不用石英砂，使用后保温废料可全部返回工艺系统利用，并可降低电力消耗。

禁止使用国家明令淘汰的交流石墨化炉，3 340 kV·A 以下的石墨化炉及其并联机组，最大输出电流 50 000 A 以下石墨化炉。

5.11.3　炭索生产所用原料有石油焦、沥青焦、无烟煤、焦炭等，在原料储运、破碎筛分和配料过程中均会产生粉尘。焙烧炉和石墨化炉需用焦炭、石英砂等作为保温、填充料。填充料可反复使用，在回收、筛分过程中均会产生粉尘。应对上述各部位、工序设置粉尘捕集、除尘装置。

5.11.4　延迟石油焦和无烟煤在配料使用前，必须先经煅烧去除水分和挥发分，煅烧窑可有回转窑、罐式炉、电煅烧窑。煅烧窑烟气应设置烟气除尘装置，废气余热应予回收。采用罐式炉时，可将挥发分引入罐式炉中与加热用煤气一并燃烧。

5.11.5～5.11.8　碳素制品均需配加一定量的煤沥青。在沥青熔化、配料、成型及焙烧、浸渍过程中，都产生有毒气体沥青烟；都必须设置密闭集气净化装置。湿法净化沥青烟的效率不高，原则上不予提倡。

5.11.9　石墨化是在高温下进行，很多杂质元素的氧化物在高温下分解和蒸发，或因石墨化炉体有缺陷，制品的焦炭填充料与空气发生氧化反应产生烟气，应予捕集和净化。

生产高纯石墨制品时，要在石墨化过程中通入氯气、二氯二氟甲烷（氟利昂）等，因此在产生的烟气中含有氯、氟等有害物质，必须采用相应的净化措施，达到排放标准。

5.11.10　成型、浸渍工序用冷却水，对水质要求不高，经一般过滤处理除油后可循环使用。

5.11.11　产生的固体废渣，除石英砂外都含碳，应回收综合利用。石墨化炉中产生的碳化硅利用价值高，应拣选单独处理。

5.11.12　对各类设备的噪声源要针对性地分别采取措施，以消除其噪声污染。

5.12　公用、辅助设施

5.12.1　燃煤锅炉设计。

1　钢铁企业的燃煤锅炉主要指自备电厂、工业锅炉房的大、中型燃煤锅炉。燃煤锅炉及煤气站的煤（原料煤）的装卸、贮存、破碎、筛分、运输及上料等设施的产尘点应设置机械抽风除尘设施，其捕集的粉尘应回收利用。为减少煤堆场因风蚀扬尘造成环境污染和资源的流失，原煤堆场应采用喷水增湿、表面覆盖剂或设防尘网等防止扬尘和物料流失措施。

2　钢铁企业工业锅炉房和自备电厂的锅炉，应以高炉煤气为燃料，以取代燃煤（全烧高炉煤气或高炉煤气和煤掺烧）。如高炉煤气不能满足需要应使用低硫煤。如企业位于二氧化硫控制区内，或该地区二氧化硫排放量已超过总量控制指标时，则对燃煤锅炉的烟气净化应采取脱硫措施。燃煤锅炉烟气除尘应设置高效除尘装置，并宜采用干法除尘。

燃煤锅炉产生的粉煤灰和炉渣宜进行回收综合利用，应设置粉煤灰、炉渣的贮运设施。

3、4　锅炉用水系统排水可作为锅炉房冲渣使用。燃煤锅炉烟气净化的湿式除尘废水和锅炉房水力冲渣水处理后可循环使用。根据这两种废水具有不同酸、碱特性，可进行中和处理，达到以“废”治“废”的目的。

5　自备电厂的粉煤灰尘设置专用堆场，按不同用途生产建材等产品。根据粉煤灰进行综合利用的需要，应设置贮运、控灰、装灰等配套设施。粉煤灰堆场应采取抑尘、防渗等措施，以防止对环境空气和地下水的污染。

6　燃煤锅炉的引风机一般利用保温材料包扎降低噪声污染；除尘风机、水泵等可根据实际情况设置消声、隔声、减振、阻尼等降噪措施。

5.12.2　煤气站设计。

1　钢铁联合企业在生产过程中产生大量的高炉煤气、转炉煤气、焦炉煤气，可作为清洁的气体燃料充分合理利用，减少燃料外购量。但特钢企业一般无高炉煤气、焦炉煤气可供利用，因此往往要建设煤气发生站制造发生炉煤气解决生产所需气体燃料。建设煤气站可选用两段式煤气发生炉生产煤气。

2 煤气站产生的焦油渣属危险废物，应按国家有关危险废物污染防治技术政策的规定进行处置。

5.12.3 检（化）验室、中心实验室、环保监测站等产生的废水，含有酸、碱和其他化学物质，必须经相应的处理达标后外排。

5.12.4 环境监测站设计。

1 钢铁企业环境监测站的装备水平应在保证能按规定完成企业主要污染源和环境监测任务的前提下，与该企业的规模、组成、生产工艺技术装备水平相适应。

设置企业监测站的目的，是掌握本企业的环境污染状况，污染物排放的种类、特性、数量、浓度、排放状况、排放规律、变化趋势，配合企业环境污染治理、污染事故分析，对企业污染物排放总量控制计划调整等环境管理进行信息反馈。

2 钢铁企业环境自动监测系统一般由一个中心站、若干个废水监测子站、烟道气监测子站、空气监测子站、噪声监测子站和数据传输、显示、记录及存储系统组成。设计应根据企业实际情况和发展规划确定各类子站的数量，并可分期建设。中心站和数据传输系统建设必须全面考虑，要留有足够余地，自动监测站的污染源监测项目，应根据排放的污染物特征项目确定。

环境自动监测站的监测项目、布点、采样等应按《冶金企业环境自动监测站管理暂行规定》设置。

5.13 全厂集中性环保设施

本节所指的全厂是钢铁联合企业。

5.13.1 含油污泥属于危险废物，应遵循《危险废物焚烧污染控制标准》及其他有关规定，进行焚烧设施的建设、运营和污染控制，有条件的可送当地危险废物处置中心代为处置。

5.13.2、5.13.3 建设全厂性的总排水处理设施，并在此基础上建设全厂中水回用设施，是进一步提高钢铁企业水循环利用率的有效途径，可以节约新水。

5.13.4 全厂应设置短期（临时性）放射性污染废物贮存设施，但不宜设置放射性废物永久贮存设施，报废的放射源或产生的放射性废物应定期送所在省（区）放射性废物处置中心处置。

5.13.5、5.13.6 对全厂内燃机车产生的废油和蒸汽机车的锅炉酸洗废水采取集中处理和综合利用，比分散处理更为合适。

6 环境保护设施划分

6.1 提出了建设项目环境保护设施划分范围原则。为便于执行，本规范结合钢铁工业情况提出环保设施划分范围的三条基本原则，并给予具体说明。

6.2 各生产工序的环境保护设施的内容，详见附录 A。

在厂区环境绿化及绿化设施的投资中应包括为绿化配置的洒水和园林工具等设备或设施，如给水管或洒水车、割草机和运输车等。

关于印发《国家先进污染防治技术示范名录》（2008 年度）和《国家鼓励发展的环境保护技术目录》（2008 年度）的通知

环发[2008]91 号

各省、自治区、直辖市环境保护局（厅）：

为贯彻落实《国务院关于落实科学发展观加强环境保护的决定》（国发[2005]39 号）、《国务院关于印发节能减排综合性工作方案的通知》（国发[2007]15 号）以及《国务院办公厅关于印发 2008 年节能减排工作安排的通知》（国办发[2008]80 号）精神，加快节能减排技术产业化示范和推广，引导环保产业发展，我部组织编制了《国家先进污染防治技术示范名录》（2008 年度）和《国家鼓励发展的环境保护技术目录》（2008 年度）。

《国家先进污染防治技术示范名录》所列的新技术新工艺在技术方法上具有创新性，技术指标具有先进性，均为我国当前迫切需要的节能减排技术和工艺，并已基本达到实际工程应用水平。鼓励各地对名录中的新技术新工艺进行工程示范和推广。中央和地方环境保护专项资金安排污染防治新技术新工艺推广应用项目应当符合本名录的要求。

《国家鼓励发展的环境保护技术目录》所列的技术是经工程实践证明了的成熟技术，国家鼓励企业优先采用目录所列的污染防治技术。

现将《国家先进污染防治技术示范名录》（2008 年度）和《国家鼓励发展的环境保护技术目录》（2008 年度）印发给你们，请在实际工作中参考。2007 年发布的《国家先进污染治理技术示范名录》和《国家鼓励发展的环境保护技术目录》同时废止。

附件：1. 2008 年国家先进污染防治技术示范名录

2. 2008 年国家鼓励发展的环境保护技术目录

环境保护部

二〇〇八年九月二十六日

附件 1

2008 年国家先进污染防治技术示范名录

序号	技术名称	技术指标	适用范围	发展状况	解决的技术难题
一、城市污水、污泥、垃圾渗滤液处理及水体修复技术					
1	交替式活性污泥法生活污水处理技术	该技术采用改进的 UNITANK 工艺，三池之间水力连通，每池都设有曝气系统，边池设有出水堰及剩余污泥排放口，作为曝气池和沉淀池交替运行。通过调整系统的运行，形成好氧、厌氧或缺氧条件，以适应不同处理目标的要求。COD 去除率为 83.6%，NH_3-N 去除率为 87.4%，TP 去除率为 81.5%。若采用该技术建日处理能力 2 万吨、出水达一级排放标准的污水厂，总投资约 2 000 万元，运行成本 345 万元/年；与普通 SBR 法相比，设施占地面积和工程建设投资可降低 20%～30%，能耗和运行成本可节省 30%	城镇污水和水质相近的工业废水处理	已完成工业化试验并正在进行工程应用	解决与工艺相配套的高效、低能耗的成套设备及系统自动化控制问题
2	污水好氧生物脱氮技术	该技术在好氧环境下，实现生化、硝化、反硝化同时进行，通过加入复合菌群和工艺条件控制，使处理装置可以承受更高的进水浓度。应用该技术处理 COD 和 NH_3-N 分别为 5 500～7 000 mg/L 和 800 mg/L 的渗滤液时，出水 COD 和 NH_3-N 可达 500～800 mg/L 和 15 mg/L 以下，吨水运行费用不足 10 元；当出水 COD 和 NH_3-N 达到 200 mg/L 和 5 mg/L 左右时，吨水运行费约 15 元	高含氮废水处理	已有少量工程应用	解决低碳氮比下废水同时生化/硝化/反硝化工艺中存在的技术难题
3	垃圾渗滤液处理技术	（1）该技术采用固定化微生物-曝气生物滤池技术处理垃圾渗滤液，将变异菌和酶制剂固定在大孔网状载体（比表面积约 120 m^2/g）上，使其生物负载量达 18～40 g/L，最大容积负荷为 16 kg $BOD_5/m^3 \cdot d$ 和 3.6 kg NH_3-$N/m^3 \cdot d$，不需要反冲洗，污泥量是传统生物处理工艺的 3%～5%，吨水投资 3 万～4.8 万元，运行费用＜15 元/m^3。 （2）该技术采用“絮凝沉淀+MBR+特种膜集成分离”组合工艺，先通过絮凝沉淀去除部分重金属离子和悬浮物，然后进入序批式好氧/缺氧膜生物反应器，出水经特种集成膜分离设备达标排放或回用，浓水进入干燥池强化风干。该技术应用于 150 m^3/d 的垃圾渗滤液处理工程时，	垃圾渗滤液等高浓度氨氮有机废水的处理	工艺（1）已有小型工程应用 工艺（2）已有少量工程应用 工艺（3）完成工业化试验	工艺（1）解决规模扩大问题。 工艺（2）解决垃圾渗滤液等高浓度有机废水的处理中膜污染及清洁、运行稳定性、降低运行费用等问题。 工艺（3）解决电解作为预处理工艺费用高，对特种污染物选择性差的问题

序号	技术名称	技术指标	适用范围	发展状况	解决的技术难题
		入水 COD≤5 0000 mg/L、NH_3-N≤1 500 mg/L 的情况下，出水 COD≤90 mg/L、NH_3-N≤10 mg/L，吨水运行成本 28 元。 （3）该技术采用“电解+UASB+MBR”组合工艺系统处理垃圾渗滤液。其中电解工艺可选择性去除毒害性有机物，使 BOD_5/COD 值从原水的 0.26 增加到 0.54，VFA 含量增至 16.2%；UASB 工艺将 90%以上的有机物转变为可降解物质；MBR 的膜截留作用可延长大分子物质及有效微生物在生物反应器中的停留时间，提高对污染物的降解能力。日处理 12 m^3 的中试系统 COD 去除率为 99.6%，NH_3-N 去除率为 97.3%。经测算，吨水投资约 3 万元			
4	城市污水厂污泥的水热法稳定化—重力浓缩—机械脱水—半干法处理技术	该技术采用以水热处理为核心的污泥处理组合工艺，先通过水热处理将难脱除的细胞水转化为自由水，难降解的大分子有机物水解为小分子；然后经重力浓缩和机械脱水，使泥饼含水率降低为 50%；最后采用厌氧发酵法处理脱水废液产生沼气回收热能。本技术可使污泥实现稳定化，污泥总 COD 溶解率≥20%，SS 溶解率≥30%，污泥减容率≥90%；进料污泥含水率 90%～95%，出料为 50%，呈半干化状态，可直接焚烧。日处理污水 5 万 t 的污水处理厂（日产含水率为 80%的污泥 30 t），污泥处理设施建设投资 20 万元/t，运行成本 65 元/t；平均电耗 55 万 kW·h/年	城市污水厂污泥以及石化等工业废水处理产生的剩余污泥处理	已完成中试	提高水热处理单元固体负荷、污泥自身潜在生物质能的利用率、污泥输送设备运行稳定性和污泥换热器换热效率，减少换热器结垢结焦；提高整套水热干化处理系统的一体化、自动化、智能化水平
5	城市污水处理厂污泥干化焚烧技术	（1）该技术采用雾化干燥与回转式焚烧集成技术，将胶态磨研磨、破碎、压力雾化后的脱水污泥，经高温焚烧烟气直接干化进入回转式焚烧炉充分燃烧。污泥减容率≥95%，污泥中的有机物 99%以上被焚烧，排放的烟气经过布袋除尘、喷淋塔脱酸和生物除臭后，符合《生活垃圾焚烧污染控制标准》（GB 18485—2001）。日处理为 50 t 脱水污泥（含水率为 80%）的项目投资 350 万元，吨运行费用 180 元。 （2）该技术将含水率约 75%～85%的污泥直接送入循环流化床锅炉燃烧，泥煤掺烧比例约 20%～30%。焚烧烟气经除尘后，二噁英测试浓度＜0.004 ITEQ ng/m^3；铅、镉、汞分别小于 0.155 mg/m^3、0.003 5 mg/m^3 和 0.004 mg/m^3，符合《锅炉大气污染物排放标准》（GB 13271—2001）	城市污水处理厂污泥处置	已有少量工程应用	（1）解决烟气干化、焚烧成套设备的国产化及降低运行费用问题。 （2）解决污泥储存、运输和降低污泥含水率，尾气处理问题

序号	技术名称	技术指标	适用范围	发展状况	解决的技术难题
		及《生活垃圾焚烧污染控制标准》（GB 18485—2001）的相关规定。每小时掺烧 1 t 污泥的循环流化床锅炉（20 t/h）改装投资约 2.5 万元/t 污泥，污泥焚烧直接运行成本约 63 元/t			
6	太阳能、高温双热源热泵污泥干燥技术	该技术采用太阳能集热器供热系统和热泵循环供热系统相结合对污泥进行干燥处理，两供热系统彼此独立，既可单独循环供热，也可组合供热。10 t/d 的工业性试验表明，污泥含水率从 80%降到 20%，太阳能集热器热效率 60%，热泵输出气体温度约 100℃，干燥机内温度 80℃，建设投资 31 万元/t，运行成本 56 元/t	城市污水处理厂污泥干化	已完成工业化试验	解决太阳能与热泵的耦合技术、热源稳定技术、自动控制系统及系统优化技术
二、工业废水处理、回用与减排技术					
7	糖蜜酒精废液烟气直接浓缩焚烧技术	本技术采用耐热渗透酵母菌以间接加热蒸馏的方式生产糖蜜酒精，并对糖蜜酒精废液进行回用，可提高废液排放浓度，减少废液量，使每吨酒精产生 9 t 20oBx 的废液。将废液浓缩到 60oBx（低位热值 7 000 J/kg）后焚烧，可提供浓缩工艺所需能量的 120%，实现浓缩工艺的能量自给。焚烧炉渣的钾含量达 15%，可用于制造复合有机肥或加工成硫酸钾，日产 50 t 的酒精厂可因此获利 250 万元/年	甘蔗制糖副产品和酒精生产废液的处理	已完成工业化试验	解决浓缩工艺的能量和热量平衡问题
8	马铃薯淀粉废水治理及综合利用工程技术	（1）该技术采用高效凝聚、吸附、膜分离和无害化絮凝剂的集成技术，先回收纤维、蛋白、植酸、肌醇等副产品，然后对混合高浓度淀粉废水（COD 10 000～30 000 mg/L）采用绒毛状生物膜接触氧化深度处理，COD 去除率＞99%，NH_3-N 去除率＞98%。日处理 1 200 t 的项目投资约 5 200 万元，年运行费用 60 万元，年盈利 900 万元，6 年可收回投资。 （2）该技术对马铃薯淀粉生产中产生的三种废水进行分类处理：即马铃薯冲洗废水采用二级沉淀池串联沉淀处理后回用；淀粉提取废水沉淀处理后回用；蛋白质液采用物化、生化和生物组合处理技术，提取饲料蛋白和生产饲用活菌剂后，作为冲洗水循环利用。蛋白质液经综合利用后，COD 降低 75.5%，SS 降低 95.2%。该技术可节约用水 75%。年生产淀粉 5 000 t，可生产蛋白液 25 000 t，饲料蛋白 637 t，微生物制剂 91 t，利润 103 万元	工艺（1）适用于年产量 3 万吨以上的淀粉生产企业 工艺（2）适用于年产量 5 千吨以上的马铃薯淀粉生产企业	已完成工业化试验	工艺（1）解决投资、运行费用高，能耗高，且运行效果不稳定的问题。 工艺（2）解决生产废水的清污分流及工程化技术的集成；马铃薯蛋白与饲用活菌制剂的动物喂养

序号	技术名称	技术指标	适用范围	发展状况	解决的技术难题
9	高浓度、难生化废水湿式催化氧化处理技术	（1）采用湿式催化氧化法处理有毒高浓度有机废水，开发出的新型催化剂使废水中的高分子有机物在催化剂作用下直接氧化降解为无机物或小分子有机物。COD 去除率＞90%，总有机碳去除率＞85%，有机硫去除率＞85%。处理 COD 为 80 000 mg/L 的乙基氯化物废水时，催化剂制备成本＜60 000 元/t，吨水处理费用＜52 元，每千克 COD 处理费用＜0.7 元。 （2）该技术采用高温、高压湿式催化氧化技术，将高浓度、难生物降解有机废水中的有机物、氨氮、氰化物等分解为二氧化碳、氮气和水等。当处理原水中 COD＞30 000 mg/L、NH_3-N＞30 000 mg/L、TN＞10 000 mg/L 时，在 200～300℃的反应温度和 5～10 MPa 的反应压力下，COD、NH_3-N 和 TN 的去除率＞99%	农药、染料、焦化、石化等行业高浓度、难降解的有机废水处理	（1）已完成工业化试验 （2）已有小规模工程应用	工艺（1）解决应用过程中能耗高的问题，提高处理效率，减少运行费用。工艺（2）解决在高温、高压下高浓度有机废水和氨氮废水的处理难题
10	焦化、煤化工难降解有机废水高效菌处理技术	该技术采用新型微电解装置、块状催化剂和必要介质的预处理工艺，投加高效菌剂，通过 UASB 工艺处理焦化、煤化工难降解有机废水，其 COD 从 3 000～3 500 mg/L 降至 40～60 mg/L；酚类从 150～100 mg/L 降至 0.5～0.8 mg/L；NH_3-N 从 140～200 mg/L 降至 2～3 mg/L，处理出水可达到回用要求。该处理工艺建设费约 1 000 元/t，运行费用为 4～5 元/t	焦化、煤化工、军工、等难降解废水处理	已完成中试	解决菌群选育与最佳配比，菌群粉末化等技术问题
11	电镀废水处理技术	（1）该技术通过超滤、反渗透法和离子交换法，提取废水中的重金属离子，重新应用于电镀生产过程。重金属基本全部回收，过滤回收水65%左右。吨水运行成本 3～4 元。 （2）利用纳滤除去废水的部分一价盐类，并对镍离子进行预浓缩，经纳滤预浓缩后的含镍料液再经反渗透浓缩后回收。电镀废水经处理后，水回用率≥95%。膜法处理电镀含镍废水设备投资费用的回收期≤1 年	电镀行业废水处理	已完成中试	解决水资源再利用，实现闭路循环；进一步降低废水中的有害物质浓度；提高重金属回收率
三、烟气脱硫、脱硝技术					
12	烧结机烟气循环流化床多组分污染物干法净化工艺	该技术采用“烟气循环流化床干法脱硫+布袋除尘器除尘+选择性脱硫”的工艺方案，针对烧结机各风箱的 SO_2 排放浓度不同，对 SO_2 排放浓度高的风箱进行选择性脱硫，适合烧结机短时间内开停频繁的运行工况。当入口 SO_2 浓度为 3 000～5 000 mg/m^3 时，SO_2 排放浓度可控制在 400 mg/m^3 以下，脱硫效率达到 90%以上，粉尘排放浓度可控制在 30 mg/m^3 以下。180 m^2 烧结机机头烟气净化工程总投资为 3 000 万元，运行费用为 650 万元/年	烧结机烟气脱硫	已有少量工程应用	解决脱硫灰湿度大、烟气含氧浓度高的情况下，物料循环系统防堵塞、袋除尘器滤料防氧化、糊袋等问题

序号	技术名称	技术指标	适用范围	发展状况	解决的技术难题
13	回收硫铵的燃煤电厂氨法湿式烟气脱硫技术	该技术采用具有自主知识产权的氨法脱硫工艺，以氨为吸收剂，在与SO_2反应的同时，与空气中的氧作用，将亚硫酸铵氧化成硫酸铵，经浓缩、结晶提纯或蒸发后生产硫铵肥。SO_2去除率＞95%，氨的逃逸浓度＜5 ppm。2×50 MW 机组每年可副产硫酸铵肥 4.5 万 t，实现销售收入 3 000 万元	具有氨吸收剂条件、燃料硫含量＞1.5%的大型工业锅炉和电站锅炉的烟气脱硫	已在 100 MW 燃煤机组上应用	解决脱硫系统优化设计及工程设备成套化，提高系统及设备可靠性，降低回收系统能耗等问题
14	改进型石灰石/石灰—石膏法烟气脱硫技术	该技术采用具有自主知识产权的 U 形平流式吸收塔工艺，烟气进出口在塔的同一侧。与常规石灰石—石膏法比较，具有系统布置简洁、占地小、投资省、运行能耗较低等特点。脱硫效率≥95%、脱硫系统阻力≤2 000 Pa、钙硫比＜1.03、工程造价≤150 元/kW、运行电耗≤7.5 kW/MW 机组容量，与常规石灰石/石灰—石膏法相比，电耗降低约 20%，装置可用率≥98%、石膏纯度＞90%	燃煤电站锅炉的烟气脱硫	已有少量工程应用	解决现役机组的系统布置问题，进一步降低运行能耗，提供系统的技术经济性能参数
15	半干半湿法烟气脱硫除尘技术	该技术采用石灰和循环脱硫灰作为脱硫剂，利用蒸汽输送的方式消化、活化脱硫剂；烟气在烟道内增湿降温后，通过烟气分布器在塔内与水雾、脱硫剂、脱硫灰充分接触，达到较高的脱硫效率；利用烟气自动补偿管道的自动控制系统，保证脱硫效率与锅炉工况的匹配性。采用袋式除尘或电—布袋组合除尘技术，除尘效率达 99.9%；蒸汽输送脱硫灰过程中 90%以上的亚硫酸钙氧化为硫酸钙。220 t/h 锅炉脱硫工程总投资 1 900 万元，运行成本约 550 元/h	大中型燃煤工业锅炉、中小型电站锅炉	已有少量工程应用	解决系统性能参数优化和连续稳定运行问题
16	大型燃煤电站 SCR 烟气脱硝技术	该技术采用具有自主知识产权的选择性催化还原脱硝技术处理火电厂烟气，以氨为还原剂，在催化剂的作用下将氮氧化物还原成氮气和水。脱硝效率 80%～90%，氨逃逸率＜3 ppm，SO_2氧化率＜1%，催化剂运行寿命＞16 000 h	大型燃煤电站锅炉烟气脱硝	已有少量工程应用	解决系统集成优化问题，减少烟气含尘量对 SCR 反应器的影响，实现国产催化剂的应用
四、工业废气治理、净化及资源化技术					
17	水泥窑尾废气中二氧化碳气体回收及综合利用技术	该技术采用变压吸附从水泥窑尾气中分离提纯回收二氧化碳，在稀土催化剂作用下，与环氧丙烷发生聚合反应，经后处理生成降解速度可调节的聚酯塑料。生产过程中没有废物排出，共聚物中二氧化碳含量＞42%，聚合物数均分子量＞120 000。回收 1 t 二氧化碳及生产 1 t 全降解二氧化碳共聚物，水耗 9 元，电耗 1 073 元	水泥窑尾废气中二氧化碳的综合利用	已有 3 000 t/年的中试生产线	解决项目产业化建设中的工程化技术问题

序号	技术名称	技术指标	适用范围	发展状况	解决的技术难题
18	黄磷尾气利用技术	（1）该技术采用变温变压吸附黄磷尾气中的一氧化碳，利用羰基合成技术生产甲酰胺等系列产品。净化后黄磷尾气中磷、硫、砷、氟化物杂质含量＜1 ppm，一氧化碳回收率＞85%。5 000 t/年黄磷尾气制甲酰胺项目总投资 5 350 万元，年均利润 893 万元，投资回收期 5.5 年。 （2）该技术利用催化氧化净化工艺，去除黄磷尾气中的磷硫化合物，使一氧化碳浓度＞98%，而硫、磷、砷、氟杂质降到 ppm 级，一氧化碳经变换制氢、催化合成甲醇。5 000 万 m^3/年的黄磷尾气净化项目可生产甲醇 20 000 t/a，项目总投资 7 235 万元	黄磷生产企业尾气治理	（1）已完成 50 m^3 的工业试验 （2）已完成中试	（1）解决变温变压吸附高效回收一氧化碳操作工艺参数的确定问题。 （2）解决黄磷尾气的深度净化、还原气氛下催化剂的使用寿命、催化剂的高效再生、工业化装置的放大关键技术等问题
19	硅铁粉尘治理与硅粉回收技术	该技术采用分室离线脉冲喷吹及混风冷却和二次引射互补腔清灰技术，回收高品位硅微粉体。脉冲喷吹压力：0.2～0.35 MPa；喷吹频度：20～30min；除尘效率≥99.5%；粉尘排放浓度≤50 mg/m^3。烟气处理量 60 000 m^3/h 的工程土建费 5.5 万元，设备购置费 220 万元	硅铁冶炼企业冶炼过程中的粉尘治理	已有少量工程应用	解决成本过高问题
五、固体废物处理、村镇生活污染控制及土壤修复技术					
20	垃圾焚烧飞灰药剂稳定化—卫生填埋技术	采用 DTC 类高分子螯合剂使飞灰达到强化化学稳定化，经捏合及养护，重金属元素被捕集，生成交联网状结构的螯合物，最终实现飞灰的高效稳定化。经处理后的飞灰（Pb＜3 mg/L，Cu＜50 mg/L，Cr＜0.3 mg/L，Zn＜50 mg/L，Cd＜10 mg/L）对填埋场环境的影响可降至一般废物的污染水平，而后进入卫生填埋场处置。吨飞灰投资 8 万～30 万元，运行费 222 元，水耗 0.25 t，电耗 25 kW·h，药耗＜0.03 t	垃圾焚烧飞灰的处理	已完成工业性试验	解决飞灰稳定化关键技术的工程化及飞灰中二噁英的稳定性问题
21	村镇生活污染综合治理技术	采用源头分离实现生活污水黑灰水分离，粪尿分离以及垃圾的分类收集处理。粪便经过粪尿分离生态厕所，粪便进入储粪箱混合添加物脱水、堆肥利用；尿液流入储尿罐稀释农用；厨余等有机垃圾混合粪便堆肥。水冲厕所黑水则同厨余等有机垃圾厌氧消化产生沼气。灰水分离后采用人工湿地处理，补充景观用水。处理后出水 COD≤30 mg/L，BOD_5≤10 mg/L，达到《地表水环境质量标准》（GB 3838—2002）三类水标准；厨余垃圾及固体粪污进行堆肥处理，实现废物资源化	农村地区的粪便、生活污水、固体垃圾等污染物的处理、处置	已有少量工程应用	解决高固含量的厌氧处理技术和具有脱氮除磷功效的微型湿地关键技术的工程化应用

序号	技术名称	技术指标	适用范围	发展状况	解决的技术难题
22	重金属污染场地土壤固化稳定化治理技术	采用药剂对污染土壤中重金属污染物进行处理，使污染物浸出浓度大大降低。对汞、铅、镉、铜、锌、铬、镍浸出毒性浓度超标50倍以下和砷浸出毒性超标8倍以下的污染土壤处理后，主要重金属污染物浸出毒性浓度降低80%～98%，小于《危险废物鉴别标准浸出毒性鉴别》（GB 5085—2007）中规定值的50%。在治理土壤量达到50 000 m^3以上时，设备投资≤15元/m^3，药剂成本35～50元/m^3，施工及管理成本为25～30元/m^3，电耗≤0.3 kW·h/m^3，水耗≤0.001 t/m^3	受重金属污染的工业场地治理修复	已完成54 m^3土壤的中试	解决大规模作业过程的工程化及固化、稳定化的问题
23	石油污染土壤生态修复技术	采用了以植物—微生物联合为主，辅以物理化学措施的生态修复技术体系；利用固定化方式建立外源微生物的保护机制，辅以合理的作物品种、种植结构、污染物活化及农田管理措施，进一步强化污染土壤处理效果，最终完成生态修复过程。土壤中石油类污染物在第一个生长季中的降解率即可达55%～70%，平均在60%以上。以原位修复耕层土壤（0～20 cm）为目标，按照1%～2%的固定化菌剂接种量，每公顷污染土壤的修复费用为1 000～2 000元	石油污水灌区的土壤生态修复	已完成工业化试验	解决单一修复技术难以实现预期目标、生物修复中外源微生物生存能力差、生物量难以维持及土壤中游离微生物的传质性差等问题
六、噪声与振动控制技术					
24	阻尼弹簧浮置板轨道隔振技术	以阻尼弹簧隔振技术为基础，采用大荷载阻尼弹簧隔振器和浮置板道床工艺技术相结合进行隔振处理。阻尼弹簧浮置板轨道隔声装置的隔振效果≥25 dB，每个阻尼弹簧隔振器的承载能力30～80 kN，隔振系统阻尼比为0.05～0.08，满足国家《城市区域环境振动标准》中对居住、文教区的相关要求。采用该技术的轨道隔振工程费为0.6万～0.75万元/m	城市轨道交通隔振	已完成中试	解决抗冲击负荷和小型化及相应的铺设工艺、隔离层施工到浮置板鼎升、轨道调整等工装技术问题
七、清洁生产和资源综合利用技术					
25	蛋白质纤维微悬浮体节能环保染色技术	采用自行研制的微悬浮体化助剂，使微悬浮体化后的染料颗粒达到纳米级，从而对纤维的吸附能力显著加强，可提高固色率10%～30%，缩短染色时间1/3～1/2，减少染料用量10%左右	毛用活性染料、酸性染料、中性染料及酸性络合染料对蛋白质纤维的染色加工	已完成工业化试验	解决各种蛋白质纤维染料的微悬浮体化，提高染料对纤维的吸附率，实现了体系中各种相关参数的优化
26	涤纶织物的无助剂免水洗清洁染色工艺	该技术使用自主研发的微胶囊化分散染料，配合专用的染料萃取器，对传统的高温高压染色工艺和设备实施改造，缩短了聚酯纤维制品染色工艺流程，可使染色用水单耗下降70%，热能消耗降低1/3。在染色	适用于对疏水性纤维（涤纶、锦纶）及涤/棉等混纺织物的	已完成工业化试验	解决产业化过程中各种织物的微胶囊材料技术开发的问题，并使工艺优

序号	技术名称	技术指标	适用范围	发展状况	解决的技术难题
		品质不低于传统染色工艺的前提下，染色后排出废水的色度、COD 和 BOD_5 达到或接近国家一级排放标准；经简单处理的染色废水可 100%回用。采用该技术的染色设备（400 kg 容量）改造费每台 10 万元，每日减少废水 180 t，需处理的固体废物仅为织物重量的 2%左右	染色加工		化，提高系统稳定性
27	色谱法提取柠檬酸新工艺	该技术用热水作洗脱剂、以树脂色谱分离技术替代现行的钙盐法生产柠檬酸，消除了二氧化碳废气、硫酸钙等废渣排放；废糖水循环发酵，回用水达到 200 次以上。柠檬酸收率＞98%，固定相利用率提高 2～5 倍，降低生产成本达 10%～15%，产品浓度提高 5%～15%	有机酸生产行业	已有少量工程应用	解决其他有机酸行业的应用问题，扩大柠檬酸行业规模
28	废弃印刷电路板的处理及资源化技术	采用物理方法，先拆除废弃电路板上的部分元器件，再将废弃电路板破碎后经脉动气流分选、磁选、分级、电选和高效离心分选，实现金属和非金属的有效解离，可得到回收率高于 90%的金属富集体，金属富集体中的主要金属铜以单体存在，品位高于 65%；部分贵金属及其他金属以金属富集体形式存在，回收率＞85%	电子废弃物处理	已完成中试	解决废弃印刷电路板的处理处置及二次污染问题。使废弃物最终达到资源化
29	废蓄电池资源化利用技术	采用自主开发的自动破碎分选技术和铅膏预脱硫—电解沉积工艺，将硫酸、铅膏和栅板、塑料、胶木等有效分离，并电解得到最终产品电铅。年处理万吨废蓄电池投资规模为 3 900 万元，脱硫率＞97%，铅回收率＞95%，电流效率＞96%，电耗＜700 kW·h，电铅质量＞99.99%	年处理规模 10 000 t 以上的废蓄电池回收利用	已完成生产性试验	解决蓄电池铅膏脱硫技术和电解沉淀技术生产电解铅的生产规模扩大和工业化问题
30	用清水作工作介质的环保单体支柱	采用多元素合金沉积法对煤矿采煤工作面用于支护的单体液压支柱进行防锈处理，代替传统使用的乳化液防锈。工作介质采用清水以后，防止了乳化液在支柱回收时排入采空区而污染地下水。防锈处理使每根支柱生产成本上升 30 元，但整个行业每年可节约乳化剂费用 1.4 亿～2.1 亿元	煤矿井下采煤工作面用单体液压支柱支护顶板	已完成工业化试验	解决了乳化液污染地下水资源的问题
31	燃煤烟气脱硫副产物资源化利用技术	利用燃煤电厂石灰石/石灰—石膏法烟气脱硫后产生的脱硫石膏副产物改良盐碱地，实现燃煤烟气脱硫副产物的资源化利用。改良区域出苗率达 50%以上，籽粒产量增加 60%以上	电厂燃煤烟气脱硫副产物的利用	已有少量工程应用	解决快速测定盐碱地的 pH 值、全盐含量、碱化度等指标，推算燃煤烟气脱硫副产物和改良剂的具体施用量问题，以及更加简易的灌溉问题

序号	技术名称	技术指标	适用范围	发展状况	解决的技术难题
32	制革固体废弃物资源化利用	该技术以废皮屑为原料，开发废皮屑-单宁-双官能团交联剂“共价交联”固化单宁和“有机蒙囿”固化 Fe^{3+}、Al^{3+}、Zr^{4+}、Ti^{4+}等的制备技术；制备的两种新型吸附材料，分别用于工业废水中有毒重金属离子的吸附和无机阴离子、染料、有机物等的吸附。年产 1 000 t 吸附材料的项目总投资 1 096 万元，可实现总产值 960 万元/年，投资平均利润率为 45%	制革废物资源化利用	已有少量工程应用	解决单宁固载量与固化牢度的矛盾，固化 Fe^{3+}、Al^{3+}、Ti^{4+}时易发生沉淀，及如何增加金属离子载量以提高吸附容量和工程放大问题
33	环保节能干法乙炔制备技术	该技术用略多于理论量的水，以雾态喷在电石粉上使之水解生产乙炔。反应温度气相为 90～93℃，固相为 100～110℃，水与电石的比例约为 1.2：1，电石水解率＞99%，电石渣含水率低，乙炔收率＞98.5%。提高了生产安全性，工艺水循环使用。生产密闭进行，消除大气污染。无需沉降和压滤处理，节省投资和占地面积，年产 10 万 t PVC 节约成本 810 万元	乙炔生产行业	已有少量工程应用	解决乙炔制备工艺的节能减排问题
34	磷石膏制取建材产品、硫酸技术	磷石膏主要成分是二水硫酸钙，加热脱出部分结晶水后再加水重结晶时可生成具备一定机械强度的建材产品。该技术可使磷石膏的分解温度由通常的 1 060℃降低到 900℃以下，掺入的改性剂和复合激发剂消除了磷对磷石膏制品性能的不良影响。磷石膏在更高的温度及还原剂的作用下，可分解成出二氧化硫和氧化钙，二氧化硫经净化、催化氧化及吸收可制得硫酸，氧化钙在高温下与其中的二氧化硅、氧化铁、氧化铝发生反应生成水泥熟料	磷石膏处理利用	已有少量工程应用	解决了资源化利用磷石膏的问题
35	钢渣热闷自解处理技术	该技术充分利用钢渣余热，生成蒸汽消解 f-CaO、f-MgO，使其稳定。钢渣中废钢回收率高，尾渣中金属含量＜1%，基本无粉尘和污水排放。钢渣粉比表面积在 420 m^2/kg 以上，吨产品主机电耗 32 kW·h，技术指标达到《用于水泥和混凝土钢渣粉》（GB/T 20491—2006）。年处理钢渣 168 万吨项目投资 12 600 万元，单位产品成本 23 元/t，电耗 6.8 kW·h/t，水耗 0.27 m^3/t，利润 103 元/t。年生产钢渣粉 80 万吨项目投资 8 800 万元，单位产品成本 75 元/吨，电耗 38 kW·h/t，水耗 0.12 m^3/t，利润 65 元/t	冶炼钢渣处理	已有少量工程应用	解决 1 650℃钢渣直接热闷提高粉化率、消除喷水产生的爆炸、热闷装置内压力和温度自动化控制等问题

附件 2

2008 年国家鼓励发展的环境保护技术目录

序号	技术名称	技术内容	适用范围
一、城镇污水、污泥处理及水体修复技术			
1	A^2/O 城市污水处理技术	采用分离池型的反应池，单独设立缺氧池（除磷时还应设厌氧池）及好氧池，并采取内部循环的混合液回流，使用鼓风微孔曝气或射流曝气方式。COD 的去除率≥85%，BOD_5 的去除率≥95%，NH_3-N 的去除率≥90%，TN 的去除率≥75%，SS 的去除率≥95%，处理出水达到《城镇污水处理厂污染物排放标准》（GB 18918—2002）一级标准	5 万～150 万 m^3/d 生活污水或水质类似的工业废水处理
2	悬挂链曝气污水处理成套技术	（1）该技术采用经防渗处理的土地结构为一体化生物处理反应器，悬浮富氧曝气机或悬浮曝气链为充氧设备，形成曝气池中多级 AO 交错的污水处理单元。与常规活性污泥工艺相比，可降低工程投资 40%以上，SS 去除率≥87%，COD 去除率≥67%，BOD_5 去除率≥83%，TP 去除率≥67%，NH_3-N 去除率≥73%。用于城镇污水处理时，其出水水质可达到《城镇污水处理厂污染物排放标准》（GB 18918—2002）一级 B 类标准。 （2）以悬挂链曝气技术为核心的多级 AO 工艺，在保证脱氮除磷效果的前提下使能耗降到最低；通过优化污泥的回流比，保证氮磷的高效去除。对城镇污水处理，出水水质 COD＜50 mg/L，BOD_5＜20 mg/L，SS＜20 mg/L，NH_3-N＜8 mg/L，TP＜0.5 mg /L，去除率分别达 98%，93.3%，95%，75%，60%。该技术在中小城镇污水集中处理和工业园区污水集中处理的领域有独特的优势	城镇生活污水及啤酒、食品加工等行业废水的处理
3	氧化沟活性污泥法污水处理技术	该技术采用环形廊道反应池和延时曝气，曝气设备可采用鼓风微孔曝气方式，也可以采用表面曝气方式。COD 去除率≥85%，BOD 去除率≥95%，NH_3-N 去除率≥90%，TN 去除率≥75%，SS 去除率≥95%，出水可达到《城镇污水处理厂污染物排放标准》（GB 18918—2002）一级标准	大中型生活污水或水质类似的工业废水处理
4	序批式活性污泥法污水处理技术	该技术在一个或多个带有选择器、平行运行且反应容积可变的池子中完成生物降解和泥水分离过程。每次工艺操作按进水/曝气→进水/沉淀→滗水→闲置（视具体运行条件而定）进行，在曝气阶段完成生物降解过程，在非曝气阶段完成泥水分离，在滗水阶段出水并排出剩余污泥。COD 的去除率≥85%，BOD 的去除率≥95%，NH_3-N 的去除率≥90%，TN 的去除率≥75%，SS 的去除率≥95%，处理出水达到《城镇污水处理厂污染物排放标准》（GB 18918—2002）一级标准	2 万～10 万 m^3/d 生活污水或类似水质的工业废水处理
5	好氧生物流化床污水处理技术	该技术采用以内循环三相生物流化床技术为原理的生物反应器，填充高强度轻质载体以降低流化过程的动力消耗，迷宫式载体分离器结构保证载体的年流失率＜10%，进水有机负荷 5～15 kg COD/（m^3·d），COD 去除率 80%～90%，出水达到《城镇污水处理厂污染物排放标准》（GB 18918—2002）中一级 B 标准	工业园区集中式污水处理和中小城镇生活污水处理

序号	技术名称	技术内容	适用范围
6	膜生物反应器污水处理技术	采用放置中空纤维超滤膜或微滤膜的生物反应器（曝气池），在反应器内同时实现微生物对污染物的降解和膜对污染物的过滤，出水达到《城镇污水处理厂污染物排放标准》（GB 18918—2002）一级A标准	生活污水的深度处理
7	复合厌氧法生活污水处理装置	该技术由圆筒形结构的钢混管件和钢制罐体组装成型，采用厌氧—好氧法处理生活污水，厌氧区投放填料利于微生物附着挂膜，同时在厌氧段和好氧段投加高效菌种，使其对污水降解能力比普通活性污泥效果提高20%～30%。出水COD＜45 mg/L、BOD_5＜8.5 mg/L、SS＜10 mg/L，对NH_3-N、COD、浊度的去除率均≥90%	村镇、乡村低浓度常规生活污水处理
8	高效生物曝气滤池用于污水回用技术	污水进入生物絮凝池后，经沉淀池去除大部分的SS和有机物，改善后续高效曝气生物滤池的工况条件、降低负荷。再经高效曝气生物滤池和消毒处理后排放，满足《污水再生利用工程设计规范》（GB 50335—2002）中规定的再生水用作城镇杂用水或循环冷却系统补充水等的水质控制指标	要求回用的城市生活污水处理
9	特效菌生物接触氧化污水处理技术	采用特效微生物菌剂，以复合填料作为生物载体，通过对曝气及微生物反应过程的调控，实现对生物接触氧化技术的优化。该技术应用于处理城镇污水时，其出水水质可达《城镇污水处理厂污染物排放标准》（GB 18918—2002）一级B标准，具有占地少、投资省、运行费用低和操作管理简便的特点	中小型城镇污水处理厂
10	硅藻土药剂混凝物化和改进型曝气生物滤池联合处理技术	采用硅藻土药剂混凝物化和改进型曝气生物滤池联合处理技术，其复合型硅藻土药剂用量是碱式氧化铝（PAC）处理同类废水的1/4；在改进型曝气生物滤池中使用硅藻土烧制的滤料，可提高生物附着性、反冲效率和处理负荷。该技术应用于城镇污水处理，其出水水质可达《城镇污水处理厂污染物排放标准》（GB 18918—2002）一级A标准	城镇污水和工业园区废水处理，以及中水回用和小型水体修复
11	水生植物法湖泊生态修复技术	该技术以水生植被恢复/重建为核心进行研发与集成，将水质和底质改善技术有机结合，为水生植物的恢复创造条件；通过对种类筛选与定植技术的研究与应用，促使水生植物恢复，重建湖泊生态系统，恢复生态系统功能。该技术成功地在高氮、高磷、低透明条件下，使湖泊逐步恢复以沉水植物为主的水生植被，在生态修复与水环境改善方面取得了较好的效果，使湖泊主要水质指标达到Ⅳ类水体水平，氮磷去除率可分别达到30%和60%	城市景观水体和自然湖泊生态系统的恢复
12	生态填料土地处理系统	该技术利用薄膜在地下围成一个生物滤池，利用透气性土壤作为好氧填料，将厌氧化的生活污水引进草坪下，通过由干管、支管组成的布水系统，均匀地由透气性土壤向下渗滤，污水滞留到厌氧砂盘后，再通过表面张力作用上升，越过砂盘的堰之后，再通过虹吸作用连续地向下层土壤渗透并流出生物滤池。在上述渗滤过程中，水与污染物分离，污染物通过物理化学吸附作用被截留在土壤中，由土壤中的好氧微生物降解，其降解物再由草坪等植物所利用，出水作为中水回用	生活污水、餐饮污水处理

序号	技术名称	技术内容	适用范围
13	人工湿地污水处理与回用技术	该技术采用预处理与人工湿地组合的工艺，针对北方冬季特点进行了抗寒保温设计，可保障污水处理设施在低温条件下正常运行，具有占地面积小，负荷高等特点。用于城镇污水处理，对各类污染物去除率：COD80%，BOD_5 84%，SS87%，NH_3-N58%，TP73%，出水水质达到《城镇污水处理厂污染物排放标准》（GB 18918—2002）一级 B 标准	北方有土地资源地区的城镇生活污水处理，以及河道的水质改善与生态环境修复
14	生活污水回用膜处理技术	经过粗过滤的水进入配水渠道，流入装有大量超滤膜元件的膜池，超滤膜的过滤孔径为 0.02 μm，平均通量为 23 L/m^2·h，出水可达《城市污水再生利用景观环境用水水质》（GB/T 18921—2002）要求	生活污水回用
15	污泥高温好氧快速发酵节能技术	采用好氧发酵技术，综合考虑污泥好氧发酵周期、腐熟度、能耗、运行成本等指数，分别设定发酵初、中、后期三阶段的曝气参数（曝气量、曝气时间、曝气频率），提高了堆肥效率。堆肥周期夏季 10 天、冬季 15 天以内；发酵后污泥含水率＜35%，各项指标符合《城镇污水处理厂污染物排放标准》和《粪便无害化卫生标准》，可作园林绿化、植被恢复、回填土等用途或制成有机肥	污水处理厂污泥的稳定化处理
16	污泥稳定化处理技术	（1）污泥厌氧消化技术：在密闭的消化槽内，温度保持 30℃以下，贮停 15～20 d，定期排泥，当 VSS/SS 比值在（45±5）%时，污泥经厌氧消化达到稳定。 （2）污泥高温好氧消化技术：曝气池中 MLSS 的 BOD_5 负荷一般在 0.05 kg/（kg·d）左右，污泥龄在 25 d 以上，pH 值保持 7～8，污泥自身需氧量为 0.001 5～0.06 m^3/（m^3·min）。 （3）自热式高温好氧消化技术：pH 值保持在 7.2～8.0，有机物的代谢速率达到 70%，污泥停留时间 5～6 d	污水处理厂污泥的稳定化处理
二、工业废水处理、回用与减排技术			
17	生物增效技术	本技术通过添加具有特定分解代谢活性的菌株来促进原有微生物菌群的作用，提高微生物的抗负荷波动能力和对难处理成分的降解能力，COD 和 NH_3-N 总量可以进一步削减 10%～40%。针对有机物去除的产品菌落数含量≥50 亿·cfu/g；针对 NH_3-N 的去除率≥500 mg 氨氮/kg 产品·h。处理量 3 000 m^3/d 以下系统的投加量为 0.4～1.0 mg/L；3 000 m^3/d 以上系统的投加量为 0.2～0.5 mg/L	石化、造纸、食品酿造等行业工业废水的生物处理
18	酒精废水处理技术	该技术采用“进水—固液分离—废水中和处理—高效沉淀—上清液再利用”的工艺流程，上清液送入生产酒精的前道工序再利用，经固液分离机分离出的酒糟作饲料，高效沉淀后的沉淀物送入厌氧罐制沼气。日处理 1 000 t 废水需投资 100 万元，可回收再利用废水 1 000 t，每吨废水电耗和药剂费用与回收利用所节约的水费基本持平	以玉米为原料生产酒精的企业

序号	技术名称	技术内容	适用范围
19	厌氧颗粒污泥床废水处理技术	该技术采用厌氧颗粒污泥悬浮床反应器，针对不同的进水水质，培养具有特定功能的自固定化颗粒污泥或固定在颗粒载体上的厌氧生物膜，在高效厌氧反应器内处理淀粉及各类高、中浓度工业有机废水。对于高浓度易降解有机废水，在设计条件下厌氧反应器负荷可达 40 kg COD/（m^3·d）；对于难降解有机废水，负荷可达 15 kg COD/（m^3·d），在 10～12℃温度范围内，负荷≥8 kgCOD/（m^3·d）。产生的沼气可用于发电	玉米淀粉及各类高、中浓度工业有机废水的处理
20	改进型高效折板厌氧反应系统	该技术是在折流厌氧反应器（ABR）的基础上，根据屠宰、制药废水的特性，对 ABR 的配水、隔室宽度、填料筛选和安装位置进行改良和优化，增设中间池，在中间池进行出水沉淀和预曝气，将沉淀污泥回流。改进型高效折板反应系统容积负荷在处理屠宰废水时为 6.0 kg COD/（m^3·d），在处理中药制药废水时为 4.5 kg COD/m^3·d，HRT 在 18～24 h，COD 去除率达 85%～87%，与 UASB 相比投资节省 30%	屠宰、制药废水
21	抗生素废水处理技术	先分别采用加药絮凝和气浮的方法对庆大废水和麦白废水进行预处理，回收丝蛋白和溶媒。然后采用“UASB+SBR”工艺处理混合废水，将内循环三相流化床和拼装搪瓷罐成功应用于制药废水，能有效进行 SBR 反应池程序控制，使出水 COD≤150mg/L，BOD_5≤50mg/L，SS≤80 mg/L，去除率均达 99%。达到国家排放标准	微生物发酵生产庆大霉素等抗菌素企业的废水治理
22	废纸造纸废水零排放技术	该技术以厌氧—好氧生化处理为核心技术，在厌氧—好氧过程中使钙盐和镁盐在污泥中沉积，以控制废水循环中的盐累积；按照按质用水的原则分配各生产用水单元的水量和水质，组成闭路循环使用模式，提高水循环利用率；产生的沼气可用于造纸干燥过程。应用该技术可降低吨纸用水量，实现废水零排放；生物处理后水的碳酸钙硬度为 3.5～4.5 mmol，剩余污泥产量为纸产量的 1%～2%；厌氧生物反应器负荷为 8～12 kg COD/（m^3·d），污泥浓度为 25～35 g/L；好氧生物反应器污泥浓度为 2～4 g MLSS/L，出水溶解氧为 2～3 mg/L	以废纸为原料的本色纸生产和涂布白板纸生产过程中造纸废水的处理
23	制革废水处理技术	对混合废水采用“废水—隔栅—调节池—水解酸化—好氧活性污泥处理—二沉池—出水”的工艺流程，对鞣革废水，先经筛网流入贮存池，进行化学沉淀后，进混合废水处理系统的调节池，铬泥经脱水后回收。好氧段污泥龄为 30 d、MLSS 为 3 500～4 000 mg/L、污泥负荷 0.080～0.010 kg BOD/kg MLSS·d，水力停留时间 30～36 h，COD、BOD_5、SS 的去除率分别为 97%、98%、95%。以 1 200 m^3/d 的废水处理规模为例，总投资 180 万元，处理成本 2.0 元/m^3 废水，日运行费 1 440 元	制革企业的废水处理
24	印染工业园区废水集中处理技术	（1）该技术对各排放废水企业分别设输送泵站，送至集中污水处理厂，经预处理系统提高水质水量的稳定性，然后采用物化与生化处理（调节池、水解酸化池等）→生化处理→化学处理工艺，使出水水质：pH 6.5～8.5、COD 40～70、BOD_5 8～ 12、SS10～20、色度 5～10，削减率均≥80%，污泥经贮池、脱水后外运。	印染工业园区废水集中处理

序号	技术名称	技术内容	适用范围
		（2）该技术采用水解酸化和活性污泥法为主体工艺，脉冲布水系统布水均匀稳定，确保废水与活性污泥的充分接触和混合，泥、水、气三相分离效果好，无需设置单独的布水或搅拌设备，操作维修方便，可实现不停产检修。出水水质达到《污水综合排放标准》（GB 8978—1996）的一级标准。 （3）该技术采用清浊分流，重污染的废水先经厌氧处理后与轻污染废水混合，以“水解＋接触氧化＋强化生物滤池”为主体工艺进行处理后排放。在进水 COD 1 800～2 000 mg/L 时，出水 COD≤60 mg/L，NH_3-N≤5 mg/L	
25	印染废水回收利用技术	（1）对印染废水进行清污分流后，采用“废水—水质水量调节—生化处理—混凝沉淀—过滤—活性炭吸附—软化—出水回用”的工艺，对染色残液及初次漂洗水进行处理，处理后水质优于纺织印染生产行业用水水质标准，回用于生产。中和调节停留时间为 4.6 h，生化处理时间 3.8 h，沉淀池表面负荷 2.4 m^3/（m^2·h），过滤滤速 7 m/h，软化器滤速 20 m/h。吨水投资 1 050 元，运行费用≤0.5 元/m^3。 （2）该技术采用清浊分流，轻污染水（COD≤300 mg/L）经“生物接触氧化—生物滤池—复合反应器—陶瓷膜处理”后回用，回用率约 70%；陶瓷膜过滤浓水与其他废水合并，处理达标后排放。污染物削减 75%以上，出水透明度＞30，色度＜25，高锰酸盐指数≤20 mg/L，pH6～9，总体回用率 50%，吨水处理费 1.5 元	印染行业废水回用处理
26	染料废水的处理回用技术	（1）对含 8%～10%以上硫酸酸度的染料母液及中间体酸性废水进行四级多效浓缩，浓缩到硫酸浓度为 40%～50%后，有机杂质可析出；过滤除杂后，过滤液中加入氯化钠置换出氯化氢，制成工业盐酸、氯磺酸和硫酸钠。硫酸钠纯度达到 98%，可作为添加剂应用于染料生产，结晶母液可循环回用。废渣采用焚烧处理。 （2）在染料生产过程中，采用膜处理技术代替原盐析和压滤工艺，提高染料的回收率，并对滤后水进行催化氧化及 pH 调节、沉淀和膜处理。出水 COD 180 mg/L，BOD_5 30 mg/L，色度 80，NH_3-N25 mg/L，pH6～9，含盐量 1%～2%，达到工业用水的水质要求。减少染料中精盐用量 1.5t/t，降低生产成本 1.2 万元/t，处理成本为每吨废水 12 元，比传统喷雾干燥工艺节约了近 90%。 （3）采用纳滤膜技术和喷雾干燥技术进行染料后加工，大大削减废物和废水产生量。主要工艺及技术参数：喷雾干燥设备主要参数：塔径 6 000 mm、塔高 49 000 mm、进口温度 220℃、出口温度 85℃、水分蒸发量 1 100 kg H_2O/hr；纳滤膜设备主要参数：分子量 350、面积 800 m^2、通透量 1.1～2.0 t/h	适用于染料、印染行业废水处理及回用
27	羽绒废水处理及羽绒回收利用技术	该工艺采用不锈钢楔形筛网过滤原水，出水流入多级生物接触氧化池进行生物处理，然后通过后端无阀过滤器的净化处理及二氧化氯消毒机的氧化消毒，达到生产回用水的水质要求。出水水质 COD≤40 mg/L，SS≤15 mg/L，LAS≤1 mg/L，各类污染物削减率均≥90%	羽绒水企业废水处理

序号	技术名称	技术内容	适用范围
28	高浓度含盐有机废水生化处理技术	该技术采用“折流厌氧+好氧生物气浮+折流缺氧+好氧生物膜”的工艺，以牡蛎壳为载体，富集并固定耐盐菌（氯化物），处理高含盐量（10 000～24 000 mg/L）有机废水。处理出水 pH 为 6～9，SS≤20 mg/L，BOD_5≤20 mg/L，COD≤60 mg/L	使用海水做生产用水企业产生的高含盐量有机废水处理
29	焦化废水处理技术	（1）该技术通过硝化、反硝化菌的生物作用将污水中的氮转化为氮气，从而达到去除氨氮的目的。以废水中有机物作为反硝化碳源和能源，不需补充外加碳源，废水中的部分有机物通过反硝化作用去除，减轻了后续好氧段负荷，降低了动力消耗；反硝化产生的碱度可部分满足硝化过程对碱度的需求，降低了化学药剂的消耗。出水氨氮排放浓度≤15 mg/L。 （2）该技术筛选、固定高效脱酚菌，制成生物强化剂用于焦化废水的处理，提高了原有水处理系统的稳定性和抗水力冲击负荷能力，提高功能菌群的比例，提高降解有机物的能力。在进水 COD 为 1 600～2 400 mg/L，进水酚为 340～600 mg/L 时，出水 COD≤500 mg/L，挥发酚≤0.5 mg/L	焦化废水处理
30	高氨氮废水处理技术	该技术是双污泥系统，“初曝池＋初沉池”构成一个独立污泥系统，“兼（缺）氧池＋好氧池＋二沉池”构成一个独立污泥系统。在每一段污泥系统中，微生物制剂结合生物载体将传统的活性污泥法和生物膜法有机结合起来；初曝池根据工艺需要降解进水 COD 和有毒有害物质（如焦化废水中的酚、氰等），A/O 系统实现脱氮并进一步去除 COD 和其他污染物。作为双污泥工艺，其抗冲击性能较强；使用的微生物制剂菌群能较完全地分解底物，产泥量仅为常规活性污泥法的 1/10。在进水 COD800～4 500 mg/L，NH_3-N100～650 mg/L，挥发酚≤1 000 mg/L，氰化物≤70 mg/L，BOD_5/COD 为 0.1～0.3 的情况下，出水 COD＜100 mg/L，NH_3-N＜15 mg/L	煤化工（焦化）行业和化工行业高氨氮废水处理
31	化工园区工业废水处理新技术	该技术是包含点源预处理、集中污水处理、过程监控管理和污泥处理处置的集成技术。开发了以电解催化氧化为核心的点源预处理、以适应难降解化工废水的多重循环生物强化技术[包括厌氧水解、缺氧、预曝、初沉、高效好氧（MBBR+活性污泥）、二沉池]为核心的集中污水处理技术、基于关键控制污染因子计算机动态监控管理的水质在线监测系统和基于 Bayesian 统计学原理收费机制的化工园区系统处理技术。点源预处理出水指标满足接管标准要求；MBBR 负荷为 3.0～4.0 kg COD/（m^3·d），水力停留时间 2.5～4.0 h。集中处理出水满足国家《污水综合排放标准》一级标准	高浓度、难降解、有毒有害的化工废水处理
32	糠醛工业废水综合利用技术	采用现代双效蒸发技术处理糠醛废水，处理出水回用于锅炉补充水及锅炉烟气脱硫除尘补充用水；残余有机污染物及醋酸钙镁集中处理，无害化后可取代食盐作为生产融雪剂的工业原料。出水水质为：COD_{Cr}≤100mg/L，SS≤70 mg/L，BOD_5≤30 mg/L，pH6～9，去除率均≥95%	糠醛废水处理
33	采油污水处理技术	以生化工艺为主，以定向转化方法、过程调控技术、絮凝去除难降解 COD 为关键技术，建立低成本、高效率的采油污水集成处理技术。采油污水经处理后，COD 去除率 60%～80%，石油类去除率≥90%，SS 去除率≥60%，达到《污水综合排放标准》	石油行业采油污水特别是稠油污水的处理

序号	技术名称	技术内容	适用范围
34	膜法炼化污水处理回用成套技术	该技术采用“污水—调节池—初级生物曝气滤池—气浮池—清水池—精密滤器（高分子挂膜）—除氨器（天然改性除氨剂）—活性炭滤器（免再生、多腔双功能）—回用水池—用户”的工艺路线。处理后出水达到中石油、中石化集团公司规定的工业冷却水回用指标	炼化废水回用
35	钢铁乳化含油废水微生物处理技术	该技术采用特种高效联合菌群、无机中空纤维陶瓷膜和生物曝气滤池对钢铁废水进行处理和回用。工艺路线为：浓含油废水—过滤—膜分离—稀含油废水；稀含油废水—初沉池—pH 调节池—生物反应池—斜板除油池—生物曝气滤池—回用或排放。主要工艺及技术参数：浓含油废水 COD 20 000～100 000 mg/L、油 5 000～10 000 mg/L；稀含油废水 COD≤2 000 mg/L、油≤1 000 mg/L、SS 200～400 mg/L，pH2～13。污染物削减率为：油≥96%、COD≥90%、SS≥90%、BOD_5≥90%	冶金与金属制品行业含油废水处理
36	钢铁企业综合污水处理及回用技术	该技术以强化预处理为基础，以高效澄清池和滤池为核心，以反渗透膜法脱盐进行深度处理并辅以回用水含盐量控制技术，最终回用于工业循环冷却水系统作为补充水，实现钢铁企业废水零排放。该处理工艺 V 形滤池出水 SS＜5 mg/L，COD＜30 mg/L，油＜2 mg/L，平均去除率为：SS 70.4%，COD 70.5%，石油类 66%。V 形滤池部分出水（1/4～1/3）进除盐水系统进行膜法脱盐，其脱盐率可达 98%，产水回收率可达 75%，脱盐系统的出水返回生产系统循环使用。关键设备已实现国产化，自控系统为自主开发，设备投资为国外同类设备的 1/7，占地面积为常规工艺的 1/6	钢铁工业废水处理
37	大型矿业节水综合集成技术	采用“节水优化管理—复杂酸性废水处理—废水回用”全过程优化集成技术，提高利用效率，减少废水产生量，金属矿山废水回用率达到 90%以上；采用高浓度泥浆法处理矿山酸性废水，与石灰法相比处理能力提高 50%以上，运行费用降低 15%以上，减少污泥输送费用 20%以上，减少管道设备腐蚀	矿山酸性废水处理及回用
38	火电厂烟气脱硫系统脱硫废水处理技术	该技术采用“脱硫废水→氧化→pH 调节→混凝反应→沉淀分离→最终处理→排放”的工艺路线。各项污染物的削减率：悬浮物≥99%、COD≥50%、氟化物≥50%，重金属离子全部达到《污水综合排放标准》。处理量为 2～40 m^3/h，混凝剂投加量为 30～50 mg/L、金属离子沉淀剂投加量为 0.2～0.5 mg/L、絮凝剂投加量为 0.2～0.5 mg/L，pH 为 9～10	脱硫废水处理
39	电子、电镀废水处理及回用技术	该技术通过对电子、电镀废水分流进行分类设计，并针对废水的不同性质制订相应的单元处理工艺；采用化学混凝沉淀—生物接触氧化—反渗透膜产水回用处理工艺处理电镀废水。以 10 000 t/d 废水计，年可削减 Cu^{2+}240 t，COD 770 t；出水 COD 稳定在 50～80 mg/L，氨氮浓度稳定保持在 8 mg/L 左右。经反渗透处理后的电镀废水回用率≥60%	电子、电镀企业废水处理

序号	技术名称	技术内容	适用范围
三、脱硫、脱硝、除尘技术			
40	石灰石/石灰—石膏法烟气脱硫及关键设备制造技术	该技术采用石灰石/石灰浆液洗涤烟气，SO_2与烟气中的碱性物质在不同结构形式的吸收塔中发生化学反应生成亚硫酸盐和硫酸盐；新鲜石灰石/石灰浆液不断加入，浆液中的固体（包括燃煤飞灰）连续地从浆液中分离出来并排往沉淀池，从而脱除烟气中的SO_2。主要工艺及技术参数：脱硫效率≥95%、钙硫比≤1.03、脱硫装置电耗＜1.5%、石膏中 $CaSO_4·2H_2O$ 含量＞95%、$CaCO_3$的含量≤3%	单台装机容量＞300MW 的燃煤电站锅炉烟气脱硫
41	烟气循环流化床干法脱硫技术	（1）该技术采用消石灰粉作为吸收剂喷入脱硫吸收塔内，并通过吸收剂的内外多次循环，实现高效脱硫，脱硫后气体中的固体颗粒物通过布袋除尘器收集可进一步综合利用。系统没有废水产生，系统烟道和设备不需要防腐；SO_2脱除率可达 85%～93%；SO_3、HCl、HF 的脱除率达 99%。 （2）该技术采用两级分离、内外双重循环的循环流化床烟气悬浮脱硫装置，利用流化床原理，将脱硫剂流态化，烟气与脱硫剂在悬浮状态下进行脱硫反应。脱硫剂及灰循环利用，提高脱硫塔内的脱硫剂浓度。钙硫比 1.2～1.3，脱硫塔效率 80%～90%，系统效率 75%～85%，脱硫装置阻力 1 200～1 500 Pa，投资为 200 元/kW（或 5 万元/蒸吨）	300MW 及以下机组烟气脱硫
42	循环悬浮多级增湿半干法烟气净化技术	该技术是使锅炉烟气进入设有多级增湿喷雾器的反应塔，高活性吸收剂、飞灰和循环灰在塔内发生激烈碰撞、磨蚀，有效脱除多种污染物。脱硫效率达 90%，脱硝率可达 40%，HCl 脱除率达 60%，二价汞脱除率达 80%，二噁英脱除率达 99%，吸收剂利用率＞60%	垃圾、危险废物焚烧处理的烟气净化
43	锅炉喷钙脱硫成套技术与装备	该技术采用炉内喷钙、炉后增湿活化脱硫技术，将石灰石粉喷射到锅炉炉膛上部、炉膛温度为 900～1 000℃的区域，受热分解成 CaO，CaO 与 SO_2反应生成 $CaSO_4$。烟气中未反应的 CaO 进入后部活化器，与雾化水反应生成 $Ca(OH)_2$，$Ca(OH)_2$与烟气中剩余 SO_2的反应生成亚硫酸钙，最后氧化成 $CaSO_4$。对于层燃炉和煤粉锅炉，当 Ca/S＜2.0 时，系统脱硫率≥75%、SO_2排放浓度≤500 mg/m^3；对于循环流化床锅炉，当 Ca/S＜2.5 时，系统脱硫率≥90%、SO_2排放浓度≤300 mg/m^3	大型电站锅炉烟气脱硫
44	大型燃煤工业锅炉内循环多级喷动流态化烟气脱硫技术	该技术在循环流化床烟气脱硫技术上采用多级喷动的塔体结构、顶部中心内凹出口结构和倒“V”形的倒流装置，在尽量省略或者简化脱硫塔外部分离设备的同时，增加塔内颗粒浓度和内循环倍率。吸收剂和脱硫产物呈干态，无废水产生，Ca/S 等于 1.2～1.3 时，脱硫效率达到 90%，SO_2排放浓度≤900 mg/m^3，适当增加钙硫比可达到 500 mg/m^3 以下	大型燃煤工业锅炉的烟气脱硫
45	大型燃煤工业锅炉烟气袋式除尘湿法脱硫技术	该技术为负压袋式除尘正压湿式脱硫烟气净化技术，对锅炉烟气的净化采用一级袋式除尘，有效去除烟气含尘 PM_{10} 以下可吸入颗粒物，其副产物密闭输送，不会造成二次污染；除尘后烟气进入二级湿式镁法脱硫，有效去除 SO_2和粉尘后达标排放。除尘效率＞99.9%，脱硫效率＞95%，设备阻力≤2 200 Pa	大型燃煤工业锅炉的除尘脱硫

序号	技术名称	技术内容	适用范围
46	冶炼行业烟气脱硫与回收利用技术	该技术采用自主知识产权的“氨法吸收—氧化”一体化工艺，用氨水（NH_3：8%～10%）吸收烟气中的 SO_2，吸收液蒸发浓缩回收硫酸铵。SO_2 吸收率＞95%，亚硫酸铵氧化率＞90%。脱硫副产物硫酸铵达到《硫酸铵产品》（GB 535—1995）一级标准	冶炼行业高浓度 SO_2 烟气脱硫
47	百万千瓦燃煤发电机组电除尘技术	该技术采用电除尘器，通过对装置极配型式、振打方式、配套高压供电电源选型和控制方式等的改进和完善，使其处理能力达到百万数量级烟气量，并保证设备大型化后每室烟气量分配均衡、气流分布均匀、减少系统阻力。在入口含尘浓度≤50 g/m³ 时，出口排放浓度：≤50 mg/m³，除尘效率≥99.5%，设备阻力＜300 Pa	100 万千瓦燃煤发电机组烟气除尘
48	大型燃煤电厂袋式除尘技术	该技术对大型袋式除尘器进行结构优化，降低了设备阻力，保证高效落灰；系统还采用耐高温高效过滤材料，实现微细粒子的高效控制，PM_{10} 以下微粒稳定综合捕集效率＞99.8%、设备阻力＜1 200 Pa、烟尘排放浓度＜30 mg/m³	燃煤电厂锅炉烟气粉尘治理
49	电袋复合除尘技术	该技术采用电除尘和布袋除尘的组合技术，实现除尘效率 99.9%，排尘浓度＜30 mg/m³，设备阻力 600～1 000 Pa，过滤速度≥1.2 m/min，滤袋寿命＞4 年。特别适用于现役机组除尘系统改造和工业炉窑除尘	电力、建材、冶金等行业燃煤锅炉烟气除尘
50	大室大灰斗、长袋脉冲除尘技术	该技术通过改造喷吹导管的结构、加长滤袋等，可提高长布袋除尘技术的性能。滤袋长度可达 9 m，过滤风速 1.2～1.5 m/min，出口粉尘浓度 10 mg/m³，系统阻力 1 200～1 500 Pa	各种工业炉窑除尘
51	电炉冶炼烟气除尘技术	利用高温烟气的热抬升动力捕集烟气，解决现有技术难以捕集加料、出钢时产生的二次烟尘的问题。通过除尘装置后除尘效率≥98%，岗位粉尘浓度≤10 mg/m³	冶金行业电炉的烟尘治理
52	高浓度煤粉的袋式捕集技术	采用具有防爆性能好、清灰能力强、收尘效率高的袋式除尘装置，在煤粉制备及输送系统中捕集高浓度煤粉。当入口含尘浓度＞500 g/m³ 时，排尘≤10 mg/m³，设备阻力≤1 100 Pa	燃煤锅炉和燃煤窑炉的煤粉制备系统和输煤系统除尘
53	高炉煤气袋式除尘技术	采用袋式除尘系统净化高炉煤气。除尘系统采用组合式筒体分筒离线清灰技术，克服了“粉尘再附”，保证高效清灰的同时提高了单阀喷吹的过滤面积及滤袋长度（袋长可达 7 m以上），减少了占地面积和设备重量。系统还具备在线检修功能，实现与高炉 100%的同步率。除尘后，出口烟尘排放浓度＜5 mg/m³，除尘效率＞99.99%，滤袋使用寿命＞3 年	高炉煤气除尘
54	焦炉烟气净化技术	（1）在焦炉装煤、出焦两个环节，将烟气导入除尘地面站系统口，经过处理进入袋式除尘器后排入大气，除尘器回收的粉尘送到储灰仓中。烟尘捕集率≥95%，烟尘净化率≥99%，经处理后的烟尘含尘浓度＜50 mg/m³；苯可溶物≤0.7 mg/m³；苯并芘≤0. 000 16 mg/m³。 （2）采用燃烧法和布袋除尘相结合的全干式除尘工艺，烟尘经捕集后，采用立体配风燃烧和冷却，燃烧消解其中的可燃物、苯并芘，烟尘排放浓度＜50 mg/m³。 （3）在装煤时利用落煤口上的侧吸管，将溢出的荒煤气导入炭化室，在该室及相邻炭化室桥管承插处采用高压氨水喷射并结合螺旋给煤、顺序装煤和小炉门密封技术，控制烟气均匀排放。烟气捕集率≥91%，烟尘排放浓度＜50 mg/m³	（1）适用于钢铁和炼焦行业烟气净化 （2）适用于焦炉烟气净化 （3）适用于各种大中型机焦炉装煤、推焦烟气净化

序号	技术名称	技术内容	适用范围
55	转炉煤气净化回收技术	（1）转炉烟气经移动裙罩、冷却烟道和蒸发冷却器降温和初除尘，进入电除尘器净化，净化后进入切换站切换至焚烧放散塔或煤气冷却器，经煤气冷却器冷却后进入煤气柜。处理后粉尘浓度＜10 mg/m³，每吨钢回收 20 kg 含全铁 70%的干灰尘，回收 CO 含量为 60%的转炉煤气约 100 m³，无二次污染。 （2）转炉烟气经汽化烟道、冷却塔冷却并除去大颗粒灰尘，经过“OG”环隙除尘器净化。净化的烟气经过煤气引风机，合格煤气被输送到气柜，其余达标点火放散。本技术与传统湿法工艺相比节能 20%～25%，节水 30%，投资仅为同类进口设备的 20%～30%，运行维护工作量小。主要技术指标：处理烟气量为 10 000～300 000 m³/h、压力损失＜20 000 Pa、除尘效率＞99.95%、粉尘排放量＜50 mg/m³	炼钢转炉烟气净化及煤气回收
56	水泥窑尾布袋除尘技术	该技术采用分室结构、离线清灰（可根据工况自动变为在线清灰）的长袋低压喷吹脉冲袋除尘器，选择口径大、压力低、喷吹风量足、使用压力＜0.3 MPa、3 英寸的低压淹没式脉冲阀，整体为钢结构设计。窑尾粉尘排放浓度＜30 mg/m³	6 000～10 000 t/d 水泥熟料生产线回转窑或类似风量的其他工业粉尘治理
57	低氮燃烧技术	该技术利用分级燃烧原理使煤粉内的化学能逐步释放，降低燃烧区域的烟气温度；利用高浓度煤粉气流形成还原性气氛，使生成的部分 NO_x 还原为 N_2；在适当缺氧条件下燃烧，使热量得不到充分的释放，降低燃烧温度，从而降低热力型 NO_x 的生成。以墙式燃烧方式的低 NO_x 燃烧技术，应用于老机组改造，对燃用烟煤的机组 NO_x 排放浓度控制到 300 mg/m³；对燃用贫煤的机组 NO_x 排放浓度控制到 400 mg/m³。以切圆燃烧方式的低 NO_x 燃烧技术，对燃用烟煤的机组 NO_x 排放浓度控制到 250 mg/m³；对燃用贫煤的机组 NO_x 排放浓度控制到 320 mg/m³	悬浮燃烧的各种燃煤锅炉和工业窑炉含氮烟气治理
四、工业废气治理、净化及资源化技术			
58	硫酸工业烟气酸洗净化技术	该工艺是将沸腾炉出口的烟气经过余热锅炉、旋风除尘器、电除尘器后、进入两级洗涤器进行降温除尘，最后烟气进入电除雾器除去酸雾。第一级洗涤器排出的稀酸经斜管沉降器固液分离后循环使用，第二级洗涤器排出的稀酸经板式换热器移走热量后循环使用。电除雾器排出的稀酸和第二洗涤循环系统多余稀酸串入第一洗涤循环系统，由斜管沉降器固液分离后，一部分循环使用，一部分经脱气塔吸收后外排。与水法净化技术相比较，酸洗净化产生的污水量仅为水法净化的 1/80～1/100	硫铁矿制酸和有色金属冶炼、石化工业产生的含硫废气的治理
59	不稳定排放硫化氢气体资源化利用	该技术针对硫化氢气体流量不稳定，对副产品硫化物质量要求高的场合，通过喷射泵吸收、二级双填料塔吸收、活性炭除臭对硫化氢气体进行四级吸收，出口处的硫化氢含量低于《恶臭污染排放标准》（GB 14454）中无组织排放的二级标准，副产品硫化钠的一级品率可达 99.5%	天然气开采、石化、化工等行业硫化氢废气治理
60	蓄热式热力焚化技术	该技术将待处理的有机废气引入蓄热室的陶瓷介质层，吸热升温后进入氧化室；在氧化室中有机废气升温至 760℃以上，设计停留时间为 1.0 s，使废气中的 VOC 氧化分解成为 CO_2 和 H_2O；净化后的高温气体离开氧化室进入另一个蓄热室，将热量“贮存”到蓄热体后排放。处理废气风量 40 000 m³/h、VOC 浓度 500～1 000 mg/m³、VOC 净化率 95%～99%	大风量有机废气净化

序号	技术名称	技术内容	适用范围
61	活性炭有机废气高效吸附回收装置	（1）该技术在传统活性炭吸附技术的基础上，采用颗粒活性炭和纤维活性炭组合吸附方式，开发了长流道延迟式连续油水分离技术，改进了传统的吸附、脱附工艺，污染物削减率≥96%，回收的有机溶剂纯度可直接回用于生产，排放浓度符合《大气污染综合排放标准》二级标准。吸附材料使用寿命≥2 年，装机容量为 50～185 kW，占地面积为 90～200 m^2。 （2）该技术采用颗粒活性炭床层净化有机废气，床层吸附饱和后通入蒸汽，对活性炭进行解吸再生，对产生的有机气体冷凝回收利用。污染物削减率≥95%，排放浓度达到《大气污染物综合排放标准》（GB 16297）二级标准	石油化工、人造革、纺织印染、制鞋、油漆涂料、橡胶、塑料、制药、电子、化纤、机械等行业的有机废气处理以及苯、甲苯、二甲苯、环已烷、二硫化碳等有机溶剂的回收
62	恶臭气体的微生物治理技术	（1）该技术采用以国产化生物填料塔为主的除臭系统，利用微生物处理恶臭气体。对于含硫化氢为主的恶臭气体，在 NH_3≤15 mg/m^3，H_2S≤40 mg/m^3 时，去除率达到 99%以上，恶臭去除达到《恶臭污染物排放标准》的一级标准。以处理 10 000 m^3/h 的设备为例，水耗为 80～125 kg/h，电耗为 10 kW·h。 （2）该技术采用自主知识产权的废气生物净化技术，废气经带有填料的生物滴滤床或生物滤床，被微生物分解，空床停留时间≤30s，易降解性有机物去除率≥95%，可降解类物质去除率≥85%，难降解性有机物去除率≥65%，H_2S、恶臭去除率≥90%	各类恶臭气体的治理
63	压缩冷凝式油气回收技术	该技术在装油时将压力 0.1 MPa、温度近 30℃油气从油罐（汽车油罐、火车油罐）中置换出来，通过油气集输管线进入液环压缩机，恒温从 0.1 MPa 压缩到 0.3 MPa 后，进入第一级冷箱从 30℃预冷到 3℃，将油气中水和重组分冷凝成液体（约 60%），流入油水分离器，剩余油气进入第二级冷箱从 3℃冷到－30℃，此时约 90%的油气已被冷凝成液体进入集油箱，剩余油气（浓度约 100 g/m^3）进入第三级冷箱从－30℃降到－70～－85℃，排放油气浓度≤25 g/m^3	石化厂油库及城市中储油库油品装卸过程中的油气回收
64	工业固定源挥发性有机化合物的吸附浓缩—催化净化技术	采用分子筛作为吸附材料，解决含炭吸附剂再生过程中的着火问题。处理风量 10 000～100 000 m^3/h，废气沸点 50～160℃，废气浓度＜1 000 mg/m^3。排放浓度：苯≤12 mg/m^3，甲苯≤40 mg/m^3，二甲苯≤70 mg/m^3	工业固定源挥发性有机化合物的净化
五、固体废物处理、村镇生活污染控制及土壤修复技术			
65	填埋场气体利用技术	（1）该技术采用数学模型对填埋气体产生量及收集量进行预测，设计出适用于新建、正在运行和封场垃圾填埋场的填埋气体导排井、集气管网、排水井、监测井、抽气风机、燃烧器、发电机组等，将收集的填埋气经过预处理后通入装机容量为 500 kW 以上的沼气内燃机组燃烧发电，使填埋场气体能源化，减少温室气体排放。 （2）该技术先对气体进行脱水、脱硫、多级过滤等预处理后，保证系统和设备的安全稳定运行，再利用变压吸附技术将甲烷气体和其他气体分离，最后经脱氧、深度脱硫、深度干燥等深度处理，使产品稳定并达到国家车用天然气相关标准。	累计容量达到 100 万 m^3 以上，垃圾填埋堆体厚度＞10 m 的生活垃圾填埋场气体处理及规模＞100 Nm^3/h 的厌氧产沼气处理

序号	技术名称	技术内容	适用范围
		（3）采用常压多胺法净化填埋场气体，收集的填埋气经过煤气风机的加压后进入净化塔，在净化塔内，填埋气与吸收液进行化学反应，使其 CO_2 含量从 37.5%降到 2%以下，CH_4 含量从 54%提高到 96%以上。净化后的气体性能同二级天然气，经过加压至 25 MPa，可送汽车加气站。吸收液经解吸后可循环利用	
66	医疗废物非焚烧处理技术	采用高温蒸汽、微波或其组合消毒技术处理医疗废物，实现医疗废物的消毒、灭菌和毁形，无二次污染。对繁殖体细菌、真菌、亲脂性/亲水性病毒、寄生虫和分枝杆菌的杀灭对数值≥6，对枯草杆菌黑色变种芽孢（B.subtilis-ATCC 9372）的杀灭对数值≥4	10 t/d 以下的医疗废物集中处置
67	生活垃圾焚烧处理系统技术	采用炉排炉结构，实现垃圾稳定而充分地燃烧，并对垃圾焚烧产生的余热进行利用，通过汽轮机发电机组转化为电能。灰渣送去填埋处理，烟气经半干式烟气处理装置除去有害气体和粉尘后排放。喷雾塔、除尘器收集下来的飞灰与烟气处理系统的残余物收集到灰仓，经固化后进行危险废弃物填埋处理。单台处理能力 300 t/d 以上，炉膛设计可确保烟气在 850℃的停留时间≥2 s	低位热值＞5 000 kJ 的城镇生活垃圾焚烧处理
68	PCBs、农药等污染土壤的间接热脱附处置技术与装置	该技术将污染土壤做预处理后，在 500℃以上进行热脱附，使土壤中 PCBs 和农药的含量低于相关标准，土壤排渣经工业循环废水冷却和水化后排放。污染气体部分经除尘后通过湿法洗涤，洗涤后气体经过滤、冷凝、吸附等过程达标后排放；洗涤废水经中和、沉降、分液后循环利用，对污染物进行固态分离后进行异地焚烧终端处理	受到 PCBs 和农药污染土壤的处理
69	赤泥堆场生态修复技术	该技术通过选择适宜的、抗逆性好且逆生的植被品种，对赤泥堆场进行生态修复。该技术不需要覆土，实施无土植被恢复，人工改善基质，植被覆盖率＞80%，减少水土流失和扬尘 85%以上；可显著减少流域水体和土壤的酸碱、重金属污染。治理成本为 5～50 元/m^2，运行费 3～10 元/m^2	同类尾矿库及类似废弃物堆场治理
六、噪声与振动控制技术			
70	大型发电厂环境噪声综合治理技术	该技术采用隔声、消声、吸声等综合降噪治理，对燃气、燃油、燃煤发电厂和热电厂的各项高噪声设备进行声源识别，对高压排气噪声、吹管噪声和主机设备空气声隔离降噪 30 dB 以上，使之达到国家标准规定的厂界和居民敏感点环境噪声标准	各种燃气、燃油、燃煤发电厂和热电厂的环境噪声综合治理
71	双曲线冷却塔噪声控制系统研发	（1）利用声学和空气动力学原理，采用在冷却塔进风口周围设置大型通风消声装置的降噪措施，在获得良好降噪效果的同时还保证了冷却塔的热工性能，噪声治理后可满足《工业企业厂界噪声标准》（GB 12348）和《城市区域环境噪声标准》（GB 3096）相关标准限值。 （2）采用在冷却塔上加吸声遮阳板，加强了隔声屏障的作用，并将隔声屏障整体做成圆弧状，以扩大声影区，处理后达到《城市区域环境噪声标准》（GB 3096）中Ⅱ类区标准的规定	（1）双曲线冷却塔淋水降噪 （2）适应于各种规模形式的双曲线自然通风冷却塔噪声治理

序号	技术名称	技术内容	适用范围
72	道路声屏障材料、结构及其应用技术	采用不同类型和参数的声屏障治理噪声污染，其材料、结构，包括隔声量、吸声性能、面密度应满足不同声屏障插入损失设计和不同环境条件使用要求。当道路声屏障的传声损失 TL 为 20～30 dB，由声透射引起的插入损失降低量为ΔLt 时，TL－ΔLt≥10dB；当声屏障的道路一侧附加吸声结构时，所使用的吸声材料的吸声性能应具有全天候功效，特别应具备不受雨水、潮湿、粉尘条件的影响；3～6 m 高的声屏障，其声影区内的降噪效果应为 5～12 dB	道路交通隔声
73	直流输电工程大型换流站噪声综合治理技术	根据直流输电工程大型换流站噪声特点，自主创新开发了大型平波电抗器噪声控制设备、大型换流变压器噪声控制设备和低噪声电抗器。装置外 3 m 处，噪声插入损失为 15～16 dBA，降噪水平达到《城市区域环境噪声标准》（GB 3096）中一类居民区标准	大型输送变电换流站环境噪声污染治理
74	室内低频噪声和固体声污染控制设备及集成控制技术	该技术采用以低频噪声和固体声分析识别技术为基础的高效低频隔振器件、隔振基础等各类隔振系统，控制室内噪声。隔振效率在宽频带＞95%，采用集成控制技术，可以使室内低频噪声（200 Hz 以下）和固体声减低 10 dB 以上	城市民用建筑和公共建筑的低频噪声和固体声污染控制
七、清洁生产和资源综合利用技术			
75	无汞糊式锌锰电池技术	采用以氯化镁和氯化铵为主，辅以少量氯化锌的三组分电解液体系，以 PVA 与 B（OH）$_3$ 合成物辅以季胺盐形成复合型缓蚀剂，制成电池，防止和延缓锌的腐蚀。改进电解液操作工艺，同种电解液可供拌粉和配电糊使用，简化工艺、节约场地、提高生产效率。经检测其汞含量为 0.03 ppm，达到有汞缓蚀剂的电池质量要求	电池生产行业
76	废蓄电池资源化利用技术	在废旧铅蓄电池回收工艺中引入了破碎分选技术、铅膏脱硫技术、短窑密闭燃烧技术和铅基合金深度脱氧技术等。铅回收率＞95%，锑回收率≥90%，资源综合利用率达到 98%，铅膏脱硫后物料含硫＜0.5%。固体废弃物排放率下降 70%，减少到 7.5%以下；废渣含铅率下降 75%，达到 2%以下；烟尘排放浓度降低 98%；尾气含铅量降低 90%；工业用水循环重复利用率达 95%；排放的废液、废气、废渣达到国家排放标准	废蓄电池处理
77	化纤碱减量废水综合利用技术	该技术提取化纤碱减量废水中的对苯二甲酸，对其粗品进行规模化生产利用，大幅削减废水的有机负荷，保障后续废水处理达标。对苯二甲酸提取率达到 85%～90%，总回收率达到 65%～70%	化纤碱减量废水中对苯二甲酸的回收利用
78	湿法磷酸生产用水多次串级循环使用技术	该技术在湿法磷酸生产中将工艺水经过 5～7 次的串级和循环使用，达到节约用水和减少排污的效果。工艺水逐级由轻污染到重污染，最后转变成磷酸。工艺水消耗定额从原来的 7～11 $m^3/t\ P_2O_5$ 减少到 3～4 $m^3/t\ P_2O_5$，污水排放量从原来的 1.5～2.0 $m^3/t\ P_2O_5$ 减少到接近于 0 $m^3/t\ P_2O_5$，30 万 t/a 磷酸装置可减少污水排放量 45 万～60 万 m^3/a	磷酸生产工艺的节水改造

序号	技术名称	技术内容	适用范围
79	废碱焚烧中熔融碳酸钠固体回收技术	该技术采用汽液动雾化加饱和溶液载送的工艺流程，将废碱焚烧产生的熔融碳酸钠经喷流雾化区、冷却、碎化后进入导流筒，经碳酸钠饱和溶液冷却后顺流推送至刮板机，进行含渣液的固液分离，清液溢流至中间槽，再由循环泵进行循环；固渣经螺旋机分水和筛网沥水脱湿，干燥后得到粗碳酸钠产品。该技术解决了环己酮生产中排放含碳酸钠废水的问题，使污水中碳酸钠排放削减率达 99.96%，同时可回收碳酸钠 1 万 t/a（以 7 万 t/a 环己酮产量计）	环己酮生产行业
80	冶炼烟气洗涤废酸处理技术	该技术采用硫化剂与烟气洗涤废酸中砷、铜等重金属离子反应，生成难溶的硫化物沉淀，从而实现砷、铜等重金属离子的脱除。通过对硫化反应进行精确控制，可有选择性地回收重金属和砷。滤液经过后续废水处理后达标排放。脱铜率＞98%，脱砷率＞98%，废水排放含铜＜0.2 mg/L，含砷＜0.02 mg/L，符合《污水综合排放标准》（GB 8978）。与中和法相比，具有重金属离子去除率高，副产品可回收的特点	冶炼烟气洗涤废酸的处理利用
81	湿法三氧化砷生产技术	采用湿法生产工艺，由置换浸出、氧化浸出、还原晶析、产品干燥包装、硫酸铜制备、蒸发浓缩、系统环保七个工序组成。置换率 95%，砷直收率 72.4%，铜浸出率 90%，处理后废气中 SO_2 浓度为 128.96 mg/m^3，满足《大气污染物综合排放标准》（GB 16297）二级标准要求	砷滤饼的回收利用
82	还原靛蓝生产中氨气回收再利用技术	该技术将反应过程中压力在 0.25 MPa，温度 230℃状态下间歇式排放的氨气经过降温冷却、过滤、干燥，经过氨压缩后形成氨液，再作为原料用于生产。项目实施后，80%的废氨气回收再利用，有效降低大气污染，同时降低生产成本	精细化工行业氨气回收再利用
83	松香酸析脱色回用技术	该技术将蜡染废水酸化后，再经过对废松香采用松香酸析脱色处理，有效去除了杂质，回收的松香可直接回用于生产，回用率达 100%，剩余的废渣可作为制造橡胶的添加剂。废水中 COD 含量由 10 000 mg/L 降低到 900 mg/L，色度由 900 倍降到 500 倍，回收松香的色度可达到国家二级标准，酸度为 160 以上，软化点在 74℃以上。每年可回收旧蜡 7 500 t，每年可削减 COD 外排量 1 000 t，减少废水排放量 70 万 t。总投资 324 万元，运行费用为 700 元/t 松香	印染行业中的蜡染企业
84	环保型水剂硫化黑应用技术	该技术将水、氢氧化钠及其他助剂混合，在一定温度下加入硫化黑，混合均匀后缓慢加入环保复合型还原剂，升温、保温，使硫化黑充分还原，全部转变为硫化黑的隐色体。实现在染色过程中大量减少使用或不用染色助剂硫化碱，有效减少染色中含硫废水和硫化氢对环境的污染	染料、印染行业
85	冷冻法处理卤水中硫酸盐技术	该技术在卤水代盐生产烧碱工艺中，将富集硫酸盐的高芒母液与原卤混合后进行冷冻，经沉降分离出十水芒硝，去除了卤水中的硫酸根离子，与传统的化学沉淀法相比，年减排硫酸钡盐泥 8 万 m^3。分离出的十水芒硝再经蒸发、干燥得元明粉，实现排放废物的综合利用	用卤水或部分卤水制碱的氯碱企业
86	二乙二醇浓缩再利用技术	该技术采用压滤机将捏合物料打浆水进行回收，用蒸发器进行浓缩，用离心机进行固液分离。使二乙二醇年排放量从 500 t 降低到 25 t；污水中 COD 的含量由治理前的 2 000 mg/kg 降低到 150 mg/kg	精细化工行业二乙二醇回收再利用

序号	技术名称	技术内容	适用范围
87	竹浆高效高白度清洁漂白技术	该技术采用氧气和过氧化氢为主要漂白剂取代全氯漂白剂，通过活化处理提高过氧化氢漂白效果，漂后浆白度达到 85% ISO。与传统全氯漂白比较，有效氯用量减少 70%、AOX 产生量减少 70%以上、清水用量减少 60%以上、漂白废水排放量减少 60%以上	造纸行业纸浆漂白生产线的新建和旧全氯漂白生产线的改造
88	碱回收白泥制备轻质碳酸钙技术	该技术采用专用砂磨机对白泥进行定向研磨，解絮规整，使其细度和微观结构满足造纸加填的需要，过筛后生产轻质碳酸钙。白泥轻质碳酸钙细度 500 mesh，白度 90%，D98 粒径 25 μm，沉降体积 3.0 mL/g；100 t 的碱回收炉，投资约 200 万元，回收成本约 190 元/t 碳酸钙，每吨比商品重质碳酸钙节约 100 元以上	木浆生产企业（5 万 t/年）的碱回收白泥的综合利用
89	啤酒废酵母利用技术	（1）该技术以啤酒废酵母为原料，将其中的核糖核酸经酶解、离子交换树脂分离、纯化等工艺生产 4 种单核苷酸，降解率稳定在 80%以上，产品纯度≥95%，每年可减少废酵母液（COD：10 万～20 万 mg/L）排放 1.6 万 t 左右。 （2）该技术将啤酒废酵母经除杂除苦后，采用自行研发的胞壁溶解酶和磷酸二酯酶实现破壁自溶，干燥后得到粗产品酵母精，而细胞壁残渣则利用酶膜反应器制备甘露糖蛋白及水溶性葡聚糖。年生产啤酒 100 万 t，可利用废酵母 1 500 t，项目可每年新增产值 3 000 万元	啤酒废酵母综合利用与处理
90	啤酒低压煮沸等工艺中麦汁真空蒸发节能及减少不良气体排放技术	采用低压煮沸等工艺（低压煮沸、动态煮沸、循环煮沸）缩短麦汁煮沸时间 30%～50%。低压或常压回收麦汁煮沸产生的二次蒸汽；热麦汁冷却过程采用真空蒸发技术回收瞬间真空产生的二次蒸汽。将回收二次蒸汽的热量用于预热麦汁或作为热水用于投料、洗涤等。与普通的常压煮沸相比，减少蒸汽用量 30%～60%。对于年产 30 万 t 冷麦汁的糖化生产线，每年减少原煤消耗量 2 200 t，减排 SO_2 5.4 t，烟尘 0.54 t，并减少 7 000 t 二次蒸汽直接排入大气	啤酒厂糖化工艺的节能降耗、减少二次蒸汽排放改造
91	啤酒麦糟资源化开发和利用	该技术是利用酶技术和膜分离工艺从麦糟中提取功能性膳食纤维和蛋白质，作为食品配料应用于各类健康食品中，并采用挤压改性技术开发麦糟膳食纤维方便食品，由此可达到无污染物排放，提高麦糟的经济附加值。酶解温度 55～60℃，酶解时间 4～5 h，膳食纤维回收率 90%以上（以干基计）。年生产 10 万 t 啤酒，投资 2 000 万元，利用麦糟可生产 1 250 t 膳食纤维，5 000 t 挤压膳食纤维食品，销售收入 8 750 万元	啤酒麦糟资源化利用
92	酿酒底锅黄水生产乳酸及乳酸钙技术	该技术充分利用酿酒底锅黄水中的有机酸、残糖、残淀等有益成分，运用现代生物工程技术接种黄水中的乳酸菌发酵，再经过中和、沉降、结晶、干燥酸解、除杂、真空浓缩等工序，生产出符合国家食品标准的乳酸和乳酸钙。提取乳酸和乳酸钙后的废水再进入废水站处理可确保达标排放	酿酒底锅黄水处理

序号	技术名称	技术内容	适用范围
93	丢弃酒糟无害化、效益化处理技术	该技术采用 2 000 m^3 大窖，以酿酒丢弃酒糟为原料，加入糖化酶和固体酵母生产复糟白酒；生产复糟白酒后的丢糟经烘干后作为锅炉燃料生产蒸汽；燃烧后的酒糟灰再采用沉淀法（低压液相法）生产水玻璃，进而生产白炭黑。使酿酒丢弃酒糟资源化、减量化、无害化，实现了固态酿酒清洁生产	酿酒行业丢糟处理
94	秸秆燃烧发电技术	利用农作物秸秆代替石化燃料在循环流化床内燃烧，产生的蒸汽可用于发电，并将汽轮机的余热外供工业生产用热。锅炉容量 20～220 t，锅炉热效率≥85%，发电机额定功率 15 MW。炉膛温度控制在 900℃左右，采用炉内喷钙法，当钙硫比为 2 时，脱硫效率便可达到 90%，污染物排放达到《火电厂大气污染物排放标准》	农业废弃物利用
95	秸秆制人造板技术	该技术以农村废弃物农作物秸秆（稻草）为主要原料，以国产异氰酸酯为胶黏剂，将秸秆（稻草）经过粉碎干燥、纤维分选、拌胶、高温热压、冷却、砂光等类似于木质刨花板的生产工序，生产中密度稻草板。产品甲醛释放量为 0，其性能介于普通刨花板与中密度纤维板之间，与生产木质人造板相比，可节约用水和用电	农业废弃物利用
96	生物质热解气化技术	该系统是将由热解系统产生的燃气进入焦油初分离器，然后经冷却分离器除去冷凝液，继而进入中和净化器，采用循环除焦液清洗中和，除去燃气中的醋酸等酸性物质。三级净化的燃气经气液分离器后进入罗茨鼓风机加压，通过深度净化系统进一步净化后被送入储气柜中，经燃气输配系统送至用户	农业废弃物利用
97	废旧橡塑材料与天然纤维高效资源化技术	该技术将废旧橡胶和塑料粉碎干燥后加入一定量的木质纤维填料（稻草、秸秆、锯末等）和各种加工助剂如稳定剂、改性剂、润滑剂等，利用高速混合机混合后，经专用造粒挤出机脱气、混炼制备颗粒，最后使用成型挤出机、模具挤出型坯，经冷却定型模板拉伸冷却校正后切割成一定规格的塑料木制品。对废轮胎、废农膜、废地膜、废弃食品包装袋、秸秆、锯末、杂木等的回收再利用率达到 90%以上	废轮胎、废农膜、秸秆、锯末等的处理
98	废橡胶轮胎深加工利用技术	该技术将废橡胶轮胎经过粗破机、粉碎磁选、纤维分离，再通过机械和化学方式使硫化橡胶分子中的硫化学键打开，而后再经过捏炼、精炼最后制成高品质再生胶。断硫过程中产生的废气冷凝后经生物净化达标排放。捏炼、精炼过程中产生的废气经吸收后达标排放	废橡胶轮胎深加工技术
99	农畜产品、下脚料、废弃物生产蛋白质技术	该技术是利用自主生产的复合蛋白酶，将屠宰场、肉联厂、皮革厂生产的废弃物、啤酒厂生产的酵母泥，淀粉加工厂废水提取物经过加工，生产蛋白质系列产品。剩下的骨渣、肉渣、皮渣可作为饲料添加剂，油可作为化工原料；废水经处理后回收用于生产，清洗设备、生产场、原料用水，经分化沉淀变成清水达标排放，沉淀下来的污泥可作为肥料使用	屠宰厂、肉联厂、皮革厂生产的废弃物、啤酒酵母泥的处理

序号	技术名称	技术内容	适用范围
100	磷石膏制水泥缓凝剂	该技术包括原料磷石膏的预处理、煅烧、收尘和成球。磷石膏先经过洗涤净化、过滤等预处理，降低其中的有害杂质，并降低含湿量；加入一定比例的添加剂后，部分原料送去煅烧制半水石膏，煅烧烟气中的粉尘经布袋收尘后，与另一部分原料混合送去成球	磷肥企业
101	氮肥生产企业减排技术	（1）该技术采用洗涤回收技术，将尿素造粒塔尾气中的尿素粉尘含量从 100 mg/m^3 以上降到 30 mg/m^3 以下，氨含量由 50 mg/m^3 以上降到 10 mg/m^3 以下。采用大型吹风气余热集中回收技术、三废流化混燃技术、全燃渣循环流化床锅炉、循环流化床锅炉技术等回收造气吹风气、合成放空气、弛放气、造气炉渣、煤灰、无烟煤末、煤矸石等的余热，副产 3.82 MPa 及以上压力等级的蒸汽。蒸汽发电后供生产使用，实现能量的梯级利用。每生产 1 t 合成氨可副产 3.82 MPa、350℃蒸汽 1 980 kg，发电 220 kW·h。减少造气炉渣排放量 210 kg，减少吹风气中 CO 排放量约 150 m^3。锅炉炉渣用于生产水泥等建材。 （2）该技术将反渗透脱盐水作为循环水系统的补充水，在保证循环冷水水质的前提下，大大提高循环水的浓缩倍数，使循环冷却水做到基本不排放。吨氨循环冷却水排放量可由 10～50 m^3 减至 2.0m^3 以下。该技术与清洁生产工艺改造、闭路循环改造、末端治理回用和在线监测管理相结合，可实现氮肥企业的生产污水零排放和废水的超低排放。每生产 1 t 氨可减排 NH_3-N3.4 kg、COD 7.29 kg、氰化物 0.05 kg、SS 9.73 kg、石油类 0.49 kg、挥发酚 0.01 kg、硫化物 0.05 kg，节约用水 10～50 t	（1）适用于采用自然通风造粒塔的尿素企业以及以无烟煤为原料采用固定床间歇式制气工艺的氮肥企业 （2）适用于氮肥企业污水减排
102	畜禽养殖场粪污处理和利用技术	采用固、液分别处理。液体经厌氧 UASB 或 USR 反应器降解后，产生的沼气存入贮气柜；沼液作为液体有机肥料利用或经过好氧生物处理后达标排放；沼渣和固体粪便高效堆肥，堆肥时间一般在 5～7 d，USR 厌氧反应器内水力停留时间一般为 7～10 d，COD 负荷为 8～10kg/m^3·d；UASB 反应器 COD 负荷为 2～5 kg/m^3·d。对 NH_3-N、TN 去除率分别达 99%和 93%，出水水质满足《污水综合排放标准》（GB 8978）二级标准	规模化畜禽养殖场粪污和废水的处理
103	微生物降解生态免冲水厕所	该技术将一定优化配置的降解菌种置入产品的主处理器中，当降解菌种与主处理器中排泄物混合后，菌种逐渐呈对数式繁殖，在繁殖过程中降解菌种摄取排泄物中的有机物，从而达到消化降解，最终变成生态有机肥	厕所污染物处理

九、清洁生产

国务院办公厅转发发展改革委等部门关于加快推行清洁生产意见的通知

国办发[2003]100号

各省、自治区、直辖市人民政府，国务院各部委、各直属机构：

发展改革委、教育部、科技部、财政部、国土资源部、建设部、水利部、农业部、税务总局、质检总局、环保总局等部门《关于加快推行清洁生产的意见》已经国务院同意，现转发给你们，请认真贯彻执行。

二〇〇三年十二月十七日

关于加快推行清洁生产的意见

（发展改革委、环保总局、科技部、财政部、建设部、农业部、水利部、教育部、国土资源部、税务总局、质检总局　二〇〇三年十月二十日）

为认真贯彻落实《中华人民共和国清洁生产促进法》（以下简称《清洁生产促进法》），加快推行清洁生产，提高资源利用效率，减少污染物的产生和排放，保护环境，增强企业竞争力，促进经济社会可持续发展，现提出以下意见。

一、提高认识，明确推行清洁生产的基本原则

（一）清洁生产是指不断采取改进设计、使用清洁的能源和原料、采用先进的工艺技术与设备、改善管理、综合利用等措施，从源头削减污染，提高资源利用效率，减少或者避免生产、服务和产品使用过程中污染物的产生和排放，以减轻或者消除对人类健康和环境的危害。清洁生产的实质是预防污染。清洁生产是对传统发展模式的根本变革，是走新型工业化道路、实现可持续发展战略的必然选择，也是适应我国加入世界贸易组织、应对绿色贸易壁垒、增强企业竞争力的重要措施。

（二）推行清洁生产必须从国情出发，充分发挥市场在资源配置中的基础性作用，坚持以企业为主体，政府指导与推动，强化政策引导和激励，逐步形成企业自觉实施清洁生产的机制。推行清洁生产要坚持与经济结构调整相结合，与企业技术进步相结合，与加强企业管理相结合，与强化环境监督管理相结合。

二、统筹规划，完善政策

（一）制定推行清洁生产的规划。发展改革委要会同环保总局等有关部门制定重点行业、重点流域清洁生产推行规划。各地区发展改革（经贸）行政主管部门要会同有关部门制定符合

本地区实际情况的清洁生产推行规划。清洁生产推行规划的内容应包括：污染状况分析，实施清洁生产的指导思想、目标任务、重点内容、主要措施和进度安排，实施清洁生产的重点工业企业名单以及清洁生产重点投资项目规划等。

（二）指导清洁生产的实施。发展改革委、环保总局要会同农业部、建设部等有关部门制定重点行业清洁生产评价指标体系，组织编制清洁生产技术指南和审核指南，指导企业正确实施清洁生产。质检总局、认监委、标准委要会同有关部门组织开展节能、节水、废物再生利用等环境与资源保护方面的产品标志认证，并制定相应的标准。各省、自治区、直辖市发展改革（经贸）和环境保护、农业、建设等有关行政主管部门要组织编制本地区的清洁生产指南和技术手册。在指导工业企业实施清洁生产的同时，逐步扩大推行清洁生产的范围，积极引导农业生产、建筑工程、矿产资源开采等领域以及旅游业、修理业等服务性企业依法实施清洁生产。

（三）完善和落实促进清洁生产的政策。各级财政、税务等行政主管部门要按照有关规定，积极落实国家对企业实施清洁生产的鼓励政策，如节能、节水、资源综合利用以及技术进步等方面减免税的优惠政策；实施清洁生产以企业投资为主，对从事清洁生产研究、示范、培训以及清洁生产重点技术改造项目，可列入国务院和县级以上地方人民政府同级财政安排的有关技术进步资金的扶持范围；对符合《排污费征收使用管理条例》规定的清洁生产项目，各级财政、环境保护行政主管部门在排污费使用上优先给予安排。为鼓励企业实施清洁生产，企业开展清洁生产审核和培训等活动的费用允许列入企业经营成本或相关费用科目。在国家设立的中小企业发展基金中，应当根据需要安排适当数额用于支持中小企业实施清洁生产；地方人民政府应当根据实际情况，为中小企业实施清洁生产提供适当财政支持。各地要结合本地实际情况，建立地方性清洁生产激励机制，积极推行清洁生产。

（四）实施清洁生产试点工作。有计划、有步骤地在重点流域、重点区域、重点城市和重点企业实施清洁生产试点。充分运用市场机制，实施企业清洁生产自愿行动计划和清洁生产区域示范试点工作，在工业企业较集中的区域，建立清洁生产示范园区，推动清洁生产工作由点到面开展。要发挥大型企业和企业集团的作用，带动中小企业全面实施清洁生产。积极稳妥地开展排污交易试点。

按照企业自愿与政府政策激励相结合，政府指导推动与企业自主实施和社会监督相结合的原则，在重点行业和重点流域组织开展创建清洁生产先进企业活动，树立一批资源利用率高、污染物排放量少、环境清洁优美、经济效益显著，具有国际竞争力的清洁生产企业。同时，要积极推广先进企业的典型经验。

三、加快结构调整和技术进步，提高清洁生产的整体水平

（一）抓好重点行业和地区的结构调整。针对我国工业技术和装备水平总体比较落后，资源利用率低，浪费大，重污染行业在工业结构中所占比重较大的现状，继续抓好冶金、有色金属、煤炭、电力、石油、石化、化工、轻工、建材等重点行业的结构调整工作，解决“结构性污染”。对国务院划定的“三河”（淮河、海河、辽河）、“三湖”（太湖、巢湖、滇池）、“两区”（酸雨控制区和二氧化硫控制区）、一市（北京市）、一海（渤海），以及113个大气污染防治重点城市、三峡库区及其上游、南水北调工程沿线地区等重点流域区域，要加快淘汰落后生产能力的进程。严格贯彻执行国家公布的限制和淘汰落后生产能力、工艺和产品目录，进一步淘汰落后的技术、工艺和设备，坚决依法关闭浪费资源、产品质量低劣、污染环境、不具备安全生产条件的厂矿。禁止淘汰的落后设备向其他地区转移。

（二）加快技术创新步伐。国务院有关部门和各级地方人民政府要加大科技投入，推动产

学研相结合，提高清洁生产技术开发水平和创新能力，用先进适用技术改造传统产业。科技开发计划应将清洁生产作为重点领域，积极安排清洁生产重大技术攻关项目，加大对中小企业清洁生产技术创新的支持力度。积极引导和鼓励企业开发清洁生产技术和产品，提高清洁生产技术水平。

（三）加大对清洁生产的投资力度。各级投资管理部门在制定和实施国家重点投资计划和地方投资计划时，要把节能、节水、综合利用，提高资源利用率，预防工业污染等清洁生产项目列为重点，加大投资力度。积极引导企业按照清洁生产的要求，加大资金投入，调整产品结构，努力降低污染物的产生和排放。鼓励和吸引社会资金及银行贷款投入企业实施清洁生产。

四、加强企业制度建设，推进企业实施清洁生产

（一）企业要重视清洁生产。企业是清洁生产的主体，企业管理者要转变观念，提高认识，真正把实施清洁生产作为提高企业整体素质和增强企业竞争力的一项重要措施来抓。要切实加强对清洁生产工作的领导，建立健全清洁生产组织机构，明确清洁生产目标，并纳入企业发展规划，做到依法自觉实施清洁生产。

（二）认真开展清洁生产审核。清洁生产审核是企业实施清洁生产的主要手段。按照自愿审核与强制审核相结合的原则，国家鼓励和支持企业自愿开展清洁生产审核。排放污染物超过国家和地方规定的排放标准，或者超过经有关地方人民政府核定的污染物排放总量控制指标的企业，以及使用有毒有害原材料进行生产或者在生产中排放有毒、有害物质的企业，应当依法实施清洁生产审核，并按有关规定，将审核结果报当地环境保护和发展改革（经贸）行政主管部门。

（三）加快实施清洁生产方案。要坚持“积极主动、先易后难、持续实施”的原则，制订切实可行的实施计划。优先实施无费、低费方案，中、高费方案要纳入企业规划和固定资产投资计划，逐步实施。积极筹措资金，确保清洁生产方案的落实，努力提高能源、原材料的利用率，减少商品的过度包装和污染物的产生与排放，树立企业良好的社会形象。

（四）鼓励企业建立环境管理体系。环境管理体系是企业管理的组成部分，能够帮助企业从环境管理方面促进清洁生产的实施。有条件的企业，在自愿的原则下，可按照 ISO14000 系列标准（GB/T 24000－ISO14000），开展环境管理体系认证，提高清洁生产水平。

（五）建立企业清洁生产责任制度。要实行企业清洁生产领导责任制，做到层层负责、责任到人；加强宣传和岗位培训，努力提高职工清洁生产意识和技能；实行装置运行达标管理，避免由于管理不善而出现“跑冒滴漏”现象，造成资源浪费和环境污染；建立奖惩制度，使清洁生产工作与经济效益挂钩。通过加强企业管理，推进清洁生产的实施。

五、完善法规体系，强化监督管理

（一）完善清洁生产配套规章。按照《清洁生产促进法》的要求，发展改革委要抓紧研究制定强制回收的产品和包装物回收管理办法，制定和公布国家重点行业清洁生产技术、工艺、设备和产品导向目录，以及限期淘汰的生产技术、工艺、设备和产品的名录，并会同环保总局组织制定清洁生产审核办法等配套规章。

（二）加强对建设项目的环境管理。在固定资产投资项目中，涉及环境影响的项目，在进行环境影响评价和可行性研究中应对原料使用、资源消耗、资源综合利用以及污染物产生与处置等进行分析论证，优先选用资源利用率高以及污染物产生量小的清洁生产技术、工艺和设备，并在建设项目设计、施工和验收等各个环节中加以落实。对使用限期淘汰的落后工艺和设备的

建设项目，不得批准其环境影响评价报告书（表），擅自开工建设的要依法予以关闭。

（三）实施重点排污企业公告制度。为加强公众监督，省、自治区、直辖市环境保护行政主管部门根据企业污染物的排放情况，可在当地主要媒体上定期公布污染物超标排放或者污染物排放总量超过规定限额的污染严重企业名单。列入污染严重企业名单的企业，应当按照有关规定公布主要污染物排放情况。重点排污企业的污染物排放口应安装污染物在线自动监测系统。对不公布或未按规定要求公布污染物排放情况的企业，环境保护行政主管部门应依法予以处罚。

（四）加大执法监督的力度。各级环境保护行政主管部门要严格环境执法，严肃查处各类污染环境行为，坚决制止企业非法排污。对造成重大环境污染事故的，要依法追究有关人员的责任。各级环境保护行政主管部门要会同有关部门开展经常性的环保检查和清理整顿工作，防止“十五小”、“新五小”企业死灰复燃。对检查中发现的国家明令淘汰的落后生产能力、工艺和产品，造成环境污染的，环境保护行政主管部门要依法予以处罚，吊销有关企业的排污许可证。地方各级环境保护行政主管部门在核发排污许可证时，应将清洁生产审核结果作为核定企业污染物排放总量的重要依据，对未进行清洁生产审核的企业应比照已审核的企业执行。涉及生产、销售国家明令淘汰产品的行为，由各级质量技术监督部门依法予以处罚。因排放污染物超过国家或地方排放标准，被责令限期治理的企业，应积极采用清洁生产工艺和技术并限期达到治理要求，否则环境保护行政主管部门不得同意恢复生产，有关部门不得提供相应的生产条件。环境保护行政主管部门对不按要求实施清洁生产审核或不如实报告审核结果的企业，依法予以处罚。

六、加强对推行清洁生产工作的领导

（一）加强组织领导。各级人民政府和有关部门要切实加强对推行清洁生产工作的领导，建立和完善部门间的协调机制。各级发展改革（经贸）行政主管部门要切实担负起组织、协调清洁生产促进工作的职责。各级发展改革（经贸）和环境保护等行政主管部门要加强对清洁生产的指导。各级环境保护行政主管部门要加强对清洁生产实施工作的监督管理，各级科学技术、农业、建设、水利和质量技术监督等行政主管，要各负其责，协同配合，共同做好推行清洁生产工作。

（二）做好法规宣传教育。各级人民政府和有关部门要对宣传和贯彻《清洁生产促进法》做出具体部署。要充分利用报刊、广播、电视、网络等宣传舆论工具，广泛深入持久地宣传《清洁生产促进法》，使全社会正确认识清洁生产在可持续发展中的重要作用，接受清洁生产理念，为该法的顺利实施创造良好的氛围。同时，应通过宣传和教育，鼓励公众购买和使用节能、节水、废物再生利用等有利于环境与资源保护的产品。各级人民政府和有关部门要带头倡导绿色消费，在政府采购时，应将满足使用要求的节能、节水、废物再生利用等有利于环境与资源保护的产品优先纳入采购计划。

要加强清洁生产教育和培训，特别要加强对企业管理者、技术人员及员工的培训，正确理解和掌握《清洁生产促进法》的有关规定，把清洁生产落实到产品开发、工艺技术、工程设计、装备制造和生产服务管理等各个环节。教育部要研究提出将清洁生产技术和管理课程纳入高等教育、职业教育和技术培训体系的方案。

（三）建立清洁生产信息和服务体系。各级人民政府有关部门要积极组织和支持建立清洁生产信息系统和技术咨询服务体系，向社会发布有关清洁生产技术、管理和政策等方面的信息，加强清洁生产信息交流。要积极推动清洁生产国际交流与合作，学习借鉴国外推行清洁生产的成功经验，引进清洁生产技术和设备，提高我国清洁生产水平。

要充分发挥行业协会等中介机构和科研单位、大专院校的作用，在政府领导下或接受政府委托，建立行业清洁生产中心和信息系统，制定本行业清洁生产指标体系、规划、规范，为企业开展清洁生产审核、技术开发与推广、信息咨询、宣传培训等提供服务。

（四）做好督促检查工作。各地区、各有关部门要根据《清洁生产促进法》和本意见制定具体政策措施，确保各项规定落到实处。发展改革委和环保总局对落实本意见的情况进行监督检查，并向国务院报告。

中华人民共和国环境保护行业标准

清洁生产标准　钢铁行业

Cleaner production standard - Iron and Steel industry

HJ/T 189—2006

前　言

为贯彻实施《中华人民共和国清洁生产促进法》和《中华人民共和国清洁生产促进法》，保护环境，为钢铁企业开展清洁生产提供技术支持和导向，制定本标准。

本标准为指导性标准，可用于钢铁联合企业和电炉钢厂（短流程）的清洁生产审核和清洁生产潜力与机会的判断，以及清洁生产绩效评定和清洁生产绩效公告制度。

在达到国家和地方污染物排放标准的基础上，本标准根据当前的行业技术，装备水平和管理水平而制定，共分为三级，一级代表国际清洁生产先进水平，二级代表国内清洁生产先进水平，三级代表国内清洁生产基本水平。随着技术的不断进步和发展，本标准也将不断修订，一般每 3～5 年修订一次。

根据清洁生产的一般要求，清洁生产指标原则上分为生产工艺与装备要求、废物回收利用指标、资源能源利用指标、污染物产生指标（末端处理前）、产品指标和环境管理要求等六项。考虑到氮肥制造业的特点，根据清洁生产的一般要求和我国钢铁行业生产特点，本标准对钢铁行业清洁生产指标定为生产工艺装备与技术要求、资源能源利用指标、污染物指标、产品指标、废物回收利用指标、环境管理要求共 6 类，并根据钢铁生产长/短工艺流程分别确定每一类中的具体考核指标。

本标准为首次发布。

本标准由国家环境保护总局科技标准司提出。

本标准由辽宁省清洁生产中心、冶金清洁生产技术中心、中国环境科学研究院负责起草。

本标准国家环境保护总局 2006 年 7 月 3 日批准，自 2006 年 10 月 1 日起实施。

本标准由国家环境保护总局解释。

1　范围

本标准适用于钢铁联合企业和短工艺流程电炉钢厂的总体清洁生产审核、清洁生产绩效评定和清洁生产绩效公告制度。

企业中的配套焦化厂和企业自备火电厂的清洁生产审核及绩效评定分别执行国家颁布的相应专业标准。

2　规范性引用文件

下列文件中的条款通过本标准的引用而成为本标准的条款。当下列标准被修订时，其最新版本适用于本标准。

GB 8978 污水综合排放标准
GB 9078 工业炉窑大气污染物排放标准
GB 13271 锅炉大气污染物排放标准
GB 13456 钢铁工业水污染物排放标准
GB 16171 炼焦炉大气污染物排放标准
GB 16297 大气污染物综合排放标准
GB/T 24001 环境管理体系 规范及使用指南

3 术语和定义

3.1 清洁生产

指不断采取改进设计、使用清洁的能源和原料、采用先进的生产工艺技术与设备、改善管理、综合利用等措施，从源头削减污染，提高资源利用效率，减少或者避免生产、服务和产品使用过程中污染物的产生和排放。

3.2 钢铁行业

国民经济发展的重要基础材料产业，指以黑色金属（铁、铬、锰3种金属元素）作为主要开采、冶炼及压延加工对象的工业产业。主要包括以金属矿石为原料采用铁矿粉烧结、高炉炼铁、转炉炼钢、轧机轧制生产的长流程钢铁联合企业和以废钢铁为原料采用电炉炼钢、轧/锻机轧/锻制生产的短流程企业加工生产各种钢材产品的全过程。

本标准不含钢铁行业冶金矿山采矿和选矿、耐火材料、碳素制品和冶金机械生产。

3.3 干熄焦（Coke Dry Quenching，CDQ）

一种熄焦工艺，它利用冷的惰性气体，在干熄炉中与赤热红焦换热从而冷却红焦并终止其燃烧。吸收了红焦热量的惰性气体将热量传给干熄焦锅炉产生蒸汽，被冷却的惰性气体再由循环风机鼓入干熄炉冷却并熄灭红焦。

3.4 新型湿法熄焦

一种熄焦工艺，它将低水分熄焦 —— 熄焦水在设定压力下经特定排列的喷嘴以大流量喷至熄焦车内的红焦表面，熄焦水供水速度远快于焦块吸水速度，只有部分水在由上至下通过焦炭层时被吸收并被激烈汽化，其余大部分水经熄焦车倾斜底板上的孔和沟槽排出，激烈汽化瞬间产生的大量水蒸气由下至上搅动焦炭层使其进一步均匀冷却并起到整粒作用。

稳定熄焦 —— 大量熄焦水经管道进入特制熄焦车下部的倾斜夹层，通过在斜底上分布的出水口由下至上喷入焦炭层，激烈汽化瞬间产生的大量水蒸气由下至上搅动焦炭层使其均匀冷却并起到整粒作用，熄焦塔上设有钢制导向斗防止焦炭被蒸汽带出熄焦车外，熄焦车上方设有洒水设施用于清洗除尘用导流板和产生水幕以防含尘水蒸气外逸。

3.5 小球烧结

指将混合料制成小粒径球团，并在其外表面黏附一层粉状燃料后，在烧结机上进行焙烧的工艺过程。

3.6 烧结厚料层操作

指烧结机布料厚度提高至300 mm以上的操作过程。

3.7 烧结矿显热回收

指将烧结矿冷却机高温段废气（温度为350～420℃） 进行余热回首。显热回收途径主要有：（1）预热点火、保温炉助燃空气，以降低燃料消耗；（2）预热混合料，提高料温，降低固体燃料消耗；（3）利用余热锅炉生产蒸汽，部分替代燃煤锅炉；（4）余热发电。

3.8　高炉炉顶煤气余压发电（Top Gas Pressure Recovery Turbine，TRT）

指利用高炉炉顶煤气中的压力能经透平膨胀做功来驱动发电机发电，由此可回收高炉鼓风机所需能量的30%左右，实际上回收了原来在减压阀组中泄失的能量。

3.9　入炉焦比

指高炉冶炼每一吨合格生铁所消耗的干焦炭量[kg/t 铁]。

3.10　高炉喷煤量

指高炉冶炼一吨合格生铁所消耗的煤粉量[kg/t 铁]。

3.11　转炉溅渣护炉

指在转炉出钢后留滞部分终渣于炉膛内，并在吹炼初期或在出钢完毕后、溅渣开始前向炉内加入炉渣调整料，调整炉渣成分及黏度至适宜范围，用高压氮气将渣液吹溅涂敷在炉衬表面形成溅渣层，起到保护炉衬的作用。

3.12　连铸比

指连铸合格坯产量占钢总产量的百分比。

3.13 连铸坯热送热装

指铸坯在400℃以上热状态下装入加热炉，而铸坯温度在650～1 000℃时装入加热炉，节能效果最好。

3.14　双预热蓄热燃烧

指将燃烧器与蓄热体相结合，利用工业炉产生的高温废气，通过蓄热体将低热值高炉煤气、助燃空气预热到较高温度后再进行燃烧的技术。

3.15　可比能耗

指钢铁企业以钢为代表产品，前后工序能力配套生产所需要的能源消耗。是指企业每生产一吨钢，从炼焦、烧结、炼铁、炼钢直到成品钢材配套生产所必需的耗能量及企业燃料加工与运输，机车运输及能源亏损所分摊到每吨钢的耗能量之和。不包括钢铁企业的矿山、选矿、铁合金、耐火材料、碳素制品、焦化回收产品精制及其他产品生产、辅助生产及非生产的能耗。

3.16　炼钢钢铁料消耗

指每投入一次钢铁料（生铁+废钢，不包括回炉钢）量（千克）和合格钢产量（吨）之比率。

3.17　生产取水量

指钢铁企业生产全过程中，生产每吨钢需要的新水取水量。包括企业自建或合建的取水设施、地区或城镇供水工程、发电厂尾水以及企业外购水量，不包括企业自取的海水、苦咸水和企业排出厂区的废水回用水。

3.18　钢材综合成材率

指产品从第一道加工工序投料起直至最后一道加工工序结束止的全过程（包括各个环节生产经营周转损失）的成材率，而成材率即合格钢材产量占钢坯/锭总消耗量的百分比，其反映生产过程中原料的利用程度。

3.19　钢材质量合格率

指合格钢材生产量占钢材总检验量的百分比，是反映产品在生产过程中技术操作和管理工作质量的指标。

3.20　钢材质量等级品率

反映我国钢铁行业产品质量水平及变化情况的指标，是钢材优等品产量、一等品产量、合格品产量分别乘以其各自加权系数（1.5、1.0、0.5）再相加求和后，与报告期总产量的百分比。

3.21　炉外精炼比

指经过炉外精炼（二次冶金）工艺处理的合格钢产量占合格钢总产量的百分比。

3.22 电炉钢冶炼电耗

指每炼一吨电炉钢在实际冶炼过程中所消耗的电量。

4 技术要求

4.1 指标分级

本标准共给出了钢铁行业生产过程清洁生产水平的三级技术指标：

一级：国际清洁生产先进水平；

二级：国内清洁生产先进水平；

三级：国内清洁生产基本水平。

4.2 钢铁行业清洁生产技术指标

钢铁行业清洁生产各级指标的具体要求见表 1 和表 2。

表 1 钢铁联合企业清洁生产技术指标

清洁生产指标 \ 指标等级	一级	二级	三级
一、生产工艺装备与技术指标			
1. 新型熄焦工艺	干熄焦量 100%	干熄焦量≥50%，或采用新型湿法熄焦	
2. 焦炉煤气脱硫	配套脱硫及硫回收利用设施		
	H_2S≤200 mg/m^3	H_2S≤300 mg/m^3	H_2S≤500 mg/m^3
3. 小球烧结及厚料层操作	料层厚≥600 mm	料层厚≥500 mm	料层厚≥400 mm
4. 烧结矿显热回收	利用余热锅炉产生蒸汽或余热发电		预热点火、保温炉助燃空气或混合料
5. 高炉炉顶煤气余压发电（TRT）	100%装备	80%装备	60%装备
6. 入炉焦比，kg/t 铁	≤300	≤380	≤420
7. 高炉喷煤量，kg/t 铁	≥200	≥150	≥120
8. 转炉溅渣护炉	采用该技术		
9. 连铸比，% [1]	100	≥95	≥90
10. 连铸坯热送热装	热装温度≥600℃，热装比≥50%		热装温度≥400℃，热装比≥50%
11. 双预热蓄热燃烧	中小型材、线材、中板、中宽带及窄带钢的加热炉（每小时加热能力 100 吨左右）		
二、资源能源利用指标			
1. 可比能耗，kg 标煤/t 钢	≤680	≤720	≤780
2. 炼钢钢铁料消耗，kg/t 钢	≤1 070	≤1 080	≤1 090
3. 生产取水量，m^3 水/t 钢	≤6.0	≤10.0	≤16.0
三、污染物指标			
绩效指标[2] 1. 废水排放量，m^3/t 钢	≤2.0	≤4.0	≤6.0
2. COD 排放量，kg/t 钢	≤0.2	≤0.5	≤0.9
3. 石油类排放量，kg/t 钢	≤0.015	≤0.040	≤0.120
4. 烟/粉尘排放量，kg/t 钢	≤1.0	≤2.0	≤4.0
5. SO_2 排放量，kg/t 钢	≤1.0	≤2.0	≤2.5

清洁生产指标 \ 指标等级		一级	二级	三级
产生指标	a. 烧结机头			
	6. SO_2，kg/t 产品	≤0.7	≤1.5	≤3.0
	7. 烟尘，kg/t 产品	≤2.0	≤3.0	≤4.0
	b. 炼钢			
	8. 转炉废水量，m^3/t 钢	≤17	≤20	≤25
	9. 连铸废水量，m^3/t 钢	≤18	≤20	≤25
	10. 电炉烟尘，kg/t 钢	≤12	≤14	≤16
	c. 热轧			
	11. 板/带/管材废水量，m^3/t 材	≤40	≤50	≤60
	12. 棒/线/型材废水量，m^3/t 材	≤25	≤35	≤45
	d. 冷轧			
	13. 废水量，m^3/t 材	≤45	≤50	≤60
四、产品指标				
1. 钢材综合成材率，%		≥96	≥92	≥90
2. 钢材质量合格率，%		≥99.5	≥99	≥98
3. 钢材质量等级品率，%		≥110	≥100	≥90
五、废物回收利用指标				
1. 生产水复用率，%		≥95	≥93	≥90
2. 高炉煤气回收利用率，%			≥95	≥93
3. 转炉煤气回收热量，kg 标煤/t 钢		≥23	≥21	≥18
4. 含铁尘泥回收利用率，%		100	≥95	≥90
5. 高炉渣利用率，%[3]		100	≥95	≥90
6. 转炉渣利用率，%[3]		100	≥95	≥90
六、环境管理要求				
1. 环境法律法规标准		符合国家和地方有关环境法律、法规，污染物排放达到国家和地方排放标准、总量控制和排污许可证管理要求。相应国家排放标准包括：GB 9078、GB 16171、GB 13271、GB 16297、GB 13456、GB 8978 等		
2. 组织机构		设专门环境管理机构和专职管理人员，开展环保和清洁生产有关工作		
3. 环境审核		按照《钢铁企业清洁生产审核指南》的要求进行了审核；按照 ISO 14001 建立并运行环境管理体系，环境管理手册、程序文件及作业文件齐备	按照《钢铁企业清洁生产审核指南》的要求进行了审核；环境管理制度健全，原始记录及统计数据齐全有效	
4. 废物处理			用符合国家规定的废物处置方法处置废物，严格执行国家或地方规定的废物转移制度。对危险废物要建立危险废物管理制度，并进行无害化处理	

<table>
<tr><th>清洁生产指标 \ 指标等级</th><th>一级</th><th>二级</th><th>三级</th></tr>
<tr><td>5. 生产过程环境管理</td><td rowspan="2">按照《钢铁企业清洁生产审核指南》的要求进行了审核；按照 ISO 14001 建立并运行环境管理体系，环境管理手册、程序文件及作业文件齐备</td><td>1. 每个生产工序要有操作规程，对重点岗位要有作业指导书；易造成污染的设备和废物产生部位要有警示牌；生产工序能分级考核
2. 建立环境管理制度其中包括：
开停工及停工检修时的环境管理程序；
新、改、扩建项目管理及验收程序；
储运系统污染控制制度；
环境监测管理制度；
污染事故的应急程序；
环境管理记录和台账</td><td>1. 每个生产工序要有操作规程，对重点岗位要有作业指导书；生产工序能分级考核。
2. 建立环境管理制度其中包括：
开停工及停工检修时的环境管理程序；
新、改、扩建项目管理及验收程序；
环境监测管理制度；
污染事故的应急程序</td></tr>
<tr><td>6. 相关方环境管理</td><td>原材料供应方的管理；
协作方、服务方的管理程序</td><td>原材料供应方的管理程序</td></tr>
</table>

注：① 不包括铸/锻钢件以及需开坯生产的产品等；② 不包括自备电厂排污量；③ 稀土渣、钒渣等特殊渣除外。

表 2 电炉钢厂（短流程）清洁生产标准

<table>
<tr><th colspan="2">清洁生产指标 \ 指标等级</th><th>一级</th><th>二级</th><th>三级</th></tr>
<tr><td colspan="5">一、生产工艺装备与技术指标</td></tr>
<tr><td colspan="2">1. 废钢预热量</td><td>预热废钢量100%</td><td>预热废钢量≥80%</td><td>预热废钢量≥60%</td></tr>
<tr><td colspan="2">2. 炉外精炼比，%</td><td>100</td><td>≥90</td><td>≥70</td></tr>
<tr><td colspan="2">3. 电炉钢冶炼电耗，kW・h/t</td><td>≤290</td><td>≤350</td><td>≤420</td></tr>
<tr><td colspan="2">4. 连铸比，%①</td><td>100</td><td>≥95</td><td>≥90</td></tr>
<tr><td colspan="2">5. 热送热装①</td><td colspan="2">热装温度≥600℃，热装比≥50%</td><td>热装温度≥400℃，热装比≥50%</td></tr>
<tr><td colspan="2">6. 双预热蓄热燃烧</td><td colspan="2">中小型材、线材、中板、中宽带及窄带钢的加热炉（每小时加热能力 100 吨左右）</td><td></td></tr>
<tr><td colspan="5">二、资源能源利用指标</td></tr>
<tr><td colspan="2">1. 可比能耗，kg 标煤/t 钢</td><td>≤480</td><td>≤520</td><td>≤580</td></tr>
<tr><td colspan="2">2. 金属料消耗，kg/t 钢</td><td>≤1 050</td><td>≤1 100</td><td>≤1 130</td></tr>
<tr><td colspan="2">3. 生产取水量，m^3 水/t 钢</td><td>≤6.0</td><td>≤10.0</td><td>≤16.0</td></tr>
<tr><td colspan="5">三、污染物指标</td></tr>
<tr><td rowspan="5">绩效指标</td><td>1. 废水排放量，m^3/t 钢</td><td>≤4.5</td><td>≤9.0</td><td>≤13.0</td></tr>
<tr><td>2. COD 排放量，kg/t 钢</td><td>≤0.2</td><td>≤0.5</td><td>≤0.9</td></tr>
<tr><td>3. 石油类排放量，kg/t 钢</td><td>≤0.015</td><td>≤0.040</td><td>≤0.120</td></tr>
<tr><td>4. 烟/粉尘排放量，kg/t 钢</td><td>≤1.0</td><td>≤2.0</td><td>≤4.0</td></tr>
<tr><td>5. 萤石用量，kg/t 钢</td><td>≤3.0</td><td>≤5.0</td><td>≤8.0</td></tr>
</table>

<table>
<tr><td colspan="2">指标等级
清洁生产指标</td><td>一级</td><td>二级</td><td>三级</td></tr>
<tr><td rowspan="6">产生指标</td><td colspan="4">a. 炼钢</td></tr>
<tr><td>6. 电炉废水量，m^3/t 钢</td><td>≤30</td><td>≤35</td><td>≤45</td></tr>
<tr><td>7. 电炉烟尘，kg/t 钢</td><td>≤12</td><td>≤14</td><td>≤16</td></tr>
<tr><td colspan="4">b. 轧钢</td></tr>
<tr><td>8. 管材废水量，m^3/t 材</td><td>≤20</td><td>≤40</td><td>≤50</td></tr>
<tr><td>9. 棒/线材废水量，m^3/t 材</td><td>≤25</td><td>≤35</td><td>≤45</td></tr>
<tr><td colspan="5">四、产品指标</td></tr>
<tr><td colspan="2">1. 钢材综合成材率，%</td><td>≥96</td><td>≥92</td><td>≥90</td></tr>
<tr><td colspan="2">2. 钢材质量合格率，%</td><td>≥99.5</td><td>≥99</td><td>≥98</td></tr>
<tr><td colspan="2">3. 钢材质量等级品率，%</td><td>≥110</td><td>≥100</td><td>≥90</td></tr>
<tr><td colspan="5">五、废物回收利用指标</td></tr>
<tr><td colspan="2">1. 生产水复用率，%</td><td>≥95</td><td>≥93</td><td>≥90</td></tr>
<tr><td colspan="2">2. 含铁尘泥回收利用率，%</td><td>100</td><td>≥95</td><td>≥90</td></tr>
<tr><td colspan="2">3. 电炉渣利用率，%</td><td>100</td><td>≥85</td><td>≥70</td></tr>
<tr><td colspan="2">4. 余热利用量，kg 标煤/t 钢</td><td>≥30</td><td>≥25</td><td>≥20</td></tr>
<tr><td colspan="5">六、环境管理要求</td></tr>
<tr><td colspan="2">1. 环境法律法规标准</td><td colspan="3">符合国家和地方有关环境法律、法规，污染物排放达到国家和地方排放标准、总量控制和排污许可证管理要求。相应国家排放标准包括 GB 9078、GB 16171、GB 13271、GB 16297、GB 13456、GB 8978 等</td></tr>
<tr><td colspan="2">2. 组织机构</td><td colspan="3">设专门环境管理机构和专职管理人员，开展环保和清洁生产有关工作</td></tr>
<tr><td colspan="2">3. 环境审核</td><td rowspan="4">按照《钢铁企业清洁生产审核指南》的要求进行了审核；按照 GB/T 24001 建立并运行环境管理体系，环境管理手册、程序文件及作业文件齐备</td><td colspan="2">按照《钢铁企业清洁生产审核指南》的要求进行了审核；环境管理制度健全，原始记录及统计数据齐全有效</td></tr>
<tr><td colspan="2">4. 废物处理</td><td colspan="2">用符合国家规定的废物处置方法处置废物，严格执行国家或地方规定的废物转移制度。对危险废物要建立危险废物管理制度，并进行无害化处理</td></tr>
<tr><td colspan="2">5. 生产过程环境管理</td><td>1. 每个生产工序要有操作规程，对重点岗位要有作业指导书；易造成污染的设备和废物产生部位要有警示牌；生产工序能分级考核。
2. 建立环境管理制度其中包括：
开停工及停工检修时的环境管理程序；
新、改、扩建项目管理及验收程序；
储运系统污染控制制度；
环境监测管理制度；
污染事故的应急程序；
环境管理记录和台账</td><td>1. 每个生产工序要有操作规程，对重点岗位要有作业指导书；生产工序能分级考核。
2. 建立环境管理制度其中包括：
开停工及停工检修时的环境管理程序；
新、改、扩建项目管理及验收程序；
环境监测管理制度；
污染事故的应急程序</td></tr>
<tr><td colspan="2">6. 相关方环境管理</td><td>原材料供应方的管理；
协作方、服务方的管理程序</td><td>原材料供应方的管理程序</td></tr>
</table>

注：①不包括铸/锻钢件以及需开坯生产的产品等。

5 数据采集和计算方法

5.1 本标准各项指标的采样和监测按照国家标准监测方法执行。

5.2 各项指标的计算方法

5.2.1 入炉焦比

$$入炉焦化=\frac{干焦耗用量(kg)}{合格生铁产量(t)}$$

5.2.2 钢铁料消耗

$$炼钢钢铁料消耗量=\frac{入炉生铁量与废钢量之和(kg)}{合格钢生产量(t)}$$

5.2.3 生产取水量

$$V_{ui}=\frac{V_i}{Q}$$

式中：V_{ui} —— 生产每吨钢取新水总量，m^3/t；

V_i —— 在一定的计量时间内，企业在生产全过程中取生产新水量总和，m^3；

Q —— 在同一计量时间内，企业钢产量，t。

5.2.4 污染物绩效指标

$$污染物排放量=\frac{企业污染物年排放量(kg)}{合格钢水年产量(t)}$$

此污染物即钢铁企业生产过程中经治理后外排的废水、COD、石油类、烟/粉尘、SO_2等，其中SO_2和烟/粉尘不包括自备电厂的排放量。

5.2.5 污染物产生指标

$$污染物排放量=\frac{被考核设备/设施污染物年产生量(kg)}{被考核设备/设施合格产品年产量(t)}$$

此污染物即钢铁生产过程中废水、烟尘、SO_2 等的初始产生量，其中废水为被考核设备/设施的生产总用水量。

5.2.6 钢材综合成材率

$$钢材综合成材率=\frac{合格钢材生产量}{耗用钢锭/连铸坯量}\times100\%$$

5.2.7 钢材质量合格率

$$钢材质量合格率=\frac{钢材检验合格量}{钢材检验总量}\times100\%$$

5.2.8 钢材质量等级品率

$$钢材质量等级品率=\frac{\alpha_1\times p_1\times\alpha_2\times p_2\times\alpha_3\times p_3}{p}\times100\%$$

式中：α_1，α_2，α_3 —— 优等品、一等品、合格品加权系数，分别为 1.5、1.0、0.5；

p_1、p_2、p_3 —— 优等品、一等品、合格品产量。

5.2.9 生产水复用率

$$R=\frac{V_r}{V_r+V_i}\times100\%$$

式中：R —— 生产水复用率，%；

V_r—— 在一定的计量时间里，企业在生产全过程中的重复利用水量，m^3；

V_i—— 意义同前述取水量计算式。

5.2.10　炉外精炼比

$$炉外精炼比=\frac{精炼合格钢水年产量}{合格钢水年产量}\times 100\%$$

5.2.11　电炉钢冶炼电耗

$$电炉钢冶炼耗电量=\frac{冶炼耗电量(kW\cdot h)}{合格钢生产量(t)}$$

5.2.12　萤石用量

$$萤石用量=\frac{萤石年耗量(kg)}{合格钢水年产量(t)}$$

5.2.13　余热利用量

$$余热利用量=\frac{各工序所有可利用余热的全年实际利用量(kgce)}{合格钢水年产量(t)}$$

6　标准的实施

本标准由各级人民政府环境保护行政主管部门负责组织实施。

中华人民共和国环境保护行业标准

清洁生产标准　钢铁行业（中厚板轧钢）

Cleaner production standard - Steel rolling（plate）industry

HJ/T 318—2006

前　言

为贯彻实施《中华人民共和国环境保护法》和《中华人民共和国清洁生产促进法》，进一步推动中国的清洁生产，防止生态破坏，保护人民健康，促进经济发展，并为钢铁行业　中厚板轧钢企业开展清洁生产提供技术支持和导向，制定本标准。

本标准为推荐性标准，可用于钢铁行业中厚板轧钢企业的清洁生产审核和清洁生产潜力与机会的判断，以及企业清洁生产绩效评定和企业清洁生产绩效公告制度。

在达到国家和地方污染物排放标准的基础上，本标准根据当前的行业技术、装备水平和管理水平而制定，共分为三级，一级代表国际清洁生产先进水平，二级代表国内清洁生产先进水平，三级代表国内清洁生产基本水平。随着技术的不断进步和发展，本标准也将不断修订，一般每 3～5 年修订一次。

根据清洁生产的一般要求，清洁生产指标原则上分为生产工艺与装备要求、资源能源利用指标、产品指标、污染物产生指标（末端处理前）、废物回收利用指标和环境管理要求等六类。考虑到中厚板轧钢的特点，本标准将清洁生产指标分为六类，即生产工艺与装备要求、资源能源利用指标、污染物指标、产品指标、废物回收利用指标和环境管理要求。

本标准为首次发布。

本标准由国家环境保护总局科技标准司提出。

本标准起草单位：北京首钢设计院、中国环境科学研究院。

本标准由国家环境保护总局于 2006 年 11 月 22 日批准。

本标准自 2007 年 2 月 1 日起实施。

本标准由国家环境保护总局负责解释。

1　范围

本标准适用于钢铁行业　中厚板轧钢的清洁生产审核、清洁生产潜力与机会的判断、清洁生产绩效评定和清洁生产绩效公告制度。

2　规范性引用文件

下列文件中的条款通过本标准的引用而成为本标准的条款。凡是不注日期的引用文件，其最新版本适用于本标准。

HJ/T 189　　清洁生产标准　钢铁行业

YB 9051　　钢铁企业设计节能技术规定

GB 8978 污水综合排放标准
GB 9078 工业炉窑大气污染物排放标准
GB 13456 钢铁工业水污染物排放标准
GB 16297 大气污染物综合排放标准
GB/T 24001 环境管理体系 规范及使用指南

3 定义

3.1 清洁生产

指不断采取改进设计、使用清洁的能源和原料、采用先进的工艺技术与设备、改善管理、综合利用等措施，从源头削减污染，提高资源利用效率，减少或者避免生产、服务和产品使用过程中污染物的产生和排放，以减轻或者消除对人类健康和环境的危害。

3.2 中厚板轧钢

中厚板轧钢是指以生产厚度为 4～250 mm 的板带钢产品为目的的轧钢生产工序。

3.3 连铸坯热送热装

指铸坯在 400℃以上热状态下装入加热炉，而铸坯温度在 650～1 000℃时装入加热炉，节能效果最好。

3.4 双预热蓄热燃烧

指将燃烧器与蓄热体相结合，利用工业炉产生的高温废气，通过蓄热体将低热值高炉煤气、助燃空气预热到较高温度后再进行燃烧的技术。

3.5 加热炉汽化冷却

指利用加热炉产生的高温废气，通过换热器产生高温蒸汽以回收废气中的余热的技术。

3.6 工序能耗

工序能耗是指每生产 1 t 板材消耗的燃料、电力等能源介质及水、蒸汽等耗能工质共消耗的热量，单位 GJ/t。

3.7 生产取水量

指企业生产全过程中，生产每吨钢需要的新水取水量。包括企业自建或合建的取水设施、地区或城镇供水工程、发电厂尾水以及企业外购水量，不包括企业自取的海水、苦咸水和企业排出厂区的废水回用水。

3.8 板材成材率

指合格板材产量占钢坯/锭总消耗量的百分比，其反映生产过程中原料的利用程度。

4 技术要求

4.1 指标分级

本标准共给出了钢铁行业 中厚板轧钢生产过程清洁生产水平的三级技术指标：

一级：国际同行业清洁生产先进水平；

二级：国内同行业清洁生产先进水平；

三级：国内同行业清洁生产基本水平。

4.2 指标要求

钢铁行业 中厚板轧钢清洁生产标准各级指标要求见表 1 所示。

表 1 钢铁行业 中厚板轧钢清洁生产标准

<table>
<tr><th>指标等级
清洁生产指标</th><th>一级</th><th>二级</th><th>三级</th></tr>
<tr><td colspan="4">一、生产工艺装备与技术</td></tr>
<tr><td>1. 连铸坯热装热送</td><td colspan="2">热装温度≥600℃，热装比≥50%</td><td>热装温度≥400℃，热装比≥50%</td></tr>
<tr><td>2. 加热炉余热回收</td><td colspan="2">双预热蓄热燃烧+加热炉汽化冷却</td><td>双预热蓄热燃烧</td></tr>
<tr><td colspan="4">二、资源能源利用指标</td></tr>
<tr><td>1. 生产取水量，m^3/t</td><td>≤0.45</td><td>≤0.75</td><td>≤1.0</td></tr>
<tr><td>2. 工序能耗，GJ/t</td><td>≤1.7</td><td>≤1.8</td><td>≤2.2</td></tr>
<tr><td colspan="4">三、污染物指标</td></tr>
<tr><td>1. 烟尘排放量，kg/t</td><td>≤0.005</td><td>≤0.01</td><td>≤0.05</td></tr>
<tr><td>2. SO_2 排放量，kg/t</td><td>≤0.005</td><td>≤0.05</td><td>≤0.1</td></tr>
<tr><td colspan="4">四、产品指标</td></tr>
<tr><td>板材成材率，%</td><td>≥94</td><td>≥92</td><td>≥90</td></tr>
<tr><td colspan="4">五、废物回收利用指标</td></tr>
<tr><td>1. 氧化铁皮回收率，%</td><td>100</td><td>100</td><td>≥95</td></tr>
<tr><td>2. 废油回收率，%</td><td>100</td><td>≥95</td><td>≥90</td></tr>
<tr><td>3. 生产水复用率，%</td><td>≥98</td><td>≥96</td><td>≥94</td></tr>
<tr><td colspan="4">六、环境管理要求</td></tr>
<tr><td>1. 环境法律法规标准</td><td colspan="3">符合国家和地方有关环境法律、法规，污染物排放达到国家、地方和行业排放标准、总量控制和排污许可证管理要求</td></tr>
<tr><td>2. 组织机构</td><td colspan="3">设专门环境管理机构和专职管理人员，开展环保和清洁生产有关工作</td></tr>
<tr><td>3. 环境审核</td><td rowspan="4">按照《钢铁行业清洁生产审核指南》的要求进行了审核；按照 GB/T 24001 建立并运行环境管理体系，环境管理手册、程序文件及作业文件齐备</td><td colspan="2">按照《钢铁行业清洁生产审核指南》的要求进行了审核；环境管理制度健全，原始记录及统计数据齐全有效</td></tr>
<tr><td>4. 废物处理</td><td colspan="2">用符合国家规定的废物处置方法处置废物，严格执行国家或地方规定的废物转移制度。对危险废物要建立危险废物管理制度，并进行无害化处理</td></tr>
<tr><td>5. 生产过程环境管理</td><td>1. 每个生产工序要有操作规程，对重点岗位要有作业指导书；易造成污染的设备和废物产生部位要有警示牌；生产工序能分级考核。
2. 建立环境管理制度
其中包括：
开停工、及停工检修时的环境管理程序；
新、改、扩建项目管理及验收程序；
储运系统污染控制制度；
环境监测管理制度；
污染事故的应急程序；
环境管理记录和台账</td><td>1. 每个生产工序要有操作规程，对重点岗位要有作业指导书；生产工序能分级考核。
2. 建立环境管理制度
其中包括：
开停工及停工检修时的环境管理程序；
新、改、扩建项目管理及验收程序；
环境监测管理制度；
污染事故的应急程序</td></tr>
<tr><td>6. 相关方环境管理</td><td>原材料供应方的管理；
协作方、服务方的管理程序</td><td>原材料供应方的管理程序</td></tr>
</table>

5　数据采集和计算方法

本标准所设各项指标均采用钢铁行业和环境保护部门最常用的指标，易于理解和执行。本标准的各项指标的采样和监测按照国家标准监测方法执行。

有关指标的计算方法如下：

5.1　生产取水量

$$V_{ui}=\frac{V_i}{Q} \tag{1}$$

式中：V_{ui}—— 生产每吨钢材取新水总量，m^3/t；

V_i—— 在一定的计量时间内，企业在生产全过程中取生产新水量总和，m^3；

Q—— 在同一计量时间内，企业钢材产量，t。

5.2　工序能耗

$$\text{工序能耗}=\frac{\text{消耗的燃料及耗能工质的总热量(GJ)}-\text{回收的总热量(GJ)}}{\text{钢材产量(t)}} \tag{2}$$

因工艺、产品规格的不同，工序能耗值的相应修正，参见 YB 9051。

5.3　污染物指标

$$\text{污染物排放量}=\frac{\text{污染物年排放量(kg)}}{\text{钢材年产量(t)}} \tag{3}$$

5.4　板材成材率

$$b=\frac{G-W}{G}\times100\% \tag{4}$$

式中：b—— 成材率，%；

G—— 原料重量，t；

W—— 各种原因造成的金属损失量，t。

5.4　生产水复用率

$$R=\frac{V_r}{V_r+V_i}\times100\% \tag{5}$$

式中：R—— 生产水复用率，%；

V_r—— 在一定的计量时间里，企业在生产全过程中的重复利用水量，m^3；

V_i—— 意义同前述取水量计算式。

6　标准的实施

本标准由各级人民政府环境保护行政主管部门负责组织实施。

中华人民共和国国家环境保护标准

清洁生产标准　钢铁行业（烧结）

Cleaner production standard - Sintering industry

HJ/T 426—2008

前　言

为贯彻《中华人民共和国环境保护法》和《中华人民共和国清洁生产促进法》，保护环境，为钢铁行业烧结工艺开展清洁生产提供技术支持和导向，制定本标准。

本标准规定了在达到国家和地方环境标准的基础上，根据当前行业工艺技术、装备水平和管理水平，钢铁行业烧结企业清洁生产的一般要求。本标准共分为三级，一级代表国际清洁生产先进水平，二级代表国内清洁生产先进水平，三级代表国内清洁生产基本水平。随着技术的不断进步和发展，本标准也将不断修订，一般每3～5年修订一次。

本标准与《清洁生产标准　钢铁行业》（HJ/T 189—2006）使用相同、相近术语和指标名称而其术语定义与指标数据不一致之处，以本标准为准。下面列出代替《清洁生产标准　钢铁行业》（HJ/T 189—2006）中的术语和指标：

本标准3.3替代HJ/T 189—2006中的3.5；

本标准3.4替代HJ/T 189—2006中的3.6；

本标准3.8替代HJ/T 189—2006中的3.7；

本标准表1中小球烧结、厚料层操作两项指标替代HJ/T 189—2006表1中小球烧结及厚料层操作指标；

本标准表1中烧结机头SO_2产生量指标替代HJ/T 189—2006表1中烧结机头SO_2产生指标；

本标准为首次发布。

本标准为指导性标准。

本标准由环境保护部科技标准司组织制定。

本标准起草单位：冶金清洁生产技术中心、中国环境科学研究院、北京正丰易科环保技术研究中心。

本标准环境保护部2008年4月8日批准。

本标准自2008年8月1日起实施。

本标准由环境保护部解释。

1　适用范围

本标准规定了清洁生产的一般要求。本标准将清洁生产指标分为六类，即生产工艺与装备要求、资源能源利用指标、产品指标、污染物产生指标、废物回收利用指标和环境管理要求。

本标准适用于钢铁行业具有烧结生产工艺企业的清洁生产审核和清洁生产潜力与机会的

判断、清洁生产绩效评定和清洁生产绩效公告制度，也适用于环境影响评价和排污许可证等环境管理制度。

2　规范性引用文件

本标准内容引用了下列文件中的条款。凡是不注日期的引用文件，其有效版本适用于本标准。

GB 8978	污水综合排放标准
GB 9078	工业炉窑大气污染物排放标准
GB 13456	钢铁工业水污染物排放标准
GB 16297	大气污染物综合排放标准
GB 50408	烧结厂设计规范
GB/T 24001	环境管理体系要求及使用指南
HJ/T 189—2006	清洁生产标准　钢铁行业

3　术语和定义

下列术语和定义适用于本标准。

3.1　清洁生产

指不断采取改进设计、使用清洁的能源和原料、采用先进的工艺技术与设备、改善管理、综合利用等措施，从源头削减污染，提高资源利用效率，减少或者避免生产、服务和产品使用过程中污染物的产生和排放，以减轻或者消除对人类健康和环境的危害。

3.2　烧结工艺

指含铁原料加入熔剂和固体燃料，按要求的比例配合、加水混合制粒后，平铺在烧结机台车上，经点火抽风烧结成块的过程。

3.3　小球烧结

指将混合料制成大于 3 mm 占 75%以上的小球进行烧结的方法。

3.4　烧结厚料层操作

指通过提高铺在烧结台车上的混合料层的厚度，提高烧结矿强度，降低固体燃料消耗的操作工艺。

3.5　低温烧结工艺

指以较低的温度烧结，产生一种强度高、还原性好的针状铁酸钙为主要黏结相的烧结方法。

3.6　烧结铺底料

指在烧结机上铺上混合料之前先铺上的一层垫底料。

3.7　生产取水量

指生产每吨合格成品矿需要的新水取水量。

3.8　烧结矿显热回收

指对烧结矿在冷却机高温段废气的热量进行回收利用的工艺。

3.9　转鼓指数

指试样在专用的转鼓内进行测试后，所得粒度大于规定标准的试样重量占试样总重量的百分比。

3.10　水重复利用率

指烧结工序重复利用水量与总用水量的百分比。

4 规范性技术要求

4.1 指标分级

本标准给出了钢铁行业烧结生产过程清洁生产水平的三级技术指标：

一级：国际清洁生产先进水平；

二级：国内清洁生产先进水平；

三级：国内清洁生产基本水平。

4.2 指标要求

钢铁行业（烧结）清洁生产指标要求见表1。

表1 钢铁行业（烧结）清洁生产指标要求

指标等级 清洁生产指标	一级	二级	三级
一、生产工艺与装备要求			
1. 小球烧结	采用该技术		—
2. 厚料层操作	≥700 mm	≥600 mm	≥500 mm
3. 烧结铺底料	采用该技术		
4. 低温烧结工艺	采用该技术		—
5. 各系统除尘设施	配备有齐全的除尘装置，除尘设备同步运行率均达 100%		
二、资源能源利用指标			
1. 工序能耗，kgce/t	≤47	≤51	≤55
2. 固体燃料消耗，kgce/t	≤40	≤43	≤47
3. 生产取水量，m^3/t	≤0.25	≤0.30	≤0.35
4. 烧结矿返矿率，%	≤8	≤10	≤15
5. 水重复利用率，%	≥95	≥93	≥90
6. 烧结矿显热回收	采用该技术		
7. 烧结原料选取	控制易产生二噁英物质的原料		
三、产品指标			
1. 烧结矿品位，%	≥58	≥57	≥56
2. 转鼓指数，%	≥87	≥80	≥76
3. 产品合格率，%	100	≥99.5	≥94.0
四、污染物产生指标			
1. 烧结机头 SO_2 产生量，kg/t	≤0.9	≤1.5	≤3.0
2. 烧结机头烟尘产生量，kg/t	≤2.0	≤3.0	≤4.0
3. 烧结原燃料场无组织排放控制	对原燃料场无组织粉尘排放浓度进行监测，并达到行业相关标准要求		
	设有挡风抑尘墙和洒水抑尘措施		洒水抑尘措施
五、废物回收利用指标			
烧结粉尘回收利用率，%	100		≥99.5
六、环境管理要求			
1. 环境法律法规标准	符合国家和地方有关环境法律、法规，污染物排放达到国家、地方和行业现行排放标准、总量控制和排污许可证管理要求。相应的排放标准包括：GB 8978、GB 9078、GB 13456、GB 16297 等。当新的排放标准替代有关标准时，应执行新标准		

<table>
<tr><th>指标等级
清洁生产指标</th><th>一级</th><th>二级</th><th>三级</th></tr>
<tr><td>2. 组织机构</td><td colspan="3">建立健全专门环境管理机构和专职管理人员，开展环保和清洁生产有关工作</td></tr>
<tr><td>3. 环境审核</td><td rowspan="4">按照《钢铁企业清洁生产审核指南》的要求进行了审核；按照GB/T 24001 建立并有效运行环境管理体系，环境管理手册、程序文件及作业文件齐备</td><td colspan="2">按照《钢铁企业清洁生产审核指南》的要求进行了审核；环境管理制度健全，原始记录及统计数据齐全有效</td></tr>
<tr><td>4. 废物处理</td><td colspan="2">用符合国家规定的废物处置方法处置废物；严格执行国家或地方规定的废物转移制度；对危险废物要建立危险废物管理制度，并进行无害化处理</td></tr>
<tr><td>5. 生产过程环境管理</td><td>1. 每个生产工序要有操作规程，对重点岗位要有作业指导书；易造成污染的设备和废物产生部位要有警示牌；生产工序能分级考核
2. 建立环境管理制度，其中包括：
开停工及停工检修时的环境管理程序；
新、改、扩建项目管理及验收程序；
储运系统污染控制制度；
环境监测管理制度；
污染事故的应急处理预案并进行演练；
环境管理记录和台账</td><td>1. 每个生产工序要有操作规程，对重点岗位要有作业指导书；生产工序能分级考核
2. 建立环境管理制度，其中包括：
开停工及停工检修时的环境管理程序；
新、改、扩建项目管理及验收程序；
环境监测管理制度；
污染事故的应急程序</td></tr>
<tr><td>6. 相关方环境管理</td><td>原材料供应方的管理；
协作方、服务方的管理程序</td><td>原材料供应方的管理程序</td></tr>
</table>

5　数据采集和计算方法

5.1　采样

本标准各项指标的采样和监测按照国家标准监测方法执行。

5.2　相关指标的计算方法

5.2.1　除尘设备同步运行率

$$R_{运行}=\frac{H_{除尘}}{H_{设备}}\times 100\%$$

式中：$R_{运行}$ —— 除尘设备同步运行率，这里所指的除尘设备包括从原燃料破碎、配料、混合、烧结机头、烧结机尾、整粒、转运等工序配套的除尘系统，应对各除尘设备分别统计，%；

$H_{除尘}$ —— 除尘设备运行小时数，h；

$H_{设备}$ —— 主体设备运行小时数，h。

5.2.2 烧结工序能耗

$$E_{单位}=\frac{E_S-E_R}{I_{合格}}$$

式中：$E_{单位}$ —— 烧结工序能耗，kgce/t；

E_S —— 烧结工序消耗的各种能源的折标准煤量总和，不包括烧结机机头脱硫工序耗用能源量，kgce；

E_R —— 烧结工序回收的二次能源量折标准煤量，kgce；

$I_{合格}$ —— 合格成品烧结矿生产量，t。

其中：电力折标系数采用 0.122 9 kgce/kW·h。

5.2.3 固体燃料消耗

$$N_{单位,固体燃料}=\frac{N_{总量,固体燃料}}{I_{合格}}$$

式中：$N_{单位，固体燃料}$ —— 固体燃料消耗，kgce/t；

$N_{总量，固体燃料}$ —— 烧结矿固体燃料耗用总量，kgce；

$I_{合格}$ —— 合格成品烧结矿生产量，t。

5.2.4 烧结矿品位

$$F=\frac{Q_{烧结矿,含铁}}{Q_{烧结矿,产出}}\times 100\%$$

式中：F —— 烧结矿品位，%；

$Q_{烧结矿，含铁}$ —— 烧结矿含铁量，t；

$Q_{烧结矿，产出}$ —— 烧结矿生产量，t。

5.2.5 转鼓指数

$$M=\frac{Q_{粒度大于规定标准}}{Q_{试样重量总和}}\times 100\%$$

式中：M —— 转鼓指数，%；

$Q_{粒度大于规定标准}$ —— 试样测验后粒度大于规定标准的重量总和，t；

$Q_{试样重量总和}$ —— 试样重量总和，t。

5.2.6 污染物产生量指标

$$Q_{单位,污染物产生}=\frac{Q_{污染物产生}}{I}$$

式中：$Q_{单位，污染物产生}$ —— 单位污染物产生量，此污染物即烧结机机头原始产生的烟尘、SO_2，kg/t 矿；

$Q_{污染物产生}$ —— 污染物年产生量，kg；

I —— 烧结矿生产量，t。

6 标准的实施

本标准由各级人民政府环境保护行政主管部门负责监督实施。

中华人民共和国国家环境保护标准

清洁生产标准　钢铁行业（高炉炼铁）

Cleaner production standard-Blast furnace

HJ/T 427—2008

前　言

为贯彻《中华人民共和国环境保护法》和《中华人民共和国清洁生产促进法》，保护环境，为钢铁行业高炉炼铁工艺开展清洁生产提供技术支持和导向，制定本标准。

本标准规定了在达到国家、地方和行业有关环保标准的基础上，根据当前的行业技术、装备水平和管理水平，钢铁行业炼铁企业清洁生产的一般要求。本标准共分为三级，一级代表国际清洁生产先进水平，二级代表国内清洁生产先进水平，三级代表国内清洁生产基本水平。随着技术的不断进步和发展，本标准也将不断修订，一般每 3～5 年修订一次。

本标准与《清洁生产标准　钢铁行业》（HJ/T 189—2006）使用相同、相近术语和指标名称而其术语定义与指标数据不一致之处，以本标准为准。下面列出代替《清洁生产标准　钢铁行业》（HJ/T 189—2006）中的术语和指标：

本标准表 1 中高炉炉顶煤气余压发电（TRT）替代 HJ/T 189—2006 表 1 中高炉炉顶煤气余压发电指标；

本标准表 1 中入炉焦比指标替代 HJ/T 189—2006 表 1 中入炉焦比指标；

本标准表 1 中高炉喷煤比指标替代 HJ/T 189—2006 表 1 中高炉喷煤量指标；

本标准表 1 中高炉渣回收利用率指标替代 HJ/T 189—2006 表 1 中高炉渣利用率指标；

本标准 5.2.3 替代 HJ/T 189—2006 中的 5.2.1。

本标准为首次发布。

本标准为指导性标准。

本标准由环境保护部科技标准司组织制定。

本标准起草单位：冶金清洁生产技术中心、中国环境科学研究院、北京正丰易科环保技术研究中心。

本标准环境保护部 2008 年 4 月 8 日批准。

本标准自 2008 年 8 月 1 日起实施。

本标准由环境保护部解释。

1　适用范围

本标准规定了清洁生产的一般要求。本标准将清洁生产指标分为六类，即生产工艺与装备要求、资源能源利用指标、产品指标、污染物产生控制指标、废物回收利用指标和环境管理要求。

本标准适用于钢铁行业具有高炉炼铁生产工艺企业的清洁生产审核和清洁生产潜力与机会的判断、清洁生产绩效评定和清洁生产绩效公告制度，也适用于环境影响评价和排污许可证等环境管理制度。

2 规范性引用文件

本标准内容引用了下列文件中的条款。凡是不注日期的引用文件，其有效版本适用于本标准。

GB 8978—1996 污水综合排放标准
GB 9078 工业炉窑大气污染物排放标准
GB 13456 钢铁工业水污染物排放标准
GB 16297 大气污染物综合排放标准
GB/T 24001 环境管理体系要求及使用指南
HJ/T 189—2006 清洁生产标准 钢铁行业

3 术语和定义

下列术语和定义适用于本标准。

3.1 清洁生产

指不断采取改进设计、使用清洁的能源和原料、采用先进的工艺技术与设备、改善管理、综合利用等措施，从源头削减污染，提高资源利用效率，减少或者避免生产、服务和产品使用过程中污染物的产生和排放，以减轻或者消除对人类健康和环境的危害。

3.2 高炉炼铁工艺

指以烧结矿、球团矿或块矿等含铁物料为原料，与燃料焦炭和熔剂石灰石等按一定比例配料、称量后送往高炉炉顶以不同方式布料，由热风炉向高炉炉缸鼓入热风助焦炭燃烧（包括所喷入的煤粉），炉内原、燃料在高温下反应为渣、铁逐渐下降；在炉料下降、煤气上升过程中，先后发生传热、传质、还原、渗碳作用生成铁水；烧结矿等原、燃料中的杂质与炉内熔剂结合生成渣液，当炉内铁水和渣液达到一定量时从高炉排出。高炉渣进行处理；铁水送炼钢车间或铸铁机。

3.3 高炉炉顶煤气余压发电

指高炉炉顶煤气余压回收透平发电（Top Gas Pressure Recovery Turbine，TRT），是利用高炉炉顶煤气的压力能，经透平膨胀做功来驱动发电机发电。

3.4 平均热风温度

指高炉在一定正常生产时间内实际使用的热风温度平均值。

3.5 入炉焦比

指高炉冶炼每吨合格生铁所消耗的干焦炭量。

3.6 高炉喷煤比

指高炉冶炼每吨合格生铁所消耗的煤粉量。

3.7 燃料比

指高炉冶炼每吨合格生铁所消耗的燃料量。燃料量指入炉的干焦、干焦丁、煤粉、重油总量。

3.8 生产取水量

指高炉冶炼每吨合格生铁需要的取水量。

3.9 渣铁比

指高炉冶炼每实产一吨生铁所产生的炉渣量。实产生铁总量是生铁合格产出量和出格生铁量之和。

3.10　水重复利用率

指高炉炼铁工序重复利用水量与总用水量的百分比。

4 规范性技术要求

4.1　指标分级

本标准给出了钢铁行业高炉炼铁生产过程清洁生产水平的三级技术指标：

一级：国际清洁生产先进水平；

二级：国内清洁生产先进水平；

三级：国内清洁生产基本水平。

4.2　指标要求

钢铁行业（高炉炼铁）清洁生产指标要求见表 1。

表 1　钢铁行业（高炉炼铁）清洁生产指标要求

清洁生产指标 \ 指标等级	一级	二级	三级
一、生产工艺与装备要求			
1. 高炉煤气除尘	全干法	干法或湿法	
2. 高炉炉顶煤气余压发电	100%装备	90%装备	
3. 平均热风温度，℃	≥1 240	≥1 130	≥1 100
4. 各系统除尘设施	配备有齐全的除尘装置，除尘设备同步运行率达 100%		
二、资源能源利用指标			
1. 工序能耗，kgce/t	≤385	≤415	≤430
2. 入炉焦比，kg/t	≤280	≤365	≤390
3. 高炉喷煤比，kg/t	≥200	≥155	≥140
4. 燃料比，kg/t	≤490	≤520	≤540
5. 入炉铁矿品位，%	≥59.80	≥59.20	≥58.00
6. 生产取水量，m^3/t	≤1.0	≤1.5	≤2.4
7. 水重复利用率，%	≥98		≥97
8. 高炉冲渣水余热回收利用	宜采用该技术		
9. 高炉煤气放散率，%	0	≤5	≤8
三、产品指标			
生铁合格率，%	100		≥99.9
四、污染物产生控制指标			
1. 烟粉尘排放量，kg/t	≤0.10	≤0.20	≤0.30
2. SO_2 产生量，kg/t	≤0.02	≤0.05	≤0.10
3. 废水排放量，m^3/t	0		
4. 无组织排放源控制	对无组织排放源排放粉尘浓度进行监测，并达到行业相关标准要求		
5. 渣铁比 kg/t	≤280	≤315	≤350
五、废物回收利用指标			
1. 高炉槽下采取焦丁回收措施	采用该技术		
2. 高炉渣回收利用率①，%	100		≥97.0
3. 高炉瓦斯灰/泥回收利用率，%	100		≥99.0
六、环境管理要求			

<table>
<tr><th>清洁生产指标 \ 指标等级</th><th>一级</th><th>二级</th><th>三级</th></tr>
<tr><td>1. 环境法律法规标准</td><td colspan="3">符合国家和地方有关环境法律、法规，污染物排放达到国家、地方和行业现行排放标准、总量控制和排污许可证管理要求。相应的排放标准包括：GB 8978、GB 9078、GB 13456、GB 16297 等。当新的排放标准替代有关标准时，应执行新标准</td></tr>
<tr><td>2. 组织机构</td><td colspan="3">建立健全专门环境管理机构和专职管理人员，开展环保和清洁生产有关工作</td></tr>
<tr><td>3. 环境审核</td><td rowspan="4">按照《钢铁企业清洁生产审核指南》的要求进行了审核；按照 GB/T 24001 建立并有效运行环境管理体系，环境管理手册、程序文件及作业文件齐备</td><td colspan="2">按照《钢铁企业清洁生产审核指南》的要求进行了审核；环境管理制度健全，原始记录及统计数据齐全有效</td></tr>
<tr><td>4. 废物处理</td><td colspan="2">用符合国家规定的废物处置方法处置废物；严格执行国家或地方规定的废物转移制度；对危险废物要建立危险废物管理制度，并进行无害化处理</td></tr>
<tr><td>5. 生产过程环境管理</td><td>1. 每个生产工序要有操作规程，对重点岗位要有作业指导书；易造成污染的设备和废物产生部位要有警示牌；生产工序能分级考核
2. 建立环境管理制度，其中包括：
开停工及停工检修时的环境管理程序；
新、改、扩建项目管理及验收程序；
储运系统污染控制制度；
环境监测管理制度；
污染事故的应急处理预案并进行演练；
环境管理记录和台账</td><td>1. 每个生产工序要有操作规程，对重点岗位要有作业指导书；生产工序能分级考核
2. 建立环境管理制度，其中包括：
开停工及停工检修时的环境管理程序；
新、改、扩建项目管理及验收程序；
环境监测管理制度；
污染事故的应急程序</td></tr>
<tr><td>6. 相关方环境管理</td><td>原材料供应方的管理；
协作方、服务方的管理程序</td><td>原材料供应方的管理程序</td></tr>
</table>

注：①特殊渣除外。

5 数据采集和计算方法

5.1 采样

本标准各项指标的采样和监测按照国家标准监测方法执行。

5.2 相关指标的计算方法

5.2.1 除尘设备同步运行率

$$R_{运行}=\frac{H_{除尘}}{H_{设备}}\times 100\%$$

式中：$R_{运行}$——除尘设备同步运行率，这里所指的除尘设备包括从高炉原燃料供料、炉顶上料、高炉出铁场、煤粉制备、铸铁机、炉前脱硅等工序配套的除尘系统，应对各除尘设备分别统计，%；

$H_{除尘}$——除尘设备运行小时数，h；

$H_{设备}$——主体设备运行小时数，h。

5.2.2　炼铁工序能耗

$$E_{单位}=\frac{E_S-E_R}{P_{合格}}$$

式中：$E_{单位}$——炼铁工序能耗，kgce/t；

E_S——炼铁工序消耗的各种能源的折标准煤量总和，kgce；

E_R——炼铁工序回收的二次能源量折标准煤量，kgce；

$P_{合格}$——生铁合格产出量，t。

其中：电力折标系数采用 0.122 9 kgce/kW·h。

5.2.3　入炉焦比

$$K_{焦化}=\frac{Q_{干焦,耗}}{P_{合格}}$$

式中：$K_{焦比}$——入炉焦比，kg/t；

$Q_{干焦,耗}$——干焦耗用量，kg；

$P_{合格}$——生铁合格产出量，t。

5.2.4　燃料比

$$K_{燃料比}=\frac{Q_{燃料,耗}}{P_{合格}}$$

式中：$K_{燃料比}$——燃料比，kg/t；

$Q_{燃料,耗}$——燃料耗用总量，包括入炉的干焦、干焦丁、煤粉和重油等燃料总量，kg；

$P_{合格}$——生铁合格产出量，t。

5.2.5　入炉铁矿品位

$$F_{品位}=\frac{Q_{入炉铁矿,含铁}}{Q_{入炉铁矿,实物}}\times100\%$$

式中：$F_{品位}$——入炉铁矿品位，%；

$Q_{入炉铁矿,含铁}$——入炉铁矿（烧结矿、球团矿、块矿等）含铁总量，t；

$Q_{入炉铁矿,实物}$——入炉铁矿（烧结矿、球团矿、块矿等）实物总量，t。

5.2.6　高炉煤气放散率

$$J=\frac{Q_{放散}}{Q_{总}}\times100\%$$

式中：J——高炉煤气放散率，%；

$Q_{放散}$——高炉煤气年放散量（不包括因正常生产工艺要求放散的高炉煤气量），m^3/a；

$Q_{总}$—— 高炉煤气年总产生量，m^3/a。

本指标作为全厂考核指标应用。

5.2.7 生铁合格率

$$\delta_p = \frac{P_{合格}}{P} \times 100\%$$

式中：δ_p—— 生铁合格率，%；

$P_{合格}$—— 生铁检验合格量，t；

P—— 生铁检验总量，包括出格生铁量，t。

5.2.8 污染物排放量指标

$$Q_{单位,污染物} = \frac{Q_{污染物}}{P}$$

式中：$Q_{单位,污染物}$—— 污染物排放量，此污染物即炼铁工艺生产过程中经治理后外排的废水、烟粉尘，m^3/t 铁或 kg/t 铁；

$Q_{污染物}$—— 污染物年排放量，这里所指的烟粉尘排放量应包括高炉原燃料供料、炉顶上料、高炉出铁场、热风炉、煤粉制备等除尘系统带来的污染物排放量总和，m^3 或 kg；

P—— 实产生铁总量，t。

5.2.9 SO_2 产生量

$$Q_{单位,SO_2} = \frac{Q_{量,SO_2}}{P}$$

式中：$Q_{单位,SO_2}$—— 单位 SO_2 产生量，kg/t 铁；

$Q_{量,SO_2}$—— SO_2 年产生量，kg；

P—— 实产生铁总量，t。

5.2.10 废物回收利用率

$$R_{回收利用} = \frac{W_{利用}}{W_{回收}} \times 100\%$$

式中：$R_{回收利用}$—— 废物回收利用率，%；

$W_{利用}$—— 废物利用量，t/a；

$W_{回收}$—— 废物回收量，t/a。

6 标准的实施

本标准由各级人民政府环境保护行政主管部门负责监督实施。

中华人民共和国国家环境保护标准

清洁生产标准　钢铁行业（炼钢）

Cleaner production standard - Steel-making industry

HJ/T 428—2008

前　言

为贯彻实施《中华人民共和国环境保护法》和《中华人民共和国清洁生产促进法》，保护环境，为钢铁行业炼钢工序开展清洁生产提供技术支持和指导，制定本标准。

本标准规定了在达到国家和地方环境标准的基础上，根据当前行业工艺技术、装备水平和管理水平，钢铁行业炼钢企业清洁生产的一般要求。本标准共分为三级，一级代表国际清洁生产先进水平，二级代表国内清洁生产先进水平，三级代表国内清洁生产基本水平。随着技术的不断进步和发展，本标准也将不断修订，一般每3～5年修订一次。

本标准与《清洁生产标准　钢铁行业》（HJ/T 189—2006）使用相同、相近术语和指标名称而其术语定义与指标数据不一致之处，以本标准为准。下面列出代替《清洁生产标准　钢铁行业》（HJ/T 189—2006）中的术语和指标：

本标准3.8替代HJ/T 189—2006中的3.16；

本标准3.15替代HJ/T 189—2006 中的3.12；

本标准表1中钢铁料消耗指标替代HJ/T 189—2006表1中炼钢钢铁料消耗指标；

本标准表1中煤气和蒸汽回收量指标替代HJ/T 189—2006表1中转炉煤气回收热量指标；

本标准表2中钢铁料消耗指标替代HJ/T 189—2006表2中金属料消耗指标；

本标准表2中钢渣利用率指标替代HJ/T 189—2006表2中电炉渣利用率指标；

本标准5.2.1替代HJ/T 189—2006中的5.2.2。

本标准为首次发布。

本标准为指导性标准。

本标准由环境保护部科技标准司组织制定。

本标准起草单位：冶金清洁生产技术中心、中国环境科学研究院、北京正丰易科环保技术研究中心。

本标准环境保护部2008年4月8日批准。

本标准自2008年8月1日起实施。

本标准由环境保护部解释。

1　适用范围

本标准规定了清洁生产的一般要求。本标准将清洁生产指标分为六类，即生产工艺与装备要求、资源能源利用指标、产品指标、污染物产生控制指标、废物回收利用指标和环境管理要求。

本标准适用于钢铁行业具有炼钢生产工序的钢铁企业的清洁生产审核和清洁生产潜力与

机会的判断、清洁生产绩效评定和清洁生产绩效公告制度，也适用于环境影响评价和排污许可证等环境管理制度。

2 规范性引用文件

本标准内容引用了下列文件中的条款。凡是不注日期的引用文件，其有效版本适用于本标准。

GB 8978　　污水综合排放标准

GB 9078　　工业炉窑大气污染物排放标准

GB 13456　　钢铁工业水污染物排放标准

GB 16297　　大气污染物综合排放标准

GB/T 24001　　环境管理体系要求及使用指南

HJ/T 189—2006　　清洁生产标准　钢铁行业

3 术语和定义

3.1 清洁生产

指不断采取改进设计、使用清洁的能源和原料、采用先进的工艺技术与设备、改善管理、综合利用等措施，从源头削减污染，提高资源利用效率，减少或者避免生产、服务和产品使用过程中污染物的产生和排放，以减轻或者消除对人类健康和环境的危害。

3.2 炼钢

指利用氧气来氧化炉料（主要是生铁）所含杂质的复杂的金属提纯过程。

3.3 转炉炼钢

指利用吹入转炉炉内的氧气与铁水中的元素碳、硅、锰、磷反应放出的热量来进行冶炼钢水的过程。

3.4 电炉炼钢

指利用电能做热源在电炉内进行冶炼钢水的过程。

3.5 转炉炉衬寿命

指转炉炉衬自投入使用起到更换新炉衬止的一个炉役期间的炼钢炉数。

3.6 转炉溅渣护炉

指在转炉出钢后留滞部分终渣于炉膛内，在溅渣开始前向炉内加入炉渣调整料，调整炉渣成分及黏度至适宜范围，然后用高压氮气将渣液吹溅涂敷在炉衬表面形成溅渣层，起到保护炉衬的作用。

3.7 自动化控制

指在炼钢三级自动化控制设备基础上，通过完善控制软件，开发和应用计算机通信自动恢复程序、静态模型和动态模型系数优化等技术，实现炼钢从冶炼条件、冶炼过程控制，直至终点前动态预测和调整，冶炼控制设定的终点目标的全程计算机控制，实现炼钢终点成分和温度控制目标，缩短冶炼时间，提高钢水质量，提高劳动生产率，降低生产成本。

3.8 钢铁料消耗

指入炉的生铁料量与废钢铁料量之和同合格钢水产量之比。

3.9 炼钢工序生产取水量

指炼钢工序（含精炼与连铸工序）每生产 1 t 钢水所消耗的取水量。

3.10 转炉工序能耗

指报告期内，转炉工序（不包含精炼和连铸）每生产 1 t 合格粗钢，扣除工序回收的能源量后实际消耗的各种能源总量，电力折标煤系数取 0.122 9 kgce/kW·h。

3.11　电炉工序能耗

指报告期内，电炉工序（不包含精炼和连铸）每生产 1 t 合格粗钢所消耗的各种能源总量，电力折标煤系数取 0.122 9 kgce/kW·h。

3.12　转炉煤气和蒸汽回收量

指转炉工序每生产 1 t 合格粗钢所回收的转炉煤气量和余热蒸汽量折标准煤量之和。

3.13　水重复利用率

指炼钢工序重复利用水量与总用水量的百分比。

3.14　钢水合格率

指合格钢水产量占钢水总产量的百分比。

3.15　连铸比

指连铸合格坯生产量占合格钢水总产量的百分比。

3.16　尘泥回收利用率

指尘泥回收利用量与尘泥产生量的百分比。

3.17　钢渣利用率

指钢渣利用量与钢渣产生量的百分比。

3.18　电炉优化供电技术

指通过对电炉炼钢过程中供电主回路的在线测量，获取电炉变压器一次侧和二次侧的电压、电流、功率因数、有功功率、无功功率及视在功率等电气运行参数。对以上各项电气运行参数进行分析处理，可得到电弧炉供电主回路的短路电抗、短路电流等基本参数，进而制订电炉炼钢的合理供电曲线。

4　规范性技术要求

4.1　指标分级

本标准给出了钢铁行业炼钢企业生产过程清洁生产水平的三级技术指标：

一级：国际清洁生产先进水平；

二级：国内清洁生产先进水平；

三级：国内清洁生产基本水平。

4.2　指标要求

钢铁行业（炼钢）清洁生产指标要求见表 1 和表 2。

表 1　钢铁行业炼钢企业转炉炼钢清洁生产指标要求

清洁生产指标 \ 指标等级	一级	二级	三级
一、生产工艺与装备要求			
1．炉衬寿命/炉	≥15 000	≥13 000	≥1 0000
2．溅渣护炉	采用溅渣护炉工艺技术		
3．余能回收装置	配置有煤气与蒸汽回收装置，配置率达 100%		
4．自动化控制	采用基础自动化、生产过程自动化和资源与能源管理等三级计算机管理功能	采用基础自动化和生产过程自动化，并包括部分资源与能源管理等三级计算机管理功能	采用基础自动化和生产过程自动化两级计算机管理功能

<table>
<tr><th>指标等级
清洁生产指标</th><th>一级</th><th>二级</th><th>三级</th></tr>
<tr><td>5．煤气净化装置</td><td>配备干式净化装置</td><td colspan="2">配备湿式净化装置</td></tr>
<tr><td>6．连铸比/%①</td><td>100</td><td>≥95</td><td>≥90</td></tr>
<tr><td rowspan="2">7．各系统除尘设施</td><td colspan="3">配备有齐全的除尘装置</td></tr>
<tr><td colspan="3">除尘设备同步运行率达 100%</td></tr>
<tr><td colspan="4">二、资源与能源利用指标</td></tr>
<tr><td>1．钢铁料消耗/（kg/t）</td><td>≤1 060</td><td>≤1 080</td><td>≤1 086</td></tr>
<tr><td>2．废钢预处理</td><td colspan="3">对带有涂层及含氯物质的废钢原料进行预处理，以减少二噁英物质的产生</td></tr>
<tr><td>3．生产取水量/（m^3/t）</td><td>≤2.0</td><td>≤2.5</td><td>≤3.0</td></tr>
<tr><td>4．水重复利用率/%</td><td>≥98</td><td>≥97</td><td>≥96</td></tr>
<tr><td>5．氧气消耗/（m^3/t）</td><td>≤48</td><td>≤57</td><td>≤60</td></tr>
<tr><td>6．工序能耗/（kgce/t）</td><td>≤−20</td><td>≤−8</td><td>≤0</td></tr>
<tr><td>7．煤气和蒸汽回收量/（kgce/t）</td><td colspan="3">≥30</td></tr>
<tr><td colspan="4">三、产品指标</td></tr>
<tr><td>1．钢水合格率/%</td><td>≥99.9</td><td>≥99.8</td><td>≥99.7</td></tr>
<tr><td>2．连铸坯合格率/%</td><td>100</td><td>≥99.85</td><td>≥99.70</td></tr>
<tr><td colspan="4">四、污染物产生控制指标</td></tr>
<tr><td>1．废水及污染物</td><td colspan="3"></td></tr>
<tr><td>（1）废水排放量/（m^3/t）</td><td colspan="3">≤1.5</td></tr>
<tr><td>（2）石油类排放量/（kg/t）</td><td>≤0.008</td><td>≤0.015</td><td>≤0.030</td></tr>
<tr><td>（3）COD 排放量/（kg/t）</td><td>≤0.150</td><td>≤0.225</td><td>≤0.750</td></tr>
<tr><td colspan="4">2．废气及污染物</td></tr>
<tr><td>（1）烟粉尘排放量/（kg/t）②</td><td>≤0.06</td><td>≤0.09</td><td>≤0.18</td></tr>
<tr><td>（2）无组织排放</td><td colspan="3">达到环保相关标准规定要求</td></tr>
<tr><td colspan="4">五、废物回收利用指标</td></tr>
<tr><td>1．钢渣利用率/%</td><td>100</td><td>≥95</td><td>≥90</td></tr>
<tr><td>2．尘泥回收利用率/%</td><td colspan="3">100</td></tr>
<tr><td colspan="4">六、环境管理要求</td></tr>
<tr><td>1．环境法律法规标准</td><td colspan="3">符合国家和地方有关环境法律、法规，污染物排放达到国家、地方和行业现行排放标准、总量控制和排污许可证管理要求。相应的排放标准包括：GB 8978、GB 9078、GB 13456、GB 16297 等。当新的排放标准替代有关标准时，应执行新标准</td></tr>
<tr><td>2．组织机构</td><td colspan="3">建立健全专门环境管理机构和专职管理人员，开展环保和清洁生产有关工作</td></tr>
<tr><td>3．环境审核</td><td rowspan="3">按照《钢铁企业清洁生产审核指南》的要求进行了审核；按照 GB/T 24001 建立并有效运行环境管理体系，环境管理手册、程序文件及作业文件齐备</td><td colspan="2">按照《钢铁企业清洁生产审核指南》的要求进行了审核；环境管理制度健全，原始记录及统计数据齐全有效</td></tr>
<tr><td>4．废物处理</td><td colspan="2">用符合国家规定的废物处置方法处置废物；严格执行国家或地方规定的废物转移制度；对危险废物要建立危险废物管理制度，并进行无害化处理</td></tr>
<tr><td>5．生产过程环境管理</td><td>1．每个生产工序要有操作规程，对重点岗位要有作业指导书；易造成污染的</td><td>1．每个生产工序要有操作规程，对重点岗位要有作业指导</td></tr>
</table>

清洁生产指标 \ 指标等级	一级	二级	三级
5. 生产过程环境管理	按照《钢铁企业清洁生产审核指南》的要求进行了审核；按照 GB/T 24001 建立并有效运行环境管理体系，环境管理手册、程序文件及作业文件齐备	设备和废物产生部位要有警示牌；生产工序能分级考核 2. 建立环境管理制度，其中包括： 开停工及停工检修时的环境管理程序； 新、改、扩建项目管理及验收程序； 储运系统污染控制制度； 环境监测管理制度； 污染事故的应急处理预案并进行演练； 环境管理记录和台账	书；生产工序能分级考核 2. 建立环境管理制度，其中包括： 开停工及停工检修时的环境管理程序； 新、改、扩建项目管理及验收程序； 环境监测管理制度； 污染事故的应急程序
6. 相关方环境管理		原材料供应方的管理； 协作方、服务方的管理程序	原材料供应方的管理程序

注：① 由国家指定生产特殊产品的企业可扣除非连铸产品产量后计算连铸比；
② 含无组织排放量。

表 2　钢铁行业炼钢企业电炉炼钢清洁生产指标要求

清洁生产指标 \ 指标等级	一级	二级	三级
一、生产工艺与装备要求			
1.　电炉优化供电节电技术	采用电炉优化供电节电技术		
2. 自动化控制	采用基础自动化、生产过程自动化和资源与能源管理等三级计算机管理功能	采用基础自动化和生产过程自动化，并包括部分资源与能源管理等级计算机管理功能	采用基础自动化和生产过程自动化两级计算机管理功能
3. 余热回收	采用烟气、汽化冷却等余热回收技术		
4. 连铸比/%	100①	≥95	≥90
5. 电炉除尘装置	采用第四孔+密闭罩+屋顶罩除尘方式，除尘设备同步运行率达 100%	采用第四孔+密闭罩或第四孔+屋顶罩除尘方式，除尘设备同步运行率达 100%	
6.　除电炉外的各系统除尘设施	配备有齐全的除尘装置		
	除尘设备同步运行率达 100%		
二、资源与能源利用指标			
1. 钢铁料消耗/（kg/t）	≤1 032	≤1 061	≤1 095
2. 废钢预处理	对带有涂层及含氯物质的废钢原料进行预处理，以减少二噁英物质的产生		
3. 工序能耗/（kg 标煤/t）	普通电炉②		
	≤90	≤92	≤98
	特钢电炉		
	≤154	≤159	≤171
4. 生产取水量/（m^3/t）	≤2.3	≤2.6	≤3.2

<table>
<tr><td>清洁生产指标
指标等级</td><td>一级</td><td>二级</td><td>三级</td></tr>
<tr><td>5．水重复利用率/%</td><td>≥98</td><td>≥96</td><td>≥94</td></tr>
<tr><td colspan="4">三、产品指标</td></tr>
<tr><td>1．钢水合格率/%</td><td>99.9</td><td>≥99.8</td><td>≥99.7</td></tr>
<tr><td>2．连铸坯合格率/%</td><td>100</td><td>≥99.85</td><td>≥99.70</td></tr>
<tr><td colspan="4">四、污染物产生控制指标</td></tr>
<tr><td colspan="4">1．废水及污染物</td></tr>
<tr><td>（1）水排放量/（m^3/t）</td><td colspan="3">≤1.2</td></tr>
<tr><td>（2）石油类排放量/（kg/t）</td><td>≤0.006</td><td>≤0.012</td><td>≤0.024</td></tr>
<tr><td>（3）COD 排放量/（kg/t）</td><td>≤0.120</td><td>≤0.180</td><td>≤0.600</td></tr>
<tr><td colspan="4">2．废气污染物</td></tr>
<tr><td>（1）烟粉尘排放量/（kg/t）③</td><td>≤0.4</td><td>≤0.5</td><td>≤0.6</td></tr>
<tr><td>（2）无组织排放</td><td colspan="3">达到环保相关标准规定要求</td></tr>
<tr><td colspan="4">五、废物回收利用指标</td></tr>
<tr><td>1．钢渣利用率/%</td><td>100</td><td>≥95</td><td>≥90</td></tr>
<tr><td>2．尘泥回收利用率/%</td><td colspan="3">100</td></tr>
<tr><td colspan="4">六、环境管理要求</td></tr>
<tr><td>1. 环境法律法规标准</td><td colspan="3">符合国家和地方有关环境法律、法规， 污染物排放达到国家、地方和行业现行排放标准、总量控制和排污许可证管理要求</td></tr>
<tr><td>2. 组织机构</td><td colspan="3">建立健全专门环境管理机构和专职管理人员， 开展环保和清洁生产有关工作</td></tr>
<tr><td>3. 环境审核</td><td rowspan="4">按照《钢铁企业清洁生产审核指南》的要求进行了审核；按照GB/T 24001—2004建立并有效运行环境管理体系，环境管理手册、程序文件及作业文件齐备</td><td colspan="2">按照《钢铁企业清洁生产审核指南》的要求进行了审核；环境管理制度健全，原始记录及统计数据齐全有效</td></tr>
<tr><td>4. 废物处理</td><td colspan="2">用符合国家规定的废物处置方法处置废物；严格执行国家或地方规定的废物转移制度；对危险废物要建立危险废物管理制度，并进行无害化处理</td></tr>
<tr><td>5. 生产过程环境管理</td><td>1. 每个生产工序要有操作规程，对重点岗位要有作业指导书；易造成污染的设备和废物产生部位要有警示牌；生产工序能分级考核。
2. 建立环境管理制度，其中包括：
开停工及停工检修时的环境管理程序；
新、改、扩建项目管理及验收程序；
储运系统污染控制制度；
环境监测管理制度；
污染事故的应急处理预案并进行演练；
环境管理记录和台账</td><td>1. 每个生产工序要有操作规程，对重点岗位要有作业指导书；生产工序能分级考核。
2. 建立环境管理制度，其中包括：
开停工及停工检修时的环境管理程序；
新、改、扩建项目管理及验收程序；
环境监测管理制度；
污染事故的应急程序</td></tr>
<tr><td>6. 相关方环境管理</td><td>原材料供应方的管理；
协作方、服务方的管理程序</td><td>原材料供应方的管理程序</td></tr>
</table>

说明：① 由国家指定生产特殊产品的企业可扣除非连铸产品产量后计算连铸比。

② 电炉兑热铁水≤300kg/t。

③ 含无组织排放量。

5　数据采集和计算方法

5.1　采样

本标准各项指标的采样和监测按照国家标准监测方法执行。

5.2　相关指标的计算方法

5.2.1　钢铁料消耗

$$M_{si}=\frac{M_i+M_w}{M_{es}}$$

式中：M_{si}——钢铁料消耗，kg/t；

M_i——生铁料量，kg；

M_w——废钢铁料量，kg；

M_{es}——合格钢产量，t。

5.2.2　转炉炉衬寿命

$$C_l=\frac{C_o}{C_p}$$

式中：C_l——转炉炉衬寿命，炉；

C_o——出钢炉数，炉；

C_p——更换炉衬次数，次。

说明：计算转炉炉衬寿命时，不论什么原因，只要进行更换就计算一次更换次数；凡是经过简单的热补、喷补等补炉措施后，又能继续冶炼时，则炉龄可以连续计算；但采用冷炉后进行挖补，或部分更换炉衬时，应视为新的炉役期，炉龄不能连续计算；出钢炉数是指更换炉衬所对应的出钢总炉数，包括全炉废品、全炉损失、全炉钢水回炉重炼、事故回炉及洗炉等的炉数。

5.2.3　生产取水量

$$V_{ui}=\frac{V_i}{M_{es}}$$

式中：V_{ui}——吨钢取水量，kg/t 钢；

V_i——年生产钢水所消耗的所有取水量，kg；

M_{es}——合格钢水产量，t。

5.2.4　工序能耗

$$E_u=\frac{E_s-E_o}{M_{es}}$$

式中：E_u——转炉或电炉生产合格钢水所消耗的能源量，kg 标煤/t；

E_s——生产合格钢水所投入的能源量，kg 标煤；

E_o——煤气与蒸汽等余能回收外供量，kg 标煤；

M_{es}——合格钢水产量，t。

说明：电力折标系数取 0.122 9 kg 标煤/kW·h。

5.2.5　连铸比

$$L_z=\frac{L_{zp}}{M_{es}}\times 100\%$$

式中：L_z——连铸比，%；

L_{zp}——连铸合格坯产量，t；

M_{es}——合格钢水生产量，为合格连铸坯生产量、合格钢锭生产量与合格铸钢水生产量之和，单位为 t。

5.2.6 水重复利用率

$$W = \frac{W_r}{W_r + W_n} \times 100\%$$

式中：W——水重复利用率，%；

W_r——在一个年度单位时间内，企业在炼钢生产过程中的重复用水量，m^3；

W_n——在一个年度单位时间内，企业在炼钢生产过程中的新水补充量，m^3。

5.2.7 钢水合格率

$$S_e = \frac{M - M_d}{M} \times 100\%$$

式中：S_e——钢水合格率，%；

M——钢水总产量，t；

M_d——各种原因造成的金属损失量，t。

5.2.8 污染物指标

$$C_l = \frac{C_{sl}}{M_{es}}$$

式中：C_l——污染物排放量，kg/t；

C_{sl}——某污染物年排放量，kg；

M_{es}——合格钢水年产量，t；

吨产品废气污染物排放量为有组织和无组织排放的合计量。

5.2.9 尘泥回收利用率

$$R = \frac{C_h}{C} \times 100\%$$

式中：R——尘泥回收利用率，%；

C_h——在一个年度单位时间内，企业在炼钢生产过程中回收利用的尘泥量，t；

C——在一个年度单位时间内，企业在炼钢生产过程中产生的尘泥总量，t。

5.2.10 钢渣利用率

$$R = \frac{S_c}{S_d} \times 100\%$$

式中：R——钢渣利用率，%；

S_c——在一个年度单位时间内，企业在炼钢生产过程中利用的钢渣量，t；

S_d——在一个年度单位时间内，企业在炼钢生产过程中产生的钢渣总量，t。

6 标准的实施

本标准由各级人民政府环境保护行政主管部门负责监督实施。

中华人民共和国国家环境保护标准

清洁生产标准　钢铁行业（铁合金）

Cleaner production standard—Ferroalloy industry

HJ 470—2009

前　言

为贯彻《中华人民共和国环境保护法》和《中华人民共和国清洁生产促进法》，保护环境，为钢铁行业铁合金企业开展清洁生产提供技术支持和导向，制定本标准。

本标准规定了在达到国家和地方污染物排放标准的基础上，根据当前的行业技术、装备水平和管理水平，钢铁行业铁合金企业清洁生产的一般要求。本标准共分为三级，一级代表国际清洁生产先进水平，二级代表国内清洁生产先进水平，三级代表国内清洁生产基本水平。随着技术的不断进步和发展，本标准将适时修订。

本标准为首次发布。

本标准由环境保护部科技标准司组织制订。

本标准起草单位：中国环境科学研究院、北京京诚嘉宇环境科技有限公司（冶金清洁生产技术中心）、中国铁合金工业协会、中钢集团吉林铁合金股份有限公司。

本标准环境保护部 2009 年 4 月 10 日批准。

本标准自 2009 年 8 月 1 日起实施。

本标准由环境保护部解释。

1　适用范围

本标准规定了钢铁行业铁合金企业清洁生产的一般要求。本标准将钢铁行业铁合金企业清洁生产指标分为四类，即生产工艺与装备要求、资源与能源利用指标、废物回收利用指标和环境管理要求。

本标准适用于采用电炉法生产硅铁、高碳锰铁、锰硅合金、中低碳锰铁、高碳铬铁和中低微碳铬铁共六个品种产品铁合金企业的清洁生产审核和清洁生产潜力与机会的判断、清洁生产绩效评定、清洁生产绩效公告制度，也适用于环境影响评价和排污许可证等环境管理制度。

2　规范性引用文件

本标准内容引用了下列文件中的条款。凡是不注日期的引用文件，其有效版本适用于本标准。

GB 21341　铁合金单位产品能源消耗限额

GB/T 2272　硅铁

GB/T 3795　锰铁

GB/T 4008　锰硅合金

GB/T 5683　铬铁

GB/T 24001 环境管理体系 要求及使用指南

3 术语和定义

下列术语和定义适用于本标准。

3.1 清洁生产

指不断采取改进设计、使用清洁的能源和原料、采用先进的工艺技术与设备、改善管理、综合利用等措施，从源头削减污染，提高资源利用效率，减少或者避免生产、服务和产品使用过程中污染物的产生和排放，以减轻或者消除对人类健康和环境的危害。

3.2 电硅热法

在电炉中用硅（来源于中间产品锰硅合金、硅铬合金等）做还原剂生产中低微碳锰铁、中低微碳铬铁等铁合金产品的方法。

3.3 电炉额定容量

电炉变压器额定容量，用 kVA 表示，它是反映电炉生产能力的指标。

3.4 电炉功率因数

交流电路中电压与电流之间相位差（φ）的余弦，以符号 $\cos\varphi$表示。其数值是有用功率与视在功率的比值，是设备效率高低的参数。

3.5 电炉自然功率因数

电炉额定容量下其低压侧未进行无功补偿前的电炉初始功率因数。

3.6 电炉低压无功补偿

对容量较大的电炉低压侧就地进行补偿，并联安装于电炉变压器后短网侧，由电容器和电抗器等组成并与冶炼电压相匹配的可监控的无功补偿系统。可优化电炉冶炼参数，提高功率因数，平衡冶炼时产生的无功功率，从而增加产品产量，降低冶炼电耗。

3.7 PLC 控制

一种专门为在工业环境下应用而设计的数字运算操作的电子装置。它采用可以编制程序的存储器，用来在其内部存储执行逻辑运算、顺序运算、计时、计数和算术运算等操作的指令，并能通过数字式或模拟式的输入和输出，控制各种类型的机械或生产过程。

4 规范性技术要求

4.1 指标分级

本标准给出了钢铁行业铁合金企业生产过程中清洁生产水平的三级技术指标：

一级：国际清洁生产先进水平；

二级：国内清洁生产先进水平；

三级：国内清洁生产基本水平。

4.2 指标要求

采用电炉法生产硅铁、高碳锰铁、锰硅合金、中低碳锰铁、高碳铬铁、中低微碳铬铁和铁合金共七个品种产品的清洁生产指标要求分别见表 1 至表 7。

表 1 硅铁产品清洁生产指标要求

清洁生产指标 \ 指标等级	一级	二级	三级
一、生产工艺与装备要求			
1．电炉额定容量/kVA	≥50 000	≥25 000	≥12 500

<table>
<tr><th colspan="2">指标等级
清洁生产指标</th><th>一级</th><th colspan="2">二级</th><th colspan="2">三级</th></tr>
<tr><td colspan="2">2．电炉装置</td><td colspan="5">半封闭矮烟罩装置</td></tr>
<tr><td colspan="2">3．除尘装置</td><td>原料处理、熔炼产尘部位配备有除尘装置，在熔炼除尘装置废气排放部位安装有在线监测装置，对烟粉尘净化采用干式除尘装置和 PLC 控制</td><td colspan="2">原料处理、熔炼产尘部位配备有除尘装置，对烟粉尘净化采用干式除尘装置和 PLC 控制</td><td colspan="2">原料处理、熔炼产尘部位配备有除尘装置，对烟粉尘净化采用干式除尘装置</td></tr>
<tr><td rowspan="4">4．生产工艺操作</td><td>原辅料上料</td><td colspan="3">配料、上料、布料实现 PLC 控制</td><td colspan="2">配料、上料、布料实现机械化及程序控制</td></tr>
<tr><td rowspan="2">冶炼控制</td><td colspan="3">电极压放、功率调节实现计算机控制</td><td colspan="2">电极压放实现机械化</td></tr>
<tr><td colspan="5">料管加料、炉口拨料、捣炉实现机械化</td></tr>
<tr><td>炉前出炉</td><td colspan="5">开堵炉眼实现机械化</td></tr>
<tr><td colspan="2">5．余热回收利用</td><td>回收烟气余热生产蒸汽或用于发电</td><td colspan="4">回收烟气余热并利用</td></tr>
<tr><td colspan="2">6．水处理技术</td><td colspan="5">采用软水、净环水闭路循环技术</td></tr>
<tr><td colspan="7">二、资源与能源利用指标</td></tr>
<tr><td rowspan="3">1．电炉功率因数 $\cos\varphi$</td><td>电炉额定容量（S）/kVA</td><td>$S\geq$50 000</td><td>30 000$\leq S<$50 000</td><td>25 000$\leq S<$30 000</td><td>16 500$\leq S<$25 000</td><td>12 500$\leq S<$16 500</td></tr>
<tr><td>电炉自然功率因数 $\cos\varphi$</td><td>—</td><td>≥0.65</td><td>≥0.74</td><td>≥0.80</td><td>≥0.82</td></tr>
<tr><td>低压补偿后功率因数 $\cos\varphi$</td><td>≥0.92</td><td colspan="2">≥0.92</td><td colspan="2">—</td></tr>
<tr><td colspan="2">2．硅石入炉品位/%</td><td colspan="3">SiO_2 含量≥97</td><td colspan="2">SiO_2 含量≥96</td></tr>
<tr><td colspan="2">3．硅（Si）元素回收率/%</td><td colspan="5">≥92</td></tr>
<tr><td colspan="2">4. 单位产品冶炼电耗/（kW·h/t）</td><td colspan="3">≤8 300</td><td colspan="2">≤8 500</td></tr>
<tr><td colspan="2">5．单位产品综合能耗 [a]（折标煤）/（kg/t）</td><td colspan="3">≤1 850</td><td colspan="2">≤1 910</td></tr>
<tr><td colspan="2">6. 单位产品新水消耗量/（m^3/t）</td><td>≤5.0</td><td colspan="2">≤8.0</td><td colspan="2">≤10.0</td></tr>
<tr><td colspan="7">三、废物回收利用指标</td></tr>
<tr><td colspan="2">1．工业用水重复利用率/%</td><td colspan="3">≥95</td><td colspan="2">≥90</td></tr>
<tr><td colspan="2">2．炉渣利用率/%</td><td colspan="5">100</td></tr>
<tr><td colspan="2">3．微硅粉回收利用率/%</td><td colspan="5">100</td></tr>
</table>

注：1．硅铁产品标准执行 GB/T 2272。

2．硅铁产品实物量以硅含量 75%为基准折合成基准吨，然后以基准吨为基础再折算单位产品能耗、物耗。

3．硅铁生产采用干法除尘。

a．综合能耗计算过程中电力折合标煤按当量热值折算，取折标系数 0.122 9 kg/（kW·h）。

表 2 电炉高碳锰铁产品（熔剂法）清洁生产指标要求

清洁生产指标 \ 指标等级	一级	二级	三级
一、生产工艺与装备要求			
1．电炉额定容量/kVA	≥50 000	≥25 000	≥12 500
2．电炉装置	全封闭式		全封闭式或半封闭式
3．煤气净化装置	干式净化装置		干式或湿式净化装置

清洁生产指标＼指标等级		一级	二级		三级	
4．除尘装置		原料处理、熔炼产尘部位配备有除尘装置，在熔炼除尘装置废气排放部位安装有在线监测装置，对烟粉尘净化采用干式除尘装置和 PLC 控制	原料处理、熔炼产尘部位配备有除尘装置，对烟粉尘净化采用干式除尘装置和 PLC 控制		原料处理、熔炼产尘部位配备有除尘装置，对烟粉尘净化采用干式或湿式除尘装置	
5．生产工艺操作	原辅料上料	配料、上料、布料实现 PLC 控制			配料、上料、布料实现机械化	
	冶炼控制	电极压放、功率调节实现 PLC 控制			电极压放实现机械化	
		加料实现机械化				
	炉前出炉	开堵炉眼实现机械化				
6．煤气或余热回收利用		全封闭电炉回收煤气并利用	回收电炉煤气或烟气余热并利用			
7．水处理技术		采用软水、净环水闭路循环技术				
二、资源与能源利用指标						
1．电炉功率因数 cosφ	电炉额定容量（S）/kVA	S≥50 000	30 000≤S<50 000	25 000≤S<30 000	16 500≤S<25 000	12 500≤S<16 500
	电炉自然功率因数 cosφ	—	≥0.60	≥0.70	≥0.76	≥0.78
	低压补偿后功率因数 cosφ	≥0.92	≥0.92		—	
2．锰矿入炉品位/%		Mn 含量≥38				
3．锰（Mn）元素综合回收率/%		≥80				
4．单位产品冶炼电耗/（kW·h/t）		≤2 300	≤2 600			
5．单位产品综合能耗[a]（折标煤）/（kg/t）		≤670	≤710			
6．单位产品新水消耗量/（m^3/t）		≤5.0	≤8.0		≤10.0	
三、废物回收利用指标						
1．工业用水重复利用率/%		≥95			≥90	
2．煤气回收利用率/%		100	≥90		≥85	
3．炉渣利用率/%		100	≥95		≥90	
4．尘泥回收利用率/%		100	≥95		≥90	

注：1．电炉高碳锰铁产品标准执行 GB/T 3795。

2．高碳锰铁产品实物量以锰含量 65%为基准折合成基准吨，然后以基准吨为基础再折算单位产品能耗、物耗。

3．入炉矿品位每升高或降低 1%，相应冶炼电耗也降低或升高≤60 kW·h/t，详见 GB 21341。

a．综合能耗计算过程中电力折合标煤按当量热值折算，取折标系数 0.122 9 kg/（kW·h）。

表 3 锰硅合金产品清洁生产指标要求

<table>
<tr><th colspan="2">指标等级
清洁生产指标</th><th>一级</th><th colspan="2">二级</th><th colspan="2">三级</th></tr>
<tr><td colspan="7">一、生产工艺与装备要求</td></tr>
<tr><td colspan="2">1．电炉额定容量/kVA</td><td>≥50 000</td><td colspan="2">≥25 000</td><td colspan="2">≥12 500</td></tr>
<tr><td colspan="2">2．电炉装置</td><td colspan="3">全封闭式</td><td colspan="2">全封闭式或半封闭式</td></tr>
<tr><td colspan="2">3．煤气净化装置</td><td colspan="3">干式净化装置</td><td colspan="2">干式或湿式净化装置</td></tr>
<tr><td colspan="2">4．除尘装置</td><td>原料处理、熔炼产尘部位配备有除尘装置，在熔炼除尘装置废气排放部位安装有在线监测装置，对烟粉尘净化采用干式除尘装置和 PLC 控制</td><td colspan="2">原料处理、熔炼产尘部位配备有除尘装置，对烟粉尘净化采用干式除尘装置和 PLC 控制</td><td colspan="2">原料处理、熔炼产尘部位配备有除尘装置</td></tr>
<tr><td rowspan="4">5．生产工艺操作</td><td>原辅料上料</td><td colspan="3">配料、上料、布料实现 PLC 控制</td><td colspan="2">配料、上料、布料实现机械化</td></tr>
<tr><td rowspan="2">冶炼控制</td><td colspan="3">电极压放、功率调节实现 PLC 控制</td><td colspan="2">电极压放实现机械化</td></tr>
<tr><td colspan="5">加料实现机械化</td></tr>
<tr><td>炉前出炉</td><td colspan="5">开堵炉眼实现机械化</td></tr>
<tr><td colspan="2">6．煤气或余热回收利用</td><td colspan="3">全封闭电炉回收煤气并利用</td><td colspan="2">回收电炉煤气或烟气余热并利用</td></tr>
<tr><td colspan="2">7．水处理技术</td><td colspan="5">采用软水、净环水闭路循环技术</td></tr>
<tr><td colspan="7">二、资源与能源利用指标</td></tr>
<tr><td rowspan="3">1．电炉功率因数 cosφ</td><td>电炉额定容量（S）/kVA</td><td>S≥50 000</td><td>30 000≤S<50 000</td><td>25 000≤S<30 000</td><td>16 500≤S<25 000</td><td>12 500≤S<16 500</td></tr>
<tr><td>电炉自然功率因数 cosφ</td><td>—</td><td>≥0.62</td><td>≥0.72</td><td>≥0.78</td><td>≥0.81</td></tr>
<tr><td>低压补偿后功率因数 cosφ</td><td>≥0.92</td><td colspan="2">≥0.92</td><td colspan="2">—</td></tr>
<tr><td colspan="2">2．锰矿入炉品位/%</td><td colspan="5">Mn 含量≥34</td></tr>
<tr><td colspan="2">3．锰（Mn）元素综合回收率/%</td><td colspan="5">≥82</td></tr>
<tr><td colspan="2">4．单位产品冶炼电耗/（kW·h/t）</td><td colspan="3">≤4 000</td><td colspan="2">≤4 200</td></tr>
<tr><td colspan="2">5．单位产品综合能耗[a]（折标煤）/（kg/t）</td><td colspan="3">≤950</td><td colspan="2">≤990</td></tr>
<tr><td colspan="2">6．单位产品新水消耗量/（m³/t）</td><td>≤5.0</td><td colspan="2">≤8.0</td><td colspan="2">≤10.0</td></tr>
<tr><td colspan="7">三、废物回收利用指标</td></tr>
<tr><td colspan="2">1．工业用水重复利用率/%</td><td colspan="3">≥95</td><td colspan="2">≥90</td></tr>
<tr><td colspan="2">2．煤气回收利用率/%</td><td>100</td><td colspan="2">≥90</td><td colspan="2">≥85</td></tr>
<tr><td colspan="2">3．炉渣利用率/%</td><td>100</td><td colspan="2">≥95</td><td colspan="2">≥90</td></tr>
<tr><td colspan="2">4．尘泥回收利用率/%</td><td>100</td><td colspan="2">≥95</td><td colspan="2">≥90</td></tr>
</table>

清洁生产指标 \ 指标等级	一级	二级	三级

注：1．锰硅合金产品标准执行 GB/T 4008。

2．锰硅合金产品实物量以 Mn +Si=82%为基准折合成基准吨，然后以基准吨为基础再折算单位产品能耗、物耗。

3．入炉矿品位每升高或降低 1%，相应冶炼电耗也降低或升高≤100 kW·h/t，详见 GB 21341。

a．综合能耗计算过程中电力折合标煤按当量热值折算，取折标系数 0.122 9 kg/（kW·h）。

表 4 电硅热法中低碳锰铁产品清洁生产指标要求

清洁生产指标等级		一级	二级	三级
一、生产工艺与装备要求				
1．电炉额定容量/kVA		≥5 000		≥3 000
2．电炉装置		半封闭式矮烟罩		
3．精炼电炉铁水装炉		热装热兑工艺		
4．除尘装置		原料处理、熔炼产尘部位配备有除尘装置，在熔炼除尘装置废气排放部位安装有在线监测装置，对烟粉尘净化采用干式除尘装置和 PLC 控制	原料处理、熔炼产尘部位配备有除尘装置，对烟粉尘净化采用干式除尘装置和 PLC 控制	原料处理、熔炼产尘部位配备有干式除尘装置
5．生产工艺操作	原辅料上料	配料、上料、布料实现 PLC 控制		配料、上料、布料实现机械化
	冶炼控制	电极压放、功率调节实现 PLC 控制		电极压放实现机械化
		加料实现机械化		
6．水处理技术		采用软水、净环水闭路循环技术		
二、资源与能源利用指标				
1．电炉自然功率因数 $\cos\varphi$		≥0.9		
2．锰矿入炉品位/%		Mn 含量≥48		Mn 含量≥46
3．锰（Mn）元素回收率/%		≥84		≥82
4．单位产品冶炼电耗/（kW·h/t）（热装）		≤580	≤680	≤700
5．单位产品综合能耗[a]（折标煤）/（kg/t）		≤110	≤120	≤130
6．单位产品新水消耗量/（m^3/t）		≤1.0	≤2.0	≤3.0
三、废物回收利用指标				
1．工业用水重复利用率/%		≥95		≥90
2．炉渣利用率/%		100	≥95	≥90
3．尘泥回收利用率/%		100	≥95	≥90

注：1．电硅热法中低碳锰铁产品标准执行 GB/T 3795。

2．中低碳锰铁产品实物量以含 Mn 78%为基准折合成基准吨，然后以基准吨为基础再折算单位产品能耗、物耗。

3．入炉矿品位每升高或降低 1%，相应冶炼电耗也降低或升高≤20 kW·h/t。

a．综合能耗计算过程中电力折合标煤按当量热值折算，取折标系数 0.122 9 kg/（kW·h）。

表 5 高碳铬铁产品清洁生产指标要求

<table>
<tr><td colspan="2">清洁生产指标等级</td><td>一级</td><td colspan="2">二级</td><td colspan="2">三级</td></tr>
<tr><td colspan="7">一、生产工艺与装备要求</td></tr>
<tr><td colspan="2">1．电炉额定容量/kVA</td><td>≥50 000</td><td colspan="2">≥25 000</td><td colspan="2">≥12 500</td></tr>
<tr><td colspan="2">2．电炉装置</td><td colspan="3">全封闭式</td><td colspan="2">全封闭式或半封闭式</td></tr>
<tr><td colspan="2">3．煤气净化装置</td><td colspan="3">干式净化装置</td><td colspan="2">干式或湿式净化装置</td></tr>
<tr><td colspan="2">4．除尘装置</td><td>原料处理、熔炼产尘部位配备有除尘装置，在熔炼除尘装置废气排放部位安装有在线监测装置，对烟粉尘净化采用干式除尘装置和 PLC 控制</td><td colspan="2">原料处理、熔炼产尘部位配备有除尘装置，对烟粉尘净化采用干式除尘装置和 PLC 控制</td><td colspan="2">原料处理、熔炼产尘部位配备有除尘装置</td></tr>
<tr><td rowspan="4">5．生产工艺操作</td><td>原辅料上料</td><td colspan="3">配料、上料、布料实现 PLC 控制</td><td colspan="2">配料、上料、布料实现机械化及程序控制</td></tr>
<tr><td rowspan="2">冶炼控制</td><td colspan="3">电极压放、功率调节实现计算机控制</td><td colspan="2">电极压放实现机械化</td></tr>
<tr><td colspan="5">加料实现机械化</td></tr>
<tr><td>炉前出炉</td><td colspan="5">开堵炉眼实现机械化</td></tr>
<tr><td colspan="2">6．煤气或余热回收利用</td><td colspan="3">全封闭电炉回收煤气并利用</td><td colspan="2">回收电炉煤气或烟气余热并利用</td></tr>
<tr><td colspan="2">7．水处理技术</td><td colspan="5">采用软水、净环水闭路循环技术</td></tr>
<tr><td colspan="7">二、资源与能源利用指标</td></tr>
<tr><td rowspan="3">1．电炉功率因数 $\cos\varphi$</td><td>电炉额定容量（S）/kVA</td><td>S≥50 000</td><td>30 000≤S<50 000</td><td>25 000≤S<30 000</td><td>16 500≤S<25 000</td><td>12 500≤S<16 500</td></tr>
<tr><td>电炉自然功率因数 $\cos\varphi$</td><td>—</td><td>≥0.76</td><td>≥0.84</td><td>≥0.86</td><td>≥0.88</td></tr>
<tr><td>低压补偿后功率因数 $\cos\varphi$</td><td>≥0.92</td><td colspan="2">≥0.92</td><td colspan="2">—</td></tr>
<tr><td colspan="2">2．铬矿入炉品位/%</td><td colspan="5">Cr_2O_3 含量≥40</td></tr>
<tr><td colspan="2">3．铬（Cr）元素综合回收率/%</td><td>≥92</td><td colspan="4">≥90</td></tr>
<tr><td colspan="2">4．单位产品冶炼电耗/（kW·h/t）</td><td colspan="3">≤2 800</td><td colspan="2">≤3 200</td></tr>
<tr><td colspan="2">5．单位产品综合能耗[a]（折标煤）/（kg/t）</td><td colspan="3">≤740</td><td colspan="2">≤810</td></tr>
<tr><td colspan="2">6．单位产品新水消耗量/（m^3/t）</td><td>≤5.0</td><td colspan="2">≤8.0</td><td colspan="2">≤10.0</td></tr>
<tr><td colspan="7">三、废物回收利用指标</td></tr>
<tr><td colspan="2">1．工业用水重复利用率/%</td><td colspan="3">≥95</td><td colspan="2">≥90</td></tr>
<tr><td colspan="2">2．煤气回收利用率/%</td><td>100</td><td colspan="2">≥90</td><td colspan="2">≥85</td></tr>
<tr><td colspan="2">3．炉渣利用率/%</td><td>100</td><td colspan="2">≥95</td><td colspan="2">≥90</td></tr>
<tr><td colspan="2">4．尘泥回收利用率/%</td><td>100</td><td colspan="2">≥95</td><td colspan="2">≥90</td></tr>
</table>

注：1．高碳铬铁产品标准执行 GB/T 5683。

2．高碳铬铁产品实物量以含铬 50%为基准折合成基准吨，然后以基准吨为基础再折算单位产品能耗、物耗。

3．入炉矿品位每升高或降低 1%，相应冶炼电耗也降低或升高≤80 kW·h/t，详见 GB 21341。

a．综合能耗计算过程中电力折合标煤按当量热值折算，取折标系数 0.122 9 kg/（kW·h）。

表 6 电硅热法中低微碳铬铁产品清洁生产指标要求

清洁生产指标等级		一级	二级	三级
一、生产工艺与装备要求				
1．电炉额定容量/kVA		≥5 000		≥3 000
2．电炉装置		带盖倾动或半封闭精炼炉		
3．精炼电炉铁水装炉		热装热兑工艺		热装或冷装工艺
4．除尘装置		原料处理、熔炼产尘部位配备有除尘装置，在熔炼除尘装置废气排放部位安装有在线监测装置，对烟粉尘净化采用干式除尘装置和 PLC 控制	原料处理、熔炼产尘部位配备有除尘装置，对烟粉尘净化采用干式除尘装置和 PLC 控制	原料处理、熔炼产尘部位配备有干式除尘装置
5．生产工艺操作	原辅料上料	配料、上料、布料实现 PLC 控制		配料、上料、布料实现机械化
	冶炼控制	电极压放、功率调节实现计算机控制		电极压放实现机械化
		加料实现机械化		
6．水处理技术		采用软水、净环水闭路循环技术		
二、资源与能源利用指标				
1．电炉自然功率因数 $\cos\varphi$		≥0.9		
2．铬矿入炉品位/%		Cr_2O_3 含量≥48		
3．铬（Cr）元素综合回收率/%		≥87	≥85	≥83
4．单位产品冶炼电耗/（kW·h/t）		中碳铬铁≤1 400		中碳铬铁≤1 600
		低微碳铬铁≤1 600		低微碳铬铁≤1 800
5．单位产品综合能耗[a]（折标煤）/（kg/t）		≤230		≤270
6．单位产品新水消耗量/（m^3/t）		≤1.0	≤2.0	≤3.0
三、废物回收利用指标				
1．工业用水重复利用率/%		≥95		≥90
2．炉渣利用率/%		100	≥95	≥90
3．尘泥回收利用率/%		100	≥95	≥90

注：1．电硅热法中低微碳铬铁产品标准执行 GB/T 5683。
2．中低微碳铬铁产品实物量以含铬量 50%为基准折合成基准吨，然后以基准吨为基础再折算单位产品能耗、物耗。
3．入炉矿品位每升高或降低 1%，相应冶炼电耗也降低或升高≤30 kW·h/t。

a．综合能耗计算过程中电力折合标煤按当量热值折算，取折标系数 0.122 9 kg/（kW·h）。

表 7 铁合金清洁生产指标要求

清洁生产指标等级	一级	二级	三级
环境管理要求			
1. 环境法律法规标准	符合国家和地方有关环境法律、法规，污染物排放达到国家、地方和行业现行排放标准、总量控制和排污许可证管理要求		
2. 组织机构	建立健全专门环境管理机构和有专职管理人员，开展环保和清洁生产有关工作		

<table>
<tr><th>清洁生产指标等级</th><th>一级</th><th>二级</th><th>三级</th></tr>
<tr><td>3. 环境审核</td><td>按照《钢铁企业清洁生产审核指南》的要求进行了审核；按照 ISO 14001 建立并有效运行环境管理体系，环境管理手册、程序文件及作业文件齐备</td><td>按照《钢铁企业清洁生产审核指南》的要求进行了审核；环境管理制度健全，原始记录及统计数据齐全有效</td><td>按照《钢铁企业清洁生产审核指南》的要求进行了审核；环境管理制度健全，原始记录及统计数据基本齐全</td></tr>
<tr><td>4. 废物处理</td><td colspan="3">对工业固体废物（包括危险废物）的处置、处理符合国家与地方政府相关规定要求。对于危险废物应交由持有危险废物的经营许可证的单位进行处理。应制定并向所在地县级以上地方人民政府环境保护行政主管部门备案危险废物管理计划（包括减少危险废物产生量和危害性的措施以及危险废物贮存、利用、处置措施），向所在地县级以上地方人民政府环境保护行政主管部门申报危险废物产生种类、产生量、流向、贮存、处置等有关资料。针对危险废物的产生、收集、贮存、运输、利用、处置，应当制定意外事故防范措施和应急预案，并向所在地县级以上地方人民政府环境保护行政主管部门备案</td></tr>
<tr><td>5. 生产过程环境管理</td><td colspan="2">1. 每个生产工序要有操作规程，对重点岗位要有作业指导书；易造成污染的设备和废物产生部位要有警示牌；生产工序能分级考核。
2. 建立环境管理制度，其中包括：
开停工及停工检修时的环境管理程序；
新、改、扩建项目管理及验收程序；
储运系统污染控制制度；
环境监测管理制度；
污染事故的应急处理预案并进行演练；
环境管理记录和台账</td><td>1. 每个生产工序要有操作规程，对重点岗位要有作业指导书；生产工序能分级考核。
2. 建立环境管理制度，其中包括：
开停工及停工检修时的环境管理程序；
新、改、扩建项目管理及验收程序；
环境监测管理制度；
污染事故的应急程序</td></tr>
<tr><td>6. 相关方环境管理</td><td colspan="2">环境管理制度中明确：
原材料供应方的管理程序；
协作方、服务方的管理程序</td><td>环境管理制度中明确：
原材料供应方的管理程序</td></tr>
</table>

5　数据采集和计算方法

5.1　采样

本标准各项指标的采样和监测按照国家颁布的相关标准监测方法执行。

5.2　相关指标的计算方法

5.2.1　电炉功率因数

电炉功率因数，按公式（1）计算：

$$A=\frac{P}{S} \tag{1}$$

式中：A——电炉功率因数，以 $\cos\varphi$ 表示；

P——有用功率，kW；

S——视在功率，kVA。

5.2.2　入炉矿品位

指入炉矿主元素的平均品位，按公式（2）计算：

$$C_{p}=\frac{C_{z}}{C_{s}}\times 100\% \tag{2}$$

式中：C_p —— 入炉矿品位，%；

C_z —— 入炉矿含主元素量，t；

C_s —— 入炉矿实物总量，t。

5.2.3 元素回收率

指产品在冶炼过程中某种主元素的利用程度，它是反映冶炼过程中金属回收程度的指标，按公式（3）计算：

$$R_{id}=\frac{S_{d}}{I_{o}}\times 100\% \tag{3}$$

式中：R_{id} —— 元素回收率，%；

S_d —— 合格品含主元素重量，t；

I_o —— 入炉原料含主元素重量，t。

5.2.4 单位产品冶炼电耗

指在单位时间（以年为单位）内铁合金冶炼工序每生产单位合格铁合金产品所消耗的电量，其中不包括原料处理、出铁、浇铸、精整等过程消耗的电量，按公式（4）计算：

$$E_{ydh}=\frac{e_{ydh}}{P_{THJ}} \tag{4}$$

式中：E_{ydh} —— 单位产品冶炼电耗，kW·h/t；

e_{ydh} —— 铁合金生产冶炼耗电量，kW·h；

P_{THJ} —— 合格铁合金产量，t。

5.2.5 单位产品综合能耗

指铁合金企业在单位时间（以年为单位）生产单位产品合格铁合金所消耗的各种能源，扣除工序回收并外供的能源后实际消耗的各种能源折合标准煤总量，按公式（5）计算：

$$E_{THJ}=\frac{e_{yd}+e_{th}+e_{dl}-e_{yr}}{P_{THJ}} \tag{5}$$

式中：E_{THJ} —— 铁合金产品综合能耗（折标煤），kg/t；

e_{yd} —— 铁合金生产冶炼电力能源年耗用量（折标煤），kg；

e_{th} —— 铁合金生产炭质还原剂年耗用量（折标煤），kg；

e_{dl} —— 铁合金生产过程中动力能源年耗用量（折标煤），kg；

e_{yr} —— 年二次能源回收与外供量（折标煤），kg；

P_{THJ} —— 年合格铁合金产量，t。

5.2.6 单位产品新水消耗量

指铁合金企业在单位时间（以年为单位）采用电炉法生产单位产品铁合金所消耗的新水量，按公式（6）计算：

$$V_{ui}=\frac{V_{i}}{M_{s}}\times 100\% \tag{6}$$

式中：V_{ui}——吨产品新水消耗量，m^3/t；

V_i——年生产铁合金产品所消耗的所有新水量，m^3；

M_s——年铁合金产品产量，t。

5.2.7　工业用水重复利用率

指铁合金生产过程中工业重复用水量占工业总用水量的百分比，按公式（7）计算：

$$W=\frac{W_r}{W_r+W_n}\times 100\% \tag{7}$$

式中：W——水重复利用率，%；

W_r——年生产铁合金产品过程中的重复用水量，m^3；

W_n——年生产铁合金产品过程中的新水补充量，m^3。

5.2.8　炉渣利用率

指炉渣利用量与炉渣产生量的百分比，按公式（8）计算：

$$R=\frac{G_h}{G}\times 100\% \tag{8}$$

式中：R——炉渣利用率，%；

G_h——年炉渣利用量，t；

G——年炉渣产生量，t。

5.2.9　微硅粉回收利用率

指硅铁生产过程中微硅粉利用量与微硅粉回收量的百分比，按公式（9）计算：

$$W_{gr}=\frac{W_{ge}}{W_{gz}}\times 100\% \tag{9}$$

式中：W_{gr}——微硅粉回收利用率，%；

W_{ge}——微硅粉年利用量，t；

W_{gz}——微硅粉年回收量，t。

5.2.10　煤气回收利用率

指煤气利用量与煤气回收量的百分比，按公式（10）计算：

$$M_r=\frac{M_h}{M}\times 100\% \tag{10}$$

式中：M_r——煤气回收利用率，%；

M_h——年利用煤气量，万 m^3；

M——年回收煤气量，万 m^3。

5.2.11　尘泥回收利用率

指铁合金生产尘、泥利用量与尘、泥回收量的百分比，按公式（11）计算：

$$C_r=\frac{C_h}{C}\times 100\% \tag{11}$$

式中：C_r——尘、泥回收利用率，%；

C_h —— 年尘、泥利用量，t；

C —— 年尘、泥回收量，t。

5.2.12 基准吨

指铁合金企业把产品实物量按所含主要元素折合成规定基准成分且以吨为单位的产品产量，按公式（12）计算：

$$M_{jz} = \frac{E_z \times M_s}{E_j} \tag{12}$$

式中：M_{jz} —— 基准吨，t；

E_z —— 产品主要元素成分，%；

M_s —— 产品实物量，t；

E_j —— 产品含主要元素的基准成分，%。

注：为便于统一计算和比较铁合金产品冶炼效果，规定铁合金产量均按基准吨计算，其他指标如单位炉料消耗、单位电能消耗也均以基准吨为单位进行计算。

6 标准的实施

本标准由各级人民政府环境保护行政主管部门负责监督实施。

中华人民共和国环境保护行业标准

清洁生产标准 炼焦行业

Cleaner production standard - Coking industry

HJ/T 126—2003

前言

为贯彻实施《中华人民共和国环境保护法》和《中华人民共和国清洁生产促进法》，进一步推动中国的清洁生产，防止生态破坏，保护人民健康，促进经济发展，并为焦化企业开展清洁生产提供技术支持和导向，制订本标准。

本标准为推荐性标准，可用于企业的清洁生产审核和清洁生产潜力与机会的判断，以及清洁生产绩效评定和清洁生产绩效公告制度。

在达到国家和地方环境标准的基础上，本标准根据当前的行业技术和装备水平而制订，共分为三级，一级代表国际清洁生产先进水平，二级代表国内清洁生产先进水平，三级代表国内清洁生产基本水平。随着技术的不断进步和发展，本标准也将不断修订，一般每 3～5 年修订一次。

根据清洁生产的一般要求，清洁生产指标原则上分为生产工艺与装备要求、资源能源利用指标、产品指标、污染物产生指标（末端处理前）、废物回收利用指标和环境管理要求等六类。考虑到炼焦行业的特点，本标准将全部采用清洁生产的六类指标。

本标准为首次发布，自 2003 年 6 月 1 日起实施。

本标准由国家环境保护总局科技标准司提出。

本标准由山西省环境科学研究院负责起草。

本标准由国家环境保护总局负责解释。

1 范围

本标准适用于常规机械化焦炉焦炭生产企业的炼焦、煤气净化工段及主要产品生产（不包括化学产品深加工和生活消耗）的清洁生产审核、清洁生产潜力与机会的判断、清洁生产绩效评定和清洁生产绩效公告制度。

2 规范性引用文件

以下标准所含条文，在本标准中被引用即构成本标准的条文，与本标准同效。

GB/T 16157—1996 固定污染源排气中颗粒物测定与气态污染物采样方法

HJ/T 57—2 000 固定污染源排气中二氧化硫的测定 定电位电解法分析

HJ/T 40—1999 固定污染源排气中苯并（a）芘的测定 高效液相色谱法

GB 12999—91 水质 采样样品的保存和管理技术规定

GB 12998—91 水质 采样技术指导

GB 11914—89 水质 化学需氧量的测定 重铬酸钾法

GB 7479—89 水质 铵的测定 纳氏试剂比色法

GB 7490—87 水质 挥发酚的测定 蒸馏后 4-氨基安替吡啉分光光度法

GB 7486—87 水质 氰化物的测定 第一部分 总氰化物的测定

GB/T 16489—1996 水质 硫化物的测定 亚甲基蓝分光光度法

当上述标准被修订时，应使用其最新版本。

3 定义

3.1 清洁生产

清洁生产是指不断采取改进设计、使用清洁的能源和原料、采用先进的工艺技术与设备、改善管理、综合利用等措施，从源头削减污染，提高资源利用效率，减少或者避免生产、服务和产品使用过程中污染物的产生和排放，以减轻或者消除对人类健康和环境的危害。

3.2 污染物产生指标

包括水污染物产生指标和气污染物产生指标。水污染物产生指标是指污水处理装置入口的污水量和污染物种类、单排量或浓度。气污染物产生指标是指废气处理装置入口的废气量和污染物种类、单排量或浓度。

4 要求

4.1 指标分级

本标准将炼焦行业生产过程清洁生产水平划分为三级技术指标：

一级：国际清洁生产先进水平；

二级：国内清洁生产先进水平；

三级：国内清洁生产基本水平。

4.2 指标要求

炼焦行业清洁生产标准的指标要求见表 1 至表 6。

表 1 生产工艺与装备要求

<table>
<tr><th colspan="2">指标</th><th>一级</th><th>二级</th><th>三级</th></tr>
<tr><td rowspan="4">备煤工艺与装备</td><td>精煤贮存</td><td>室内煤库或大型堆取料机机械化露天贮煤场设置喷洒水设施（包括管道喷洒或机上堆料时喷洒）</td><td>堆取料机机械化露天贮煤场设置喷洒水装置</td><td>小型机械露天贮煤场配喷洒水装置</td></tr>
<tr><td>精煤输送</td><td colspan="3">带式输送机输送、密闭的输煤通廊、封闭机罩，配自然通风设施</td></tr>
<tr><td>配煤方式</td><td colspan="3">自动化精确配煤</td></tr>
<tr><td>精煤破碎</td><td colspan="3">新型可逆反击锤式粉碎机、配备冲击式除尘设施，除尘效率≥95%</td></tr>
<tr><td rowspan="3">炼焦工艺与装备</td><td>生产规模，万 t/a</td><td>≥100</td><td>≥60</td><td>≥40</td></tr>
<tr><td>装煤</td><td>地面除尘站集气除尘设施，除尘效率≥99%，捕集率≥95%，先进可靠的 PLC 自动控制系统</td><td>地面除尘站集气除尘设施，除尘效率≥95%，捕集率≥93%，先进可靠的自动控制系统</td><td>高压氨水喷射无烟装煤、消烟除尘车等高效除尘设施或装煤车洗涤燃烧装置、集尘烟罩等一般性的控制设施</td></tr>
<tr><td>炭化室高度，m</td><td>≥6.0</td><td colspan="2">≥4.0</td></tr>
</table>

指标		一级	二级	三级
炼焦工艺与装备	炭化室有效容积，m^3	≥38.5	≥23.9	
	炉门	弹性刀边炉门		敲打刀边炉门
	加热系统控制	计算机自动控制	仪表控制	
	上升管、桥管	水封措施		
	焦炉机械	推焦车、装煤车操作电气采用 PLC 控制系统，其他机械操作设有联锁装置		先进的机械化操作并设有联锁装置
炼焦工艺与装备	荒煤气放散	装有荒煤气自动点火装置		
	炉门与炉框清扫装置	设有清扫装置，保证无焦油渣		
	上升管压力控制	可靠自动调节		
	加热煤气总流量、每孔装煤量、推焦操作和炉温监测	自动记录、自动控制	自动记录	
	出焦过程	配备地面除尘站集气除尘设施，除尘效率≥99%，捕集率≥90%，先进可靠的自动控制系统		配备热浮力罩等较高效除尘设施
	熄焦工艺	干法熄焦密闭设备，配备布袋除尘设施，除尘效率≥99%，先进可靠的自动控制系统	湿法熄焦、带折流板熄焦塔	
	焦炭筛分、转运	配备布袋除尘设施，除尘效率≥99%	采用冲击式或泡沫式除尘设备，除尘效率≥90%	
煤气净化装置	工序要求	包括冷鼓、脱硫、脱氰、洗氨、洗苯、洗萘等工序		
	煤气初冷器	横管式初冷器或横管式初冷器+直接冷却器		
	煤气鼓风机	变频调速或液力耦合调速		
	能源利用	水、蒸汽等能源梯级利用、配备制冷设施	水、蒸汽等能源梯级利用或利用海水冷却	
	脱硫工段	配套脱硫及硫回收利用设施		
	脱氨工段	配套洗氨、蒸氨、氨分解工艺或配套硫铵工艺或无水氨工艺		
	粗苯蒸馏方式	粗苯管式炉		
	蒸氨后废水中氨氮浓度，mg/L	≤200		
	各工段储槽放散管排出的气体	采用压力平衡或排气洗净塔等系统，将废气回收净化		采用呼吸阀，减少废气排放
	酚氰废水	生物脱氮、混凝沉淀处理工艺，处理后水质达 GB 13456—92《钢铁工业水污染物排放标准》一级标准	生物脱氮、混凝沉淀处理工艺，处理后水质达 GB 13456—92《钢铁工业水污染物排放标准》二级标准	

表 2　资源能源利用指标

指标	一级	二级	三级
工序能耗，kg 标煤/t 焦	≤150	≤170	≤180
吨焦耗新鲜水量，m^3/t 焦	≤2.5	≤3.5	

指标		一级	二级	三级
吨焦耗蒸汽量，t/t 焦		≤0.20	≤0.25	≤0.40
吨焦耗电量，kW·h/t 焦		≤30	≤35	≤40
炼焦耗热量（7%H_2O）kJ/kg 标煤	焦炉煤气	≤2 150	≤2 250	≤2 350
	高炉煤气	≤2 450	≤2 550	≤2 650
焦炉煤气利用率，%		100	≥95	≥80
水循环利用率，%		≥95	≥85	≥75

表 3　产品指标

指标		一级	二级	三级
焦炭		粒度、强度等指标满足用户要求。产品合格率>98%	粒度、强度等指标满足用户要求，产品合格率95%～98%	粒度、强度等指标满足用户要求，产品合格率 93%～95%
		优质的焦炭在炼铁、铸造和生产铁合金的生产过程中排放的污染物少，对环境影响小	焦炭在使用过程中对环境影响较小	焦炭在使用过程中对环境影响较大
		储存、装卸、运输过程对环境影响很小	储存、装卸、运输过程对环境影响较小	储存、装卸、运输过程对环境影响较小
焦炉煤气	用作城市煤气	H_2S≤20 mg/m^3，NH_3≤50 mg/m^3，萘≤50 mg/m^3（冬）萘≤100 mg/m^3（夏）		
	其他用途	H_2S≤200 mg/m^3		H_2S≤500 mg/m^3
煤焦油		使用合格焦油罐、配脱水、脱渣装置，进行机械化清渣；储存、输送的装置和管道采用防腐、防泄、防渗漏材质，罐车密闭运输		
铵产品		储存、包装、输送采取防腐、防泄漏等措施		
粗苯		生产、储存、包装和运输过程密闭、防爆，且与人体无直接接触		

表 4　污染物产生指标

指　标			一级	二级	三级
气污染物	颗粒物 kg/t 焦	装煤	≤0.5	≤0.8	—
		推焦	≤0.5	≤1.2	—
	苯并（a）芘 g/t 焦	装煤	≤1.0	≤1.5	—
		推焦	≤0.018	≤0.040	—
	SO_2 kg/t 焦	装煤	≤0.01	≤0.02	—
		推焦	≤0.01	≤0.015	—
		焦炉烟囱	≤0.035	≤0.105	
	焦炉废气污染物无组织泄漏 mg/m^3	颗粒物	2.5		3.5
		苯并（a）芘	0.002 5		0.004 0
		BSO	0.6		0.8
水污染物	蒸氨工段	蒸氨废水产生量，t/t 焦	≤0.50		≤1.0
		COD_{Cr}，kg/t 焦	≤1.2	≤2.0	≤4.0
		NH_3-N，kg/t 焦	≤0.06	≤0.10	≤0.20
		总氰化物，kg/t 焦	≤0.008	≤0.012	≤0.025
		挥发酚，kg/t 焦	≤0.24	≤0.40	≤0.80
		硫化物，kg/t 焦	≤0.02	≤0.03	≤0.06

表 5　废物回收利用指标

指标		一级	二级	三级
废水	酚氰废水	处理后废水尽可能回用，剩余废水可以达标外排		
	熄焦废水	熄焦水闭路循环，均不外排		
废渣	备煤工段收尘器煤尘	全部回收利用		
	装煤、推焦收尘系统粉尘	全部回收利用		
	熄焦、筛焦系统粉尘	全部回收利用（如用作钢铁行业原料、制型煤等）		
	焦油渣（含焦油罐渣）	全部不落地且配入炼焦煤或制型煤		
	粗苯再生渣	全部不落地且配入炼焦煤或制型煤或配入焦油中		
	剩余污泥	覆盖煤场或配入炼焦煤		

表 6　环境管理要求

指标		一级	二级	三级
环境法律法规标准		符合国家和地方有关环境法律、法规，污染物排放达到国家和地方排放标准、总量控制和排污许可证管理要求		
环境审核		按照炼焦行业的企业清洁生产审核指南的要求进行审核；按照ISO 14001建立并运行环境管理体系，环境管理手册、程序文件及作业文件齐备	按照炼焦行业的企业清洁生产审核指南的要求进行审核；环境管理制度健全，原始记录及统计数据齐全有效	按照炼焦行业的企业清洁生产审核指南的要求进行审核；环境管理制度、原始记录及统计数据基本齐全
生产过程环境管理	原料用量及质量	规定严格的检验、计量控制措施		
	温度系数	$K_{均}\geqslant 0.95$ $K_{安}\geqslant 0.95$	$K_{均}\geqslant 0.90$ $K_{安}\geqslant 0.90$	$K_{均}\geqslant 0.85$ $K_{安}\geqslant 0.80$
	推焦系数 $K_{总}$	$\geqslant 0.98$	$\geqslant 0.90$	$\geqslant 0.85$
	炉门、小炉门、装煤孔、上升管的冒烟率（分别计算）	$\leqslant 3\%$	$\leqslant 5\%$	$\leqslant 8\%$
	装煤、推焦、熄焦等主要工序的操作管理	运行无故障、设备完好率达100%	运行无故障、设备完好率达98%	运行无故障、设备完好率达95%
	岗位培训	所有岗位进行过严格培训	主要岗位进行过严格培训	主要岗位进行过一般培训
	生产设备的使用、维护、检修管理制度	有完善的管理制度，并严格执行	对主要设备有具体的管理制度，并严格执行	对主要设备有基本的管理制度
	生产工艺用水、电、气、煤气管理	安装计量仪表，并制定严格定量考核制度	对主要环节进行计量，并制定定量考核制度	对主要用水、电、气环节进行计量
	事故、非正常生产状况应急	有具体的应急预案		
环境管理	环境管理机构	建立并有专人负责		
	环境管理制度	健全、完善并纳入日常管理	健全、完善并纳入日常管理	较完善的环境管理制度
	环境管理计划	制定近、远期计划并监督实施	制定近期计划并监督实施	制定日常计划并监督实施
	环保设施的运行管理	记录运行数据并建立环保档案	记录运行数据并建立环保档案	记录运行数据并进行统计
	污染源监测系统	水、气、声主要污染源，主要污染物均具备自动监测手段		水、气主要污染源，主要污染物均具备监测手段
	信息交流	具备计算机网络化管理系统	具备计算机网络化管理系统	定期交流

<table>
<tr><th colspan="2">指标</th><th>一级</th><th>二级</th><th>三级</th></tr>
<tr><td rowspan="2">相关方环境管理</td><td>原辅料供应方、协作方、服务方</td><td colspan="3">服协议中要明确原辅料的包装、运输、装卸等过程中的安全要求及环保要求</td></tr>
<tr><td>有害废物转移的预防</td><td colspan="3">严格按有害废物处理要求执行，建立台账、定期检查</td></tr>
</table>

5 数据采集和计算方法

5.1 采样

本标准所涉及的各项指标均采用炼焦行业和环境保护专业最常用的指标，易于理解和执行。本标准的各项指标的采样和监测按照国家标准监测方法执行，见表 7。废气和废水污染物产生指标均指末端处理之前的指标。所有指标均按采样次数的实测数据进行平均。

5.2 统计与计算

企业的原材料、新鲜水及能源使用量、产品产量、工序能耗、焦炉煤气利用率、吨焦耗热量等均以法定月报表或者年报表为准。各项指标的计算方法如下：

表 7 废水、废气污染物各项指标监测采样及分析方法

<table>
<tr><th>污染源类型</th><th>生产工序</th><th>监测项目</th><th>测点位置</th><th>监测采样及分析方法</th><th>监测频次</th><th>测试条件及要求</th></tr>
<tr><td rowspan="4">废气固定源</td><td>装煤</td><td rowspan="3">颗粒物
SO_2
苯并（a）芘</td><td rowspan="3">炉顶、机侧、焦侧集气系统净化装置前</td><td rowspan="3">颗粒物：根据 GB/T 16157—1996 测定
SO_2：定电位电解法（HJ/T 57—2 000）
苯并（a）芘：高效液相色谱法（HJ/T 40—1999）</td><td rowspan="3">连续考核 3 d，每个装煤、出焦过程分别测一个滤筒，每个过程对应一个炭化室，按作业的炭化室数抽测 60%，同时记录焦炉生产运行工况</td><td rowspan="3">风速<1.0 m/s；
焦炉生产负荷达 80%以上；
正常生产工况；
在装煤、推焦过程中完成一个测试</td></tr>
<tr><td>推焦</td></tr>
<tr><td>干熄焦</td></tr>
<tr><td>焦炉烟囱</td><td>SO_2</td><td>烟囱开测孔</td><td>定电位电解法（HJ/T 57—2 000）</td><td>至少采集三组以上样品</td><td>连续生产</td></tr>
<tr><td>废气无组织排放</td><td>炼焦</td><td>颗粒物
苯并（a）芘
BSO</td><td>焦炉炉顶煤塔侧第 1 至第 4 孔炭化室上升管旁</td><td colspan="2">按 GB 16171—1996《炼焦炉大气污染物排放标准》的有关规定执行</td><td>风速<1.0 m/s；
焦炉生产负荷达 80%以上；
正常生产工况</td></tr>
<tr><td rowspan="7">废水污染源</td><td rowspan="6">蒸氨废水</td><td>流量</td><td rowspan="6">蒸氨塔后出水管处</td><td>GB 12999—91 和 GB 12998—91</td><td rowspan="6">连续 3 d，每天 6 次</td><td rowspan="6">蒸氨工段正常生产工况</td></tr>
<tr><td>COD_{Cr}</td><td>重铬酸钾法（GB 11914—89）</td></tr>
<tr><td>NH_3-N</td><td>纳氏试剂比色法（GB 7479—89）</td></tr>
<tr><td>挥发酚</td><td>蒸馏后 4-氨基安替吡啉光度法（GB 7490—87）</td></tr>
<tr><td>总氰化物</td><td>异烟酸吡唑啉酮光度法（GB 7486—87）</td></tr>
<tr><td>硫化物</td><td>亚甲基蓝分光光度法（GB/T 16489—1996）</td></tr>
<tr><td>酚氰废水处理站</td><td>COD_{Cr}
NH_3-N
挥发酚
氰化物
硫化物</td><td>酚氰废水处理站出口处</td><td>与蒸氨废水各项目监测方法相同</td><td>连续 3 d，每天 6 次</td><td>酚氰废水处理站正常运行工况</td></tr>
</table>

（1）温度系数

$$K_{均}=\frac{(M-A_{机})+(M-A_{焦})}{2M}$$

式中：$K_{均}$——均匀系数；

M——焦炉燃烧室数（除去检修炉和缓冲炉）；

$A_{机}$——机侧测温火道的温度超过平均温度±20℃（边炉±30℃）的个数；

$A_{焦}$——焦侧测温火道的温度超过平均温度±20℃（边炉±30℃）的个数。

$$K_{安}=\frac{2N-(A'_{机}+A'_{焦})}{2N}$$

式中：$K_{安}$——安定系数；

N——每昼夜直行温度测定的次数；

$A'_{机}$——机侧平均温度与加热制度所规定的温度标准偏差超过±7℃的次数；

$A'_{焦}$——焦侧平均温度与加热制度所规定的温度标准偏差超过±7℃的次数。

（2）推焦系数

$$K_{总}=K_{计}\times K_{执}$$

$$K_{计}=\frac{m-a_1}{m} \qquad K_{执}=\frac{n-a_2}{n}$$

式中：$K_{总}$——总推焦系数；

$K_{计}$——计划推焦均匀系数；

$K_{执}$——执行推焦均匀系数；

m——本班计划规定的推焦炉数；

a_1——本班计划结焦时间与规定结焦时间相差±5 min 以上的炉数；

a_2——本班计划推焦时间与规定推焦时间相差±5 min 以上的炉数；

n——本班实际出炉数。

（3）冒烟率

$$炉门冒烟率（\%）=\frac{冒烟的炉门个数}{运行的炉门个数}\times 100$$

装煤孔、上升管冒烟率含义同上。

（4）吨焦耗干精煤量、吨焦耗新鲜水量、吨焦耗电量、吨焦耗蒸汽量

$$吨焦耗干精煤量（t/t焦）=\frac{年(本季)生产焦炭消耗干精煤(t)}{年(本季)焦炭产量(t)}$$

$$吨焦耗新鲜水量（m^3/t焦）=\frac{年(本季)生产焦炭消耗新鲜水量(m^3)}{年(本季)焦炭产量(t)}$$

$$吨焦耗电量（kW\cdot h/t焦）=\frac{年(本季)生产焦炭耗电总量(kW\cdot h)}{年(本季)焦炭产量(t)}$$

$$吨焦耗蒸汽量（t/t焦）=\frac{年(本季)生产焦炭耗蒸汽总量(t)}{年(本季)焦炭产量(t)}$$

（5）焦化工序能耗

$$工序能耗=\frac{I-Q+E-R}{T}$$

式中：T——焦炭产量，t；

I—— 原料煤折热量，kg（标煤）；

Q—— 焦化产品折热量，kg（标煤）；

E—— 加工能耗折热量，kg（标煤）；

R—— 余热回收折热量，kg（标煤）。

工序能耗指炼焦及煤气净化工段的能耗。统一按标煤进行折算。

原料煤指炼焦所用洗精煤；焦化产品指焦炭、焦炉煤气、粗苯、煤焦油等；加工能耗指煤气、电、蒸汽耗量等，式中 I 值必须大于 Q 值。

焦炉使用高炉煤气加热时，高炉煤气的耗量乘以 0.88 的校正系数。

（6）吨焦气相污染物产生量

指焦炭生产时，装煤、推焦和熄焦生产过程的气污染物（烟尘、苯并（a）芘、SO_2）产生量与焦炭产量的比值。

$$\text{气污染物产生量（t/t 焦）}=\frac{\text{年(本季)工序气污染物产生量(t)}}{\text{年(本季)焦炭产量(t)}}$$

（7）吨焦蒸氨废水产生量

指焦炭生产时，煤气净化系统的蒸氨废水产生量与焦炭产量的比值。

$$\text{废水产生量（t/t 焦）}=\frac{\text{年(本季)蒸氨工序废水产生量(t)}}{\text{年(本季)焦炭产量(t)}}$$

（8）废水中污染物产生量

指焦炭生产过程中产生的废水中所含污染物质的量，该量可在各工序排放口处进行测定。

$$\text{水污染物产生量（t/t 焦）}=\frac{\text{年(本季)工序水污染物产生量(t)}}{\text{年(本季)焦炭产量(t)}}$$

（9）焦炉煤气利用率

$$\text{焦炉煤气利用率（\%）}=\frac{\text{焦炉煤气利用量}}{\text{总焦炉煤气量}}\times 100$$

利用途径除了用于焦炉做燃料外，还可用于粗苯管式炉、氨分解炉、燃气锅炉、工业炉窑、合成化工原料以及外送民用等。

（10）捕集率

$$\text{捕集率（\%）}=\frac{1}{n\times P}\sum_{i=1}^{n}P_i$$

式中：P_i—— i 炭化室所测的一个装煤或出焦过程的集尘量，kg/t 焦；

P—— 一个装煤或出焦过程荒煤气无逸散状态下（通过目测确定）的集尘量，kg/t 焦；

n—— 实测的焦炉炭化室孔数（n 值至少取整个焦炉炭化室数量的 60%）。

6 标准的实施

本标准由各级人民政府环境保护行政主管部门负责监督实施。

《清洁生产标准 炼焦行业》编制说明

1 概况

改革开放以来，随着钢铁工业的迅猛发展，作为其主要原料的焦炭生产也得以迅速发展。目前我国机焦炉焦化企业数约为400家，主要分布在我国山西、河北、辽宁、上海、四川、湖北、北京、河南、安徽、内蒙古等地，运行焦炉数为1 197座，规模大于100万吨/年的企业数有24家，焦炭产量为4 240万吨/年；规模在50万～100万吨/年的企业数有21家，焦炭产量为1 413万吨/年；炭化室高度大于4.0米、装备水平较高的机焦炉有250座，产量为8 000万吨/年；正在新、改、扩建的机焦炉60余座。截至2001年底中国焦炭的实际产量为13 130万吨，出口焦炭为1 386万吨，是世界出口焦炭第一大国，出口量约占世界贸易的70%。

20世纪80～90年代我国炼焦业主要以能耗高、排污量大、资源浪费严重的土焦和改良焦生产为主，产品占焦炭产量的50%。粗放型生产模式带来了沉重的环境负担，为此，国家“三部委”于1997年及时发布了取缔土焦和改良焦的367号文，提出了建设大型机焦炉的发展战略。许多炭化室高度小于2.8米的小机焦炉厂（非气源厂），不仅能耗、物耗高，且无脱硫、脱氨、脱苯等煤气净化工艺以及较完善的环保设施，亦应逐步淘汰。由于焦化生产工艺过程复杂，有机气相污染物和有机废水排放强度大，末端治理给企业带来了沉重的经济负担，因此解决问题的关键是从源头入手，全过程控制和综合利用，走清洁生产之路。

进入20世纪70年代，全球焦化业面临着环境、经济、资源三大难题。美国、德国、日本等国家在改进传统水平室式炼焦炉基础上，开发了低污染炼焦新炉型。美国开发应用了“无回收炼焦炉”，德国、法国、意大利、荷兰等8个欧洲国家联合开发了“巨型炼焦反应器”、日本开发了“21世纪无污染大型炼焦炉”、乌克兰开发“立式连续层状炼焦工艺”、德国还开发了“焦炭和铁水两种产品炼焦工艺”等。各国对传统的炼焦炉改进的技术趋势是：①扩大炭化室有效容积；②采用导热、耐火性能好、机械强度高的筑炉材料；③配备高效污染治理设施；④生产规模大型化、集中化。

近年来，随着我国产业结构调整的步伐，现代化焦炉建设进展加快，焦炭产量稳步提高，同时在国家产业政策和环保政策的指导下，多数炼焦企业加大了改造力度，广泛采用高新技术，例如：采用装炉煤水分调解、干熄焦、地面除尘设施、高效的酚氰废水处理工艺、炼焦过程计算机控制与管理、煤气脱硫、脱氨和焦炉煤气综合开发利用等先进工艺技术，使中国的炼焦行业健康、有序地发展。

焦化生产过程中排入环境的污染物主要是煤在干馏、结焦等化学加工转化过程中流失于环境的有害物质，主要有烟尘、煤尘、飞灰；结焦过程中泄漏的粗煤气，其中主要污染物苯并芘等苯系物、酚、氰、硫氧化物、氯、碳氢化合物等多种污染物；空气与焦炉煤气燃烧生成的SO_2、NO_x、CO_2等；出焦时灼热的焦炭与空气骤然生成的CO、CO_2、NO_2等气体；粗煤气冷却过程中产生的剩余氨水和化工产品回收过程产生的废水，其中含氨氮、酚、氰、苯可溶物等污染物。可见，炼焦生产具有排污环节多、强度大、种类繁杂、毒性大的特点。虽然70%～80%的炼焦企业具备不同程度的污染控制设施，但由于投入大、运行费用高，企业负担重。

清洁生产是我国工业可持续发展的一项重要战略，也是实现我国污染控制由末端控制向全过程控制转变的重大举措。近年来，国内开展清洁生产审计的企业数呈逐年上升趋势，但在实践过程中，如何判断一个企业或者一项工程是否达到清洁生产要求一直非常困难。由于缺乏统一的标准，导致清洁生产的推广存在相当的难度，在一定程度上制约了清洁生产工作的开展。《清洁生产标准　炼焦行业》（以下简称“标准”）的制定可以促进国内炼焦行业走清洁生产的道路，为企业开展清洁生产提供技术支持和导向。

2 适用范围

本标准适用于常规机械化焦炉焦炭生产企业的炼焦、煤气净化工段及主要产品（不包括化学产品深加工和生活消耗）的清洁生产过程。

本标准适用于焦炭生产企业的清洁生产审核、清洁生产潜力与机会的判断、清洁生产绩效评定和清洁生产绩效公告制度。

3 指导原则

制订清洁生产标准的基本原则是：

“清洁生产标准”要符合国家对焦化行业现行的各项产业政策、法律、法规，按照产品生命周期分析理论的要求，体现全过程污染预防思想，并覆盖从原材料的选取到生产过程和产品的处理处置等各个环节。

具体原则如下：

- 符合清洁生产思路，即体现生产全过程的污染预防控制；
- 符合焦化行业的技术标准和规定；在某种程度上严于本行业的技术标准和规定；
- 促进焦化工业向焦炉大容积、生产清洁型、技术先进型方向发展；
- 针对典型工艺设定清洁生产标准，该典型工艺基本反映了企业的总体生产状况，避免针对某一单项技术制订标准；
- 依据本标准的适用范围确定各项指标的基准值分级；
- 基准值设定时综合考虑国内外的焦化工业现有技术水准和管理水平，并考虑其相对性，有一定的激励作用；
- 引用了炼焦行业焦炉等级评定中“加热煤气总流量连续记录、每孔装煤量精确称量、推焦自动记录、炉温红外测量”的四项技术指标；
- 对本标准中的各项定量指标均规定明确的测量和统计方法；
- 对难以定量化、不宜设定基准值的指标，给出明确的限定或说明；
- 力求实用和可操作，尽量选取炼焦行业和环境保护部门常用的指标，以易于企业和审核人员的理解和掌握。

根据前述适用范围的要求，拟将各项指标分为三级：

- 一级指标

达到国际上同行业清洁生产先进水平，此级指标可作为清洁生产审核时的参考，以通过比较发现差距，从而寻找清洁生产机会。国际清洁生产先进水平指标采用公开报道的国际先进水平数据。

- 二级指标

达到国内同行业清洁生产先进水平，此级指标可作为国内企业清洁生产绩效公告的依据。国内清洁生产先进水平指标采用公开报道的国内先进水平数据，并参考有关的统计数据。

- 三级指标

达到国内一般清洁生产水平，即基本要求。该级指标是根据我国炼焦行业实际情况及有关的统计数据，按清洁生产对生产全过程采取污染预防措施要求所应达到的水平指标而形成的。

4 制定标准的依据和主要参考资料

4.1 标准制订依据

2002 年度环境保护标准制、修订项目计划。项目名称：《制革行业等 30 项清洁生产审核技术规范及评价标准》。

4.2 研究基础

本标准按照生命周期分析原则将清洁生产评价指标分为生产工艺与装备要求、资源能源利用指标、产品指标、污染物产生指标（末端处理前）、废物回收利用指标和环境管理要求等六大类，从而覆盖原材料、生产过程和产品的各个主要环节，并针对这六大类指标分别确定了定量的或半定量化的具体指标。针对炼焦行业的不同生产环节分别确定国际清洁生产先进水平、国内清洁生产先进水平、国内清洁生产基本水平三个级别的各项具体指标的基准数据。

4.3 指标值的确定依据

指标值的确定是标准建立的基础，本标准指标值的确定主要通过以下几种途径：

（1）实地调研

山西是全国的焦炭生产大省，目前有 40 多座机焦炉。调研中我们立足山西、面向全国，先后实地调研了山西焦化集团公司、太原钢铁企业集团公司焦化厂、山西阳光焦化集团、太原煤气化公司、太原梗阳实业公司焦化厂等 13 家顶装煤焦炉炼焦企业，调研了青岛煤制气厂、清徐东盛焦化厂、介休茂胜集团公司焦化厂侧装捣固炼焦企业的生产工艺、设备装备水平、生产管理水平和排污环节等，认真查阅了生产运行记录，包括生产能耗、物耗等各项炼焦技术指标和生产管理情况，从本标准六类指标出发，全面、系统地了解炼焦生产的各个环节。

（2）电子网络信息系统

利用方便、快捷的电子网络信息系统实现与省外许多焦化企业的沟通和交流。获取了具有国际先进水平的上海宝钢化工有限公司三期焦化工程的相关资料。

（3）焦化协会、焦化环保分会、焦炉设计部门

由中国金属学会炼焦化学专业委员会、焦化环保分会和鞍山焦化耐火材料设计研究院热工站编制的《焦化工业生产技术专业报表》（季度），收集统计了全国有代表性的 63 家焦化企业的生产运行技术指标，包括炼焦用煤、焦炭产量、质量、主要技术操作指标、主要技术经济指标和酚氰废水处理站运行情况等。我们收集了其中 1997—2001 年的技术专业报表，摸清了全国焦化生产的总体水平，同时多次咨询了我国焦炉设计权威机构 —— 鞍山焦化耐火材料设计研究院，对国内外焦炉生产状况和所采用的工艺技术有了总体的把握。

（4）建设项目竣工验收监测

本标准中污染物产生值，除了查阅国内外相关资料外，重点参照了 10 个焦化厂的建设项目竣工验收监测数据。

（5）国内外相关资料的检索、查新

通过查新、检索国内外焦化生产状况，包括国内外炼焦行业已有的研究成果、实测数据、公开报道、刊登的论文、资料等，得到了目前国际焦化生产的先进水平，如国际先进水平的工序能耗为 167 kg 标煤/t 焦，烟（粉）尘排放为 1.0 kg/t 焦；国内领先水平的耗水指标为 4.5 t/t 焦，耗电为 40 kW · h/t 焦等。在本标准指标值的制定中充分参考了这些数值。

（6）向焦化、环保专家咨询

本标准指标值确定后，为了使其不偏离相对应的清洁生产水平级别，经过了许多焦化和环保专家技术把关。

4.4 主要参考资料

（1）《炼焦工艺设计技术规定》（YB 9069—96）

（2）《钢铁企业设计节能技术规定》（YB 9051—98）

（3）鞍山焦化耐火材料设计研究总院热工站，《焦炉技术管理规程》，1993

（4）中国金属学会炼焦化学专业委员会、鞍山焦化耐火材料设计研究院热工站汇编，《焦化工业生产技术节能专业报表》（2000—2001 年）

（5）冶金工业部、鞍山焦化耐火材料设计研究院、环境工程设计研究分院、冶金工业部焦化信息网主办，《焦化环保简报》

（6）《炼焦生产问答》，冶金工业出版社，1996

（7）《炼焦化工实用手册》，冶金工业出版社，1999

（8）《炼焦学》，冶金工业出版社，1994

（9）《炼焦化学》，冶金工业出版社，1992

（10）《钢铁工业废气治理（废气卷）》，中国环境科学出版社，1992

（11）《钢铁工业废水治理（废水卷）》，中国环境科学出版社，1992

5 编制标准的基本方法

5.1 方法概述

清洁生产标准的制订在国内乃至国际尚属首次，没有现成的标准或要求可借鉴。此次标准的制订严格按照清洁生产的定义，立足企业，用生命周期分析的方法进行分析，最终确定从六个方面提出本标准的指标，即：生产工艺与装备要求、资源能源利用指标、产品指标和污染物产生指标（末端处理前）、废物回收利用指标和环境管理要求。它将行业知识和环保知识有机的结合，通过对企业生产环节提出要求，达到实现环境保护和可持续发展的目的。

5.2 标准指标的分类及确定

根据清洁生产战略，本标准要体现污染预防思想，考虑产品的生命周期。为此本标准重点考察生产工艺与装备选择的先进性、资源能源利用的可持续性、污染物产生的最小化、废物处理处置的合理性和环境管理的有效性。

根据清洁生产的一般要求，原则上将指标分为六类，具体指标如下：

- ➢ 生产工艺与装备要求（含节能要求）（定性、定量指标）；
- ➢ 资源利用指标（定量指标）；
- ➢ 产品指标（定性指标）；
- ➢ 污染物产生指标（末端处理前）（定量指标）；
- ➢ 废物回收利用指标（定性、定量指标）；
- ➢ 环境管理要求（定性、定量指标）。

5.2.1 生产工艺与装备要求的确定

采用先进的生产工艺与装备是实现清洁生产的重要途径。生产工艺与装备水平的高低决定了产生废物的数量、种类和对环境影响的大小。对于炼焦行业来说，采用大容量、机械化自动化程度高、密闭隔热措施好的焦炉，均可从源头预防污染或杜绝污染物的产生和排放。采用干法熄焦工艺不仅可以节约水资源，消除对环境空气的污染，还可回收热量，节约能源；煤气净化系统采用横管式煤气初冷器、变频调速煤气鼓风机、粗苯管式炉、高效脱硫及脱硫液再生使用、氨分解炉等装备，可节约资源、能源，提高效率，减少废物产生。同时清洁生产在重视源头、工艺过程削减的同时，也不能忽视污染物产生后的处理，尤其对炼焦行业来说，废气、废水排放强度大，种类多，难以治理，国内外许多研究机构和大型企业对装煤、推焦、熄焦烟气控制措施和酚氰废水治理技术开展了大量的研究，为了减少炼焦生产过程对环境的影响，本标准将废水、废气的治理设施要求亦作为考核指标。综合考虑以上因素，确定该类指标主要包括：

（1）备煤工序

- 精煤贮存；
- 精煤输送；
- 精煤破碎；
- 配煤方式。

（2）炼焦工序

- 生产规模；
- 装煤烟气治理设施；
- 炭化室高度；
- 炭化室有效容积；
- 炉门与炉框；
- 加热系统控制；
- 焦炉机械；
- 炼焦生产“加热煤气总流量”、“每孔装煤量”、“推焦操作”、“炉温监测”监控系统；
- 上升管压力控制；
- 出焦烟气治理设施；
- 熄焦工艺及熄焦烟气治理设施；
- 焦炭筛分、转运等。

（3）煤气净化工序

- 煤气净化工艺；
- 煤气初冷器；
- 煤气鼓风机；
- 脱硫工段；
- 蒸氨工段；
- 脱氨工段
- 粗苯蒸馏方式；
- 各储槽放散气；
- 酚氰废水处理等。

5.2.2 资源能源利用指标的确定

资源能源利用指标包括原辅材料和资源能源消耗两方面的指标。主要指标如下：

- 工序能耗；
- 吨焦耗新鲜水量；
- 吨焦耗蒸汽量；
- 吨焦耗电量；
- 炼焦耗热量；
- 焦炉煤气利用率；
- 水循环利用率等。

原辅材料指标主要考虑生产焦炭的煤炭资源在企业的生产过程中是否得以有效利用。

资源消耗及利用指标选择了炼焦行业最常用的经济技术指标，如吨焦耗新鲜水量、焦炉煤气利用率、水循环利用率等四项指标，耗新水量越大，废水产生量将越大，对环境的危害也越大，另外，焦炉煤气、设备水循环利用率越高，说明资源浪费越小。

能源消耗指标确定为工序能耗、吨焦耗蒸汽量、吨焦耗热量和吨焦耗电量四项指标，降低能源消耗是炼焦行业提高经济效益和保护环境的重要途径。

5.2.3 产品指标的确定

炼焦工业的产品为焦炭、焦炉煤气、煤焦油和化学产品，产品本身决定了生产过程，但产品的储存、包装、装卸、运输和使用过程对人类和环境存在潜在的危害，因此对这些环节提出了清洁生产要求，如：粗苯由于其毒性作用较强，故规定产品生产、储存、运输过程避免与人体接触，且对生态环境无负面影响。

- 焦炭；
- 焦炉煤气。

按照国函[1998]5 号“国务院关于酸雨控制区和二氧化硫污染控制区有关问题的批复”及“十五”期间我国二氧化硫总量削减规划的要求，本标准中对焦炉煤气中 H_2S 浓度指标进行严格控制，且根据用途不同将其分为城市煤气和其他用途两类，其中其他用途指用于回炉、粗苯管式炉、氨分解炉等的用气。

- 煤焦油；
- 铵盐；
- 粗苯。

5.2.4 污染物产生指标的确定（末端治理前）

污染物产生指标较高，说明工艺相应比较落后或者管理水平较低。考虑炼焦行业的污染特征，将污染物产生指标设二类，即水污染物产生指标和气污染物产生指标。

对炼焦生产而言，焦炉炉体废气无组织泄漏是主要污染源，对未配套有地面除尘站的焦炉，因无法测定吨产品污染物产生量，其生产过程的清洁生产水平，只能通过焦炉炉顶污染物无组织排放浓度间接考核；对配套有地面除尘站的焦炉，则通过装煤和推焦过程吨产品污染物产生量和焦炉炉顶污染物无组织排放浓度进行双重考核。

气污染物产生指标即单位产品主要大气污染物产生量指标。根据不同生产工序，本标准确定的气污染物产生指标如下：

- 装煤、推焦产生的颗粒物、苯并（a）芘、SO_2；
- 焦炉烟囱产生的 SO_2；
- 焦炉无组织逸散的废气污染物。

回炉煤气必须为脱硫净化后的煤气。

水污染物产生指标首先要考虑单位产品的废水产生量，因为该项指标最能反映废水产生的总体情况。但是，许多情况下单纯的废水量并不能完全代表产污状况，因为废水中所含的污染物量的差异也是生产过程状况的一种直接反映。因而水污染物产生指标又可细分为两类，即单位产品废水产生量指标和单位产品主要水污染物产生量指标。具体指标如下：

- 吨焦蒸氨废水产生量；
- 吨焦蒸氨废水中 COD_{Cr}、氨氮、氰化物、挥发酚、硫化物的产生量。

5.2.5 废物回收利用指标的确定

炼焦生产过程中产生的废物主要有：熄焦废水、蒸氨酚氰废水、备煤工段收尘器回收的煤尘、装煤推焦除尘系统除下的粉尘、熄焦筛焦系统回收的焦粉、冷鼓工段的焦油渣、粗苯再生渣和剩余污泥。这些废物成分复杂，如固体废物露天堆置，随风飘散或被雨水冲刷会对大气、土壤和水体产生污染。因此，必须对这些废物采取有效的综合利用和合理处置。具体指标如下：

- 熄焦废水回收利用；
- 酚氰废水回收利用；
- 备煤、装煤、推焦除尘系统除下物的回收利用；
- 熄焦、筛焦系统粉尘的回收利用；
- 焦油渣、剩余污泥、粗苯再生渣的回用途径。

5.2.6 环境管理要求的确定

环境管理是以环境科学理论为基础，运用技术、行政、教育等手段对经济社会发展过程中施加给环境的污染破坏活动进行调节控制，实现经济、社会和环境效益的协调统一。

随着我国环保法律、法规的不断健全和完善以及严格执法，环境管理极大地影响着企业的生存和发展，因此，环境管理应作为企业清洁生产的重要组成部分。具体指标如下：

（1）环境法律法规标准指标

（2）环境审核指标

（3）生产过程环境管理指标

- 原料煤用量、质量管理；
- 温度系数 $K_{均}$、$K_{安}$；
- 推焦系数 $K_{总}$；
- 炉门、小炉门、装煤孔、上升管的冒烟率；
- 装煤、推焦、熄焦等事故、非正常生产状况应急；
- 主要工序的操作管理等。

（4）环境管理指标

- 环境管理机构；
- 环境管理制度、计划；
- 环保设施运行管理；
- 污染源监测系统；
- 信息交流。

（5）相关方环境管理指标

- 原辅料供应方、协作方、服务方；
- 有害废物转移的预防。

6 标准实施的技术可行性

本标准的提出从环境保护的角度出发，立足企业，以炼焦生产为主线，各项指标数值的确定参考了全国炼焦企业的技术经济指标，实现这些指标在技术上难度不大，只要企业经营和管理达到全国平均水平，均可达到三级标准，故本标准在实施的技术上是可行的。

初步调研表明，二级要求对于国内生产水平较高的企业经过努力是可以达到的。一级要求的指标要求较高，国内顶尖企业可以达到。

根据中国金属学会炼焦化学专业委员会、鞍山焦化耐火材料设计研究院热工站等汇编的《焦化工业生产技术节能专业报表》和冶金工业部、鞍山焦化耐火材料设计研究院、环境工程设计研究分院、冶金工业部焦化信息网主办的《焦化环保简报》技术统计结果，国内现阶段本行业达到一、二、三级标准的炼焦企业所占的百分比并不高，其中达到一、二、三级标准的炼焦企业数分别为 1 家、38 家和 32 家，所占的百分数分别为 0.25%、9.5%和 8.0%，其中上海宝山钢铁化工有限公司三期焦化工程能达到一级标准，达到二级标准的企业是山西焦化股份有限公司二厂等 38 家，达到三级标准的企业是太原钢铁（集团）有限公司焦化厂等 32 家。

7 标准的实施建议

本标准由各级人民政府环境保护行政主管部门负责组织实施。

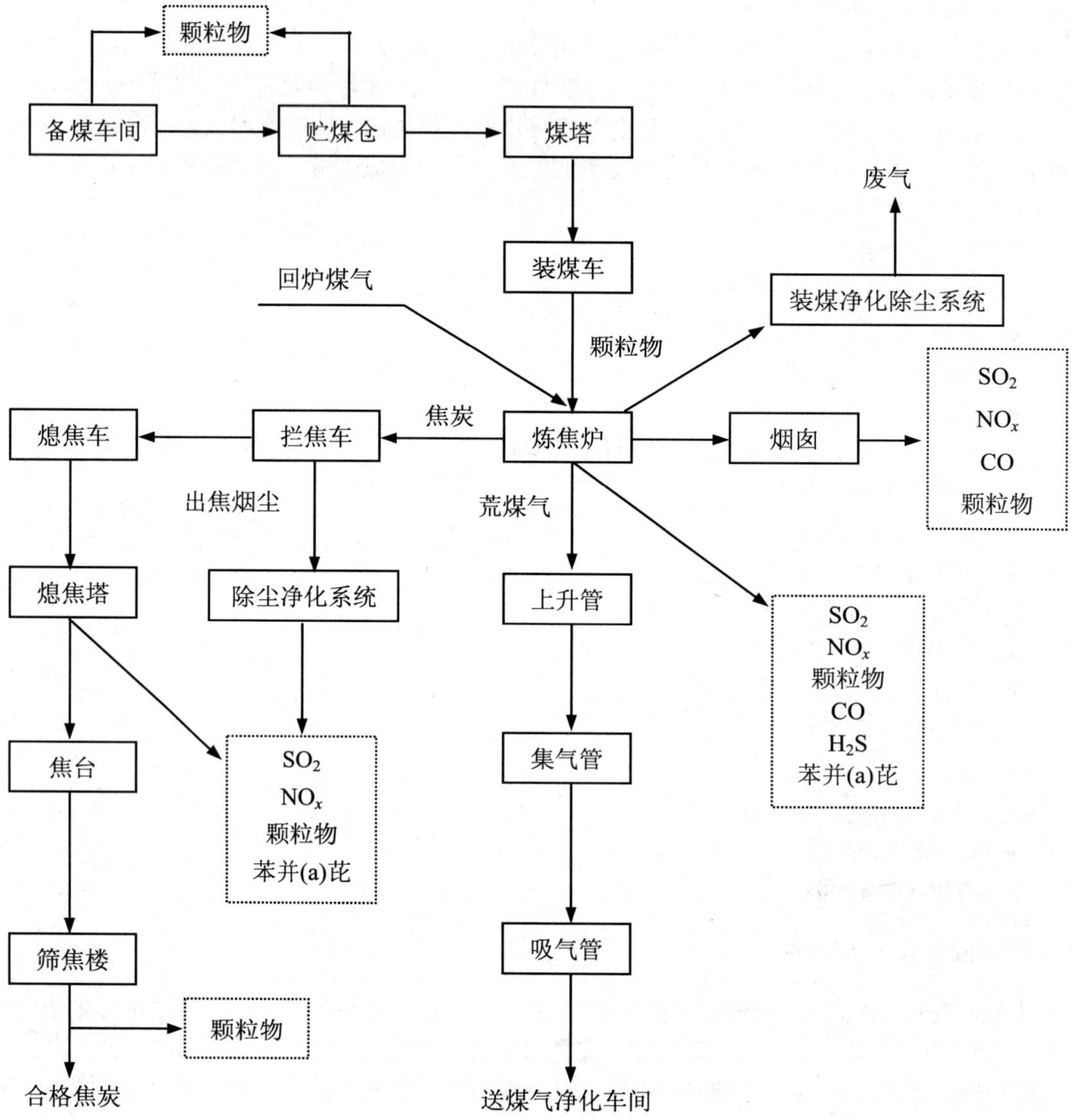

附图 1 炼焦及焦处理工艺流程排污环节示意图

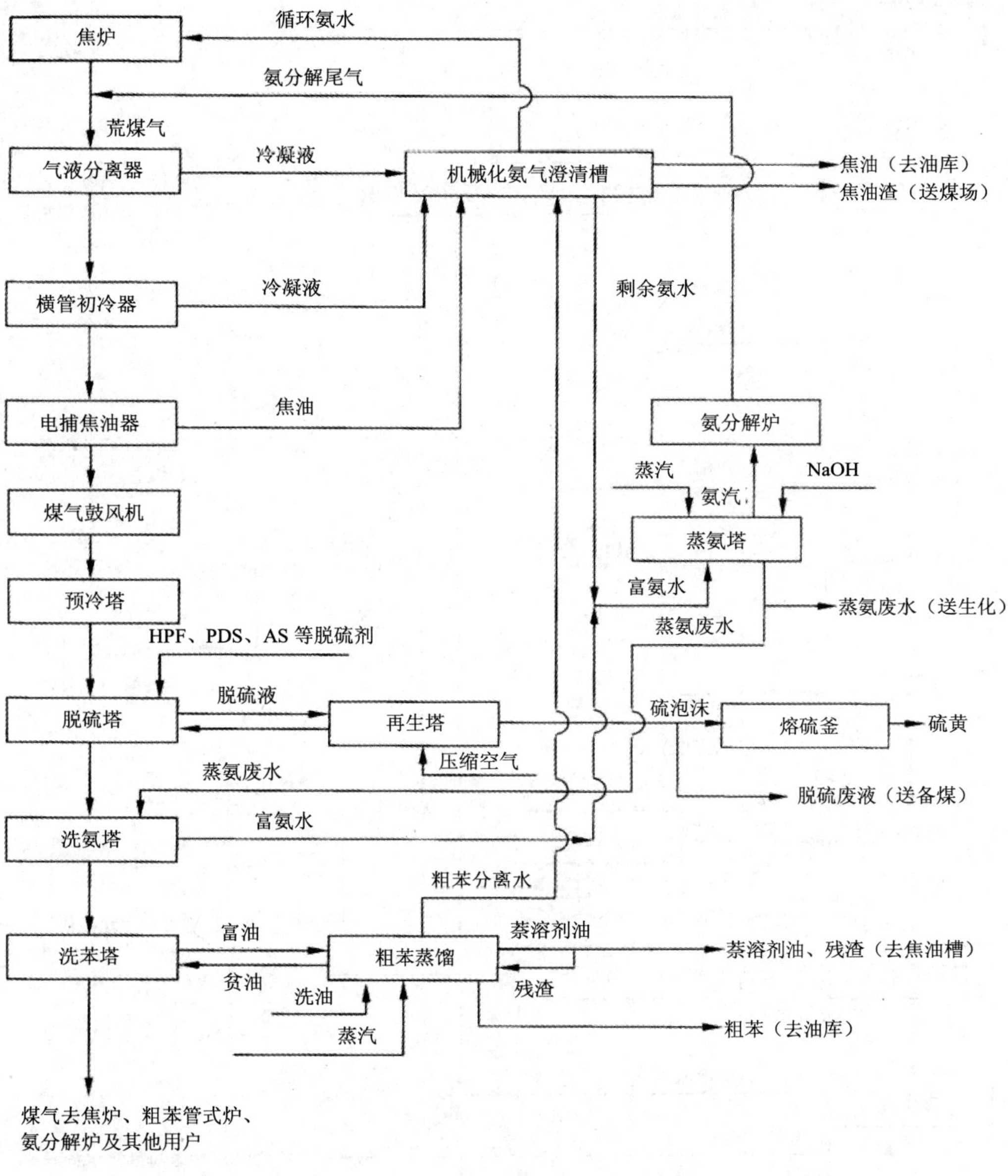

附图 2　煤气净化工艺流程图（氨分解工艺）

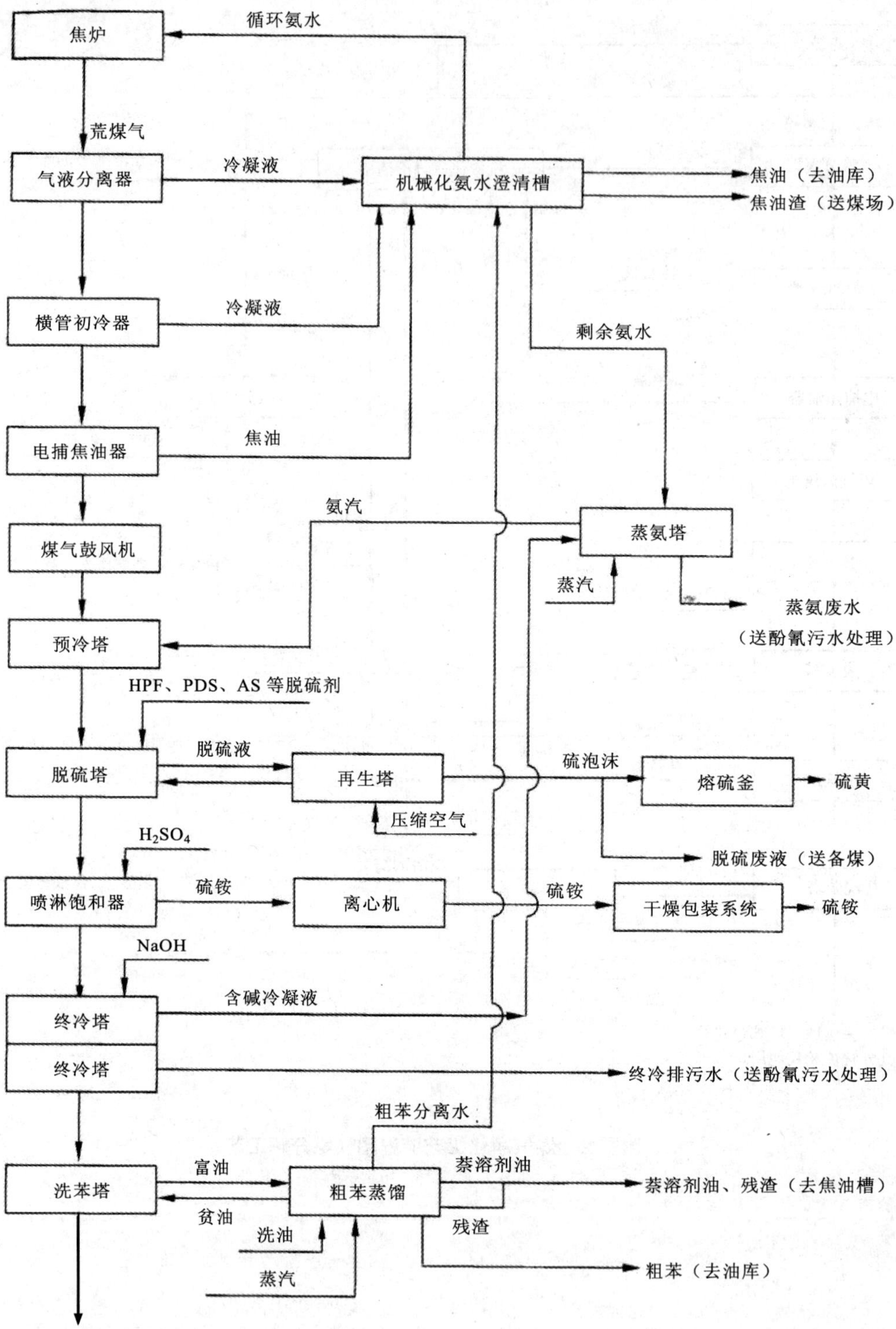

附图 3 煤气净化工艺流程图（硫铵工艺）

十、循环经济

国务院关于加快发展循环经济的若干意见

国务院国发[2005]22号

各省、自治区、直辖市人民政府，国务院各部委、各直属机构：

改革开放以来，我国在推动资源节约和综合利用，推行清洁生产方面，取得了积极成效。但是，传统的高消耗、高排放、低效率的粗放型增长方式仍未根本转变，资源利用率低，环境污染严重。同时，存在法规、政策不完善，体制、机制不健全，相关技术开发滞后等问题。21世纪头20年，我国将处于工业化和城镇化加速发展阶段，面临的资源和环境形势十分严峻。为抓住重要战略机遇期，实现全面建设小康社会的战略目标，必须大力发展循环经济，按照“减量化、再利用、资源化”原则，采取各种有效措施，以尽可能少的资源消耗和尽可能小的环境代价，取得最大的经济产出和最少的废物排放，实现经济、环境和社会效益相统一，建设资源节约型和环境友好型社会。为此，提出如下意见。

一、发展循环经济的指导思想、基本原则和主要目标

（一）指导思想。以邓小平理论和“三个代表”重要思想为指导，树立和落实科学发展观，以提高资源生产率和减少废物排放为目标，以技术创新和制度创新为动力，强化节约资源和保护环境意识，加强法制建设，完善政策措施，发挥市场机制作用，促进循环经济发展。

（二）基本原则。坚持走新型工业化道路，形成有利于节约资源、保护环境的生产方式和消费方式；坚持推进经济结构调整，加快技术进步，加强监督管理，提高资源利用效率，减少废物的产生和排放；坚持以企业为主体，政府调控、市场引导、公众参与相结合，形成有利于促进循环经济发展的政策体系和社会氛围。

（三）发展目标。力争到2010年建立比较完善的发展循环经济法律法规体系、政策支持体系、体制与技术创新体系和激励约束机制。资源利用效率大幅度提高，废物最终处置量明显减少，建成大批符合循环经济发展要求的典型企业。推进绿色消费，完善再生资源回收利用体系。建设一批符合循环经济发展要求的工业（农业）园区和资源节约型、环境友好型城市。

（四）主要指标。力争到2010年，我国消耗每吨能源、铁矿石、有色金属、非金属矿等十五种重要资源产出的GDP比2003年提高25%左右；每万元GDP能耗下降18%以上。农业灌溉水平均有效利用系数提高到0.5，每万元工业增加值取水量下降到120米^3。矿产资源总回收率和共伴生矿综合利用率分别提高5个百分点。工业固体废物综合利用率提高到60%以上；再生铜、铝、铅占产量的比重分别达到35%、25%、30%，主要再生资源回收利用量提高65%以上。工业固体废物堆存和处置量控制在4.5亿吨左右；城市生活垃圾增长率控制在5%左右。（注：上述有关指标将根据“十一五”规划作相应调整）

二、发展循环经济的重点工作和重点环节

（五）重点工作。一是大力推进节约降耗，在生产、建设、流通和消费各领域节约资源，

减少自然资源的消耗。二是全面推行清洁生产，从源头减少废物的产生，实现由末端治理向污染预防和生产全过程控制转变。三是大力开展资源综合利用，最大限度实现废物资源化和再生资源回收利用。四是大力发展环保产业，注重开发减量化、再利用和资源化技术与装备，为资源高效利用、循环利用和减少废物排放提供技术保障。

（六）重点环节。一是资源开采环节要统筹规划矿产资源开发，推广先进适用的开采技术、工艺和设备，提高采矿回采率、选矿和冶炼回收率，大力推进尾矿、废石综合利用，大力提高资源综合回收利用率。二是资源消耗环节要加强对冶金、有色、电力、煤炭、石化、化工、建材（筑）、轻工、纺织、农业等重点行业能源、原材料、水等资源消耗管理，努力降低消耗，提高资源利用率。三是废物产生环节要强化污染预防和全过程控制，推动不同行业合理延长产业链，加强对各类废物的循环利用，推进企业废物“零排放”；加快再生水利用设施建设以及城市垃圾、污泥减量化和资源化利用，降低废物最终处置量。四是再生资源产生环节要大力回收和循环利用各种废旧资源，支持废旧机电产品再制造；建立垃圾分类收集和分选系统，不断完善再生资源回收利用体系。五是消费环节要大力倡导有利于节约资源和保护环境的消费方式，鼓励使用能效标识产品、节能节水认证产品和环境标志产品、绿色标志食品和有机标志食品，减少过度包装和一次性用品的使用。政府机构要实行绿色采购。

三、加强对循环经济发展的宏观指导

（七）把发展循环经济作为编制有关规划的重要指导原则。各级政府及有关部门要用循环经济理念指导编制“十一五”规划和各类区域规划、城市总体规划，以及矿产资源可持续利用、节能、节水、资源综合利用等专项规划，对资源消耗、节约、循环利用、废物排放和环境状况作出分析，明确目标、重点和政策措施。

（八）建立循环经济评价指标体系和统计核算制度。发展改革委要会同统计局、环保总局等有关部门加快研究建立循环经济评价指标体系，逐步纳入国民经济和社会发展计划，并建立循环经济的统计核算制度。地方各级人民政府有关部门要积极开展循环经济的统计核算，加强对循环经济主要指标的分析。

（九）制定和实施循环经济推进计划。地方各级人民政府要组织发展改革（经贸）、环境保护等有关部门，根据本地区实际，制定和实施循环经济发展的推进计划。国务院有关部门要研究制定矿产资源集约利用、能源和水资源节约利用、清洁生产，以及重点行业、重点领域发展循环经济的推进计划。

（十）加快经济结构调整和优化区域布局。加强宏观调控，遏制盲目投资、低水平重复建设，限制高耗能、高耗水、高污染产业的发展。大力发展高技术产业，加快用高新技术和先进适用技术改造传统产业，淘汰落后工艺、技术和设备，实现传统产业升级；推进企业重组，提高产业集中度和规模效益；大力发展集约化农业。发展改革委要抓紧制定《产业结构调整暂行规定》、《产业结构调整指导目录》以及加快服务业发展的指导意见，推进产业结构优化升级。同时，要根据资源环境条件和区域特点，用循环经济的发展理念指导区域发展、产业转型和老工业基地改造。开发区和重化工业集中地区，要按照循环经济要求进行规划、建设和改造，对进入的企业要提出土地、能源、水资源利用及废物排放综合控制要求，围绕核心资源发展相关产业，发挥产业集聚和工业生态效应，形成资源高效循环利用的产业链，提高资源产出效率。

四、加快循环经济技术开发和标准体系建设

（十一）加快循环经济技术开发。国务院有关部门和地方各级人民政府有关部门要加大科技投入，支持循环经济共性和关键技术的研究开发。积极引进和消化、吸收国外先进的循环经济技术，组织开发共伴生矿产资源和尾矿综合利用技术、能源节约和替代技术、能量梯级利用技术、废物综合利用技术、循环经济发展中延长产业链和相关产业链接技术、“零排放”技术、有毒有害原材料替代技术、可回收利用材料和回收处理技术、绿色再制造技术以及新能源和可再生能源开发利用技术等，提高循环经济技术支撑能力和创新能力。

（十二）抓紧制定循环经济技术政策。发展改革委要会同科技、环保等有关部门研究制定发展循环经济的技术政策、技术导向目录，以及国家鼓励发展的节能、节水、环保装备目录。支持引进国外发展循环经济的核心技术，加快新技术、新工艺、新设备的推广应用。

（十三）建立循环经济技术咨询服务体系。各地区、各部门要积极支持建立循环经济信息系统和技术咨询服务体系，及时向社会发布有关循环经济技术、管理和政策等方面的信息，开展信息咨询、技术推广、宣传培训等。充分发挥行业协会、节能技术服务中心、清洁生产中心等中介机构和科研单位、大专院校的作用。

（十四）制定和完善促进循环经济的标准体系。要加快制定高耗能、高耗水及高污染行业市场准入标准和合格评定制度，制定重点行业清洁生产评价指标体系和涉及循环经济的有关污染控制标准。加强节能、节水等资源节约标准化工作，完善主要用能设备及建筑能效标准、重点用水行业取水定额标准和主要耗能（水）行业节能（水）设计规范。建立和完善强制性产品能效标识、再利用品标识、节能建筑标识和环境标志制度，开展节能、节水、环保产品认证以及环境管理体系认证。

五、建立和完善促进循环经济发展的政策机制

（十五）加大对循环经济投资的支持力度。各级投资主管部门在制定和实施投资计划时，要加大对发展循环经济的支持。对发展循环经济的重大项目和技术开发、产业化示范项目，政府要给予直接投资或资金补助、贷款贴息等支持，并发挥政府投资对社会投资的引导作用。各类金融机构应对促进循环经济发展的重点项目给予金融支持。

（十六）利用价格杠杆促进循环经济发展。调整资源性产品与最终产品的比价关系，理顺自然资源价格，逐步建立能够反映资源性产品供求关系的价格机制。发展改革委要积极调整水、热、电、天然气等价格政策，促进资源的合理开发、节约使用、高效利用和有效保护。逐步提高水利工程供水价格；完善农业水费计收办法；调整城市供水价格，合理确定再生水价格，大力推进阶梯式水价、超计划、超定额用水加价制度。扩大峰谷电价和丰枯电价执行范围，拉大差价，在有条件的地区加快实行尖峰电价和季节电价；对高耗能行业中淘汰类、限制类项目，严格执行按国家产业政策制定的差别电价政策。加大供热体制和供热价格改革力度，逐步建立基本热价和计量热价共同构成的热价形成机制，实行差别热价和煤热联动政策。逐步理顺天然气与其他产品的比价关系，建立天然气价格与可替代能源价格挂钩的机制。地方各级人民政府价格主管部门要研究制定并落实各项促进循环经济发展的价格政策。

（十七）制定支持循环经济发展的财税和收费政策。财政部门要积极安排资金，支持发展循环经济的政策研究、技术推广、示范试点、宣传培训等，并会同有关部门积极落实清洁生产专项资金。各级财政和环保部门要安排排污资金，加大对企业符合循环经济要求的污染防治项目的投入力度。有关部门要加快研究建立促进节能、节水产品和节能环保型汽车、节能省地型

建筑推广的鼓励政策。继续完善资源综合利用的税收优惠政策，调整和完善有利于促进再生资源回收利用的税收政策，加快建立大宗废旧资源回收处理收费制度。适时出台燃油税，完善消费税制。积极研究以资源量为基础的矿产资源补偿费征收办法，进一步扩大水资源费征收范围并适当提高征收标准，优先提高城市污水处理费征收标准，全面开征城市生活垃圾处理费。研究完善限制国内紧缺资源及高耗能产品出口的政策。在理顺现有收费和资金来源渠道的基础上，积极探索建立和完善企业生态环境恢复补偿机制。政府采购目录要优先考虑节能、节水和环保认证产品。

六、坚持依法推进循环经济发展

（十八）加强法规体系建设。要结合我国国情，加快研究建立和健全循环经济的法律法规体系。当前要抓紧制定节能、节水、资源综合利用等促进资源有效利用以及废旧家电、电子产品、废旧轮胎、建筑废物、包装废物、农业废物等资源化利用的法规和规章。研究建立生产者责任延伸制度，明确生产商、销售商、回收和使用单位以及消费者对废物回收、处理和再利用的法律义务。

（十九）加大依法监督管理的力度。各地区、各部门要认真贯彻落实《中华人民共和国节约能源法》、《中华人民共和国可再生能源法》、《中华人民共和国清洁生产促进法》、《中华人民共和国固体废物污染环境防治法》和《中华人民共和国环境影响评价法》等有关法律法规。依法加强对矿产资源集约利用、节能、节水、资源综合利用、再生资源回收利用的监督管理工作，引导企业树立经济与资源、环境协调发展的意识，建立健全资源节约管理制度。各级环境保护部门要将发展循环经济与环境保护工作紧密结合，严格执行环境影响评价和“三同时”制度，逐步实行排污许可证制度；严格控制污染物排放总量，加强对企业废物排放和处置的监督管理，降低排放强度；鼓励有条件的企业在自愿的基础上，开展环境管理体系认证。

（二十）依法推行清洁生产。认真实施《中华人民共和国清洁生产促进法》，加快企业清洁生产审核，积极实施清洁生产审核方案。对污染物排放超过国家和地方规定的标准或者总量控制指标的企业，以及使用有毒、有害原料进行生产或者在生产中排放有毒、有害物质的企业，要依法强制实施清洁生产审核，监督实施清洁生产方案。发展改革委、环保总局要在全国范围内组织开展创建清洁生产先进企业、环境友好企业活动，引导企业加快实施清洁生产。

七、加强对发展循环经济工作的组织和领导

（二十一）加强组织领导。各地区、各部门要从战略和全局的高度，充分认识发展循环经济的重大意义，增强紧迫性和责任感，结合本地区、本部门实际，抓紧制定具体的实施方案，采取切实有效措施，加快推进循环经济发展。发展改革委牵头，会同环保总局等有关部门建立健全推进循环经济发展的协调工作机制，做好组织协调和指导推动工作，及时解决推进循环经济发展中遇到的重大问题。有关部门要在各自的职责范围内积极落实各项政策措施，加快推动循环经济发展。地方各级人民政府要确定一位领导同志负责循环经济发展工作，明确有关部门的职责分工，做到层层有责任、逐级抓落实。

（二十二）开展循环经济示范试点。发展改革委要会同环保总局等有关部门和省级人民政府，在重点行业、重点领域、产业园区和城市组织开展循环经济试点工作，探索发展循环经济的有效模式。通过试点，提出发展循环经济的重大技术和项目领域，进一步完善促进再生资源循环利用、降低污染排放强度的政策措施，提出按循环经济模式规划、建设、改造工业园区以及建设资源节约型、环境友好型城市的思路，树立一批先进典型，为加快发展循环

经济提供示范。

（二十三）加强宣传教育和培训。各地区、各部门要动员社会各方面力量，大力开展形式多样的节约资源和保护环境的宣传活动，提高全社会对发展循环经济重大意义的认识，把节约资源、保护环境变成全体公民的自觉行为。要将树立资源节约和环境保护意识的相关内容编入教材，在中小学中开展国情教育、节约资源和保护环境的教育。要组织开展相关管理和技术人员的知识培训，增强意识，掌握相关知识和技能。编写消费行为导则和资源节约公约，引导合理消费，规范消费行为，开展多种形式的实践活动，逐步形成节约资源、保护环境的消费方式。

发展改革委要会同环保总局等有关部门，对各地推进循环经济发展的情况进行监督检查，重要情况要及时向国务院报告。

国 务 院

二OO五年七月二日

中华人民共和国国家环境保护标准

钢铁工业发展循环经济环境保护导则

Environmental protection guide for developing circular economy in iron and steel industry

HJ 465—2009

前言

为了贯彻《中华人民共和国环境保护法》《中华人民共和国循环经济促进法》《国务院关于落实科学发展观加强环境保护的决定》（国发[2005]39 号）和《国务院关于加快发展循环经济的若干意见》（国发[2005]22 号），保护环境，促进钢铁工业发展循环经济，实现资源能源利用效率最大化，预防和控制钢铁行业发展过程中的环境污染，制定本标准。

本标准就钢铁工业发展循环经济的规划、建设及运行的污染防治和环境保护相关事项提出了要求，相关企业和管理部门可参照执行。

本标准为首次发布。

本标准由环境保护部科技标准司组织制订。

本标准起草单位：中国环境科学研究院、北京科技大学。

本标准环境保护部 2009 年 3 月 14 日批准。

本标准自 2009 年 7 月 1 日起实施。

本标准由环境保护部解释。

1 适用范围

本标准适用于各级环境保护主管部门对钢铁工业发展循环经济的规划、建设和运行中污染的防治和环境管理。本标准也适用于指导钢铁企业在发展循环经济中加强污染控制。

2 规范性引用文件

本标准内容引用了下列文件中的条款。凡是不注日期的引用文件，其有效版本适用于本标准。

GB 9078—1996　工业炉窑大气污染物排放标准

GB 12348—2008　工业企业厂界环境噪声排放标准

GB 13456—1992　钢铁行业水污染物排放标准

GB 16171—1996　炼焦炉大气污染物排放标准

GB 16297—1996　大气污染物综合排放标准

GB 16487.6—2005　进口可用做原料的固体废物环境保护控制标准　废钢铁

HJ/T 126—2003　清洁生产标准　炼焦行业

HJ/T 189—2006　清洁生产标准　钢铁行业

HJ/T 273—2006　行业类生态工业园区标准（试行）

HJ/T 426—2008 清洁生产标准 钢铁行业（烧结）
HJ/T 427—2008 清洁生产标准 钢铁行业（高炉炼铁）
HJ/T 428—2008 清洁生产标准 钢铁行业（炼钢）

3 术语和定义

下列术语和定义适用于本标准。

3.1 循环经济

循环经济，是指在生产、流通和消费等过程中进行的减量化、再利用、资源化活动的总称，也就是资源节约和循环利用活动的总称。循环经济是推进可持续发展战略的一种优选模式，它强调以循环发展模式替代传统的线性增长模式，表现为以"资源—产品—再生资源"和"生产—消费—再循环"的模式，有效地利用资源和保护环境，最终达到以较小发展成本获取较大的经济效益、社会效益和环境效益。

3.2 钢铁工业

我国钢铁工业按其生产产品和生产工艺流程可分为两大类型，即长流程生产和短流程生产。长流程的生产流程主要包括烧结（球团）、焦化、炼铁、炼钢、轧钢等生产工序；短流程的生产流程主要包括炼钢、轧钢等生产工序。本标准中钢铁工业指长流程（包括电炉炼钢）的生产过程，但不包括采矿和选矿工序。

4 钢铁工业发展循环经济基本原则

4.1 以循环经济和工业生态学理论为指导，按照物质、能量、信息流动的生态规律，通过废物资源综合利用、物质闭合循环、产品与服务的减物质化以及能源效率最大化等措施来构建行业发展循环经济的模式与结构。

4.2 在企业内部实施清洁生产，通过减少资源和能源的消耗、降低废物排放量和提高废物资源化利用等途径，实现资源、能源利用效率最大化。

4.3 在不同的生产单元之间通过产品流和废物流链接，实现废弃资源交换利用、能力梯级利用、水资源节约和循环利用，实现行业内部资源、能源利用效率最大化。

4.4 通过钢铁工业的发展拉动其他产业和周边地区的发展，促进周边的产业结构调整和提升，使区域环境得到持续改善，资源得到充分利用。

5 钢铁工业提高资源、能源效率，降低污染负荷的主要途径

5.1 在企业内部通过促进清洁生产、推进生态设计、建立环境管理体系，改变传统的、单一的末端污染治理，合理利用自然资源，实行工业污染全过程控制。

5.2 优化生产工艺流程和工序间的衔接配合，优化配置钢比系数，取消或减少高耗能工序，减少资源浪费，减轻钢铁企业的环境负荷。

5.3 优化炉料结构，提高精料水平。

（1）烧结生产要选用低硫、低氟、低杂质含量的高品位铁精矿，要合理利用各种可再生资源（包括钢渣、含铁尘泥等），控制烧结矿品位波动，实现废弃物资源化。

（2）炼焦生产要合理配煤，选用灰分和硫分低的炼焦洗精煤。

（3）炼铁以合理配比的烧结矿和球团矿为高炉炉料，提高入炉矿品位；使用灰分和硫分低的焦炭。

（4）转炉炼钢用铁水实行全量预处理；充分利用废钢；使用高活性度的熔剂石灰。

5.4 采用清洁生产技术。包括：

（1）烧结生产采用燃料分加、小球烧结和球团烧结、铺底料、厚料层、热风烧结、低碳低温烧结等工艺和技术；采用节能点火设备和烧嘴等。

（2）炼焦采用装炉煤水分控制、配型煤炼焦、焦炉煤气脱硫等技术。

（3）炼铁生产采用富氧喷煤、热风炉双预热高风温、高压炉顶等技术。

（4）氧气转炉炼钢采用顶底复吹工艺和溅渣护炉技术，配套炉外精炼工艺。

（5）电炉炼钢应用高功率、超高功率和直流电弧炉；采用煤、氧助熔技术，配套炉外环炼工艺。

（6）采用高效连铸、近终型连铸，实现连铸坯热装热送和直接轧制等技术。

（7）优化轧钢加热炉炉体结构，采用蓄热式燃烧技术，优化加热制度。

5.5 充分利用副产能源和余热余能。合理分配和使用焦炉煤气、高炉煤气和转炉煤气和各种余热余能，做到无放散（不含事故性或工艺性放散）。

（1）焦炉煤气综合利用：加热炉燃料、制取纯氢、直接还原铁还原剂、城市民用煤气、化工合成气气源（如生产甲醇、二甲醚）。

（2）高炉煤气综合利用：焦炉加热、蓄热式加热炉燃料，掺烧高炉煤气锅炉、全燃高炉煤气锅炉；高炉煤气余压发电（TRT）。

（3）转炉煤气综合利用：炼钢生产的烤包等燃料。

（4）将各种煤气的富余用于燃气蒸汽联合循环发电（CCPP），高效利用可燃气体。

（5）炼焦采用干熄焦，回收红焦显热产生蒸汽（发电）。

（6）烧结矿冷却废气供点火和热风烧结，或供余热锅炉产生蒸汽（发电）。

（7）各种烟气余热利用：球团焙烧烟气直接用于干燥、预热生球；焦炉燃烧废气用于装炉煤干燥；电炉冶炼烟气预热废钢；转炉烟气、加热炉烟气采用预热锅炉产生蒸汽等。

5.6 生产环节实现节约用水，新水消耗量最小化。采用不用水或少用水的工艺及大型设备，实现源头用水减量化；对新水和循环水，采用高效、安全可靠的先进水处理技术；供水量理论上按照分级、分质供水原则，采用清污分流、循环供水、串级供水等技术，提高水的重复利用率。采用先进工艺对循环水系统的排污水及其他外排废水，进行有效处理并回用，使工业废水资源化，实现工业废水“零”排放。技术措施包括：

（1）应用节水冷却技术与设备，如汽化冷却、蒸发冷却、管式强制吹风冷却等。

（2）全面配置循环用水技术所必需的计量、监控等技术与设备。

（3）烧结和球团生产单元的各类废水均可处理后循环使用，净环水系统排污水可供浊环水系统作补充水，浊环水系统排污水可供配料使用，可做到废水“零”排放。

（4）炼焦生产单元对含有高浓度酚、氰、硫化物和有机油类的剩余氨水，采用溶剂萃取脱酚、蒸氨处理后与其他生产过程产生的酚氰废水，一并进入活性污泥生物化学处理设施，采用硝化-反硝化工艺（A/O 及其衍生工艺），处理后废水可供高炉冲渣水和烧结混料；含有煤、焦颗粒的除尘废水，经沉淀处理后循环使用。

（5）炼铁生产单元，高炉炉壁冷却水，采用软水密闭循环冷却水系统；高炉煤气净化优先选用干法除尘技术；湿法除尘水经沉淀去除悬浮物、水质稳定处理后循环使用，有少量循环系统排污水可作高炉冲渣水系统补充水，或排入总污水处理厂；高炉冲渣水经沉淀或过滤后循环使用，污水系统无废水排放；铸铁机废水沉淀处理后循环使用，无废水排放。

（6）转炉炼钢生产单元，转炉煤气净化系统优先选用干法除尘技术。湿法除尘废水经沉淀去除悬浮物、冷却、水质稳定处理后循环使用。有少量循环系统排污水，排入总污水处理厂，或进入其他浊循环水系统使用。连铸坯冷却水经沉淀、除油、过滤、冷却、水质稳定后循环利用。

（7）轧钢生产单元，轧钢加热炉使用汽化冷却技术；热轧废水经沉淀、除油、过滤、冷却后循环和串级使用；冷轧对含一类污染物（Cr^{6+}、Ni 等）废水，必须先经单独处理，至一类污染物达到车间排放标准要求后，进入冷轧的酸碱废水处理系统；含油及乳化液废水经破乳、超滤等除油措施后，进入酸碱废水处理系统；酸碱废水处理系统的废水经中和沉淀处理后，进入总污水处理厂。

（8）总污水处理厂废水经进一步物理化学处理后，可回用于浊循环水系统，多余的达标排放；或采用废水深度处理工艺（如活性炭过滤、超滤、反渗透等）处理后全部回用于生产，实现废水零排放。

5.7　提高钢铁生产过程产生高炉渣、钢渣、粉煤灰、含铁尘泥等废物的资源化利用率。主要途径包括：

（1）高炉渣加工水泥、矿渣粉、混凝土、砌砖等建筑材料，生产矿渣棉，用于筑路；

（2）回收钢渣中的废钢、尾渣用于烧结钢渣粉、钢渣水泥、墙体材料、地面砖等建材制品，或用于农肥和酸性土壤改良剂、筑路和回填材料等；

（3）粉煤灰加工生产粉煤灰水泥、墙体材料、筑路、填充材料等；

（4）含铁尘泥直接返烧结利用，或经处理加工后回用于烧结、炼钢等；

（5）废耐火材料再生；

（6）炼焦和焦炉煤气净化过程产生的含煤、焦的粉尘，可用于高炉喷煤粉系统；焦油渣、沥青渣、脱硫废液等，可配到炼焦煤中处理利用；

（7）石灰窑产生含二氧化碳的废气，经废气净化，处理后可回收高纯度液体、固体二氧化碳；

（8）焦炉煤气中含有硫化氢，采用脱硫工艺对煤气净化处理，可得硫黄或硫酸；

（9）烧结机机头烟气含有二氧化硫，国内近期已开发石灰石-石膏法脱硫工艺，副产石膏可作建筑材料的原料。

5.8　提高钢铁工业消纳社会废弃物的能力。包括将废纸浆用于替代球团膨润土作有机黏结剂；废塑料作冶金燃料；铬渣炼钢等。

5.9　构建以钢铁生产为中心，与石化、建材、能源等相关行业以及社会生活共享资源、企业共生的生态工业园，实现区域内物质循环，生产和生活消费后废弃产品、生活垃圾和生活污水资源化利用的社会大循环。

5.10　推进清洁生产技术和环境友好技术的研发和采用，加强废物资源化过程的污染控制，避免废物资源化中的二次污染。

5.11　钢铁工业发展循环经济的产业链构建见图 1。

6　钢铁工业发展循环经济污染控制要求

6.1　钢铁工业发展循环经济要满足《行业类生态工业园区标准（试行）》（HJ/T 273—2006）的要求。

6.2　钢铁工业水污染物排放控制执行《钢铁行业水污染物排放标准》（GB 13456—1992）。

6.3　钢铁工业焦化生产单元大气污染物排放控制执行《炼焦炉大气污染物排放标准》（GB 16171—1996），工业炉窑生产单元执行《工业炉窑大气污染物排放标准》（GB 9078—1996），其他生产单元大气污染物执行《大气污染物综合排放标准》（GB 16297—1996）。国家出台行业污染物排放标准后，按照新标准规定执行。

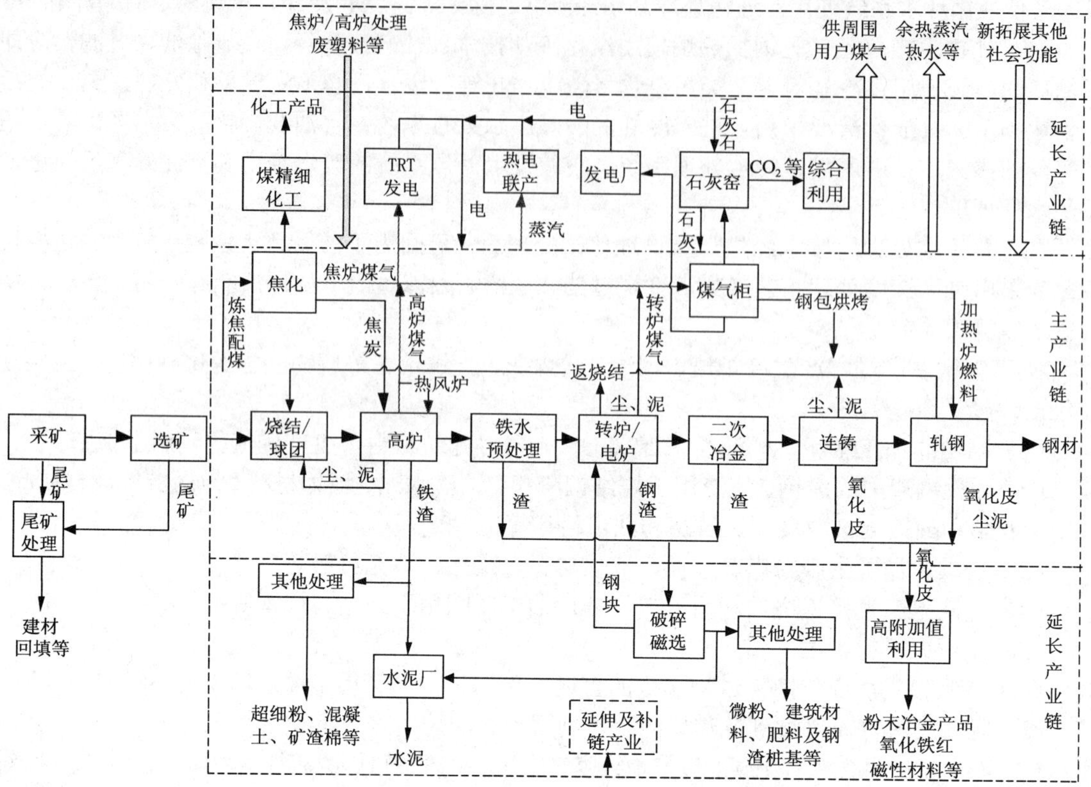

图 1 钢铁工业发展循环经济产业链示意图

6.4 钢铁工业发展循环经济水、气、固体废物综合利用指标要求见表 1。

表 1 综合利用指标要求

指标	达标
1. 吨钢生产取水量（钢铁联合企业）/（m^3/t）	≤4.5
2. 吨钢生产取水量（电炉钢厂）/（m^3/t）	≤6.0
3. 生产水复用率/%	≥93
4. 高炉煤气回收利用率/%	≥95
5. 转炉煤气回收热量（以煤当量每吨钢计）/（kg/t）	≥25
6. 电炉余热利用量（以煤当量每吨钢计）/（kg/t）	≥25
7. 余热余能回收利用量①（以煤当量每吨钢计）/（kg/t）	≥45
8. 含铁尘泥回收利用率/%	≥95
9. 高炉渣利用率②/%	≥95
10. 转炉渣利用率②/%	≥95
11. 电炉渣利用率②/%	≥90

① 包括各种副产煤气、干熄焦余热和高炉煤气余压发电等余能以及烧结烟气余热、冶金渣显热和其他低温余热的利用；
② 稀土渣、钒渣等特殊渣除外。

6.5　噪声视企业所在功能区执行《工业企业厂界环境噪声排放标准》（GB 12348—2008）。

6.6　在炼钢生产单元，进口废钢铁的使用执行《进口可用做原料的固体废物环境保护控制标准　废钢铁》（GB 16487.6—2005）。

6.7　提高钢铁工业环境管理水平。对新、改、扩、建项目严格执行项目环境影响评价制度，依据企业所在区域的区位特点和环境容量，制定建设项目污染物强度准入要求和污染物总量准入要求。新建项目的能耗、物耗和污染物产生强度应达到原国家环保总局颁布的《清洁生产标准　钢铁行业》（HJ/T 189—2006）中的一级指标，相应的生产单元应达到中华人民共和国环境保护部颁布的《清洁生产标准　钢铁行业（烧结）》（HJ/T 426—2008）、《清洁生产标准　钢铁行业（高炉炼铁）》（HJ/T 427—2008）、《清洁生产标准　钢铁行业（炼钢）》（HJ/T 428—2008）中的一级指标。

6.8　对于无法资源化利用的危险废物，应按照《中华人民共和国固体废物污染环境防治法》，委托具有资质的危险废物处置单位，统一收集处置，危险废物的收集、运输、贮存、处置应遵守《固体废物污染环境防治法》、《废弃危险化学品污染环境防治办法》以及《危险废物转移联单管理办法》等规章制度中的相关规定。

7　钢铁工业发展循环经济保障措施

7.1　在贯彻执行现有相关法规、政策的基础上，制订钢铁工业促进发展循环经济的配套政策和措施，形成发展循环经济的政策、法规支撑体系。加强执法力度，通过国家、地方以及部门法律、法规的实施和执行来保障行业循环经济的发展。

7.2　加强宏观调控，提高钢铁工业的产业集中度。发挥工艺技术先进的、有实力的大型钢铁企业的骨干作用，通过联合重组，组建特大型钢铁企业集团，实行专业化分工。在联合重组、技术改造的过程中，坚持淘汰消耗高、效率低、污染严重的落后工艺装备和生产能力。提高钢铁工业工艺装备和技术的升级和进步，同时，企业在生产技术升级改造时，必须保证与主体工程配套的环保设施同时升级、同时改造，并保证所需资金。

7.3　钢铁工业应按照循环经济模式建立现代钢铁工业体系，延长产业链，实行上下游产业联产联营，同时要充分利用资本及体制优势，整合现有产业资源，实现产业聚合效应；重点发展生产高附加值钢铁产品，通过全球钢铁资源配置、产地配置、市场配置、循环再利用配置和替代配置，既从根本上解决资源和能源约束矛盾和环境压力，又满足市场对钢铁产品不断增长的消费需求。

7.4　通过引进世界先进钢铁发展技术和人才以及建立“产学研”联盟等方式，建立健全适合钢铁工业循环经济发展，由替代技术、减量技术、再利用技术、资源化技术、系统化技术等构成的钢铁企业生态支撑技术体系，在技术的选择和使用中应重点支持自主创新和先进技术引进基础上的技术集成等。

7.5　提高环境监管能力，建立健全钢铁工业污染源日常管理、应急响应和事故处理的监测和监控体系。

7.6　建设具有高技术含量的信息基础设施和信息管理体系，充分发挥信息在行业管理、信息交流、技术支持、环境咨询等方面的作用。

7.7　积极宣传循环经济，树立钢铁工业循环经济示范企业。

7.8　建立公众参与机制和信息公开制度，制定公众参与的鼓励政策，形成公众参与的制度。建立行业的监督体系，强化社会监督机制。

7.9　各钢铁企业要编写年度环境报告书。环境报告书应包括资源能源减量与循环利用、环境绩效评价、环境管理措施等方面的内容。资源能源减量与循环利用中应对资源能源减量使用和废物减量排放等情况进行评价和描述；环境绩效评价包括污染物排放达标情况、污染物产生和排放强度变化情况和废物处理处置等方面内容；环境管理措施主要对污染物监控管理措施及效果进行评价。

8 标准实施

本标准由各级环境保护行政主管部门负责组织实施。

附　录　A（资料性附录）

钢铁工业发展循环经济延长产业链中的先进生产工艺技术清单

类别	序号	技术名称
资源综合利用类	1	烧结配加钢铁废料技术
	2	水淬高炉渣生产水泥技术
	3	水淬高炉渣生产矿渣砖和湿碾混凝土技术
	4	利用高液态炉渣生产微晶玻璃技术
	5	利用高炉渣生产矿渣棉技术
	6	利用高炉渣生产肥料技术
	7	转炉尘泥回收利用技术
	8	钢渣稳定化处理技术
	9	钢渣磁选废钢技术
	10	利用钢渣生产钢渣水泥技术
	11	利用钢渣生产肥料技术
	12	利用钢渣生产钢渣粉技术
	13	轧钢氧化铁皮生产还原铁粉技术
	14	石灰窑废气回收液态 CO_2 技术
	15	钢铁厂用耐火材料回收利用技术
	16	废塑料炼焦技术
	17	焦化副产品深加工系列技术
余热余能综合利用类	18	干熄焦技术
	19	烧结环冷机余热回收技术
	20	高炉煤气燃烧发电技术
	21	高炉炉顶煤气余压（TRT）发电技术
	22	热一电联产技术
	23	全烧高炉煤气锅炉发电技术
	24	高炉煤气等低热值煤气燃气-蒸汽联合循环发电（CCPP）技术
	25	高炉煤气干式除尘余压压差发电技术
	26	高炉渣显热回收技术

中华人民共和国国家标准

钢铁工业资源综合利用设计规范

Code for design of comprehensive utilization of iron and steel industry resources

GB 50405—2007

前言

本规范是根据建设部“关于印发《2005 年工程建设标准规范制定、编制计划（第二批）》的通知”（建标函[2005]124 号）的要求，由中冶京诚工程技术有限公司会同中冶长天国际工程有限责任公司等有关单位编制而成。

本规范共分四章，主要内容有：总则；术语；资源综合利用设计基本原则；钢铁工业资源综合利用设计，包括采矿、选矿、原料场、球团和烧结、焦化、炼铁、炼钢和连铸、轧钢（热轧、冷轧）和金属制品、稀土金属、冶金石灰、轻烧白云石和耐火材料、铁合金、碳素、公用和辅助设施。

本规范以黑体字表示的条文为强制性条文，必须严格执行。

本规范由建设部负责管理和对强制性条文的解释，由中冶京诚工程技术有限公司负责具体技术内容的解释。本规范在执行过程中，请各单位注意总结经验，积累资料，将有关意见反馈给中冶京诚工程技术有限公司环境工程技术所（地址：北京市宣武区白广路 4 号，邮政编码：100053，电话 010-83587313），以供今后修改时参考。

本规范主编单位、参编单位及主要起草人：

主编单位：中冶京诚工程技术有限公司（原北京钢铁设计研究总院）

参编单位：（按章节顺序排列）

中冶长天国际工程有限责任公司（原长沙冶金设计研究总院）
中冶赛迪工程技术股份有限公司（原重庆钢铁设计研究总院）
中冶北方工程技术有限公司（原鞍山冶金设计研究总院）
中冶焦耐工程技术有限公司（原鞍山焦耐设计研究总院）
宝山钢铁股份有限公司
中冶南方工程技术有限公司（原武汉钢铁设计研究总院）
济南钢铁集团总公司
中冶东方工程技术有限公司（原包头钢铁设计研究总院）

主要起草人：祁国琴　杨晓东　刘志鹏　颜学宏　王　冬
昌梦华　蔡　承　沈晓林　李少岩　叶　冰
胡政波　钮心洁　胡明甫　李　丽　陈惠民
朱慧玲　庞　宏　周玉莲　范　凯　钱理业
谭小华　吴运广　励哉拱　李友琥　励文珠

1　总则

1.0.1　为使钢铁工业建设项目的设计全面贯彻执行国家关于清洁生产、资源综合开发利用的法律、法规和钢铁产业发展政策，发展循环经济，促进清洁生产，节约资源，保护生态环境，提高企业经济效益，走可持续发展道路，制定本规范。

1.0.2　本规范所指的钢铁工业资源综合利用，包括矿产资源的综合开发利用和钢铁工业再生资源的综合利用。

1.0.3　本规范适用于钢铁工业的新建、扩建和改建项目的设计。钢铁工业包括铁矿、锰矿、铬矿采选和烧结、焦化、炼铁、炼钢、轧钢、铁合金、碳素制品、耐火材料、金属制品等工艺及相关配套工艺。

1.0.4　钢铁工业资源综合利用设计，除执行本规范外，尚应符合国家现行的有关法律法规和相关标准的规定。

2 术　语

2.0.1　循环经济　circular economy

物质闭环流动型经济的简称，其基本含义是指：在物质的循环再生利用基础上发展经济。循环经济是一种“资源—产品—再生资源一再生产品”的反馈式或闭环流动的经济形式。

2.0.2　钢铁工业资源综合利用　comprehensive utilization of iron and stccl industry rcsourccs

钢铁工业资源综合利用的内容主要包括：对矿产资源进行综合开发利用，提高金属回收率，综合回收共、伴生矿中各种有用成分，开展尾矿、矿渣的综合利用；对钢铁企业生产过程中产生的再生资源（包括各种废渣、废水、废液、废气、余热、余压、可燃气体等）进行综合开发利用，生产高附加值的产品，从而达到节约资源，增加企业经济效益，保护生态环境的目的。

2.0.3　共、伴生矿　coexistins and accompanying minerals

矿石中除含有大量某种主要元素外，往往还共生或伴生其他有用的组分（元素），对这种矿称为共、伴生矿。

2.0.4　可再生资源　renewable resources

人类社会活动（生产和生活）过程中产生的含有有价成分并有回收再利用价值的废弃物料，称为可再生资源。

2.0.5　余热　waste heat

钢铁企业的生产过程大多数是在高温下进行的，其生产产品和排放的烟气和固体废物也大多具有较高的温度（显热）。以环境温度为标准，被考察体系排出的热载体可释放的热称为余热。

2.0.6　余热锅炉　waste heat boiler

以余热为热源生产蒸汽或热水的装置，称为余热锅炉。

2.0.7　余压　excess pressure

以环境大气压为标准，被考察体系排出的压力载体可释放的压力（与常压之间的压差）称为余压。

2.0.8　汽化冷却装置　evaporated cooling device

利用液体蒸发时吸热的原理来冷却热载体的装置。

2.0.9　燃气—蒸汽联合发电　gas and steam combined cycle power plant（CCPP）

由燃气轮机、余热锅炉、蒸汽轮机及发电机等设备组成的联合循环发电系统。

2.0.10 蓄热燃烧技术 regenerative combustion technology

采用蓄热式燃烧装置（由蓄热体、烧嘴、换向阀和快速控制系统组成）的燃烧技术。其工艺系统为：通过烧嘴交替燃烧，换向阀切换燃烧废气和燃气、燃油燃烧用空气的通路，蓄热体反复从燃烧废气中吸收热量（蓄热），并向助燃空气和燃气、燃油散热，然后将高温的热风供给烧嘴。

2.0.11 高炉炉顶煤气余压发电 top gas pressure recovery turbine（TRT）

高炉炉顶煤气余压发电是利用高炉炉顶煤气的压力能，经透平膨胀做功，来驱动发电机发电。

2.0.12 二次能源 secondary energy

由一次能源（从自然界取得的未经任何改变或转化的能源）经过加工或转化得到的能源，称为二次能源。

2.0.13 吨钢综合能耗 comprehensive energy consumption per ton steel

钢铁联合企业内所有各生产厂、车间（包括生产与辅助生产）的年总能耗量（以“kg”标准煤计）与该企业年钢总产量（以“t”计）之比值称为该企业吨钢综合能耗。

年总能耗量必须是将各种能耗按规定的计算方法，分别折算为同一标准单位后的总和。

2.0.14 吨钢可比能耗 comparable energy consumption per ton steel

钢铁联合企业内所有炼焦、球团、烧结、炼铁、炼钢直到成品钢材配套生产所必需的耗能量及企业燃料加工与运输，机车运输能耗及企业能源亏损所分摊到每吨钢的耗能量（以“kg”标准煤计）之和（不计矿山、选矿、耐火材料、碳素制品、焦化回收产品精制、铁合金及其他产品生产、辅助生产及非生产的年总能耗量）与该企业年钢总产量（以“t”计）之比值，称为该企业吨钢可比能耗。

2.0.15 干法熄焦 coke dry quenching（CDQ）

干法熄焦是利用惰性气体在密闭的系统中冷却炽热焦炭的工艺。

3 资源综合利用设计基本原则

3.0.1 贯彻执行国家可持续发展战略，落实国家钢铁产业发展政策、资源综合利用政策和节能、节水等政策。通过结构调整，推行清洁生产，实施废物“资源化”和“减量化、再使用、再循环”的循环经济基本原则，全过程地开展资源综合利用。

3.0.2 坚持资源开发与节约并举、资源综合利用与企业改造和环境保护、节能、节水相结合的原则。最大限度地综合回收利用共生和伴生矿产资源中的有用元素，实现生产过程中产生的废物再资源化，降低原材料、能源和水的消耗，提高经济效益，保护和改善生态环境。

3.0.3 资源综合利用设计应依靠科技进步，加大技术改造力度，积极采用先进生产工艺和技术装备，努力开发高附加值的综合利用产品，全面提高资源综合利用程度和水平。

3.0.4 对矿产资源的综合利用，必须贯彻综合勘探、综合评价、综合开发、综合利用的方针，正确处理当前与长远、局部与整体、单一与综合开发的关系，最大限度地减少资源的损失。对战略性资源必须进行保护性开发。

3.0.5 大力推广钢铁工业少用水、不用水的节水新技术、新工艺、新设备，减少新水用量和废水排放量。

大、中型钢铁联合企业应根据其各生产工序的水处理系统及其排水的水量、水质等情况，建立其相应的循环水系统；并在此基础上，考虑建设全厂性集中污水处理厂，最大限度地回收利用废水资源。

3.0.6 开发和推广效益显著的节能技术，充分回收生产过程中产生的可燃气体和余热、余压等能源，提高能源利用率，降低各生产工序单位产品能耗、吨钢综合能耗和可比能耗。

大、中型钢铁联合企业应通过建立能源管理中心，加强对企业的能源管理。应用计算机对各类能源进行统一的管理、调度，实行能源优化配置。

3.0.7　资源综合利用设施应与主体工程同时设计，在建设项目设计文件中应有相应的资源综合利用设计内容。

4　钢铁工业资源综合利用设计

4.1　采矿

4.1.1　采矿的资源综合利用设计必须根据已审批的地质勘察报告书和有关资源综合利用的试验研究报告书进行。在地质勘察报告中，对勘探区内共生和伴生矿物，应按地质规范及有关技术要求标准作出全面评价，对具有工业价值的共生和伴生矿产应单独圈定并计算质量和储量。

4.1.2　有综合利用价值的矿床，在合理确定主体矿开采的同时，应圈定共生、伴生矿和表外矿的开采范围及品级，并提出可行的综合开采方案。

4.1.3　有综合利用项目的矿山，应同时确定有利于综合利用的开采方法、回采程序及相应的回采工艺；应根据选矿工艺或加工工艺的要求，论证分采分运、分级加工的可能性和合理性。

4.1.4　对于附带采出在经济上可以利用而暂时没有用户的产品，应选择便于今后二次装运的场地单独堆置，妥善保管。

4.1.5　井下掘进的废石，露天剥离的表土、岩石，应就近就地经济合理地用作建材等材料或用于充填采空区和作为内排土处理，以减少地面堆场和占用农田。

4.1.6　采矿场、废石场（排土场）的复垦作业必须与矿山开采、排弃工艺相协调，统一规划，采掘和复垦并举。有复垦任务的矿山企业，应委托有资质的设计部门进行土地复垦规划设计。

4.1.7　采矿坑外排的含泥沙废水、含重金属离子和其他污染物的废水、排土场的有毒淋溶水以及炸药加工厂废水，应经沉淀或适当净化处理后循环使用。

4.2　选矿

4.2.1　选矿的资源综合回收设计应根据地质勘探和选矿试验研究部门提供的地质勘察报告书和选矿试验研究报告书进行。资源综合回收的试验方法和试验规模应由设计与研究部门共同确定。

4.2.2　对干式磁选、重选、重介质选矿的尾矿，宜考虑合理的综合利用途径。

4.2.3　矿石洗矿作业宜采取从洗矿溢流中回收有用矿物的措施。

4.2.4　破碎筛分工段干、湿式除尘的尘泥、矿石转运点冲洗的污泥以及磨矿、选别、脱水作业事故、检修时排放的矿浆宜回收利用。

4.2.5　使用重介质选矿工艺时，必须设置介质回收设施，分离出的稀相废液应循环使用。

4.2.6　生产过程中产生的尾矿浆应进行浓缩，并回收其溢流水。破碎、筛分系统湿式除尘设备的排水以及车间冲洗地坪水，经处理后应直接回收利用或排入尾矿系统。尾矿库溢流水宜回收利用。

4.2.7　湿法选矿的最终产品或中间产品脱水时，其溢流水应作为生产回水循环利用。

4.3　原料场

4.3.1　原料场对各工序产生的含铁尘泥、含煤尘泥、石灰石粉尘等，均应就地分类回收，返回原料系统再利用，无法分开的混合尘泥能利用的均应回收利用。

4.3.2　原料场设有混匀设施，应承担送烧结回收利用的固体废物的混匀作业。

4.3.3　参与混匀的含铁污泥必须预先脱水，再送往原料场，并应根据烧结配料要求确定混匀后的含铁固体废物的含铁量。

4.3.4 洗矿废水、冲洗地坪废水及除尘废水等经沉淀池处理后，均应循环使用。

4.4 球团、烧结

4.4.1 原料系统、混合料系统、链算机—回转窑、带式焙烧机、烧结机、竖炉及成品整粒系统除尘等回收的粉尘，应返回工艺系统作为原料回收利用。

4.4.2 烧结和球团厂（车间）冲洗地坪排水和湿式除尘器排水中所含尘泥的主要成分为精矿粉、溶剂、燃料及烧结矿粉等有用矿物，应返回生产系统作为原料回收利用。

4.4.3 球团、烧结湿式除尘系统废水，经加药絮凝、沉淀（浓缩）和过滤等处理后，应考虑串级使用和循环利用。

4.4.4 烧结生产宜推广小球烧结技术，降低粉矿率和燃料消耗；烧结矿显热回收可用于点火空气预热或通过余热锅炉制取蒸汽；有条件的大型烧结厂可利用余热发电。

4.4.5 链算机—回转窑球团、带式焙烧机球团在生产过程中产生的余热（烟气、热风）应综合回收循环利用。

4.5 焦化

4.5.1 焦化厂宜采用自动配煤炼焦。

4.5.2 钢铁联合企业新建焦炉必须同步配套建设干熄焦装置。

4.5.3 煤粉碎机室除尘器捕集的煤粉尘应返送回上煤系统；焦处理系统、装煤和出焦以及干法熄焦的除尘地面站等干式除尘捕集的焦粉尘应送烧结厂作为燃料使用；湿法熄焦产生的含焦粉废水应排至粉焦沉淀池，沉淀脱水后的焦粉送烧结厂作为燃料使用。

4.5.4 焦化厂应设有焦油氨水分离、煤气脱硫脱氰、煤气脱氨脱苯等装置。

4.5.5 脱硫脱氰装置的废液，应根据不同的工艺流程，回收相应的化工产品或硫资源。

4.5.6 煤气净化车间冷凝鼓风工段排出的焦油渣、硫铵工段排出的酸焦油宜混入炼焦煤料中回收利用。粗苯工段的洗油再生残渣、溶剂脱酚工段溶剂油再生残渣应兑入原料焦油中回收利用。

4.5.7 煤焦油宜采用集中加工处理，新建单套加工装置规模应达到处理无水焦油 10 万吨/年及以上。

4.5.8 粗苯精制宜采用加氢精制技术，新建单套加工装置规模应达到 5 万吨/年及以上。

4.5.9 酚精制残渣宜直接配制燃料油等油品。

4.5.10 工业萘蒸馏、结片包装捕集的升华萘应返回工艺系统。

4.5.11 设备和管道的各类放空液均应分别汇集于放空槽，并返回工艺系统使用。

4.5.12 可收集的蒸汽凝结水应予以回收利用。

4.5.13 酚氰废水处理站预处理除油设施应回收废水中的油类，并将其送煤气净化系统处理后回收利用。处理后排放的净化废水可作为湿法熄焦补充用水，有条件时也可作为炼铁冲渣或洗煤补充用水。

4.5.14 生活污水宜作为酚氰废水处理站的工艺用水。

4.6 炼铁

4.6.1 采用含铁共生矿或伴生矿作为高炉炼铁原料时，对其中的有用元素应采取提炼、回收利用等措施。

4.6.2 高炉炼铁应设置喷煤设施，采用高风温、富氧、脱湿鼓风、精料等技术。应回收筛下小块焦用于高炉炼铁。干熄焦除尘系统收集的焦粉宜作为高炉喷吹料利用。

4.6.3 高炉煤气必须净化后作为二次能源回收利用，并应设置煤气柜。

4.6.4 高炉水冲渣和干渣必须全部综合利用。

4.6.5　高炉干渣应加工处理成矿渣碎石，回收渣中粒铁后用作混凝土骨料或筑路材料等。

4.6.6　回收的粉尘应全部作为烧结原料回收利用，含锌、铅、钾、钠等元素较高的粉尘，宜经处理后综合利用。

4.6.7　高炉煤气清洗污泥应回收利用。

4.6.8　间接冷却净废水和浊废水均应循环使用。

4.6.9　高压操作高炉必须设置炉顶煤气余压发电装置。

4.6.10　热风炉应配置烟气余热回收装置，预热助燃空气和煤气。

4.7　炼钢、连铸

4.7.1　钢渣应全部综合利用，并积极开发加工制造成高附加值的产品。

4.7.2　炼钢热熔渣宜建立钢渣处理工艺线。

4.7.3　转炉煤气湿式除尘产生的含铁污泥和干法除尘收集的含铁粉尘应回收利用。

4.7.4　转炉煤气净化废水应经处理后循环使用。连铸二次冷却水处理后应循环使用，水处理系统收集的氧化铁皮及废油应综合利用。

4.7.5　转炉炼钢必须同时配套建设未燃法转炉煤气净化、回收利用系统。

4.7.6　转炉高温烟气应经汽化烟道式的余热锅炉产生蒸汽回收利用。

4.7.7　连铸坯应热送热装，热送温度应达到400℃以上。

4.7.8　大型电炉炼钢应采用炉内排烟烟气净化及预热废钢技术。

4.8　轧钢（热轧、冷轧）、金属制品

4.8.1　轧钢浊环水经处理后循环使用，水中的油和氧化铁皮应回收利用。大、中型钢铁企业宜设置废油再生站。

4.8.2　轧钢加热炉炉渣及火焰清理机熔渣，应送炼钢、炼铁综合利用。

4.8.3　轧钢和金属制品酸洗过程中排出的各种废酸液，应回收进行再生处理或用其他方法加以综合利用。

4.8.4　热镀锌生产过程中产生的锌尘和锌渣应回收后供冶炼厂回收提取锌。

4.8.5　轧钢生产应采用连轧技术、低温轧制技术、连铸连轧技术和钢坯热送热装技术，实施一火成材，淘汰落后的多火成材工艺。

4.8.6　加热炉宜采用煤气和助燃空气双预热的高效蓄热式加热炉。工业炉应配置烟气余热回收装置，预热煤气和助燃空气。

4.8.7　拉丝机冷却水经过冷却后应全部循环利用，冷却排污水可用于酸洗等工序冲洗钢丝。

4.8.8　含硫酸亚铁、硫酸锌的酸性废水经中和凝聚处理后，宜回收用于拉丝机冷却和钢丝冲洗。

4.8.9　酸洗间高压冲洗水和连续机组钢丝冲洗水，应部分或全部回收用于钢丝的预清洗或预冲洗。

4.8.10　钢丝磷化处理所产生的磷化渣，应用碱处理制取磷酸三钠或提供给化工厂回收利用。

4.8.11　钢丝热镀锌槽排出的锌渣应回收利用。

4.9　稀土金属

4.9.1　对稀土资源应采取保护性开采利用措施，综合回收利用稀土等资源。

4.9.2　稀土资源综合利用同时应加强副产物（非稀土资源）的回收利用。

4.10　冶金石灰、轻烧白云石、耐火材料

4.10.1　石灰石、白云石原料应按粒级范围及性质分别煅烧，最终筛下料可供烧结厂、水泥厂作原料使用或筑路使用。石灰泥作为脱硫剂或配入烧结加以利用。

4.10.2　石灰窑出窑粉料、石灰粒度加工产生的粉料及各生产环节除尘所得的粉料，可供建筑

和烧结厂使用，也可压球供炼钢厂使用。

4.10.3 除尘器收集相同品种的粉尘宜返回原生产系统。

4.10.4 在钢铁联合企业宜利用煤气煅烧石灰。

4.10.5 冶金石灰生产宜考虑二氧化碳回收和综合利用。

4.10.6 采用无灰燃料煅烧镁砂、白云石砂时，所收集的细粉及粉尘，宜回收利用，有条件的可压球，供炼钢使用。

4.10.7 耐火制品生产中的废坯，宜按比例回混炼工序。

4.10.8 耐火制品生产的废砖，宜回收用于不定型、火泥或制砖颗粒等用途。

4.10.9 对设备冷却用水，应采取措施循环使用或再次利用。

4.10.10 制品埋炭热处理时，应设有粉焦回收再利用设施。

4.11 铁合金

4.11.1 氢氧化铬法生产金属铬过程产生的废液应回收利用。

4.11.2 湿法生产五氧化二钒过程中产生的沉钒废液，宜回收钒。

4.11.3 钼铁生产过程中钼矿焙烧产生的低浓度二氧化硫烟气，应回收利用。

4.11.4 铁合金渣应回收利用。

4.11.5 提钒尾渣是生产五氧化二钒的浸出渣，可用作生产含钒生铁的原料。

4.11.6 冶炼粗磷结垢产生的残留物，可用来生产磷酸和过磷酸钙。

4.11.7 冶炼钼铁产生的含钼粉尘含钼量高，应回炉做原料使用。

4.11.8 冶炼钨铁产生的钨铁粉尘，应作为钨资源回炉使用或用于生产钨酸钠。

4.11.9 还原电炉生产硅铁和工业硅产生的硅尘应综合利用。

4.11.10 锰铁高炉瓦斯灰可作为生产四氧化三锰的原料。

4.11.11 全封闭式电炉煤气的一氧化碳含量高（60%～80%），应作为燃料利用。为减少煤气放散，应配套建设煤气柜。

半封闭式电炉炉气的余热应回收，生产热水、蒸汽或发电。

4.12 碳素

4.12.1 原料库、中碎配料和制品加工各生产环节除尘器收集的粉料和制品加工过程产生的碎料，可返回配料利用。

4.12.2 沥青熔化、凉料、焙烧、高压浸渍等工序沥青烟中回收的焦油和吸附沥青烟的焦粉，宜送混捏配料利用。

4.12.3 石墨化炉填充料分离出焦炭和碳化硅，应综合利用。

4.13 公用、辅助设施

4.13.1 燃煤锅炉的设计，应符合下列要求：

1 粉煤灰及煤渣应根据当地情况进行综合利用。大、中型燃煤锅炉烟气除尘应采用干法除尘。燃煤的大、中型工业锅炉和自备电厂的建设项目设计，应配置与粉煤灰的处理和综合利用相关的设施。

2 采用干法除尘的燃煤锅炉，应根据粉煤灰的利用途径，设置适当规模的供应原状干灰的贮运设施。

3 钢铁联合企业自备电厂宜使用高炉煤气发电、燃气—蒸汽联合循环发电；不宜采用全烧煤发电。

4.13.2 煤气站的设计，应符合下列要求：

1 煤气站回收的焦油和焦油渣应加以综合利用。

2 煤气站筛下的煤粉应回收供锅炉作燃料用。

3 煤气发生炉的炉渣应根据具体情况加以利用，如用于铺路或制砖等，也可与锅炉煤渣统一处理利用。

4 煤气站煤气冷却洗涤水必须经净化处理后循环使用。

4.13.3 氧气站在进行大型制氧机组设计时，宜设置稀有气体回收装置。

4.13.4 铸造、机械加工的设计，应符合下列要求：

1 机修设施（包括轧辊修磨间）所产生的酸洗废液和废油应回收利用。

2 电镀件漂洗应采用逆流梯级清洗工艺。电镀含铬废液、废水的处理，宜首先回收其中有价值的组分。

3 机修设施产生的金属切屑及边角余料应分类堆存，对于产生金属切屑较多的大型机修设施宜设置打包或压块设施。

4 大型铸造车间的废型砂均宜综合利用。

5 铸造用炼钢炉及化铁炉的炉渣和尘泥，应经处理后综合利用。

4.13.5 乙炔站电石渣可因地制宜加以利用，同时设置必要的贮存和运输设施。

4.13.6 水处理设施的设计，应符合下列要求：

1 各工序冷却用水应采用循环用水。

2 全厂应建立生产废水回收处理站，处理后废水综合利用。对于缺水地区，有条件的应建立雨水回收处理系统。

4.13.7 大型车间及其附属站房采用蒸汽采暖和采暖换热站热媒采用蒸汽换热时，其凝结水应回收利用。

4.13.8 燃油库的含油污水及残油排放的油品应集中收集进行水、油分离，分离出的油品可作为加热炉的燃料使用。

本规范用词说明

1 为便于在执行本规范条文时区别对待，对要求严格程度不同的用词说明如下：

1）表示很严格，非这样做不可的用词：

正面词采用“必须”，反面词采用“严禁”。

2）表示严格，在正常情况下均应这样做的用词：

正面词采用“应”，反面词采用“不应”或“不得”。

3）表示允许稍有选择，在条件许可时首先应这样做的用词：

正面词采用“宜”，反面词采用“不宜”；

表示有选择，在一定条件下可以这样做的用词，采用“可”。

2 本规范中指明应按其他有关标准、规范执行的写法为“应符合……的规定”或“应按……执行”。

中华人民共和国国家标准

钢铁工业资源综合利用设计规范
GB 50405—2007

条文说明

1 总 则

1.0.1 为提高钢铁工业建设项目的环境保护设计水平，全面贯彻《中华人民共和国环境保护法》、《中华人民共和国清洁生产促进法》以及有关工业污染防治、资源综合利用和节能、节水、钢铁产业发展政策等方面的法律、法规和政策，推行清洁生产，发展循环经济，保护和改善生态环境质量，制定本规范。

1.0.2 本规范适用于钢铁工业的新建、扩建、改建项目的环境保护设计。

1.0.3 钢铁工业环境保护设计必须坚持清洁生产、循环经济的原则，保护优先，以防为主，防治结合。污染治理应立足于采用先进生产工艺和技术装备，并与资源综合利用、节能、节水相结合。环保设计应严格控制环境污染，减少环境风险，保护和改善生态环境，促进经济、社会和环境的可持续发展。

1.0.4 钢铁工业环境保护设计，除应执行本规范的规定外，尚应符合国家现行的有关标准的规定。

2 术 语

2.0.1 高炉一次除尘 primary dedusting of blast furnace

主要治理出铁口、铁沟、渣沟、撇渣器、摆动流槽、铁水罐等部位产生的烟尘。它是对这些产尘点在严格密闭加罩的基础上，将其烟气通过局部抽风捕集并进行净化。

2.0.2 高炉二次除尘 secondary dedusting of blast furnace

主要治理开、堵铁口时从出铁口骤然冲出的大量烟尘。设置二次除尘时，出铁场必须采用封闭式外围结构，以防场内出现横向气流干扰，确保二次除尘的效果。

2.0.3 电炉一次烟尘 primary dedusting of electrical furnace

指在电炉进行熔化、脱碳等过程中产生的烟气中的尘粒，一次烟尘占总烟尘量的80%～90%。

2.0.4 电炉二次烟尘 secondary dedusting of electrical furnace

指在电炉装料和出钢等过程中排放逸散的烟气中的尘粒，二次烟尘占总烟尘量的10%～20%。

2.0.5 转炉二次烟尘 secondary fume and dust of converter

指转炉出钢、加料及出渣时产生的烟气以及清理转炉炉体、渣罐等产生的烟气中的尘粒及扬尘，还包括冶炼时由炉口、集烟系统泄漏的烟气中的尘粒等。

2.0.6 粉尘 dust

在工业生产过程中，由于矿石、物料的开采、破碎、筛分、堆放、转运或其他机械处理而产生的直径介于 1～100 微米之间的固体微粒称为粉尘或灰尘。

2.0.7 干法熄焦　coke dry quenching（CDQ）

利用惰性气体在密闭的系统中冷却炽热焦炭的工艺。

2.0.8 高炉炉顶煤气余压发电　top gas pressure recovery turbine （TRT）

利用高炉炉顶煤气的压力能，经透平膨胀做功来驱动发电机发电。

2.0.9 循环用水　utilization of recycled water

指在确定的生产系统中将使用过的水直接或经适当处理后重新用于同一生产过程中的用水方式。

2.0.10 串级用水　cascade utilization of water

指根据生产过程中各工序、各车间或者在不同范围内对用水水质的不同要求，将水按水质要求由高到低依序串级使用的用水方式。

2.0.11 直接冷却水　direct cooling water

指冷却水与被冷却设备或介质直接接触冷却用水。

2.0.12 水重复利用率　recycle rate of water

指在一定的计量时间内，企业在生产全过程中的重复利用水量与总用水量之比。

2.0.13 恶臭　effluvium

一切能刺激人体嗅觉器官引起人不愉快及损害生活环境的气体物质。

2.0.14 绿化用地率　greening rate

反映企业厂区绿化土地面积情况的指标，它是绿化用地总面积占该厂区用地总面积的百分比。

3 基本原则

3.0.1 钢铁生产的工艺设计应符合清洁生产、循环经济的原则，必须贯彻我国《钢铁产业发展政策》。应采用无毒无害或低毒低害的原料、材料和燃料；应采用技术可行、经济合理、无污染或少污染以及不用水或少用水的新技术、新工艺、新设备。

3.0.2 应贯彻执行污染物总量控制与浓度控制相结合的原则，严格控制污染物排放量和排放浓度，确保污染物达标排放；对新建、扩建和改建工程，应坚持“以新带老”、“总量控制”和“三同时”的原则，淘汰污染严重的落后生产工艺和装备，对污染影响较大的有关老污染源的防治设施应进行必要的改造和完善。

3.0.3 对工艺过程中产生的具有利用价值的可再生资源和二次能源（废气、废水、固体废物、可燃气体、余热、余压等），应按照清洁生产、循环经济的原则，采用有效的综合利用技术，进行回收利用。并应符合下列规定：

1 工厂供热应采用集中方式；

2 应采用先进成熟的烟气、粉尘净化治理技术，宜采用干法净化技术替代湿法净化；

3 按照分级、分质供用水原则，采用清污分流、循环用水、串级用水等技术，提高各工序生产水的重复利用率，降低单位产品的取水量和外排废水量。在各工序生产废水处理回用或串级使用的前提条件下，可建设全厂总排水处理设施，对处理后的废水作为工业补充水回用。

废水处理应根据其水质和水量的不同设置相应的废水处理设施。对产生含有毒有害或有腐蚀性物质的废水，对其生产区域及输送此类废水的沟渠、管道，必须采取防止渗漏和腐蚀的措施；

4 固体废物（含废液）必须进行处理，最大限度地予以回收利用；并应选用利用量大、能就地使用、产品附加值高、经济效益好的技术方案，为其设置配套的运输、处理、加工和综合利用设施。

3.0.4 贮存、运输、使用放射性物质及放射性废物的处理，必须符合国家现行《中华人民共和国放射性污染防治法》和《建筑材料放射性核素限量》GB6566 等有关规定。

3.0.5 钢铁工业的新建、扩建、改建项目的环境保护设计宜选用低噪声的生产工艺和设备，并应对噪声源进行控制。噪声和振动超过国家、行业有关标准的，应根据噪声和振动的性质，分别采取隔声、消声、吸声、减振、阻尼等措施或综合控制措施。

3.0.6 建设项目产生的各种污染物（因子）的排放，必须符合国家和企业所在地污染物（因子）排放标准和有关法规的要求。对无地方污染物排放标准的地区，则应符合国家或该地区环保部门确认的有关污染物排放标准。建设项目建成投产后，其污染物的最终排放浓度和年排放量应符合环保部门对建设项目审批意见的要求。对引进项目，其设备、装置的污染物排放标准不得低于国家标准。

4 厂址选择与总图布置

4.0.1 建设项目的厂址选择，必须符合《中华人民共和国环境保护法》的规定，不得在国务院、国务院有关主管部门和省、自治区、直辖市人民政府划定的风景名胜区、自然保护区和其他需要特别保护的区域内。

4.0.2 在厂址选择中，应将环境保护列为重要的建厂条件之一。应全面地考虑建设地区的自然、生态和社会经济环境。应根据拟选厂址周围地理位置、地形、地质、气象、水文、城乡发展规划、水土保持、工农业布局、自然保护区等状况，以及大气、水体、土壤等基本环境要素的质量背景资料，提出多方案的厂址选择，并进行选址综合分析比较和论证，最终选择对自然环境、生态环境和社会经济环境可能产生的不利影响最小的最佳厂址方案。

4.0.3 建设项目专用铁路、公路的选线，应减轻对沿线自然生态环境的破坏和污染。

4.0.4 向大气环境排放大量有毒有害污染物的建设项目，不应建在大气污染物不易扩散的河谷、盆地、静风频率大的地区。

4.0.5 排放有毒有害气体、粉尘、烟雾、恶臭、噪声的建设项目应布置在生活居住区常年最大频率风向的下风侧，并应与生活居住区保持有关规定的卫生防护距离。排放有毒有害废水的建设项目，除废水必须处理达标外，其废水排放口的位置还必须符合水源保护的有关要求。根据废渣的物理、化学性质，选定废渣的堆放场地，必须采取防止对环境敏感区污染的措施。

4.0.6 建设项目的总图布置，在满足工艺生产流程合理、物料运输顺畅等条件下，应将污染危害大的设施布置在厂区常年最大频率风向的下风侧，并远离对环境质量要求较高区域。对其他有污染影响的设施位置的确定，应减少其相互间的影响和污染物的叠加。因技术问题暂缓建设的环保设施，应预留其位置。

4.0.7 建设项目的行政管理设施和生活设施，应布置在靠近生活居住区的一侧，并作为建设项目的非扩建端。

4.0.8 绿化设计应根据项目性质和具体条件，因地制宜进行设计。绿化布置应结合总平面布置和生产要求，发挥绿化在卫生防护、改善厂区环境和小气候的作用。建设项目的绿化用地率应符合当地有关绿化规划的要求。老企业的改建、扩建工程应有相应的绿化用地。绿化用地率应按项目所在地的规定执行。应在合理用地的情况下提高绿化防护效能。

5 设计文件的环保内容要求

5.0.1 环境保护设计必须按国家规定的设计程序进行，建设项目各阶段的设计文件必须有相应的环保内容，应严格执行环境保护设计基本原则和厂址选择与总图布置的环保要求。

5.0.2 规划设计文件的环保内容应符合下列规定：

1 规划项目所在地区环境现状，即该地区的地理位置及地形、地貌，气象条件和水文条件及其环境质量状况描述；

2 规划项目可能产生的各类污染的宏观控制及最终排污状况、排污去向的说明；

3 规划项目对区域环境影响的宏观分析。

5.0.3 项目建议书的环保内容应根据建设项目的性质、规模、生产工艺和建设地区的环境状况等有关资料，简要说明建设项目建成投产后可能造成的环境影响，其主要内容应符合下列规定：

1 建设项目所在地区的自然、社会、环境概况；

2 建设项目可能造成的环境影响简要分析；

3 当地环保部门对建设项目环境保护的意见和要求；

4 存在的重要环保问题和对其采取的措施和意见。

5.0.4 可行性研究设计文件中的环境保护篇（章）的内容应符合下列规定：

1 设计主要依据；

2 建设项目所在区域的环境状况；

3 项目概况，主要生产工艺流程；

4 采用的清洁生产技术；

5 主要污染源、污染物及其防治方案；

6 绿化建设；

7 环境监测和环保管理机构；

8 环保设施投资估算；

9 建设项目的环境影响简要分析或环境影响评价情况简介。

5.0.5 项目申请报告中的生态环境影响分析，其主要内容应符合下列规定：

1 主要设计依据应根据地方环境功能区划分，说明项目应执行的空气、地表水、地下水、噪声等环境质量标准类别或级别，以及相对应的污染物排放标准级别；

2 建厂地区环境特征和环境质量现状应说明项目所在地区环境条件状况，包括自然环境条件、社会环境条件和环境质量状况；

3 工程位置及项目概况应说明工程所处的地理位置，拟建工程周围邻近的情况；说明工程的组成、规模、主要设施及设计分工等情况；

4 采用的清洁生产技术应说明设计中采用的清洁生产工艺、设备、技术（节能、降耗）等；

5 主要环境保护措施应简要说明各主要生产工序的主要污染源和污染物，主要环境保护措施（废气、废水和噪声治理措施）以及固体废物综合利用措施，绿化建设，环境监测和环保管理机构设置等；

6 主要污染物排放情况应估算拟建工程主要污染物排放情况；

7 项目施工对环境的影响分析应简述拟建工程在施工建设过程中，主要产生的大气、废水、噪声和固体废物的情况及大气、废水、声污染防治方案，固体废物利用、处置方案并说明其对环境的影响；

8 项目投产后对环境的影响分析应简要分析对大气、水体、固体废物、声、生态环境的影响；

9 环境影响评述应分别说明污染物达标排放情况（气、水、声），环境容量情况，污染物总量控制情况，拟建项目对周围环境敏感点影响分析，卫生防护距离等；

10 环境保护投资估算。

5.0.6 初步设计中的环境保护篇（章）其主要内容应符合下列规定：

1 设计依据应包括初步设计所依据的国家、地方及行业的有关环保法规、标准；环保主管部门对该项目环境影响报告书（表）的审批意见；设计分工及有关协议等；

2 工程概况应包括厂址、建设性质（新建、扩建和改建）、生产规模、主要车间组成、主要生产设施、生产工艺流程、原材料、辅助材料、燃料等消耗情况；

3 采用清洁生产技术应说明设计中采用的清洁生产工艺、设备、技术（节能、降耗）等；

4 主要污染源、污染物及其防治措施和预期效果应包括产生废气、废水、噪声和固体废物等的主要污染源及其主要污染物，设计对污染防治和综合利用所采取的措施内容；经治理后污染物排入环境的数量或浓度（强度），污染物年排放总量，全厂/车间工业水的重复利用率、吨产品的排水量；固体废物综合利用的途径和数量，治理效果达标情况；

5 绿化建设应包括绿化设计原则，绿化用地率；

6 环境监测应包括新建项目的内容为环境监测站设计方案和环境与污染源监测制度、采样点布置（环境和污染源）监测项目等。对改建、扩建项目应说明环境监测任务承担机构，有无新增监测项目及监测仪器、设备等；

7 环保管理机构；

8 环保设施投资应根据工程投资概算和本规范附录A，按废气、废水、固体废物、噪声的治理和综合利用，以及环境监测、绿化等统计各部分环保设施投资及环保设施投资总额占工程静态投资的百分比；

9 环境评价审批意见设计落实情况。

5.0.7 施工图设计中各专业必须按已批准的初步设计及其环境保护专篇（章）所确定的各项环保措施、环保指标和有关要求进行设计。如主要环保措施较初步设计有重大更改时，除必须满足环保指标要求外，还应征得项目审批部门的同意后方可设计。

6 环境保护设计

6.1 采矿

6.1.1 露天和地下开采矿山的穿孔、凿岩应实行湿式作业。严重缺水区采用干式作业时，应采取完善的密闭和除尘措施。露天和地下开采的铲装、爆破作业区应采取抑尘设施。溜井放矿硐室应采取喷雾洒水措施，溜井口宜采取密闭抽风净化等措施。

6.1.2 矿区永久性主干道路应采取路面硬化和洒水措施，并宜在道路两旁进行植树绿化。露天采场内道路及井下主斜坡道、井下汽车运输主干道应采取路面洒水或其他抑尘措施。山坡露天采场宜采用平硐溜井开拓，并应采取相应的通风除尘措施。

6.1.3 井下破碎硐室、带式输送机等产尘点应采取密闭抽风除尘或喷雾降尘措施。

6.1.4 地下采矿通风宜采用多级机站通风系统。排风井的位置应远离居民区。当条件受限制时，可设在居民区常年最大频率风向的下风侧。主入风井（巷）应位于产生粉尘等空气污染源的常年最大频率风向的上风侧，其周围环境应保持清洁，并宜设置卫生防护林带和采取洒水等改善空气质量的措施。干旱和风沙地区，吸风口应背向常年最大频率风向。

6.1.5 含放射性元素超过标准的矿石运输、贮存必须符合《中华人民共和国放射性污染防治法》的要求。

6.1.6 井下作业不宜使用燃油动力设备，必须使用时应设尾气净化装置。

6.1.7 大型深凹露天矿山应设置小型气象观测站。

6.1.8 对露天采矿场、地下采矿坑的废水和排土场的有毒淋溶水应设置集水沟（管）予以收集，并应导入具有防渗漏的废水调节池（库），废水经处理后，宜返回生产使用。含有害物质或含重金属的废水应作特殊处理，有回收价值时应设置回收利用设施。

6.1.9 矿山炸药加工厂废水及地面油污应经处理后循环使用，其沉渣应集中处理并回收利用。

6.1.10 采矿造成的土地破坏，应按《中华人民共和国土地复垦规定》进行土地复垦设计。

6.1.11 采矿场、废石场（排土场）、道路等应按《中华人民共和国水土保持法》及相关要求，设置完善的截排水系统和防治水土流失的拦挡防护设施。

6.1.12 可能发生滑坡、泥石流、塌陷等灾害的采矿场、废石场（排土场）应采取稳定处理措施，并应设置预防监测设施。

6.1.13 矿山无毒废石宜用于采空区、地下开采塌陷坑的充填或用作建筑材料。含有毒物质或放射性物质的废石处置或利用，应符合现行国家标准《危险废物贮存污染控制标准》GB 18597、《低水平放射性固体废物浅地层处置规定》GB 9132 等的有关规定。

6.1.14 露天开采作业的穿孔机、挖掘机、自卸汽车宜设置隔声操作室。气动凿岩机宜在其排气口设置消声器，并应采用减振套、包封套对其机械性、冲击性噪声采取减振、阻尼措施。多机凿岩台车上宜设置隔声操作间。柴油机设备应在其排气口设置消声器。对各类空压机应采取安装消声器及机房内密闭的隔声措施。宜采用节能、低噪、体积小、随机移动的坑内移动空压机替代坑口集中空压机。

6.1.15 矿井多级机站通风机必须在其出风口设置消声器，若矿井仍采用地面主通风机（主扇）时，除应在其出风口设置消声器外，还应设置隔声间，对其辐射噪声应采取隔声、阻尼措施。

6.1.16 露天开采、地下开采均应采用深孔、微差爆破技术。

6.2 选矿

6.2.1 选矿的污染防治应按选矿试验报告中所提出的污染物种类、数量、浓度、排放方式及其污染治理措施方案进行设计。无污染治理措施的试验报告不应作为设计依据。

6.2.2 破碎筛分系统的矿仓、破碎机、振动筛、带式输送机的受、卸料点等产尘处应设置抽风除尘或喷雾除尘装置。

6.2.3 磁化焙烧的回转窑和竖窑烟气净化宜选用高效除尘器。

6.2.4 矿石的干粉矿仓应加以密闭。地下矿仓的地下操作空间应有完善的通风通道。

6.2.5 选矿厂应建立循环供水系统，对尾矿浆应进行浓缩并回收利用其废水。

6.2.6 浮选作业应选用无毒性浮选药剂，不应采用高碱性、高酸性浮选作业。必须采用高碱、酸性浮选作业时，其废水应循环使用，必须外排时，应进行中和处理，达标后排放。

6.2.7 尾矿浆应采用浓相输送，其输送系统应使用高效耐磨管。精矿宜选用管道浓相输送。

6.2.8 破碎、筛分、运输系统湿法除尘设备的排水及各厂房冲洗地坪水应集中处理，处理后的矿泥宜回收利用，溢流水应直接回收利用，外排时宜排入尾矿系统。

6.2.9 设备冷却水冷却后应循环使用。

6.2.10 精矿过滤回水、浓缩池和尾矿库的澄清水应回用于生产；尾矿库废水外排时应符合有关排放标准。

6.2.11 选矿厂必须设有尾矿库，严禁将尾矿排入江、河、湖、海。

6.2.12 尾矿库址的选择、尾矿设施的环保措施以及尾矿输送系统事故处理设施的设计应符合国家现行标准《选矿厂尾矿设施设计规范》ZBJ1 90 的有关规定。

6.2.13 废弃尾矿应综合利用。

6.2.14 破碎筛分系统的振动筛宜选用橡胶筛网及弹簧减振器等措施降低噪声。球磨机宜采用橡胶衬板代替锰钢衬板。振动筛、球磨机宜采取局部密闭措施。地下矿仓应选用低噪声给、排料设备。

6.3 原料场

6.3.1 原料场地的雨排水系统应采取防止物料流失的措施。原料场应设置集水沟收集废水，并应导入废水沉淀池，经采取必要的处理措施后，可返回原料场用于喷水抑尘。废水处理设施收集的污泥必须予以综合利用。原料场地面应采取硬化措施。

6.3.2 原料场、煤堆场的料堆应设置喷水抑尘装置或采用防风网，对亲水性差的物料如煤等可添加化学凝固剂。

6.3.3 物料在装卸、贮运、破碎、筛分等过程中应采取有效的防止扬尘措施和除尘设施，除尘灰外运时应采取防止扬尘的措施，分散的除尘设施应设置完善的卸灰、排气装置，不得造成二次污染。

6.3.4 大宗散状物料的堆取过程采取喷水抑尘措施；输送应采用自动控制的连续输送装置。

6.3.5 散状物料宜采用密闭库（仓）和密闭装卸。采用管道输送时应采取完善的防止事故措施。

6.3.6 原料场出口应设置汽车洗车台。

6.3.7 洗矿、冲洗地坪和湿式除尘的废水应处理后回用。

6.3.8 除尘设施收集的粉尘和废水处理产生的尘泥应分类回收予以利用，并不得造成二次污染。

6.3.9 破碎筛分设备、风机、水泵等高噪声设备，应采取消声、隔声、减振等措施。

6.4 球团、烧结

6.4.1 在烧结工艺设计中，应采用冷矿工艺。

6.4.2 烧结生产工艺应采用铺底料、厚料层和小球烧结技术，宜选用含硫低的原、燃料。

6.4.3 在选取工艺流程时应减少物料的转运次数并降低其落差。使用易产生扬尘的干粉料时应采取密闭运输或增湿措施。产尘点应设置密闭抽风除尘系统，并应选用高效除尘器。

6.4.4 链箅机-回转窑烟气应采用高效除尘器净化，其余热应回收利用。

6.4.5 烧结机尾和带式焙烧机尾应设置大容积密闭罩，其烟气净化应采用高效除尘器。烧结机头烟气净化也应采用高效除尘器。

6.4.6 球团、烧结产生的含低浓度二氧化硫的烟气，经除尘后应采用高烟囱排放，并应留有安装烟气脱硫设施位置。在国家规定的二氧化硫和酸雨控制区及地方政府有特殊要求的地区，应采取脱硫或降硫措施；对含氟烟气应进行脱氟处理。球团、烧结处理后排放的烟气中有害物质的浓度和排放速率必须满足国家或地方的排放标准限值。

6.4.7 冲洗地坪水和湿式除尘废水应收集处理后循环使用。

6.4.8 除尘设施收集的粉尘和废水处理产生的尘泥应回收利用。

6.4.9 对各类高噪声风机必须采取消声、隔声措施。主抽风机露天布置时，应对风机壳体、风管及消声器外壳结合防雨、隔热进行隔声处理。

6.4.10 各类破碎机应在设备与基础间设置减振器；在生产工艺条件允许时应采用局部或整体隔声罩。

6.4.11 混合机、造球机、振动筛等大型设备应针对设备特点采取减振措施。

6.4.12 对烧结矿、球团矿的显热应设置回收装置，回收的热量应予以利用。

6.5 焦化

6.5.1 露天贮煤场应设置抑尘设施，贮煤场端部应设置煤泥沉淀池。

6.5.2 备煤系统宜采用装炉煤调湿（水分控制）装置。

6.5.3 备煤系统带式输送机应采用密闭通廊或封闭机罩。煤粉碎机室应设置袋式除尘器并达标排放，捕集的煤粉尘应回送到上煤系统炼焦。

6.5.4 成型煤系统的黏结剂贮槽、黏结剂添加混合、成型及型煤输送过程应采取密闭抽风措施，并应设置烟尘净化装置。其烟尘净化废水应送酚、氰废水处理站处理。

6.5.5 焦炉采用焦炉煤气加热时，应采用脱硫后的焦炉煤气。

6.5.6 焦炉炉门应采用空冷弹性刀边炉门；装煤孔盖应采用隔热节能型，并应与底座球面密封；上升管盖应采用水封式；桥管与水封阀承插应采用水封或其他密封材料。

6.5.7 推焦机、拦焦机应设置炉门与炉框清扫装置。焦炉炉顶应设置机械化清扫装置。

6.5.8 焦炉装煤应采取无烟装煤措施。装煤时应有高压氨水喷洒，并应采用燃烧法或非燃烧法的除尘地面站，除尘地面站应配备先进可靠的自动控制系统。装煤宜采用污染控制水平与除尘地面站相当的干式除尘装煤车或其他烟尘净化设施。

6.5.9 焦炉出焦应采取有效的烟尘净化措施。采用出焦除尘地面站时，出焦除尘地面站应配备先进可靠的自动控制系统。

6.5.10 焦炉集气管的压力控制应设有可靠的自动调节装置。焦炉集气管荒煤气压力超过规定的放散压力上限时应能自动放散，并应设自动点火装置；压力低于规定的放散压力下限时，应能自动关闭。

6.5.11 新建焦炉应同步配套干熄焦装置。

6.5.12 干熄焦装置的装焦、排焦、预存室放散及循环气体放散等各产尘点处应采取密闭抽风除尘设施，除尘后应达标排放。当采用湿法熄焦作为干法熄焦备用时，应采用先进的湿法熄焦工艺，熄焦塔顶应设有折流板捕尘设施。粉焦沉淀池内的熄焦废水应实现闭路循环使用，不得外排。

6.5.13 干法熄焦运焦系统带式输送机应设喷雾抑尘设施，并应采用密闭通廊或封闭机罩。转运站、炉前焦库、焦炭整粒室、筛焦楼及贮焦槽各落料点应设机械除尘装置。

6.5.14 备煤、炼焦系统除尘装置收集的煤粉或焦粉应回收利用。

6.5.15 粗苯精制宜采用加氢精制技术。

6.5.16 萘精制工艺宜采用结晶分离技术。

6.5.17 煤气净化系统应设置煤气脱硫脱氰装置。

6.5.18 用于化工产品精制的管式加热炉等煤气用户应使用净化后的煤气。

6.5.19 煤气净化及化工产品精制工艺设备等排放或放散的有害气体（废气），应根据下列不同情况分类进行处理后再排放：

1 冷凝鼓风装置各类贮槽的放散气体应接入压力平衡系统返回煤气中，或经排气洗净塔洗净后达标排放；

2 粗苯蒸馏、溶剂脱酚和苯精制装置苯类贮槽的放散气体应接入压力平衡系统返回煤气中；当苯精制的放散气体接入压力平衡系统有困难时，也可经苯捕集器洗涤后达标排放；

3 硫铵干燥宜采用振动流化床干燥系统，尾气经旋风分离后达标排放，排气点高度不应低于 20 m；

4 焦油加工（含油库）系统排放的废气应经排气洗净装置净化后达标排放,也可采用呼吸阀加以控制。

6.5.20 对煤气净化及化工产品精制工艺产生的有害废水应采取下列控制措施：

1 煤气净化及化工产品精制生产工段的排水应按水质分类，严格执行清污分流的原则；

2 氨水蒸馏装置应采用脱除固定铵盐工艺；

3 粗苯蒸馏、溶剂脱酚、苯精制、焦油蒸馏等装置的各分离器、中间槽和原料产品贮槽的分离水，应加以收集并送往冷凝鼓风工段的焦油氨水分离设备处理；

4 各塔器、贮槽及泵类等设备周围地坪应进行防渗漏处理；

5 各生产装置区域内的排水应有初期雨水、地坪冲洗水的收集措施，并应统一送酚氰废水处理站集中处理；

6 洗罐车在冲洗前应尽量将废油或乳化剂排净，洗罐站的废水应经油水分离处理，回收的油应回送各自工艺系统；废水应送酚氰废水处理站处理；

7 设备或管道的放空液应进行收集并返回各自系统；

8 苯类等介质输送用泵，应选用屏蔽泵等无泄漏环保型泵。

6.5.21 低温冷却水的制取应采用节能环保型的制冷设备。

6.5.22 含酚、氰等焦化废水应集中进行处理。经处理达标后的废水可用作湿法熄焦补充水，也可用作炼铁冲渣或洗煤补充用水。

6.5.23 对煤气净化、酚氰废水处理工艺产生的废渣应采取下列控制措施：

1 焦油氨水分离设备、焦油贮槽等排出的焦油渣以及硫铵生产装置排出的酸焦油、酚氰废水处理站经脱水处理后的剩余污泥，应送配煤车间掺混到炼焦用煤中回收处理；

2 粗苯再生残渣应兑入焦油中回收利用；

3 酚精制及吡啶精制的蒸馏残渣应与杂酚油一起配制燃料油。

6.5.24 煤气脱硫产生的废液严禁外排，可根据不同的脱硫工艺，因地制宜地予以处理，同时应回收相应的化工产品或硫资源。

6.5.25 煤破碎机(破冻块)、煤粉碎机、装煤和出焦除尘风机、焦炭整粒筛分设备、干熄焦循环风机等应设置减振降噪设施。

6.5.26 煤气净化的煤气鼓风机、振动流化床干燥机、酚氰废水处理站空气鼓风机等应采取减振降噪措施。

6.6 炼铁

6.6.1 高炉炼铁生产应采用精料、高风温、高压、富氧、脱湿鼓风、大喷煤、煤气干式净化、煤气余压发电、余热利用、循环用水等清洁生产技术，降低原料、能源和新水耗量，并应回收利用高炉煤气、炉渣、尘泥。

6.6.2 炼铁生产宜采用新工艺和新技术。

6.6.3 炼铁的贮矿槽、贮焦槽及其槽上受料及槽下筛分、称量、给料、输送等产生粉尘的设施应采取密闭措施和除尘措施。转运站、胶带机头、尾卸料产尘点应进行密闭，并应设置除尘或抑尘装置。

6.6.4 炉顶装料设备的卸料点应设置除尘设施。

6.6.5 煤粉制备应采用密闭负压制粉工艺，各卸粉点应采取除尘措施。

6.6.6 出铁场的铁沟、渣沟、撇渣器应采取加设沟盖等措施，烟尘产生源应设置一次烟尘和二次烟尘除尘装置。

6.6.7 高炉煤气应净化后回收利用。煤气净化宜采用干法净化，也可采用湿法净化，不得向大气放散未经处理的煤气。

6.6.8 碾泥机室、铸铁机和铁水预处理产生的烟（粉）尘应设置除尘装置。

6.6.9 炉顶均压放散煤气应设置除尘净化措施，并宜回收利用。

6.6.10 采用高压炉顶操作的高炉应设置炉顶煤气余压发电装置。

6.6.11 热风炉宜利用烟气余热预热助燃空气和煤气，并应全部以高炉煤气或高炉和转炉混合煤气作为热风炉燃料。

6.6.12 间接冷却水、煤气洗涤水、冲渣水、铸铁机用水、干渣坑冷却水等应循环利用。各循环系统外排水宜根据用水水质要求实施串级利用。高炉间接冷却水、煤气洗涤水循环系统应采取水质稳定等水质保证措施。

6.6.13 煤气洗涤废水应根据其用水水质要求选择合理的水处理工艺，并应设置水质监控以及污泥输送和污泥脱水设施。

6.6.14 对含钒、钛和稀土元素共生或伴生矿的高炉冶炼渣应寻求综合利用途径；对一般高炉冶炼炉渣应进行资源化处理，并应采用炉前水冲渣工艺。

6.6.15 炼铁生产应少出干渣。干渣处理应配置破碎、筛分设施，生产矿渣碎石宜用作混凝土骨料或筑路材料等。

6.6.16 除尘器排灰系统应设置加湿装置，粉尘装卸、输送应采用密闭装置。尘泥的贮存、堆放应有防止二次污染的措施。

6.6.17 高炉生产系统产生的含铁尘泥宜设置集中处理设施，并应对其进行混匀、干化、造块等处理。对锌、铅、钾、钠等含量较高的尘泥，宜作脱除锌、铅、钾、钠处理后再返回烧结厂利用。

6.6.18 高炉系统的鼓风机、热风炉助燃风机、煤气减压阀组、煤气余压发电装置、放风阀、煤气均压放散阀、除尘风机等应采取消声、隔声、减振等降噪措施。

6.7 炼钢、连铸

6.7.1 炼钢、连铸工艺设计应推广采用高效连铸技术。

6.7.2 对物料破碎、筛分过程中产生的粉尘，应采取密闭抽风除尘措施。

6.7.3 炼钢散状料运输应减少倒运次数和降低落差高度。散装料筛分和上料系统（石灰）应采用密闭措施，各产尘点应设置抽风除尘系统及相应的粉尘收集、装卸、运输、贮存设施。

6.7.4 对铁水倒罐站和铁水预处理工艺产生的烟尘，应设置烟尘捕集和干式除尘系统。

6.7.5 对现有混铁炉产生的烟尘应设置密闭或半密闭的抽风除尘系统，烟气应采取干法净化设施。

6.7.6 转炉必须采用未燃法设计，并应设置煤气净化回收利用设施（包括煤气柜）。

6.7.7 转炉烟气净化宜采用干法净化工艺，其放散系统应设置点火装置。转炉应设置二次烟尘捕集系统，宜采用布袋过滤净化工艺。

6.7.8 高功率或超高功率炼钢电炉应设置一次烟尘和二次烟尘捕集系统。入炉废钢应充分利用一次高温烟气预热。

6.7.9 对产生烟尘的炉外精炼装置应设置烟尘捕集和干式除尘系统。真空吹氧脱碳精炼炉应设置布袋过滤器净化其生产的烟气。

6.7.10 连铸坯火焰切割、在线火焰清理机和中间包修理点宜设置烟尘捕集和除尘装置。

6.7.11 转炉烟气采用湿法净化工艺的，烟气洗涤水应设置独立的循环水系统，并应选用高效沉淀设施，同时应采用水质稳定措施。处理后的水质应满足循环供水的水质要求。

6.7.12 炉外精炼直接冷却水应设置独立的循环水系统，并应选用高效沉淀或过滤设施。处理后的水质应满足循环供水的水质要求。

6.7.13 连铸二次冷却水处理应采用高效沉淀、除油等设施。处理后的水质应满足连铸循环供水的水质要求。

6.7.14 除尘系统和废水处理系统收集的含铁粉尘、尘泥应回收利用。对含锌高的尘泥应经脱锌后综合利用。干粉、尘泥的收集、装卸、运输和贮存设施均应采取防止二次扬尘的措施。

6.7.15 钢渣处理应根据钢渣的物理化学性质及其综合利用途径等具体情况，选用滚筒法、浅盘热泼法、水淬法、热闷法等预处理工艺以及相应的钢渣破碎、磁选、筛分工艺流程。各尘源设备应设置封闭抽风除尘装置。

6.7.16 供综合利用的钢渣产品，其性能应符合国家现行有关各种钢渣产品的技术标准。对含有有害化合物的钢渣，应按国家或行业有关规定进行处理。

6.7.17 炼钢的破碎、筛分设备均采取隔声措施。风机应采取消声、隔声措施，风机的室外进气管道应采取隔声包扎。余热锅炉安全阀、空气缸压力调节阀等应设置消声器。

6.7.18 电炉冶炼噪声的控制宜设置密闭罩或半密闭罩。

6.7.19 炉外精炼用蒸汽喷射真空泵应设置在封闭建筑物内，也可对喷射器进行隔声包扎，其排气管与蒸汽放散管端应设置消声器。

6.8 轧钢（热轧、冷轧）、金属制品

6.8.1 轧钢生产应采用连铸坯热送热装、连续轧制、一火成材、酸洗—冷轧联合机组和镀层无铬钝化工艺技术。

6.8.2 各种热轧机组、冷轧机组、矫直机、平整机、酸洗开卷、抛丸、拉伸涂层机组，以及钢坯修磨、除鳞等产生烟尘油雾等的机组、工序或部位宜设置烟尘等捕集净化设施。

6.8.3 轧钢工业炉窑应选用气体燃料或燃油等清洁燃料，并应采用蓄热燃烧技术或低氮燃烧技术等燃烧工艺。

6.8.4 钢材酸、碱洗机组和废酸再生装置，应设置酸、碱雾等有害气体和含氧化铁尘的密闭抽风净化装置。

6.8.5 在生产过程中散发有害气体的各种镀层、涂层或浴锅，应设置排气净化或焚烧装置。

6.8.6 轧钢机轴承润滑应采用闭路润滑技术。

6.8.7 热轧机组水处理应包括净循环水系统、直接冷却水系统和层流冷却水系统。

6.8.8 冷轧机组废水处理系统应包括水量水质调节、除油、乳化液破乳分解、废油回收、曝气、中和、絮凝、沉淀、中和剂制备及投加、泥浆浓缩、污泥脱水和自控监测等设施。处理后的冷轧废水应达标排放或深度处理后回用。

6.8.9 对含油、乳化液废水和含油浓度高的浓碱废水，应设置独立的破乳、除油废水处理系统，并应经单独处理或局部预处理后再进行综合处理。酸碱废水宜采用中和处理，也可统一集中处理。

6.8.10 含铬废水应设置独立水处理设施。独立处理设施排放口的六价铬浓度应达标后再进行综合处理。

6.8.11 电镀漂洗废水和含重金属离子废水应设置独立处理系统。采用化学药剂法进行连续处理时，应回收重金属；采用离子交换法处理时，不应混入其他废水。

6.8.12 轧钢厂废油应回收再生利用，不具备条件时应交有相应资质的单位处理。

6.8.13 轧钢厂及其他厂酸洗设施产生的各种有价值的废酸液应回收再生处理或用其他方法加以综合利用。

6.8.14 含铬污泥应妥善堆存，并应设防雨水冲刷、防渗漏措施或送具有危险废物处理资质的单位进行处理。

6.8.15 轧钢含铁尘泥可送原料场供烧结配料使用。轧钢的氧化铁皮宜供粉末冶金或炼钢使用。含油渣泥应采用焚烧处理，处理后的含铁渣料可供烧结使用。

6.8.16 轧钢厂（车间）多种机组和设施，应根据其噪声源的具体情况，分别采取消声、隔声、吸声、隔振或阻尼等方法进行降噪。

6.8.17 轧钢厂镀锌钢管的内吹，应在蒸汽喷射口设置消声器，并应在镀锌钢管出口处设置隔声集灰装置。

6.8.18 轧钢加热炉炉底管梁的冷却应采用汽化冷却装置。加热炉烟气的余热应回收利用。

6.8.19 金属制品厂钢丝表面镀（涂）层应采用无毒工艺。

6.8.20 金属制品厂的酸碱废水宜采用中和处理，也可统一集中处理，电镀漂洗废水宜采用化学药剂法等进行连续处理，采用离子交换法处理时，不应混入其他废水。电镀中心排出的含铬废水的处理应符合国家的有关规定，含重金属离子废水宜按系统单独处理，并应回收重金属。

6.8.21 在使用放射源时，应采取警示、防护措施。

6.9 冶金石灰、轻烧白云石、耐火材料

6.9.1 石灰石、白云石等料场应设置洒水抑尘设施。

6.9.2 冶金石灰、轻烧白云石、耐火材料的原料和产品贮存、破（粉）碎、筛分及耐火材料混合、成型等过程中产生粉尘的设备和扬尘点，应密闭抽风，并应设置有效的除尘装置。

6.9.3 煅烧石灰石、白云石、耐火原料的竖窑、回转窑及耐火原料干燥筒应设置烟尘净化装置。

6.9.4 耐火材料油浸过程产生的焦油、沥青烟气应经净化处理后排放。

6.9.5 采用煤作燃料的竖窑、回转窑煅烧原料，其含硫量应符合有关规定。

6.9.6 石灰石、白云石、硅石等洗石废水应集中收集、处理并回用。

6.9.7 在生产工艺允许情况下，厂房内应设置洒水抑尘设施或水冲地坪，废水应集中收集、处理并回用。室外场地和道路应设置洒水抑尘设施。

6.9.8 除尘装置宜按同一品种原料生产系统设置，收集的粉尘应回收利用。无法利用的粉尘应妥善处置，并应防止二次污染。

6.9.9 破碎机、筒磨机、球磨机、振动筛、承受大块矿石的溜槽、高噪声的风机及空压机等应采取隔声、消声、减振等措施。动力机械设备应设置减振措施。

6.10 铁合金

6.10.1 原料和产品破碎、筛分及运输过程的扬尘点应设置抽风除尘设施。各扬尘点除尘设施应采用袋式除尘器。

6.10.2 无法回收煤气的冶炼炉应采用密闭或半封闭烟罩捕集烟气。烟气的净化宜采用袋式除尘器。高温烟气应采用余热回收利用设施。

6.10.3 可回收煤气的冶炼电炉，均应设置全封闭罩及煤气回收设施（包括煤气柜）。煤气净化宜采用干法净化工艺。

6.10.4 铁合金厂原料焙烧窑炉的烟气应设置密闭抽风除尘装置。

6.10.5 硅石水洗产生的废水应经沉淀处理后循环使用。产生的污泥应妥善处理。

6.10.6 封闭电炉烟气湿法除尘的洗涤水应经处理后循环使用。洗涤水处理系统应包括沉淀、渣滤、化学处理、泥浆处理、监控和水质稳定等设施。少量排污水可供水冲渣系统使用。

6.10.7 铁合金封闭冶炼电炉烟气洗涤水处理系统的泥浆应经二次浓缩处理后再进行脱水。脱水后泥饼应作为冶炼原料回收利用。含有害成分的污泥在堆放时应采取防止环境污染的措施，若属危险废物则应按国家有关规定处置。

6.10.8 金属铬生产废水、氢氧化铬反应废液经处理后应返回生产系统，不得外排。含铬废水处理应自成系统。

6.10.9 含钒废水处理应自成系统，不得与其他废水混合。

6.10.10 锰铁高炉煤气洗涤含氰废水处理应自成系统。处理后的废水应循环使用，不得外排。

6.10.11 锰铁、高碳铬铁、磷铁、硅锰合金等铁合金炉渣应采用水淬粒化处理。冲渣水应循环使用。

6.10.12 精炼铬铁粉等粉化渣应采用封闭式处理和运输。处理过程中的扬尘点应设置收尘罩，并应采用袋式除尘器除尘。

6.10.13 金属铬浸出渣、五氧化二钒浸出渣等有毒渣，应采取无害化处理措施，并应综合利用。无条件进行综合利用的浸出渣，应按国家现行《危险废物污染防治技术政策》中的有关规定进行处置。

6.10.14 原料和成品系统的破碎机、振动筛应在其底座与基础间设置减振器；干、湿球磨机应设置隔声罩或隔声间；其他高噪声设备声源应根据不同情况采取消声、减振、隔声等措施。

6.11 碳素

6.11.1 成型后生制品的焙烧应采用新节能型环式焙烧炉。

6.11.2 石墨化炉宜采用串接石墨化工艺。

6.11.3 原料库、中碎配料、焙烧填充料加工、石墨化填充料加工、制品加工等产尘部位，应采用密闭集尘和除尘设施。除尘回收的物料应返回生产中使用。

6.11.4 延迟石油焦煅烧应根据不同原料特性及建设规模，选用回转窑、回转床煅烧或煅烧炉。对产生的高温尾气应密闭抽风、净化，并应设置余热回收装置。

6.11.5 沥青熔化和高压浸渍产生的沥青烟，应密闭集气，并应设置沥青烟净化装置。净化设备宜采用电捕集焦油器。

6.11.6 混捏产生的含尘低浓度沥青烟应集气，并应采用焦粉吸附干法净化。

6.11.7 凉料产生的低浓度沥青烟应集气，并应采用焦粉吸附干法净化或电捕焦油器净化。

6.11.8 焙烧炉产生的沥青烟尘，应设置回收净化装置。电捕焦油器前宜设置蒸发式冷却器。净化装置应设有防燃、防爆措施，并应设置旁通烟道。回收的焦油应综合利用。

6.11.9 高纯制品石墨化烟气的氯、氟等有害物质，应配置相应的除氯除氟净化措施。

6.11.10 成型、浸渍工序的含油冷却水以及湿法净化沥青烟的洗涤水，应除油后循环使用。

6.11.11 生产中产生的废渣、石墨化过程中产生的碳化硅、制品加工过程中产生的碎料等应综合利用。对不能利用或暂时不能利用的废渣，应设置渣场堆存。渣场应设置防渗漏、扬散和流失以及雨水收集等措施。

6.11.12 对破碎机、振动筛、球磨机、空压机、高压风机和挤压机等，应根据不同情况设置消声、减振、隔声等装置。

6.12 公用、辅助设施

6.12.1 燃煤锅炉的设计应符合下列要求：

1 钢铁企业自备电厂、工业锅炉房的大、中型燃煤锅炉用的煤，在其装卸、贮存、破碎、筛分、运输及上料等设施的产尘点应设置机械抽风除尘设施，收集的粉尘应回收利用。煤堆场应采用喷水增湿、表面覆盖剂等防止扬尘措施；

2 燃煤锅炉应使用低硫煤或燃煤同时掺烧煤气，并应设置烟气净化设施。烟气净化设施可根据锅炉型号、所用煤质、地区情况等条件而定，宜采用干式高效除尘器净化，也可采用文氏管麻石水膜除尘等湿法净化。净化后烟气应由高烟囱排放。燃煤电厂应设置脱硫装置；

3 锅炉用水系统的外排水和锅炉排污水应用作锅炉水力冲渣水。燃煤锅炉烟气湿式除尘的废水应经处理后回用；

4 锅炉水力冲渣和湿式除尘废水应设置循环系统，并应根据其废水的酸、碱特性，进行中和处理；

5 自备电厂的粉煤灰应综合利用，并应设置专用堆场。设计应根据干湿分排的原则，配置相应粉煤灰的输送贮运系统、挖灰和装灰机具以及运灰车辆。

灰场周围应设置往外运灰的道路。灰场应采取防止二次扬尘措施；

6 燃煤锅炉的鼓风机进口应设置消声器，出风口与管道间宜设置隔振挠性管；引风机及其管道应做隔声包扎处理。

6.12.2 煤气站设计应符合下列要求：

1 钢铁企业应充分利用本企业在生产过程中所产生的煤气。在无可供气体燃料条件情况下，建设煤气发生站宜选用两段式发生炉。煤气应脱硫，可根据其含硫状况，选用适当的脱硫技术；

2 煤气湿式净化处理的洗涤水，应按水质条件分为热、冷两个循环系统。冷循环水系统的外排水应补充给热循环水系统，冷循环水系统的补充水应由工业水补给。在热循环水系统中应设置改善水质的旁流处理设施。旁流处理可根据具体情况选用树脂吸附法、化学絮凝法或酸化法等；

3 煤气发生站收集的焦油、焦油渣、煤气发生炉渣、筛下料等应进行综合利用，并应防止二次污染；

4 煤气发生站焦油渣堆放场应采用防渗漏地坪，并应设置渗漏析出水收集设施，经处理后返回循环系统。

6.12.3 乙炔发生站电石渣不得随意丢弃。电石渣废水应经沉淀处理后循环使用。

6.12.4 铸造、机械加工设计应符合下列要求：

1 机修铸造用化铁炉、电弧炉等的含尘烟气应进行捕集净化，烟气净化宜采用袋式除尘器；

2 包装材料加工厂喷漆工段应设置相应的尾气净化处理装置；各种工业炉烟气和制芯尾气应设置相应的净化处理设施；

3 机修型砂处理、铸件及轧辊喷丸处理、砂轮干式修磨、胶辊干式修磨、粉煤灰输送、石灰石制备、木材加工等工序产尘点应设置相应的除尘设施；

4 机修锻造、木模、木材加工间等噪声产生点应根据不同情况采取相应的降噪措施；

5 鱼雷罐车、铁水罐修理间各产尘点，应设置相应的除尘设施；

6 铸造化铁炉冲渣废水、铸造水力清砂废水及热处理水淬废水均应经沉淀处理后循环使用；

7 机修系统湿式除尘废水、酸洗废水、含油（乳化液）废水、轧辊冷却清洗、含重金属离子废水等均应设置相应的处理系统。

6.12.5 检（化）验室、中心试验室、环境监测站等产生的废水应根据其水量和水质情况进行必要的处理达标后排放。

6.12.6 氧气站设计应符合下列要求：

1 氧气站的离心式空压机和氧压机应采取隔声措施；

2 受压气体排放（放散）口应设置消声器。空气、氩气放散口宜设置小孔喷注消声器，氧气放散口宜设置微穿孔板消声器。污氮切换阀及其前后管道宜放置在建筑物内；

3 露天布置时，对污氮切换阀体及其前后管道应做隔声处理；

4 污氮排放可采用地坑式消声器。

6.12.7 水处理及其他设施设计应符合下列要求：

1 钢铁联合企业应节约用水、减少外排水，吨钢新水消耗应按国家有关规定执行。冷却用水应采用循环用水，并应根据水质采用软水密闭循环水系统、净循环水系统或直接冷却水系统；生产废水应在各工序设置分质处理系统，并应达标后排放或回收利用，不得采用稀释等方式处理排放。

2 在净循环水系统和直接冷却水系统之间，宜以净循环水系统补充直接冷却水系统循环使用，并应设置水质稳定装置。若补充水采用中水，应进行深度处理；

3 对于缺水地区，宜设置雨水回收处理系统；

4 集中制冷站制冷机组宜采用环保型冷媒；

5 物料贮运、破（粉）碎、筛分、混合等过程中产生粉尘的设备和扬尘点应采取密闭措施，并应设置有效的除尘装置。厂房内应设置洒水抑尘设施或水冲地坪；室外场地和道路应设置洒水抑尘设施。废水应集中收集、处理并回用。

6.12.8 大、中型钢铁联合企业应建立相应的环境监测站。环境监测站设计应符合下列要求：

1 钢铁企业环境监测站应对本企业的污染源、厂界、厂区和生活区环境的监测。

2 污染源和环境监测分析方法应符合现行国家有关规定。

3 大型钢铁企业宜设置环境自动监测站，应对企业主要废气污染源进行自动连续监测，对企业废水总排放口应进行自动连续监测。

4 被列为环境监测对象的废气污染源，应在其设备或烟囱（排气筒）等有关部位设置符合规定的监测孔及监测工作平台、梯子及电源等。

6.13 全厂集中性环保设施

6.13.1 全厂产生的含水废油较多时，宜设置全厂性废油再生站。含油泥渣应集中焚烧处理，焚烧炉应设置烟气净化设施，焚烧后的灰渣应妥善处置。全厂的含锌尘泥应建设集中脱锌处理系统，并应对造金属化球团进行综合利用。

6.13.2 企业在各车间（工序）建立各自的废水处理循环系统的前提下，对各系统拟外排的废水，宜设置全厂性的总排水处理设施，经集中处理后的水用作工业补充水进一步回用。处理系统少量外排水必须符合废水排放标准和总量控制要求。

对不宜进入全厂总排水系统的废水应自成系统进行深度处理。

6.13.3 新建钢铁企业宜设置生活污水的收集处理和回收利用系统。
6.13.4 应设置全厂性的放射性物质管理机构（含储存）和放射性废物的防电离辐射污染设施。
6.13.5 对全厂的内燃机车产生的废油应集中处理和综合利用。
6.13.6 对全厂蒸汽机车的锅炉酸洗废水应设置集中处理设施，其煤灰渣应综合利用。
6.13.7 全厂焦炉、高炉等煤气管网冷凝水，应集中回收送焦化厂或煤气站含酚氰废水处理系统一并处理。
6.13.8 全厂应设置各类固体废弃物处理、处置场，并宜设置抑尘设施。医疗废物应由地区专门机构收集后，送地区医疗垃圾处置中心集中处置。

7 环境保护设施划分

7.0.1 环境保护设施的划分应符合下列规定：

1 属防治污染、保护环境所需的各类设备、装置和工程设施以及环境监测站（含环境监测装备、矿山小型气象观测站）、环境绿化设施、矿山土地复垦等均属环保设施；

2 为保护环境和资源综合利用所采取的“三废”综合利用设施及其相应配套工程均属于环保设施；

3 既为工艺生产所需而又为保护环境所需的设施也属环保设施。

7.0.2 钢铁工业各生产工序的环保设施内容应符合本规范附录 A 的规定。

附录 A　钢铁工业各生产工序的环境保护设施内容

A.1 采矿、选矿

A.1.1 采矿、选矿生产过程中各尘源的除尘、抑尘和收尘等设施。
A.1.2 井下有毒有害气体、含放射性物质的废气和转窑、竖窑等焙烧设备以及湿精矿干燥设备的烟气净化处理设施。
A.1.3 井下废水、露天采场废水、选矿废水、废石场（排土场）有毒淋溶水和尾矿库（坝）溢流水及其他生产浊废水的收集净化处理和循环利用设施。
A.1.4 废石、尾矿、污泥等综合利用设施。
A.1.5 含有毒物质、放射性物质的废石场（排土场）、尾矿库的污染防治设施。
A.1.6 矿山土地复垦工程设施。
A.1.7 矿山水土保持设施，包括采矿场、废石场（排土场）、道路的截排水沟和拦挡防护设施。
A.1.8 矿山设置的预测滑坡、泥石流、塌陷等地质灾害的监测设施。
A.1.9 废石场（排土场）、尾矿库（坝）的工程设施及其配套设施。
A.1.10 深凹露天矿山的小型气象观测站。
A.1.11 矿山绿化和防护林带设施。
A.1.12 各种降噪减振设施。

A.2 原料场

A.2.1 原料堆场喷洒水及加药设施和覆盖、遮挡设施。
A.2.2 原料受卸、混匀、输送等系统的除尘设施。
A.2.3 进出料场的车辆冲洗设施。
A.2.4 生产浊废水处理和循环利用设施。
A.2.5 粉尘、尘泥处理及综合利用设施。
A.2.6 各种降噪减振设施。
A.2.7 环境绿化及绿化设施。

A.3 球团、烧结

A.3.1 原料准备系统、配料混合系统、熔剂及燃料破碎筛分系统和成品矿冷却、筛分、整粒及返矿系统的除尘设备及其管道、排气筒等；贮料场等的抑尘设施。
A.3.2 带式烧结（焙烧）机的机头、机尾和链箅机-回转窑、竖炉等烟气除尘设施及其与除尘设备连接的管道、烟囱。
A.3.3 有害气体（二氧化硫、氮氧化物、氟化氢等）的净化设施及综合利用设施。
A.3.4 生产浊废水净化处理和循环利用设施。
A.3.5 含铁粉尘及尘泥回收、处理、利用及运输设施。
A.3.6 各种降噪、减振设施。
A.3.7 球团、烧结生产的余热回收设施。
A.3.8 厂区环境绿化及绿化设施。

A.4 焦化

A.4.1 贮煤场抑尘设施和煤泥沉淀设施。
A.4.2 炼焦煤的破碎、粉碎和焦炭的筛分、贮存及输送、转运过程的密闭和除尘设施。
A.4.3 成型煤制备的密闭抽风和烟尘净化设施；装炉煤调湿装置的除尘设施。
A.4.4 焦炉炉体（炉门、装煤孔盖、上升管水封等）的密封设施、焦炉荒煤气事故放散装置、清扫装置及焦炉烟囱。
A.4.5 焦炉无烟装煤和烟尘收集及净化设施。
A.4.6 焦炉出焦烟尘收集及净化设施。
A.4.7 干熄焦装置的各产尘点的密闭抽风除尘设施。湿法熄焦塔的烟尘捕集净化装置。
A.4.8 煤气净化车间和化工产品精制车间有害气体排放的净化设备及装置（排气洗净塔、回收废气的压力平衡系统、呼吸阀及焚烧装置等）。
A.4.9 煤气脱硫、脱氰装置，脱酸蒸氨装置，硫回收、氨回收及氨分解装置，氰化氰回收装置，剩余氨水脱酚装置等。
A.4.10 生产车间各种浊废水（酚氰废水、初期雨水、地坪冲洗水等）的收集、处理和循环利用设施。
A.4.11 外排酸、碱废液的中和处理设施。
A.4.12 煤气脱硫废液的处理设施。
A.4.13 油槽车清洗设施及清洗水（液）处理设施。
A.4.14 各种粉尘、尘（污）泥和废渣等废弃物的处理和回收利用设施。
A.4.15 各种降噪减振设施。
A.4.16 厂区环境绿化及绿化设施。

A.5 炼铁

A.5.1 炼铁厂贮矿槽、贮焦槽（含料坑）和贮煤槽的槽上、槽下、上料系统(含炉顶卸料点)、转运站、胶带机头、尾以及其他部位的粉尘治理、除尘和抑尘设施。
A.5.2 出铁场一、二次烟尘治理及除尘设施。
A.5.3 铸铁机、碾泥机室等的烟（粉）尘治理及除尘设施。
A.5.4 高炉煤粉制备系统的除尘设施。
A.5.5 高炉煤气净化系统的重力除尘器（旋风除尘器）、干式或湿式煤气净化回收利用设施。
A.5.6 高炉炉顶均压放散煤气除尘装置。
A.5.7 高炉煤气洗涤废水、冲渣水及其他渣处理废水、铸铁机废水等浊废水的水处理设施，浊废水循环、串接使用系统的设施，以及水处理泥浆浓缩、污泥脱水系统设施。
A.5.8 高炉炉渣的水渣冲制（其他渣制品）设施、干渣坑，干渣的综合利用处理设施。含钒钛和稀土元素共生或伴生矿冶炼渣的综合利用设施。
A.5.9 除尘灰和煤气清洗污泥的输送、贮存、干化、加工处理及综合利用设施，其他固体废物的综合利用设施。
A.5.10 高炉煤气均压放散阀、放风阀、煤气调压阀组、余压发电装置、高炉鼓风机、热风炉助燃风机、煤粉制备的破碎机、磨煤机、除尘风机等各种设备的噪声、振动防治设施。
A.5.11 煤气余压发电装置，热风炉烟气余热利用装置。
A.5.12 厂区环境绿化及绿化设施。

A.5.13 弃渣中转场、综合利用处置场地及其污染防治的设施。

A.6 炼钢、连铸

A.6.1 转炉、电炉等一、二次烟尘净化设施及与其连接的管道、烟囱。
A.6.2 物料破碎、筛分系统、混铁炉、散状料输送系统、炉外精炼装置、炉料烘烤、钢包处理、铁水预处理等烟尘、粉尘的捕集和净化设施。
A.6.3 转炉煤气回收利用设施和电炉热烟气预热加料废钢设施。
A.6.4 连铸坯切割及表面清理除尘设施。
A.6.5 炼钢、连铸等生产浊废水处理及循环利用设施。
A.6.6 含铁粉尘、尘泥、氧化铁皮和钢渣处理与综合利用及配套净化设施。
A.6.7 电炉及风机等的降噪减振设施。
A.6.8 厂区环境绿化及绿化设施。

A.7 轧钢、金属制品

A.7.1 钢坯表面清理烟尘净化设施。
A.7.2 轧机排烟除尘设施。
A.7.3 酸、碱洗系统酸、碱雾捕集及净化设施。
A.7.4 镀(涂)层、热处理、精整系统烟尘和有害气体净化或焚烧设施。
A.7.5 各种工业炉的烟囱。
A.7.6 轧钢生产系统各种浊废水处理和循环利用设施。
A.7.7 含铁粉尘、氧化铁皮、废酸、废碱、废油、加热炉渣等处理和回收利用设施。
A.7.8 加热炉、退火炉烟气余热回收利用设施。
A.7.9 各种降噪减振设施。
A.7.10 厂区环境绿化及绿化设施。

A.8 冶金石灰、轻烧白云石、耐火材料

A.8.1 竖窑、回转窑及干燥筒等热工炉窑的烟气除尘设施及与其连接的管道、烟囱。
A.8.2 焦油及沥青烟气净化设施。
A.8.3 生产浊水处理和循环利用设施。
A.8.4 各生产工序扬尘点的密闭、除尘设施及粉尘、尘泥等处理和回收利用设施。
A.8.5 炉窑烟气余热回收利用设施。
A.8.6 各种降噪减振设施。
A.8.7 厂区环境绿化及绿化设施。

A.9 铁合金

A.9.1 原料处理及输送过程中各产尘点的密闭和除尘设施。
A.9.2 铁合金炉窑烟气除尘设施及与其连接的管道、烟囱。
A.9.3 铁合金炉窑煤气回收装置及烟气余热回收利用设施。
A.9.4 湿式除尘废水、冲渣水、洗硅石废水和工艺废水等处理和循环利用设施。
A.9.5 铁合金渣和炉窑的粉尘等处理和综合利用设施。
A.9.6 各种降噪减振设施。

A.9.7 厂区环境绿化及绿化设施。

A.10 碳素

A.10.1 原料库、中碎配料、焙烧填充料加工、石墨化填充料加工及成品加工等工序的除尘设施。

A.10.2 原料煅烧烟气净化设施及煅烧窑烟囱。

A.10.3 沥青熔化、沥青配料、混捏、凉料、焙烧、浸渍等工序的沥青烟净化设施及焙烧炉烟囱。

A.10.4 石墨化炉烟气净化设施（含净化氯、氟有害物质所需有关措施）。

A.10.5 各种浊废水处理和循环利用设施。

A.10.6 各种废渣处理和综合利用设施。

A.10.7 各种降噪减振设施。

A.10.8 厂区环境绿化及绿化设施。

A.11 公用、辅助设施

Ⅰ 燃煤锅炉

A.11.1 燃煤装卸、破碎、筛分、输送、堆存和煤粉制备系统的防尘、除尘设施。

A.11.2 锅炉烟气净化设施及与其连接的管道、烟囱。

A.11.3 燃煤电厂的脱硫装置。

A.11.4 各种浊废水处理和综合利用设施。

A.11.5 粉煤灰渣场和粉煤灰处理及综合利用设施。

A.11.6 锅炉鼓风机、引风机、球磨机、蒸汽减压装置及自备电站的透平发电机组等噪声源的噪声防治设施。

A.11.7 厂区环境绿化及绿化设施。

Ⅱ 煤气站、乙炔站、氧气站、氢氧站、空压站

A.11.8 原、燃料装卸、破碎、筛分、输送、堆存的防尘、除尘设施。

A.11.9 煤气发生站煤气净化设施。

A.11.10 煤气发生站煤气洗涤水处理和循环利用设施。

A.11.11 焦油、焦油渣、煤气发生炉渣等处理和综合利用设施。

A.11.12 乙炔发生站生产废水和电石渣处理设施。

A.11.13 氢氧站废液、废水处理设施。

A.11.14 油罐区含油废水处理设施。

A.11.15 各种降噪减振设施。

A.11.16 厂区环境绿化及绿化设施。

Ⅲ 铸造、机械加工

A.11.17 机修系统各工序（砂处理、铸件落砂等）尘源的除尘设施。铸造用化铁炉、电炉等烟尘净化设施。

A.11.18 鱼雷罐车、铁水罐修理间各产尘点的除尘设施。

A.11.19 各种工业炉（含盐浴炉等）烟气和制芯尾气等净化设施。

A.11.20 各种浊废水处理和循环利用设施和废乳化液的污染治理设施。

A.11.21 化铁炉渣、电炉渣、废型砂、废切削料、废木料等处理和综合利用设施。

A.11.22 各种降噪减振设施。
A.11.23 厂区环境绿化及绿化设施。
Ⅳ 中心试验室、检（化）验室及环境监测站
A.11.24 各种废液、废水处理设施。
A.11.25 有害、有毒气体净化处理设施、局部除尘设施。
A.11.26 各种噪声防治设施。
A.11.27 厂区环境绿化及绿化设施。
A.11.28 全厂环境监测站（含仪器、设备、监测采样器材、车辆、建（构）筑物等）。

A.12 全厂集中性环保设施

A.12.1 全厂含铁粉尘、尘泥、废油和含油泥渣的集中处理设施（如废油再生站、含油泥渣焚烧处理及烟气净化设施、灰渣回收利用或处置设施等）。
A.12.2 全厂焦炉、高炉煤气管道冷凝水收集、处理设施。
A.12.3 全厂污水处理厂（站）及其管网。
A.12.4 全厂的中水收集、处理、利用系统。
A.12.5 全厂绿化及防护林带。
A.12.6 全厂固体废物堆存场和防止有害物质扩散、渗漏、流失的设施及无害化处理设施。
A.12.7 全厂蒸汽机车灰渣和机车锅炉酸洗废水的处理设施。
A.12.8 全厂放射性废物的防污染设施。

本规范用词说明

1 为便于在执行本规范条文时区别对待，对要求严格程度不同的用词说明如下：
1）表示很严格，非这样不可的用词：
正面词采用“必须”，反面词采用“严禁”。
2）表示严格，在正常情况下均应这样做的用词：
正面词采用“应”，反面词采用“不应”或“不得”；
3）表示允许稍有选择，在条件许可时首先应这样做的用词：
正面词采用“宜”，反面词采用“不宜”；
表示有选择，在一定条件下可以这样做的用词，采用“可”。

2 本规范中指明应按其他有关标准、规范执行的写法为“应符合……的规定“或“应按……执行”。

十一、审批管理

建设项目环境影响评价文件分级审批规定

环境保护部令

第5号

《建设项目环境影响评价文件分级审批规定》已于2008年12月11日修订通过，现予公布，自2009年3月1日起施行。

环境保护部部长　周生贤

二〇〇九年一月十六日

建设项目环境影响评价文件分级审批规定

第一条　为进一步加强和规范建设项目环境影响评价文件审批，提高审批效率，明确审批权责，根据《环境影响评价法》等有关规定，制定本规定。

第二条　建设对环境有影响的项目，不论投资主体、资金来源、项目性质和投资规模，其环境影响评价文件均应按照本规定确定分级审批权限。

有关海洋工程和军事设施建设项目的环境影响评价文件的分级审批，依据有关法律和行政法规执行。

第三条　各级环境保护部门负责建设项目环境影响评价文件的审批工作。

第四条　建设项目环境影响评价文件的分级审批权限，原则上按照建设项目的审批、核准和备案权限及建设项目对环境的影响性质和程度确定。

第五条　环境保护部负责审批下列类型的建设项目环境影响评价文件：

（一）核设施、绝密工程等特殊性质的建设项目；

（二）跨省、自治区、直辖市行政区域的建设项目；

（三）由国务院审批或核准的建设项目，由国务院授权有关部门审批或核准的建设项目，由国务院有关部门备案的对环境可能造成重大影响的特殊性质的建设项目。

第六条　环境保护部可以将法定由其负责审批的部分建设项目环境影响评价文件的审批权限，委托给该项目所在地的省级环境保护部门，并应当向社会公告。

受委托的省级环境保护部门，应当在委托范围内，以环境保护部的名义审批环境影响评价文件。

受委托的省级环境保护部门不得再委托其他组织或者个人。

环境保护部应当对省级环境保护部门根据委托审批环境影响评价文件的行为负责监督，并对该审批行为的后果承担法律责任。

第七条 环境保护部直接审批环境影响评价文件的建设项目的目录、环境保护部委托省级环境保护部门审批环境影响评价文件的建设项目的目录，由环境保护部制定、调整并发布。

第八条 第五条规定以外的建设项目环境影响评价文件的审批权限，由省级环境保护部门参照第四条及下述原则提出分级审批建议，报省级人民政府批准后实施，并抄报环境保护部。

（一）有色金属冶炼及矿山开发、钢铁加工、电石、铁合金、焦炭、垃圾焚烧及发电、制浆等对环境可能造成重大影响的建设项目环境影响评价文件由省级环境保护部门负责审批。

（二）化工、造纸、电镀、印染、酿造、味精、柠檬酸、酶制剂、酵母等污染较重的建设项目环境影响评价文件由省级或地级市环境保护部门负责审批。

（三）法律和法规关于建设项目环境影响评价文件分级审批管理另有规定的，按照有关规定执行。

第九条 建设项目可能造成跨行政区域的不良环境影响，有关环境保护部门对该项目的环境影响评价结论有争议的，其环境影响评价文件由共同的上一级环境保护部门审批。

第十条 下级环境保护部门超越法定职权、违反法定程序或者条件作出环境影响评价文件审批决定的，上级环境保护部门可以按照下列规定处理：

（一）依法撤销或者责令其撤销超越法定职权、违反法定程序或者条件作出的环境影响评价文件审批决定。

（二）对超越法定职权、违反法定程序或者条件做出环境影响评价文件审批决定的直接责任人员，建议由任免机关或者监察机关依照《环境保护违法违纪行为处分暂行规定》的规定，对直接责任人员，给予警告、记过或者记大过处分；情节较重的，给予降级处分；情节严重的，给予撤职处分。

第十一条 本规定自2009年3月1日起施行。2002年11月1日原国家环境保护总局发布的《建设项目环境影响评价文件分级审批规定》（原国家环境保护总局令第15号）同时废止。

建设项目环境影响评价分类管理名录

中华人民共和国环境保护部令

第2号

《建设项目环境影响评价分类管理名录》已于2008年8月15日修订通过，现予公布，自2008年10月1日起施行。

环境保护部部长　周生贤

二〇〇八年九月二日

建设项目环境影响评价分类管理名录

第一条　为了实施建设项目环境影响评价分类管理，根据《环境影响评价法》第十六条的规定，制定本名录。

第二条　国家根据建设项目对环境的影响程度，对建设项目的环境影响评价实行分类管理。

建设单位应当按照本名录的规定，分别组织编制环境影响报告书、环境影响报告表或者填报环境影响登记表。

第三条　本名录所称环境敏感区，是指依法设立的各级各类自然、文化保护地，以及对建设项目的某类污染因子或者生态影响因子特别敏感的区域，主要包括：

（一）自然保护区、风景名胜区、世界文化和自然遗产地、饮用水水源保护区；

（二）基本农田保护区、基本草原、森林公园、地质公园、重要湿地、天然林、珍稀濒危野生动植物天然集中分布区、重要水生生物的自然产卵场及索饵场、越冬场和洄游通道、天然渔场、资源型缺水地区、水土流失重点防治区、沙化土地封禁保护区、封闭及半封闭海域、富营养化水域；

（三）以居住、医疗卫生、文化教育、科研、行政办公等为主要功能的区域，文物保护单位，具有特殊历史、文化、科学、民族意义的保护地。

第四条　建设项目所处环境的敏感性质和敏感程度，是确定建设项目环境影响评价类别的重要依据。

建设涉及环境敏感区的项目，应当严格按照本名录确定其环境影响评价类别，不得擅自提高或者降低环境影响评价类别。环境影响评价文件应当就该项目对环境敏感区的影响作重点分析。

第五条　跨行业、复合型建设项目，其环境影响评价类别按其中单项等级最高的确定。

第六条　本名录未作规定的建设项目，其环境影响评价类别由省级环境保护行政主管部门根据建设项目的污染因子、生态影响因子特征及其所处环境的敏感性质和敏感程度提出建议，报国务院环境保护行政主管部门认定。

第七条　本名录由国务院环境保护行政主管部门负责解释，并适时修订公布。

第八条 本名录自2008年10月1日起施行。《建设项目环境保护分类管理名录》（国家环境保护总局令第14号）同时废止。

环评类别 项目类别	报告书	报告表	登记表	本栏目环境敏感区含义
G 黑色金属				
1. 采选	全部	—	—	
2. 炼铁（含熔融还原）、球团及烧结	全部	—	—	
3. 炼钢	全部	—	—	
4. 铁合金制造和其他金属冶炼	全部	—	—	
5. 压延加工	年产50万t以上冷轧	其他	—	

国家发展改革委关于降低部分建设项目收费标准规范收费行为等有关问题的通知

发改价格[2011]534 号

住房和城乡建设部、环境保护部，各省、自治区、直辖市发展改革委、物价局：

为贯彻落实国务院领导重要批示和全国纠风工作会议精神，进一步优化企业发展环境，减轻企业和群众负担，决定适当降低部分建设项目收费标准，规范收费行为。现将有关事项通知如下：

一、降低保障性住房转让手续费，减免保障性住房租赁手续费。经批准设立的各房屋交易登记机构在办理房屋交易手续时，限价商品住房、棚户区改造安置住房等保障性住房转让手续费应在原国家计委、建设部《关于规范住房交易手续费有关问题的通知》（计价格[2002]121 号）规定收费标准的基础上减半收取，即执行与经济适用住房相同的收费标准；因继承、遗赠、婚姻关系共有发生的住房转让免收住房转让手续费；依法进行的廉租住房、公共租赁住房等保障性住房租赁行为免收租赁手续费；住房抵押不得收取抵押手续费。

二、规范并降低施工图设计文件审查费。各地应加强施工图设计审查收费管理，经认定设立的施工图审查机构，承接房屋建筑、市政基础设施工程施工图审查业务收取施工图设计文件审查费，以工程勘察设计收费为基准计费的，其收费标准应不高于工程勘察设计收费标准的 6.5%；以工程概（预）算投资额比率计费的，其收费标准应不高于工程概（预）算投资额的 2‰；按照建筑面积计费的，其收费标准应不高于 2 元/米^2。具体收费标准由各省、自治区、直辖市价格主管部门结合当地实际情况，在不高于上述上限的范围内确定。各地现行收费标准低于收费上限的，一律不得提高标准。

三、降低部分行业建设项目环境影响咨询收费标准。各环境影响评价机构对估算投资额 100 亿元以下的农业、林业、渔业、水利、建材、市政（不含垃圾及危险废物集中处置）、房地产、仓储（涉及有毒、有害及危险品的除外）、烟草、邮电、广播电视、电子配件组装、社会事业与服务建设项目的环境影响评价（编制环境影响报告书、报告表）收费，应在原国家计委、国家环保总局《关于规范环境影响咨询收费有关问题的通知》（计价格[2002]125 号）规定的收费标准基础上下调 20%收取；上述行业以外的化工、冶金、有色等其他建设项目的环境影响评价收费维持现行标准不变。环境影响评价收费标准中不包括获取相关经济、社会、水文、气象、环境现状等基础数据的费用。

四、降低中标金额在 5 亿元以上招标代理服务收费标准，并设置收费上限。货物、服务、工程招标代理服务收费差额费率：中标金额在 5 亿～10 亿元的为 0.035%；10 亿～50 亿元的为 0.008%；50 亿～100 亿元为 0.006%；100 亿元以上为 0.004%。货物、服务、工程一次招标（完成一次招标投标全流程）代理服务费最高限额分别为 350 万元、300 万元和 450 万元，并按各标段中标金额比例计算各标段招标代理服务费。

中标金额在 5 亿元以下的招标代理服务收费基准价仍按原国家计委《招标代理服务收费管理暂行办法》（[2002]1980 号，以下简称《办法》）附件规定执行。按《办法》附件规定计算的收费额为招标代理服务全过程的收费基准价格，但不含工程量清单、工程标底或工程招标控制价的编制费用。

五、适当扩大工程勘察设计和工程监理收费的市场调节价范围。工程勘察和工程设计收费，总投资估算额在 1 000 万元以下的建设项目实行市场调节价；1 000 万元及以上的建设项目实行政府指导价，收费标准仍按原国家计委、建设部《关于发布〈工程勘察设计收费管理规定〉的通知》（计价格[2002]10 号）规定执行。

工程监理收费，对依法必须实行监理的计费额在 1 000 万元及以上的建设工程施工阶段的收费实行政府指导价，收费标准按国家发展改革委、建设部《关于印发〈建设工程监理与相关服务收费管理规定〉的通知》（发改价格[2007]670 号）规定执行；其他工程施工阶段的监理收费和其他阶段的监理与相关服务收费实行市场调节价。

六、各地应进一步加大对建设项目及各类涉房收费项目的清理规范力度。要严禁行政机关在履行行政职责过程中，擅自或变相收取相关审查费、服务费，对自愿或依法必须进行的技术服务，应由项目开发经营单位自主选择服务机构，相关机构不得利用行政权力强制或变相强制项目开发经营单位接受指定服务并强制收取费用。

本通知自 2011 年 5 月 1 日起执行。现行有关规定与本通知不符的，按本通知规定执行。

国家发展改革委

二〇一一年三月十六日

十二、盲目投资

国务院办公厅转发国家发展改革委等部门关于制止钢铁电解铝水泥行业盲目投资若干意见的通知

国办发[2003]103号

各省、自治区、直辖市人民政府，国务院各部委、各直属机构：

发展改革委等部门《关于制止钢铁行业盲目投资的若干意见》、《关于制止电解铝行业违规建设盲目投资的若干意见》和《关于防止水泥行业盲目投资加快结构调整的若干意见》已经国务院同意，现转发给你们，请认真贯彻执行。

钢铁、电解铝、水泥是国民经济建设中的重要原材料。经过多年的建设，我国钢铁、电解铝、水泥行业取得了长足的发展，一大批具有一定国际竞争力的大型企业集团正在崛起，产品已基本满足国民经济和社会发展需要，为国民经济持续快速健康发展作出了重要贡献。近年来，受市场需求的拉动，钢铁、电解铝、水泥等行业投资增速加快，产量大幅度上升。在这过程中，一些地区和企业受利益驱动，不顾市场、资源等外部条件，违反规定大规模新建和扩建钢铁、电解铝、水泥项目，出现了盲目投资、低水平重复建设和违法生产现象。目前，3个行业的在建项目生产能力大大超过了预期需求，必将导致生产能力过剩、市场无序竞争、浪费资源和污染环境，甚至造成金融风险和经济社会其他方面的隐患。对此，各地区、各部门必须引起高度重视，保持清醒的认识，坚持以市场为导向，依照产业政策和发展规划，运用经济、法律、行政手段，采取有力措施，迅速遏制盲目投资、低水平重复建设的势头，促进这些行业健康发展。

各地区、各部门要根据本通知精神，尽快组织力量，对各地钢铁、电解铝、水泥等投资建设项目进行认真清理，并将清理结果于2004年2月底前报国务院。国务院将派出检查组，督促检查各地贯彻落实本通知精神的情况。

中华人民共和国国务院办公厅
二〇〇三年十二月二十三日

关于制止钢铁行业盲目投资的若干意见

（发展改革委　国土资源部　商务部　环保总局　银监会　二〇〇三年十一月十九日）

钢铁工业是国民经济的重要基础产业。改革开放以来，我国钢铁工业取得了长足发展，已成为世界上最大的钢铁生产和消费国，为国民经济持续、稳定、健康发展作出了重要贡献。但是，近几年来，我国钢铁工业出现了盲目投资、低水平扩张的现象。一些地方不顾市场及外部条件，以各种名义大规模新建炼钢炼铁项目，并低价出让、未征先用土地，给企业各种不合理的优惠政策和减免税收，还有一些地方以外商投资鼓励类名义，违规审批炼钢、炼铁项目，造成钢铁工业出现生产能力过剩，铁矿资源不足，布局不合理，结构性矛盾突出等问题。到2003年年底，我国钢铁生产能力将达到2.5亿吨，目前在建能力约0.8亿吨，预计到2005年底将形成3.3亿吨钢铁生产能力，已大大超过2005年市场预期需求。此外，据不完全统计，各地拟建能力还约有0.7亿吨。钢铁工业是资金、资源和能源密集型产业，吞吐量大，污染重，耗水多。从资源、能源、环境和可持续发展等各方面条件看，我国钢铁工业低水平扩张、粗放经营的状况已难以为继。对于当前出现的盲目发展现象，如不加以引导和调控，将导致一些品种产量严重过剩和市场过度竞争，造成社会资源极大浪费，并易引发有关经济和社会问题。为迅速遏制钢铁工业盲目发展的势头，促进钢铁工业健康发展，现提出以下意见：

一、加强产业政策和规划导向

面对国际产业结构加速调整的形势和更加开放的市场环境，根据走新型工业化道路的原则，国务院有关部门要抓紧修订钢铁工业产业政策和发展规划，引导产业结构调整和升级，及时调整战略布局，推进企业联合重组，利用好国内外两种资源。要鼓励增加板管等高附加值短缺钢材的供给能力，限制发展能力已经过剩、质量低劣、污染严重的长线材等品种，降低资源消耗，实现清洁化生产，提高我国钢铁工业在国内外市场的整体竞争力。加强对国内外钢铁工业发展形势的研究和分析，建立和完善市场信息发布制度，及时发布钢铁产品、铁矿石、焦煤等重要原燃料市场供需状况、生产能力及价格变化等方面的信息，引导地方和企业的投资方向。

二、严格市场准入管理

为保证技术的先进性和满足环境保护的要求，实现钢铁工业可持续发展，必须严格市场准入条件。钢铁投资建设项目的最低条件暂定为：

（一）烧结机使用面积达到180米^{2}及以上、焦炉炭化室高度达到4.3米及以上，高炉容积达到1 000米^{3}及以上、转炉容积达到100吨及以上、电炉达到60吨及以上。

（二）高炉必须同步配套建设煤粉喷吹装置、炉前粉尘捕集装置，大型高炉要配套建设余压发电装置；焦炉必须同步配套建设干熄焦、装煤、推焦除尘装置；转炉必须同步配套建设转炉煤气回收装置；电炉必须配套烟尘回收装置。

（三）新建钢铁联合企业，吨钢综合能耗低于0.7吨标煤，吨钢耗新水低于6吨，符合清洁生产要求，污染物排放指标达到环保标准要求。

（四）矿石、焦炭、供水、交通运输等外部条件要具备并落实。

对达不到上述条件的，一律不得批准建设。对按规定程序批准并已开工建设的项目，要按照上述条件积极进行调整。现有生产企业要通过技术进步、提高装备水平逐步达到上述条件。

当前钢铁生产能力过剩的矛盾日益突出，国家和各地原则上不再批准新建钢铁联合企业和独立炼铁厂、炼钢厂项目，确有必要的，必须经过国家投资主管部门按照规定的准入条件充分论证和综合平衡后报国务院审批。严禁地方各级人民政府将项目化整为零、越权、违规审批钢铁项目，对违反规定的，依法追究有关领导的责任。对生产“地条钢”的，要依法严厉打击。要加强对外商投资方向的指导和引导。

三、强化环境监督和执法

根据《中华人民共和国环境保护法》和《中华人民共和国环境影响评价法》的有关规定，加强对现有钢铁生产企业执行环保标准情况的监督检查。环保总局要定期发布环保不达标钢铁生产企业名单。对达不到排放标准或超过排污总量指标的钢铁生产企业实行限期治理，在限期治理期间，按照达标排放和环境保护行政主管部门下达的污染物排放总量控制的要求限产限排，限期治理不合格的要给予停产处理。对未按法定程序向环境保护行政主管部门报批环境影响报告书擅自开工建设的项目，在建的一律停建，投产的一律停产，并依照有关法律法规进行处理。

四、加强用地管理

各级国土资源行政主管部门要认真履行职责，切实加强对钢铁企业用地管理。新建、扩建（改建）钢铁企业用地必须符合土地利用总体规划，纳入土地利用年度计划，用地规模必须符合国家颁布的《工程项目建设用地指标》的规定；涉及占用农用地和征用农民集体土地的，必须严格按照法定程序和权限，履行农用地转用和土地征用审批手续。省级国土资源行政主管部门要根据本地实际情况，按照国务院关于进一步治理整顿土地市场秩序的统一部署和要求，会同发展改革委（计委）、经贸委（经委）、监察部门，对 2000 年以来新建、扩建（改建）钢铁企业的用地情况进行一次检查。对未经依法批准擅自占地开工建设的，要停止建设，并依法收回土地，不能收回的，要依法进行处罚；对违背土地利用总体规划以及违法用地、低价出让土地的，要依法严肃处理，情节严重的，要追究有关责任人的法律责任。

五、加强和改进信贷管理

人民银行要按照国家产业政策加强“窗口”指导；银监会要加强监管，督促金融机构控制信贷风险；金融机构要增强风险意识，强化信贷审核。对于符合产业政策和各项市场准入条件的钢铁企业和建设项目，要继续给予积极支持；对于盲目投资、低水平扩张、不符合产业政策和市场准入条件，以及未按规定程序审批的项目，一律不得贷款，已发生贷款的要采取适当方式予以纠正。

六、认真做好项目的清理工作

各地特别是近几年钢产量增长较快的地区，要在近期内对已建、在建、拟建钢铁项目进行一次认真的清理。凡不符合国家产业政策，未经审批或违规审批的项目，以及违法生产“地条钢”的，各级国土资源行政主管部门不得受理用地（含各类开发区已征用土地）申请，环境保护行政主管部门不得审批其环境影响报告书和核发排污许可证，工商行政管理部门不予登记，质检部门不得发放生产许可证，证监会不得核准含有此类项目公司的首次公开发行和再融资申请，海关对未经审批的项目引进设备一律不予免税，经有关部门检查认定为违规或越权审批的项目，应通知海关对其已免税的进口设备补征相应税款。

关于制止钢铁行业盲目投资的若干意见

（发展改革委　国土资源部　商务部　环保总局　银监会　二〇〇三年十一月十九日）

钢铁工业是国民经济的重要基础产业。改革开放以来，我国钢铁工业取得了长足发展，已成为世界上最大的钢铁生产和消费国，为国民经济持续、稳定、健康发展作出了重要贡献。但是，近几年来，我国钢铁工业出现了盲目投资、低水平扩张的现象。一些地方不顾市场及外部条件，以各种名义大规模新建炼钢炼铁项目，并低价出让、未征先用土地，给企业各种不合理的优惠政策和减免税收，还有一些地方以外商投资鼓励类名义，违规审批炼钢、炼铁项目，造成钢铁工业出现生产能力过剩，铁矿资源不足，布局不合理，结构性矛盾突出等问题。到2003年年底，我国钢铁生产能力将达到2.5亿吨，目前在建能力约0.8亿吨，预计到2005年年底将形成3.3亿吨钢铁生产能力，已大大超过2005年市场预期需求。此外，据不完全统计，各地拟建能力还约有0.7亿吨。钢铁工业是资金、资源和能源密集型产业，吞吐量大，污染重，耗水多。从资源、能源、环境和可持续发展等各方面条件看，我国钢铁工业低水平扩张、粗放经营的状况已难以为继。对于当前出现的盲目发展现象，如不加以引导和调控，将导致一些品种产量严重过剩和市场过度竞争，造成社会资源极大浪费，并易引发有关经济和社会问题。为迅速遏制钢铁工业盲目发展的势头，促进钢铁工业健康发展，现提出以下意见：

一、加强产业政策和规划导向

面对国际产业结构加速调整的形势和更加开放的市场环境，根据走新型工业化道路的原则，国务院有关部门要抓紧修订钢铁工业产业政策和发展规划，引导产业结构调整和升级，及时调整战略布局，推进企业联合重组，利用好国内外两种资源。要鼓励增加板管等高附加值短缺钢材的供给能力，限制发展能力已经过剩、质量低劣、污染严重的长线材等品种，降低资源消耗，实现清洁化生产，提高我国钢铁工业在国内外市场的整体竞争力。加强对国内外钢铁工业发展形势的研究和分析，建立和完善市场信息发布制度，及时发布钢铁产品、铁矿石、焦煤等重要原燃料市场供需状况、生产能力及价格变化等方面的信息，引导地方和企业的投资方向。

二、严格市场准入管理

为保证技术的先进性和满足环境保护的要求，实现钢铁工业可持续发展，必须严格市场准入条件。钢铁投资建设项目的最低条件暂定为：

（一）烧结机使用面积达到180米^{2}及以上、焦炉炭化室高度达到4.3米及以上，高炉容积达到1 000米^{3}及以上、转炉容积达到100吨及以上、电炉达到60吨及以上。

（二）高炉必须同步配套建设煤粉喷吹装置、炉前粉尘捕集装置，大型高炉要配套建设余压发电装置；焦炉必须同步配套建设干熄焦、装煤、推焦除尘装置；转炉必须同步配套建设转炉煤气回收装置；电炉必须配套烟尘回收装置。

（三）新建钢铁联合企业，吨钢综合能耗低于0.7吨标煤，吨钢耗新水低于6吨，符合清洁生产要求，污染物排放指标达到环保标准要求。

（四）矿石、焦炭、供水、交通运输等外部条件要具备并落实。

对达不到上述条件的，一律不得批准建设。对按规定程序批准并已开工建设的项目，要按照上述条件积极进行调整。现有生产企业要通过技术进步、提高装备水平逐步达到上述条件。

当前钢铁生产能力过剩的矛盾日益突出，国家和各地原则上不再批准新建钢铁联合企业和独立炼铁厂、炼钢厂项目，确有必要的，必须经过国家投资主管部门按照规定的准入条件充分论证和综合平衡后报国务院审批。严禁地方各级人民政府将项目化整为零、越权、违规审批钢铁项目，对违反规定的，依法追究有关领导的责任。对生产“地条钢”的，要依法严厉打击。要加强对外商投资方向的指导和引导。

三、强化环境监督和执法

根据《中华人民共和国环境保护法》和《中华人民共和国环境影响评价法》的有关规定，加强对现有钢铁生产企业执行环保标准情况的监督检查。环保总局要定期发布环保不达标钢铁生产企业名单。对达不到排放标准或超过排污总量指标的钢铁生产企业实行限期治理，在限期治理期间，按照达标排放和环境保护行政主管部门下达的污染物排放总量控制的要求限产限排，限期治理不合格的要给予停产处理。对未按法定程序向环境保护行政主管部门报批环境影响报告书擅自开工建设的项目，在建的一律停建，投产的一律停产，并依照有关法律法规进行处理。

四、加强用地管理

各级国土资源行政主管部门要认真履行职责，切实加强对钢铁企业用地管理。新建、扩建（改建）钢铁企业用地必须符合土地利用总体规划，纳入土地利用年度计划，用地规模必须符合国家颁布的《工程项目建设用地指标》的规定；涉及占用农用地和征用农民集体土地的，必须严格按照法定程序和权限，履行农用地转用和土地征用审批手续。省级国土资源行政主管部门要根据本地实际情况，按照国务院关于进一步治理整顿土地市场秩序的统一部署和要求，会同发展改革委（计委）、经贸委（经委）、监察部门，对 2000 年以来新建、扩建（改建）钢铁企业的用地情况进行一次检查。对未经依法批准擅自占地开工建设的，要停止建设，并依法收回土地，不能收回的，要依法进行处罚；对违背土地利用总体规划以及违法用地、低价出让土地的，要依法严肃处理，情节严重的，要追究有关责任人的法律责任。

五、加强和改进信贷管理

人民银行要按照国家产业政策加强“窗口”指导；银监会要加强监管，督促金融机构控制信贷风险；金融机构要增强风险意识，强化信贷审核。对于符合产业政策和各项市场准入条件的钢铁企业和建设项目，要继续给予积极支持；对于盲目投资、低水平扩张、不符合产业政策和市场准入条件，以及未按规定程序审批的项目，一律不得贷款，已发生贷款的要采取适当方式予以纠正。

六、认真做好项目的清理工作

各地特别是近几年钢产量增长较快的地区，要在近期内对已建、在建、拟建钢铁项目进行一次认真的清理。凡不符合国家产业政策，未经审批或违规审批的项目，以及违法生产“地条钢”的，各级国土资源行政主管部门不得受理用地（含各类开发区已征用土地）申请，环境保护行政主管部门不得审批其环境影响报告书和核发排污许可证，工商行政管理部门不予登记，质检部门不得发放生产许可证，证监会不得核准含有此类项目公司的首次公开发行和再融资申请，海关对未经审批的项目引进设备一律不予免税，经有关部门检查认定为违规或越权审批的项目，应通知海关对其已免税的进口设备补征相应税款。

十三、进出口

关于发布鼓励进口技术和产品目录（2011年版）的通知

发改产业[2011]937号

各省、自治区、直辖市及计划单列市发展改革委、财政厅（局）、商务主管部门，新疆生产建设兵团发展改革委、财务局、商务局：

为积极扩大先进技术、关键零部件、国内短缺资源和节能环保产品进口，更好地发挥进口贴息政策对促进自主创新和结构调整的积极作用，现修订印发《鼓励进口技术和产品目录（2011年版）》，自发布之日起实施。

国家发展改革委、财政部、商务部《关于发布鼓励进口技术和产品目录（2009年版）的通知》（发改产业[2009]1926号）所附《鼓励进口技术和产品目录（2009年版）》同时废止。国家发展改革委会同财政部、商务部将根据情况需要，适时对目录进行调整。

国家发展改革委
财　政　部
商　务　部
二〇一一年四月二十九日

关于废物进口环境保护管理暂行规定的补充规定

环控[1996]629 号

为了更进一步加强废物进口的环境保护管理，防止境外垃圾进入我国，现对《废物进口环境保护管理暂行规定》（环控［1996］204 号，以下简称“暂行规定”）做如下补充规定：

一、废物进口是指一切废物（含废料）以任何贸易方式和无偿提供、捐赠等方式进入中华人民共和国境内。

二、国家进出口商品检验局（以下简称国家商检局）统一管理全国进口废物检验工作。对国家允许进口的废物必须实施装运前检验，具体管理办法由国家商检局制定后实施。

三、进口废物必须符合我国有关强制性标准的要求。废物进口单位与境外贸易关系人签订的进口废物合同中，必须订明进口废物的品质和装运前检验条款，注明严禁夹带生活垃圾和《控制危险废物越境转移及其处置巴塞尔公约》控制的危险废物和其他废物，约定进口废物必须由中国商检机构或国家商检局指定或认可的其他检验机构实施装运前检验，检验合格后方可装运。

四、对外贸易运输部门在接受进口废物的承运申请时，除要求申请人提供国家环境保护局核发的《进口废物批准证书》外，还需提供中国商检机构或中国国家商检局指定或认可的检验机构签发的进口废物装运前检验合格证明，禁止以“凭指示交货”（TO ORDER）方式承运废物进境。

五、废物进口单位应于进口的废物抵达口岸十天之前通知口岸的商检机构以备检查。

六、进口废物运抵我国口岸后，收货人应持《进口废物批准证书》第一联和报关单等有关单据（除商检证外）先向海关申报，然后收货人持《进口废物批准证书》和装运前检验合格证明以及其他必要单证向口岸商检机构报验。口岸商检机构对进口废物实施检验，检验合格的，出具《检验情况通知单》，海关凭此放行；发现问题及时通知海关和当地环境保护行政主管部门依法处理。

七、未取得《进口废物批准证书》的进口废物一律不得存入保税仓库。

八、任何企业不得进行废物的转口贸易。

九、企业以加工贸易方式进口废物，应持国家环境保护局签发的《进口废物批准证书》向海关办理加工贸易合同的登记备案手续。

十、“暂行规定”附件三《进口废物批准证书》将予修改。正面增加“进口口岸”栏目，在背面将“到达港口”改为“本次进口数量”，“数量”改为“尚未进口数量”。原《进口废物批准证书》第三联改为对外运输承运人存栏。

十一、转让或者倒卖国家环境保护局《进口废物批准证书》的，由国家环境保护局吊销《进口废物批准证书》，并暂停或者取消其废物进口、加工利用的资格。

十二、本规定自 1996 年 8 月 1 日起施行。

注意：国家环境保护总局第 6 号令对本规章作出如下修正：

国家环境保护总局令第 6 号环境保护部门规章和规范性文件修正案（一九九九年七月八日）

废物进口环境保护管理暂行规定

环控[1996]204 号

第一章　总　则

第一条　为加强对废物进口的环境管理，防止废物进口污染环境，依照《中华人民共和国固体废物污染环境防治法》和有关法律，制定本规定。

第二条　本规定适用于中华人民共和国领域内从事废物进口的活动及其环境监督管理。

第三条　禁止进口境外废物在境内倾倒、堆放、处置。限制进口可以用作原料的废物，确有必要进口的，必须按本规定执行。

第四条　任何单位和个人都有权向环境保护行政主管部门、对外经济贸易主管部门、海关、进出口商品检验部门、工商行政管理部门和司法机关检举违法进口废物的单位。

第五条　国家环境保护局对全国废物进口实施监督管理。地方各级人民政府环境保护行政主管部门依照本规定对本辖区内进口废物实施监督管理，并有权对从事进口废物经营活动的单位进行现场检查。

第六条　国家环境保护局会同对外贸易经济合作部、海关总署制定、调整和发布《国家限制进口的可用作原料的废物目录》（附件一）。国家进出口商品检验局会同国家环境保护局制定进口废物的强制检验的标准。

第七条　对外经济贸易主管部门、海关、进出口商品检验部门和工商行政管理部门在各自的职责范围内，对进口废物及其经营活动实施监督管理。

第二章　进口废物的环境管理

第八条　列入附件一的任何废物，必须经国家环境保护局审查批准，才可进口。凡未列入本规定附件一的所有废物（废物范围见第三十二条），禁止进口。

第九条　进口废物的申请和审批程序如下：

（一）申请进口附件一所列第六楼废物中的 7204&middot；1000、7204&middot；2100、7204&middot；2900、7204&middot；3000、7204&middot；4100、7204&middot；4900 以及 7204&middot；5000 号废物（简称 7204&middot；1000 至 7204&middot；5000 号废物）的，由废物进口单位或者废物利用单位直接向国家环境保护局提出废物进口申请，由国家环境保护局审批。

（二）申请进口附件一所列其他废物的，由废物进口单位或者废物利用单位向废物利用单位所在地市级人民政府环境保护行政主管部门（简称市级环境保护行政主管部门）提出废物进口申请，经所在地市级环境保护行政主管部门和省、自治区、直辖市人民政府环境保护行政主管部门（简称省级环境保护行政主管部门）审查同意后，报国家环境保护局审批。

第十条　申请进口废物必须符合以下条件：

（一）申请进口废物作原料利用的单位必须是依法成立的企业法人，并具有利用进口废物的能力和相应的污染防治设备；

（二）申请进口的废物已被列入《国家限制进口的可用作原料的废物目录》。

第十一条　申请进口附件一所列废物的单位或者利用废物的单位，必须提交如下申请材料：

（一）《进口废物申请书》（附件二）；

（二）《进口废物作原料利用环境风险报告书》或者《进口废物作原料利用环境风险报告表》；上述申请材料必须一式三份。

第十二条　受理进口废物申请的环境保护行政主管部门应当在收到进口废物申请材料之日起五个工作日内，对进口废物申请分别作出如下处理：

（一）进口废物申请符合本规定第九条、第十条的，应予受理；

（二）进口废物申请不符合本规定第十条内容之一的，裁定不予受理，并告之理由；

（三）申请人未提交本规定第十一条规定的申请材料之一的，应通知申请人限期补正。逾期未补正的，视为未申请。

第十三条　申请进口附件一所列第六类废物中的7204· 1000至7204· 5000号废物的单位或者废物利用单位，必须对拟进口作原料利用的废物及其贮存、运输和利用过程中的环境风险进行评价，并填写《进口废物环境风险报告表》，直接报国家环境保护局审查。

第十四条　申请进口附件一所列第二类、第七类、第八类、第九类废物的单位或者废物利用单位，必须对拟进口作原料利用的废物及其贮存、运输和利用过程中的环境风险进行评价，编制《进口废物环境风险报告书》，并按国家环境保护局的有关规定，报环境保护行政主管部门审查。

第十五条　申请进口附件一所列第一类、第三类、第四类、第五类和第六类废物中除7204· 1000至7204· 5000号废物以外的废物的单位或者废物利用单位，或者申请再次进口已批准过的。

第十四条所指废物的单位，必须对拟进口作原料利用的废物及其贮存、运输和利用过程中的环境风险进行评价，填写《进口废物环境风险报告表》，并连同《进口废物申请书》，按本规定第九条第（二）款规定的程序，报有关环境保护行政主管部门审查。

第十六条　进口废物环境风险评价的技术要求和审查程序，由国家环境保护局另行制定。承担进口废物环境风险评价的单位，必须取得国家环境保护局核发的《进口废物环境风险评价资格证书》。

第十七条　受理进口废物申请的市级环境保护行政主管部门和省级环境保护行政主管部门应当分别在收到进口废物申请材料之日起的十个工作日内，签署审查意见，并通知申请人。

第十八条　国家环境保护局在收到直接受理的进口废物申请材料或者经由省级环境保护行政主管部门上报的进口废物申请材料之日起十个工作日内，作出批准或者不批准的决定，并通知申请人。对批准的进口废物申请，国家环境保护局签发《进口废物批准证书》（附件三）。

第十九条　国家环境保护局在审查进口废物申请材料的过程中，必要时可组织专家论证或者征求有关部门的意见。

第二十条　国家环境保护局签发的《进口废物批准证书》有效期为一年。

第二十一条　对附件一所列废物，海关一律凭国家环境保护局签发的《进口废物批准证书》和口岸所在地进出口商品检验机构的检验合格证明验放。

第二十二条　废物进口单位和废物利用单位必须就每季度进口的废物填写《进口废物报告单》（附件四），报废物利用单位所在地市级环境保护行政主管部门。废物利用单位必须按照《进口废物环境风险报告书》或者《进口废物环境风险报告表》的要求，防治进口废物污染环境。

第二十三条　进出口商品检验机构在对进口的废物进行检验的过程中发现可能污染环境

的问题，应及时通知和移交当地环境保护行政主管部门和海关依法处理。

第二十四条 建设利用进口废物作原料的加工生产项目的，建设单位必须进行环境风险评价，编制《进口废物环境风险报告书》，并经建设项目所在地市级和省级环境保护行政主管部门签署意见后，报国家环境保护局审查。

第二十五条 从事附件一所列第七类废物加工利用的单位，必须是经国家环境保护局核定的废物定点加工利用单位。

第二十六条 凡申请从事附件一所列废物进口、经营或者加工利用的企业，必须提交国家环境保护局的批准文件，未提交国家环境保护局的批准文件的，工商行政管理机关不予核准登记。

本规定施行之前已从事进口废物经营活动的企业，必须按照国务院办公厅国办发[1995]54号文件的规定，向国家环境保护局申请补办审批手续。

第三章 罚 则

第二十七条 违反本规定将境外废物进境倾倒、堆放、处置，或者未经国家环境保护局批准，擅自进口废物用作原料的，按《中华人民共和国固体废物污染环境防治法》第六十六条处罚。

以原料利用为名，进口不能用作原料的废物，依照前款规定处罚。

第二十八条 对已经非法入境的固体废物，按《中华人民共和国固体废物污染环境防治法》第六十八条执行。

第二十九条 伪造、变造国家环境保护局《进口废物批准证书》的，由国家环境保护局处以五万元以上五十万元以下的罚款，同时移送司法机关追究刑事责任。

第三十条 违反本规定第二十六条第二款的规定，逾期未向国家环境保护局补办进口废物经营审批手续，并继续从事进口废物经营活动的，海关对其进口废物不予放行，并责令退运，对外经济贸易主管部门依法取消其进口经营权，工商行政管理部门依法吊销其营业执照。

第三十一条 进出口废物监督管理人员滥用职权、玩忽职守、徇私舞弊，尚不构成犯罪的，给予行政处分；构成犯罪的，依法追究刑事责任。

第四章 附 则

第三十二条 本规定下列用语的含义：

（一）废物的范围：

固体废物，是指在生产建设、日常生活和其他活动中产生的污染环境的固态、半固态废弃物质。

工业固体废物，是指在工业、交通等生产活动中产生的固体废物。

城市生活垃圾，是指在城市日常生活中或者为城市日常生活提供服务的活动中产生的固体废物以及法律、行政法规规定视为城市生活垃圾的固体废物。

危险废物，是指列入国家危险废物名录或者根据国家规定的危险废物鉴别标准和鉴别方法认定的具有危险特性的废物。

（二）废物进口单位是指从事废物进口的对外贸易经营单位。

（三）废物利用单位是指实际从事进口废物加工利用的单位。

第三十三条 本规定颁布之前国家环境保护局单独或者与有关部门联合发布的有关进口废物环境管理规定，与本规定相抵触者，停止执行。

第三十四条 本规定由国家环境保护局会同有关部门共同解释。

第三十五条 本规定自一九九六年四月一日起施行。

附：《中华人民共和国固体废物污染环境防治法》有关条款

第六十六条 违反本法规定，将中国境外的固体废物进境倾倒、堆放、处置，或者未经国务院有关主管部门许可擅自进口固体废物用作原料的，由海关责令退运该固体废物，可以并处十万元以上一百万元以下的罚款。逃避海关监管，构成走私罪的，依法追究刑事责任。以原料利用为名，进口不能用作原料的废物的，依照前款规定处罚。

第六十八条 对已经非法入境的固体废物，由省级以上人民政府环境保护行政主管部门依法向海关提出处理意见，海关应当依照本法第六十六条的规定作出处罚决定；已经造成环境污染的，由省级以上人民政府环境保护行政主管部门责令进口者消除污染。

一九九六年三月一日

注意：国家环保总局对本规章作出如下补充规定及修正：

关于废物进口环境保护管理暂行规定的补充规定（一九九六年七月二十六日）

国家环境保护总局令第6号环境保护部门规章和规范性文件修正案（一九九九年七月八日）

环境保护部门规章和规范性文件修正案

国家环境保护总局令　第6号

《环境保护部门规章和规范性文件修正案》，已于1999年7月8日经国家环境保护总局局务会议通过，现予发布施行。

一九九九年七月八日

根据《中华人民共和国行政处罚法》第六十四条第二款的规定，决定对《防治尾矿污染环境管理规定》、《环境工程设计证书管理办法》和《建设项目环境保护管理办法》等6项规章作如下修正：

一、《防治尾矿污染环境管理规定》

（国家环境保护局第十一号令1992年8月17日发布）

将第十八条第（二）项：“违反本规定第十条规定，经限期治理，逾期未建成或完善尾矿设施，或者违反本规定第十二条规定，经限期治理未完成治理任务的，根据所造成的危害处以10 000元以上100 000元以下罚款，或提请人民政府责令停产。”修改为：

违反本规定第十条规定，经限期治理，逾期未建成或完善尾矿设施，或者违反本规定第十二条规定，经限期治理未完成治理任务的，由环境保护行政主管部门依照《中华人民共和国固体废物污染环境防治法》第六十二条的规定，根据所造成的危害处以10 000元以上100 000元以下罚款，或提请人民政府责令停产。”

二、《环境工程设计证书管理办法》

（国家环境保护局第十五号令1995年2月6日发布）

将第十九条“由于持证单位的设计责任造成重大质量事故、严重环境污染和经济损失的，由发证机关吊销《设计证书》；依照有关法律、法规的规定给予处罚。”修改为：

“由于持证单位的设计责任造成重大质量事故、严重环境污染和经济损失的，由发证机关收回《设计证书》或者宣布作废；依照有关法律、法规的规定给予处罚。”

将第二十一条“持证单位有以下行为之一的，由环境保护行政主管部门视情节轻重，给予通报批评或者责令中止使用《设计证书》；情节严重的，由发证机关降低《设计证书》级别或者吊销《设计证书》”的规定，修改为：

持证单位有以下行为之一的，由环境保护行政主管部门视情节轻重，给予通报批评或者责令中止使用《设计证书》；情节严重的，由发证机关降低《设计证书》级别，或者收回《设计证书》，或者宣布作废”。

三、《建设项目环境保护管理办法》（国环[86]003 号 国务院环委会、国家计委、国家经委 1986 年 3 月 26 日联合发布）

国务院已于 1998 年 11 月 29 日发布施行《建设项目环境保护管理条例》。因此，《建设项目环境保护管理办法》即行废止。

四、《关于加强饮食娱乐服务企业环境管理的通知》

（环监[1995]100 号 国家环境保护局、国家工商局 1995 年 2 月 21 日联合发布）

将“八、各级环境保护行政主管部门与工商行政管理部门应密切配合，依法加强对饮食、娱乐、服务企业的现场检查和监督管理。

对于违反国家有关环境保护法律、法规的单位和个人，环境保护行政主管部门应依法责令限期改正，并处以罚款，对于严重污染环境的，应同时责令停止使用产生污染的设施。”修改为：

“八、各级环境保护行政主管部门与工商行政管理部门应密切配合，依法加强对饮食、娱乐、服务企业的现场检查和监督管理。

对防治污染设施没有建成或者没有达到国家规定的要求，投入生产或者使用的，依照国家或者地方法律、法规的有关规定处以罚款或者责令停止生产或使用。”

五、《废物进口环境保护管理暂行规定》

（环控[1996]204 号 国家环境保护局、外经贸部、海关总署、国家工商局、国家商检局 1996 年 3 月 1 日联合发布）

将第二十九条“伪造、变造国家环境保护局《进口废物批准证书》的，由国家环境保护局处以 5 万元以上 50 万元以下的罚款，同时移送司法机关追究刑事责任。”修改为：

“伪造、变造国家环境保护总局《进口废物批准证书》的，由国家环境保护总局处以 3 万元以下罚款，同时移送司法机关依法追究刑事责任。”

六、《关于废物进口环境保护管理暂行规定的补充规定》

（环控[1996]629 号 国家环境保护局、外经贸部、海关总署、国家工商局、国家商检局 1996 年 7 月 26 日联合发布）

将“十一、转让或者倒卖国家环境保护局《进口废物批准证书》的，由国家环境保护局吊销《进口废物批准证书》，并暂停或取消其废物进口、加工利用的资格。”修改为：

“十一、转让或者倒卖国家环境保护总局《进口废物批准证书》的，由国家环境保护总局收回《进口废物批准证书》或者宣布作废，并暂停或取消其废物进口、加工利用的资格。”

第二部分

地方钢铁环境保护政策标准

一、天津

天津市人民政府关于印发天津市节能减排工作实施方案的通知

津政发[2007]88号

各区、县人民政府，各委、局，各直属单位：

现将《天津市节能减排工作实施方案》印发给你们，望遵照执行。

天津市人民政府

二〇〇七年十二月十日

天津市节能减排工作实施方案

为贯彻落实科学发展观，确保实现我市“十一五”节能减排目标，促进全市经济社会实现科学发展和谐发展率先发展，根据《国务院关于印发节能减排综合性工作方案的通知》（国发[2007]15号）精神，结合我市实际，制订本实施方案。

一、进一步明确节能减排的主要目标和总体要求

（一）主要目标。到2010年，全市万元地区生产总值能耗由2005年的1.11吨标准煤下降到0.89吨标准煤，降低20%。全市规模以上工业万元增加值能耗由2005年的1.45吨标准煤下降到1.12吨标准煤，降低23%以上；万元工业增加值用水量由24米^{3}下降到19.2米^3，降低20%左右；工业用水重复利用率由2005年的90%提高到94%以上。二氧化硫排放量由26.5万吨减少到24万吨，下降9.4%，其中火电行业二氧化硫排放量控制在13.13万吨以内。化学需氧量排放量由14.6万吨减少到13.2万吨，下降9.6%。城镇生活污水集中处理率达到85%，再生水利用率达到30%，城市生活垃圾无害化处理率大于90%，工业固体废物综合利用率保持在98%以上。

（二）总体要求。以邓小平理论和“三个代表”重要思想为指导，全面贯彻落实科学发展观，加快建设资源节约型、环境友好型社会，将节能减排作为调整经济结构、转变经济发展方式的突破口和重要抓手，作为宏观调控的重要目标，综合运用经济、法律和必要的行政手段，完善政策，加大投入，做优增量，调优存量，突出重点，强力推进，落实责任，强化监管，动员全社会力量，扎实做好节能减排工作，确保实现节能减排约束性指标，推动我市经济社会又好又快发展，形成生产发展、生活富裕、生态良好的新格局。

二、调整和优化产业结构

（三）严格控制高耗能、高污染行业项目。紧紧把住土地、信贷两个闸门，坚决控制新建高耗能、高污染项目，提高节能环保市场准入门槛。市发展改革委、市经委、市建委、市环保局、市规划局、市国土房管局、天津银监局等部门和单位要严格执行项目开工建设“六项必要条件”（即：必须符合产业政策和市场准入标准、项目审批核准或备案程序、用地预审、环境影响评价审批、合

理用能评估审查以及信贷、安全和城市规划等规定和要求），建立高耗能、高污染行业新上项目与节能减排指标完成进度挂钩、与淘汰落后产能相结合的机制，落实限制高耗能、高污染产品出口的各项政策。市电力、物价主管部门要加大差别电价实施力度，提高高耗能、高污染行业差别电价标准。

（四）加快淘汰落后生产能力。市发展改革委、市经委会同有关部门要加大淘汰电力、钢铁、水泥、铁合金、电石、焦炭、平板玻璃、造纸、酒精、味精、柠檬酸等行业落后产能的力度，制定分年度淘汰落后产能的具体工作方案，并认真组织实施。加大天津市小火电机组关停力度，2009年10月前，关停陈塘庄热电有限公司1、2、3号机组（装机容量10万千瓦）；2010年11月前，关停天津军粮城发电有限公司3、4号机组（装机容量10万千瓦）、天津市津源热电有限公司1、2号机组（装机容量10万千瓦）和国电天津第一热电厂8、9、10、11号机组（装机容量20万千瓦）。“十一五”期间，淘汰造纸产能4.25万吨、酒精产能1.8万吨、玻璃产能150万重箱；关停和淘汰天津友发集团天丰钢铁有限公司2座310米^{3}高炉的89.2万吨炼铁能力。2011年前，淘汰天津天铁冶金集团有限公司4座高炉的215万吨炼铁能力及5座转炉的350万吨炼钢能力。2007年底，关停天津市华远特种材料开发基地、天津水泥股份有限公司等共70万吨产能的水泥生产线。2008年底前，淘汰天津蓟县飞雁水泥有限公司、宁河县水泥厂等共125万吨产能的水泥生产线。对不按期淘汰的企业，市和区县人民政府要依法予以关停，有关部门依法吊销生产许可证和排污许可证并予以公布，电力供应企业按照市人民政府的指示依法停止供电。对没有完成淘汰落后产能任务的区县，严格控制国家安排投资的项目，实行项目“区域限批”。建立落后产能退出机制，市财政要安排资金支持淘汰落后产能，通过增加转移支付给予适当补助和奖励。

（五）落实促进产业结构调整的措施。进一步落实《国务院关于发布实施〈促进产业结构调整暂行规定〉的决定》（国发[2005]40号），按照国家发展改革委发布的《产业结构调整指导目录（2005年本）》（国家发展改革委令第40号）的规定范围，鼓励发展低能耗、低污染的先进生产能力。各有关部门要严格执行国家和我市制定的发展规划与产业政策，根据不同行业情况，适当提高建设项目在土地、环保、节能、技术、安全等方面的准入条件。认真按照国家发展改革委、商务部联合发布的《外商投资产业指导目录（2007年修订）》（国家发展改革委、商务部令第57号）的规定范围，鼓励外商投资资源节约与环保领域，限制投资高耗能、高污染外资项目，促进外商投资产业结构升级。按照商务部、海关总署和环保总局共同发布的《2007年加工贸易禁止类商品目录》（商务部、海关总署、环保总局公告第17号）的规定范围，提高加工贸易准入门槛，促进加工贸易转型升级。市经委要严格落实超限额使用能源征收补偿费制度。

（六）推进能源结构调整。大力发展风能、太阳能、地热能、生物质能等可再生能源。“十一五”期间，在全市积极推进地源热泵等可再生能源建筑应用项目，利用太阳能、风能发电实现替代和少用电量14亿千瓦时，在滨海新区建设10万千瓦风力发电场，在农村推广太阳能热水器20万米^2，发展农村各类沼气用户3万户。

（七）大力发展服务业和高新技术产业。落实《国务院关于加快发展服务业的若干意见》（国发[2007]7号）和《中共天津市委天津市人民政府关于进一步促进服务业发展的若干意见》（津党发[2007]26号）精神，优化服务业发展环境，放宽市场准入条件，允许各类资本进入国家法律法规禁止以外的所有服务业领域。加快发展金融、国际贸易与航运服务、现代物流和旅游业等，重点规划建设国际贸易与航运服务中心、国际会展中心、服务外包示范区等一批服务业重大项目，力争2011年服务业增加值占全市生产总值的比重由2006年的40.2%提高到45%。大力发展高新技术产业，进一步完善有利于高新技术产业发展的政策支撑体系、技术创新体系、投融资体系和中介服务体系，推进高新技术产业化和传统产业高新技术化，加快推动产业结构调整，形成电子信息、生物医药、新能源、新材料和海洋科技等具有竞争优势的高新技术产业集群。

三、明确重点，全面推进节能减排

（八）实施十大重点节能工程。市经委要会同有关部门着力抓好十大重点节能工程，重点实施钢铁、电力、石油石化、化工、建材五大重点耗能行业余热余压利用、电机系统节能、能量系统优化、节约和替代石油、工业锅炉（窑炉）改造等项目。推广高效照明产品，市直机关率先更换使用节能灯。市建委会同有关部门抓好建筑节能。

（九）加快污水处理设施建设。市建委和各有关区县人民政府要加快城镇污水处理厂和配套管网的建设改造。新建、扩建城市（镇）污水处理厂，排水要达到国家《城镇污水处理厂污染物排放标准》（GB 18918—2002）规定的一级 A 排放标准，在建和已建成运行的城市（镇）污水处理厂，2008 年底前完成脱氮设施建设，2010 年底前排水要达到一级 B 排放标准。2008 年年底，中心城区和其他区县建成区城市污水集中处理率要达到 80%，城镇污水处理率要达到 50%，污水处理厂的出水再生利用率要达到 20%；2010 年底，全市城市（镇）污水处理率要达到 85%以上，污水处理厂的出水再生利用率要达到 30%。

（十）推动燃煤电厂和 10 吨/时以上燃煤锅炉二氧化硫治理。市发展改革委、市经委、市建委和各区县人民政府要严格按照“十一五”二氧化硫总量削减目标责任书的要求，全面推进燃煤电厂和 10 吨/时以上燃煤锅炉烟气脱硫工程。“十一五”期间，完成大港、军粮城、杨柳青、大唐盘山、国华盘山等电厂的 49 个燃煤机组烟气脱硫项目和 448 项 10 吨/时以上工业及供热燃煤锅炉烟气脱硫工程，确保在 2010 年底前完成二氧化硫的总量削减任务。

（十一）进一步搞好建筑节能。市建委要大力推广节能省地环保型建筑；严格落实建筑节能标准，从设计、施工、验收等各环节严格控制，确保新建居住建筑达到节能 65%的标准、公共建筑达到节能 50%的标准；实施建筑能效专项测评，对达不到标准的建筑不予办理竣工验收手续；加大现有建筑节能改造力度，每年实施一定比例的现有建筑节能改造工程；大力推广使用散装水泥、高性能混凝土和商品砂浆，节约资源，减少粉尘排放。市发展改革委、市建委、市供热办等部门要积极整合供热热源，以热电联产热源替代小型、分散燃煤供热锅炉；加强供热管网保温，继续实施热力管网改造，建设分布式热电联产和热电冷联供。市物价局、市财政局、市供热办要逐步深化供热体制改革，实行供热计量收费。

（十二）强化交通运输节能减排。市建委会同有关部门制定并实施优先发展城市公共交通计划，积极推进节能型综合交通运输体系建设，加快城市快速公交和轨道交通建设。市交委、市建委会同有关部门要控制高耗油、高污染机动车发展，严格执行乘用车、轻型商用车燃料消耗量限值标准，建立汽车产品燃料消耗量申报和公示制度；严格实施国家第三阶段机动车污染物排放标准和船舶污染物排放标准。市经委继续落实财政补贴政策，加快推动老旧汽车报废更新；公布实施新能源汽车生产准入管理规则，推进替代能源汽车产业化。有关企业要严格执行国家《乘用车燃料消耗量限值》（GB 19578—2004）等燃料消耗量限值标准，推广使用车用代用燃料和节能环保型燃油添加剂。

（十三）加强农村节能。继续发展省柴节煤炉灶，推进器具生产的标准化和商品化。市农委要大力发展农村生物质能，结合小城镇建设，重点推广农作物秸秆气化集中供气系统和户用沼气池等能源生态模式，逐步改善农村用能结构；加强柴油机的节能技术改造，淘汰和更新高耗能落后农业机械，减少“大马拉小车”和机车空行空转等现象。

四、创新模式，大力发展循环经济

（十四）加快推进循环经济试点。市发展改革委要加快落实市人民政府《关于发展循环经济建设节约型社会近期重点工作实施意见》（津政发[2006]58 号），制定并实施天津市循环经济试点工作实施方案。推进经济技术开发区、北疆电厂和大通铜业有限公司等第一批国家循环经济试点园区、企业建设，积极做好我市区县、园区和企业成为国家第二批循环经济试点的推荐和推动工作。加快市级循环经济试点建设，"十一五"期间全市重点培育 10 个以上循环经济试点园区、一批循环经济试点企业和试点小城镇。

（十五）项目建设按照循环经济理念进行产业布局。各项目建设单位要进一步统一认识，对新建项目进行统筹安排，按照循环经济理念优化产业布局，构建共生群落，做到上下游产业对接，延伸产业链，实现资源的高效利用和废弃物"零排放"。各级项目审批部门，要严格把关，搞好服务，积极支持符合循环经济发展要求的项目建设。

（十六）加快老工业企业的循环经济改造。市经委要对老工业企业向循环经济转轨作出安排，依据企业现有条件逐步实施。改变部分企业仍使用陈旧设备、落后工艺，浪费严重，产品附加值低的现状。支持和鼓励企业采用先进设备和工艺，提高产品科技含量，促进产品升级换代。新产品的设计和生产，应做到低消耗、低排放、少污染、能循环、可回收、再利用。

（十七）节约利用水资源。市水利局、市经委、市建委等部门要完善水资源利用体系，统筹规划和科学配置多种水资源，提高配置效率；加快实施电力、石化、造纸、纺织等行业节水改造重点项目，推进海水资源综合利用、城市生活污水再生利用、工业废水深度处理回用等工程。市发展改革委、市经委、市科委等部门要加大对海水资源利用的支持力度，"十一五"期间，海水淡化能力达到每年 1.5 亿吨，海水直接利用量达到每年 20 亿米^3。

（十八）推进资源综合利用。认真落实《国家发展改革委关于印发"十一五"资源综合利用指导意见的通知》（发改环资[2006]2913 号）和市发展改革委、市经委印发的《天津市资源综合利用"十一五"规划》（津发改规划[2006]486 号）的要求。市经委要按照国家资源综合利用政策，加强对资源综合利用企业的认定管理和日常监管，推广一批资源综合利用先进技术和工艺，大力开展以共伴生矿和工业废渣、废水、废气为重点的资源综合利用，重点抓好综合利用电厂认定和粉煤灰、碱渣、钢渣、铬渣、脱硫废渣等大宗工业固体废弃物的资源综合利用。市建委要大力推广新型墙体材料和利废墙体材料，按照有关规定严格禁止使用黏土砖。市经委、市发展改革委、市建委、市商务委等部门要加快建设 1 个资源综合利用试点园区、6 个资源综合利用产业链条、1 个回收网络体系、4 个资源再生基地及 8 大资源综合利用工程。

（十九）促进垃圾资源化利用。推进垃圾减量化、资源化和无害化，到"十一五"期末，城市生活垃圾综合利用率达到 50%以上。市商务委要鼓励商场、超市对包装物进行回收，通过社会回收网络进行集中和分类处理、利用。市容委要在大专院校、居民小区、宾馆、饭店、医院、机关建设试点和示范区，实行生活垃圾分装、回收，并逐步扩大推行范围。市经委、市发展改革委、市科委、市容委、市环保局要会同有关部门加快建设城市生活垃圾资源化利用工程，鼓励垃圾焚烧发电和供热、填埋气体发电和供热，发展垃圾综合利用技术。

（二十）全面推行清洁生产。市经委、市环保局、市财政局等部门要切实加大清洁生产促进力度，尽早建立支持企业实施清洁生产的优惠政策，引导企业自愿开展清洁生产审核。市经委要会同市环保局等部门，充实和完善市清洁生产专家库，培育和扶持清洁生产咨询服务机构，扩大清洁生产审核面，对没有完成节能减排任务的企业，强制实行清洁生产审核；抓好清洁生产审核验收评估，督导企业严格落实清洁生产审核报告提出的要求，搞好节能减排项目建设。

五、加强节能减排技术开发和推广

（二十一）加快节能减排技术研发。市科委、市发展改革委、市经委、市建委、市环保局要加快建设节能减排技术支撑体系，优化节能减排技术创新与转化的政策环境，积极推动以企业为主体、产学研相结合的节能减排技术创新与成果转化体系建设，加快节能减排科技创新基地的建设；优先安排一批节能减排重大技术项目，攻克一批节能关键和共性技术。加快节能减排技术支撑平台建设，发挥高校、科研单位、工程（技术）研究中心和企业技术中心的研发优势，研发一批先进节能技术和产品。

（二十二）推广节能减排技术产业化。市发展改革委、市经委、市科委要会同有关部门抓紧实施一批节能减排重点行业共性、关键技术及重大技术装备产业化示范项目。落实节能、节水技术政策大纲。加快推广节能减排新技术、新工艺、新设备，重点抓好对钢铁、化工、电力、石油石化、建材、有色金属和交通等行业的技术改造。鼓励企业加大节能减排技术改造投入，增强自主创新能力。市经委、市环保局、市财政局等部门要探索节能减排技术改造投入新机制，发挥政府节能减排资金的引导作用。

（二十三）建立节能技术服务体系。各有关部门要制定发展节能服务产业的政策措施，促进节能服务产业发展。要大力培育节能服务市场，加快推行合同能源管理。支持专业化节能服务公司发展，鼓励该类公司为企业、党政机关、学校和公共设施等实施节能改造。

（二十四）发展绿色能源与环保产业。市经委、市科委、市环保局等部门要按照国家发展改革委发布的《当前国家鼓励发展的环保产业设备（产品）目录（2007 年修订）》和市经委印发的《天津市新能源及环保产业发展指导意见》（津经综合规划[2007]4 号）的要求，培育一批环保骨干企业，推广一批环保先进适用设备和技术，研究提出推进污染治理市场化的政策措施，在工业污染源防治、城市环境基础建设、固体废物处理等经营活动领域推进环保设施运营的企业化、社会化、专业化。建立环保设施社会化运营单位激励制度，实行自行运营不达标企业退出及淘汰机制。

（二十五）加强节能减排交流合作。建立节能减排合作机制，充分利用各种对外交流渠道，积极推动我市与有关国家、国际组织和国内外科研机构、企业、院校在节能减排领域的交流与合作。推进清洁发展机制，做好国外先进节能减排技术、管理经验和设备的引进、消化、吸收、推广工作。不断拓宽节能减排国际合作的领域和范围，提高节能减排国际合作水平。

六、强化责任，加强节能减排管理

（二十六）建立政府节能减排工作问责制。加强节能减排工作领导，各区县人民政府要建立节能减排工作领导小组。市和区县人民政府要将节能减排指标完成情况纳入各地经济社会发展综合评价体系。抓紧制定节能工作评价考核制度和污染减排的评价考核实施办法，作为市和区县人民政府领导干部综合考核评价和国有大中型企业负责人经营业绩考核的重要内容，建立并实行节能减排问责制和“一票否决”制。有关部门要强化组织协调，层层分解目标，逐级落实责任。

（二十七）完善节能减排指标体系、监测体系和考核体系。各级质监部门要严格按照《用能单位能源计量器具配备和管理通则》（GB 17167—2006），加强能源计量的监督管理和企业标准化建设。市经委、市环保局、市发展改革委、市统计局要组织开展耗能单位和污染源调查摸底，完善统计、监测和考核制度，健全能耗、污染物排放数据网上直报系统和减排措施调度制度，形成三级立体监测体系。市统计局要建立健全涵盖全社会的能源生产、流通、消费、区域间流入流出及利用效率的统计指标体系和调查体系，实施全市和区县单位 GDP 能耗指标季度核算制度；强化对能源指标数据的审核和能源统计巡查、监测，做好单位 GDP 能耗、工业增加值能耗、工业增加值取水量等指标公报工作。

（二十八）推行项目合理用能评估审查和环境影响评价制度。市经委要加强对“能评”工作的监督管理，严格按照市人民政府《关于印发天津市固定资产投资项目合理用能评估和审查管理暂行办法的通知》（津政发[2007]15 号）规定，严格评估和审查固定资产投资项目合理用能情况，达不到能耗准入条件的高耗能项目，有关部门一律不予审批、核准、备案。市环保局要把污染物总量指标作为环评审批的前置性条件，对超过总量指标、重点项目未达到目标责任要求的地区，暂停新增污染物排放建设项目的环评审批。强化环评审批向上级备案制度和向社会公布制度。继续加强“三同时”管理，严把项目验收关。

（二十九）强化重点企业节能减排管理。抓好全市年综合能源消耗 5 000 吨标准煤以上重点用能单位的节能管理，“十一五”期间确保 21 户国家重点企业节能 178.83 万吨标准煤。市经委、市环保局要加强对重点企业节能减排工作的检查和指导，进一步落实目标责任，组织开展节能减排设备检测。市经委要研究制定重点企业节能管理办法，落实重点用能企业能源利用报告制度、能源管理岗位人员持证上岗制度，引导企业实施节能自愿协议，组织重点耗能企业开展能源审计。引导企业改进节能技术，对照国际国内同行业能耗先进水平和节能标准，开展对标活动，搞好企业节能减排培训，提高工作人员素质和节能减排管理水平。对未完成节能减排目标责任的企业，强制实行能源和污染物排放审计。强化企业节能减排主体责任，制定措施，使企业自觉实施节能减排。

（三十）加强节能环保发电调度和电力需求侧管理。市发展改革委、市经委、市电力公司要研究制定配套政策，开展替代发电工作，优先安排清洁、高效机组和资源综合利用发电，限制能耗高、污染重的低效机组运行。市经委会同市电力公司等部门要用足用好电力需求侧管理专项资金，支持节电项目建设，并逐步建立电力需求侧管理长效机制，提高终端用电效率。市有关部门要加强热电机组管理，实施现役热电机组的在线监测。市经委、市物价局、市电力公司等部门要严格执行峰谷分时电价，鼓励全社会自觉通过避峰、移峰等有序用电措施削峰填谷。

（三十一）加大实施能效标识和节能节水产品认证管理力度。提高节能产品认证及能效标识社会认可程度，扩展认证范围，落实能效标识制度，建立扶持激励机制，提高节能产品生产与利用的普及率。市质量技术监督局要强化监管，会同有关部门实施专项市场监督检查，推动节能节水和能效标识、环境标志产品认证，规范认证行为。建立健全举报和投诉处理等社会监督机制，杜绝虚假认证、恶意逃避认证行为。市经委、市科委、市建委要加快节能技术的开发、示范和推广，推进节能科技成果转化，鼓励企业积极吸收引进国外先进的节能认证技术。

（三十二）提高节能环保管理能力。整合现有资源，建立天津市节能监察中心。市和区县两级政府要建立健全节能减排监察监管体制，加快各级环境监测和监察机构标准化、信息化体系建设，扩大国家重点监控污染企业实行环境监督员制度试点。加强节能监察、节能技术服务中心及环境监测站、环保监察机构、节能监测机构、城市排水监测站的条件建设，适时更新监测设备和仪器，开展人员培训。各级节能减排监察监管机构经费纳入本级财政预算。各区县人民政府和行业主管部门要明确节能管理机构，加强节能减排统计能力建设。各重点用能单位应设立能源管理岗位，配备节能专职工作人员；其他用能单位应配备节能专（兼）职工作人员，做好企业节能管理、技术进步和计量统计等工作。各行业协会、学会应充分发挥自身在节能减排工作中的作用，努力为企业做好节能减排技术和信息的咨询服务。

七、健全法制，加大监督检查执法力度

（三十三）健全法律法规。加快完善与国家配套的地方节能减排法律法规体系，提高处罚标准，严格控制超污染物排放总量，切实解决“违法成本低、守法成本高”的问题。市发展改革委要加快制定天津市循环经济条例。市经委要加快制定天津市节能监察管理办法、节约用电管理办法、资源综合利用条例等法规、规章及相关的配套政策措施。适时修订《天津市节约能

源条例》，加快天津市清洁生产促进条例立法步伐。市建委要加快制定天津市建筑节能管理条例。市环保局要加快修订天津市大气污染防治条例、天津市水污染防治管理办法等法规，修改和制定环保设施运营监督管理、排污许可等方面的规定，保障污染物减排指标的顺利实现。

（三十四）完善节能标准。市质监局要会同市经委、市建委等部门尽快建立、修订和颁布一批用能标准和设计规范，着重抓好重点耗能设备能效和重点产品能耗限额地方标准和大型公共建筑能耗定额标准的建立。

（三十五）加强烟气脱硫设施运行监管。燃煤电厂建设脱硫设施时，必须安装烟气自动在线监测系统，并与市和区县环保部门、市电网公司联网实时传送监测数据，建立脱硫设施运行台账，加强设施日常运行监管。对未按规定和要求运行脱硫设施的电厂要严格依照国家发展改革委、环保总局联合印发的《燃煤发电机组脱硫电价及脱硫设施运行管理办法（试行）》（发改价格[2007]1176 号）的规定扣减脱硫电价，同时依法处罚并向社会公布。

（三十六）强化城市污水处理厂的运行管理和监督。市建委、市发展改革委、市财政局、市环保局要组织开展城市污水处理厂运行评估，将评估结果作为核拨污水处理费的重要依据。对列入国家重点环境监控的城市污水处理厂实行季报制度，限期安装在线自动监控系统，并与环保和建设部门联网。对未按规定和要求运行的污水处理厂公开通报，限期整改。对城市污水处理设施建设严重滞后、不落实收费政策、污水处理厂建成一年后处理水量达不到收水范围60%的，以及已建成污水处理设施但无故不运行的，对该区县暂缓新增水污染物排放建设项目的环评审批，暂缓下达有关项目的建设资金。

（三十七）严格节能减排执法监督检查。强化依法行政意识，加大节能减排执法力度，市和区县监察、经济、环保部门要组织开展节能减排专项检查和监察，严肃查处各类违法违规行为。加强重点耗能企业和污染源的日常监督检查，对违反节能环保法律法规的单位公开曝光，情节严重的依法责令限期停产整顿，逾期仍达不到要求的，依法予以关闭。对重点案件挂牌督办。适时开通节能环保违法行为和事件举报电话和网站，充分发挥社会公众的监督作用。各级监察部门要建立并严格执行责任追究制度，对行政不作为、执法不力、徇私枉法、权钱交易等行为，依法追究有关政府、主管部门、执法机构负责人及相关责任人的责任。

八、形成节能减排激励和约束机制

（三十八）稳妥推进资源性产品价格改革。按照国家政策规定，落实差别电价，逐步建立和完善促进节能的价格机制。市物价局等部门要完善电力峰谷分时电价办法，降低小火电价格。市经委、市财政局等部门制定并落实鼓励可再生能源发电以及利用余热余压、煤矸石和城市垃圾发电政策，实行电价补贴。市物价局、市水利局等部门要加快制定水价改革方案，理顺水价结构，建立多水源联合定价机制。各区县人民政府和市水利局要加大水资源费征收力度。

（三十九）完善促进节能减排的财税政策。研究制定我市支持节能减排的财政、税收优惠政策，多渠道筹措节能减排资金。市和区县人民政府在财政预算中安排一定资金，采用政府奖励、财政补助等方式，支持节能减排重点工程。建立市污染减排专项资金，搞好减排监测、统计和考核体系建设，对列入年度污染减排计划的污染治理项目给予必要的支持。支持有条件的区县建立节能减排专项资金，土地出让、城市基础设施建设、水利、农业等相关资金应向有利于节能减排的项目倾斜。各类金融机构要加大对节能环保项目的信贷支持力度，投资担保公司对节能减排项目要优先提供贷款担保。按照"谁污染、谁治理，谁投资、谁受益"的原则，促使企业承担污染治理责任。落实促进新能源发展的税收政策，支持新能源研究、开发和利用。

（四十）加强节能环保领域金融服务。天津银监局要鼓励和引导金融机构加大对循环经济、环境保护及节能减排技术改造项目的信贷支持，优先为符合条件的项目提供直接融资服务。研究建立环境污染责任保险制度。市发展改革委要积极支持鼓励节能减排项目申请使用国际金融组织和外国政府优惠贷款。市环保局与天津银监局要建立环境信息通报制度，将企业环境违法信息纳入人民银行企业征信系统。

九、努力提高全民节约意识

（四十一）将节能减排宣传纳入重大主题宣传活动。各区县人民政府、市经委、市环保局会同有关部门每年制定节能降耗、污染减排宣传方案，主要新闻媒体要在重要版面、重要时段进行节能减排系列报道，并刊播减排公益性广告，广泛宣传节能减排的工作部署和政策措施，介绍全市各行各业和政府部门节能减排的重大举措和取得的实效。努力提高公众对节能减排重要性、紧迫性的认识，提高全社会自觉节约、保护环境的意识，营造共同参与的良好氛围。

（四十二）广泛深入持久开展节能减排宣传。市和区县人民政府要组织好每年的节能宣传周、节水宣传周、世界环境日等宣传活动，组织企事业单位、机关、学校、社区等开展经常性的节能环保宣传，搞好节能环保科普宣传活动。新闻出版、广播影视、文化等部门和各级工会、共青团组织要广泛开展形式多样的节能减排宣传活动；主要媒体要开辟节能减排专栏，宣传政策形势，普及节能减排知识，引导合理消费，曝光浪费行为。市教育主管部门要把节约资源和保护环境观念渗透在各学校的教育教学中，从小培养儿童的节约和环保意识。选择若干节能先进企业、机关、商厦、社区等作为节能宣传教育基地，面向全社会开放。

（四十三）对节能减排先进单位和个人予以表彰。市和区县人民政府要对在节能降耗和污染减排工作中作出突出贡献的单位和个人予以表彰和奖励。组织媒体大力宣传和弘扬先进典型。

十、发挥政府机关节能表率作用

（四十四）政府机关要带头节能减排。市机关行政管理局要建设崇尚节俭、厉行节约、合理消费的机关文化，建立科学的政府机构节能目标责任和评价考核制度，实施能耗公布制度，根据单位年度工作任务对节能指标进行动态管理，实行节奖超罚。市建委、市质监局、市经委要制定并实施政府机构能耗定额标准，积极推进能源计量和监测。教育、科学、文化、卫生、体育等系统要制定和实施适合本系统特点的节约能源资源工作方案。

（四十五）抓好机关办公设施和设备节能。组织开展政府机构办公区节能改造示范项目，推动公务车节油。各级政府机构要率先淘汰高耗能设备，合理配置并高效利用办公设施、设备，分期分批实施政府办公楼空调系统低成本改造，开展办公区供热节能技术改造和供热计量改造。新建或改造的办公建筑必须采用新型墙体材料，达到建筑节能标准要求。加大燃气器具气源适配性检测力度，优选燃烧和热能供给效率高的燃气灶具，全面开展食堂燃气灶具改造，“十一五”时期实现机关食堂节气20%。

（四十六）加强政府机构节能和绿色采购。各级政府采购部门要认真落实财政部、国家发展改革委共同下发的《节能产品政府采购实施意见》（财库[2004]185号）和财政部、环保总局《关于环境标志产品政府采购实施的意见》（财库[2006]90号）精神，严格履行规定程序，进一步规范政府采购行为，确保政府采购的公开、公正、透明；建立节能和环境标志产品政府采购评审体系和监督制度，保证节能和绿色采购工作落到实处。市经委等部门进一步完善政府采购节能和环境标志产品清单制度，扩大节能和环境标志产品政府采购范围。

天津市人民政府办公厅
关于开展固定资产投资项目清理工作的通知

津政办发[2004]033 号

各区、县人民政府，各委、局，各直属单位：

根据《国务院办公厅关于清理固定资产投资项目的通知》（国办发[2004]38 号）和国家发展改革委电视电话会议精神，按照市领导要求，现就开展固定资产投资项目清理工作通知如下：

一、进一步统一思想，切实加强固定资产投资项目清理工作的组织领导

当前，我国经济持续较快发展，经济效益进一步提高，经济形势总体上是好的。但是，经济发展中存在的一些突出矛盾和问题没有得到有效缓解，集中表现在固定资产投资增长过快，同时煤、电、油、运和重要原材料供求紧张的矛盾突出。国务院决定开展投资项目清理工作，就是要采取果断措施，着力解决投资膨胀问题，促进经济平稳较快发展，防止出现大起大落现象。

近一时期以来，全市各方面积极树立科学发展观，瞄准国内领先、世界一流，高标准、高水平地组织项目建设，坚决防止低水平扩张。但是，我们也不能忽视前进中的问题。各区县、各部门要把思想和行动切实统一到党中央对当前经济形势的判断上来，统一到党中央、国务院的决策和部署上来，统一到树立和落实科学的发展观和正确的政绩观上来，从政治和全局的高度认识清理固定资产投资项目的重大意义，坚决贯彻执行国家的各项宏观调控措施。通过这次清理，把工作的着力点真正转到提高经济增长的质量和效益上来。

这次清理工作时间紧、任务重、情况复杂，需要全市各方面从大局出发，统一思想，协同作战，以实事求是的态度，扎实苦干的作风，按时保质地完成好这次任务。市人民政府决定成立天津市清理固定资产投资项目工作领导小组，由市人民政府领导同志任组长，市计委、监察局、经委、建委、农委、规划和国土资源局、环保局、审计局、统计局、人民银行天津分行、天津银监局等部门主要负责同志为成员，统一领导全市项目清理工作。领导小组下设天津市清理固定资产投资项目工作办公室（以下简称市项目清理办），办公室设在市计委，办公室主任由市计委郝晓远同志担任，上述部门分管领导任副主任，具体负责组织和督促落实清理工作。各委办局、各区县主要领导同志要对本部门、本地区的清查工作负总责，明确一名分管行政领导具体负责这项工作，抽调人员组成临时机构，制定周密的工作方案，迅速开展工作，确保清理工作的顺利完成。

二、清理的范围

各委办局、各区县要对所有在建、拟建项目进行一次全面清理、审核。在建项目是指已开工建设的项目；拟建项目是指项目单位已提出申请，政府部门正在受理且尚未开工的项目。

清理的重点是：钢铁、电解铝、水泥以及党政机关办公楼和培训中心、城市快速轨道交通、高尔夫球场、会展中心、物流园区、大型购物中心等项目；2004 年以来新开工的所

有项目。

农林水利（含农村“六小”工程）、生态建设、教育（不含大学城）、卫生、科学（不含科技园区）项目不在清理范围内。

各委办局、各区县要按照上述范围，在对所属项目进行全面清理的基础上，对重点清理项目中总投资 1 000 万元及以上的项目，以及清理其他项目中总投资 3 000 万元及以上的项目，按照国家统一下发表格的内容要求，逐个项目上报清理情况，提出项目停止建设、暂停建设限期整改、取消立项或符合要求的处理意见。

三、清理的标准

清理中要对在建、拟建项目逐个进行审核。清理的内容是：

（一）是否符合国家产业政策和行业规划。

（二）是否符合土地利用总体规划并纳入土地利用年度计划。

（三）是否符合国家环境保护的有关规定并通过环境影响评价。

（四）是否符合城市总体规划。

（五）是否符合项目审批等各项建设程序。

（六）是否符合信贷政策和固定资产贷款的有关规定。

（七）是否符合《国务院办公厅转发发展改革委等部门关于制止钢铁电解铝水泥行业盲目投资若干意见的通知》（国办发[2003]103 号）、《中共中央办公厅国务院办公厅关于继续从严控制党政机关办公楼和培训中心项目建设的通知》（中办发[2003]3 号）、《国务院办公厅关于加强城市快速轨道交通建设管理的通知》（国办发[2003]81 号）、《国务院办公厅关于暂停新建高尔夫球场的通知》（国办发[2004]1 号）的要求。

（八）是否属于《国务院办公厅关于严格禁止违规建设 13.5 万千瓦及以下火电机组的通知》（国办发明电[2002]6 号）、原国家经贸委《淘汰落后生产能力、工艺和产品的目录（第一、二、三批）》（国家经贸委令第 6 号、16 号、32 号）规定范围内的项目。

（九）是否符合与项目建设有关的其他法律、法规和国家政策。

四、清理后的处理

（一）对国家明令禁止建设的、违反土地管理法等有关法律、法规和国家政策的在建项目，要停止建设。

（二）对不符合环保规定、城市规划、项目审批等建设程序以及信贷政策等要求的在建项目，要暂停建设，限期整改。

（三）对符合法律、法规和国家政策要求的在建项目，要在落实好项目建设条件的基础上，合理安排建设进度。

（四）对不符合法律、法规和国家政策要求的拟建项目，一律取消立项，严禁擅自开工建设。

（五）对钢铁、电解铝、水泥项目，年内原则上不再开工新项目。个别调整优化结构的重大项目，确需今年开工的，须报国家批准。

五、工作步骤

这次清理工作分三个阶段进行：

（一）第一阶段为自查阶段。按照投资目标管理的范围和分工，由各市级投资目标管理单位负责对所属项目进行一次全面清理。具体分工是：

1. 市计委负责对市属能源项目、公检法及党政群项目进行清理。

2. 市经委负责对经委系统市属各集团、总公司固定资产投资项目进行清理。

3. 市建委负责对城建系统市属各单位固定资产投资项目以及全市房地产项目进行清理。

4. 市交委负责对交通系统市属各局、公司固定资产投资项目进行清理。

5. 市商委负责对商业系统市属各集团、公司固定资产投资项目进行清理。

6. 市教委负责对教育系统市属各单位固定资产投资项目进行清理。

7. 市农委负责对农业系统市属各局固定资产投资项目进行清理。

8. 市卫生局、文化局、出版局、体育局分别负责本局系统固定资产投资项目的清理。

9. 市开发区管委会、市高新区管委会、保税区管委会分别负责本区域内固定资产投资项目的清理。

10. 各区县人民政府分别负责本区县所属国有单位固定资产投资项目以及区域内城乡集体、民营经济、上述 9 项范围之外投资项目的清理。

（二）第二阶段为复核阶段。市项目清理办各有关成员单位按照各自分工，对各系统、各区县上报项目进行复核，提出处理意见。具体分工是：

1. 市经委负责对全市工业项目进行复核，重点对钢铁、电解铝、水泥以及清理标准中第八条范围内的项目提出复核和处理意见。

2. 市建委负责对全市城建项目及房地产项目进行复核，重点对轨道交通、宽马路、大广场项目提出复核和处理意见。

3. 市计委负责对其他项目进行复核，重点对党政机关办公楼和培训中心、高尔夫球场、会展中心、物流园区、大型购物中心等项目提出复核和处理意见。

4. 市规划和国土资源局从土地管理和城市规划角度对各系统、各区县上报项目进行复核，提出复核和处理意见。

5. 市环保局从环境保护方面对各系统、各区县上报项目进行复核，提出复核和处理意见。

6. 天津银监局从信贷政策和固定资产贷款规定方面对各系统、各区县上报项目进行复核，提出复核和处理意见。

（三）第三阶段为汇总上报阶段。市项目清理办在汇总审核各系统、各区县上报意见以及清理办各有关成员单位上报复核和处理意见的基础上，形成清理报告，报市人民政府审核后上报国家发展改革委。

六、工作要求

（一）时间安排。按照国务院办公厅通知要求，全部清理工作要确保在 2004 年 6 月底之前完成。具体时间要求是：

1. 5 月 30 日之前，各市级投资目标管理单位将本系统、本地区项目清理结果和处理意见一式 6 份分送市计委、市经委、市建委、市规划和国土资源局、市环保局、天津银监局，并附电子版。所报清理结果和处理意见内容包括：本系统、本区县的清理报告以及填报国家统一下发的表格。

2. 6 月 10 日之前，承担复核任务的各有关单位将各自复核和处理意见报市项目清理办。

3. 6 月 20 日之前，市项目清理办形成全市项目清理报告，上报市人民政府审核。

4. 6 月底之前，市人民政府审定全市项目清理报告，上报国家发展改革委。

（二）项目抽查。各系统、各区县自查工作结束后，市项目清理办将对各单位自查情况进行抽查，具体安排另行通知。

（三）各系统、各地区一定要从大局出发，切实做好清理工作，如实上报清理结果，对弄虚作假、故意隐瞒不报的，要追究有关领导的责任。

（四）市项目清理办各成员单位以及各系统、各区县要认真履行职责，密切配合，加强沟通，及时发现和协调解决清理工作中的突出问题，重大问题要向市人民政府报告。

（五）在组织好项目清理工作的同时，各系统、各区县要积极调整投资结构，促进投资合理增长，确保全年投资目标的完成。按照国家要求，这次清理不搞“一刀切”，对技术含量高、符合结构调整要求的项目，需要加强的农林水利、生态建设、环境基础设施、社会事业等薄弱领域的项目，要继续加快建设。

二〇〇四年五月十一日

二、河北

河北省人民政府关于印发《河北省钢铁工业发展指导意见》和《河北省水泥工业发展指导意见》的通知

冀政[2004]32 号

各设区市人民政府，各县（市、区）人民政府，省政府各部门：

《河北省钢铁工业发展指导意见》和《河北省水泥工业发展指导意见》已经省政府同意，现印发给你们，请认真贯彻执行。

二〇〇四年六月十日

河北省钢铁工业发展指导意见

为推进我省钢铁工业结构调整，改善产业布局，引导投资方向，提高企业的综合竞争能力，促进我省钢铁工业可持续发展，根据国家产业政策和有关法律、法规，结合我省实际，制定我省钢铁工业发展指导意见。

一、现状、问题和任务

1. 钢铁工业是我省国民经济的重要支柱，经过几十年的发展，已经具有相当规模和实力。到 2003 年年底，全省共有钢铁企业 202 家（不含独立矿山采选、独立焦化、独立烧结企业），生铁、钢、钢材年生产能力分别达到 6 600 万吨、5 240 万吨和 4 493 万吨。2003 年全省生铁、钢、钢材产量分别达到 4 071 万吨、4 035 万吨和 3 643 万吨，均居全国第一。

2. 我省钢铁工业还面临着一些亟待解决的问题：一是产业布局分散，企业规模偏小，综合竞争力较弱。二是部分企业装备落后，技术水平低，产品结构不合理，消耗高、污染重。三是铁矿石、焦炭和水资源供需矛盾加剧，运输紧张，制约瓶颈凸显。

3. 在新的形势下，为实现党的十六大提出的全面建设小康社会的总体目标，国民经济将保持持续、快速、协调、健康发展，汽车生产、装备制造、交通能源、基础设施及城镇住宅、市政建设等行业的快速发展和人民生活水平的日益提高，将为钢铁工业发展带来新的市场空间。随着全球经济一体化步伐的加快，我国将成为世界制造业的中心，需要大量高附加值、高技术含量的钢铁产品，从而为我省钢铁工业充分发挥铁矿石、煤炭及冶金辅料等矿产资源蕴藏丰富、陆路和水路交通便利、靠近钢材消费市场的优势，实现钢铁强省战略目标提供了良好的机遇。

4. 今后一个时期，我省钢铁工业的主要任务：一是进一步改善产业布局，鼓励和支持钢铁工业向沿海和有资源、有市场、环境容量大、发展空间广的地区转移。二是加快结构调整步伐，扶持一批国际上有影响、国内有竞争力的大集团、大公司，发展市场急需的高附加值、高技术含量产品。三是加强宏观调节，促进钢铁工业持续、快速、协调、健康发展。

二、指导思想及原则

5. 根据国家产业政策，坚持“在发展中调整、在调整中发展”的方针，围绕“抓品种、抓质量、抓整合”，加强宏观调节，通过增加高精新特产品、减少低档产品，上经济规模的大项目、压分散落后的小型钢铁生产能力，扶持优势企业、淘汰劣势企业，即“增高减低、上大压小、扶优汰劣”，建设工艺先进、装备精良、品质卓越的钢铁工业强省。

6. 遵循的原则：

——坚持以市场需求为导向，充分发挥市场配置资源的基础性作用，努力实现资源的优化配置。

——坚持科学发展观，统筹协调原材料、能源、水资源、环保、交通运输等生产要素，实现可持续发展。

——坚持走新型工业化道路，促进钢铁工业增长方式由外延型向内涵型、由粗放型向集约型转变，扶持、壮大、发展一批具有综合竞争力的大集团、大公司。

——坚持市场机制与宏观调节相结合，以经济的、法律的手段为主，辅之以必要的行政手段，加强和改善宏观管理。

三、产业布局

7. 充分发挥市场对资源配置的调节作用和行业规划的指导作用，综合考虑矿产资源、能源、水资源及运输、环境、土地等条件，以现有大型骨干钢铁企业的调整和发展为依托，科学、合理、有效地调整全省钢铁工业布局。

8. 唐山和邯郸是我省钢铁工业重点发展地区。在搞好现有优势企业技术改造的同时，建设以唐钢、邯钢为龙头的我省南、北两大板材生产基地。

当前，要集中力量抓紧抓好在曹妃甸建设具有21世纪国际先进水平的大型钢铁联合企业。

9. 邢台、张家口、承德和石家庄主要是分别解决好现有大型骨干企业的发展问题，推进专业化生产，形成各自的产品特色。重点建设邢钢优质线材及深加工基地、宣钢优质建筑钢材生产基地、承钢含钒钛钢生产基地、石钢汽车专用钢（高级棒材）生产基地。其他设区市外部条件相对较差，不宜发展钢铁冶炼和热轧加工，可结合当地特点，发展冷加工及精、深加工钢铁产品。

10. 重要环境保护区、风景名胜区、资源匮乏地区及城市市区不得新建钢铁企业，已有钢铁企业也不得盲目扩大生产规模。

四、结构调整

（一）组织结构调整

11. 鼓励企业以资本和产品为纽带，通过联合、兼并、收购、租赁、参股、合资、合作等多种方式进行战略整合，大力发展混合所有制经济，扶持具有规模优势和核心竞争力强的大型企业集团（公司）和具有区域特色的企业联盟，促进企业规模化、集约化生产经营，实现资源的优化配置。

12. 支持首钢、唐钢实现强强联合，组建具有国际竞争力的特大型钢铁企业集团。同时，在唐山和邯郸各培育壮大一个千万吨级的钢铁企业集团。

13. 大力发展混合所有制企业，支持恒通薄板公司、唐山不锈钢有限责任公司、津西钢铁股份公司、国丰钢铁公司等企业的发展，形成各自的特色产品。

14. 按照国家产业政策，关停年产普碳钢 30 万吨及以下的小炼钢厂和横列式小型材、线材轧机年产量25万吨及以下的小轧钢厂。

（二）产品结构调整

15. 鼓励有条件的企业发展优质板带材及其深加工产品、5 000 毫米及以上宽厚板、冷轧硅钢片、高强度机械用钢、高速铁路用钢、热轧H型钢、微合金钢、不锈钢、冷轧不锈钢材及油、气长输管生产。

16. 巩固提高建筑钢材品种质量优势和成本价格优势，开发高等级型、线材产品。

17. 依法打击“地条钢”、开口锭生产。

（三）工艺技术装备结构调整

18. 鼓励、支持钢铁企业建立技术研发机构，不断开发具有市场前景和竞争力的新工艺、新技术、新产品。鼓励企业研究、开发关键技术、先进技术和钢铁前沿技术，形成具有自主知识产权的主导产品和核心技术。

19. 支持企业进行信息化管理和信息化工艺控制改造。

20. 鼓励采用高效采矿及运输、高效选矿及矿产资源综合利用，炼焦煤调湿、配型煤炼焦、捣固炼焦、干熄焦，氧化球团生产、高炉精料、高炉高效长寿、高风温热风炉长寿、高炉富氧喷煤、高炉渣粒化、高炉余压发电、直接还原、熔融还原，铁水预处理、顶底复吹、转炉溅渣护炉、钢水炉外精炼、高效连铸，连铸坯热装热送、蓄热式加热炉、连续轧制、无头轧制、控轧控冷，干法除尘、高炉及转炉煤气回收利用、余热利用、粉尘处理及综合利用、废渣处理及综合利用等技术，促进全省钢铁工业工艺技术装备结构的整体优化，努力实现清洁生产。

21. 支持企业进行技术改造，淘汰落后工艺技术装备。按照国家有关规定，淘汰3 200千伏安及以下铁合金电炉、热烧结矿及土烧结矿工艺及设备、土法炼焦（含改良土焦）工艺及设备、100米^{3}及以下高炉、15吨及以下转炉、15吨及以下电炉（铸造用除外）、生产地条钢或开口锭的工频炉、化铁炼钢工艺、模铸工艺、复二重及横列式线材轧机、横列式小型轧机、叠轧薄板轧机、初轧机、开坯用的中型轧机、折叠式热轧窄带钢轧机、单机架三辊劳特轧机、76毫米以下自动热轧管机组。逐步淘汰并禁止新建3 200～4 300千伏安及以下铁合金电炉、300米^{3}以下高炉、30吨以下转炉、30吨以下电炉（铸造用除外）。

22. 钢铁投资建设项目的准入条件暂定为：

焦炉炭化室高度在4.3米及以上、烧结机使用面积达到180米^{2}及以上、高炉容积达到1 000米^{3}及以上、转炉容积达到100吨及以上、电炉容积达到60吨及以上。

高炉必须同步配套建设煤粉喷吹装置和余压发电装置、炉前粉尘捕集装置，焦炉必须同步配套建设干熄焦、装煤、推焦除尘装置，转炉必须同步配套建设转炉煤气回收装置、电炉必须配套建设烟尘回收装置。

新建钢铁联合企业吨钢综合能耗低于700kg标准煤、吨钢耗新水低于6米^3，符合清洁生产要求，污染物排放指标达到环保标准要求。

具备并落实矿石、焦炭、供水、交通运输等外部条件。

23. 现有企业应通过技术进步提高装备水平，逐步达到上述条件。

五、保障矿产资源安全

24. 认真贯彻《中华人民共和国矿产资源法》和《河北省冶金和有色矿山生产许可证管理办法》（省政府2003第7号令）、《河北省冶金矿山经营管理办法》（省政府2002第16号令修订），由省投资管理、国土资源、安全生产、环保、冶金矿山及工商、税务等管理部门负责对铁矿资源的规划、投资、开采、销售进行规范管理，保护性开采矿产资源，杜绝非法开采和乱采滥挖；加强对铁矿产品市场管理，合理配置资源，打击假冒伪劣产品，规范交易行为，为钢铁企业提供优质服务。

25. 鼓励、支持企业统一组织协调进口铁矿石、矿产品物流配送以及到境外联合办矿，提高铁矿资源的安全保障度。同时，抓紧建设曹妃甸矿石专用码头。

六、加强宏观调节

26. 加强和改善项目管理，规范企业投资行为。严格市场准入条件，对新建、改建、扩建钢铁项目进行认真审查，按程序办理。对不符合产业政策、未经审批或违规审批的项目，国土资源部门不予办理土地使用手续，商务部门不予批准其合同，金融部门不予贷款，工商、税务部门不予登记，质量技术监督部门不予颁发生产许可证。对违规审批项目及为其办理其他各项相关手续的责任者，要追究其行政责任。

27. 加强安全、环保、能源、水利、质监、交通等部门对钢铁企业和钢铁项目的监督检查力度，严格执行安全、环保、能耗、水耗、技术、质量、运输等标准。达不到标准的，一律不准开工建设；在建的，要整改达标；对没有履行审批程序的已投产项目要认真清理，达不到标准要求的，限期治理达标，逾期不能达标的，依法予以关停。

28. 强化行业协会的自律性管理，加强行业管理。加快行业协会向企业家办协会转变。充分发挥协会的桥梁作用，建立和完善有关钢铁行业经济运行、市场供求、技术进步等方面的信息渠道，建立定期发布和行业预警制度，引导企业发展，为政府宏观决策提供依据。

29. 充分发挥经济杠杆的调节作用，制定相关政策，根据企业的耗能、耗水及资源消耗和综合利用水平的高低状况，在矿产资源分配及供水、供电等方面逐步实行差别对待。

30. 本指导意见由河北省发展和改革委员会负责解释。

河北省水泥工业发展指导意见

为加快我省水泥工业结构调整步伐，提高企业综合竞争力，促进我省水泥工业可持续健康发展，根据国家产业政策和有关规定，结合我省实际，制定我省水泥工业发展指导意见。

1. 水泥工业是我省国民经济的主导产业，2003 年我省水泥产量达到 6 611 万吨，居全国第 5 位。除满足本省需求外，重点供应京津及东北等周边地区。

2. 京津冀是全国重要的水泥生产和消费地区，受市场需求的拉动，水泥生产能力增长较快，水泥市场呈供大于求的基本态势，与珠江三角洲、长江三角洲经济发达地区相比，水泥价格一直在较低水平徘徊。

3. 我省水泥产品结构不合理的矛盾比较突出，新型干法水泥仅占总产量的 30%，虽然高于全国平均水平，但与先进省份相比尚有一定差距。由于产业集中度低、企业规模偏小、工艺装备水平低、污染重和资源利用率低等问题突出，企业综合竞争力较弱，影响了水泥工业的可持续发展。

4. 我省水泥工业的主要任务：一是调整水泥产品结构，发展新型干法水泥。二是实施大公司、大集团战略，提高产业集中度。三是积极采用节能、降耗、除尘等先进技术，提高资源利用率和环境保护水平，实现可持续发展。

5. 以市场需求为导向，充分发挥市场配置资源的基础性作用，遵循“控制总量，调整结构，提高质量，保护环境”的原则，贯彻“上大压小，等量或超量淘汰”的方针，鼓励跨区域、跨所有制的企业重组联合，加快结构调整步伐，实现由水泥大省向水泥强省的跨越。

6. 到 2010 年新型干法水泥比重达到 50%以上。新建的大型新型干法水泥项目，吨水泥综合电耗降到 95 kW·h，熟料热耗 740 kc/kg，外排废气含粉尘控制在 50mg/m^3；二氧化硫排放浓度为 200 mg/m^3；NO_x 排放浓度为 500 mg/m^3。水泥实物劳动生产率达到 4 000 吨/（人·年）。到 2020 年，新型干法水泥比重达到 80%以上，综合能耗、环境保护、实物质量达到国内先进水平。

7. 鼓励省内水泥企业通过联合、兼并、收购、租赁、参股等多种形式进行战略重组，大力发展混合所有制经济，扶持具有规模优势和较强核心竞争力的大型企业集团，促进企业规模化、集约化经营，提高产业集中度和企业综合竞争力。

8. 禁止盲目发展新型干法水泥熟料项目。新建新型干法水泥熟料生产线要达到日产 2 000 吨及以上规模。重点支持有矿山资源的地区建设日产 4 000 吨及以上规模新型干法熟料生产线，实现工艺设备大型化，提高技术装备水平。

9. 鼓励现有水泥企业积极进行技术改造，淘汰立窑等落后的生产能力，发展新型干法水泥熟料工艺。现有的水泥企业改造建设熟料生产线原则上也要达到日产 2 000 吨及以上规模。支持立窑企业改造为粉磨站。

10. 严格禁止新建和扩建机立窑、干法中空窑、立波尔窑、湿法窑（综合利用项目除外）项目，制止低水平重复建设。

11. 支持发展适合各种专用工程需要的特种水泥项目和环保水泥一体化项目。

12. 积极实施节能和环保措施，提倡日产 2 000 吨及以上干法水泥熟料生产线配套建设低温窑尾余热发电，所有水泥生产企业均要建设配套的除尘设施。

13. 大力发展散装水泥，积极发展商品混凝土。支持企业利用低品位原料、工业废渣，提高资源利用率。

14. 鼓励并支持水泥企业建立自己的技术研发中心，通过技术开发和技术创新，提高企业核心竞争能力。

15. 认真贯彻《中华人民共和国矿产资源法》，加强石灰石矿产资源管理，在保护生态环境的前提下，合理开发利用石灰石资源，确保石灰石及辅料采矿权布局合理。有关部门和单位要抓紧制定和完善石灰石矿山开发中的环境保护、土地复垦和生态恢复，并实现清洁生产。

16. 日产 2 000 吨以上规模水泥生产线，必须有可靠的资源保证，而且要规范设计，合理开采。禁止采用对资源具有破坏性的民采民运的矿山开采方式。

17. 严格水泥项目管理。对水泥投资建设项目要根据国家产业政策和有关规定认真审核，按程序办理。对不符合产业政策、未经审批或违规审批的项目，土地、金融、环保、水资源、安全生产、质监、工商、税务等部门不予办理各项相关手续，对违规审批项目及办理其他相关手续的责任者，要追究其行政责任。

18. 环境保护行政主管部门对水泥建设项目要严格执行环境影响评价、“三同时”（同时设计、同时施工、同时投产使用）和污染物排放总量控制制度。对现有水泥生产企业严格执行污染物排放许可证制度，没有排放许可证的企业一律不准排污。逐步安装在线监测装置，提高监控能力。对超过国家或地方规定污染物排放标准及污染物排放总量控制指标的水泥生产企业，各级环境保护行政主管部门要按照管理权限对超标企业实行限期治理，限期治理期间要实行限产限排，限期治理后仍达不到要求的，必须停产整治，直至关闭或取缔。

19. 严格生产许可证管理，新建水泥企业生产许可证发放要有省以上投资主管部门的项目审核文件。

20. 本指导意见由河北省发展和改革委员会负责解释。

河北省人民政府办公厅关于清理整顿小钢铁厂的通知

办字[2000]18 号　2000 年 3 月 10 日

各设区市人民政府，省政府有关部门：

根据《国务院办公厅转发国家经贸委关于清理整顿小钢铁厂意见的通知》（国办发[2000]10号）要求，现将我省清理整顿小钢铁厂工作的有关问题通知如下：

一、进一步摸清小钢铁厂底数。按照清理整顿小钢铁厂的范围和要求，由冶金工业主管部门总负责，工商行政管理、环保、质量技术监督、乡镇企业和统计等部门配合，以市、县为单位，在前段调查摸底的基础上，对辖区范围内所有中小钢铁企业分类造册登记，并提出清理整顿意见，于 2000 年 3 月底前报河北省钢铁总量控制领导小组办公室（办公室设在省冶金厅）。

二、坚决依法清理整顿小钢铁厂。各市要按国办发[2000]10 号文件要求，本着“谁的企业谁负责”和地域管辖的原则组织实施，该取缔的坚决取缔，该关停的坚决关停，务求落到实处，见到实效。新闻单位要进行现场采访，及时报道清理整顿工作的进展情况。各市请于 2000 年 3 月底前将清理整顿工作进度安排具体意见（落实到企业）报河北省钢铁总量控制领导小组办公室。

三、强化市场管理，打击假冒伪劣，确保产品质量。各级经贸委及冶金工业主管部门要积极会同质量技术监督、环保、工商行政管理等部门，以建筑钢材为重点，加大执法力度，打击制造销售假冒伪劣钢材行为，规范市场秩序，坚决取缔制假售假窝点。严格控制进口，对省内能够生产的产品一律不准进口。骨干企业要加强钢坯、钢锭的销售管理，不得向列入清理整顿对象销售。

四、加大部门配合力度，确保清理整顿工作的顺利开展。各市各部门要协调联动，充分运用经济、法律、行政、技术手段和措施推动清理整顿小钢铁厂工作的开展。对不执行清理整顿小钢铁厂的地区和企业，要停止对其国家技改贴息、债转股、股份制改造和上市扩股等项目的审批。对不符合产业政策、应予关停的企业停止银行贷款。对列入关闭和淘汰目录的小钢铁企业和设备，采取强制停电、限电措施，对列入关停范围的企业，不再发放生产许可证，也不得发放任何形式的许可、准产证明文件，已发放的要予以吊销。各级工商行政管理部门不再注册各种所有制形式的钢铁企业。各级环保部门要加大环保执法力度，对不符合国家产业政策，违反环保有关法律法规，未经环保部门审批和取得排污许可证、污染物超标排放的企业和厂点（包括以回收废钢铁为原料的小高炉），依法实施关停。各级乡镇企业管理部门要积极配合有关部门按要求搞好清理整顿，引导企业做好转产工作。

五、切实加强对清理整顿小钢铁企业工作的组织领导。各级政府要统一认识，切实加强组织领导，明确责任，加大执法力度，狠抓落实。清理整顿小钢铁厂工作由省经贸委牵头，省钢铁总量控制领导小组办公室会同有关部门负责监督、检查和落实。要加大宣传力度，充分利用新闻媒体宣传清理整顿小钢铁厂的必要性和重要意义。在清理整顿中要妥善处理好关停工作中的各种矛盾和问题，保证清理整顿工作的顺利进行。

三、山西

山西省人民政府关于印发山西省冶金产业调整和振兴规划的通知

各市、县人民政府，省人民政府各委、厅，各直属机构：

现将《山西省冶金产业调整和振兴规划》印发给你们，请结合实际，认真组织实施。

二〇〇九年五月八日

山西省冶金产业调整和振兴规划

冶金产业是我省重要的支柱产业，产业关联度高、涉及面广、消费拉动大，在经济建设、社会发展、财政税收、人员就业等方面发挥着重要的作用。按照省委、省人民政府贯彻落实党中央、国务院保增长、扩内需、调结构的总体要求，为积极应对国际金融危机的影响，保持冶金产业平稳运行，加快结构调整，推动产业升级，为“十二五”发展打下坚实的基础，依据国家《钢铁产业调整和振兴规划》、《有色金属产业调整和振兴规划》要求，结合我省实际，制订本规划。规划期为2009—2011年。

一、冶金产业现状及面临的形势

进入21世纪以来，我省冶金产业快速发展，截至2008年，全省生铁、粗钢产能分别为5 400万吨、4 000万吨，氧化铝、电解铝、金属镁产能分别为410万吨、120万吨、70万吨。2008年，生铁产量2 782万吨、粗钢产量2 345万吨，钢材产量1 976万吨，居全国第五位；氧化铝产量341万吨、电解铝产量97.3万吨，居全国第三位；金属镁产量33万吨，居全国第一位。我省拥有全球产能最大的具有国际先进水平的不锈钢生产企业和具有国内先进水平的大型氧化铝生产企业，不锈钢产品质量达到国际先进水平，部分建筑钢材、铝、镁产品在国内外具有较大影响，形成了以钢铁、铝、镁、铜为主体的冶金产业结构。冶金产业的发展有力地支撑和带动了相关产业的发展，为我省经济建设作出了重要贡献。但是，我省冶金产业长期粗放发展积累的矛盾日益突出。主要表现在：企业规模普遍偏小，布局分散，产业集中度低，技术装备水平参差不齐，落后产能比重大，初级产品多，产业链条短，综合配套能力差，大多数企业能耗高、污染重。2008 年下半年以来，随着国际金融危机的扩散和蔓延，我省冶金产业受到严重冲击，市场需求低迷，价格快速下跌，生产大幅回落，企业经营十分困难，部分中小企业停产或半停产，整个行业面临着前所未有的挑战。但应当看到，金融危机给我省冶金产业带来严重影响的同时，也为产业调整和振兴带来了重要的机遇。一是中央及省相继出台了一系列应对金融危机的措施，效果正在显现；二是国家出台了钢铁、有色金属等十大产业调整和振兴规划，明确了发展方向；三是我省拥有太钢集团、海鑫钢铁、中铝山西分公司、鲁能晋北铝业、银光镁业、中条山有色金属集团等在全国具有重要影响的大型骨干企业，是我省调整和振兴冶金产业的基础和重要依托；

四是我省拥有丰富的煤、焦、铝土矿、白云石资源和较丰富的铁矿资源，具有发展冶金产业得天独厚的资源优势；五是当前市场需求低迷、竞争加剧为我省冶金产业淘汰落后、结构调整、优化布局、联合重组提供了有利的条件。因此，我们必须抓住机遇，制订实施冶金产业调整和振兴规划，促进我省冶金产业平稳运行、健康发展。

二、指导思想和规划目标

（一）指导思想

全面贯彻落实科学发展观，按照转型发展、安全发展、和谐发展的要求，以控制总量、淘汰落后、联合重组、产业升级、优化布局为重点，推动冶金产业结构调整和优化升级，拉长产业链，提高附加值，提高集中度，提升竞争力，实现我省冶金产业振兴和可持续发展。

（二）规划目标

以国际冶金产业的先进水平为目标，建设以不锈钢材、优质板材、装备制造用材及优质建筑用棒、线、型材和铝材、铜材、镁合金产品为主导的现代冶金产业体系。

1.总量得到有效控制。全省生铁、粗钢产能分别控制在 4 500 万吨（含铸造生铁）、4 000 万吨，氧化铝、电解铝、金属镁产能分别控制在 800 万吨、200 万吨、60 万吨。

2．淘汰落后取得突破性进展。到 2011 年底，按国家要求，淘汰落后炼铁产能 2 000 万吨以上、炼钢产能约 1 600 万吨、电解铝产能约 20 万吨；2012—2015 年，进一步提高淘汰落后产能标准，冶金企业装备水平基本达到国内先进水平。

3．产业基地基本形成。以大型骨干企业为基础，形成太原、长治、运城、临汾、吕梁五个钢铁生产基地，重点建设太钢吕梁钢铁生产基地；建设晋南、晋北、晋西、晋东四个百万吨以上氧化铝生产基地和运城、太原、阳泉、原平四个电解铝及铝材加工产业园区；建设太原、大同、运城三个镁工业基地和中条山铜业基地。

4．联合重组取得重大进展。全力支持太钢集团联合重组省内钢铁企业，力争到 2011 年，太钢集团生产规模达到 2 000 万吨以上，2015 年达到 3 000 万吨以上，使太钢集团产能占全省钢铁产能由目前的 25%提高到 75%以上。

5．主要装备达到国内先进水平。通过产能置换建设炼铁高炉容积 3 200m^3 及以上，配套焦炉炭化室高度 6 m 及以上、炼钢转炉容量 200 吨及以上、电炉容量 100 吨及以上和先进的轧钢生产装备；完善氧化铝基地在建项目配套建设任务。新、改建电解铝项目采用 240 kA 及以上的大型预焙槽工艺，实现电解铝液直接合金化、连铸、连轧工艺；金属镁冶炼实现煤气加热生产工艺、回转窑煅白工艺、双预热蓄热式加热炉炉料预热处理工艺、镁液直接合金化及连铸连轧生产工艺。

6．产品结构得到优化。形成以不锈钢、铁路运输用钢、结构钢、电工钢、管线钢、装备制造用钢、冷轧硅钢、优质建筑用棒、线、型材为主要品种的钢铁生产体系，以铝板带、型材、箔材、管材、铸件等产品为主的铝材生产体系，以汽车压铸件、IT 压铸件、板材、挤压材、型材为龙头的镁合金生产体系，以铜材为主的铜产品生产体系。

7．节能减排达到国内同行业先进水平。其中，重点骨干企业吨钢综合能耗≤0.6 吨标煤，吨钢耗新水≤4 吨，吨钢烟粉尘排放量＜1.0 千克；氧化铝综合能耗＜0.8 吨标煤/吨，电解铝铝液交流电耗≤13 500 千瓦时/吨；金属镁冶炼企业综合能耗＜5.6 吨标煤/吨；重点企业冶金炉渣综合利用率达到 90%以上；污染物排放浓度和排放总量均达到国家标准。

三、产业调整和振兴的主要任务

对危机与振兴产业相结合，利用市场倒逼机制，控制总量，淘汰落后，全面系统地调整优化产业结构，将“企业大型化、装备现代化、布局基地化”作为调整和振兴我省冶金产业的主要任务。

（一）应对危机，着力解决当前企业面临的困难

努力开拓省内外市场，以重点产业和重点工程需求为目标，拓展产品销路。建立省内重点产业和重点工程与冶金产品生产企业的供需协调机制。加大对企业的帮扶力度，保先进生产力、保重点企业、保关键品种，促进冶金产业平稳发展。

（二）严格控制总量，加快淘汰落后产能

严格控制总量，所有建设项目必须以淘汰落后、产能置换、联合重组为前提。到 2011 年底前淘汰 400 m^3 及以下的炼铁高炉、30 吨及以下转炉和电炉，淘汰 160 kA 电解铝生产线及年产 1 万吨以下金属镁生产企业；到 2015 年底前淘汰 1 000 m^3 以下的炼铁高炉、50 吨以下转炉和电炉以及与其配套的烧结、连铸、轧钢系统，淘汰 190 kA 电解铝生产线及年产 2 万吨以下金属镁生产企业。

（三）推进企业联合重组，提高产业集中度

支持太钢集团、中铝山西分公司、鲁能晋北铝业、银光镁业、中条山有色金属集团等省内外大型骨干企业，对相关企业进行联合重组和升级改造。到 2011 年，全省钢铁企业由目前的 200 多家减少到 50 家左右，电解铝企业由目前的 12 家减少到 8 家，金属镁企业由目前的 70 余家减少到 30 家左右。到 2015 年，钢铁企业控制在 10 家以内，电解铝企业控制在 5 家以内，金属镁企业控制在 10 家以内。适时组建山西钢铁集团、山西铝业集团、山西镁业集团，促进我省冶金产业走集约型、集团化发展道路。

（四）加大技术创新力度，提升产业竞争力

努力提高油汽管线钢、车轴及铁路运输用钢、高强度建筑钢、高强度机械用钢、大型 H 型钢、电工钢的生产技术工艺，不断开发市场适销的新产品；研发高磁感取向硅钢生产工艺技术；研发低品位矿、难选铁矿的选矿技术；研发生产过程中余热、余能、固体废弃物高效回收利用技术；研发电解铝液、金属镁直接合金化、连铸连轧生产工艺技术以及镁产品表面抗氧化处理工艺技术。依托大型优势企业技术研发和人才优势，提升中小企业的技术创新和产品开发能力。

（五）优化布局，推进基地建设

以大型骨干企业为主体，联合重组周边企业，推进基地建设。

钢铁基地：依托太钢集团、长钢集团、海鑫钢铁、中宇钢铁、中阳钢铁等现有大型优势企业，形成太原、长治、运城、临汾、吕梁五个生产基地。重点推进太钢集团吕梁钢铁基地建设、太原不锈钢深加工园区建设。

铝基地：依托中铝公司、鲁能晋北铝业、阳泉兆丰铝业等企业建设运城、原平、兴县、阳泉四个氧化铝生产基地，依托氧化铝基地建设太原、运城、阳泉、原平四个电解铝及铝材加工产业园区。

镁基地：依托太原同翔镁业、富士康科技集团、广灵精华镁业、运城银光镁业等企业建设太原、大同、运城三个镁及镁合金深加工生产基地。

铜基地：依托中条山有色金属集团建设中条山铜产业基地。

（六）发展循环经济，推进节能减排

推广绿色冶金技术，大力发展循环经济。高炉必须配套高炉余压发电装置和煤粉喷吹装置，

焦炉必须配套干熄焦装置和煤气回收装置，鼓励企业建设焦炉煤气脱硫、烧结机烟气脱硫和高炉煤气、转炉烟气干法除尘装置，高炉、转炉必须配套煤气回收装置，电炉必须配套烟尘回收装置，铝、镁生产要实现连铸连轧生产工艺。生产过程中排出的余热、余能、余气、废水、固体废弃物实现循环利用，努力达到零排放。

四、政策措施

（一）完善落后产能退出机制

完善淘汰落后产能专项补偿资金管理办法，对提前淘汰落后产能的钢铁企业可适当加大补偿范围和力度，将电解铝、金属镁生产企业纳入淘汰落后产能专项补偿范围。各地、各部门要按照省人民政府淘汰落后产能目标责任制的要求，健全机制，加强考核，按期完成任务。

（二）支持大型生产基地建设

把生产基地建设与总量控制、淘汰落后、产能置换、产业升级和联合重组相结合，各基地的新增产能必须以淘汰相应的落后产能为前提，产能置换项目必须向生产基地集中布局。各部门要大力支持冶金生产基地建设，在规划选址、土地征用、环境评价、取水许可、电力供应、交通运输等方面给予倾斜。有关部门要尽快编制基地建设规划，制定配套支持政策。

（三）支持优势企业联合重组

落实国家支持企业联合重组相关政策，制订太钢集团等省内龙头企业联合重组方案。支持优势企业与煤、焦、电力等相关企业实行跨行业、跨所有制的联合重组。鼓励优势企业通过上市融资、发行债券、银行贷款、引进资金等途径筹措联合重组资金。省安排专项资金，用于对优势企业联合重组过程中安置富余人员、补交拖欠职工养老保险、债务处置的补助。

（四）提高行业准入门槛

新建、改建项目的生产工艺、装备水平和产品质量必须达到国际先进水平。进一步提高准入门槛，其中炼铁高炉容积 3 200 m^3 及以上，焦炉炭化室高度 6 m 及以上，炼钢转炉容量 200 吨及以上、电炉容量 100 吨及以上，电解铝预焙槽 240 kA 及以上。所建项目必须符合国家及省人民政府规定的用地、环保、能耗、水耗等准入条件。

（五）实施冶金企业升级改造专项计划省安排专项资金，重点支持符合国家产业政策和实施联合重组的大型骨干企业的升级改造项目，对基地建设和发展有重大带动作用的项目，市场前景好的钢材新产品和铝、镁、铜深加工项目，能扩大出口规模的高端产品项目等。

（六）优化配置，合理开发利用资源

加大非煤矿产资源整合力度。一是提高准入门槛，对非煤矿山项目建设在生产工艺、装备水平和安全保障等方面作出明确规定。二是淘汰落后产能，设立退出机制，淘汰安全条件差、污染重、资源浪费大、生产技术落后以及不符合产业政策的生产能力。三是制订行业规范和行业标准，实现非煤矿山开采及其选矿企业在设立、项目核准、开工建设、竣工验收、安全许可、投入生产等方面的规范化和标准化。四是加强监督管理，通过完善行业管理体系，建立健全金属矿山开采和选矿行业的监督管理机构，配备专业人员，组成全面有力的管理队伍。优化资源配置。矿产资源优先配置给太钢集团等大型骨干生产企业，以及实施联合重组的大型骨干生产企业。鼓励大型企业投资矿山勘探和开采，积极开发利用低品位、难选冶矿。

（七）建立冶金企业退出城市激励机制鼓励和支持位于城区内的冶金企业提前淘汰或搬迁改建，对提前关停向冶金生产基地或工业园区搬迁的企业给予支持，允许搬迁企业把原企业用地用作商业开发。

（八）积极争取国家政策和资金支持

积极争取国家对冶金产业升级改造、淘汰落后、重点企业并购重组等政策和资金方面的支持。同时，加大与国家发展改革委、工业和信息化部、国土资源部、环境保护部等部门的沟通力度，积极争取将淘汰落后产能置换建设项目的核准、环评、土地等审批权限下放到省级部门。

（九）创新人才培养和引进机制

建立人才引进机制，实施重点人才培养计划，建立科学、合理、灵活的人才流动机制，充分发挥优秀人才的作用。

（十）充分发挥行业协会作用

由行业协会牵头，组织省内冶金企业建立境外原料集中采购机制，联合开发国外矿产资源；建立产业信息平台，开展行业统计、调研，收集产业政策、市场销售、原料供应、淘汰落后、联合重组等方面信息，为企业决策提供服务；定期分析行业运行和发展中的重大问题，开展行业联合重组方案等课题研究，为政府决策提供依据。

五、规划实施

各有关部门要按照本规划分工，加强沟通协调，密切配合，尽快制定完善各项配套政策措施，并加强指导和监督检查。有关市县要按照本规划确定的目标、任务和政策措施，结合当地实际抓紧制订具体落实方案，确保取得实效。对本规划实施过程中遇到的问题，要及时跟踪、了解和反馈。

山西省人民政府办公厅转发省发展改革委等部门关于山西省严格控制部分行业过度投资工作方案的通知

晋政办发[2004]20号

各市、县人民政府，省人民政府各委、厅，各直属机构：

省发展改革委、省经委、省国土资源厅、省环保局、省质监局、人民银行太原中心支行等部门制定的《山西省严格控制部分行业过度投资工作方案》已经省人民政府同意，现转发给你们，请认真组织实施。

二〇〇四年四月二十日

山西省严格控制部分行业过度投资工作方案

（省发展改革委、省经委、省国土资源厅、省环保局、省质监局、人行太原中心支行
二〇〇四年四月十三日）

《国务院办公厅转发国家发展改革委等部门关于制止钢铁电解铝水泥行业盲目投资若干意见的通知》（国办发[2003]103号，以下简称《通知》），要求各地区、各部门要高度重视这些行业盲目投资、低水平重复建设和违法生产现象所带来的一系列问题，坚持以市场为导向，依照产业政策和发展规划，运用经济、法律、行政手段，采取有力措施，迅速对这些行业进行清理，遏制盲目投资、低水平重复建设的势头。

2004年2月4日，国务院又召开了“严格控制部分行业过度投资电视电话会议”。要求各地、各部门坚决贯彻《通知》精神，切实加强领导，精心组织，密切配合，把中央的决策落到实处。

针对我省近年来焦炭、钢铁等行业过度投资、无序发展，大大超过资源、环境可承载能力的特殊情况，根据《通知》精神，现提出我省严格控制部分行业过度投资工作方案。

一、切实加强组织领导

为加强领导，落实国务院提出的“尽快组织力量，对各地钢铁、电解铝、水泥等投资建设项目进行认真清理”的要求，及早扭转我省部分行业投资过热的态势，省人民政府成立了山西省严格控制部分行业过度投资工作领导组（以下简称省工作领导组，领导组成员见附件）。各级、各部门必须统一认识，加强领导，紧密配合，充分发挥各自的职能作用，严格按照国务院和省人民政府的统一部署，认真进行相关行业过度投资的清理工作。要尽快做出认真安排，将组织领导机构、联系人等具体情况报省工作领导组办公室。各地、各部门主要领导要亲自过问，分管领导要亲自挂帅，具体抓落实。

二、清理的重点和范围

我省此次清理工作的重点是钢铁、焦炭、水泥和电解铝四个行业。清理的范围是四个行业所有的企业和项目，不论所有制形式，不论企业规模大小，不论已建、在建、拟建项目，不论项目是否经有关部门批准都在清理范围之内。

三、工作步骤

清理工作分为清查摸底和分类处理两个阶段进行。

（一）认真做好清查摸底工作

第一阶段为清查摸底工作阶段。拟从2月20日开始，于4月10日前结束。这个阶段的主要工作是，按全省统一要求，对已建、在建、拟建项目进行认真调查摸底，并将清理结果上报山西省严格控制部分行业过度投资领导组办公室。清查摸底工作由各市人民政府按照属地原则组织实施。

各级领导要以高度认真负责和实事求是的态度做好清查摸底工作。按照《通知》精神，对隐瞒事实真相、不如实填报的有关领导和责任人要追究责任、严肃处理。省人民政府将派出检查组分赴各市，督促检查清查摸底工作。

（二）妥善做好分类处理工作

第二阶段为分类处理阶段。从4月10日开始，于4月底结束。这一阶段的主要工作是，在完成清查摸底工作的基础上，根据实际情况，提出制止部分行业过度投资建设项目的分类处理意见。处理意见由省工作领导组办公室会同有关部门提出后，呈报省工作领导组审定。各主要部门分工：发展改革委、经委负责项目审批、投资管理的核查；国土资源部门负责采矿许可和土地使用的核查；环保部门负责环保设施建设和排污达标情况的核查；水资源管理部门负责取水许可的核查；电力部门负责供电许可的检查；工商行政主管部门负责营业执照的核查；税务部门负责税收情况核查；人民银行负责项目贷款的核查；质监部门负责生产许可证的核查。

有关部门要依据《通知》精神和省委、省人民政府《关于实施行业结构调整的意见》（晋发[2003]16号），《山西省行业结构调整实施办法》（晋政发[2003]28号，以下简称《办法》）等规定，运用经济、法律和必要的行政手段，制定遏制四个行业过热盲目投资势头，积极推进传统行业结构调整，促进行业健康发展的调控政策。建立和完善行业项目审批制度、市场信息发布制度和过热投资预警制度，加快全省传统产业新型化、新型产业规模化的步伐。

四、有关政策

（一）在全国、全省这次清理整顿期间，我省暂停钢铁、焦炭、电解铝、水泥项目的审批工作。如有特殊情况需呈报省工作领导组审定。

（二）与清理整顿同时，各有关部门要根据《通知》规定的钢铁、电解铝、水泥投资新建项目的最低条件要求，结合省人民政府2003年下达的《办法》，一是抓紧制定我省钢铁、焦炭、电解铝、水泥建设的准入条件和标准。二是抓紧制定对违规建设项目实施“五停”，即停水、停电、停煤、停运、停贷，制止钢铁、焦炭、电解铝、水泥过度投资、无序发展的具体措施。这两项工作由省发展改革委、省经委联合牵头，组织相关部门于4月底前提出意见呈报省人民政府审定。

附件：山西省严格控制部分行业过度投资工作领导组组成人员名单

附件：

山西省严格控制部分行业过度投资工作领导组组成人员名单

组　长：张宝顺　省长
副组长：靳善忠　副省长
　　　　牛仁亮　副省长
成　员：令政策　省发展改革委主任
　　　　张　诚　省经委主任
　　　　李连琪　省公安厅常务副厅长
　　　　王俊忠　省监察委员会主任
　　　　郑建国　省财政厅厅长
　　　　李永宏　省国土资源厅厅长
　　　　张建民　省建设厅厅长
　　　　王晓林　省交通厅厅长
　　　　李英明　省水利厅厅长
　　　　王淑珍　省商务厅厅长
　　　　宋德晋　省地税局局长
　　　　王树静　省环保局局长
　　　　王虎胜　省工商局局长
　　　　孙桂芳　省质监局局长
　　　　王守祯　省煤炭局局长
　　　　巩安库　省安全生产监督管理局局长
　　　　张江汀　省水资委主任
　　　　张绍瑞　山西银监局局长
　　　　毛金明　人民银行太原中心支行行长
　　　　李援朝　省电力公司总经理
　　　　郭　明　山西国际电力集团公司董事长

领导组下设办公室，办公室设在省发展改革委。办公室主任：令政策（兼）。

领导组办公室联系电话：0351－3119218

联系人：魏茹生

四、黑龙江

黑龙江省人民政府办公厅关于印发全省清理固定资产投资项目工作方案的通知

黑政办发[2004]20 号

大兴安岭地区行政公署，各市、县人民政府，省政府各直属单位：

经省政府领导同意，现将《全省清理固定资产投资项目工作方案》印发给你们，请认真贯彻执行。

2004 年 5 月 19 日

全省清理固定资产投资项目工作方案

为切实做好固定资产投资项目清理工作，根据《国务院办公厅关于清理固定资产投资项目的通知》（国办发[2004]38 号）精神和国家发展改革委有关工作部署，以及《黑龙江省人民政府办公厅转发国务院办公厅关于清理固定资产投资项目通知的通知》（黑政办发[2004]16 号）要求，结合我省实际，制定本方案。

一、指导思想

从全国经济发展大局出发，坚持科学发展观，主动维护国家宏观调控的权威性和有效性，坚决克服投资领域中存在的相互攀比、盲目上项目、铺摊子的现象，切实解决投资膨胀问题，把各地、各部门工作的着力点引导到提高经济增长的质量和效益上来，促进全省经济持续、健康、协调发展。

二、清理范围、重点和内容

（一）清理范围

包括我省所有在建、拟建项目。在建项目指已开工建设的项目；拟建项目指项目单位已提出申请，政府部门正在受理且尚未开工的项目。农林水利（含农村“六小”工程）、生态建设、教育（不含大学城）、卫生、科学（不含科技园区）项目不在清理范围内。

（二）清理重点

1. 钢铁、电解铝、水泥以及党政机关办公楼和培训中心、城市快速轨道交通、高尔夫球场、会展中心、物流园区、大型购物中心等项目；

2. 2004 年以来新开工的所有项目。

在我省的中央项目及中央投资为主的项目由国家有关部门负责清理；省直项目和省投资为主的项目由省政府有关部门和有关单位负责清理；各行署、市政府负责清理所辖市县的项目。

（三）清理内容

1. 是否符合国家产业政策和行业规划；

2. 是否符合土地利用总体规划并纳入土地利用年度计划；

3. 是否符合国家环境保护的有关规定并通过环境影响评价；

4. 是否符合城市总体规划；

5. 是否符合项目审批等各项程序；

6. 是否符合信贷政策和固定资产投资贷款的有关规定；

7. 是否符合《国务院办公厅转发发展改革委等部门关于制止钢铁电解铝水泥行业盲目投资若干意见的通知》（国办发[2003]103 号）、《中共中央办公厅、国务院办公厅关于继续从严控制党政机关办公楼和培训中心项目建设的通知》（中办发[2003]3 号）、《国务院办公厅关于加强城市快速轨道交通建设管理的通知》（国办发[2003]81 号）、《国务院办公厅关于暂停新建高尔夫球场的通知》（国办发[2004]1 号）的要求；

8. 是否属于《国务院办公厅关于严格禁止违规建设 13.5 万千瓦及以下火电机组的通知》（国办发明电[2002]6 号）、原国家经贸委《淘汰落后生产能力、工艺和产品的目录（第一、二、三批）》（国家经贸委令第 6 号、16 号、32 号）规定范围内的项目；

9. 是否符合与项目建设有关的其他法律、行政法规和国家政策。

三、组织机构和工作分工

（一）组织机构

成立全省清理固定资产投资项目领导小组，其组成人员如下：

组长：张左己　省长

副组长：张成义　副省长
　　　　赵　铭　省政府副秘书长

成　员：唐修亭　省发展改革委主任
　　　　陈长涌　省经委主任
　　　　廉占东　省监察厅副厅长
　　　　徐福和　省国土资源厅厅长
　　　　刘鲲省　建设厅厅长
　　　　李希龙　省审计厅厅长
　　　　李维祥　省环保局局长
　　　　贲起利　省统计局局长
　　　　臧景范　黑龙江银监局局长
　　　　周逢民　中国人民银行哈尔滨中心支行行长

全省清理固定资产投资项目领导小组办公室设在省发展改革委。

主　任：唐修亭（兼）

副主任：张常荣　省发展改革委助理巡视员
　　　　高玉学　省经委副主任

（二）工作分工

领导小组办公室设综合、国土、城市规划、环境保护、金融 5 个工作组，分别由有关单位负责同志牵头，抽专人组成，并确定一名联络员。综合工作组设在省发展改革委，省经委参加，主要负责提出固定资产投资项目清理工作安排意见；汇总固定资产投资项目清理情况；向领导小组报告工作进展情况；从国家产业政策和项目审批等方面对全省固定资产投资项目清理工作进行指导和督查；审查固定资产投资项目是否符合国家产业政策、行业规划、全省经济发展规划、项目审批程序，提出相应的初步清理意见。国土工作组设在省国土资源厅，主要负责从土地规划和利用方面对全省固定资产投资项目清理工作进行指导和督查；审查固定资产投资项目是否符合土地利用规划和用地审批程序，提出相应清理意见；汇总项目土地利用方面初步清理情况。城市规划工作组设在省建设厅，主要负责从城市规划方面对全省固定资产投资项目清理工作进行指导和督查；审查固定资产投资项目是否符合城市规划和规划审批程序，提出项目相应的初步清理意见；汇总项目城市规划方面清理情况。环境保护工作组设在省环保局，主要负责从环境保护方面对固定资产投资项目清理工作进行指导和督查；审查项目是否符合国家有关环境保护方面的法律、法规和政策要求，是否符合履行环评程序，提出相应的初步清理意见；汇总项目环保方面清理情况。金融工作组设在黑龙江银监局，中国人民银行哈尔滨中心支行参加，主要负责从信贷政策方面对固定资产投资项目清理工作进行指导和督查；审查项目是否符合信贷政策和固定资产贷款规定，并提出相应的初步清理意见；汇总项目信贷方面清理情况；对城市建设打捆项目贷款的抽查工作。

四、工作安排

全省固定资产投资项目清理工作分四个阶段：

（一）动员部署阶段（5 月 18 日前）

主要任务是传达和贯彻国务院办公厅国办发[2004]38 号文件精神和国家发展改革委有关要求，召开会议部署全省固定资产投资项目清理工作。

（二）自查清理阶段（5 月 19 日至 6 月 10 日）

各地、各部门和各有关单位按照清理范围、重点、内容和有关要求，进行自查清理，并将自查清理结果（包括文字和表格两部分）报送省发展改革委，同时抄送其他各成员单位。

（三）汇总审核阶段（6 月 11 日至 17 日）

国土、城市规划、环境保护和金融工作组按照职能分工对各地、各部门和各有关单位上报的清理情况进行审核、确认，提出初步审核意见。综合工作组对各有关工作组材料进行汇总，报领导小组审定。

（四）检查上报阶段（6 月 18 日至 25 日）

国土、城市规划、环境保护和金融工作组在初步审核的基础上，对重点项目进行抽查。综合工作组根据领导小组审定的意见，起草我省清理固定资产投资项目工作报告报省政府。

五、江苏

江苏省人民政府关于印发江苏省钢铁产业调整和振兴规划纲要的通知

苏政发[2009]81 号

各市、县人民政府，省各委、办、厅、局，省各直属单位：

现将《江苏省钢铁产业调整和振兴规划纲要》印发给你们，请结合本地区、本部门实际，认真贯彻执行。

二〇〇九年五月二十日

江苏省钢铁产业调整和振兴规划纲要

钢铁产业是国民经济重要支柱产业，产业规模大、关联度高、涉及面广，在我省国民经济和社会发展中具有重要作用。为应对国际金融危机影响，落实党中央、国务院保增长、扩内需、调结构的总体要求，确保钢铁产业平稳运行，加快结构调整和优化升级，根据国务院《钢铁产业调整和振兴规划》（国发[2009]6 号），增强企业素质和国际竞争力，结合我省实际，制定本规划纲要。规划期为 2009－2011 年。

一、产业现状及面临的形势

进入 21 世纪以来，我省钢铁产业持续较快发展，已成为全国重要的钢铁产业基地之一。2008 年，实现销售收入 6 284 亿元，生产生铁 3 858 万吨、粗钢 4 864 万吨、钢材 7 364 万吨，均占全国 1/10 左右。骨干企业产品结构不断优化，一批优质产品在国内市场享有较高声誉。自主创新能力进一步增强，加快实施工艺调整，骨干企业技术装备总体上已接近国际先进水平，初步形成了以大型骨干企业为主体的研发体系。但是，受国际金融危机影响，钢铁市场需求不振，产量大幅下降，出口严重受阻，价格大幅下跌，企业经营困难。同时，长期积累的矛盾日益突出。一是资源控制力较弱。我省铁矿资源匮乏，90%的矿石依靠进口和省外市场采购，进口矿石中“协议矿”不足 30%，“权益矿”比重低于 3%。二是产业集中度较低。2008 年，全省前 5 名钢铁企业生铁、粗钢和钢材行业集中度分别为 65.8%、61.6%和 40.2%，骨干企业大多缺乏市场领导力、控制力。三是产品附加值较低。成品钢材中附加值较低的棒、线、型材占 45%，先进生产技术和高端产品研发、应用相对滞后。四是布局调整步伐较慢。全省 90%的铁、钢产能集中在沿江两岸，30%左右的产能布局在城市或城市近郊。五是环境压力较大。煤、电、水、矿等资源消耗总量增加，环境要素制约加重。

应该看到，钢铁产业发展的基本面没有改变，必须顺应工业化、城市化加速发展的趋势，抓住扩大内需的历史性机遇，采取切实有效的措施，促进钢铁产业稳定运行、健康发展。

二、发展思路和主要目标

（一）发展思路

以邓小平理论和“三个代表”重要思想为指导，深入贯彻落实科学发展观，围绕保增长、扩内需、调结构的总体部署，统筹国际国内两个市场，发挥市场机制作用，以控制总量、优化布局、淘汰落后、联合重组、技术进步为重点，着力推进钢铁产业结构调整和优化升级，进一步增强企业素质和国际竞争力，加快推动钢铁产业由大到强转变。

（二）主要目标

调整和振兴钢铁产业，要以转变发展方式和促进优化升级为主线，在发展中调整，在调整中提升，努力增强产业整体素质，提高产业竞争力。

产业布局优化。根据国家钢铁产业政策确定的布局原则，严格控制沿江地区产能，通过兼并重组、淘汰落后以及搬迁改造，向沿海地区转移生产能力，逐步减少全省钢铁企业数量。到2011年，力争前5名钢铁企业生铁、粗钢集中度提高到75%，钢材集中度提高到55%。

技术进步加快。加强原始创新、集成创新和引进消化吸收再创新，推动技术进步，实现一般装备自主化、本地化，并在关键工艺技术和高端产品研发上取得突破。综合运用经济、法律和行政手段，在按期淘汰300米^{3}及以下高炉和20吨及以下转炉、电炉产能的基础上，提高标准，加大力度，淘汰400米^{3}及以下高炉和30吨及以下转炉、电炉。

品种质量提升。依托区位优势，围绕汽车、船舶、家电、电力设备、油气输送、集装箱制造和工程机械等行业市场需求，在南京、苏州、无锡、常州、淮安等地区，加快发展特殊钢、优质钢，提高精深加工能力，力争特殊钢、优质钢比重提高到60%，板带管比重提高到55%左右。

兼并重组加速。根据市场供求关系变化，通过政府引导、政策扶持，努力培育自主创新能力较强、具有国际竞争力的特大型企业集团。加强对中小企业发展的分类指导，鼓励开发特色产品，支持部分中小企业转换主营业务，有序退出钢铁产业。

绿色制造水平提高。加快建设钢铁产业循环经济体系，采用大型化、连续式、高精度、低损耗冶炼和轧制设备，集成式、循环型工艺流程，努力使全行业吨钢综合能耗降到0.65吨以下，吨钢新水消耗降到5吨以下，低于全国平均水平，其中重点骨干企业低于全国平均水平20%左右。积极开展清洁生产，加强“三废”综合利用，废渣、煤气利用率基本达到100%，工业用水复用率达到95%，废钢利用率达到30%以上。

产业发展稳定。遏制下滑势头，保持总体稳定，在提高技术水平和创新能力基础上，产业规模控制在合理水平，其中生铁4 000万吨左右，粗钢5 000万吨左右，巩固强化支柱产业地位，逐步实现全行业良性发展。

三、重点任务

（一）努力扩大市场需求

稳定建筑用材市场，切实保障公路、铁路、机场、桥梁等重大基础设施、保障性住房、新农村建设等所需建筑用钢尤其是特殊用钢需要，推进钢结构建筑，使各类建筑用钢占全省消费量的比重稳定在50%左右。通过实施相关产业调整和振兴规划，努力稳定和扩大汽车、船舶、装备等先进制造业所需工业用钢。积极把握钢铁产品出口政策调整机遇，努力拓展出口市场，增加间接出口。

（二）合理调控产业规模

按照内需为主、升级为先的发展思路，调控产业规模，将全省钢铁产能调控在能够更好地满足总量和结构需求的合理水平，促进产业优化升级，逐步提高产业集中度。

（三）积极优化产业布局

严格执行国家钢铁产业纲要，加快调整产业布局。推进城市特别是苏南人口密集地区城市钢铁企业跨市搬迁，推进沿海现代钢铁基地建设前期工作，在连云港规划建设沿海现代化钢铁基地。

（四）加快推进兼并重组

以骨干企业为龙头，加快兼并重组步伐，力争 2011 年形成 1 家年产钢 3 000 万吨左右（包括省外控股企业产能）的特大型钢铁企业集团，培育一批具有一定规模和特色的骨干企业。引导和支持钢铁企业较多的市、县（市）依托龙头企业，实施产能整合，减少企业数量，削减生产场点。支持企业结合自身实际，建立资源共享、信息互通的战略联盟，引导鼓励支持强强联合。

（五）着力推进技术进步

自主创新和技术改造有机结合，加快淘汰落后产能，努力调整产业技术结构，提高行业技术水平。一是加强自主创新。加快建立和完善企业研发机构，大力推进重大科技成果转化，积极推动节能减排技术、信息技术在钢铁企业的广泛应用，组织实施跨企业、跨地区的核心技术与关键技术攻关。二是加大技术改造力度，提高工艺装备水平，提升产品档次和产品附加值。三是加快淘汰落后产能。在 2010 年按期完成第一期淘汰任务的同时，根据国家部署，组织好 400 米^3 及以下高炉和 30 吨及以下转炉、电炉淘汰工作。

（六）不断优化产品结构

以重点骨干企业特别是行业前 5 名企业为依托，坚持不懈地推进产品优化升级。一是促进建筑用材升级换代。积极采用超细晶粒或微合金化工艺，加快建筑用超细钢丝产业化，推动发展高层建筑抗震耐火钢和 H 型钢。二是推进制造用材填补空白。以机械、船舶、汽车、军工等行业急需的高端特殊用材为重点，争取在高磁感低铁损取向硅钢片、百万千瓦以上电站锅炉用特厚板和高压管用钢板、高强度轿车面板等领域取得突破。三是推动关键品种改造提升。结合高速铁路、油气开发和长距离输送管道建设及装备制造业发展需要，积极改造提升高速铁路用钢、抗腐蚀抗大变形管线钢、石油储罐用钢、高强度机械用钢、高性能调质热处理板、高档次电力用钢、不锈钢薄板带、工模具钢以及具有特殊成分、规格、质量要求的大锻材、高级无缝钢管等产品。四是推进品牌升级。以高档次建筑用材和市场需求大、技术水平高的机械制造用材为主，着力培育一批知名品牌，进一步提高品牌产品比重和企业知名度。

（七）切实提高绿色制造水平

坚持把发展产业与合理利用资源、有效保护环境结合起来，毫不松懈地推进清洁生产，深化节能减排。利用全球需求减缓、资产价格相对较低的有利时机，支持有条件的企业加快“走出去”，积极获取铁矿石、炼焦煤等基础资源和焦炭、球团、烧结矿、生铁等中间产品资源。全面推行钢铁企业清洁生产审核，实现污染物排放标准和总量“双达标”。

四、政策措施

（一）落实促进产业发展的财税政策

全面落实省委、省政府促进产业调整和振兴的相关政策，加大现有省级专项资金对钢铁产业技术进步的支持力度。认真落实国务院出台的取消 67 个税号钢铁产品出口关税的政策措施。落实国家关于钢铁产品出口退税的政策，加快退税进度，确保及时足额退税。落实支持钢铁企业兼并重组、节能减排等税收政策。

（二）实行推动可持续发展的产业政策

按照区别对待的原则，结合编制实施区域主体功能规划，把钢铁产业政策、环境保护政策与优化区域主体功能结合起来，实行禁止投资、限制投资、允许投资的区域准入政策，优化产业空间布局。统筹考虑产业规模、技术装备、能源消耗、污染排放等条件，制定实施准入标准更高的《产业结构调整指导目录》。坚持以内需为主、外需为辅的市场取向，坚持严格控制新增产能和加快调整产业布局相结合，在规定权限内加快核备不新增产能或减少产能的固定资产投资和技术改造项目。继续实行区别对待的土地政策，对未经依法核准的新建、改建、扩建、搬迁等钢铁项目不予供地，对同步建设、集群配套的基地型和节地型钢铁项目优先安排用地，鼓励使用关停企业存量土地，引导现有企业向园区集中。根据节能减排要求，逐步提高钢铁项目排放和能耗标准，加大执法力度，实施以削减污染排放和降低能耗为主要内容的节能减排改造项目，确保增产增效不增污。

（三）继续实行有保有压的金融政策

按照信贷管理政策和贷款条件，加大对重点骨干企业和依法核准或备案项目的金融支持力度。积极探索和推广银团融资。支持符合条件的企业通过公开发行股票、定向募集股份等方式增加资本，通过发行企业债券、短期融资券、资金信托、中期票据等方式扩大非信贷融资。支持大型企业（集团）组建财务公司，构建融资平台，集中调配资金资源。支持企业购并重组，由基本开户行或其他商业银行牵头，对重组方试行重组购并贷款。

（四）加快实行鼓励淘汰落后产能的政策措施

根据国务院和省人民政府有关文件精神，研究制定差别电价实施范围和实施标准，出台关停淘汰落后钢铁生产能力补助办法。加强监督检查，依法关停超标排放企业。严格实行节能减排、淘汰落后问责制，对限期淘汰的落后装备境内异地转移或擅自扩容的予以严肃查处，对未按期完成淘汰落后任务的地区暂停项目核准和审批。

（五）加快实行扶持兼并重组的政策措施

制定出台鼓励企业联合重组的政策措施，妥善解决富余人员安置、企业资产划转、债务核定与处置、财税利益分配等问题。采取资本金注入、融资信贷、资产划转等方式，对重组企业给予适当扶持。加快退出在能耗高、污染大、竞争能力较差、发展前景不明的中小型钢铁企业所持有的国有股权，以挂牌、拍卖、协议出让等方式向大型钢铁企业依法转让，促进企业兼并重组。

（六）积极采取促进内外资源开拓的政策措施

加快境外资源型投资项目核准进度，促进境外资源基地建设。对“走出去”资源型项目积极提供信贷支持、保险服务和出入境管理便利，协助企业争取利用国家境外矿产资源权益投资专项资金、对外经济技术合作专项资金和国外矿产资源风险勘探专项资金。对设立在我省的地质勘探机构提供必要的财政支持，鼓励其协同有条件的钢铁企业加快境外探矿、共同开发步伐。支持有条件的大型钢铁企业参与国内矿山勘探和开发，适度开发利用低品位矿和尾矿，加强共生矿、伴生矿综合利用，提高国内矿石自给率。

（七）积极采取促进关联产业发展的政策措施

根据钢铁产业关联度大的特点，支持有条件的钢铁企业与装备、汽车、船舶、家电等行业的相关企业开展合资合作，组建特殊材料订制中心，发展上下游关联产品，促进产品升级换代，实现协同发展。依托钢铁企业、骨干机械制造企业，积极发展冶金装备、铸锻件等关键部件。鼓励中小钢铁企业退出钢铁冶炼，向金属制品和铸锻产品机械加工制造转型。结合沿江、沿海开发，依托南通港、连云港港和镇江港等重要港口，鼓励钢铁企业参与投资建设铁矿中转基地和钢材物流配送中心。对钢铁企业与其他行业企业、科研机构共同组建的研发机构，依照条件提供科研经费支持。

五、规划实施

（一）加强组织领导

建立省重点产业调整和振兴联席会议制度，由省人民政府领导牵头，省各有关部门负责同志参加，按照责任分工，加大产业组织协调力度，加强指导和监督检查，确保调整和振兴目标的实现。各地建立相应组织领导体制。

（二）注重规划引导

针对产业发展特点和市场需求不足的现状，围绕改善民生、优化环境、发展经济，加快制定和实施保障性住房、社会公益事业、基础设施和重点产业项目规划，稳定和扩大钢铁市场需求。加强各类钢铁产业专项规划与国家、省总体规划的衔接，强化发展规划的指导性、约束性和权威性，引导行业持续健康发展。

（三）严格目标考核

各地区、省各有关部门按照本规划纲要，结合各自职责，加强沟通，密切配合，制订具体实施方案，明确各项政策措施的实施范围、期限，加强指导和协调落实，并及时进行监督检查和政策效果后期评价。

（四）优化服务环境

进一步规范项目审批、核准、备案管理制度，简化相关工作程序。将重点技术、重点项目和重点企业纳入有关规划和年度重大项目计划，加强政策支持，建立和实施重大项目跟踪服务机制。加快推进政务公开，及时公布产业发展政策信息，完善产业发展预警机制。

（五）强化人才支撑

把握当前有利时机，积极引进钢铁产业高层次人才。切实加强职业教育、岗前培训和在职培训，努力扩大一线高素质操作人才队伍，提高产品研发和经营管理人才素质。充分发挥高等院校作用，引导企业和科研机构参与高校钢铁专业人才培养，调整专业结构，优化课程设计，使人才培养更好地为产业发展服务。

（六）发挥行业协会作用

省行业协会要积极组织省内钢铁企业参加全国统一组织的进口矿石对外谈判，努力获取“协议矿”，协同有关部门和企业积极应对国际贸易中出现的反补贴、反倾销诉讼，维护我省钢铁企业合法权益。及时反映行业运行动态和企业诉求，引导企业落实国家产业政策，加强行业自律，促进行业有序发展。

附件：1．关键技术

2．重点项目

3．工作分工

附件 1：

关 键 技 术

1．技术研发领域

（1）前沿技术和关键产品生产技术。主要包括非高炉炼铁技术、连铸薄带技术、高效低成本纯净钢生产技术、大型板坯连铸技术、钢渣综合利用等关键共性技术研发和成果转化。重点为百万千瓦火电及核电用特厚板和高压锅炉管、25 万千伏安以上变压器用高磁感低铁损取向硅钢等高端品种生产技术。

（2）自主集成重大装备和首台首套设备。主要包括千万吨级钢铁企业的设计、制造和系统耦合技术，中厚板调质热处理及热轧和冷轧宽带钢关键技术及装备，重大装备国产化依托工程首台首套设备。

（3）成熟应用技术。主要包括高强度钢筋、汽车板、造船板等产品生产应用技术。

2．技术引进领域

（1）高端产品生产技术。主要包括高磁感取向硅钢、耐高温高压腐蚀电站用钢、高性能调质热处理中厚板、高强度轿车板等生产技术。

（2）清洁生产和循环经济工艺技术。主要包括焦炉煤调湿、大型热电联产、循环水及中水回用和海水淡化等工艺技术。

3．工艺技术装备升级领域

（1）关键钢材品种。主要包括高速铁路用钢、高牌号无取向硅钢、高磁感取向硅钢、高性能调质热处理钢、抗腐蚀抗大变形管线钢、高强度高档次机械用钢、轿车用钢、工模具钢、海洋工程装备用钢、桥梁斜拉索用钢、电力用钢、高强度建筑用钢、高档精密不锈钢薄板带、特殊大锻材、特殊质量要求的高级无缝钢管等产品及技术。

（2）高强度钢筋和节材型建材。主要包括淘汰强度 335 MPa 热轧带肋钢筋，对建筑物基础工程、重点工程强制使用强度 400 MPa 以上钢筋，采用超细晶粒或微合金化等工艺对建筑钢材生产线进行改造提升，促进建筑钢材升级换代。

（3）可循环工艺和节能减排工艺技术。主要包括在现有企业和国家核准的新建钢铁企业建设中推广高温高压干熄焦技术、烧结余热利用技术、烧结烟气脱硫技术、高炉和烧结工序系统工艺技术、高炉炉顶余压发电技术、干法除尘技术、转炉煤气干法除尘及回收利用技术、铸轧一体化技术、综合能源管理技术，以及沿海企业采用风力发电等清洁新能源。

（4）低品位难选冶矿产资源采选冶炼。主要包括利用共生、低品位、难选冶的褐铁矿、高磷铁矿、菱铁矿等深部开采和选冶技术，钒钛、硼铁资源综合利用技术。

（5）焦化附产和辅料。主要包括焦化产品回收，铁合金、碳素和耐火材料等产品先进节能减排技术开发及应用。

（6）信息化和自动化。主要包括自主开发应用钢铁生产工艺自动化控制技术和信息化管理技术。

附件 2：

重点项目

1．宝钢梅山公司淘汰落后炼铁炼钢轧钢系统及配套设施，建设大型先进冶炼装备“结构调整及工艺装备升级工程”。

2．沙钢制气、焊管、2 万吨轧辊、专用板热处理、废钢加工、宽厚板及研究院建设“工艺升级节能减排结构调整工程”。

3．南钢结构调整配套项目和“十一五”宽厚板项目。

4．锡钢搬迁改造升级项目。

5．中天钢铁收购兼并企业、淘汰落后装备、余热余压发电、焦化系统改造、环保设施完善项目。

6．沙钢集团淮钢公司 100 万吨大棒材及 20 万吨大型铸锻件项目。

附件 3：

工作分工

序号	工作任务	牵头单位	参与单位
1	落实国家财政税收政策，促进结构调整、技术进步、节能减排、企业重组和产品出口	省财政厅	省发展改革委、经贸委、国税局、地税局、南京海关、江苏检验检疫局
2	完善产业政策，优化空间布局，推进重大项目，形成特色产业基地	省发展改革委	省经贸委、财政厅、国土资源厅、外经贸厅、环保厅
3	修订《建设用地标准》，优先安排依法核准或备案的同步建设、集群配套的基地型重大项目用地	省国土资源厅	省发展改革委
4	实行关停淘汰落后奖励政策，对未按期完成淘汰任务的地区暂停项目审批、核准、备案	省发展改革委	省经贸委、财政厅、物价局、电力公司
5	推进兼并重组，促进强强联合，试行兼并重组贷款	省经贸委、金融办	省发展改革委、国资委、人民银行南京分行
6	争取国家支持，提供省级财政扶持，建立企业和地质勘探机构协同探矿、共同开发机制，建设海外资源基地	省发展改革委	省财政厅、外经贸厅、金融办、地质矿产勘查局
7	促进关联产业协同发展，支持中小企业转型	省经贸委	省发展改革委、国土资源厅
8	支持重大科技攻关，促进科研成果产业化	省科技厅	省发展改革委

江苏省发改委关于印发《江苏省“十一五”钢铁工业调整和发展专项规划》的通知

苏发改工业发[2007]636 号

各市发展改革委：

为全面贯彻国务院《促进产业结构调整暂行规定》（国发[2005]40 号）、《关于加快推进产能过剩行业结构调整的通知》（国发[2006]11 号）精神，根据国家《钢铁产业发展政策》、国家发展改革委等八部门《关于钢铁工业控制总量淘汰落后加快结构调整的通知》（发改工业[2006]1084 号）和《江苏省国民经济和社会发展第十一个五年规划纲要》，在开展全行业调查研究，征求各市、省有关部门和企业意见的基础上，编制了《江苏省“十一五”钢铁工业调整和发展专项规划》，现印发给你们，请认真落实。

附件：《江苏省“十一五”钢铁工业调整和发展专项规划》

二〇〇七年六月二十五日

附件：

江苏省“十一五”钢铁工业调整和发展专项规划

钢铁工业是国民经济的重要原材料产业。为全面贯彻国务院《促进产业结构调整暂行规定》（国发［2005］40 号）、《关于加快推进产能过剩行业结构调整的通知》（国发［2006］11 号）精神，根据国家《钢铁产业发展政策》、国家发展改革委等八部门《关于钢铁工业控制总量淘汰落后加快结构调整的通知》（发改工业［2006］1084 号）和《江苏省国民经济和社会发展第十一个五年规划纲要》，制订本规划。

一、发展现状

20 世纪 90 年代以来，我省钢铁工业加快发展，逐步成为全国钢铁生产基地之一，为经济持续较快发展作出了重要贡献。

（一）初步形成了基本满足当前需求的产业规模。2005 年全省生产生铁 2 685 万吨、粗钢 3 285 万吨、钢材 4 328 万吨，分别占全国 8.13%、9.40%和 11.66%，比 2000 年分别年均增长 52.7%、39.7%和 25.3%。沙钢集团产能达到 1 500 万吨左右，南钢集团、兴澄特钢和淮钢集团等骨干企业产品结构得到优化，全省板带管占比接近 25%。

（二）初步形成了部分领域国内领先的市场地位。以沙钢集团、南钢集团、锡钢集团为代表的优质钢线材，以沙钢集团、永钢集团为代表的热轧螺纹钢，以江阴兴澄、江苏淮钢为代表的高档次汽车用钢、轴承钢、高压锅炉用钢、高强度耐腐蚀系泊链用钢，以南钢集团为代表的高品质、长距离管线用钢、船用板，以南通特钢、旋力集团、江苏诚德等为代表的不锈钢管、油井管，以法尔胜、兴达为代表的钢丝、钢丝绳等优质、特钢产品，在国内市场享有较高知名度，赢得了较大的市场份额。

（三）初步形成了以短流程电炉钢为主的产业体系。根据矿产资源缺乏、环境容量有限的省情，在全国率先采用了铁水热装、废钢预热等先进适用技术，以连铸为中心，积极采用“超高功率电炉－精炼－连铸－热送－连轧”短流程、节能型工艺路线，部分骨干企业技术装备水平已达到或接近国际先进水平。

（四）初步形成了以新一代钢材产品为主的研发基础。南钢集团、兴澄特钢、淮钢集团等骨干企业相继承担新一代钢铁材料重大基础课题研究，开展高强度、高韧性、高节材等新型钢材工业化试验和小批量生产，初步积累了技术，培育了市场。

全省钢铁工业较快发展的同时，可持续发展还面临不少深层次矛盾和问题，除铁矿石等基本原料主要依赖进口，存在瓶颈约束外，突出表现为“两低一重”。一是产业集中度相对较低。2005 年末全省拥有铁、钢和材生产能力的企业分别为 40 家、42 家和 334 家，沙钢等前五家企业行业集中度合计达到 68.19%、70.29%和 43.20%，虽然高于全国平均水平，但除沙钢、兴澄特钢外，骨干企业还普遍缺乏市场领导力、控制力，布局分散、各自为战的格局仍未彻底改观。

二是产品增值率总体偏低。“十五”期间投资结构、产品结构有所调整，但中厚板、薄板、无缝管、焊接管、冷弯型材涂层板等高附加值产品仅占钢材总量四分之一，低于全国平均水平，大型型钢、特厚板材仍为空白，家电、车船行业用板供给不足。

三是资源与环境压力依然很重。目前全行业炼钢连铸比、高炉利用系数、电炉钢冶炼电耗、高炉合格铁入炉焦比等主要技术经济指标，分别优于全国平均水平 13.7%、21.8%、23.7%和 26.3%，烟尘、粉尘、二氧化硫、COD 等主要污染物吨钢排放量仅为全国平均水平的 39.8%、8.9%、27.6%和 34.8%，但煤、电、水、矿等资源消耗总量逐年增大，与宝钢等国内先进企业相比差距较大，生态环境压力仍未有效缓解。

二、指导思想

全面落实科学发展观，通过充分发挥市场机制作用，有效实施宏观调节，合理利用两个市场、两种资源，积极倡导循环型、集聚式发展模式，推进产业布局、产品结构和企业组织结构调整，提高行业组织程度、技术装备水平和产品质量水平，加快优胜劣汰，逐步走出一条产品质量高、经济效益好、资源消耗低、环境污染少、竞争能力强的新型钢铁工业发展道路，为实现全省钢铁工业由大到强、由特到精的历史性转变奠定基础。

三、主要目标

认真贯彻钢铁产业发展政策，严格把握行业准入条件，全面推进关停淘汰落后工作，切实把调整结构、提升水平、节能减排和增强竞争力作为“十一五”发展的主线，在严格控制总量的同时，努力实现以下阶段性目标：

（一）布局优化。根据国家钢铁产业政策确定的布局原则，通过兼并重组、淘汰落后以及搬迁改造等方式，向近江临海地区、港口地区和消费中心地区转移生产能力，逐步减少钢铁企业数量，力争使沙钢、南钢、梅钢、兴澄、中天等前五名重点骨干企业生铁、粗钢生产能力行业集中度由 70%左右提高到 80%以上，钢材加工能力行业集中度由 40%提高到 60%以上。

（二）质量提高。依托区位优势，立足汽车、船舶、家电、电力设备、油气输送、集装箱制造和工程机械行业迅速增长的市场需求，在南京、苏州、无锡、常州、淮安等少数地区，加快发展特殊钢、优质钢，增强精整处理能力，力争使特殊钢、优质钢比重由 33%提高到 60%以上，板带管比由 25%提高到 50%以上。

（三）消耗下降。立足建设“生态江苏”，加快建设钢铁工业循环经济体系，严格控制土地占用，鼓励企业采用大型化、连续式、高精度、低损耗冶炼、轧制设备，运用集成式、循环型工艺流程，努力使全行业吨钢综合能耗降至0.7吨以下，新水消耗量降至7吨左右，全行业平均单耗水平优于全国10%左右，其中重点骨干企业优于全国20%以上。

（四）达标排放。以生产过程污染物“零排放”为目标，持续削弱污染排放总量，积极开展清洁生产，努力构建能源、固态物质和水资源回收利用体系，加大“三废”综合治理利用力度，加强与建材、汽车等相关行业的合作，提高废钢利用比例，形成再生资源回收利用的跨行业耦合，使全行业废渣、煤气利用率达到99%，工业用水复用率达到95%，废钢利用率达到30%以上。企业污染物全部实现稳定达标排放，其中，二氧化硫排放总量削减10%，化学需氧量削减15%。

（五）效益提升。全行业炼铁、炼钢、轧制工艺设计能力利用率达到90%以上，总资产利润率比全省全部工业平均水平高10%，由5.3%提高到6.5%左右，重点骨干企业分别在各自主营产品领域发挥更强的主导作用。

四、基本原则

根据依靠市场，因势利导，控制产能，优化结构，区别对待，扶优汰劣，加快推进产能过剩行业结构调整的总要求，严格遵循下列原则，切实推进钢铁工业调整和发展工作。

（一）坚持市场导向，严格执行政策。尊重客观规律，充分发挥市场机制的基础性配置作用，促进各类生产要素在产业政策指导下向钢铁产品短缺领域有序流动，推动企业自主创新，主动调整。更加有效地利用两个市场、两种资源，加快“走出去”步伐，着力化解矿产、能源等资源性要素的约束。综合运用经济、法律和必要的行政手段，加快关停淘汰落后产能。加强产业政策引导、信贷政策支持和财税政策调节，引导投资方向。切实加强金融债权管理，防止发生逃废债务行为。

（二）坚持区别对待，促进扶优汰劣。围绕提升市场竞争能力，依法及时调整产业准入标准，有序调控产业发展方向、速度、结构，区分不同情况，实行分类指导，有保有压。坚持扶优与汰劣相结合，升级改造与淘汰落后相结合，兼并重组与关闭破产相结合，着力助大做强、助特做精，提高产业集中度，增强国际竞争力。

（三）坚持突出重点，务求调整实效。根据钢铁工业连续式生产、紧凑式布局的内在要求，后道产能大于前道的现状特征，突出炼铁、炼钢、轧制等三个环节，严格控制增量，从严限制现有企业以填平补齐为名新增冶炼能力。鼓励企业通过兼并重组、业务调整等方式，合理利用和消化现有产能或退出冶炼行业，优化企业组织结构和产品结构。

（四）坚持循序渐进，务求平稳发展。稳妥把握调整、发展、提高的关系，坚持在调整中发展，发展中提高，通过合理把握调整重点、力度和节奏，以最小代价换取明显成效，避免大起大落。突出调控增量，积极利用存量。突出市场机制和经济手段，稳妥利用法律、行政手段。

（五）坚持标本兼治，建立长效机制。规范市场准入，严格项目管理。切实把当前调整与长远发展结合起来，加快改革，消除体制性、机制性障碍。支持建立以企业为主体的技术创新体系，形成自主创新机制，提高整体技术水平。鼓励企业开展废旧资源跨行业综合利用，实现企业内部循环型生产，关联产业集聚式发展，优化钢铁产业发展生态。

五、重点任务

钢铁工业结构调整和发展是一项长期的系统工程。“十一五”期间，在规划、政策的引导下，通过政府、企业和社会长期不懈的共同努力，逐步调整产业空间布局、产业技术结构、企业组织结构和产品结构。

（一）调整产业空间布局

钢铁工业布局要综合兼顾矿产资源、能源、水资源、交通运输、环境容量、市场分布和国外资源利用等条件。根据《钢铁产业发展政策》确定的布局原则、准入标准，结合钢铁工业布局现状，实行分类指导，区别对待，不断优化产业发展外部环境。

1. 从严控制单独新建钢铁企业。严格执行《钢铁产业发展政策》，未经国家发展改革委批准不再单独建设新的钢铁联合企业、独立炼铁厂、炼钢厂和独立轧钢厂。

2. 鼓励现有企业实施搬迁改造。根据《钢铁产业发展政策》确定的“大型钢铁企业应主要分布在沿海地区”布局导向，按照新增生产能力与淘汰落后能力相结合、不扩大钢铁生产能力的原则，鼓励有条件的现有企业通过兼并重组，结合搬迁，在水资源、原料运输、市场消费等具有比较优势的地区进行改造和扩建。重要环境保护区、严重缺水地区、大中城市市区现有钢铁企业不再扩建冶炼能力，并有计划地实施压产、搬迁。

（二）调整产品品种结构

我省是产钢大省之一，但还不是钢铁强省。其重要特征之一是产品结构不合理，高技术含量和高附加值产品比重较低，部分产品质量不高。钢铁产品结构调整是钢铁工业结构调整的重要组成部分，其基本方向是淘汰落后的叠轧薄板、热轧硅钢片和质量低劣的建筑材料，抑制窄带钢、螺纹钢及线材产品产能扩张，发展高端板带材和高效钢材。

1. 积极发展高等级建筑用材。依法取缔“地条钢”生产企业和窝点，限制发展二级及以下螺纹钢，积极发展高强度、节材型三级螺纹钢、高层建筑抗震耐火钢和H型钢，加快建筑用超细钢丝产业化步伐。

2. 积极发展急缺型制造用材。以热轧板、冷轧板、不锈钢板、涂镀层板、冷轧硅钢片、宽中厚板等为重点，积极发展机械、船舶、汽车、军工等行业急需的特殊钢材，积极创造条件争取在0.23毫米高牌号冷轧取向硅钢片、30万千瓦以上电站锅炉用钢和高等级轿车面板等领域取得突破。

3. 积极发展缺短型基础设施建设用材。结合高速铁路建设、油气开发及长距离输送的客观需要，积极发展高速重载铁路用钢、石油开采油井管、油气长距离输送用管及其板材。

（三）调整产业技术结构

钢铁工业技术要求高、更新速度快，要把加快淘汰落后与加强自主创新有机结合起来，努力调整产业技术结构，提高行业技术水平。

1. 加快淘汰落后。认真落实国务院《促进产业结构调整暂行规定》、《关于加快推进产能过剩行业结构调整的通知》和国家发展改革委《产业结构调整指导目录》，全面实施《江苏省钢铁工业淘汰落后生产能力实施方案》，加快淘汰钢铁工业落后工艺、技术、装备。以淘汰300米^{3}及以下高炉（不含铁合金高炉、专业铸铁管厂高炉）、20吨及以下转炉（不含铁合金转炉）、20吨及以下电炉（不含高合金钢和机械铸造电炉）和复二重、横列式线材轧机、横列式小型轧机、叠轧薄板轧机、热轧窄带钢轧机等为重点，淘汰落后炼铁能力479万吨、炼钢能力707万吨。

2. 加强自主创新。支持企业建立产品技术研发机构，开发具有自主知识产权的工艺、技术和装备，发展具有自主知识产权的产品。鼓励企业积极采用精料入炉、富氧喷煤、铁水预处理、大型高炉、转炉和超高功率电炉、炉外精炼、连铸连轧、控制轧制、控制冷却等先进工艺技术和装备。鼓励企业根据发展循环经济的要求，结合自身工艺特征，积极采用先进适用的工艺技术，最大限度地利用各种能源资源实现节能降耗。矿山系统推广采用天矿陡帮开采工艺技术、多碎少磨技术和尾矿资源再选技术；焦化系统推广采用干法熄焦技术，焦化煤气提清和煤气发电技术；炼铁系统推广采用高炉余压发电、汽化冷却技术、小球烧结技术、热风烧结、混合料预热和热风点火技术；炼钢系统推广采用炉外精炼、溅渣护炉、钢渣显热回收、电炉炼钢优化供电和全连铸技术；轧钢系统推进采用连铸坯一火成材和热装热送工艺，推广采用蓄热式燃烧和直接轧制技术。支持有条件的大型骨干企业跟踪研究、开发利用连铸薄带、熔融还原、无头轧制等钢铁生产流程前沿技术。

（四）调整企业组织结构

钢铁工业属资金、资源、能源密集型产业，货物吞吐量大，环境污染较重。“十一五”期间，要认真贯彻落实《钢铁产业发展政策》和《钢铁工业中长期发展规划》，按照市场优胜劣汰原则，支持和鼓励有实力的大型企业集团，以资本、资源、技术和品牌为纽带，加快实施跨地区、跨所有制兼并重组，推动钢铁工业向集团化、专业化方向发展，调整和优化组织结构，重塑钢铁工业经济版图，提高产业组织效率。

1．加快购并重组，促进优势企业做优做强。支持和鼓励有条件的大型企业集团开展跨地区联合重组，到 2010 年，形成两个千万吨级具有国际竞争力的特大型企业集团，全行业前五名企业合计冶炼、轧制能力集中度分别提高 10 个和 20 个百分点。

沙钢集团，加快购并重组，努力做优做强。根据国家钢铁产业发展政策的要求，加快制定和实施中长期发展规划。依托地处沿江地区和钢材产品消费中心的有利条件，以提高品质、增加附加值为主要目标，调减棒线比例，着力发展优质棒线产品。依托毗邻长江三角洲船舶工业基地的区位便利，以加快实施还原铁项目为契机，立足高起点、大规模，积极发展特宽中厚板和宽厚板。以“走出去”建设矿石基地为基础，优化物流网络。完善循环经济体系，提高发展效率。以重组淮钢为契机，推动淮钢加速结构转型，建成 300 万吨左右特钢产品基地。到 2010 年，建成以精品板材和精品长材为主，兼营特钢产品，规模达到 2 000 万吨（含淮钢等被重组企业产能），国内优势显著提升的大型钢铁联合企业。

南钢集团，加强跨区整合，增强竞争能力。依托南京城北原址，加快实施“十五”结构调整配套项目，按期达产达效。在调整和控制线材生产能力的同时，围绕“长江口”造船基地建设，积极开展跨区购并重组，加快实施“东移发展”战略，大力发展船用中厚板材和市场短缺的宽幅薄板，力争建成常州板材基地。加快建筑用超细钢丝产业化、批量化步伐，形成新的增长点。到 2010 年，建成以中厚板和薄板为主，高品质、长距离管线钢形成经济规模，结构比较合理、竞争能力较强的 1 000 万吨级大型钢铁联合企业。

兴澄特钢，依托移地建设，壮大规模优势。加快实施国家委托核准的移地建设特钢冶炼项目，以 70 吨超高功率电炉及精炼装置为基础，面向汽车产业，优化产品结构，扩大合金结构钢、轴承钢、弹簧钢、高压锅炉钢、合金管坯钢、冷镦钢生产规模。加强跨地区收购兼并，促进生产能力集中，提高在全省特钢行业的产业集中度。到 2010 年，形成 350 万吨左右特殊钢生产能力和集团化、专业化组织形态，巩固和提升在全国特钢行业的领先地位。

梅钢公司，发挥资源优势，实施精品战略。根据国家核准的宝钢集团发展规划和梅钢 150 万吨板材及配套项目，充分发挥自身拥有矿山资源的优势，依托宝钢集团一体化技术平台和项目建设、生产、研发等方面优势，以节能降耗，改善环境，调整产品结构为重点，加快改造工艺装备，积极开发生产冷成型用钢、结构用钢、汽车结构用钢、耐腐蚀结构用钢、石油天然气管线用钢以及薄规格高强度专用板，提高整体实力。到 2010 年，形成 350 万吨钢综合生产能力，成为重要的精品板材生产基地。

中天集团，依托重点项目，努力做特做优。根据国家产业政策，积极采用先进工艺技术，加快淘汰小型冶炼、轧制设备，提高技术装备水平。充分利用现有超高功率电炉炼钢能力，积极完善精炼工艺，调减长材产品，着力发展高合金钢产品，实现产品结构转型。以区域关联企业为重点，积极开展收购兼并，在专业化基础上实现集团化和规模化经营。到 2010 年，初步形成 300 万吨优质钢生产基地。

2. 加快业务转换，促进中小企业做特做精。全省中小钢铁企业数量较多，设备相对落后，技术水平较低，产品雷同和同质竞争现象比较明显。为避免社会财富严重损失浪费，要按照国家《钢铁产业发展政策》和专业化分工原则，积极支持并推动劣势中小企业加快业务转换，具备条件的独立炼铁企业，通过更新改造，逐步向铸造生铁企业转变。具备条件的电炉钢“短流程”独立炼钢企业和工艺配置基本合理、规模较小的“长流程”钢铁联合企业，逐步由普碳钢转向特殊钢。小规模轧钢企业和其他不具备条件的企业，在淘汰炼铁、炼钢、轧制能力的基础上，逐步转向金属制品加工。支持和鼓励中小钢铁企业通过业务转换、产品转型，在国家《钢铁产业发展政策》和《促进产业结构调整指导目录》允许的范围内，将现有中小规格高炉、转炉、电炉转用于铁合金、铸铁管、高合金钢和机械铸造。

六、保障措施

（一）大力推进购并淘汰

按照《江苏省钢铁工业淘汰落后生产能力实施方案》（苏政办发[2007]73 号），全面推进关停淘汰工作。综合运用经济、法律手段和必要的行政手段，积极鼓励并大力推进收购兼并。积极引导、帮助企业科学设计企业分立、合并债务处理方案，并依法取得金融机构等债权方确认。

1. 调整国有资产监管政策。地方各级国有资产监督管理部门要根据“有进有退、进退有序”的原则，及时调整并确定国有企业主营业务，明确发展方向。对于在能耗高、物耗高、污染大，竞争能力较差、发展前景不明的中小型钢铁企业所持有的国有股份，要依照法定程序，以挂牌、拍卖、协议出让等方式向大型钢铁联合企业依法转让，促进企业重组。

2. 调整电力资源配置政策。基于省情和原料结构，以电炉钢为主的短流程工艺仍将是全省钢铁工业的现实选择。依照国办发[2006]77 号文件，对未按国家规定及时淘汰落后产能、继续生产淘汰产品的企业，实行更加严格的差别电价政策，并依法采取停供措施，促进淘汰；对技术装备水平较低、单位能耗高于当地平均水平的企业，实行限供措施，限期更新；对焦炉系统采用干熄焦装置，高炉系统配建炉顶压差发电装置，炼铁系统采用直接还原或熔融还原技术，炼钢系统采用全连铸、溅渣护炉技术，轧钢系统采用连铸坯一火成材、热装热送工艺，以及采用蓄热式燃烧技术，利用自备电站有效集成各类可燃气体和蒸汽，技术装备先进的企业，实行优先供给、保障供给，促进发展。

3. 调整能耗环保准入政策。依照《政府采购法》，将污染排放是否达标、资源消耗是否高于行业平均水平等作为参加政府采购的准入条件，不符合标准的不予通过资格审查。对地处城区以及主城区规划范围之内，产品水平较低，环境影响严重，原址改造投入产出效率不高的劣势钢铁企业，采取调整土地用途、限期搬迁等措施，促进劣势企业“退二进三”，或者异地兴办其他非钢项目。

（二）加快提升产业水平

钢铁行业全球竞争的特征日益显现，技术、产品、质量和标准逐渐成为竞争取胜的关键。为迅速、彻底地遏制低水平盲目扩张势头，要不断完善全省钢铁行业环保、安全、技术、土地和资源综合利用等市场准入标准，切实加强监督管理，引导市场主体投资方向。

1. 严格执行国家标准。对新建钢铁产业发展政策约束的项目，一律严格执行国家规定的标准、权限和程序，实行核准、备案制度。对未经合法程序核准、备案的项目，生产“地条钢”的企业和窝点，一律依法查处。对清理整顿后属于暂停建设、限期整改而未达到标准的，一律不予恢复建设。在产业布局上，综合考虑矿产资源、能源、水资源、交通运输、环境容量、市场分布和利用国外资源等条件，除报经国家核准外，不单独批建新的钢铁联合企业和独立炼铁厂、炼钢厂、轧钢厂。在发展模式上，依托有条件的现有企业，结合兼并、搬迁，在水资源、原料、运输、市场消费等方面具有比较优势的地区改造、扩建，并使主要技术装备分别达到烧结机 180 米^2、焦炉炭化室 6 米、高炉 1 000 米^3、转炉 120 吨、电炉 70 吨等准入条件。在能力调控上，坚持新增能力与淘汰落后相结合，控制全行业产能无序、过度扩张。

2. 适时提高本省标准。根据我省三大区域发展水平、发展条件和区位特征，会同土地、环保等部门，依照法定程序，制定和实施与技术水平、投资强度、产品方案相挂钩，“南高北低、梯度排列”，体现节约用地、清洁生产、循环发展要求的供地政策、排污政策。除苏北地区执行国家基准政策外，苏中地区和苏南地区原则上均实行不同程度的“上浮”政策。

（三）不断创新发展模式

钢铁工业结构调整和发展既取决于市场机制，也离不开政策引导。要围绕实施产业政策，切实加强产业政策与财政、金融、土地、环保、外资政策的相互配合，形成政策合力，引导全省钢铁企业努力走出一条符合本省实际，以骨干企业为龙头，大中小型企业集中布局、相互联合、内外兼顾的新型发展模式。

1. 实行“助大做强、助特做精”的财政金融政策导向。要以补助、贴息、税费减免，扩大授信、增加贷款、组织贴现、下浮利率以及上市公司定向增发、非上市企业债券融资等方式，增强筹资能力，扩大资本积累，引导和鼓励骨干企业积极采用新技术，实现技术装备大型化，生产过程连续化、紧凑化、高效化，上水平、上品种、创名牌。积极发展市场短缺、依赖进口的车船用板、管线用板、桥梁用板、压力容器用板、家电用板等高档宽幅专用板材，大规格优质棒材、管材，轴承钢、弹簧钢、齿轮钢以及汽车轮胎钢帘线等特钢产品和金属制品，走“高、精、尖、特”内涵式扩大再生产的道路。

2. 实行“项目进园、集群发展”的土地环保政策导向。通过土地预留、限供、不供等区别对待的土地管理措施，通过排污限额向已经依法设立、具备集中处理能力的工业园区和工业集中区倾斜的政策，引导企业向园区集中。鼓励钢铁骨干企业围绕重点优势产品，吸引社会投资同步建设深加工项目和“三废”资源综合利用项目。凡属同步建设、集群式配套的项目，投资主管部门优先核准、备案，国土部门优先满足用地需求，环保部门优先办理环评批复。

3. 实行“积极投资、抢占资源”的对外经贸政策导向。积极引导和支持现有钢铁企业尤其是大型钢铁联合企业和特钢企业组建投资联盟，在境外矿产资源丰富的地区共同兴办铁矿、废钢、炼焦煤、冶金焦等主要原辅材料生产供应基地，建设铁前项目，就地获取基础原料，化解远洋运输、基础能源的瓶颈约束。依照国家统一部署，通过调整出口退税政策，继续限制冶金焦炭、铁合金、生铁、废钢、钢坯等高耗能初级加工产品出口。

（四）不断提高行政服务效率

经过多年的改革、发展和调整，全省钢铁工业已经初步实现投资主体多元化，发展潜能正逐步发挥。根据依法行政、服务企业、促进发展的要求，要努力改善行政管理，提高服务效率，促进钢铁工业健康发展。

1. 组织实施钢铁工业三大工程。根据国家《钢铁产业发展政策》、《钢铁工业中长期发展规划》和本规划，会同相关部门、行业协会，制定具体政策和工作方案，引导钢铁企业积极参与实施产品创新工程、CDM 示范工程和境外资源拓展工程。

2．定期编发钢铁产业发展报告。根据国家《钢铁产业发展政策》和《钢铁工业中长期发展规划》，抓住重点企业、关键环节，加强组织实施，会同统计、环保、国土、海关、金融等部门和行业中介组织、工程咨询研究机构，定期编制钢铁产业年度发展报告，揭示钢铁行业发展动态、变化趋势，发挥预警矫正作用。

3．及时公布钢铁产业发展动态。各级投资主管部门在依法核准、备案钢铁产业固定资产投资项目的过程中，依照行政许可法和国务院关于加强政务公开的规定，通过网络等媒介，及时公开发布项目信息，并经常通过网上调查、问卷调查、专家调查等方式，对全行业投资动态、投资倾向、投资效果等进行分析汇总，发挥政务信息共享作用。

江苏省政府办公厅关于印发江苏省钢铁工业淘汰落后生产能力实施方案的通知

苏政办发[2007]73号

各市、县人民政府，省各委、办、厅、局，省各直属单位：

《江苏省钢铁工业淘汰落后生产能力实施方案》已经省人民政府同意，现印发给你们，请认真组织实施。

二〇〇七年六月十三日

江苏省钢铁工业淘汰落后生产能力实施方案

为加快淘汰钢铁工业落后生产能力，根据《国务院关于发布实施〈促进产业结构调整暂行规定〉的决定》（国发[2005]40号）、《国务院关于加快推进产能过剩行业结构调整的通知》（国发[2006]11号）和国家发展改革委等八部门《关于钢铁工业控制总量淘汰落后加快结构调整的通知》（发改工业[2006]1084号）要求以及全国钢铁工业关停和淘汰落后产能工作会议精神，结合我省实际，制定江苏省钢铁工业淘汰落后生产能力实施方案。

一、淘汰对象

淘汰对象主要是目前我省企业采用并列入《产业结构调整指导目录（2005年本）》淘汰类范围的工艺装备和产品，包括以下五个方面：

（一）落后铁前工艺装备

（1）土法炼焦（含改良焦炉）；（2）炭化室高度小于4.3米焦炉（3.2米及以上捣固焦炉除外）；（3）土烧结矿；（4）热烧结矿；（5）30米^{2}以下烧结机。

（二）落后炼铁工艺装备

（1）100米^{3}及以下高炉；（2）100～200米^3（含200米^3）高炉（不含铁合金高炉）；（3）200～300米^3（含300米^3）高炉（不含专业铸铁管厂高炉）。

（三）落后炼钢工艺装备

（1）生产“地条钢”、钢锭或连铸坯的工频和中频感应炉；（2）15吨及以下转炉（不含铁合金转炉）；（3）10吨及以下电炉（不含机械铸造电炉）；（4）化铁炼钢；（5）15～20吨转炉（不含铁合金转炉）；（6）20吨转炉（不含铁合金转炉）；（7）10～20吨电炉（不含高合金钢和机械铸造电炉）；（8）20吨电炉（不含高合金钢和机械铸造电炉）。

（四）落后轧钢工艺装备

（1）复二重线材轧机；（2）横列式线材轧机；（3）横列式小型轧机；（4）叠轧薄板轧机；（5）普钢初轧机及开坯用中型轧机；（6）热轧窄带钢轧机；（7）三辊劳特式中板轧机；（8）直径76毫米以下热轧无缝管机组；（9）三辊式型线材轧机（不含特殊钢生产）；（10）环保不达标的冶金炉窑。

（五）落后产品

（1）工频炉和中频炉等生产的“地条钢”，工频炉和中频炉生产的钢锭或连铸坯及以其为原料生产的钢材产品；（2）热轧硅钢片；（3）25A 空腹钢窗料；（4）I 级螺纹钢筋产品。

二、淘汰任务和时限

根据国家要求，到 2010 年我省要淘汰落后炼铁能力 479 万吨、炼钢能力 707.2 万吨。具体包括两个方面：一是按照国家产业政策的规定，淘汰炼铁能力 259 万吨、炼钢能力 327.2 万吨；二是按照向国家的承诺，淘汰炼铁能力 220 万吨、炼钢能力 380 万吨。在时间安排上，2007 年淘汰 200 米^{3}及以下的高炉、20 吨及以下的转炉和电炉，2008—2010 年淘汰 200～300 米^{3}的高炉。对于承诺淘汰的生产能力，按照国家发展改革委要求，在新项目建成后立即淘汰。

三、淘汰工作原则

（一）坚持依法行政，严格执行政策。按照土地、信贷、环保等法律法规规定，统筹运用法律、经济和必要的行政手段，依法推进淘汰工作。对《钢铁产业发展政策》和《产业结构调整指导目录（2005 年本）》允许保留并专门用于铁合金、铸铁管、高合金钢、机械铸造的高炉、转炉和电炉，严格执行国家现行政策。

（二）坚持区别对待，实施分类指导。在淘汰落后产能过程中，坚持总量调控和结构调整相结合，扶优与汰劣相结合，兼并重组与关停相结合，现有企业改造与搬迁相结合，逐步调整产业结构，提高产业集中度。对《钢铁产业发展政策》和《产业结构调整指导目录（2005 年本）》规定必须淘汰的落后铁前和轧钢工艺装备，鼓励提前淘汰，也可与冶炼装备同步淘汰。

（三）坚持积极稳妥，确保社会稳定。既要抓住有利时机积极推进淘汰落后产能工作，又要科学把握力度和节奏，把淘汰落后与保持稳定结合，认真处理各种可能出现的矛盾和问题。要深入细致地做好职工安置工作，为企业谋发展，为职工谋出路，切实维护社会稳定。

（四）坚持标本兼治，建立长效机制。规范钢铁行业市场准入，严格项目管理。加快推进改革，努力消除钢铁工业粗放型发展的体制性因素。鼓励有能力的大中型骨干企业通过收购兼并和资本运作，盘活存量，推动中小企业实现结构性产品转型和业务转换，促进优势企业做强做大，建立有助于钢铁工业健康发展的长效机制。

四、淘汰工作措施

（一）加强组织领导。淘汰落后产能涉及产业调整、政策扶持、职工安置和债权债务处置多个方面，各地和各有关部门要高度重视淘汰工作，强化领导，形成合力。省政府成立省领导牵头，发展改革、经贸、财政、物价、国土资源、环保、劳动、质监、工商、统计、银监、电监、安监等部门和电力公司参加的协调领导小组，协调领导小组办公室设在省发展改革委。有淘汰任务的市、县（市）也要建立相应领导体系。省和重点市、县（市）要设立专家组，对淘汰企业及时提供技术指导和服务，帮助企业谋求新的发展空间。要广泛深入地宣传淘汰落后产能的法律依据、政策目的和重大意义，努力使淘汰工作得到社会公众的广泛支持、企业职工的积极参与，并使之成为有关企业的自觉行动，为推进淘汰工作创造良好的环境。

（二）细化实施方案。各地要按照规定的淘汰范围、时限要求，制订实施方案，并将任务落实到具体企业。一要制定总体实施方案。各有关市（县）要根据国家要求及本实施方案，对照本地区的淘汰目标任务，制定淘汰落后产能总体方案，于 2007 年 6 月底前报省发展改革委备案。要及时研究处理淘汰过程中出现的问题，推动方案实施和措施落实。要逐年明确工作重点，每年年底向省发展改革委报告年度实施情况和下一年度工作安排。二要制定企业淘汰方案。对相关企业特别是面临产品转换、产业转型的企业，由企业所在地政府负责，在深入调研的基础上，于6月底前制定淘汰工作方案，把企业调整和发展、职工安置和再就业培训、落实社会保险、安排经济补偿和盘活存量资产等相关措施落到实处。企业的淘汰工作方案，经企业所在地省辖市政府审定并报省发展改革委备案后实施。

（三）强化政策配套。根据国家部署和安排，抓紧制定和实施支持、促进淘汰落后产能的政策措施。一要严格执行差别价格政策。进一步加大差别电价政策的实施力度和检查力度，扩大差别电价适用范围，提高差别电价标准，调整峰谷电价差幅，更好地发挥价格杠杆的作用。同时在水、电、气、信贷等方面实施力度更大的调整政策，引导企业加快淘汰步伐。二要合理给予经济支持。积极争取中央专项补助，以中央专项补助资金和差别电价收入为主，建立省淘汰落后产能专项奖励资金，目前主要用于钢铁行业淘汰落后产能，支持有关企业实施结构调整和职工安置。对淘汰落后产能企业实施的改造提升项目，在政策允许的前提下，可实行规费减免、贷款贴息等扶持措施。对淘汰落后产能需分流安置的职工再就业，可享受下岗失业人员再就业的有关扶持政策。

（四）明确部门职责。在淘汰钢铁落后产能过程中，省有关部门要明确各自职责，加强协调配合。发展改革部门牵头负责淘汰工作，会同有关部门制定配套政策，并组织检查考核。经贸部门负责企业转产指导，会同有关部门核定差别电价企业名单，配合督查淘汰落实情况。财政部门牵头做好中央专项补助资金的争取和差别电价收支管理工作。物价部门牵头制定并监督实施差别电价政策。电监部门和电力公司负责做好电量计量和差价收缴、入库工作。国土资源、环保、质监、安监部门依据职责分别对有关企业的土地使用、环保达标排放、产品质量和安全生产情况组织专项检查。劳动部门负责做好有关企业职工安置方案审核、再就业政策落实、再就业培训和社会保障衔接工作。工商、统计部门及时做好有关企业的变更登记、注销和行业分类调整、数据汇总工作。银监部门负责了解有关企业信贷及处置情况。

（五）加强督促检查。按照《大气污染防治法》、《水污染防治法（1996 年修正）》、《固体废物污染环境防治法（2004 年修订）》、《清洁生产促进法》、《劳动法》和《安全生产法》等法律法规，由环保、经贸、国土资源、劳动、安全和质监等有关部门，对列入淘汰目录的企业开展专项执法检查。对项目核准备案过程中曾经作出淘汰承诺的，由原项目核备机关对其淘汰的落后装备实施监督，确保按照承诺期限拆除落后装备。对不符合环境保护、清洁生产、产品质量标准或存在安全隐患的，实行限期整改。对不符合用地政策的，依照土地管理法规收回土地。对不按规定妥善安置职工的，限期落实安置措施。对在规定期限内经过整改仍不达标的，由相关执法部门依法关闭。对按照规定淘汰落后产能、拆除落后装备的企业，及时停征差别电价，取消限制措施。对按期淘汰落后设备并实施调整项目的，及时向金融、电力等部门通报，促进生产要素向符合产业政策、工艺技术先进、产品竞争力强的项目和企业集中。

江苏省发展改革委关于印发《江苏省钢铁行业结构调整总体思路》的通知

苏发改工业发[2005]761 号

各市发展改革委：

钢铁工业是国民经济的重要基础产业。为促进钢铁产业健康、协调、可持续发展，去年以来，我委陆续组织了两次全行业调查，并在此基础上起草了《江苏省钢铁行业结构调整总体思路》（初稿）。

根据国家发展改革委在济南召开的《加强钢铁产业政策引导发展循环经济现场会》会议精神，今年 4 月 27 日，我委又以苏发改工业发[2005]344 号文件印发了《江苏省钢铁行业结构调整总体思路》（征求意见稿），征求各市发改委、省各有关部门、重点钢铁企业、行业协会的意见。

淮安、连云港等市发改委，省国土厅、环保厅等有关部门，沙钢、南钢、淮钢、兴澄特钢等有关企业反馈意见后，我委又根据国家发展改革委新近颁布的《钢铁产业发展政策》（国家发展改革委令第 35 号）进行了修改补充。经研究，现予印发。

附件：《江苏省钢铁行业结构调整总体思路》

二〇〇五年八月十一日

附件：

江苏省钢铁行业结构调整总体思路

江苏省发展和改革委员会　2005 年 8 月

“十一五”时期，是我省加快富民强省步伐，率先全面建成小康社会、基本实现现代化的关键时期。根据人口密集度全国最大、矿产资源全国最少、人均环境容量最小的省情依据，已经进入工业化中期、城市化加速期和经济国际化提升期的阶段特征，钢铁行业作为国民经济基础产业担当的重要使命，自身发展面临的结构转型、产业升级的重大课题，必须以科学发展观为指导，结合省情，科学制定“十一五”时期全省钢铁行业结构调整总体思路，明确调整方向、重点内容、主要途径和具体措施，推动全省钢铁行业产品结构、技术结构、投资结构和地区布局的有序调整，努力实现控制总量、改善布局、优化结构、提高水平的政策目标，保障全省钢铁行业继续朝着健康、协调、可持续的方向发展。

一、发展现状的初步分析

钢铁工业是国民经济的重要基础产业。20 世纪 90 年代以来，全省钢铁行业发展步伐加快，逐步成为全国钢铁生产基地之一，为国民经济持续快速发展作出了重大贡献。

（一）初步形成了基本满足当前需求的产业规模。2004 年全省生产生铁 1 664 万吨、粗钢

2 223 万吨、钢材 3 750 万吨，分别占全国 6.60%、8.16%和 12.61%。与 2000 年相比，年均分别增长 50.6%、37.8%和 27.9%。预计 2005 年全年生产生铁 2200 万吨、粗钢 3 000 万吨、钢材 4200 万吨。沙钢集团产能达到 1 500 万吨左右，南钢、淮钢、兴澄特钢等骨干企业产品结构得到优化，全省板带管占比接近 25%。

（二）初步形成了部分领域国内领先的市场地位。以沙钢集团、南钢集团、锡钢集团为代表的优质钢线材，以沙钢集团、永钢集团为代表的热轧螺纹钢，以江阴兴澄、江苏淮钢为代表的弹簧钢、轴承钢，以南通特钢、旋力集团、江苏诚德为代表的不锈钢、无缝管、油井管，以法尔胜为代表的优质钢丝、钢丝绳等优质、特钢产品，已在国内钢材市场享有较高知名度，赢得了较大的市场份额。

（三）初步形成了以短流程电炉钢为主的产业体系。根据矿产资源缺乏、环境容量有限的省情，在全国率先采用了铁水热装、废钢预热等先进适用技术，以连铸为中心，积极采用“超高功率电炉 — 精炼 — 连铸 — 热送 — 连轧”短流程、节能型工艺路线，部分骨干企业技术装备水平已经达到或接近国际先进水平。

（四）初步形成了以新一代钢材产品为主的研发基础。南钢集团、淮钢集团等骨干企业相继承担新一代钢铁材料重大基础课题研究，开展高强度、高韧性、高节材等新型钢材工业化试验和小批量生产，初步积累了技术，培育了市场。

随着改革开放的不断深入，国际产业转移的不断加快，全省钢铁工业健康、协调、可持续发展面临的深层次矛盾逐步显现，除铁矿石等基本原料主要依赖进口，存在瓶颈约束外，突出表现为“两低一重”。

（一）竞争比较充分，整合不够有力，产业集中度仍然较低。据 2004 年初进行的调查，1999—2003 年全省新增生产能力中，沙钢、南钢、淮钢、兴澄等 4 家企业形成的炼铁、炼钢、铸坯、轧材能力仅占 30%、43%、57%和 16%；同期在建能力也仅提高到全省在建能力的 76%、56%、64%和 25%。2000 年南钢与淮钢实施跨地区强强联合，具有较大影响，发挥了一定作用，但多数钢铁企业分散布局、各自为战的格局仍未改观。

（二）增长速度较快，调整步伐偏慢，产品增值率总体偏低。1990—2004 年，全省生铁、粗钢、钢材产量年均分别增长 18.5%、19.2%和 23.2%，高于同期工业生产增长速度。2004 年全省生产中厚板、薄板、无缝管、焊接管、冷弯型材涂层板等高附加值产品 906 万吨，仅占当年钢材总产量的 24.2%，低于全国同期水平。市场急需、附加值高的大型钢材、特厚板材仍为空白，直接服务于全省家电、车船产业发展的板材产品供给不足。

（三）资源消耗大，“三废”排放多，资源与环境压力依然很重。全省钢铁工业技术水平总体高于全国，炼钢连铸比、高炉利用系数、电炉钢冶炼电耗、高炉合格铁入炉焦比等主要技术经济指标，分别优于全国平均水平 13.7%、21.8%、23.7%和 26.3%，但在生产能力高速增长的同时，煤、电、水、矿等资源消耗总量增大，2003 年全行业耗用标煤约 1400 万吨。烟尘、粉尘、二氧化硫、COD 等主要污染物的吨钢排放量虽然仅为全国平均水平的 39.8%、8.9%、27.6%和 34.8%，优于全国，但与宝钢等国内先进水平相比，差距较大，对生态环境产生的压力仍未有效缓解。

二、结构调整的指导思想和基本原则

（一）指导思想

全面落实以人为本、全面、协调、可持续的科学发展观，通过充分发挥市场机制作用，有效实施宏观调节，合理利用境内境外两个市场、两种资源，积极倡导循环型、集聚式发展模式，推进产业布局、产品结构和企业组织结构调整，提高行业组织程度、技术装备水平和产品质量水平，加快优胜劣汰，逐步走出一条产品质量高、经济效益好、资源消耗低、环境污染少、竞争能力强的新型钢铁工业发展道路，为实现全省钢铁工业由大到强、由特到精的历史性转变奠定基础，最终实现可持续发展。

（二）基本原则

全省钢铁行业结构调整既具有广泛的内涵，也将是政府引导、企业参与、全社会共同推进，长期延续、不断更新的过程。“十一五”时期，有效地组织、指导、推进结构调整工作，必须切实遵循下列原则：

—— 坚持市场导向。充分尊重客观经济规律，积极发挥市场机制的基础性配置作用，支持各种生产要素在产业政策指导下向钢铁产品短缺领域有序流动。

—— 坚持科技进步。按照高起点、专业化、大批量、高效益的方针，支持各类生产企业积极引进、开发和利用先进适用的技术、工艺、装备，建立以企业为主体、科研机构广泛参与的技术创新体系，形成适合钢铁行业特点的自主创新机制，提高全行业整体技术水平。

—— 坚持循环发展。立足资源循环、高效利用，提高资源总体利用效率，减轻环境负担，鼓励钢铁企业以“减量化、再利用、资源化”为目标，调整工艺，更新技术，改造装备，完善治理设施，实现企业内部循环型生产。鼓励钢铁企业与下游产业加强合作，开展废旧资源跨行业综合利用，实现关联产业集聚式发展，优化钢铁产业发展生态。

—— 坚持对外开放。在继续支持并鼓励引进国外先进技术装备、管理经验和资本的同时，更加积极、有效地利用国外资源，加快“走出去”步伐，着力化解矿产、能源等资源性要素的约束。

—— 坚持择优助特。根据钢铁工业发展的一般规律和提升市场竞争能力的客观需要，在依法调整产业准入标准，有序调控产业发展方向、速度、结构的同时，着力助大做强、助特做精，鼓励资产重组，支持收购兼并，提高产业集中度，增强国际竞争力。

—— 坚持突出重点。根据钢铁工业连续式生产、紧凑式布局的内在要求，结合全省钢铁工业总体上后道能力大于前道的基本特征，严格把握炼铁、炼钢、轧材等三个环节，控制总量及其发展速度，限制现有企业以填平补齐为名新增冶炼能力。对金属制品加工行业，采取鼓励竞争的基本政策。

三、结构调整的基本目标

全省钢铁工业已经具有较大规模的存量，部分增量正在逐步形成。“十一五”时期，全省钢铁工业结构调整的总体目标是控制总量，改善布局，提高质量，降低消耗，减轻污染，增加效益。

—— 控制总量。根据国家颁布的产业准入标准，禁止采用落后工艺、技术、装备，生产淘汰产品，严格控制炼铁、炼钢能力的发展，鼓励淘汰式更新，力争“十一五”末全省生铁、粗钢、钢材产量分别控制在 2 800 万吨、4 400 万吨和 6 100 万吨以内，其中生铁年均增长 5%以下，粗钢、钢材年均增长 8%以下。

—— 改善布局。根据国家钢铁产业政策确定的布局原则，通过兼并重组、淘汰落后以及搬迁改造等方式，向近江临海地区、港口地区和消费中心地区转移生产能力，逐步减少钢铁企业数量，力争使沙钢、南钢、淮钢、兴澄等重点骨干企业生铁、粗钢生产能力行业集中度由 40%提高到 80%以上，钢材加工能力行业集中度由 30%提高到 60%以上。

—— 提高质量。依托区位优势，立足汽车、船舶、家电、电力设备、油气输送、集装箱制造和工程机械行业迅速增长的市场需求，在南京、苏州、无锡、淮安等少数地区，加快发展特殊钢、优质钢，增强精整处理能力，力争使特殊钢、优质钢比重由目前33.3%提高到60%以上，板带管比由目前25%提高到50%左右。

——降低消耗。立足建设“生态江苏”，加快建设钢铁工业循环经济体系，严格控制土地占用，鼓励企业采用大型化、连续式、高精度、低损耗冶炼、轧制设备，运用集成式、循环型工艺流程，努力使全行业吨钢综合能耗降至0.7吨以下，新水消耗降至8吨以下，全行业平均单耗水平优于全国10%左右，其中重点骨干企业优于全国20%以上。

——减轻污染。以生产过程污染物“零排放”为目标，积极开展清洁生产，努力构建能源、固态物质和水资源回收利用体系，加大“三废”综合治理利用力度，加强与建材、汽车等相关行业的合作，提高废钢利用比例，形成再生资源回收利用的跨行业耦合，使全行业废渣、煤气利用率达到99%，工业用水复用率达到95%，废钢利用率达到30%以上。

——提高效益。全行业总资产利润率由5.3%提高到6.5%左右，比全省全部工业平均水平高10%，重点骨干企业分别在各自主营产品领域发挥更强的主导作用。

四、结构调整的主要措施

全省钢铁行业结构调整是一项长期的系统工程，需要在规划、政策的引导下，通过政府、企业和社会长期不懈的共同努力才能实现。

（一）调整空间布局，突出发展重点企业

钢铁工业属于资金、资源、能源密集型产业，吞吐量大，污染较重。结合钢铁工业资本密集、技术密集、规模竞争明显的一般特征，根据国家发展改革委发布的《钢铁产业发展政策》和《钢铁工业中长期发展规划》，及时制定《江苏省“十一五”钢铁工业结构调整规划》，优化钢铁行业空间布局，扭转规模小、水平低、分布散的发展格局，重塑钢铁行业经济版图。

——沙钢集团，依托区位优势，调整产品结构，努力做大做强。根据国家钢铁产业发展政策，加快制定中长期发展规划。依托地处沿江地区和钢材产品消费中心的有利条件，以提高品质、增加附加值为主要目标，调整棒线比例，着力发展优质棒线产品。依托毗邻大型造船企业的区位便利，以加快实施还原铁项目为契机，立足高起点、大规模，积极发展特宽中厚板和宽厚板。以“走出去”建设矿石基地为基础，优化物流网络，完善循环经济体系，提高发展效率。到2010年，建成以精品板材和精品长材为主，兼营特钢产品，规模达到1 500万吨以上，国内优势显著提升的大型钢铁联合企业。

——南钢集团，依托现有基础，加强跨区整合，增强竞争能力。依托南京城北原址现有条件，在调整和控制线材生产能力的同时，围绕“长江口”造船基地建设，积极开展跨区购并重组，加快实施“东移发展”战略，大力发展船用中厚板材和市场短缺的宽幅薄板。加快建筑用超细钢丝产业化、批量化步伐，形成新的增长点。到2010年，建成以中厚板、薄板为主，结构比较合理、竞争能力较强的1 000万吨级大型钢铁联合企业。

——兴澄特钢，依托移地建设，加快收购兼并，壮大规模优势。加快实施国家委托核准的移地建设特钢冶炼项目，以70吨超高功率电炉及精炼装置为基础，面向汽车产业，优化产品结构，扩大优碳结构钢、合金结构钢、轴承钢、弹簧钢、管坯钢、冷镦钢生产规模。加强跨地区收购兼并，促进生产能力集中，提高在全省特钢行业的产业集中度。到2010年，形成300万吨左右特钢生产能力，集团化、专业化组织形态，初步确立全国特钢行业领先地位。

——淮钢集团，依托重点项目，发展特钢产品，加速结构转型。在积极开发利用转炉无渣出钢技术、低铝洁净钢精炼技术的基础上，充分利用苏北地区工业化进程加速、特钢产品需求增加的机遇，积极吸引“长三角”地区机械加工优势企业“过江北上”，增强特钢产品深度加工能力，巩固优质弹簧钢、轴承钢、齿轮钢等特色产品优势，加快发展特种大规格棒材。到2010年，初步形成200万吨特钢生产能力，基本完成普钢企业向特钢企业的战略性结构转型。

（二）利用市场机制，大力推进购并淘汰

市场经济条件下，钢铁行业属于寡头竞争行业。针对宏观经济管理已由以直接为主转向以间接为主，企业设立前置性行政审批逐步取消、简化，企业个数还有可能增加的客观实际，为有效避免产品雷同，避免发生同质、无序、恶性竞争，避免社会财富重大损失，"十一五"期间，要充分利用市场机制，积极鼓励并大力推进钢铁企业收购兼并。

——调整国有资产监管政策，有序退出劣势企业。地方各级国有资产监督管理部门要根据"有进有退、进退有序"的原则，及时调整并确定国有企业主营业务，明确发展方向。对于在能耗高、物耗高、污染大，竞争能力较差、发展前景不明的中小型钢铁企业所持有的国有股份，要依照法定程序，以挂牌、拍卖、协议出让等方式向大型钢铁联合企业依法转让，促进企业重组。

——调整电力资源配置政策，有效控制劣势企业。基于省情和原料结构，以电炉钢为主的短流程工艺仍将是全省钢铁工业的重要选择之一。对未按国家规定及时淘汰落后工艺、技术、设备，继续生产淘汰产品的企业，依法采取停供措施，限期淘汰；对技术装备水平较低、单位能耗高于当地平均水平的企业，实行限供措施，限期更新；对焦炉系统采用干熄焦装置，高炉系统配建炉顶压差发电装置，炼铁系统采用直接还原或熔融还原技术，炼钢系统采用全连铸、溅渣护炉技术，轧钢系统采用连铸坯一火成材、热装热送工艺，以及采用蓄热式燃烧技术，利用自备电站有效集成各类可燃气体和蒸汽，技术装备先进的企业，实行优先供给、保障供给，促进发展。

——调整政府采购准入政策，严格限制劣势企业。依照《政府采购法》的规定，将污染排放是否达标、资源消耗是否高于行业平均水平等作为参加政府采购的准入条件，不符合标准的不予通过资格审查。

——调整土地利用规划政策，及时淘汰劣势企业。对地处城区以及主城区规划范围的劣势钢铁企业，要采取调整土地用途、限期搬迁等措施，促进劣势企业"退二进三"，或者异地兴办其他非钢项目。

（三）完善准入标准，加快提升产业水平

钢铁行业全球竞争的特征日益显现，技术、产品、质量已经成为取胜的关键。为迅速而彻底地遏制低水平盲目扩张势头，要不断完善全省钢铁行业准入标准，切实加强监督管理。

——严格执行国家颁布的准入标准。对新建钢铁项目，一律严格按照国家规定的标准、权限和程序，实行核准、备案制度。未经合法程序核准、备案的项目，生产"地条钢"的企业和窝点，一律依法查处。对清理整顿后属于暂停建设、限期整改的项目，严格执行国家发展改革委1791号、1822号文件规定，未达到准入标准的，一律不予恢复建设。在产业布局上，坚持综合考虑矿产资源、能源、水资源、交通运输、环境容量、市场分布和利用国外资源等条件，除报经国家核准外，不单独批建新的钢铁联合企业和独立炼铁厂、炼钢厂、轧钢厂。在发展模式上，坚持依托有条件的现有企业，结合兼并、搬迁，在水资源、原料、运输、市场消费等方面具有比较优势的地区改造、扩建，并使主要技术装备分别达到烧结机180米^2、焦炉炭化室6米、高炉1 000米^3、转炉120吨、电炉70吨等准入条件。在能力调控上，坚持新增能力与淘汰落后相结合，控制全行业产能过度扩张。

——适时适度地提高本省准入标准。根据苏南、苏中、苏北地区发展水平、发展条件和区位特征，会同土地、环保等部门，依照法定程序，制定和实施与技术水平、投资强度、产品方案相挂钩，"南高北低、梯度排列"，体现节约用地、清洁生产、循环发展要求的供地政策、排污政策。除苏北地区执行国家基准政策外，苏中地区和苏南地区原则上均实行不同程度的"上浮"政策。

（四）制定政策措施，不断创新发展模式

钢铁行业结构调整既取决于市场机制的作用，也离不开政策措施的引导。要围绕实施产业政策，切实加强产业政策与财政、货币、土地、环保、外资政策的相互配合，形成政策合力，引导全省钢铁企业努力走出一条符合本省实际，以骨干企业为龙头，大中小型企业集中布局、相互联合、内外兼顾的新型发展模式。

——财税货币政策要体现“助大做强、助特做精”的政策导向。要以补助、贴息、税费减免，扩大授信、增加贷款、组织贴现、下浮利率等方式，引导和鼓励骨干企业积极采用新技术，实现技术装备大型化，生产过程连续化、紧凑化、高效化，上水平、上品种、创名牌。积极发展市场短缺、依赖进口的车船用板、管线用板、桥梁用板、压力容器用板、家电用板等高档宽幅专用板材，大规格棒材、管材，轴承钢、弹簧钢、齿轮钢以及汽车轮胎钢帘线等特钢产品和金属制品，走“高、精、尖、特”内涵式扩大再生产的道路。

——土地环保政策要充分体现“项目进园、集群发展”的政策导向。通过土地预留、限供、不供等区别对待的土地管理措施，通过排污限额向已经依法设立、具备集中处理能力的工业园区和工业集中区倾斜的政策，引导企业向园区集中。鼓励钢铁骨干企业围绕重点优势产品，吸引社会投资同步建设深加工项目和“三废”资源综合利用项目。凡属同步建设、集群式配套的项目，投资主管部门优先核准、备案，国土部门优先满足用地需求，环保部门优先办理环评批复。

——对外经贸政策要充分体现“积极投资、抢占资源”的政策导向。积极引导和支持现有钢铁企业尤其是大中型钢铁联合企业和中型特钢企业组建投资联盟，在境外矿产资源丰富的地区共同兴办铁矿、废钢、炼焦煤、冶金焦等主要原辅材料生产供应基地，积极创造条件建设铁前项目，就地获取基础原料，化解远洋运输、基础能源的瓶颈约束。依照国家统一部署，通过调整出口退税政策，继续限制冶金焦炭、铁合金、生铁、废钢、钢坯等高耗能初级加工产品出口。

（五）改善行政管理，不断提高服务效率

经过多年的改革、调整，全省钢铁行业已经初步实现投资主体多元化，发展潜能正逐步发挥。根据依法行政、服务企业、促进发展的要求，要努力改善行政管理，提高服务效率，促进钢铁行业健康发展。

——及时制定钢铁产业发展规划。根据国家《钢铁产业发展政策》、《钢铁工业中长期发展规划》，结合全省“十一五”国民经济和社会发展规划确定的目标，制定《江苏省“十一五”钢铁产业发展专项规划》，细化钢铁产业规模、结构、速度等发展目标，完善钢铁产业空间布局、企业组织结构、产业核心技术准入条件，优化投资管理和要素供给措施，发挥规划引导作用。

——定期编发钢铁产业发展报告。根据国家《钢铁产业发展政策》、《钢铁工业中长期发展规划》和《江苏省钢铁行业结构调整总体思路》、《江苏省“十一五”钢铁产业发展专项规划》，抓住重点企业、关键环节，加强组织实施，会同统计、环保、国土、海关、金融等部门和行业中介组织、工程咨询研究机构，定期编制钢铁产业年度发展报告，揭示钢铁行业发展动态、变化趋势，发挥预警矫正作用。

——及时公布钢铁产业发展动态。各级投资主管部门在依法核准、备案钢铁产业固定资产投资项目的过程中，依照行政许可法和国务院关于加强政务公开的规定，通过网络等媒介，及时公开发布项目信息，并经常通过网上调查、问卷调查、专家调查等方式，对全行业投资动态、投资倾向、投资效果等进行分析汇总，发挥政务信息共享作用。

六、浙江

浙江省人民政府办公厅关于制止钢铁电解铝水泥行业盲目投资的若干意见

浙政办发[2004]10 号

钢铁、电解铝、水泥行业是国民经济重要的基础原材料产业。多年来，我省钢铁、水泥等行业取得了较快发展。2003 年，全省生产总值比上年增长 14%，工业增加值同比增长 16.4%，其中，钢铁、水泥产值分别增长 46.6%和 39%，为全省经济社会发展作出了积极的贡献。但同时也应看到，受市场需求的拉动，当前这些行业不同程度地存在投资过热、低水平重复建设现象，必须切实采取措施加以解决。根据《国务院办公厅转发发展改革委等部门关于制止钢铁电解铝水泥行业盲目投资若干意见的通知》（国办发[2003]103 号），结合浙江实际情况，经省政府同意，现提出如下贯彻意见，请认真贯彻执行。

一、充分认识制止部分行业投资过热的重要性。钢铁、电解铝、水泥行业是资本密集型和资源、能源高消耗产业。从我省要素供给和环境承载力等方面的条件看，这些行业投资过热现象如不及时加以遏制，势必导致要素供给和环境承载力的瓶颈制约进一步加剧，甚至引发经济社会其他方面的问题。因此，要按照全面、协调、可持续发展观的要求，把制止部分行业投资过热作为事关我省经济社会长远发展的一件大事，充分运用经济、法律以及必要的行政手段，加强宏观引导和调控，促进钢铁、电解铝、水泥等行业健康发展。

二、加强钢铁、水泥等行业政策和规划引导。根据走新型工业化道路的原则，着眼于建设先进制造业基地，抓紧制定全省钢铁、水泥等行业结构调整的规划，研究有效的政策措施，优化行业布局，提升产业层次。鼓励钢铁、水泥等企业联合重组，提高产业集中度，合理利用资源，实现优势互补。省级有关部门、行业协会等中介组织要加强对相关行业发展形势的研究分析，及时发布行业指导信息，正确引导企业的投资方向。

三、严格钢铁行业市场准入管理。对已规划建设的钢铁项目，要按照国办发[2003]103 号通知规定的要求进行审查和调整，符合市场准入条件的，允许继续完善相关手续；对达不到规定要求的，一律不得建设。各地原则上不再规划建设新的钢铁项目。认真清理小钢厂，对 10 吨及以下小电炉炼钢厂（机械行业生产铸钢件的除外）、年产普碳钢 30 万吨及以下的普通炼钢厂、3 200 千伏安及以下的小铁合金电炉等小钢厂，应予关停，由当地政府组织实施。坚决取缔“地条钢”生产，根据省建材市场专项整治工作的部署，依法严厉打击“地条钢”生产和销售，并建立长效管理机制。

四、推进水泥行业优化升级。各地要遵循“控制总量、调整结构、提高质量、保护环境”的原则，统筹考虑本地资源、能源、市场需求等情况，认真搞好水泥行业规划。积极发展和支持新型干法水泥生产，合理布局符合规划的日产 4 000 吨及以上规模新型干法熟料基地项目，以保证市场特别是基础设施重点项目的需求。加快制定淘汰现有立窑及其他落后工艺水泥的目标和措施，严格禁止新建和扩建机立窑、干法中空窑、立波尔窑、湿法窑水泥项目。无石灰石资源的地区，可合理规划建设水泥粉磨站，但原则上不再新建水泥厂。

五、强化电解铝建设项目管理。各地原则上不再规划建设新的电解铝项目。对符合国家产业政策和发展规划，确有必要且具备建设电解铝项目条件的，一律按现行审批程序，报投资主管部门批准。

六、完善制止盲目投资的调控措施。各地和各有关部门要进一步严肃纪律，对违反国办发[2003]103 号通知要求继续盲目投资建设钢铁、电解铝、水泥项目的，投资行政主管部门不予审批，国土资源行政主管部门不予供地，环境保护行政主管部门不予审批其环境影响报告书和核发排污许可证，质量技监行政主管部门不予受理生产许可证申请，金融机构不予提供贷款等融资支持。

七、切实加强领导和组织实施。各地要认真贯彻国办发[2003]103 号通知和本意见精神，确保领导到位、措施到位、行动到位。各有关部门要各司其职，密切配合，形成齐抓共管的良好局面。近期将以市为单位，尽快组织力量，对本地钢铁、电解铝、水泥等投资建设项目进行认真清理，全面摸清底数，绝对不留死角。清理结果于 2004 年 2 月 20 日前报省计委、省经贸委。

浙江省人民政府办公厅

二〇〇四年二月四日

七、安徽

安徽省钢铁产业调整和振兴规划

2009 年 5 月 6 日

随着《安徽省钢铁产业调整和振兴规划》的公布，宝钢集团重组马钢集团的最后一丝希望也破灭了。

《安徽省钢铁产业调整和振兴规划》指出，到 2011 年安徽全省钢产量达 3 200 万吨，优特钢比例达到 60%以上，其中，马钢形成 2 000 万吨钢生产规模，实现销售收入 1 000 亿元。到 2020 年，全省钢产量达到 5 000 万吨，马钢实现销售收入 3 000 亿元。

2008 年马钢产钢 1503 万吨。而 2008 年安徽全省只产钢 1 770 万吨。由于马钢的产量占全省绝大部分，所以安徽对于马钢的扶持力度非常大，如推动省内矿产资源向优势企业集中，支持马钢到海外进行资源开发，建立海外稳定的资源供应渠道。

在宝钢 2009 年工作会议上，宝钢董事长徐乐江表示，宝钢坚持钢铁主业发展的战略不会变，2012 年实现 8 000 万吨的战略目标也不会变。现在，河北、山东、安徽都向宝钢关上了大门。宝钢只能将更多精力放在广东湛江港的钢铁基地，按照规划，这里将建成 2 000 万吨的钢铁项目。

钢铁产业是我省支柱产业之一，也是我省具有比较优势和发展潜力的基础产业。在我省经济建设、社会发展、财政税收及稳定就业等方面发挥着重要作用。为贯彻落实国家《钢铁产业调整和振兴规划》，结合我省实际，在已经省政府同意发布的我省八大支柱产业规划的基础上，特编制《安徽省钢铁产业调整和振兴规划》。规划期为 2009—2011 年，远期到 2020 年。

一、我省钢铁产业现状及面临的形势

1．产业现状。

2008 年，我省共生产钢材 1 906.6 万吨，同比增长 7.7%；钢 1770.2 万吨，同比增长 6.1%；生铁 1 637.2 万吨，同比增长 8.1%；实现工业增加值 398 亿元，同比增长 36.6%；实现销售收入 1 323 亿元，同比增长 46.4%；实现利税 105 亿元，同比增长 16.6%。同时，全省基本完成淘汰落后炼钢产能 1 200 万吨，铁 680 万吨任务。

经过多年发展，我省钢铁产业拥有一批优势产品。马钢大型 U 型钢产量居全国第一，中小型钢产量居全国第一，大型 H 型钢产量居全国第二，铁道用钢材产量居全国第四；芜湖新兴铸管球墨铸铁管产量居全国第一；天大石油管材的石油井管已占市场份额的 10%以上。拥有较好的科技研发基础。有国家级新材料成果转化及产业化基地，国家级钢铁材料理化检验实验室、国家级金属矿产资源高效循环利用工程研究中心，有多所国家级与省级专业设计研究院所及高等院校。拥有较强的钢铁装备制造能力。拥有大型矿山、焦化、球团、烧结、炼铁、炼钢、连铸、轧钢等成套设备和备件自制能力。其中大型冷、热连轧机架，潜孔钻机，大型磁、浮选设备，环保设备，矿山服务车的制造技术，在国内居领先水平；制造了亚洲最大的 300 吨转炉大包回转台和大型环保干熄焦车辆。

2．面临形势。

当前，影响我省钢铁产业发展的因素主要有：一是受国际金融危机冲击较严重。当前钢铁市场出现萎缩，产量大幅下降，全行业经济效益下滑，企业经营比较困难。二是原料严重依赖进口。目前我省铁精矿70%靠进口，原料供应不确定性增多，风险较大，影响企业的经济效益和市场竞争能力。三是高档次产品比例小。钢材品种不全，产品质量、档次不高的现象依然存在。四是钢铁产能进一步扩大难以获批。当前我国粗钢产能达到6.6亿吨，超出实际需求约1亿吨，全国钢铁产能已严重过剩。因此，国家严控各地新上产能，即使我省钢铁产业结构调整需扩大产能，也很难获批。

当前我国总体上处于世界经济发展的战略机遇期，随着铁路、公路交通以及汽车、装备制造、轻工家电、造船工业的大力发展及城镇化建设，对钢铁需求旺盛的基本面不会变。同时，我省具有矿产资源、水资源、能源、交通运输、科技等优势。随着国家产业调整和振兴规划的实施，在新一轮国家钢铁产业振兴中，我省钢铁工业将面临难得的发展机遇。

二、指导思想、基本原则和目标

（一）指导思想

全面贯彻落实科学发展观，以国家产业政策为指导，以市场为导向，以提高产业集中度、结构调整和产业升级为主线，围绕总量调控和淘汰落后，大力推进联合重组，优化产业布局。发展重点进一步向优化品种、调整结构、降低成本和提高竞争力转变，坚决杜绝低水平重复建设，大力推进钢铁产业与相关产业的协调发展。建设具有我省特色的高性能优质钢铁新材料体系。

（二）基本原则

1．优化产品结构。大力推进技术创新，实施技术标准战略和品牌战略，加大企业技术改造力度，进一步做专、做精、做强优质钢铁材料产业，优化产业结构和产品结构。

2．利用国内外两个资源市场。推动省内矿产资源向优势企业集中，支持优势企业到海外进行资源开发，建立海外稳定的资源供应渠道。

3．总量调控和淘汰落后。认真贯彻落实国家产业政策和技术政策，综合考虑矿产资源、能源、水资源、环境容量、市场分布等条件，切实做好钢铁产业布局和总量调控工作，进一步淘汰落后生产能力。

4．可持续发展。加强行业管理与指导，鼓励支持节能降耗、资源综合利用，推广应用清洁生产工艺技术，进一步加大环境治理。

（三）振兴目标

在现有规模基础上，借鉴太钢发展经验，坚持人无我有、人有我优，走出一条以品种、质量、成本、服务取胜的安徽钢铁发展之路。

1．总量发展到合理水平。到2011年，全省钢产量达到3 200万吨，优特钢比例达到60%以上，其中，马钢集团公司形成2 000万吨钢生产规模，实现销售收入1 000亿元。到2020年，全省钢产量达到5 000万吨，马钢集团公司实现销售收入3 000亿元。

2．技术水平得到明显提升。到2011年，马钢等重点企业工艺技术装备全部接近或达到世界先进水平，主要经济技术指标接近或达到国际先进水平，部分处于国内国际领先水平。主要骨干企业整体水平达到国内先进水平，行业整体水平力争达到全国平均水平。到2011年，取得省、国家行业技术进步二等奖以上15项，国家科技进步奖4～5项，技术创新对企业效益的贡献率达65%。

3．产品结构得到显著改善。加大我省钢铁产品结构的调整，继续保持车轮产品世界第一的位次，将居全国前列的H型钢、管线钢、冷镦钢等优势产品进一步做大，同时加快发展汽车板、家电板、高速车轮等市场潜力大的产品（汽车板、家电板、高速车轮占总量的比例由2008年的0.5%、5%和5%提高到2020年的5%、15%和15%）。

4．节能减排取得明显成效。2011年，实现钢铁产业技术经济指标的全面提升，重点骨干企业吨钢综合能耗620千克标准煤、吨钢耗新水量5吨以下、吨钢烟粉尘排放量1.2千克以下、吨钢SO_2排放量1.8千克以下；基本实现二次能源100%回收利用、冶金渣100%综合利用、污染物排放浓度和排放总量双达标；基本实现余热发电。

三、调整和振兴重点

（一）重点产品

1．板带类产品。开发生产市场急需的高强、高质量的汽车板、家电板、管线钢、桥梁板、造船板以及高档精品建材板等板材。扩大马钢在汽车内衬板、结构板和中低档车用面板上的市场份额，进一步解决中高级轿车面板的技术问题，确保我省在高端板材市场的竞争力。

2．型钢产品。重点开发微合金化高强度建筑用耐火、抗震H型钢系列；铁道车辆、集装箱等耐候H型钢系列；高韧性海洋石油平台用H型钢；薄壁轻型与厚壁重型H型钢等专用和特殊的H型钢精品材，进一步提高在国内外市场的竞争力。开发矿山、输电工程用新一代高强耐蚀、耐候型钢等。

3．线、棒材产品。生产技术含量和附加值较高的紧固件用冷墩钢、制绳、PC钢丝及钢绞线用硬线、焊条及焊丝用线材，弹簧钢及轴承钢等高级线材品种。重点开发高强在线软化处理的高性能冷镦钢，以汽车轻量化为目的的高屈服强度、高疲劳强度的非调质钢等。着重开发合金钢、高级碳素钢等高性能级别的大型棒材，满足汽车及装备制造业的需求。

重点发展细晶热轧钢筋、多种微合金化方法生产高强度建筑用钢品种；开发高层建筑、立交桥、大跨度的厂房、地下管桩等需要的强度更高的热轧钢筋、功能性钢筋，预应力钢丝、钢绞线用和建筑用高强度盘条及其他专用盘条。

4．车轮及盘环件产品。重点开发火车高速车轮、货运重载车轮和城市轨道运输低噪声车轮精品系列，特别是350 km/h的高速铁路列车车轮。支持马钢尽快完成国家铁道部定点研发的动车组高铁用高速车轮，力争2009年上半年后产出合格品。开发高质量汽车轮辋、汽车车轮用钢，为机械加工提供优质大型盘环件产品。

在发展上述重点产品的同时，加快发展无缝钢管、球墨铸铁管产品，优质铸造生铁产品以及钢铁装备制造业等产品。

（二）产业布局

1．建设以马鞍山、芜湖为龙头的沿江优质钢铁材料生产基地。依托马鞍山、芜湖钢铁资源优势和加工优势，以国内领先、世界先进水平的冷热轧薄板、彩涂板、镀锌板、H型钢、车轮轮箍、高速线材、高速棒材、冷墩钢和合金结构钢、轴承钢、优质碳素钢、双相不锈钢等钢种生产为目标，开发高档汽车和家电用薄板、高效节约型建筑用钢、高速车轮轮箍、汽车车轮、优质球墨铸管、大口径厚壁铸钢管、抗蚀高强石油管、高钢级石油套管，高强度机械装备制造业用钢和优质铸造生铁等，打造全国重要精品钢铁基地。

2．建设省会经济圈优质钢铁材料生产基地。依托合肥科技和制造业优势，突出发展汽车及工程机械、家用电器、高效节约型建筑用钢材，大力发展优质冷、热轧板（卷），冷、热镀锌板，彩涂板，H型钢，不锈钢铸件与管材、大口径厚壁X80、X100及以上高钢级管线钢管，矩形、异形直缝埋弧焊管，高精度冷拨管等钢材的深加工。结合国家已经批准的马钢（合肥）公司轧钢系统搬迁计划，利用我省淘汰落后的生产能力，对合肥市区的冶炼能力实施同期搬迁，形成以马钢（合肥）公司为龙头的优特钢生产基地。

3．建设富有安徽特色的优特钢产业基地。围绕国家稀缺、我省空白、市场急需的产品，在我省淘汰落后1 200万吨产能的基础上，实施“压小上大”，通过技术改造重点发展12家特钢生产企业，使特色品种优势更加明显，形成若干个特钢加工产业基地。

4．建设优质铁矿资源产业基地。抓住国家整合开发霍邱铁矿资源的机遇，支持马钢等优势骨干企业整合开发霍邱、庐江等地区的铁矿资源，建设我省优质铁矿资源产业基地。条件成熟时争取建设优质特种钢铁生产基地。

（三）重点企业

马钢集团公司：2009—2011年，实施马钢合肥公司环保搬迁及马钢股份公司钢材品种结构调整规划项目；本部新建5 000米^{3}高炉1座，300吨转炉1座，1580热轧生产线1条，生产高强汽车板、家电板，同时建设一座110吨电炉，开发高速车轮；合肥公司新建冷轧、镀锌等钢材深加工生产线。到2011年，马钢集团公司力争形成2 000万吨钢生产规模，实现销售收入1 000亿元。

新兴铸管有限公司：加大投入，对现有生产设施进行配套改造，生产汽车及工程车辆用优特钢、径向锻造、精密锻件等高附加值产品。实施环保搬迁，进一步发展多规格、多品种、高质量大口径球墨铸铁管，汽车及工程车辆精密锻件，同时加快大口径430～470 mm厚壁无缝铸钢管以及“双金属管”的研发和生产。

天大石油管材有限公司：在大力增产油气化工管，船舶、锅炉专用无缝管的同时，引进具有世界领先水平的三辊连轧机组，重点开发高钢级抗蚀油井管和深加工项目，至“十一五”末，形成多规格品种的100万吨高钢级油井管生产能力。

（四）重点技术

1．制造流程高效化工艺技术。研究开发高效冶炼、高效连铸、高效轧制工艺技术，提高生产稳定性，缩短生产周期，实现企业生产要素运行效率的最大化。重点研究生产装备安全、高效、长寿命、稳定运行的系统技术；开发洁净工艺流程集成技术；新一代板材制造工艺流程、工艺控制和产品开发的成套技术。

2．重点产品关键技术。研发新一代汽车用钢关键工艺技术、无取向冷轧硅钢轧制生产工艺的关键技术、新型高速车轮及重载车轮材料及关键技术、高强度耐候铁道用钢的关键技术、管线钢的生产技术、海洋用耐海水腐蚀高强度钢关键生产技术、高性能冷墩钢研究与开发技术、机械装备制造用钢生产工艺的关键技术、高效节材型建筑用钢的技术、大口径无缝厚壁钢管、石油裂化装置专用管生产技术、高强、抗蚀金属（钢铁）制品生产技术等。

3．新一代钢铁材料生产技术。通过产、学、研及与用户的合作，实施金属材料的重大专项攻关项目。不断开发适应建筑、汽车、家电、铁道、电力、电子、石化、造船、机械等行业需求的产品，开发适应新一代高洁净度、超细晶、特殊功能要求的钢铁新材料的生产技术。

4．生产过程自动化和信息化技术。加速企业自动化和信息化进程。充分发挥引进装备基础自动化的作用，并对其进行学习创新。开发完善关键生产工序过程自动化、智能化技术，重点开发冶炼专家系统、自动化控制技术，轧制过程数字模拟（仿真）技术，解决好生产工序过程与自动化相匹配的信息化技术。开发生产流程工艺规范软件系统、参数监测信息系统、质量信息系统，降低生产成本、稳定质量、提高效率。为促进管理创新，研究利用信息技术实现冶金企业业务流程再造，建立统一规范的企业信息资源平台，实现生产经营过程可控管理。

5．制造流程多维物流管理技术。研究企业制造流程工序间各项重要参数的相互衔接、匹配、连续和稳定的相互关系，开发应用与制造物流技术相匹配的应用技术，在保持制造物流合理性的前提下实现钢铁制造流程的连续化、紧凑化、高效化。建立原材料统购、产品分销和加工配送相融合的现代化物流及其管理控制模式，保持合理库存，加速资金周转，提高效益。

6．检测分析技术。建立企业生产运行设备在线监测、快速分析诊断系统，建立能源计量数据分析管理系统；建立原料、辅料、耐材、合金的快速检测分析系统及数据网；建立生产过程产品成分、工艺介质、工艺参数与成品质量检测分析数据网，实现取样自动化、检验仪器化、数据传输网络化，确保生产顺畅和产品质量受控。

（五）重点科研基地和平台建设

大力积极推进多种形式的“产学研”联合，支持企业与高等院校、科研院所和国内外大公司共同建立技术中心、重点实验室和工程研究中心。重点加强创新能力建设，积极研发具有自主知识产权的新技术和新产品。

到 2011 年，在现有基础上，新增国家级钢铁及制品检测中心 1 家，新增省级工程（技术）研究中心 2 家。

依托马钢集团建设高性能建筑用钢技术研究中心、汽车用钢研发实验平台和铁路车轮质量检测与控制实验室及鼎泰稀土新材料公司建设工程研究中心。新建 1～2 个专业实验室和研发平台。

四、政策措施

（一）用改革的办法，推动产业联合，建立产业联盟。支持马钢集团公司与淮北矿业集团公司以参股、控股等形式，建立紧密型合作，并与下游汽车、家电等企业建立产业体系联盟。省直有关部门抓紧制订工作方案，尽快实施。

（二）建立资源地和加工地的财税利益分配机制，加大勘探力度，推动矿产资源向马钢集团等优势企业集中。将我省已探明可采铁矿石储量（40 亿吨，主要集中在宁芜、霍邱、庐江一带）优先依法配置给马钢等优势企业，在马钢等优势企业矿山周边不再设置新的矿权，支持马钢等优势企业整合开发铁矿资源。鼓励马钢参与省内铁矿资源的前期勘查，增加其资源储备。

（三）加快淘汰落后产能。进一步提高产业集中度，杜绝低水平延伸，将淘汰落后的产能用于马钢集团等优势企业的发展，支持马钢集团在省内外实施兼并重组，把马钢集团建设成在全国有竞争力的有自己特色的优特钢生产基地。

（四）高起点实施大规模技术改造。围绕国家产业政策和国家振兴钢铁产业规划的实施，继续高强度、高起点实施技术改造投资。三年内实施技改项目 110 项，总投资 880 亿元。

（五）鼓励企业建立产学研结合机制，增强自主创新能力。支持企业与校所合作，加大研发投入力度，技术创新享受省政府制定的相关优惠政策。支持企业实施品牌战略。企业首次获得中国名牌产品和起草制定国家产品标准并颁布实施后，由政府给予一次性奖励。

（六）鼓励企业拓展国际化经营。设立财政或金融信贷支持资金，进一步支持马钢等优势企业，到海外投资合作、参股、入股进行资源和冶金项目的开发。建立海外稳定的资源供应渠道，扩大海外资源勘探开采和冶炼以及深加工项目实施。

（七）进一步加强行业管理。认真贯彻落实产业政策，转变政府职能和提高宏观调控能力，做好规划实施、运行协调、服务监督和指导工作。充分发挥行业协会的作用，加强行业自律。

五、规划实施

省政府各有关部门要按照《规划》的工作分工，加强沟通协商，密切配合，尽快制订和完善各项配套政策措施，确保实现钢铁产业调整和振兴三年目标。要建立部门联合发布信息制度，适时向社会发布产业调整和振兴的有关信息。省有关部门要适时开展《规划》的后评价工作，及时提出评价意见。

各市、县要按照《规划》确定的目标、任务和政策措施，结合当地实际抓紧制订具体落实方案，确保取得实效。各市、县要将具体工作方案和实施过程中出现的新情况、新问题及时报送省经委。

有关部门工作分工及进度安排表

序号	专项工作	牵头单位	参加单位	实施时间
1	积极向国家争取钢铁产能	省发展改革委	省经委、省国土厅、省环保局	2009 年 4 月
2	实施铁矿资源的优化配置	省国土厅	省地税局、省财政厅、省发展改革委、省经委	2009 年 5 月
3	加大技术进步及技术改造投入	省经委	省发展改革委、省科技厅、省财政厅等	2009—2011 年
4	完善落后产能退出机制	省经委	省发展改革委、省财政厅、省国土厅、省环保局、省社保厅等	2009—2011 年
5	推进企业联合重组	省国资委	省经委、省发展改革委、省财政厅、省地税局、省社保厅、有关市人民政府	2009 年 12 月
6	制定钢铁产业发展意见	省经委	省发展改革委、省财政厅	2009 年 12 月
7	实现钢铁与相关产业协调发展	省发展改革委	省经委、省国资委、省财政厅	2009—2011 年
8	积极实施走出去战略	省发展改革委	省商务厅、省财政厅、省国土厅等	2009—2011 年
9	贯彻落实国家建筑用钢标准	省建设厅	省经委、省质监局等	2009 年 5 月
10	发挥行业协（商）会作用	省经委	省发展改革委、省商务厅等	2009 年 5 月
11	建立资源地与加工地财税利益分配机制	省财政厅	省发展改革委、省国税局、省地税局、省经委	2009 年 12 月

八、福建

福建省钢铁及有色金属产业调整和振兴实施方案

2009 年 10 月 9 日

福建省钢铁及有色金属产业调整和振兴实施方案根据国家钢铁及有色金属产业调整和振兴规划，结合贯彻落实国务院《关于支持福建省加快建设海峡西岸经济区的若干意见》，现制定《福建省钢铁及有色金属产业调整和振兴实施方案》（以下简称《方案》），实施期为 2009—2011 年。

一、产业现状

“十五”以来，我省钢铁及有色金属产业发展迅速，总体实力进一步增强。2008 年，钢铁、有色金属产业工业总产值分别为 887.8 亿元、390.7 亿元，增长 14.9%、31.7%，共有规模以上工业企业 552 家，其中大中型企业 58 家，国家重点高新技术企业 5 家。三钢集团、紫金集团分别名列中国 500 强企业的第 290 位和第 307 位。全行业从业人员 10.27 万人，资产总额 769 亿元。主要产品产量：钢 633 万吨、钢材 1 107 万吨、生铁 518.5 万吨、电解铝 7.55 万吨、铝材 61.5 万吨、钨及其化合物 2.4 万吨、细钨丝 85 亿米、黄金 18.87 吨。行业主要特点是：

行业保持较快发展。2000 年至 2008 年，钢产量年均增长 24.7%，电解铝产量年均增长 11.6%。2008 年，钨化合物、钨加工材、铝材、黄金产量分别保持在全国第二、第一、第八和第三的位置；其中钨产品出口位居全国第一、销售收入和实现利润名列全国前茅，黄金业实现利润连续多年位列全国第二。

技术水平明显提高。三钢、厦钨、南铝、紫金等企业在产品档次和技术研发水平上已经达到国内或国际先进水平。产品结构进一步优化，冷轧薄钢板、涂镀层钢板、铝 PS 印刷板基、贮能合金、太阳能级工业硅等高附加值产品产值占钢铁及有色金属产业工业总产值的比重从 10%提高到 30%以上。厦门市被科技部认定为“国家火炬计划厦门钨材料产业基地”，并建立了国家钨材料技术中心。厦门金鹭公司具有自主知识产权的全新超细晶硬质合金工业化制造技术“紫钨原位还原法”2008 年获国家科技进步二等奖。三钢集团自主开发的“烧结机烟气选择性脱硫技术”获得 2008 年度福建省科技进步一等奖。紫金集团“生物提铜新工艺工业应用研究”获中国有色工业协会 2006 年度科学技术一等奖。

企业改革取得进展。国有（含参股、控股）企业基本完成了改组改制，建立了现代企业制度。厦门钨业股份有限公司、紫金矿业股份公司、三钢闽光股份公司已上市。中国铝业公司重组福建瑞闽铝板带公司，三钢集团兼并了三安钢铁、三化公司。

结构性矛盾依然突出。一是产业基础比较薄弱，钢材和铝锭的自给率分别只为 67.2%和 11.3%。除钨、铝材、黄金外，多数产品品种较少，产量在全国处于落后地位。二是产业结构性矛盾突出。企业规模小，大中型企业不到全部企业数的 10%，户均产钢不及全国平均水平的 1/3。产品结构较为单一，生产的钢材以建筑用材为主，钢材板管比为 26.5%，低于全国平均 45.74%的水平，冷轧薄板、中厚板、冷轧硅钢板、不锈钢板等附加值较高的生产用材产量少，大部分需靠省外采购或进口。三是技术研发水平相对落后。四是资源比较缺乏。生产所需的铁矿石、氧化铝、钨精矿、精煤、焦炭等大多靠省外购入或进口解决。

2008年至2009年上半年，我省钢材及有色金属产业受市场环境影响波动较大，出口明显下降，企业库存增加，开工不足，产品产量、价格大幅度下降，生产经营成本与产品市场销售价格出现倒挂，部分企业亏损严重，行业稳定发展面临挑战。

二、指导思想、基本原则和目标

（一）指导思想

全面贯彻落实科学发展观，走新型工业化道路，以国家产业政策为指导，按照保增长、扩内需、调结构的要求，坚持“五个突出”（即突出站位、突出优势、突出重点、突出创新、突出服务），围绕优化布局、联合重组、淘汰落后、提升技术水平，抓住国家实施钢铁与有色金属产业联合重组、提高集中度、合理布局的调整和振兴机遇，推进沿海大型钢铁与有色金属项目建设，着力解决产业发展中的突出问题，确保产业健康平稳较快发展。

（二）基本原则

1. 立足当前与着眼长远相结合。立足当前，着力解决当前钢铁及有色金属产业发展面临的问题，着力保先进生产力，保重点骨干企业，保关键品种，保市场稳定。同时，着眼长远，利用各种有利因素，加快结构调整，突出做大做强重点企业，加快技术进步，推进产业升级，促进产业健康平稳发展。

2. 技术进步与淘汰落后相结合。加大自主创新和技术改造力度，推进技术诊断提升，提高企业技术水平和装备水平，淘汰落后生产能力，推动产业升级；通过加强节能减排、资源综合利用，促进产业发展与资源环境相适应。

3. 结构调整与企业重组相结合。通过优化布局，调整产业结构，适应国家要求集聚发展的导向，着力引入大型中央企业进行“高位嫁接”，整合要素资源，加快钢铁及有色金属企业联合重组和兼并，提高产业发展集中度和竞争力。

4. 重点突破与整体发展相结合。依托我省港口、资源优势和产业基础，加大扶持力度，集中力量做大若干大型企业集团，做强若干我省有基础、有优势的行业。着力延伸产业链，培育和壮大产业集群和产业基地，提高大型龙头企业在产业发展中的比重，带动全省钢铁、有色金属产业整体发展，提高产业抵御市场风险的能力。

（三）目标

到2011年，钢铁产业实现工业产值1 500亿元，年均增长19.1%；有色金属产业实现工业产值700亿元，年均增长21.5%。产业技术装备水平有较大提高，综合实力明显增强。

1. 总量平稳增长。着力调整结构，淘汰落后产能，发挥优质产能，开发生产适应市场需求的产品，保持产业稳定适度增长。

2. 结构进一步优化。全省形成2～3个自主创新能力较强、具有国际竞争力的企业集团（厦门钨业、紫金集团、南平铝业）重点钢铁企业产量占全省钢铁产量的比重从目前的65%提高到70%以上。

3. 技术水平明显提升。铝材高附加值产值比重从目前的25%提高到40%以上，重点钢铁企业400 MPa 及以上热轧带肋钢筋产量比重从目前的35%提高到60%。

4. 节能减排取得成效。重点大中型钢铁企业吨钢综合能耗不超过620千克标准煤，吨钢耗用新水量低于5吨，吨钢烟粉尘排放量1.0千克以下，吨钢SO_2排放量1.8千克以下；基本实现二次能源100%回收利用、冶金渣100%综合利用，污染物单位排放浓度和排放总量双达标。力争电解铝直流电耗由目前的13 413千瓦时/吨降到12 500千瓦时/吨。城市中心企业污染问题进一步得到改善。

三、主要任务

（一）加快技术进步，淘汰落后产能

通过加快技术改造，采用先进、成熟的技术和工艺，提高钢铁及有色金属产业技术和装备水平；加大自主创新投入，开发具有自主知识产权的精细冶炼技术和精深加工产品生产技术，加快不锈钢、铜、镁等复合材料和稀土、新能源等新型功能材料的技术开发与应用步伐。进一步延伸钢铁和有色金属产业链，培育新的经济增长点。加快淘汰钢铁及有色金属产业落后生产能力。到 2011 年底前，力争淘汰 400 米 ^{3} 及以下炼铁高炉、30 吨及以下炼钢转炉和电炉、6 300 kVA 以下铁合金矿热炉。淘汰或关闭未按有关规定批准，无开采批准书的黄金矿山、无采矿许可证的钢铁和有色金属矿山采选项目以及稀土、钨矿及铅锌矿的采选、冶炼及加工（含硬质合金）项目。

（二）发挥资源优势，优化产业布局

沿海地区要充分利用国家支持海峡西岸经济区发展，赋予我省先行先试的有利时机，依托港口、资源和产业基础优势，促进重点骨干企业与央企、省内企业的联合重组兼并，提高产业集中度。通过以资本为纽带，积极吸引央属企业、台资企业以及战略投资者，实现跨地区、跨所有制重组，组建主业优势明显、产权明晰、技术力量雄厚、市场竞争力强的大型企业集团。

重点推动我省三钢集团与有实力的央属企业在宁德沿海组建大型联合钢铁企业，推动重大钢铁、有色金属项目的前期工作，积极争取国家布点建设。促进有色金属企业引进战略投资者，加强与大型央企、境外有实力企业重组、合作。福州、漳州分别以德盛镍业、福欣不锈钢为龙头，加快不锈钢精深加工下游产业发展。福州、厦门分别以瑞闽铝板带、厦门钨业为龙头，向铝、钨下游高端产品延伸。

内陆地区依托三钢集团、紫金集团、南平铝业等重点骨干企业，充分发挥技术、品牌优势，依靠技术进步提升竞争力。钢铁产业淘汰落后产能，腾出发展空间，调整产品结构，提高产业集中度。三钢集团要通过淘汰落后、资源整合和调整结构，进一步把企业做强，同时积极开展战略性转移前期调研工作。龙岩要淘汰落后产能，依托当地矿山资源，鼓励跨区域重组，积极开展优质钢棒材项目的前期工作。紫金集团要利用资源优势，加快金铜矿开采和铜冶炼项目建设，带动龙岩铜管、铜板带箔、高精度铜粉制品等铜产业发展，形成上杭铜加工产业集聚区。南平铝业公司要进一步加快电解铝产量规模化。厦钨金龙稀土公司要发挥龙头作用，加快稀土下游精深加工产品开发，建设龙岩（长汀）稀土产业园区，加快下游产业发展，推动稀土资源有序开发。

（三）开拓应用领域，满足市场需求

巩固现有产品市场份额，培育具有市场竞争优势、附加值高的产品。大力发展建筑用高强钢筋，金属加工用高线，机电、造船、汽车以及其他装备制造业用的涂镀层钢板、工程用板、容器用板和船板、不锈钢板带、冷轧硅钢板及特殊钢等；开发生产铝、铜等有色金属新型材料和复合材料，满足不同层次的市场需求；加快新能源材料及稀土材料等开发与应用步伐，拓展新的市场。

（四）推进闽台交流合作

支持台资企业发挥资源优势延伸产业链，与钢铁及有色金属下游精深加工企业形成协作联盟，共同开发新技术、新产品，拓展新的市场份额；密切与台湾相关行业协会、企业的联系，促进两岸产业深度对接，带动我省产业升级。

（五）合理开发与配置矿产资源

鼓励利用国内外矿产资源。支持企业积极参与开发西部地区冶金矿产资源，有效控制与掌握资源开发与配置的主动权。支持有条件的企业，围绕省内短缺的铁、铜、钨、镍以及铝、铅、锌等资源，加强与国内外资源地的合作，加大省内稀缺矿产资源保障力度。

加快马坑铁矿的开发利用，加强对共生矿、伴生矿产资源的研究、开发和综合利用，提高开发利用低品位、难选冶铁矿等技术水平。加快推进矿产资源整合，采取政府引导和市场配置相结合的措施，将资源优先配置给重点骨干钢铁冶炼企业。要严格按照行业准入条件，有序合理开发稀土、铅锌等资源。各资源所在地区要制定辖区内的资源开发利用规划，确保资源的有效配置和合理开发利用。

（六）应用先进技术，促进节能减排

在钢铁行业推广应用能源、资源回收再利用技术，提高能源、资源回收利用率，建设污水和废渣综合处理系统；铅锌冶炼要采用国内外先进的冶炼工艺和低浓度二氧化硫制酸工艺进行技术改造；铜冶炼项目建设要采用国际先进的闪速炉工艺技术；6 300 kVA 及以上铁合金矿热炉采用低压动态无功补偿技术，推广应用正压反吸风布袋除尘装置。

推进有色金属回收、拆解市场建设，支持采用先进高效、低耗、低污染的工艺设备，规划建设具有一定规模的废旧金属再生资源回收利用示范园区，促进资源再生产业发展，缓解我省金属材料不足的矛盾。

四、政策措施

（一）拓展地方产品内需市场

促进政府投资项目同等优先使用本省铝板带材以及具有自主知识产权的镁合金等新材料，鼓励省内用户采购使用本省企业生产的钢铁、有色金属产品，通过扩大内需拉动产业发展。

（二）加大金融支持力度

1.加大信贷支持钢铁及有色金属产业发展力度。鼓励金融机构支持钢铁及有色金属产业节能减排技术改造、并购重组；鼓励金融机构开展金融产品创新，发展各类以不动产、动产、权利为抵（质）押的信贷业务，满足企业合理的资金需求；建立省级产业转型升级项目贷款风险补偿制度，对产业转型升级重点项目提供贷款的银行，按其年度新增贷款额的5‰安排补偿金。

2.营造良好融资环境，拓宽企业融资渠道。完善政银企沟通协调机制，帮助企业提高融资效率；利用出口信贷、出口信用保险等金融产品和服务，支持钢铁、有色金属企业开拓国际市场；优先支持重点企业在境内外上市融资、再融资，或通过发行企业债券、专项债券、短期融资券、中期票据等筹集发展资金。

（三）加大企业技术进步和技术改造投入

1.推动一批重点产业项目列入中央新增投资计划，对列入国家重点产业振兴与技术改造投资计划的项目，加强监督检查，精心组织实施，确保工程质量并按时建成投产发挥效益。

2.整合省有关部门支持企业发展方面的资金，按照“部门管理、集中投入”的原则，重点用于以下几个方面：

—— 重点产业调整与振兴技术改造：支持高强度钢材、复合金属材料、功能材料等投资项目实施，推动铝、铜、镁、不锈钢、稀土的下游精深加工产业发展，加快产业集聚。

—— 重点产业调整与振兴技术创新：推进技术提升，实现技术进步。选择一批急需转型升级的重点企业，组织实施企业技术创新诊断辅导工作。

支持龙头企业建立国家和省级企业技术中心、行业研发设计中心和检测中心，有效突破一批行业关键共性技术。设立复合金属材料和功能材料科技开发专项或行业技术创新重大专项，加快铝、不锈钢、铜、钨、镁、稀土等新型功能复合材料的科技攻关和产业化步伐，满足工业发展对新材料的需求。

——重点产业调整与振兴节能减排：支持节能减排技术改造，对节能、节材、节水、资源综合利用重点工程以及循环经济试点园区配套项目等给予财政补助，对燃煤工业锅炉（窑炉）改造、余热余压利用、节约和替代石油、电机系统改造和能量系统优化等重点节能技术改造项目，节能量达 1 000 吨标准煤以上的，按 150 元/吨给予奖励；实施合同能源管理财政补助政策，按投资总额的 10%～15%给予补贴，鼓励企业以合同能源管理模式进行节能改造；对减排成效显著的企业予以奖励。

（四）建立落后产能退出机制和问责制

1.各相关设区市政府要抓好钢铁及有色金属产业落后产能的淘汰工作，对限期淘汰的落后装备实施严格监管，防止擅自扩容改造或异地转移。妥善解决淘汰企业职工的安置、资产补偿、呆坏账核销、企业转产等方面问题，确保社会稳定。严格实行淘汰落后产能的行政问责制。

2.加大差别电价的执行力度。省行业管理部门负责组织并制定钢铁、有色金属产业淘汰落后产能的具体政策，明确部门责任、淘汰期限、淘汰程序等，采取差别电价加大淘汰落后力度。对未到淘汰期限的落后产能执行差别电价按 0.2 元/（kW·h）加收，对淘汰期限后的落后产能执行差别电价按 0.5 元/（kW·h）加收。征收的差别电价全额返还企业所在地的设区市政府用于落后产能退出工作。

（五）实行工业用地扶持政策

1.对列入《方案》的项目用地实行最优惠的地价政策，按我省工业用地最低价标准招拍挂出让土地使用权，并适当放宽其全部付清土地出让金的期限。

2.鼓励企业“零增地”技术改造。对企业提高土地利用率和增加容积率利用现有厂区、厂房改造建设的项目，不再增收土地出让金；城镇基础设施建设配套费的地方留成部分实行先征后返，通过财政预算支出全额返还给企业。

（六）鼓励企业并购重组

积极向国家申报核准央企及台资企业与我省钢铁及有色金属企业重组后的改、扩建项目。认真落实国家有关并购重组的优惠政策，妥善解决富余人员安置、债务核定与处置、财税利益分配等问题，鼓励商业银行开展并购贷款业务，加大对重组企业的信贷支持；对重组企业的项目用地、技术改造等给予优先支持。

积极稳妥地实施跨区域合作，建立稀土等资源跨县（市、区）域合作的利益共享机制。鼓励有条件的钢铁、有色金属企业到省外和境外开发资源。

（七）推进重点企业直购电试点工作

争取国家有关部门尽快批准我省开展重点企业直购电试点工作。在全省范围内对符合国家产业政策、用电电压等级在 110 千伏及以上的大型工业企业，按自愿的原则与发电企业协商开展直购电，并按省及省以上价格主管部门规定的输电价格支付输电费，缴纳随电价收取的政府性资金和附加费。

（八）发挥行业协会作用

发挥钢铁、有色金属相关行业协会作用，联合省内生产企业与各地销售商，通过资源整合组成营销联盟；组织应对国际贸易中的反补贴、反倾销诉讼，维护市场秩序和公平竞争环境；及时反映行业问题和企业诉求，建立信息发布制度，适时发布产业政策导向及项目核准、审批、生产、淘汰落后、污染排放、银行贷款情况等信息；引导企业落实国家产业政策，加强行业自律，提高行业整体素质。

五、组织实施

有关部门要按照《方案》分工，尽快制定完善各项配套政策措施，并加强指导和监督检查，建立部门信息联合发布制度。相关部门要建立总结和评估制度，每年对重点产业调整和振兴实施方案的执行进展情况及其成效进行总结评估。

各设区市要按照实施方案确定的目标、任务和政策措施，结合本地实际抓紧制定具体落实方案，确保取得实效；要将具体工作方案和实施过程中出现的新情况、新问题及时报送省经贸委和发展改革委。

九、山东

山东省钢铁工业调整和振兴规划（2009—2011年）

2009年4月8日

钢铁工业是国民经济的重要支柱产业，也是我省骨干优势产业，涉及面广，关联度大，拉动力强，对区域经济发展具有重要支撑作用。2008年下半年以来，美国次贷危机引发的国际金融危机迅速向实体经济蔓延，我国钢铁行业成为受其影响最严重的行业之一，面临着前所未有的挑战和考验。为贯彻落实国家《钢铁产业调整和振兴规划》以及扩大内需、促进经济平稳较快增长的政策措施，应对危机，克服困难，推进我省钢铁产业结构调整和优化升级，增强产业素质和国际竞争力，实现产业振兴，特制定本规划。

一、发展现状及趋势

（一）发展现状

截至2008年年底，全省规模以上钢铁企业资产总额2 700亿元，从业人员约15万人。钢铁产能20万吨以上的企业约30家，其中100万吨以上的企业有山东钢铁集团（含济钢、莱钢、张钢、石横特钢、永峰钢铁）、日照钢铁、青岛钢铁、潍坊钢铁、泰山钢铁、淄博南金兆集团、鲁丽钢铁、富伦钢铁、寿光巨能特钢、广富集团、江鑫钢铁、三德特钢等。2008年，全省累计生产铁4 657万吨、钢4 459万吨、钢材5 027万吨，分别占全国铁、钢、钢材总产量的9.76%、8.88%和8.7%，分别比上年增长－3.8%、1.17%和1.35%；实现工业增加值929.17亿元，占全省GDP的3%；实现销售收入3 705.46亿元、利税279.02亿元、利润152.06亿元，分别同比增长23.36%、－19.82%、－29.71%。全省重点钢铁企业吨钢综合能耗达到640.23千克标煤，吨钢可比能耗达到640.85千克标煤，吨钢耗新水达到3.53吨，提前实现了国家《钢铁产业发展政策》提出的主要能耗指标。

受国际金融危机的影响，国内外钢材需求下降，钢铁产品普遍陷入价格急跌、销售不畅、产量锐减、库存增加、效益下滑、资金紧张的困局，长期以来粗放型发展模式造成的结构性矛盾凸显。具体表现在：

一是生产力布局不合理。我省钢铁产业只有约20%的产能布局在原料、运输、市场等具有比较优势的沿海地区。传统的三大钢铁企业中，济钢地处省会大城市，交通运输、水资源、环保、土地等制约因素日益突出；莱钢地处缺水地区，交通运输条件较差；青钢地处旅游城市，发展空间受限。省内其他中小钢铁企业均分布在资源、环境、运输和生产成本受限的内陆地区。总体来看，我省钢铁产业布局与国家钢铁产业政策要求和今后钢铁产业发展趋势不适应。

二是装备水平总体偏低。根据对省内22家主要钢铁生产企业的调查结果显示，现有高炉中，大于1 000米^{3}高炉仅占高炉总数的37%；现有转炉中，大于120吨转炉仅占转炉总数的47%；现有电炉中，大于70吨电炉仅占电炉总数的38%。目前，我省钢铁产业最大的高炉为1 880米^3，最大的转炉为120吨，最大的电炉为70吨，最宽的中厚板轧机为3 500 mm，最宽的热轧薄板轧机为1 700 mm，缺少大型化、现代化技术装备，与国内外先进钢铁企业存在较大差距。

三是产品结构不合理，产品档次不高。据统计，2008 年全省共生产钢材 5 027 万吨，其中，型钢 599 万吨、棒材 719 万吨、钢筋 978 万吨、线材 620 万吨、厚钢板 183 万吨、中板 190 万吨、热轧薄板 178 万吨、冷轧薄板 132 万吨、中厚宽钢带 640 万吨、冷轧薄宽钢带 71 万吨、热轧窄钢带 159 万吨、冷轧窄钢带 28 万吨、涂镀层板 89 万吨、焊接钢管 155 万吨、无缝钢管 210 万吨，全省板管比仅为 40%，不仅远低于国际先进水平，也低于国内平均水平。这些钢材品种中，普通的非合金钢和低合金钢的比例占 80%以上，我国进口量较大和省内经济发展所需的高档汽车板、家电板、高速铁路用钢、高磁感取向钢、抗腐蚀抗大变形管线钢、高强度机械用钢、核电用钢等关键品种尚不能生产或生产量很小，山东钢铁产业在高档产品生产、高端产品研发、自主创新等方面与国内外先进水平差距较大。

四是产业集中度较低。为适应全球钢铁行业的发展趋势，推动山东钢铁产业由大变强，我省按照“资产重组、淘汰落后、调整布局、提升档次”的方针，组建成立了山东钢铁集团有限公司。目前，山东钢铁集团粗钢产能仅占全省的 40%左右，与《山东省人民政府关于进一步加快钢铁工业结构调整的意见》（鲁政发[2007]83 号）中提出的占 70%的目标有很大差距。我省钢铁产业集中度较低，导致资源配置不合理和企业竞争力不强，难以形成对产品市场以及原料资源的控制力和定价权。加快解决制约我省钢铁产业发展的突出问题，促进产业结构调整和优化升级，既是我省钢铁产业走出困境的根本途径，更是振兴我省钢铁产业的必由之路。

（二）发展趋势

2005 年 7 月，我国颁布实施《国家钢铁产业发展政策》，引导和促进我国钢铁产业技术装备水平和市场竞争力的提高。为防风险、保稳定、调结构、促增长，国家及时出台了《钢铁产业调整和振兴规划》。在国家钢铁产业政策和调整振兴规划的引领下，我国钢铁产业呈现以下发展趋势：

一是钢铁产能向沿海转移步伐继续加快。在近年已基本建成的鞍钢鲅鱼圈、首钢曹妃甸钢铁基地的基础上，国家钢铁调整振兴规划又明确提出适时建设湛江、防城港沿海钢铁精品基地，推动日照钢铁精品基地建设。同时，明确提出实施北京、广州、杭州、合肥等城市钢厂搬迁项目，统筹研究推进抚顺、青岛、重庆、石家庄等城市钢厂搬迁。未来 3 年内，我国钢铁产业将加快由内陆和中心城市向沿海转移，形成新的发展格局。

二是钢铁企业联合重组趋势更加明显。我国钢铁产业国际竞争力不强的一个重要原因是产业分散、集中度低。国家钢铁调整振兴规划明确提出支持并推进以特大型钢铁企业为龙头的跨省市、跨地区、跨所有制的战略重组，形成几个 5 000 万吨以上的特大型钢铁集团，若干个 1 000 万～3 000 万吨级的大型钢铁集团。未来 3 年内，钢铁企业联合重组将成为钢铁产业发展的重要趋向。

三是总量控制、淘汰落后、节能减排力度持续加大。国家钢铁调整振兴规划明确提出，在控制总量的前提下，新增产能要与淘汰落后结合，进一步提高淘汰落后标准。2010 年底前，淘汰 300 米^{3}及以下高炉、20 吨及以下转炉和电炉；2011 年底前，淘汰 400 米^{3}及以下高炉、30 吨及以下转炉和电炉；结合淘汰落后建设钢铁大厂和其他有条件的地区，要将淘汰落后产能标准提高到 1 000 米^{3}以下高炉及相应炼钢产能；实现钢铁行业技术经济指标的全面提升，吨钢综合能耗降到 620 千克标煤以下、吨钢耗新水降到 5 吨以下。

四是自主创新、技术进步进一步增强。国家钢铁调整振兴规划明确提出推进技术改造、自主创新，加快技术进步。支持重点钢铁企业发展高技术含量、高附加值钢材品种及其延伸产品，尤其支持市场前景好、发展潜力大、能替代进口的关键钢材品种。

上述发展趋势，对我省钢铁产业来讲，既是挑战又是机遇。必须抢抓机遇，扩市场、保重点、调结构、破难题、促发展，在危机中求生存，在挑战中谋发展，实现我省钢铁产业振兴。

二、指导思想、基本原则及目标任务

（一）指导思想

按照科学发展观的要求，以加快实施国家钢铁产业调整和振兴规划为主线，以结构调整、控制总量、淘汰落后、联合重组、技术改造、调整布局、提升档次为重点，着力解决发展中存在的矛盾和问题，实现结构优化升级，增强产业核心竞争力，推动我省钢铁产业由大变强，全面实现振兴目标。

（二）基本原则

1. 立足当前，着眼长远。既着力解决我省钢铁产业面临的困难，又着力解决制约发展的瓶颈问题，走可持续发展之路。

2. 有保有压，突出重点。保先进生产力，压落后产能，支持重点企业加快发展，推进联合重组，提高产业集中度。

3. 控制总量，优化布局。在控制总量、淘汰落后、城市钢厂搬迁前提下，调整产业布局，加快日照钢铁精品基地建设。

4. 自主创新，技术进步。推进自主创新，加大技改力度，提高创新能力，突破关键技术，提升工艺装备水平和品牌效应。

5. 市场调控，政策引导。坚持市场调节与政府推动结合，运用市场调控手段，发挥政策导向作用，实现产业稳定发展。

6. 内需为主，全球配置。坚持充分利用两个市场、两种资源，以满足国内市场为主，优化直接出口，扩大间接出口，在合理开发利用国内铁矿资源的同时，建立境外矿石资源保障体系。

（三）目标任务

到 2011 年，钢铁总量有效控制，全省粗钢产量控制在 5 000 万吨左右；产业集中度显著提高，培育山东钢铁集团成为国内特大型钢铁企业集团，国际竞争力明显增强，培育 3～5 个专业化中型企业；实现产业合理布局，沿海钢铁产能达到 40%以上；符合国家钢铁产业政策的工艺装备（高炉大于 1 000 米^3，转炉大于 120 吨）达到 70%以上，工艺装备优化升级；板管比提高到 60%以上，产品结构显著改善；吨钢综合能耗降至 620 千克标煤以下，吨钢耗新水降至 3.5 吨以下，吨钢烟粉尘排放量降至 1.0 千克以下，吨钢 SO_2 排放量降至 1.5 千克以下，节能减排持续深化；工业增加值占全省 GDP 比重由目前的 3%提高 1 个百分点，利税总额比 2008 年增长 30%以上。

三、发展重点

（一）建设日照钢铁精品基地

把建设日照钢铁精品基地作为我省钢铁产业结构调整的核心。按照国家钢铁产业调整和振兴规划关于“按照首钢在曹妃甸减少产能、发展循环经济的模式，结合济钢、莱钢、青钢的压缩产能和搬迁，对山东省内钢铁企业实施重组和淘汰落后产能，推动日照钢铁精品基地的建设”的要求，充分利用国家政策支持和当前建设成本下降的机遇，加快落实日照钢铁精品基地建设的前期准备工作，抓紧项目审批并尽早开工建设。项目获批后，列入我省重点建设项目，力争 2011 年底一期工程基本建成投产。

（二）壮大骨干企业

扶持山东钢铁集团所属济钢、莱钢按照国家钢铁产业调整振兴规划要求，淘汰落后，逐步压缩产能，加快技术改造和新产品的研发，着力提升产品档次。支持青钢按省政府的统一规划实施整体搬迁。支持日钢加快淘汰落后产能，将保留的产能纳入日照钢铁精品基地。同时，督促省内其他中小钢铁企业按期完成淘汰落后任务，严禁擅自扩大规模。

（三）发展一批重点产品

日照钢铁精品基地产品以高档宽厚板、高档热轧薄板、冷轧薄板为主；济钢产品以中厚板系列为主，提高高专板比例；莱钢产品以 H 型钢系列、优特钢为主；青钢搬迁至胶南作为日照钢铁精品基地的深加工区，主要建设镀锌线、镀锡线、彩涂线以及船板深加工配送中心等。支持山东钢铁集团中的张钢、石横特钢、永锋钢铁等其他企业在不扩大产能的基础上加大技术改造力度，优化产品品种，提高产品质量。其中，张钢按照区域性建筑钢材专业化生产的要求，尽快配套完善建材生产系 统，逐步成为整合淄博市区域钢铁企业的平台。支持潍坊钢铁公司发挥现有优势，重点发展钢帘线用线材、优质线材、高强度棒材等产品系列，成为我省的专业棒、线材生产企业。支持鲁丽钢铁公司，加快技术改造，重点发展优质棒材、高强度螺纹钢筋。支持南金兆集团发展弹簧扁钢和产品深加工。支持泰山钢铁公司加快淘汰落后产能，通过技术改造，提升不锈钢产品档次，延伸现有不锈钢产品产业链，形成不锈钢系列产品优势，支持泉信不锈钢公司等企业重点发展不锈钢深加工产品。支持巨能特钢公司、齐鲁特钢公司发挥优特钢的生产优势，适应石油、机械制造、汽车、船舶、航天等产业的需要，生产合金结构钢、轴承钢、模具钢等产品，形成优特钢产品系列。支持鲁宝钢管、山东墨龙等企业发展专用无缝钢管和钢管深加工。鼓励发展钢铁产品深加工，延伸产业链，形成产业集群。支持冠洲集团、淄博凤阳等 企业发展多规格冷轧板材、涂镀板材和深加工，支持临沂临港产业区围绕日照钢铁精品基地发展钢材深加工产品。鼓励优势钢铁企业，加快产品结构调整，淘汰落后产能，发展“专、精、特、新”产品，打造品牌优势。

在关键钢材品种方面，重点开发生产高速铁路用钢，高等级造船板，X80 级以上管线板，高档汽车板、家电板，高强耐磨机械制造用板，优质合金结构钢、模具钢、齿轮钢、轴承钢、弹簧钢，规格 900 mm 以上的热轧重型 H 型钢和钢板桩，强度 400 MPa 以上钢筋等，符合市场需要、具有比较优势的高端产品市场占有率及品牌知名度得到显著提高。

（四）控制总量、淘汰落后

根据国家钢铁产业政策要求，加快淘汰落后步伐，严格控制钢铁总量。在 2011 年底前淘汰 400 米^{3}及以下高炉、30 吨及以下转炉和电炉，并进一步提高淘汰落后标准。淘汰生产工艺装备落后、能耗高、污染重、产品档次低的小钢铁企业。

四、政策措施

（一）认真贯彻执行国家钢铁产业调整和振兴规划的政策措施

积极争取国家钢铁产业调整和振兴规划中提出的提高部分钢铁产品出口退税、技术进步及技术改造专项资金、防范大型骨干企业资金断链风险的财政贷款贴息、境外矿产资源权益投资专项资金、对外经济技术合作专项资金、国外矿产资源风险勘探专项资金等政策支持。

（二）加快企业兼并联合重组步伐

抓住当前国家支持联合重组的时机，按照“政府督导，企业主体，依法操作”原则，推动山东钢铁集团对省内钢铁企业的实质性重组，提高钢铁产业集中度。结合淘汰落后和兼并搬迁，加快内陆钢铁产能向沿海地区转移。认真做好日照钢铁精品基地建设前期准备工作，争取尽快开工建设。内陆地区不再布新点，现有中小钢铁企业不再扩大产能，不符合准入条件的企业逐步退出市场。不再为内陆钢铁企业新增产能批准用地、核准项目。加快淘汰落后，建立问责制，没有按时淘汰落后任务的企业，不得扩容改造和异地转移。

（三）推进企业技术改造和科技创新

鼓励支持重点钢铁企业建立产学研一体化技术研发机构，加快企业自主创新步伐，加大新工艺、新技术、新产品研发力度，开发具有自主知识产权和市场前景广阔的品牌产品。支持省内重点钢铁企业抓好高效选矿及矿产资源综合利用，炼焦煤调湿、干熄焦，烧结烟气脱硫、烧结余热发电，铁水预处理、钢水精炼，蓄热式加热炉、控轧控冷，高炉转炉煤气干法除尘及余热利用，废渣处理及综合利用、综合污水处理、能源集中管控、清洁生产等关键技术，促进产业技术进步，发展循环经济。组织筛选和上报符合国家要求的重大项目，积极争取国家钢铁产业技术进步和技术改造专项资金，加快钢铁产业升级的步伐。

（四）大力开拓市场空间

继续发挥“两个市场”的政策引导作用，积极开拓国际市场，实现钢铁直接出口占总量的10%左右。稳定国际市场份额，优化钢材直接出口，鼓励钢材间接出口。加大国内市场开拓力度，抓住国家增投入、扩内需以及加大交通基础设施建设等有利时机，生产适销对路产品，增加产品市场份额。鼓励省内钢铁产业与上下游产业开展战略合作，提高直供比例。省内基础设施建设及省内钢铁下游产业要优先使用省内自产钢材。引导企业巩固传统市场，大力开拓新兴市场，不断增强抵御市场风险能力。

（五）提高资源保障能力

鼓励重点钢铁企业积极实施“走出去”战略，开拓国际资源市场，建立矿石资源保障体系。规范铁矿石进口及流通秩序，限制进口铁矿石流向违法违规建设、环保不达标、不符合产业政策和调整振兴规划的钢铁企业。合理配置、开发省内铁矿资源，储量大（3 000 万吨以上）的铁矿资源优先配置省内大型钢铁企业。支持大型钢铁企业投资矿山勘探开发以及参与现有铁矿山的并购重组，加大小铁矿企业整治力度，规范小铁矿企业开采秩序。鼓励省内钢铁企业与独立焦化企业、重点铁合金专营企业采取直供或参股、控股等多种方式组成战略联盟，为钢铁工业发展提供资源保障。

（六）拓宽企业融资渠道

各级政府要积极组织企业拓展融资渠道，通过发行债券、股票上市、招商引资、吸纳民资等多种途径，解决企业融资难的问题。金融部门要认真落实中央金融政策，扩大信贷规模，加大对重点企业、重点产品发展的贷款支持，促进企业结构调整和技术改造。

（七）加大财税政策支持力度

一是认真落实财税优惠政策。加大政策宣传、贯彻落实力度，积极引导企业充分用足用好财税优惠政策，强化对政策落实情况的监督检查，切实把优惠政策用足、用好、用活。同时，各级财税部门要充分发挥职能作用，积极研究制定财税配套政策和税收管理措施，促进行业调整振兴。二是积极整合财政专项资金，大力支持企业技术进步，着力推动企业产品结构优化升级；大力支持企业自主创新，着力提高企业核心竞争能力；大力支持节能减排、结构调整和技术改造，着力推进经济发展方式转变。三是对国家确定的重点支持项目，各级政府要创新资金筹集方式，调整资金支出结构，按照国家有关规定，给予配套资金支持。四是切实落实国家新税法规定的增值税转型税收政策。

（八）充分发挥行业协会作用

建立健全行业协会，并在规划、标准、政策、市场、技术、信息等方面发挥协调服务作用，重点围绕企业规划、投资、创新、管理、销售等生产经营环节，强化指导服务，推动钢铁产业调整振兴规划的实施。

山东省人民政府办公厅转发省发展改革委关于加快我省钢铁工业结构调整的指导意见的通知

鲁政办发[2006]118 号

各市人民政府，各县（市、区）人民政府，省政府各部门、各直属机构，各大企业：

省发展改革委会同有关部门拟定的《关于加快我省钢铁工业结构调整的指导意见》已经省政府同意，现印发给你们，请认真贯彻执行。

山东省人民政府办公厅
二〇〇六年十二月二十八日

关于加快我省钢铁工业结构调整的指导意见

（山东省发展和改革委员会　二〇〇六年十二月二十五日）

为贯彻落实国家《钢铁产业发展政策》（国家发展改革委第 35 号令）和国家发展改革委等八部委联合下发的《关于钢铁工业控制总量淘汰落后加快结构调整的通知》（发改工业[2006]1084 号）精神，加快推进我省钢铁工业结构调整，促进钢铁工业健康发展，现结合我省实际，提出以下指导意见。

一、充分认识加快推进钢铁工业结构调整的重要性

经过 40 多年的建设发展，我省钢铁工业形成了比较完整的产业体系，特别是“十五”以来，生产规模不断扩大，装备水平大幅提高，产品结构有较大改善，综合实力明显增强。2005 年，全省铁、钢、钢材产量分别达到 3 211 万吨、3 184 万吨和 3 009 万吨，分别是 2000 年的 4.4 倍、5 倍和 4.4 倍；板带材由 2000 年的 203 万吨增加到 750 万吨；1 000 米^{3}及以上高炉、120 吨及以上转炉从无到有，高炉长寿、高炉喷煤、高效连铸、连轧等先进实用技术得到进一步推广应用；发展循环经济取得突破性进展，吨钢综合能耗、水耗居全国领先水平；骨干企业的竞争力进一步增强，我省已成为钢铁生产大省。

但是，我省钢铁工业结构调整和产业升级任务仍然十分艰巨。一是产业集中度不高。2005 年，我省粗钢产能达到 20 万吨以上的钢铁企业 19 家，100 万吨以上的仅 5 家，500 万吨以上的只有济钢、莱钢 2 家。产业集中度低导致资源得不到有效配置，难以发挥规模效益。二是生产布局不合理的矛盾突出。我省钢铁企业多分布在中心城市及内陆地区，空间布局不合理的矛盾十分突出，企业发展受原料、能源供应、环境、水资源、运输条件等因素的制约日益显现。三是产品竞争力不强。目前，我省钢铁产品仍以普通钢材为主，产品档次低，竞争力不强。2005 年全省板带比仅为 25%，比全国平均水平低 13 个百分点。优质薄板、中厚板、不锈钢、合金钢等高技术含量、高附加值品种产能严重不足，不仅不能满足我省装备制造业的发展需要，也难以使我省钢铁企业广泛参与国内外市场竞争。四是工艺装备水平有待进一步提高。2005 年，

在全省钢铁生产能力中，有三分之二的炼铁、炼钢能力达不到国家规定的准入条件，有15%的炼铁能力、6%的炼钢能力属于国家限期淘汰的落后产能。工艺装备水平的相对落后，自动化程度不高，阻碍了我省钢铁工业整体竞争力的提高。

当前，国家正在大力推进钢铁工业结构调整，控制总量，加快淘汰落后生产能力，鼓励联合重组，促进产业升级。我省钢铁工业要抓住机遇，发挥优势，迎接挑战，加快推进战略性调整，提升整体竞争力，尽快实现钢铁工业由大到强的转变。

二、结构调整的指导思想、原则和目标

（一）指导思想

全面贯彻落实科学发展观，以钢铁产业发展政策为指导，以市场为导向，以大企业为依托，以重大项目为支撑，充分发挥比较优势，优化品种结构，提高产品档次，调整产业布局，实施联合重组，增强创新能力，推进技术进步，加速淘汰落后，有效控制污染，大力发展循环经济，努力实现钢铁工业由量到质、由大到强的转变。

（二）基本原则

——坚持市场导向。发挥市场的基础性配置作用与加强宏观调控相结合，减少长线产品供给能力，增加市场短缺的高附加值产品供给能力。

——坚持增强创新能力。把增强创新能力作为促进结构调整，转变增长方式的中心环节，加快创新体系建设，不断增强原始创新、集成创新和引进消化吸收再创新的能力，努力研发具有自主知识产权的新技术、新产品，促进行业整体技术水平的提高。

——坚持扶优扶强。支持兼并重组，鼓励强强联合，培育大型企业集团，提高产业集中度，增强国际竞争力。

——坚持合理布局。加速淘汰中心城市和水资源短缺地区钢铁企业的落后生产能力，优化钢铁产业空间布局，钢铁工业重心逐渐向发展条件好、利用进口铁矿石方便的沿海地区转移。

——坚持可持续发展。大力发展循环经济，推行清洁生产，搞好节能降耗、环境保护和资源综合利用，调整工艺，更新技术，改造装备，实现可持续发展。鼓励企业按照国际标准组织生产，全面提升产品技术含量和实物质量，加大产品的国际认证力度，增强市场竞争力。

——坚持"走出去"战略。在合理利用国内矿石资源的基础上，积极主动、有效地利用国外资源，建立稳定的资源供给保障体系。加快开拓国际市场，鼓励企业到境外投资建厂。

（三）发展目标

"十一五"期间，全省钢铁工业发展的总体目标是控制总量，调整布局，实现重组，优化产品结构，科技创新，淘汰落后，降低消耗，减轻污染，提高效率。

——控制总量。严格控制炼铁、炼钢能力的发展，新增生产能力和淘汰落后生产能力相结合。到2010年，全省铁、钢、钢材产量分别控制在4 000万吨、4200万吨、4 000万吨的水平。

——调整布局。严格控制城区内现有钢铁企业扩大规模，积极引导和支持钢铁企业生产能力向有条件的沿海地区聚集，争取到2010年，沿海钢铁企业生产能力占全省比重达到40%以上。

——实现重组。推进大企业的强强联合，实现资源共享、优势互补，形成一个年钢铁生产能力2 000万吨以上的特大型企业集团。

——优化产品结构。跟踪国内外市场需求变化，淘汰落后产能，提升产品档次和实物质量，增加高技术含量、高附加值的薄板、宽厚板、优特钢等市场短缺产品产量，替代进口，2010

年板带比例提高到50%以上。

——科技创新。建立和完善适应现代钢铁企业发展的科技创新体制和运行机制，围绕提高工艺技术水平和新产品研制，开发一批关键技术，取得10项以上省级以上重大科技成果，申请具有较大影响的专利30项以上，重点加大在造船、石油化工、海洋用钢、优特钢、循环经济等领域的创新力度，科技进步对全行业增加值的贡献率达到50%以上。

——淘汰落后。国家明令限期淘汰的小炼铁、小炼钢、小轧材生产能力全部按期淘汰。“十一五”期间，力争淘汰落后生产能力1 000万吨，重点企业主要工艺装备达到国家准入条件。

——降低消耗。到2010年，钢铁企业吨钢综合能耗：高炉流程低于0.7吨标煤，电炉流程低于0.4吨标煤。吨钢耗新水：高炉流程低于6吨，电炉流程低于3吨。

——减轻污染。全行业水循环利用率达到95%以上，煤气、炉渣、钢渣的综合利用率达到95%以上，主要污染物排放全部达标，排放总量比“十五”期末减少15%以上。其中，重点企业实现废水零排放，煤气、炉渣、钢渣全部回收利用。

——提高效率。钢铁主业劳动生产率达到500吨钢/（人·年），人均实现产值180万元。

三、发展重点

“十一五”期间，我省钢铁工业重点支持大型和特色钢铁企业发展，努力培植一个具有国际竞争力的大型钢铁集团，着力打造日照钢铁精品基地，重点发展七大类钢材品种。

（一）培植一个具有国际竞争力的钢铁集团

“十一五”期间，我省钢铁企业在不断增强自身竞争力的同时，利用国有资本占主导地位的条件，借鉴国内外成功经验，坚持在政府的指导下，以市场为导向，以资本为纽带，以优势企业为龙头，加快推进济钢、莱钢等大型钢铁企业的重组，组建山东钢铁集团有限公司，逐步形成布局合理、装备先进、管理水平高、能源消耗低、环境保护好、具有国际竞争力的大型钢铁企业集团。

（二）建设日照临海钢铁精品基地

依托新组建的山东钢铁集团，积极引进国内外知名钢铁企业等战略投资者，加快淘汰现有的落后生产能力，按照大型化、现代化、集约化、连续化的标准，高起点规划建设日照临海钢铁精品基地。采用当今最先进的生产技术和工艺流程，重点生产国内短缺的热轧薄板、冷轧薄板、宽厚板、大无缝钢管等高技术含量、高附加值、高效益的产品，争取在“十一五”期末形成1 000万吨产能。

（三）支持大型和特色钢铁企业发展

重点支持济钢、莱钢等重点钢铁企业重组形成的山东钢铁集团和主导产品突出的、有特色的钢铁企业的发展。

济钢、莱钢要严格控制现有厂区生产规模，走内涵式发展的道路，着力加快产品结构调整，淘汰落后生产能力，用现代化、大型化、连续化的工艺装备改造现有生产装置，实现能源、资源、运力的集约化工艺流程。济钢重点搞好2 500毫米中板、3 500毫米中厚板、1 700毫米热轧、冷轧等生产线调整，增加高技术含量、高附加值中厚板、薄板的产品规格、品种，提高产品档次。莱钢发挥H型钢、优特钢优势，不断提高产品档次，增加品种；搞好板材产品深加工，形成新的增长点。突出发展循环经济，抓好国家级循环经济试点工作，加快资源节约型、环境友好型企业建设步伐。到2010年，吨钢综合能耗低于650千克标煤，吨钢耗新水3.5吨，吨钢烟（粉）尘排放量0.65千克，吨钢SO_2排放量0.85千克，实现可持续发展。

其余粗钢规模在百万吨以上的钢铁企业，要面向区域市场，在挖潜、降耗、增效的基础上，进一步做专、做精、做强，大力发展特色产品，走专业化道路，挖潜改造，节能降耗，提高管理水平，形成主导产品突出的、独特的竞争优势。同时，加快和完善企业的产权制度改革，积极主动搞好兼并、重组、联合，实现资源的合理配置和共享，提高抗御市场风险的能力。

（四）重点发展七大类钢材品种

薄板。适应汽车、家电、集装箱、建筑、机械等行业的需求，重点发展高质量的热轧薄板、冷轧薄板、镀锌板、彩涂板及市场需求的其他品种、规格产品，努力提高技术含量，增加精品比例，替代进口。

中厚板、宽厚板。适应船舶、压力容器、油气管道运输、建筑和工程机械等行业的需求，重点发展高强度、耐磨、耐候、耐腐蚀的中厚板、宽厚板产品。

优特钢。适应汽车零部件、机械制造、化工、建筑等行业的需求，大力发展合金结构钢、齿轮钢、弹簧钢、轴承钢、模具钢、冷镦钢、不锈钢等产品。

H 型钢。适应新型建筑、结构、工程等建设的需求，发展高强、抗震、耐候等不同品种、不同规格的产品。

优质棒材。适应建筑用钢的升级换代，积极采用超细精粒钢、控轧控冷等技术开发Ⅲ级、Ⅳ级螺纹钢筋等品种。

优质线材。适应金属制品深加工及制造业发展对线材的需求，积极开发硬线、焊线、钢帘线等产品，大幅度提高现有产品的技术含量和附加值。

优质管材。适应石油、化工、高压锅炉、公用设施等行业的需求，积极发展高强度、耐腐蚀无缝钢管、焊管等产品。

四、主要措施

（一）加强宏观调控

各级投资主管部门要严格按照产业政策的要求，严格市场准入，防止重复建设和盲目建设。国土资源、环保、质监、工商行政管理、银监等有关部门，要根据各自职能，严格依法行政，严厉查处无证生产、超标排放、违规占地、违规授信等违法行为，切实保证我省钢铁工业的健康发展。

在产业布局上，除日照钢铁基地项目外，原则上不再布新点。大城市城区内现有企业要加快结构调整步伐，结合城区改造，尽快实施压产、搬迁、重组，满足环境保护和构建和谐社会的要求。

在工艺装备上，现有钢铁企业主要技术装备尽快达到烧结机 180 米^2、焦炉炭化室高度 6 米、高炉 1 000 米^3、转炉 120 吨、电炉 70 吨等准入条件，实现工艺装备的升级换代。

严格控制钢铁工业生产能力，坚持新增生产能力与淘汰落后生产能力相结合，禁止以任何名义变相扩大钢铁生产能力。对新建、改建炼铁、炼钢、轧钢项目，要严格按照国家关于固定资产投资项目管理的有关规定，上报国家发展改革委核准。未经合法程序核准、备案的项目，国土资源管理部门不予办理土地使用手续，环保部门不予办理排污许可证，质监部门不予颁发生产许可证，金融机构不提供任何形式的信贷支持，海关不予减免进口设备关税和进口环节增值税。对违反国家、省有关规定，擅自扩大权限核准、备案钢铁项目的投资主管部门，要严肃追究部门主要负责人和相关责任人的责任。对擅自投资建设钢铁项目的企业，依法追究企业法定代表人和相关责任人的责任。

（二）加快淘汰落后生产能力

国家明确要求，2007 年前重点淘汰 200 米^3 及以下高炉、20 吨及以下转炉和电炉的落后生产能力，2010年前淘汰300米^{3}及以下高炉等其他落后装备能力。城市市区内的钢铁企业要结合环保要求加快淘汰落后生产能力。对列入淘汰目录的装备，不得进行转让、变卖，金融机构要慎贷，环保部门要加强排污监控，质监部门要加强质量检查。各地、各部门本着“谁审批谁负责、谁主管谁负责”的原则，妥善处理淘汰落后生产能力过程中出现的问题。

（三）增强自主创新能力

加大科技投入，加强企业技术中心建设，完善科技创新体系。大力推进产学研结合，充分发挥高等院校和科研院所的作用，加强钢铁前沿科技领域的自主联合开发工作，加快科技成果转化，尽快发挥效益。跟踪、利用、开发钢铁前沿技术，鼓励应用先进技术改造现有装置，减少环境污染，降低生产成本。大力开发具有自主知识产权的新技术和新产品，发展新型高效特色钢材，提高企业的竞争力。积极采用先进适用技术改造传统工艺，广泛推广应用精料入炉、富氧喷煤、铁水预处理、炉外精炼、连铸连轧、控轧控冷等先进生产技术。

（四）深化体制改革

深化国有企业改革，积极推进国有企业主辅分离、辅业改制工作，强化钢铁主业。加快推进企业现代产权制度建设，积极吸引国内大型钢铁企业到山东投资，同时吸纳各类社会资本推进股份制改造，实现投资主体多元化。鼓励钢铁企业通过兼并、收购、联合等方式，向主业突出、市场竞争力强的大集团发展，提高产业集中度。鼓励淘汰企业转产其他符合国家产业政策的项目。

（五）大力发展循环经济

牢固树立循环经济发展理念，把提高资源和能源综合利用率、降低消耗作为提高竞争力的重要手段，最大限度地提高废气、废水、废物的综合利用水平，参与社会物质利用再循环。一是企业的发展要采用有利于节约能源、资源、运力的集约化工艺流程。二是要大力推广高炉、转炉、焦炉煤气回收发电，有条件的大型企业要发展燃气-蒸汽联合循环发电，大型高炉要同步建设余压发电装置。三是回收利用热能和化学能，全面推广干熄焦、蓄热式燃烧等技术。四是建立和完善污水处理和再生利用系统，实现水资源循环利用。五是加强企业烟尘、粉尘、废渣等废弃物的综合利用，加快实施烟尘脱硫项目建设，减少二氧化硫排放量，努力实现废弃物零排放。

（六）鼓励钢铁企业延伸产业链条

鼓励企业建立符合工艺装备技术要求的重要原料供应体系，保证原料供应的稳定性、安全性。加快实施“走出去”战略步伐，鼓励企业采用合资、合作等形式到海外投资办矿，建立长期稳定的海外资源供应基地。鼓励企业建立产品深加工和物流配送中心。加强与下游造船、家电、建筑等钢材用户的合作，满足用户个性化需求和大批量订单需求，减少流通环节，增加产品附加值。

山东省钢铁工业污染物排放标准

DB37/990—2008

前言

本标准附录 A 为规范性附录，附录 B 为资料性附录。

本标准起草单位：济南市环境保护规划设计研究院。

本标准参与起草单位：山东省冶金工业总公司、济南钢铁集团总公司、莱芜钢铁集团有限公司、青岛钢铁控股集团有限责任公司。

本标准主要起草人：王新国、马召坤、迟智香、张建国、邓丽丽。

1　范围

本标准规定了山东省钢铁工业大气污染物和水污染物排放浓度限值和吨产品最高允许排放量，以及采样、监测和环境保护管理的相关规定。

本标准适用于山东省钢铁工业的烧结、炼铁、炼钢、轧钢、铁合金和钢铁联合企业的污染物排放控制，也适用于钢铁工业建设项目环境影响评价，建设项目环境保护设施设计、竣工验收及其投产后污染物的排放管理。

2　规范性引用文件

下列文件中的条款通过本标准的引用而成为本标准的条款。凡是注明日期的引用文件，其随后所有的修改单（不包括勘误的内容）或修订版均不适用于本标准，然而，鼓励根据本标准达成协议的各方研究是否可使用这些文件的最新版本。凡是不注明日期的引用文件，其最新版本适用于本标准。

GB 3095—1996　环境空气质量标准

GB 3097—1997　海水水质标准

GB 3838—2002　地表水环境质量标准

GB 9078—1996　工业炉窑大气污染物排放标准

GB 13271—2001　锅炉大气污染物排放标准

GB 16171—1996　炼焦炉大气污染物排放标准

GB 16297—1996　大气污染物综合排放标准

GB 15562.1—1995　环境保护图形标志排放口（源）

GB/T 4918　工业废水总硝基化合物的测定　分光光度法

GB/T 4919　工业废水总硝基化合物的测定　气相色谱法

GB/T 6920　水质 pH 的测定　玻璃电极法

GB/T 7466　水质总铬的测定　高锰酸钾氧化-二苯碳酰二肼分光光度法

GB/T 7467　水质六价铬的测定　二苯碳酰二肼分光光度法

GB/T 7468 水质总汞的测定 冷原子吸收分光光度法
GB/T 7475 水质铜、锌、铅、镉的测定 原子吸收分光光度法
GB/T 7478 水质铵的测定 蒸馏和滴定法
GB/T 7479 水质铵的测定 纳氏试剂比色法
GB/T 7481 水质铵的测定 水杨酸分光光度法
GB/T 7483 水质氟化物的测定 氟试剂分光光度法
GB/T 7484 水质氟化物的测定 离子选择电极法
GB/T 7485 水质总砷的测定 二乙基二硫代氨基甲酸银分光光度法
GB/T 7486 水质氰化物的测定 吡啶-巴比妥酸光度法
GB/T 7487 水质氰化物的测定 异烟酸-吡唑啉酮光度法
GB/T 7490 水质挥发酚的测定 蒸馏后 4-氨基安替比林分光光度法
GB/T 7494 水质阴离子表面活性剂的测定 亚甲蓝分光光度法
GB/T 11889 水质苯胺类的测定 N-（1-萘基）乙二胺偶氮分光光度法
GB/T 11890 水质苯系物的测定 气相色谱法
GB/T 11893 水质总磷的测定 钼酸铵分光光度法
GB/T 11901 水质悬浮物的测定 重量法
GB/T 11903 水质色度测定 稀释倍数法
GB/T 11906 水质总锰的测定 高碘酸钾分光光度法
GB/T 11911 水质总锰的测定 火焰原子吸收分光光度法
GB/T 11912 水质总镍的测定 火焰原子吸收分光光度法
GB/T 11914 水质化学需氧量的测定 重铬酸盐法
GB/T 16157 固定污染源排气中颗粒物测定与气态污染物采样方法
GB/T 16488 水质石油类和动植物油的测定 红外光度法
GB/T 16489 水质硫化物的测定 亚甲基蓝分光光度
HJ/T 42 固定污染源排气中氮氧化物的测定 紫外分光光度法
HJ/T 43 固定污染源排气中氮氧化物的测定 盐酸萘乙二胺分光光度法
HJ/T 44 固定污染源排气中一氧化碳的测定 非色散红外吸收法
HJ/T 55 大气污染物无组织排放监测技术导则
HJ/T 56 固定污染源排气中二氧化硫的测定 碘量法
HJ/T 57 固定污染源排气中二氧化硫的测定 定电位电解法
HJ/T 67 大气固定污染源氟化物的测定 离子选择电极法
HJ/T 76 固定污染源排放烟气连续监测系统技术要求及检测方法
HJ/T 77 多氯代二苯并二噁英和多氯代二苯并呋喃的测定 同位素稀释高分辨率毛细管气相色谱/高分辨质谱法
HJ/T 92 水污染物排放总量监测技术规范
CJ3082—1999 污水排入城市下水道水质标准
DB37/599—2006 山东省南水北调沿线水污染物综合排放标准
DB37/656—2006 山东省小清河流域水污染物综合排放标准
DB37/664—2007 火电厂大气污染物排放标准
DB37/675—2007 山东省海河流域水污染物综合排放标准
DB37/676—2007 山东省半岛流域水污染物综合排放标准

3　术语及定义

下列术语及定义适用于本标准。

3.1　钢铁工业

指以黑色金属（铁、铬、锰 3 种金属元素）作为主要冶炼及压延加工对象的工业企业，包括以金属矿石为原料采用高炉、转炉炼钢的长流程钢铁联合企业和以废钢铁为原料采用电炉炼钢加工生产各种钢材产品的短流程企业。

本标准按钢铁工业生产工艺结合生产产品包括以下 7 类 14 种：

a）烧结：烧结和球团；

b）炼铁：炼铁；

c）炼钢：转炉炼钢和电炉炼钢；

d）连铸：连铸；

e）轧钢：钢坯、型钢、线材、热轧板带、钢管和冷轧板带；

f）铁合金：铁合金冶炼；

g）钢铁联合企业：指烧结、焦化、炼铁、炼钢和轧钢等工艺配套的钢铁企业。

3.2　标准状态

烟气在温度为 273K、压力为 101 325Pa 时的状态，简称“标态”。本标准规定的大气污染物排放浓度限值均指标准状态下干烟气的数值。

3.3　常规污染物

指企业正常生产时的主要污染物，大气污染物指标包括：颗粒物、二氧化硫；水污染物指标包括：pH、化学需氧量、悬浮物、石油类、氨氮、挥发酚、总氰化合物、六价铬、总锌。

3.4　特定污染物

指企业排放的除常规污染物外的其他需要监控的污染物。

3.5　排放浓度限值

3.5.1　大气污染物排放浓度限值指排气筒中大气污染物每 1 小时平均排放浓度不得超过的限值。

3.5.2　水污染物排放浓度限值指水污染物日均排放浓度不得超过的限值。

3.6　吨产品排水量限值、吨产品污染物排放量限值和禁排

3.6.1　吨产品排水量限值指生产 1 吨产品在总排口或多个排放口合计下，排水量不得超过的限值。

3.6.2　吨产品污染物排放量限值指生产 1 吨产品的污染物排放量不得超过的限值。

3.6.3　禁排指某流程所产生的废水全部循环利用或采用清洁生产技术杜绝废水产生。

3.7　无组织排放、无组织排放浓度限值

3.7.1　无组织排放指大气污染物不经过排气筒的无规则排放，主要包括作业场所的物料堆放、开放式物料输送产生的扬尘、管道和设备的含尘气体泄漏等。

3.7.2　无组织排放浓度限值指监控点的大气污染物浓度在任何 1 小时内的平均值不得超过的限值。

3.8　二噁英、二噁英毒性当量（TEQ）（Dioxin toxic equivalence quantity）

3.8.1　二噁英指多氯代二苯并-对-二噁英（Polychlorinated dibenzo-p-dioxins，简称 PCDDs）和多氯代二苯并呋喃（Polychlorinated dibenzofurans，简称 PCDFs）的总称，简写为 PCDD/Fs。

3.8.2　二噁英毒性当量（TEQ）用来定量评价二噁英类污染物的毒性，将 2,3,7,8-四氯代二苯

对二噁英（TCDDs）毒性当量因子定义为 1，各种 PCDD/Fs 异构体的含量（浓度）乘以其相应的毒性等价系数（TEF）并加和，单位为 ng-TEQ/Nm^3。其计算公式为：TEQ =Σ（二噁英毒性同类物浓度×TEF）。

3.9 TEF（Toxicity Equivalency Factor）

毒性等价系数（2,3,7,8-T4CDD Toxicity Equivalency Factor），是二噁英毒性同类物与 2,3,7,8-四氯代二苯并-对-二噁英对 Ah 受体的亲和性能之比。

4 技术要求

4.1 基本规定

4.1.1 钢铁企业在《地表水环境质量标准》（GB 3838—2002）规定的 I 类、II 类水域保护区和 III 类水域的集中式生活饮用水地表水水源地二级保护区，在《海水水质标准》（GB 3097—1997）中的一类海域保护区以及《山东省南水北调沿线水污染物综合排放标准》（DB 37/599—2006）规定的核心保护区内禁止新建排污口，原有废水排放口在第一时段内拆除或迁出。

4.1.2 在《环境空气质量标准》（GB 3095—1996）规定的一类、二类（一般工业区除外）环境质量功能区内，禁止新建钢铁企业。

4.1.3 执行时段

4.1.3.1 本标准按时间分为两个时间段，在不同时段分别执行本标准规定的污染物排放限值。

第一时段：2008 年 2 月 1 日至 2009 年 12 月 31 日，执行本标准第一时段排放限值；

第二时段：2010 年 1 月 1 日起，执行本标准第二时段排放限值。

4.1.3.2 特定污染物的排放限值不分时段执行本标准。

4.1.4 自本标准实施之日起，通过环境影响评价审批的新建、改建、扩建项目企业直接执行第二时段排放限值。

4.1.5 山东省境内钢铁企业除执行本标准外，污染物排放总量还应满足当地总量控制要求。当排放单位依据本标准排放污染物超出所进入环境总量要求时，地方环境保护行政主管部门可以依据容量总量控制原则，对有关单位规定严于本标准的排放控制要求。

4.2 大气污染物排放标准

4.2.1 颗粒物排放浓度限值及总量控制指标按不同时段执行表 1 的规定。

4.2.2 二氧化硫排放浓度限值及总量控制指标按不同时段执行表 2 的规定。

4.2.3 特定污染物限值

生产流程排放的大气特定污染物排放浓度限值和总量控制指标执行表 3 的规定，未标明项目执行《大气污染物综合排放标准》（GB 16297—1996）的规定。

4.2.4 排气筒（烟囱）

4.2.4.1 排放速率

排气筒排放速率执行《大气污染物综合排放标准》（GB 16297—1996）。

4.2.4.2 高度

排气筒（烟囱）高度不低于 15 m，排气筒周围半径 200 m 距离范围内有建筑物的，排气筒的高度应高于最高建筑物 3 m 以上。若现有排气筒达不到规定的高度，其污染物最高允许排放浓度按排放标准值的 50%执行。

4.2.5 无组织排放浓度限值

无组织排放，监控点颗粒物浓度执行表 4 规定的限值。

4.3 其他规定

4.3.1　企业自备锅炉大气污染物排放根据锅炉类型分别执行《锅炉大气污染物排放标准》（GB 13271—2001）和《火电厂大气污染物排放标准》（DB37/664—2007）。

4.3.2　炼焦炉大气污染物排放执行《炼焦炉大气污染物排放标准》（GB 16171—1996）的规定。

表 1　颗粒物排放浓度限值及总量控制指标

技术内容			第一时段		第二时段	
			最高允许排放浓度 mg/m³	吨产品排放量 kg/t 产品	最高允许排放浓度 mg/m³	吨产品排放量 kg/t 产品
污染源	烧结	烧结、球团设备	90	0.50（以烧结、球团产品计）	50	0.20（以烧结、球团产品计）
		其他尘源	70		30	
	炼铁	高炉出铁场	100	0.4（以生铁计）	30	0.12（以生铁计）
		热风炉	50		20	
		其他尘源	60		30	
	炼钢	转炉（一次烟气）	100	—	80	—
		电炉	35		20	
		其他尘源	35		20	
	轧钢	热轧精轧机	30	—	20	—
		拉矫机				
		焊接机				
		酸再生				
		加热炉				
		其他尘源				
	铁合金	精炼炉	80	4.2	80	3.0
		矿热炉　全封闭炉	80	0.6	80	0.5
		矿热炉　半封闭炉、敞口炉	80	3.6	80	3.0
		回转窑	100	—	80	—
		其他尘源	50	—	20	—

注：加热炉掺风系数或过量空气系数规定为 1.7。

表 2　二氧化硫排放浓度限值及总量控制指标

技术内容			第一时段		第二时段	
			最高允许排放浓度 mg/m³	吨产品排放量 kg/t 产品	最高允许排放浓度 mg/m³	吨产品排放量 kg/t 产品
污染源	烧结	球团设备	600	2.00	200	0.6
	炼铁	热风炉	250	0.10	150	0.05
	轧钢	工业炉	250	—	150	—
	铁合金	回转窑（焙烧窑、锻烧窑、干燥窑、烧结、熔化炉）	1 000	—	300	—

表 3　大气特定污染物排放浓度限值及总量控制指标

	技术内容		污染物	最高允许排放浓度 mg/m³	吨产品排放量 kg/t 产品
污染源	烧结	烧结、球团设备	氮氧化物	200	0.70
			氟化物	3.0	0.011
			二噁英	0.5 ng-TEQ/m³	—
	炼铁	热风炉	氮氧化物（以 NO_2 计）	350	0.05（以生铁计）
	炼钢	转炉（一次）	氟化物（以总氟计）	3.0	—
		转炉（二次）			
		电炉			
		精炼炉			
		其他含氟废气			
		电炉	二噁英	0.2 ng-TEQ/m³	—
	轧钢	工业炉	氮氧化物	150	—
		酸洗机组等	铬酸雾（以 Cr 计）	0.070	—
		酸洗机组等	盐酸雾	10	—
		废盐酸再生	盐酸雾	30	—
		酸洗机组等	硫酸雾	10	—
		碱洗机组等	碱雾	10	—
		轧机等	乳化液、油雾	20	—

注：二噁英指排放废气（含烟尘）中的测定均值。

表 4　无组织排放监控点及浓度限值

项目	场所	颗粒物无组织排放监控点	浓度限值[a]mg/m³
颗粒物	原料、辅助原料和燃料堆场	厂（场）界外 20m 处	1.0（扣除参考值[b]）
一氧化碳	高炉、焦炉和转炉	厂（场）界外 20m 处	300（扣除参考值[b]）

a. 浓度限值指监控点处 1 小时平均浓度值；

b. 参考值含义见本标准 4.4.2.1。

4.4　大气污染物监测

4.4.1　排气筒监测

废气排放量大于或等于 60 000 m³/h 的排气筒，应按照《固定污染源排放烟气连续监测系统技术要求及检测方法》（HJ/T 76）的规定，安装烟气颗粒物、二氧化硫和氮氧化物连续监测装置。

废气排放量小于 60 000 m³/h 的排气筒，应按照《固定污染源排气中颗粒物测定与气态污染物采样方法》（GB/T 16157）的规定，设置永久采样孔和采样测试平台，进行监测采样。

4.4.2　颗粒物无组织排放的监测

4.4.2.1　在厂界外 20m 处（无明显厂界，以车间外 20m 处）上风方与下风方同时布点采样，将上风方的监测数据作为参考值。

4.4.2.2　监测方法执行《大气污染物无组织排放监测技术导则》（HJ/T 55）的规定。

4.4.3　大气污染物分析方法见表 5。

表 5　大气污染物分析方法*

序号	项目	分析方法	方法标准号
1	颗粒物	重量法	GB/T 16157
2	二氧化硫	1）碘量法	HJ/T 56
		2）定电位电解法	HJ/T 57
3	氮氧化物	1）紫外分光光度法	HJ/T 42
		2）盐酸萘乙二胺分光光度法	HJ/T 43
4	氟化物	离子选择电极法	HJ/T 67
5	一氧化碳	非色散红外吸收法	HJ/T 44
6	二噁英	同位素稀释高分辨率毛细管气相色谱/高分辨质谱法	HJ/T 77

*其他未标明特定污染物分析方法执行国家环境保护总局《空气和废气监测分析方法》。

4.5　水污染物排放标准

4.5.1　排入《地表水环境质量标准》（GB 3838—2002）中Ⅲ类（集中式生活饮用水地表水源地二级保护区除外）、Ⅳ类、Ⅴ类水域和《海水水质标准》（GB 3097—1997）中二、三、四类海域的钢铁工业废水，吨产品排水量、污染物排放浓度和吨产品排放量按不同时段分别执行本标准规定的限值。

4.5.2　常规水污染物排放浓度限值及排水量控制指标按不同时段执行表 6 的规定。

4.5.3　特定水污染物排放浓度限值执行表 7 的规定，未作规定的水污染物排放浓度限值执行《山东省南水北调沿线水污染物综合排放标准》（DB 37/599—2006）、《山东省小清河流域水污染物综合排放标准》（DB 37/656—2006）、《山东省海河流域水污染物综合排放标准》（DB 37/675—2007）、《山东省半岛流域水污染物综合排放标准》（DB 37/676—2007）的规定。

4.5.4　其他规定

排入城镇污水处理厂的污水，应执行《污水排入城市下水道水质标准》（CJ 3082—1999）。在确保污水处理厂出水水质达标的前提下，钢铁企业可与城镇污水处理厂签订委托处理合同，钢铁企业的污水排放应按合同规定执行。

表 6　常规水污染物排放浓度限值及排水量控制指标

分类	控制项目	单位	第一时段	第二时段
烧结	—	—	禁排	禁排
炼铁	—	—	禁排	禁排
炼钢	排水量	m^3/t^a	1.0	禁排
	pH	无量纲	6～9	
	化学需氧量（COD_{Cr}）	g/t^b	60	
		mg/L	60	
	悬浮物（SS）	g/t^b	50	
		mg/L	50	
	石油类	g/t^b	5	
		mg/L	5	

分类	控制项目	单位	第一时段	第二时段
轧钢	排水量	m^3/t^a	2	1
	pH	无量纲	6～9	
	化学需氧量（COD_{Cr}）	g/t^b	120	30
		mg/L	60	30
	悬浮物（SS）	g/t^b	100	20
		mg/L	50	20
	石油类	g/t^b	10	3
		mg/L	5	3
	氰化物	g/t^b	1.0	0.5
		mg/L	0.5	0.5
	铁	g/t^b	20	10
		mg/L	10	10
	铜	g/t^b	1.0	0.3
		mg/L	0.5	0.3
	总砷	g/t^b	1.0	0.5
		mg/L	0.5	0.5
	总铬	g/t^b	3.0	0.5
		mg/L	1.5	0.5
	总铅	g/t^b	2.0	0.1
		mg/L	1.0	0.1
	总镍	g/t^b	2.0	1.0
		mg/L	1.0	1.0
	镉	g/t^b	0.2	0.1
		mg/L	0.1	0.1
	汞	g/t^b	0.1	0.05
		mg/L	0.05	0.05
	六价铬	g/t^b	0.2	0.05
		mg/L	0.1	0.05
	总锌	g/t^b	4	1
		mg/L	2	1
铁合金	排水量	m^3/t^a	2	1
	pH	无量纲	6～9	
	化学需氧量（COD_{Cr}）	g/t^b	120	30
		mg/L	60	30
	悬浮物（SS）	g/t^b	100	20
		mg/L	50	20
	石油类	g/t^b	10	3
		mg/L	5	3
	氰化物	g/t^b	1.0	0.5
		mg/L	0.5	0.5
钢铁联合企业	排水量	m^3/t^a	2	1
	pH	无量纲	6～9	
	化学需氧量（COD_{Cr}）	g/t^b	120	30
		mg/L	60	30
	悬浮物（SS）	g/t^b	100	20
		mg/L	50	20

分 类	控制项目	单位	第一时段	第二时段
钢铁联合企业	石油类	g/t[b]	10	3
		mg/L	5	3
	氨氮（NH_3-N）	g/t[b]	20	5
		mg/L	10	5
	挥发酚	g/t[b]	0.6	0.2
		mg/L	0.3	0.2
	总氰化合物	g/t[b]	0.6	0.2
		mg/L	0.3	0.2
	六价铬	g/t[b]	0.2	0.05
		mg/L	0.1	0.05
	总锌	g/t[b]	3	1
		mg/L	1.5	1

a 吨产品废水排水量。
b 吨产品污染物排放量。

表 7　特定水污染物排放浓度限值

序号	污染物名称	单位	排放浓度限值
1	总汞（按 Hg 计）*	mg/L	0.005
2	总镉（按 Cd 计）*	mg/L	0.05
3	总铬（按 Cr 计）*	mg/L	0.5
4	总砷（按 As 计）*	mg/L	0.2
5	总铅（按 Pb 计）*	mg/L	0.5
6	总镍（按 Ni 计）*	mg/L	0.5
7	总铜（按 Cu 计）	mg/L	0.3
8	总锰（按 Mn 计）	mg/L	2.0
9	磷酸盐（以 P 计）	mg/L	0.5
10	氟化物（按 F 计）	mg/L	10
11	苯胺类	mg/L	0.5
12	硝基苯类	mg/L	1.0
13	阴离子表面活性剂（LAS）	mg/L	3.0
14	色度（稀释倍数）	倍	30
15	硫化物（按 S 计）	mg/L	0.8
16	苯	mg/L	0.1
17	甲苯	mg/L	0.1

*属于第一类污染物，要求在车间或车间处理设施排放口采样、监控。

4.6　水污染物监测

4.6.1　各废水排放口应按《环境保护图形标志 排放口（源）》（GB 15562.1—1995）的要求设置永久性排放口标志。

4.6.2　日排水量大于 6 000 吨的废水排放口应安装废水自动在线监测装置；日排水量 6 000 吨以下的废水排放口应安装废水水量计量装置。

4.6.3　采样点设置、采样频率和采样方法按照《水污染物排放总量监测技术规范》（HJ/T 92）的规定执行。

4.6.4　混合废水数值的确定

不同工艺单元的企业生产废水混合排放时，其污染物排放按附录 A 确定的方法计算。

4.6.5 水污染物分析方法见表 8。

表 8 水污染物分析方法

序号	项目	分析方法	方法标准号
1	pH	玻璃电极法	GB/T 6920
2	色度	稀释倍数法	GB/T 11903
3	悬浮物（SS）	重量法	GB/T 11901
4	石油类	红外分光光度法	GB/T 16488
5	化学需氧量（COD_{Cr}）	重铬酸盐法	GB/T 11914
6	氨氮（NH_3-N）	1）蒸馏和滴定法	GB/T 7478
		2）纳氏试剂比色法	GB/T 7479
		3）水杨酸分光光度法	GB/T 7481
7	挥发酚	蒸馏后 4-氨基安替比林分光光度法	GB/T 7490
8	硫化物	亚甲基蓝分光光度法	GB/T 16489
9	氟化物	1）氟试剂分光光度法	GB/T 7483
		2）离子选择电极法	GB/T 7484
10	氰化物	1）异烟酸—吡唑啉酮光度法	GB/T 7487
		2）吡啶—巴比妥酸光度法	GB/T 7486
11	总磷	钼酸铵分光光度法	GB/T 11893
12	阴离子表面活性剂（LAS）	亚甲蓝分光光度法	GB/T 7494
13	苯胺	N-（1-萘基）乙二胺偶氮分光光度法	GB/T 11889
14	硝基苯	1）分光光度法	GB/T 4918
		2）气相色谱法	GB/T 4919
15	苯	气相色谱法	GB/T 11890
16	甲苯	气相色谱法	GB/T 11890
17	六价铬	二苯碳酰二肼分光光度法	GB/T 7467
19	总铬	高锰酸钾氧化－二苯碳酰二肼分光光度	GB/T 7466
20	总锌	原子吸收分光光度法	GB/T 7475
21	总汞	冷原子吸收分光光度法	GB/T 7468
22	总砷	二乙基二硫代氨基钾酸银分光光度法	GB/T 7485
23	总铅	原子吸收分光光度法	GB/T 7475
24	总镉	原子吸收分光光度法	GB/T 7475
25	总镍	火焰原子吸收分光光度法	GB/T 11912
26	总铜	原子吸收分光光度法	GB/T 7475
27	总锰	1）火焰原子吸收分光光度法	GB/T 11911
		2）高碘酸钾分光光度法	GB/T 11906

5 标准实施监督

5.1 本标准由县级及其以上人民政府环境保护行政主管部门负责监督实施。

5.2 本标准颁布后，现行的国家或地方行业标准以及新颁布、新修订的国家或地方（综合或行业）污染物排放标准严于本标准的，按照从严要求的原则，按适用范围执行相应污染物排放标准，不再执行本标准。

十、河南

河南省钢铁产业调整和振兴规划

2009 年 9 月 5 日

为贯彻落实《国务院关于印发钢铁产业调整和振兴规划的通知》（国发[2009]6 号）精神，加快构建现代产业体系，培育壮大战略支撑产业，促进河南钢铁产业结构升级，实现持续健康发展，特编制本规划。本规划作为 2009—2012 年产业调整振兴的实施方案，并为 2020 年前产业发展提供指导。

一、产业现状及面临形势

（一）产业现状

我省现有钢铁企业 31 家。其中，钢铁联合企业 12 家、独立炼铁厂 8 家、独立轧钢厂 11 家。2008 年，我省生产生铁、粗钢和钢材分别为 1 716 万吨、2 188 万吨和 2 571 万吨，粗钢产量居国内第 6 位。规模以上钢铁企业完成工业增加值 545.6 亿元，实现销售收入 2001.6 亿元、利润 103 亿元。过去的五年，是河南钢铁产业快速发展的时期，2008 年粗钢和钢材产量分别是 2003 年的 2.6 倍和 3.5 倍，销售收入和利润分别是 2003 年的 6.2 倍和 6.8 倍。

2008 年下半年以来，受金融危机影响，河南钢铁产业受到严重冲击，这既与国际钢材市场需求萎缩和我国钢铁产能过剩有关，也充分暴露出我省钢铁产业多年积累的深层次问题。一是企业规模偏小。全省 31 家钢铁企业中，除安钢集团产能达到千万吨级外，其余钢铁企业产能均较小，没有形成在全国具有重要影响力的钢铁企业集团。二是整体技术装备水平低。全省 48 条轧钢生产线中，达到国内先进水平的仅有 4 条；1 000m^3 以上高炉炼铁产能和 120t 及以上转炉炼钢产能，分别仅占全省的 38.6%和 34.3%。三是产品开发创新能力弱。多数企业不具备自主研发能力，在国内同行业具有领先水平的关键技术和高端产品较少。主要产品中，除舞钢、安钢的中厚板外，绝大多数附加值较低。四是节能减排压力较大。全省吨钢综合能耗 647 千克标准煤，比全国重点统计钢铁企业平均水平高 17.1 千克标准煤。五是铁矿石供应对外依存度高。省内铁矿资源禀赋较差，自给率仅为 18%左右。

（二）国内外钢铁产业发展趋势

1. 国际钢铁产业发展趋势。从全球钢铁产业发展看，当前主要呈现三大趋势。一是钢铁产业整体处于下行周期。2008 年下半年以来，受房地产、汽车和家电等下游产业衰退影响，世界钢铁产业结束了连续近 6 年的增长，进入下降通道。国际钢材市场将随着美国、欧洲和日本等发达经济体的恢复逐步复苏。二是贸易摩擦逐渐增多。在金融危机影响下，世界钢铁工业供大于求的矛盾更加突出，行业竞争更加激烈。主要钢铁生产国为保护本国产业，对进口钢铁产品采取加征关税或反倾销等措施，贸易摩擦将日益增多。三是兼并重组步伐加快。国际钢铁企业间的并购重组已成为行业发展的主旋律，拥有资金优势的大型钢铁企业将抓住当前企业市值大幅缩水、并购重组成本降低的历史机遇，加快战略重组步伐，钢铁工业集中度将进一步提高。

2. 国内钢铁产业发展趋势。我国是世界上最大的钢铁生产国，2008 年钢产量占全球产量的38%。在经济全球化背景下，国内外钢铁市场联系日趋紧密，国际市场变化对国内钢铁工业产生重要影响。在各种因素综合作用下，我国钢铁工业发展格局将发生较大变化。一是钢铁工业进入低速稳定增长期。金融危机使国内钢铁工业的结构调整期提前到来，国内企业的发展重点将从扩张规模转向降低成本、提高产品质量，钢铁工业将保持较低的增长速度。二是工艺和装备水平将显著提高。在国际市场需求萎缩，国内资源环境压力加大的背景下，国家将采取更为严厉的落后产能淘汰措施，重点钢铁企业将通过工艺装备的现代化、大型化改造，淘汰落后产能，提升节能减排水平，一批竞争力较弱的小钢铁企业将逐步退出市场。三是产品结构升级步伐加快。随着下游产业的升级转型，高强度螺纹钢筋、高磁感取向电工钢、高档汽车面板、超超临界高温高压锅炉用钢等高附加值产品市场需求逐步增加。重点钢铁企业将通过技术进步和差异化发展，开发新产品，开拓新领域，适应不断变化的市场需求。四是产业布局加快调整。国内钢铁工业向沿海和目标消费市场布局趋势日益明显，以跨地区特大型钢铁企业和地方大企业集团为主的发展格局基本形成。特大型钢铁企业加快向沿海布局，形成了鲅鱼圈、曹妃甸、日照、上海、湛江、防城港等沿海生产基地，并加快对内地企业的兼并重组。内陆地区钢铁企业主要结合本地市场和原料资源状况，着力加强对区域市场的控制，谋求与特大型钢铁企业的合作，强化与省内企业的联合重组。

总体来看，我国正处于工业化、城市化加速推进时期，支撑钢铁工业需求持续增长的基本趋势没有改变，核电、风电、铁路、城市轨道交通、水利和环保等领域仍需大量投资，钢铁工业仍有进一步发展的空间。预计 2012 年，我国钢材消费量为 4.7 亿吨，比 2008 年的 4.3 亿吨增长 9.3%。钢铁产能过剩问题将通过扩大内需、稳定外贸和淘汰落后产能得到解决。

（三）河南省发展钢铁产业的基本判断

我省正处于工业化中期阶段，钢铁产业具有良好的需求支撑，但面临激烈的市场竞争。2008年，全省生产总值达到 18 407.8 亿元，连续 8 年保持两位数增长，经济实力明显增强。随着我国国民经济形势好转，我省将继续保持快速发展态势，钢铁市场需求持续增长，消费结构不断升级。预计 2012 年，河南钢材消费量将达到 2 800 万吨，其中长材 1 600 万吨、板材 1 100 万吨、钢管 100 万吨，机械用钢、高强度建筑用钢和板材需求量呈上升趋势。2015 年，我省钢材消费量将达到 3 000 万吨，其中长材 1 480 万吨、板材 1 400 万吨、钢管 120 万吨。如果考虑周边山西、陕西省需求，2012 年 3 省区域市场消费量将达到 5 100 万吨左右。但应该看到，截至 2008 年年底，我国已形成 6.4 亿吨的粗钢生产能力，已大大超过市场需求，随着一批在建项目的投产，特别是沿海大型钢铁基地产能的释放，国内市场竞争将更加激烈。地处中原的河南，东部集中了宝钢、沙钢、马钢、济钢等千万吨及以上大型钢铁企业，北部与全国第一钢铁大省河北相邻，南部有资源、技术优势明显的武钢，市场竞争尤为激烈。

我省发展钢铁产业既有比较优势，也存在比较劣势，呈现“一优三劣”局面。一方面，能源优势突出。我省拥有丰富的煤炭资源，2008 年煤炭产量居全国第三位，毗邻的山西省是我国煤炭第一生产大省，发展钢铁产业能源保证条件较好。另一方面，存在三大劣势。一是铁矿石资源缺乏。河南铁矿资源禀赋差，进口铁矿石依赖度高，与沿海企业比较，要多支付内陆运输费用，这是我省钢铁产业的最大劣势；二是技术水平较低。钢铁产业整体装备水平不高，技术研发能力较弱，具有领先水平的关键技术和高端产品少，安钢、舞钢、济钢等企业生产消耗水平虽处于国内行业先进行列，但优势并不明显，难以应对将来激烈竞争局面；三是市场开拓不足。产业链延伸不够，安钢、济钢等骨干企业产品需要大量销往省外，省内市场占有率较低，市场优势没有充分发挥。

总体上看，钢铁产业还不是我省的战略优势产业，而且面临的形势比较严峻。但要看到，河南发展钢铁产业具有市场潜力、产业基础等有利条件，存在的不利因素可以通过努力有效化解。因此，要坚持把钢铁产业作为我省重要的战略支撑产业培育和发展，扬长避短，力争稳定、持续增长。振兴河南钢铁产业的关键在于加快结构调整，必须通过发挥优势、挖掘潜力、化劣为优、补短为长，着力形成综合成本优势，成为河南实现跨越式发展的重要力量。

二、基本思路和发展目标

（一）战略定位

把钢铁工业作为构建现代产业体系、实现中原崛起的战略支撑产业，把我省建设成为适应区域市场需求、具有较强竞争力的优质钢铁生产基地。

（二）基本思路

以科学发展观为指导，围绕控制总量、调整结构、改造升级、外引内联、优化布局的总体要求，以增强产业核心竞争力为目标，实施与区域经济发展相协调的发展战略，立足省内市场，积极开拓省外市场，立足自主创新，积极引进先进技术，立足自身做强，积极寻求战略合作，弥补产业发展短板，强化优势要素支撑，形成区域特色明显、产业集中度高、具有综合竞争力的产业发展新格局，成为中西部地区重要的钢铁生产基地。

（三）主要原则

——明确市场战略。立足区域市场，以开发本地市场为主，同时兼顾省外市场，特别是高端产品应积极开拓省外市场。

——明确产品定位。根据市场战略调整产品结构，明确产品工艺和技术突破路径，推动产品向“高、精、专、深、特”调整，提高产品附加值。企业规模不能一味求大，要根据产品特点和循环经济要求合理确定，最大限度保证热能料水的综合利用。

——优化产业布局。严格控制总量，加快淘汰落后产能。推动安阳优质钢铁基地建设和重点钢铁企业改造升级，形成与区域经济发展相适应的产业布局。

——抓好联合重组。把联合作为解决河南钢铁产业短板的根本途径，围绕市场、技术、原材料，积极开展各种形式的联合。加快推进前向联合，鼓励钢铁企业与拥有铁矿资源的企业联合，与焦炭、煤矿等能源企业相互参股，增强抗风险能力。积极推动后向联合，鼓励钢铁企业与用钢量大的企业联合，形成战略合作关系。强力推进横向联合，努力寻求与掌握高端技术的国内外厂商联合，以市场换技术。

（四）发展目标

力争2012年全省钢铁产业步入良性发展轨道，粗放发展方式得到明显转变；2015年全省钢铁产业结构改善，布局合理，创新能力增强，企业综合竞争力显著提高；2020年，区域市场占有率大幅提高，在全省经济中的作用和贡献明显提升。

1.产业竞争力。力争2012年省内钢铁市场占有率达到70%以上，2015年和2020年分别达到80%和85%以上。

2.产业规模。2012年，我省生铁、粗钢和钢材年产量分别达到2 500万吨、2 900万吨、2 700万吨；2015年达到2 700万吨、3 100万吨、2 900万吨；2020年，根据市场需求进行合理调整。

3.技术装备。2012年，我省钢铁企业的技术装备水平达到国内先进水平，重点钢铁企业80%以上产品实物质量达到国内先进水平；2015年和2020年分别达到85%和90%以上。

4.节能减排。按照国家要求，2011年，我省重点钢铁企业吨钢综合能耗达到620千克标准煤以下，吨钢可比能耗590千克标准煤以下，吨钢取新水5m^{3}以下，用水重复利用率95%以上，吨钢SO_2排放量1.8千克以下，二次能源基本实现100%回收利用，冶金渣100%综合利用，污染物排放浓度和排放总量双达标。2015 年和 2020 年河南省钢铁产业节能减排指标进一步改善。

三、产业发展定位

按照专业化和区域分工协调发展的要求，实施差异化和专业化的产品发展战略，积极发展具有一定竞争优势的机械用钢和高强度建筑用钢，适度发展冷轧板、H 型钢等短缺产品，重视发展钢铁深加工，限制发展产能过剩产品，形成高、特、专、精、深为主导的产品结构。

—— 中高档中（宽）厚专用板产品，主要以管线板、造船板、高压锅炉板、高压容器板和高强度工程机械板为主。

—— 中高档薄板系列产品，主要以中高档汽车板、家电板、管线板、高档建筑板及电机制造、轻工五金、机械等行业用板为主。

—— 大、中、小规格配套的 H 型钢系列产品，建成 H 型钢配送中心。

—— 优质钢线材产品，以高碳钢（硬线）、钢帘线用钢、合金铆螺钢、合金弹簧钢、轴承钢等品种为主，满足高档金属制品对原材料的需求。

—— 高强度钢筋系列产品，加快淘汰二级钢筋，强制使用 400 MPa 及以上钢筋，到 2012 年比例达到 60%以上。

—— 中高档优质钢棒材产品，满足汽车、装备制造业需求。

—— 中高档无缝管产品，增加高附加值油井管、锅炉管、结构管、高压气瓶管等品种，满足河南油田、中原油田等用户的需求。

—— 镍铁合金、不锈钢板材与锻材产品，发展精深加工产品，促进生产专业化、产品系列化。

四、重点任务

（一）充分挖掘市场优势

坚持以省内市场为主体的目标市场定位，发挥区域市场和产业基础比较优势，加快完善区域钢铁产业链，提高企业核心竞争力，把市场优势转化为产业发展优势。

—— 实施与区域经济相协调的发展战略，立足河南钢材市场，积极开拓周边市场，发挥物流成本和售前售后服务优势，着力提高建筑和机械用钢等大宗钢材产品的市场占有率。

—— 延伸钢铁产业链，发展钢材深加工产品。支持钢铁企业延伸产业链条，加快发展钢材深加工，提高产品附加值。重点发展钢结构、棒线材制品等深加工产品，为建筑业和装备制造业提供优质产品，以深加工带动钢铁产业发展。

—— 加大政策支持力度，加强产销衔接，强化战略合作。支持重点钢铁企业与装备制造企业形成长期稳定的供需关系，扩大产品直销比例，完善市场销售体系。

（二）加大技术改造力度

围绕调整品种、提高质量、节能减排、降低成本的总目标，推进重点钢铁企业技术改造。

—— 推进装备大型化。按照国家产业政策，加快对重点企业高炉、转炉、电炉、轧机等装备进行升级改造。2011 年，淘汰 400 m^3 及以下高炉、30t 及以下转炉和电炉；2012 年，1 000 m^3 以上高炉炼铁产能和 120 t 及以上转炉炼钢产能占全省产能的 60%以上；2015 年，1 000 m^3 以上高炉炼铁产能和 120 t 及以上转炉炼钢产能占全省产能的 80%以上；2020 年，河南省炼铁和炼钢全部实现大型化、现代化。轧钢技术装备随着产品结构调整进行现代化换代升级。

—— 推广应用先进的节能、节水、减排、循环经济、清洁生产技术。在各个阶段，主要指标达到国家有关部门的要求和规定。

——重点支持研发推广中高档中（宽）厚专用板、冷轧薄板、热镀锌板、H 型钢、高强度钢筋等钢材品种生产技术，以及高温高压干熄焦、高炉余能余热利用、烧结余热利用、烧结烟气脱硫、钢渣综合利用等节能减排、循环经济工艺技术。

（三）优化产业布局

按照集约集聚发展的要求，推动资金、资源等生产要素向优势地区和重点企业集中，形成“一区五点”的钢铁产业布局及专业化生产基地，根据产品批量合理规模、生产工艺和循环经济要求，合理确定重点企业生产规模。“一区”为具有区位发展优势的安阳地区，依托安钢集团、沙钢永兴、凤宝钢铁等重点企业，形成我省最大的现代化钢铁生产基地，钢的生产规模达到全省的三分之二。

——支持安钢集团加快实施冷轧板和涂镀层板深加工项目，形成精品板材产品系列，建成我省精品钢生产基地。同时，突破现有厂区空间的限制，淘汰落后钢铁产能，优化工艺布局，在安阳水冶地区建设新的基地。支持沙钢永兴加快调整产品结构，发展建筑和机械制造用高强度棒材，建成专业化棒材生产基地。支持凤宝钢铁提高产品技术水平，发展大无缝油井管、中低压锅炉管等，建成专业化钢管生产基地。

——打造河南安阳新型制造产业聚集区。充分利用长治—兖州铁路建设在安阳水冶地区形成的煤炭、铁矿石物流成本优势和土地总体规划修编机遇，将省内淘汰落后钢铁产能腾出的发展空间集中用于安阳水冶地区，建设现代化的钢铁生产基地，发展区域市场需求的各种精品钢材。以钢铁产业为龙头，聚集安阳水冶等地的大规模焦炭、铁合金、铸造、水泥等相关产业，延长产业链，发展钢材深加工和装备制造等产业。“五点”包括平顶山的舞钢公司、济源的济钢集团、南阳的龙成集团、信阳的信钢公司、郑州（洛阳）的永通特钢等 5 个钢铁企业。这 5 个企业是我省钢铁产业的重要组成部分，通过实施生产专业化、产品差异化的发展战略，形成区域竞争优势。

——支持舞钢公司发挥技术优势，发展国家重大工程急需的特厚特宽专用板，加快铁前系统改造，巩固提升行业领先地位，建成国内外一流的专用宽厚板生产和研发基地。

——支持济钢集团突出产品特色，加快实施技术改造，重点发展高强度机械用钢和高强度建筑钢材，建成专业化优质钢长材生产基地。

——支持信钢公司发挥区位优势，提升技术装备水平，发展区域市场需求较大的建材钢，建成专业化建筑长材和 H 型钢生产基地。

——支持龙成集团实施装备大型化改造，提高产品质量，建成专业化中厚板生产基地。

——支持永通特钢建成专业化不锈钢生产基地。

（四）推进企业联合重组

充分利用国家优化钢铁产业布局和推进企业战略重组的政策，争取我省钢铁企业融入国内特大型钢铁企业发展战略，推动跨地区、跨所有制、跨行业的战略重组。

——支持安钢集团等省内钢铁企业与具有技术、市场和资源优势的国内特大型钢铁企业集团进行战略重组，实现产供销、人财物一体化融合，利用其原料供应、产品销售渠道和资本技术优势，解决企业发展的瓶颈制约，增强发展活力和核心竞争力。

——支持省内钢铁企业联合重组，促进资源共享、优势互补、共同发展，提高企业抗风险能力。

——支持重点钢铁企业与煤炭、焦化企业加强战略协作，通过参股、签订长期供货协议等方式，建立稳定的原料供应基地。

——支持钢铁企业与省内用钢大户加强合作，实现锻件、铸件、结构件等产品在钢铁厂的直接铸轧，就地回收钢铁废料。

（五）增强资源保障能力

充分利用两个市场、两种资源，降低物流成本，努力缓解进口铁矿石短板劣势，构建稳定的矿产资源保障体系。

——合理配置与开发省内铁矿资源。加快省内铁矿资源整合，支持大型钢铁企业参与现有铁矿的并购重组。加大地质勘查力度，增加资源储备，提高铁矿资源保障程度。对财政出资形成的矿产地，优先配置给省内大型钢铁企业。

——推进重点企业开发省外资源。支持钢铁企业加强与优势企业合作，开发省外、境外铁矿石、煤炭等资源。鼓励重点钢铁企业与国内外大型铁矿石供应商建立长期稳定的战略合作关系。

——加快长兖铁路建设。积极推进连接山西长治沁水煤田和山东日照港的地方铁路建设，形成煤炭、铁矿石等原料运输新通道，降低安阳地区钢铁企业运输成本。

五、政策措施

（一）切实落实国家扶持政策。落实国家提高高附加值钢铁产品出口退税率和取消部分钢铁产品出口关税的政策，加快出口退税进度，确保及时足额退税。落实《企业研究开发费用税前扣除管理办法（试行）》规定，提高企业研究开发费用抵扣标准，促进企业加大研发投入。落实国家淘汰落后产能的优惠政策，严格实行节能减排、淘汰落后问责制。利用国家支持钢铁企业重组的政策措施，加快推进钢铁企业兼并重组。

（二）促进重点企业产销衔接。支持重点企业抓住国家实施积极财政政策，加大交通基础设施建设的有利时机，积极适应市场需求，主动调整产品结构，开拓省内外市场，增加市场份额。建立和完善省内钢铁企业与重点用户的产销衔接长效机制，促进省内钢铁企业与装备制造等下游企业开展战略合作，建立战略联盟，共同抵御市场风险。加强钢铁企业与省内地铁、高速公路等重大项目的对接，提高省内市场占有率。

（三）推进技术进步和技术改造。积极争取国家技术改造、节能减排专项资金，运用省政策性资金，支持重点钢铁企业技术改造、技术研发和技术引进，加快推进装备大型化改造、节能减排和循环经济项目建设，推动企业技术进步，调整品种结构，提升钢材质量。

（四）拓宽企业融资渠道。金融部门要认真落实国家有保有压的产业政策，扩大信贷规模，加大对重点企业、优势产品的贷款支持，促进企业结构调整和技术改造。支持重点钢铁企业拓展融资渠道，对符合国家产业政策，实施并购重组、技术改造的企业，在发行债券、中期票据、短期融资券和募集上市等方面给予优先支持。

（五）促进产业协调发展。贯彻落实装备、汽车、家电等相关产业发展政策，带动钢铁产品消费和产业升级。加强钢铁新技术、新产品研发，适应和促进上下游及相关产业升级、产品换代。落实好国家扩大工业厂房、公共建筑、商业设施等建筑物钢结构使用比例的规定，修改提高建筑物、重点工程、建筑物基础工程等用钢标准及设计标准。加强物流基础设施和市场体系建设，提高钢材贸易商准入门槛，培育大型钢铁经销商，建立完善现代物流体系，发挥流通环节对稳定省内钢材市场的调节功能，促进钢铁产业与生产性服务业融合发展。

附件：1. 有关工作部门分工安排

2. 河南省钢铁产业技术进步目录

附件 1

有关工作部门分工安排

序号	专项工作	牵头单位	参加单位
1	落实钢铁产品的进出口税率调整政策	省财政厅	省国税局、郑州海关、商务厅、发展改革委、工业和信息化厅
2	统筹争取国家专项资金和运用省专项资金，推动产业结构升级	省发展改革委	省工业和信息化厅、财政厅、科技厅
3	完善落后产能退出机制	省工业和信息化厅	省发展改革委、财政厅、国土资源厅、环境保护厅等
4	推动重点钢铁企业战略重组	省政府国资委	省发展改革委、工业和信息化厅、财政厅
5	落实国家钢铁产业政策	省工业和信息化厅	省发展改革委、财政厅
6	提高省内建筑用钢标准	省住房和城乡建设厅	省工业和信息化厅、质监局
7	实现钢铁与相关产业协调发展	省发展改革委	省工业和信息化厅、省政府国资委
8	支持重点钢铁企业拓展融资渠道	省政府金融办	省财政厅、工业和信息化厅、发展改革委、人行郑州中心支行、河南银监局、证监局
9	矿产资源开发和配置	省国土资源厅	省发展改革委、工业和信息化厅、环境保护厅
10	重点企业产销衔接	省工业和信息化厅	省发展改革委
11	重点企业与省内重点工程对接	省发展改革委	省工业和信息化厅
12	淘汰落后产能	省工业和信息化厅	省财政厅、环境保护厅、发展改革委

附件 2

河南省钢铁产业技术进步目录

1. 低品位、难选冶矿和尾矿综合利用技术。
2. 共生矿、伴生矿矿产资源开发和综合利用技术。
3. 煤捣固炼焦、配型煤炼焦工艺技术。
4. 高强度机械及结构用棒线（卷）材生产技术。
5. H 型钢、400MPa 及以上高强度钢筋建筑用钢生产技术。
6. 高强度机械及结构用宽厚板生产技术。
7. 管线、机械、建筑等用热轧宽带钢生产技术。
8. 机械、汽车、家电、建筑等用冷轧薄板及涂镀层板生产技术。
9. 管线管、锅炉管、石油管等无缝钢管生产技术。
10. 轴承钢、弹簧钢、高强度铆螺钢绳生产技术。
11. 特殊大锻材生产技术。
12. 高温高压干熄焦技术。
13. 高炉余能余热利用技术。
14. 烧结余热利用和烟气脱硫技术。
15. 清洁生产焦炉煤调湿技术。
16. 钢渣综合利用技术。

河南省人民政府办公厅转发省发展改革委等部门关于严格控制钢铁电解铝水泥行业过度投资防止低水平重复建设若干意见的通知

豫政办[2004]33号

各省辖市人民政府，省人民政府各部门：

省发展改革委等部门制定的《关于严格控制钢铁电解铝水泥行业过度投资防止低水平重复建设的若干意见》已经省政府同意，现转发给你们，请认真贯彻落实。

河南省人民政府办公厅

二○○四年四月八日

关于严格控制钢铁电解铝水泥行业过度投资防止低水平重复建设的若干意见

钢铁、电解铝、水泥是国民经济建设中重要的原材料。经过多年的建设，我省钢铁、电解铝、水泥行业取得了长足的发展，对经济建设发挥了重要的作用。近一个时期以来，一些地方和企业受利益驱动，不顾市场、资源等外部条件，违反规定新建和扩建钢铁、电解铝、水泥项目，低水平重复建设，产业集中度低，布局不合理，科技含量低。为严格控制钢铁、电解铝、水泥等行业过度投资、低水平重复建设的势头，进一步促进这些行业健康发展。根据《国务院办公厅转发国家发展改革委等部门关于制止钢铁电解铝水泥行业盲目投资若干意见的通知》（国办发[2003]103号）文件精神，结合我省实际情况，提出以下意见：

一、认真贯彻落实国办发[2003]103号文件精神，深入开展清理工作

各地要认真学习、全面贯彻国办发[2003]103 号文件及国务院电视电话会议精神，把思想认识统一到国务院的决策和部署上来。要充分认识到部分行业出现的过度投资问题，若不及时加以积极的调控和引导，必然导致生产能力过剩、市场竞争过度，从而造成资源浪费和环境污染，延缓我省结构调整和产业升级步伐。国家加强和改善宏观调控，严格控制部分行业过度投资、低水平重复建设，是党中央、国务院高屋建瓴、科学判断作出的一项重要决策，是贯彻科学的发展观、实现可持续发展的重要内容。对保证经济稳定协调发展，调整和优化产业结构，促进重要原材料工业健康发展具有重要意义。

按照国家要求，这次清理工作的重点是检查钢铁行业2000年以来、电解铝行业2002年4月以来、水泥行业 2002 年以来已建、在建和拟建项目是否符合国家产业政策和按规定报批，是否违反环保、土地、节能等方面法律规定，是否违反规定对土地价格和税费采取减免等优惠政策。各级政府和有关部门要切实加强组织领导，做到各有关方面配合联动，统筹协调，抓好落实；要充分认识我省这些行业的实际情况，本着实事求是清理、妥善解决问题的原则，把握好工作的重点和方式，严格按照国办发[2003]103 号文件精神，对钢铁、电解铝、水泥等行业进行清理；要区别情况，不搞“一刀切”，既要落实好国家的各项要求，又要保护好、引导好、发挥好各方面加快发展的积极性，注意防止出现有关行业的大起大落。要通过整顿，促进这些行业协调发展。

二、加强产业政策和规划引导，树立和落实科学发展观

各级政府和领导干部要在领导和管理经济社会工作中，树立和落实科学发展观，切实做到把握全局、统筹兼顾。要努力提高贯彻落实科学发展观的自觉性，正确处理当前与长远、局部与全局、政府与市场的关系，要把积极进取精神同科学求实态度很好地结合起来，积极而又扎实地推进清理工作。要正确把握宏观调控各项目标，统筹考虑促进经济增长、增加就业、稳定物价；根据不同时期的实际情况，把握好宏观调控的方向、重点和力度。要抓紧研究制定统筹兼顾的政策和规划，合理调整与完善有利于促进经济社会全面、协调、可持续发展的政策措施。

各地要根据国办发[2003]103 号文件精神，以及可持续发展战略和走新型工业化道路的要求，结合本地实际情况，依据国家产业政策重新修订完善钢铁、电解铝、水泥工业的发展规划，严格行业准入制度；要统筹考虑资源、能源、市场需求等因素，科学规划项目布局，对严重浪费资源、低水平重复建设、破坏环境、恶化结构的要坚决清理、淘汰，要把握国家严格控制部分行业过度投资政策的内涵，因势利导，将投资引导到延长产业链条、发展高附加值产品上来；要充分发挥大企业集团在实施宏观调控中的作用，加大力度，推进钢铁、电解铝、水泥企业的兼并重组，鼓励这些产业通过资源整合，实现优势互补，提高产业集中度，引导产业结构调整和升级，促进这些行业健康有序地发展。

三、严格行业准入管理，防止低水平重复建设

根据我省钢铁、电解铝、水泥行业的实际发展情况，按照国办发[2003]103 号文件精神及国家产业政策，我省要进一步加大行业准入管理力度，坚决制止低水平重复建设现象的发生，加强产业政策对企业投资方向和结构调整的引导作用，促进行业的健康协调发展。

（一）钢铁

鼓励增加板管等高附加值短缺钢材的供给能力，限制发展能力已经过剩、质量低劣、污染严重的长线材等品种，降低资源消耗，实现清洁化生产，提高我省钢铁工业在国内外市场的整体竞争力。为保证技术的先进性和满足环境保护的要求，实现钢铁工业可持续发展，必须严格市场准入条件。钢铁投资建设项目的最低条件暂定为：

1．烧结机使用面积达到 180 米^{2}及以上、焦炉炭化室高度达到 4.3 米及以上，高炉容积达到 1 000 米^{3}及以上、转炉容积达到 100 吨及以上、电炉达到 60 吨及以上。

2．高炉必须同步配套建设煤粉喷吹装置、炉前粉尘捕集装置，大型高炉要配套建设余压发电装置；焦炉必须同步配套建设干熄焦、装煤、推焦除尘装置；转炉必须同步配套建设转炉煤气回收装置；电炉必须配套烟尘回收装置。

3．新建钢铁联合企业，吨钢综合能耗低于 0.7 吨标煤，吨钢耗新水低于 6 吨，符合清洁生产要求，污染物排放达到环保排放标准和总量控制要求。

4．矿石、焦炭、供水、交通运输等外部条件要具备并落实。

对达不到上述条件的，一律不得批准建设。对按规定程序批准并已开工建设的项目，要按上述条件积极进行调整。现有生产企业要通过技术进步、提高装备水平逐步达到上述条件。

当前钢铁生产能力过剩的矛盾日益突出，国家和省原则上不再批准新建钢铁联合企业和炼

铁厂、炼钢厂项目，确有必要的，必须经过国家投资主管部门按照规定的准入条件充分论证和综合平衡后报国务院审批。

（二）电解铝

鼓励电解铝企业与氧化铝企业联合重组，提高产业集中度，合理利用资源，实现优势互补。鼓励民营资本和外资参与国有电解铝企业的改革、改组和改造，支持做大做强，提高国际竞争力。鼓励以重点企业为依托，以发展铝加工、延长产业链条为主线，整合周边地区的电解铝厂，形成具有国际竞争力和知名度的特大型企业集团和铝工业园区。限定在 2005 年底以前，除环保改造项目外；原则上不再审批扩大电解铝生产能力的建设项目。所有电解铝建设项目，一律按现行审批程序，报国家投资主管部门批准。

为更好地保护有限的铝土矿资源，要进一步加强对铝土矿开采秩序的治理整顿，依法关闭破坏资源、污染环境、布局不合理和不符合安全生产条件的矿点。今后新建氧化铝企业，必须按照有关法律法规规定，申请铝土矿采矿权，按照批准的开发利用方案配套建设矿山，依法开采铝土矿资源。新建氧化铝项目必须采用国内研究开发的选矿——拜耳法工艺，并同步建设选矿厂。严禁采用烧结法、混联法等落后工艺建设氧化铝项目。新建氧化铝项目的单线规模应达到年产 30 万吨以上，否则，一律不准建设。已建工艺落后、污染严重的小氧化铝厂要限期关停。

（三）水泥

要遵循“控制总量、调整结构、提高质量、保护环境”原则，支持加快发展新型干法水泥，重点支持在有资源的地方建设日产 4 000 吨及以上规模新型干法熟料基地项目；鼓励地方和企业以淘汰落后生产能力的方式，发展新型干法水泥；支持以重点企业为依托，以新型干法水泥生产线为核心，采用兼并、联合、重组等手段，组建大型水泥企业集团。各地要根据水泥工业发展的实际情况，制定加快淘汰现有立窑及其他落后工艺的目标和方案，并严格禁止新建和扩建机立窑、干法中空窑、立波尔窑、湿法窑水泥项目。今后，我省原则上不再审批单线日产 2 000 吨及以下水泥熟料项目。

四、加强宏观调控，严格项目管理

依据《河南省矿产资源总体规划》（豫政[2002]41 号），进一步加强对铝土矿、石灰石、铁矿等矿产资源的规划和综合平衡，强化钢铁、电解铝、水泥行业发展的调控力度，严格控制新建项目。凡不符合国家产业政策和市场准入条件的项目，一律不予审批或核准，国土资源、环保、金融等部门和单位不予办理相关手续。符合国家产业政策和市场准入条件的项目，必须按国家现行规定报省和国家投资主管部门审批核准。严禁地方各级政府将项目化整为零、越权、违规审批项目，对违反规定的，依法追究有关领导的责任。凡不符合国家产业政策和市场准入条件，以及未经审批或违规审批的项目，一律不得擅自开工建设，凡属违规建设的，要进行严肃处理；按规定程序批准已开工建设的，要按新的产业政策和市场准入条件进行调整；已经建成的，要通过技术改造，提高装备水平，限期达标。

五、加大监督检查力度，规范建设行为

各省辖市政府有关部门要严格履行职责，依法加强监管。国土资源行政主管部门要切实加强对钢铁、电解铝、水泥企业用地管理。新建、扩建（改建）项目用地必须符合土地利用总体规划，纳入土地利用年度计划，用地规模必须符合国家颁布的《工程项目建设用地指标》的规定；涉及占用农用地和征用农民集体土地的，必须严格按照法定程序和权限，履行农用地转用

和土地征用审批手续。对未经依法批准擅自占地开工建设的，要停止建设，并依法收回土地，不能收回的，要依法进行处罚；对违背土地使用总体规划以及违法用地、低价出让土地的，要依法严肃处理，情节严重的，要追究有关责任人的法律责任。要严格依法审批和颁发采矿许可证，从严审批铝土矿勘察许可证，严格控制新建铝土矿矿山。

环境保护行政主管部门对新、改、扩建钢铁、电解铝、水泥项目要严格执行环境影响评价、“三同时”（同时设计、同时施工、同时投产使用）和污染物排放总量控制制度。对未按法定程序向环境保护行政主管部门报批环境影响报告书擅自开工建设的项目，在建的一律停建，投产的一律停产，并依照有关法律法规进行处理。对符合产业政策的钢铁、电解铝、水泥企业要全面实行排污许可证制度。

金融机构要增强风险意识，强化信贷审核。对于符合产业政策和各项市场准入条件的钢铁、电解铝、水泥项目，要继续给予积极支持；对于盲目投资、低水平扩张、不符合产业政策和各项市场准入条件，以及未按规定程序审批的项目，一律不得贷款，已发生贷款的要采取适当方式予以纠正。

质量技术监督部门要严格生产许可证管理，对违反产业政策，违规新建的立窑水泥企业，不得发放生产许可证，对无证生产企业坚决依法予以取缔。要进一步加大对“地条钢”的打击力度，防止已取缔非法生产窝点死灰复燃。

十一、湖北

湖北省钢铁、有色金属产业调整和振兴实施方案（2009—2011年）

2009年7月15日

为应对国际金融危机影响，落实国家钢铁、有色金属产业调整和振兴规划，解决制约产业发展的突出矛盾和问题，调整产品结构，促进节能减排，加快产业升级，实现钢铁、有色金属产业由大到强的提升，制定本方案。

一、总体思路和目标

（一）总体思路

深入贯彻落实科学发展观，按照保增长、扩内需、调结构的总体要求，统筹国内外两个市场，以加快技术改造、优化品种结构、延伸产业链为主线，提高资源保障能力和综合利用水平，推进节能减排，切实增强企业整体水平和国际竞争力，着力推动钢铁、有色金属产业结构调整和优化升级，为钢铁、有色金属产业由大变强奠定坚实基础。

（二）总体目标

1.产业规模达到合理水平。2011年全省钢铁产业形成钢2 800万吨、铁2 600万吨、材3 200万吨的生产能力，主营业务收入、利税、利润年均增长14%，分别达到2 448亿元、241.4亿元、142.68亿元。全省有色金属产业形成电解铜50万吨、电解铝55万吨生产能力，主营业务收入、利税、利润年均增长14%，分别达到552亿元、9.68亿元、3.76亿元。

2．产品深加工能力大幅提升。2011年钢材深加工能力达到1 500万吨以上，占全省钢材产量的47%。铜、铝深加工能力分别达到20万吨和33万吨，分别占全省铜、铝产量的40%和60%。

3．技术水平得到较大提升。全省骨干钢铁企业按国际标准组织生产的产品达到80%，钢材“双高”产品达到85%，连铸比达到98%，高炉喷煤达到150千克/吨，高炉入焦比低于310千克/吨。铜冶炼总回收率达到97%。主要技术指标达到国内先进水平。

4．自主创新能力进一步增强。通过引进消化吸收和创新，提高技术装备水平。力争在关键工艺技术、节能减排技术以及高端产品研发、生产和应用技术等方面取得新突破。

5．节能降耗取得明显成效。吨钢综合能耗低于620千克标准煤，吨钢耗新水量低于5吨，电炉钢冶炼电耗低于300千瓦时/吨。铜冶炼综合能耗低于450千克标煤/吨，原铝直流电耗低于13 500千瓦时/吨。吨钢烟粉尘排放量低于0.8千克，吨钢二氧化硫排放量低于1.8千克，污染物排放浓度和排放总量双达标。二次能源基本实现100%回收利用，冶金渣100%综合利用。

二、主要任务

（一）大力拓展市场，保持钢铁、有色金属产业平稳增长

抓住国家扩大内需，带动汽车、造船、装备制造等产业需求，以及保障性住房等房地产建

设、新农村建设和路桥建设等重大基础设施建设用钢需求扩大的机遇，加强企业对市场的适应性调整，提供适销对路产品，推动钢铁、有色金属企业为下游用户提供选材、用材等个性化服务，进一步扩大市场占有率。发挥东风、神龙、武船、青船、一冶、十五冶、中铁十一局、中建三局、武桥重工等重点用钢企业优势，提高省内重点工程、标志性建筑使用湖北钢材、有色金属产品的比例。推进美的、海尔等家电企业扩大湖北冶金产品采购量。

（二）调整品种结构，壮大龙头企业实力

支持武钢充分发挥硅钢片、高性能工程用钢产品优势，提升超纯净钢冶炼技术水平。重点发展高磁感冷轧取向硅钢、高牌号无取向硅钢、高耐候钢、石油储罐钢、管线用钢、桥梁用钢、工程机械用钢等产品。完善三冷轧、三硅钢等技术改造工程，加快武钢高速铁路用轨道钢研发。青山厂区形成钢材产能 1 640 万吨。

支持武钢集团鄂钢公司以宽厚板产品为重点，重点发展宽幅高强度船板、桥梁板、容器板、锅炉板、高强度和耐磨结构板等高附加值专用板材及高性能建筑用钢。加快 4 300 毫米单机架宽厚板生产线项目建设。形成钢材产能 500 万吨。

支持新冶钢扩大齿轮钢、轴承钢、弹簧钢、工模具钢、中厚壁无缝钢管等品种规模，重点发展发动机曲轴用非调钢、系泊链钢、石油机械用钢、工程机械履带用钢、航天特殊材料用钢、风电轴承用钢等。加快 273 和 460 机组钢管热处理生产线和 1 600 吨快速锻造、4 500 吨锻造液压机组生产线等项目建设。形成钢材产能 430 万吨。

支持大冶有色冶炼系统改造项目，加快矿山生产能力接替工程。重点开发合金铜管、电子铜箔、金银饰品等新产品。形成电解铜产能 50 万吨。

支持中铝大冶铜板带高精度铜板带加工项目建设，发展电子引线框架铜带、电缆铜带、无氧铜带、变压器铜带、紫铜带、黄铜板、阻燃电缆、动力电缆、特殊电缆等铜精深加工产品。形成铜板带加工产能 13.35 万吨。

支持铝冶炼企业采用大型预焙阳极电解铝技术改造提升铝冶炼水平，加快铝材深加工项目建设，发展高技术含量、高附加值、市场潜力大的铝板、电工圆铝杆、钢芯铝绞线等深加工产品。

（三）着力建设钢材深加工集群，扩大重点产品深加工规模

推进武钢 400 万吨全流程汽车板生产基地建设，生产高档轿车板、高档彩涂钢板在内的冷轧、镀锌、镀锡、彩涂卷板等产品，进一步满足汽车、造船、家电产业发展需要。推进武钢阳逻 200 万吨深加工基地以及武钢集团鄂钢公司 100 万吨钢材深加工基地建设；推进武钢在团风建立 60 万吨钢材配送基地。加快团风钢结构产业基地建设，支持潮流钢构、精诚钢构发展重型钢构产品；支持鸿路、博来、风华发展彩钢板、异型钢产品；支持立丰、富迈仕、江蕲发展金属加工件产品。

推进三峡全通公司 500 万吨冷轧项目建设，重点发展家电板、仪表装潢装饰材料。培育黄石 240 万吨钢材深加工产业集群，支持宝钢（黄石）涂镀板生产线、山力公司冷轧薄板涂镀生产线、业正公司涂镀板生产线、华亿公司镀锌板生产线、同大公司冷轧薄板生产线等项目。

（四）加大技术改造力度，推动技术进步

落实和实施国家钢铁产业技术进步与技术改造专项。支持开发前沿技术和关键产品生产技术，自主开发钢铁、有色金属生产工艺自动化控制技术和信息化管理技术，推广 400 兆帕及以上高强度钢筋的生产、应用和节材技术。支持开发铜冶炼及加工短流程工艺技术、共伴生铜矿资源高效利用技术；支持铝电解企业积极开发电解铝节电技术及高档中厚铝板加工等关键技术。支持国家级企业技术中心提高创新能力建设。

支持中冶南方、中冶连铸、都市环保等高科技企业发挥技术优势，为冶金行业提供优质的工程设计、成套设备制造、工程总承包等一条龙技术服务，培育创新型生产服务业。

（五）加快资源开发，增强资源保障能力

开展技术合作，探明新的矿石储量。支持采用合资、合作、收购股权等方式，整合省内外矿产资源，增加企业可控制资源。支持武钢、新冶钢与有关科研院所合作，攻克技术难关，加快鄂西高磷铁矿资源的开发利用，努力缓解铁矿石资源紧张局面。支持武钢、新冶钢、大冶有色等加强国内外矿资源的合作开发，实施“走出去”战略，建立长期稳定的多元化矿石供货渠道，增强资源保障能力。

（六）推进节能减排，提高资源综合利用水平

钢铁生产中大力推广应用干熄焦、煤调湿、脱硫、除尘、水循环利用等技术，推广副产煤气（焦炉、高炉、转炉）的二次能源利用和高炉渣、转炉渣综合利用，支持武钢、新冶钢建设干熄焦、低温烟气余热发电及燃气、蒸汽联合循环发电等节能重点工程，加快建设武钢烧结机脱硫改造、工业港污水处理厂及循环利用项目、新冶钢工业废水循环利用等项目，扩大冶金渣综合利用范围和深加工能力，冶金渣综合利用率力争达到100%。

铜冶炼中充分利用余热生产蒸汽和发电，循环水回用率提高到80%。支持大冶有色回收利用稀贵金属资源，重点提高铂、钯、金、银、铋等稀有贵金属的回收率；采用新工艺，扩大再生铜产能；实施废酸资源化与生产废水“零排放”工程；开展炉渣综合利用。大力推进废铅蓄电池以及电子废弃物综合回收利用，支持湖北金洋公司废铅酸蓄电池低温连续熔炼项目、荆门格林美公司二次镍钴锌粉体材料加工项目建设。

三、政策措施

（一）贯彻落实国家钢铁、有色金属产业调整和振兴规划。落实国家出口退税和专项支持政策，加快出口退税进度，确保及时足额退税。积极争取国家专项资金，做好项目单位与国家专项的衔接工作，抓好项目组织实施。充实完善省钢铁、有色金属产业项目库。

（二）加大财税政策支持力度。积极整合省级支持产业发展的财政性资金，优化资金投向，创新支持方式，加大对钢铁、有色企业自主创新和技术进步支持力度，着力提高企业核心竞争能力。省产业集群发展资金、外贸出口资金要加大对重点产业集群和出口龙头企业的扶持。积极引导企业用足用好兼并重组、技术创新等税收优惠政策，切实落实增值税转型税收政策。

（三）推进钢铁、有色金属骨干企业产品省内循环。发挥钢铁、有色金属骨干企业的主导作用，加强省内市场开拓。武钢、新冶钢、大冶有色等企业要加强产品研发，及时开发适销对路产品；完善钢铁、有色金属产品省内循环办法。对省内直接用钢和有色金属的下游企业，设立直供渠道，并实行资源优先、价格优惠办法；对经销钢材、有色金属产品的流通企业，从品种满足、资金结算等方面给予优惠；完善物流配送体系。建立钢材、有色金属配送中心，从运输、剪切、配送等多方面提供售后服务。

（四）优化矿产资源配置。新设置的矿产资源探矿权、采矿权，优先配置给省内龙头企业。支持省内重点企业对具有独立矿权、规范开采的金属矿山，通过兼并、收购等方式进行整合，实现资源的优化配置。引导省内金属矿产品就地直供给省内重点钢铁、有色金属冶炼企业。

（五）实施“走出去”战略。支持重点骨干企业通过国际合作，获得可靠的资源保障。简化“走出去”项目审批程序，完善信贷、外汇、财税、人员出入境等政策措施。加强境外资产的经营管理，防范和化解境外资产风险。支持企业建立境外营销网络，稳定高端产品出口份额。

（六）引导企业多方融资。引导商业银行改进和完善对钢铁、有色金属深加工项目的信贷

服务，满足钢铁、有色金属深加工企业在投资、销售、出口等环节的资金需求。支持钢铁、有色金属企业进行直接融资，发行企业债券、公司债、中期票据、短期融资券、信托产品，支持符合条件的企业上市融资。积极承接沿海产业和资本转移，吸收各类产业发展资金投资参股我省钢铁、有色金属企业。

（七）完善落后产能退出机制。加强对淘汰落后产能工作的监督检查，建立国土资源、金融、环保、工商、质监等部门协调联动机制。2010 年底前将 300 $米^3$及以下炼铁高炉和 20 吨及以下炼钢转炉、电炉纳入淘汰范围。对不能完成节能减排淘汰落后产能任务的地区和企业，暂停项目核准和备案。各市、县人民政府要对限期淘汰的落后装备实施严格监管，防止擅自扩容改造或异地转移。支持具有能源、资源、环境、市场等条件的优势地区发展深加工，优化产业布局。

十二、湖南

湖南省人民政府关于印发《湖南省钢铁产业振兴实施规划（2009—2011年）》的通知

湘政发[2009]24号

各市州人民政府，省政府各厅委、各直属机构：

现将《湖南省钢铁产业振兴实施规划（2009—2011年）》印发给你们，请结合实际，认真组织实施。

湖南省人民政府
二〇〇九年六月十一日

湖南省钢铁产业振兴实施规划（2009—2011年）

为促进全省钢铁产业平稳较快发展，根据国家《钢铁产业调整和振兴规划》，制定本实施规划。

一、发展现状

2000年以来，全省钢铁产业坚持专业化、特色化、精品化发展战略，产业规模、质量和效益均大幅提高，有力地支撑了全省经济发展。

规模不断扩大。2008年粗钢产量1 299万吨，占全国的2.6%，排第12位，“十一五”以来年均增长20%；铁合金161万吨，占全国的8.8%，排第3位；直接出口钢材180万吨；完成工业增加值321亿元，占全省规模以上工业增加值的9%。

结构不断优化。基本完成了省内产业整合，形成了以华菱集团为主体的分工明确、特色鲜明的生产结构体系。率先融入国际钢铁业，与安赛乐 — 米塔尔开展战略合作，为参与国际分工创造了有利条件。先后建成了薄板坯连铸连轧、宽厚板、大口径无缝钢管等一批具有国际先进水平的生产线，形成了一系列特色产品。

效益不断改善。2008年，全省钢铁产业实现销售收入1177亿元，利润34亿元，占规模以上工业企业利润的7.4%。华菱集团资产总额、销售收入、利税总额三项指标连续多年进入全国重点工业企业100强。重点钢铁企业吨钢综合能耗由2005年的680千克标煤下降到2008年的624千克标煤，吨钢耗新水由12吨下降到7.3吨。

但全省钢铁产业发展也存在一些突出问题。一是原料、产品市场两头在外，对外依赖性强。企业所需矿石和煤炭的80%以上依靠省外调入，约一半产品销往省外，运距长，物流成本高，受市场需求和资源价格波动影响大。二是结构性矛盾突出，调整任务重。部分技术装备落后，不能满足高端产品生产要求，高精尖产品比重偏低，已有优势产品规格不全，行业综合优势难充分发挥。三是国内产业加速重组，竞争压力大。国家正在开展产业重组与调整，规划在近几年组建3～5家5 000万吨级和若干1 000万～3 000万吨级钢铁企业，周边的武钢、攀钢、广钢等大型企业对我省形成竞争态势。四是受金融危机冲击，企业经营困难。全省主要钢材品种价格跌幅一度接近 50%，企业销量下滑、订单减少、库存增加。

二、发展思路和主要目标

（一）发展思路

以华菱集团为核心，通过深化改革、兼并重组，将华菱集团打造成为国家钢铁企业“第二方阵”中特色明显的企业集团；走精品、高端、特色化和差异化道路，通过加快技术改造和自主创新，巩固现有优势产品，积极开发新产品，抢占市场高端，不断增强产业发展后劲和核心竞争力。

（二）主要目标

1. 总量目标。到 2011 年，全省粗钢产量达到 3 000 万吨左右（省内 2 000 万吨，省外 1 000 万吨），占全国总产量的 5%，销售收入超过 2 000 亿元。

2. 结构目标。到 2011 年，力争板管比达到 70%以上，70%以上的产品实物质量达到国际先进水平。重点企业每年研发投入占销售收入的比重达 3%以上。

3. 节能减排目标。到 2011 年，重点钢铁企业吨钢综合能耗下降到 600 千克标准煤以下、耗新水量 6 吨以下、烟（粉）尘排放量 2 千克以下、SO_2 排放量 2 千克以下，二次能源实现 100% 回收利用，冶金渣 100%综合利用。

三、发展重点

（一）深化体制机制改革

一是加快实施兼并重组战略，推动华菱集团在省内开展跨地区兼并重组，在省外境外开展并购，迅速实现规模扩张。二是支持华菱集团不断深化与央企、安赛乐 — 米塔尔公司等战略投资者的对接与合资合作，特别是在原料采购、产品营销、技术研发和引进转化等领域进行深度合作，不断提升核心竞争力。三是深化华菱集团内部体制改革，有效整合集团内部资源，形成分工合理、特长突出、优势互补的生产格局，增强自我发展能力。

（二）加快重大项目建设

2009—2011 年三年投资 400 亿元，重点建设汽车板、取向硅钢、5 米宽厚板和无缝钢管等一批重大项目，其中，湘钢 5 米宽厚板项目 2010 年建成投产，涟钢汽车板和取向硅钢项目 2011 年建成投产，衡钢大无缝项目 2009 年建成投产，启动与中石油联合建设的连轧机组项目，2010 年建成投产。五矿湖铁、东锰集团等通过兼并重组和改扩建，形成 50 万吨电解金属锰生产规模。

（三）发展一批重点产品

湘钢重点发展高层建筑用板、高钢级管线钢（X80 及以上）、超宽超厚船板、海洋平台用钢、高性能压力容器及核电用钢板等专用板品种，以及合金结构钢、弹簧钢、轴承钢、齿轮钢、帘线钢、易切钢、冷镦钢等精品线棒材品种；涟钢重点发展高强度轿车用钢、高磁感取向硅钢和高牌号无取向硅钢、高档家电板、高钢级管线钢等品种；衡钢重点发展大口径高压锅炉管、油气用管、机械加工用管以及钢管深加工品种；冷钢重点发展高强度紧固件等钢材深加工；五矿湖铁、东锰集团等铁合金企业重点发展精炼锰铁、铬铁、电解金属锰等产品。

（四）淘汰落后产能

按规定淘汰 300 米^{3}以下高炉和 20 吨以下转炉、电炉。加快淘汰 5 000 千伏安以下铁合金矿热电炉。加快淘汰窄带钢轧机、非连续式型棒材轧机等工艺装备。支持重点企业进一步提高淘汰标准，加快淘汰 1 000 米^{3}以下高炉、90～105 米^{2}烧结机、45 吨转炉、窄带钢轧机、非连续式型棒材轧机等工艺装备。到 2011 年，力争淘汰落后炼铁能力 454 万吨、炼钢能力 480 万吨、铁合金产能 30 万吨。

四、政策措施

（一）积极争取国家支持

积极争取国家境外矿产资源权益投资专项资金、对外经济技术合作专项资金以及政策性银行的优惠贷款，争取国家技术进步专项资金支持我省产品结构调整项目，力争将我省钢铁产业发展纳入国家相关规划和政策范围。全面落实国家政策措施和产业导向，认真执行钢铁产品出口退税政策，加快出口退税进度，确保及时足额退税。加强与国家相关部门对接，密切跟踪国家产业政策，及时制定实施细则。

（二）加快推进企业兼并重组

出台专项政策措施，妥善解决华菱集团在兼并重组过程中人员安置、资产划转、债务核定与处置、财税利益分配等问题，对重组后的改扩建项目给予大力扶持。支持华菱集团与矿山、电力、运输、装备等相关行业企业开展战略合作，延伸产业链。推进重点企业直供、直购电试点。力争华菱集团2011年成为世界500强企业。

（三）稳定和开拓国内外市场

积极搭建省内钢铁企业与用钢企业、用钢项目产销对接平台，提高向下游用户直供可直接使用的钢材比例。鼓励重点工程项目在同等条件下，优先使用省产钢铁产品。支持华菱集团与省内重点用钢企业联合建立钢材加工配送中心，推动形成上下游产业协作经营。加强与央企衔接，协助省内钢铁企业稳定和开拓国内外市场。

（四）支持企业技术改造和自主创新

拓展企业融资渠道，支持企业通过发行债券、短期融资券等多种方式融资。支持企业引进国外先进设备、工艺技术和管理模式，改造和新建一批大型化、高效化、连续化的先进生产线。加大现有3个省级技术研发中心建设力度，支持华菱集团与跨国公司、高等院校联合成立国家级技术研发中心，加强钢铁新技术、新产品研发，重点实施一批重大关键技术开发项目。明确责任和期限，建立淘汰落后产能补偿制度，支持企业妥善解决职工安置、企业转产、债务化解等问题。

（五）建立节能减排奖励机制

研究出台支持循环经济发展的财税政策，对符合节能环保要求的重大项目给予直接投资、资金补助、贷款贴息等政策支持，鼓励企业开展节能减排和发展循环经济。

附件：责任分工及进度安排表

责任分工及进度安排表

序号	专项工作	牵头部门	主要参加部门	完成时间
1	积极争取国家支持	省发改委	省经委、省财政厅、省国税局、省地税局、省商务厅、长沙海关等	2009—2011年
2	加快推进企业兼并重组	省国资委	省财政厅、省发改委、省商务厅、省经委、省国税局、省地税局、省冶金行管办等	2009—2011年
3	稳定和开拓国内外市场	省商务厅	省国资委、省建设厅、省经委、省交通厅、省国防科工办、省发改委等	2009—2011年
4	支持企业技术改造和自主创新	省经委 省发改委	省财政厅、省国土资源厅、省环保局、省物价局、省科技厅、省信息产业厅等	2009—2011年
5	建立节能减排奖励机制	省经委 省环保局	省财政厅、省国资委、省国土资源厅、省发改委等	2009年8月

十三、广东

广东省钢铁产业调整和振兴规划

2009 年 7 月 30 日

钢铁产业是国民经济的重要产业，具有产业关联度高、规模效益明显、资金和技术密集等特点。为应对国际金融危机的影响，落实党中央、国务院关于保增长、扩内需、调结构的总体要求，实现产业结构调整和优化升级，根据《国务院关于印发钢铁产业调整和振兴规划的通知》（国发[2009]6 号）、《珠江三角洲地区改革发展规划纲要（2008—2020 年）》精神和省委、省政府的工作部署，特编制《广东省钢铁产业调整和振兴规划》。本规划是一个既立足于保持我省钢铁产业稳定发展，又抓住机遇做强我省钢铁产业的行动方案，重点考虑 2009—2011 年的工作安排。

一、产业现状

（一）发展现状

我省钢铁产业已基本形成从铁矿采选、炼铁、炼钢、轧钢到钢材深加工等较完整的产业体系，为全省经济和社会发展作出了重要贡献。

—— 产业规模有所增长。2006 年、2007 年和 2008 年铁产量分别为 589 万吨、720 万吨和 704 万吨；粗钢产量分别为 902 万吨、1 152 万吨和 1 067 万吨；钢材产量分别为 1 780 万吨、2 014 万吨和 2 040 万吨。2008 年规模以上钢铁产业实现工业增加值 302 亿元，同比增长 13.1%。

—— 兼并重组实现重大突破。按照国家的要求，我省成功引入宝钢集团有限公司（以下简称宝钢）重组广州钢铁企业集团有限公司（以下简称广钢）、广东韶关钢铁集团有限公司（以下简称韶钢），组建广东钢铁集团，实施广钢环保搬迁，建设世界先进的湛江钢铁基地，同时加大现有企业的技术改造力度，提高钢铁产业整体竞争力，为我省建设成为钢铁强省奠定了基础。

—— 技术装备水平有了一定提高。近年来通过加大技术改造，我省重点企业工艺装备水平有了明显提高。高炉、电炉、烧结机等装备向大型化发展，高炉 TRT 发电、焦炉干熄焦等节能减排技术逐步应用，广州 JFE 有限公司 40 万吨热镀锌生产线工艺装备达到世界先进水平。

—— 淘汰落后产能工作有力推进。近年来，我省对落后钢铁产能实行差别电价，以及强化环保、质量、税收和安全监管等措施，大力推进淘汰落后钢铁产能工作。截至 2008 年底，全省已关停淘汰落后钢铁产能 700 多万吨。

（二）存在问题

—— 钢材产量与产品结构无法满足市场需求。2008 年我省钢材表观消费量约为 4 500 多万吨，供需缺口高达 2 500 万吨。现有钢铁企业主要生产建筑用螺纹钢、线材，热轧和冷轧板材产量少，不能满足我省先进制造业发展对高档板材的需求，每年需从省外购入大量轿车面板、家电面板等高档板材。建筑用螺纹钢、线材也需从省外大量购进，导致广东地区钢材售价较华东、华北地区平均高出 200 元/吨钢以上。

—— 资源利用成本较高。我省铁矿大多属于伴生矿，杂质含量高。由于钢铁企业规模小、采购量少，进口铁矿石需通过中间环节采购，采购成本远高于签订长期协议的直接采购。废钢价格相对偏高，波动较大。炼焦煤和喷吹煤均需从省外购入，物流成本较高。

——研发能力差，人才培养体系不健全。我省钢铁企业在研发方面的人力资源、资金投入明显不足。省内的主要高等院校也没有开设钢铁冶金类专业，高等院校与钢铁企业间的联系较少，难于通过产学研合作推进技术创新。

二、面临的形势

（一）我国钢材消费还将适度增长

按照国家发展战略，预计到2020年全国钢材消费总量将达到6亿吨左右，即2008—2020年钢材消费年均增长2.45%。我省对钢材需求也将适度增长，预计2020年钢材消费量将达到7 000万吨，年均增长约3%。

（二）钢铁企业兼并重组调整布局步伐进一步加快

钢铁产业具有全球配置资源的特点，随着全球经济一体化进程的加快，世界钢铁业已进入了由超强、超大企业集团主宰业界发展的时代，我国钢铁产业面临的竞争压力越来越大。世界钢铁强国都拥有国际竞争力强的大型钢铁企业，国内主要钢铁企业也开始在沿海建设钢铁厂，利用便利的港口条件，降低运输成本，同时通过钢铁企业重组，整合资源、统筹发展，进一步提高竞争力。

（三）国际金融危机带来产业结构调整的机遇

受国际金融危机影响，当前国内钢材需求大幅下降，产品价格持续下跌，消化库存高价铁矿石造成企业巨额亏损，企业经营困难，钢铁产业盲目投资势头已趋缓，部分落后产能已主动停产或减产。我省应抓住宝钢重组韶钢、广钢，组建广东钢铁集团的机遇，利用当前项目建设所需设备、材料等要素价格大幅下降的有利条件，在湛江建设具有国际竞争力的千万吨级沿海钢铁基地，储备先进产能；同时加快实施广钢环保搬迁，加大韶钢、广钢等企业的技术改造力度，挤压落后产能生存空间，实现钢铁产业优化升级。

三、指导思想和发展目标

（一）指导思想

深入贯彻落实科学发展观，以市场为导向，以结构调整和产业升级为主线，以自主创新为动力，切实推进联合重组、优化布局、淘汰落后、调整结构、提升水平工作。坚持走新型工业化道路，实现钢铁产业与国民经济社会协调发展，与产业结构调整升级相促进，与资源、环境生态相适应，努力把我省建设成为具有国际竞争力的钢铁强省。

（二）发展思路和目标

——依托广东钢铁集团，建设钢铁强省。以宝钢重组韶钢、广钢，组建广东钢铁集团为契机，依托宝钢的资金、技术和管理经验，充分利用国际、国内两种资源、两个市场，努力打造湛江、广州和韶关三大钢铁基地，生产高等级钢铁产品，全面替代进口钢材，全方位满足以珠三角为中心的钢材市场需求，实现资源与市场的优化配置，提升我省钢铁产业整体竞争力。

——淘汰落后产能，调整产业结构。继续大力推进我省钢铁产业结构调整工作，淘汰韶钢落后产能，实施技术改造，调整产品结构，提高其综合竞争力；实施广钢集团芳村钢厂环保搬迁，在湛江建设千万吨钢铁基地，在南沙建设板材深加工基地；淘汰省内其他小钢铁企业。2010年底前，全省合计淘汰落后钢铁产能1 000万吨以上。

——围绕三大钢铁基地，延伸发展钢铁产业链。鼓励广东钢铁集团投资矿山勘探和开发，实现铁矿资源规模化经营、集约化开采；以三大钢铁基地为核心，大力发展钢铁生产辅助原料供应与生产、机械制造与修理、建筑施工设施、辅料矿开发等配套产业；按区域发展需求，大力发展钢材剪切配送和彩板、镀涂板、制管等钢材后加工项目；充分发挥华南地区临海、临港优势，大力发展钢铁物流，促进现代物流体系建设；加大研发、设计和应用力度，促进钢铁产业与装备制造、造船、石化、汽车、家电、金属包装等下游产业协同发展。

四、主要任务

（一）加快建设湛江钢铁基地

按照技术先进、节能环保、装备一流、效益良好的目标，加快推进湛江钢铁基地建设，一期工程钢产能 1 000 万吨，力争 2012 年建成。同时，以大型钢铁项目落户湛江为契机，推动湛江基础设施建设，统筹湛江城乡发展，振兴粤西经济。

（二）做优广州钢铁基地

打造钢材深加工基地，在广州 JFEl80 万吨冷轧钢板项目、镀锌板项目基础上，在南沙新建一条 180 万吨冷轧钢板生产线，以及钢材表面处理、深加工生产线等项目。支持广钢集团珠江钢铁公司对现有系统进行配套和改造，提高钢水质量及产品档次，降低成本，增强市场竞争力；支持该公司通过新建相关的配套生产线，调整产品结构，在充分发挥和挖掘集装箱板生产优势的基础上实施品种多元化和规模化，成为薄规格热轧板、耐候钢、高强钢、硅钢、中厚板等精品钢材生产基地；支持该公司调整资本结构，减少资产负债率。

（三）改造提升韶关钢铁基地

大力支持韶钢实施技术改造，淘汰落后钢铁产能，增配钢水精炼设备，提高钢水质量及产品档次，逐步培育成为具有核心竞争力的建筑、机械、汽车等行业用高等级棒线材、结构用板、大型型材的生产基地。同时推广应用可循环钢铁工艺技术，高炉安装 TRT 余压发电，高炉煤气、转炉煤气与余热蒸汽回收.利用，促进节能减排，降低产品成本，提高综合竞争力。

（四）建设广东钢铁研究院

借助宝钢人才、技术、资金等方面的优势，结合珠江三角洲地区区位、产学研配套等方面的优势，在广州建设企业性质的广东钢铁研究院，加大资源投入，吸引优秀人才加盟，与高等院校、科研院所共建高水平研发与人才培养平台，承担钢铁行业重大、前沿、基础性项目研究与开发，为生产、技术、质量、工程建设、技术改造、用户服务等提供强大的技术支撑，使其逐步成为高层次、高水平、多学科、多功能、开放型的集研究开发和成果应用为一体的新产品、新技术、新工艺、新装备研发基地。

（五）坚决淘汰落后钢铁产能

认真贯彻落实国家有关政策和规定，积极采取经济、法律手段和必要的行政措施，加快淘汰现有落后钢铁生产能力，切实防止落后产能死灰复燃。各地要严格按照与省签订的关停和淘汰落后钢铁生产能力责任书的要求，按期淘汰中频炉、300 m^3 以下高炉、20 吨以下转炉和电炉。根据国家要求，进一步提高淘汰标准，2011 年年底前淘汰 400 m^3 以下高炉、30 吨以下转炉和电炉。

（六）延伸发展钢铁产业链

发挥华南地区临海、临港优势，建设大型钢铁物流基地；研究建立大宗产品交易平台，稳定市场价格；发展电子商务，通过钢铁制品加工向下游延伸服务，为汽车、装备制造等用户提供增值服务；加大研发、设计和推广应用力度，促进钢铁产业与下游产业协同发展。

（七）保障资源安全

——加强省内铁矿石等资源开发利用和保护。鼓励广东钢铁集团与省内大型矿业企业合作，投资矿山勘探和开发，实现铁矿资源规模化经营、集约化开采，禁止大矿小开和乱采滥挖，防止资源流失和生态破坏。适度开发利用低品位矿和尾矿。加强对共生矿、伴生矿矿产资源的研究、开发和综合利用。

——充分利用国内外资源。支持大型钢铁企业到省外、境外独资或合资开发经营矿石、煤炭等资源，建设球团矿等原料加工厂。支持广东钢铁集团组织建立铁矿石、煤炭、废钢铁料等资源集中采购体系；充分利用湛江钢铁基地优越的港口条件，对进口铁矿石、煤炭等大宗物资实行统一采购、集中配送。

（八）大力发展循环经济

充分挖掘在能源、水资源、物料利用方面的潜力，大力发展节能、节水、节材技术；加强资源综合利用，提高资源利用效率；推行清洁生产，严格执行国家有关钢铁行业污染物排放标准，最大限度地减少污染物排放。湛江钢铁基地要建成以热电联产为基础，集化工、建材、资源综合利用等多种产业为一体的示范性循环经济工业园区。

五、政策措施

（一）采取各种措施缓解钢铁企业经营压力

鼓励类钢铁企业回收利用废钢资源，可享受发展循环经济的相关优惠政策；加快开展大中型钢铁企业直购电试点工作步伐，对电力消耗总量大、单位电耗指标处于同行业先进水平、符合国家大用户直购电试点条件的重点钢铁企业，经国家有关部门同意可优先作为直购电试点单位；支持重点钢铁企业银行贷款实施债转股，综合利用企业债券、中期票据、短期融资券、股权投资基金等融资工具，降低资产负债率，降低融资成本，满足资金需求。

（二）扶持企业技术改造和技术创新

在严格市场准入的前提下，从省技术改造和节能减排等专项资金中重点支持省内主要钢铁企业进行以治理污染、节能降耗、淘汰落后产能、提高质量和增加品种为重点的技术改造。支持广东钢铁集团向省内上规模钢铁企业增资扩股，减轻企业财务费用负担，提高技术装备水平，提升企业竞争力。

（三）支持广钢环保搬迁

由广州市政府牵头研究制定支持广钢环保搬迁的政策措施，包括支持广钢环保搬迁后土地转让收益以资本金方式注入企业，搬迁后按照经省政府同意印发的《关于促进扩大内需支持现代产业发展用地的若干意见》（粤国土资利用发[2009]71 号）进行土地开发等。

（四）支持韶钢剥离办社会的职能

支持韶钢于 2011 年前，全部剥离企业办学校、医院、幼儿园、托儿所、派出所等社会机构，将相应职能和人员交当地政府接收。具体由韶关市政府牵头会同韶钢集团等单位负责落实。

（五）坚决落实淘汰落后钢铁产能政策

严禁违规审批新建、扩建钢铁项目，坚决落实差别电价等淘汰落后钢铁产能政策，促使落后钢铁生产能力平稳退出市场，确保按期完成关停和淘汰落后钢铁产能目标任务。

（六）实施“走出去”战略

积极引导和支持有条件的企业到境外开展资源开发、技术合作和对外并购，在矿产资源丰富的地区投资建设铁矿、炼焦煤、冶金焦等主要原辅材料生产供应基地。

（七）大力支持钢铁配套产业建设

大力支持三大钢铁基地的配套基础设施，以及钢材后加工、物流、研发中心等项目建设，对部分重点项目，优先考虑列入省重点项目，享受相关优惠政策。

（八）支持建设钢铁物流基地

支持在紧邻南沙深水航道的地区建设大型钢铁物流基地，主要用于韶钢、广钢原燃料输入，湛江钢铁基地、韶钢和南沙冷轧板材成品配送集散等。

广东省人民政府办公厅印发广东省关停和淘汰落后钢铁生产能力实施方案的通知

粤府办[2007]84 号

各地级以上市人民政府，各县（市、区）人民政府，省政府各部门、各直属机构：

《广东省关停和淘汰落后钢铁生产能力实施方案》业经省人民政府同意，现印发给你们，请认真组织实施。实施过程中遇到的问题，请径向省发展改革委反映。

广东省人民政府办公厅
二〇〇七年十月十八日

广东省关停和淘汰落后钢铁生产能力实施方案

根据国家发展改革委关于关停和淘汰落后钢铁生产能力工作的统一部署和省政府有关文件精神，为统筹做好全省关停和淘汰落后钢铁生产能力的实施工作，制订本方案。

一、工作目标和原则

（一）工作目标

“十一五”期间，全省关停和淘汰落后炼铁能力 162 万吨，炼钢能力 1500 万吨左右（含广州钢铁企业集团有限公司（以下简称广钢）环保搬迁关停炼钢能力 350 万吨）。

（二）工作原则

1．政府负责，各方配合。由各地级以上市政府牵头负责，各有关部门密切配合，形成工作合力，共同推进关停和淘汰落后钢铁生产能力工作。

2．整体实施，稳步推进。按照《钢铁产业发展政策》（国家发展改革委第 35 号令），列出所有关停和淘汰落后钢铁生产能力，并按照关停和淘汰进度有条不紊地推进相关工作。坚持一手抓关停淘汰，一手抓社会稳定，在抓好关停淘汰的同时，妥善处理各种问题，维护社会和谐稳定。

3．加强监督，依法淘汰。综合运用经济、法律手段和必要的行政手段，严格执行差别电价、环保、质监、税收、信贷等政策措施，坚持以国家法律法规为依据，促使落后钢铁生产能力退出市场。

二、工作任务

（一）关停和淘汰范围

“十一五”期间广东省关停和淘汰落后钢铁生产能力的范围包括：容积 300 米 ^{3} 以下高炉（专业铸铁管厂除外）；公称容量 20 吨以下转炉；公称容量 20 吨以下电炉（机械铸造和生产高合金钢产品除外）以及中频感应炉等落后工艺技术装备。

（二）关停和淘汰进度

2007 年、2008 年主要淘汰国家明令禁止的中频炉等生产设备以及目前已停产的钢铁企业，公称容量10吨以下电炉、转炉，100米^{3}以下高炉；关停广钢南方钢厂。其中，2007年关停和淘汰落后炼铁能力10万吨，落后炼钢能力300万吨；2008年关停和淘汰落后炼铁能力37万吨，落后炼钢能力191万吨。

2009年主要淘汰公称容量10吨以上（不含10吨）15吨以下电炉、转炉；关停和淘汰落后炼钢能力277万吨。

2010年主要淘汰公称容量20吨以下电炉、转炉，100米^{3}以上（不含100米^3）300米^{3}以下高炉；关停广钢芳村钢厂；关停和淘汰落后炼铁能力115万吨，落后炼钢能力734万吨。

三、工作措施

（一）严格执行差别电价政策。对关停和淘汰范围的钢铁企业实行更严格的差别电价政策，在取消峰谷电价等优惠用电政策的基础上加价0.2元/千瓦时，并研究采取更严厉的限制措施。各地针对关停和淘汰范围的钢铁企业自行出台的优惠电价措施（包括小水电）一律停止执行。价格、经贸、电监、电网等单位要加强监督，确保差别电价政策落实到位。对应关停而拒不关停的钢铁企业，电力供应企业要依法停止供电。

（二）严格执行环保政策。尽快组织制订并实施广东省钢铁行业污染物排放地方标准，加强对钢铁企业污染物排放的监督检查，对排放不达标的依法予以停产处理。

（三）强化质量监督和安全监管。加大对钢铁产品质量的监管，禁止生产、使用超过允许公差范围、质量达不到要求的钢材。对已取得生产许可证的产品，经国家或省级监督抽查，产品质量不合格的，责令限期改正；到期复查仍不合格的，吊销其生产许可证。对钢铁流通企业经营产品质量达不到要求的予以处罚，并追溯提供货源的生产企业责任，一并予以重罚。加强对进入建筑工地的建筑钢材的抽检监督和监理，严禁关停和淘汰钢铁企业的产品进入建筑工地。加大对关停和淘汰钢铁企业的监管力度，对达不到安全生产要求的，依法实施停产停业。

（四）强化税收监管和信贷管理。按照国家的统一部署，清理、取消对关停和淘汰钢铁企业的所有税收优惠政策，加大税收监管力度，规范税收征管办法。金融机构对关停和淘汰钢铁企业不得新增贷款投放，并收回已投放的贷款。

四、工作分工

各有关单位要各司其职，密切配合，积极推进全省关停和淘汰落后钢铁生产能力工作。主要职责分工如下：

省委宣传部：负责指导协调关停和淘汰落后钢铁生产能力的宣传工作。

省发展改革委：牵头负责全省"十一五"期间关停和淘汰落后钢铁生产能力工作，统筹协调制订省内配套措施，汇总提出年度关停和淘汰计划建议，草拟省政府与各地级以上市政府关停和淘汰落后钢铁生产能力责任书。

省经贸委：协助开展关停和淘汰省内落后钢铁生产能力工作，督促、指导各地、各有关企业按关停和淘汰计划认真做好实施工作。

省监察厅：负责监察有关职能部门和地方政府贯彻执行国家、省关停和淘汰落后钢铁生产能力政策情况，对行政不作为或执行不力的，按照有关规定追究相关单位及负责人的党纪政纪责任。

省劳动保障厅：负责指导关停和淘汰落后钢铁生产能力所涉及的人员安置、经济补偿、社会保险、社会化管理服务等工作。

省国土资源厅：负责指导关停和淘汰落后钢铁生产能力所涉及的土地使用权处置和用途变更工作，查处违规用地。

省建设厅：加强对建设工程各方责任主体质量行为的监督检查，督促有关责任单位严格执行工程质量法律、法规和技术标准，确保施工企业使用质量合格的钢材。

省国税局、地税局：按照关停和淘汰落后钢铁生产能力计划，负责对有关钢铁企业加强税务监管。

省环保局：按照关停和淘汰落后钢铁生产能力计划，负责对有关钢铁企业污染物排放情况加强监管，对环保不达标的企业依法实施关闭。

省物价局：按照关停和淘汰落后钢铁生产能力计划，牵头制订对有关钢铁企业的差别电价政策，并督促各地执行。

省工商局：负责依法吊销关停和淘汰钢铁企业的营业执照。

省质监局：按照关停和淘汰落后钢铁生产能力计划，负责对有关钢铁企业产品质量加强监督检验，对监督抽查不合格的产品，按规定及时建议吊销其产品生产许可证。

省安全监管局：按照关停和淘汰落后钢铁生产能力计划，负责对有关钢铁企业加强安全监管工作。

省信访局：负责处理关停和淘汰落后钢铁生产能力引起的集体上访事件。

南方电监局、广东电网公司：按照关停和淘汰落后钢铁生产能力计划，会同有关部门对有关钢铁企业实施停电措施，检查差别电价落实情况。

省银监局、人行广州分行：按照关停和淘汰落后钢铁生产能力计划，负责监督有关钢铁企业信贷政策落实情况，提出有关贷款回收办法。

省钢铁协会：协助提供广东省关停和淘汰落后钢铁生产能力的技术咨询。

五、工作要求

（一）加强组织领导，明确责任任务。广东省关停和淘汰落后钢铁生产能力工作影响大、任务重、涉及面广。省钢铁工业结构调整领导小组要加强组织领导，牵头制定相关政策，及时协调解决广东省关停和淘汰落后钢铁生产能力工作中遇到的有关问题，确保此项工作顺利进行。各有关地级以上市政府要对本地关停和淘汰落后钢铁生产能力工作负总责，按照省的统一部署，建立健全相应的工作机制，认真研究制订具体实施方案，采取强有力措施，切实加快推进关停和淘汰落后钢铁生产能力工作。

（二）确定关停和淘汰清单，制订关停和淘汰计划。省有关部门要在全面掌握全省钢铁企业情况的基础上，根据国家发展改革委第 35 号令规定，确定关停和淘汰落后钢铁生产能力企业清单，并适时向社会公布。同时，要根据关停和淘汰清单制订具体的关停和淘汰实施计划，明确具体时间和要求。对未上报但属关停和淘汰范围的落后钢铁生产能力，一经发现要立即予以关停和淘汰。

（三）加强检查督促，及时报告进度。省有关部门要对全省关停和淘汰落后钢铁生产能力工作加强检查督促，对不按规定关停和淘汰的钢铁企业，要责令其立即关停，停止为其办理正常生产和经营手续；对弄虚作假、逃避关停的钢铁企业，一经查实，要责令其立即关停并予以拆除，并追究相关人员责任。在关停和淘汰落后钢铁生产能力期间，各有关地级以上市政府要在每年 7 月 15 日前将上半年关停和淘汰计划执行情况与存在的问题报省发展改革委，每年 12 月 31 日前将本年度关停和淘汰落后钢铁生产能力情况、下一年度关停和淘汰计划报省发展改革委，由省发展改革委汇总后上报省政府。

（四）加强舆论宣传，做好善后工作。各有关地区、有关部门要通过各种方式大力宣传关停和淘汰落后钢铁生产能力的重要性和紧迫性，宣传国家和省的有关政策规定，为做好关停和淘汰落后钢铁生产能力工作营造良好的社会舆论环境。各有关地级以上市政府要组织、指导本地关停和淘汰钢铁企业切实做好职工安置、债务处理和土地使用权转让以及用途变更等工作，做好企业业主和员工的思想政治工作，及时化解各种社会矛盾，防止出现过激行为和群体性事件。

十四、重庆

重庆市人民政府关于加快推进工业产业结构调整的若干意见

渝府发[2006]120 号

为了加快我市新型工业化进程和推进工业经济结构调整，根据《国务院关于加快推进产能过剩行业结构调整的通知》（国发[2006]11 号）和《国务院关于发布实施促进产业结构调整暂行规定的决定》（国发[2005]40 号）精神，结合重庆实际，特提出加快推进产业结构调整的若干意见。

一、加快推进工业产业结构调整的重要性和紧迫性

（一）加快产业结构调整是贯彻落实国家宏观调控的需要

近年来，国家先后颁布了鼓励、禁止、淘汰的产业、产品目录，制定出台了汽车、水泥、电解铝、钢铁、焦炭、电石、铁合金等行业的专项产业政策，实施了铁合金、焦炭、电石等行业准入条件，在制止部分行业盲目扩张、减少和杜绝环境污染、节约资源等方面取得了明显成效，有力地促进了国民经济平稳较快发展，但过度投资导致钢铁、电解铝、电石、铁合金、焦炭、汽车等行业出现的产能过剩，以及水泥、煤炭、电力、纺织等行业潜在的产能过剩问题仍然没有得到根本解决，国家将通过推进产业结构调整，充分发挥产业政策的导向作用，不断加强和改善宏观调控。

（二）加快产业结构调整是有效化解工业突出问题的需要

我市工业经济近年来保持了较快增长，但其结构不合理、粗放型经济增长方式尚未得到根本转变，尤其是钢铁等行业由于受国家宏观政策环境趋紧、资源环境约束加剧以及国内需求不足等因素的影响，行业发展趋缓。

1．经济总量小，占全国比重偏低。

2005 年，我市完成工业增加值 1023 亿元，仅占全国工业增加值总量的 1.34%。水泥年生产能力 3600 万吨，占全国的 2.26%；煤炭年生产能力 4130 万吨，占全国的 1.6%；钢铁年生产能力 380 万吨，占全国的 0.85%；电解铝年生产能力 14 万吨，占全国的 1.36%；焦炭年生产能力 270 万吨，占全国的 1%；铁合金年生产能力 40 万吨，占全国的 1.58%；电石年生产能力 9.5 万吨，占全国的 0.5%；纺织品产能占全国的 0.41%。这些行业经济总量偏小，占全国比重偏低。

2．企业组织结构、产品结构和技术结构不尽合理。

全市工业结构中，传统产业所占比重偏大、高新技术产业比例偏低、轻重工业比例不协调，工业行业普遍存在企业数量多、规模小、产业集中度低、产品技术含量不高、产品结构比较单一等问题。如钢铁、电解铝和焦炭行业企业规模小、品种少、市场竞争力较低；汽车行业技术开发能力弱、零部件体系发展滞后；水泥企业 154 家，企业平均生产规模仅 23.7 万吨/年，年生产能力 20 万吨以下企业占了 80%，近 70%的产能为立窑等落后生产能力，新型干法窑外分解水泥生产能力仅占 30%左右；纺织行业 70%以上的产品以初加工、常规产品纱和布为主，家居装饰和产业用纺织品分别仅占 5%和 2%。主城区化工企业影响城市环境，危及公共安全。

3．资源匮乏制约了产业发展。

我市可供开采利用的矿产资源有限，行业发展受资源瓶颈制约。如钢铁、电解铝长期依靠进口或从外省市购入原料生产，随着运输费用以及原材料、燃料价格上涨，电力供应紧张，企业生产规模受到制约；纺织所需的原棉、化纤原料等主要依靠国内产棉区和化纤生产基地供应；煤炭资源储量少，人均占有煤炭资源量不足全国平均水平的10%。

4．资源综合利用率低，淘汰落后产能乏力。

我市工业尚未摆脱大量消耗资源的粗放型经营模式，导致行业生产技术水平相对落后，能源使用效率低，产品能耗高。钢铁行业平均吨钢综合能耗为0.9吨标煤，高出国内先进水平的28.6%；电石行业企业生产装备简陋，生产工艺落后，环境污染严重；到目前为止，水泥行业已淘汰落后生产能力577万吨，但仍有相当数量的工艺落后的水泥企业在生产，淘汰落后生产水泥工艺的任务仍十分艰巨。

（三）加快产业结构调整是贯彻落实科学发展观、转变经济增长方式的需要

党的十六大、十六届三中全会、十六届五中全会提出走新型工业化发展道路和树立全面协调可持续的科学发展观，市委二届五次全委会确立了我市“5444”发展战略。按照科学发展观和走新型工业化道路的要求，必须牢固树立以人为本、统筹兼顾的科学发展观，大力发展循环经济，建设节约型社会，全面实施新型工业化，不断推进产业结构调整升级，实现经济增长方式的根本性转变，促进工业经济全面协调可持续发展。

因此，必须把加快推进工业产业结构调整和优化升级作为当前和今后一项长期战略任务抓紧抓好。

二、加快推进工业结构调整的指导思想和目标

（一）指导思想

以科学发展观为统领，全力推进新型工业化，切实转变经济增长方式，坚持“政府引导，企业自主，市场推动”、“在发展中调整，在调整中发展”的工作思路，充分发挥市场配置资源的基础作用，因地制宜，分类指导，以三大经济区为单元，根据区域协调发展原则，统筹全市产业布局和产业结构调整。进一步做大做强汽车摩托车、装备制造、资源加工和高新技术四大支柱产业。通过严格市场准入，扶优汰劣、兼并重组，加快企业结构和布局调整。鼓励企业加大技术改造和技术创新力度，不断优化产品结构和技术结构，提升产品档次，增强市场竞争力。大力发展循环经济，走资源综合利用、清洁生产之路，促进工业经济健康快速持续发展。

（二）调整目标

2010年，部分工业行业实现以下目标：

1．冶金行业：形成700万吨粗钢、800万吨板、带、管、线材，60万吨铁合金，300万吨焦炭的生产规模。

2．电解铝行业：形成140万吨氧化铝，40万吨电解铝和100万吨铝材加工能力。

3．水泥行业：水泥产量达到3 000万吨，其中新型干法水泥所占比例提高到50%，累计淘汰落后生产能力900万吨，企业户数减少到120家左右。

4．汽车行业：汽车产量达到120万辆，占全国的比例保持在12%左右，初步建立起具有核心竞争能力的汽车技术研究开发体系，具有自主知识产权的产品达到销售总量的50%以上，形成“一城多园”的产业格局。

5．煤炭行业：煤炭产量达到4 500万吨，形成“一大多强”的煤炭企业格局，煤炭企业数量控制在500家左右，企业最低生产规模10万吨/年以上。

6. 纺织行业：纱产量达到25.8万吨，布产量15亿米，服装2.5亿件，衣着、装饰、产业用三大类纺织品比例分别达到60%、25%和15%。

7. 电石行业：电石产量达到10万吨，彻底关闭和淘汰5 000千伏安以下（1万吨/年以下）电石炉及敞开式电石炉、排放不达标的电石炉。

通过实施工业产业结构调整，2010年，规模以上企业万元工业增加值能耗下降到2.06吨标煤，降低25%，工业固废利用率提高到80%，工业废水和二氧化硫排放达标率分别提高到98%和85%，各行业企业单位产品能耗、物耗、水耗及污染物排放量达到国内先进水平。

三、加快推进工业产业结构调整的措施

（一）加强组织领导

市新型工业化领导小组是全市工业产业结构调整工作的领导机构。市新型工业化领导小组办公室要加强对全市工业产业结构调整的统筹规划与组织协调，会同有关成员单位，负责推进全市工业产业结构调整的具体实施和监督检查。

（二）加强宏观调控，实施分类指导

根据重庆行业发展现状和市场需求，在结构调整中坚持区别对待、分类指导的原则。

1. 水泥行业：采取总量控制、有保有压的办法。继续支持新型干法窑外分解工艺的发展，加大退出落后水泥生产工艺的力度，对落后产能比重较大的地区，鼓励“上大压小”，扶优汰劣。

2. 煤炭行业：对生产能力3万吨/年以下的小型煤矿企业通过新设合并和吸收合并的方式实施资产整合，调整煤矿企业组织结构和规模结构；支持煤炭企业实施技术改造，扩大生产规模，增加生产技术含量，提高煤炭供应能力。

3. 汽车行业：通过大力发展汽车零部件产业、加大技术创新及新产品开发的投资力度，促进产品结构调整优化。

4. 钢铁行业：以板、带、管、线材、优质特殊钢产品发展为重点，通过重组、改造等办法，扩大企业规模，延长产业链。

5. 铁合金行业：按照“控制总量、调整结构、节约能源、保护环境、合理布局”的原则，鼓励有条件的企业通过兼并、重组和改造，提高产业集中度，降低能源消耗，实现环保达标排放和资源合理利用。

6. 焦化行业：以技术进步为突破口，通过资产重组和技术改造，扩大企业规模，完善和改进落后的工艺装备，提高技术装备水平，加快实现以大型现代化焦炉替代中小型焦炉，走节能降耗之路。

7. 电解铝行业：以发展铝业为重点，以氧化铝工程为龙头，支持电解铝企业实施技术改造，淘汰自焙槽，扩大生产规模，提升产品的技术水平。

8. 电石行业：引导和促进现有企业联合重组，集中建设和经营，统筹建设排放处理和资源综合利用设施，延长产业链，发展循环经济，支持大型PVC生产企业通过兼并改造的方式，进行规模化、集约化生产。

9. 纺织行业：通过加强基地建设，培育打造优势纺织服装产业集群，延伸上、中、下游优势纺织服装产业链，大力发展创意产业和服装自主品牌建设，促进产品结构的升级和优化等。

（三）严格市场准入，加大监管力度

认真执行国务院颁布的《产业结构调整指导目录》和国家有关钢铁、电解铝、焦炭、铁合金、水泥、电石、汽车的产业政策，落实国家关于加快焦炭、铁合金、水泥、煤炭、电石、纺织等行业结构调整的指导意见，加强对投资项目的审核（备案）和管理。严把新建项目核准（备

案）关，指导企业按照准入条件进行技术改造，提高技术装备水平。

1．原则上不再批准建设新的钢铁企业，停止审批新建铁合金项目。

2．新建汽车整车生产企业和现有企业跨产品类别的生产投资项目，除满足产业政策要求外，还要满足自主品牌、自主开发产品的条件；现有企业异地建厂，还必须满足产销量达到批准产能80%以上的要求。

3．严格控制新上电石项目，新建和改扩建电石项目必须符合《电石行业准入条件》，严把电石等危险化学品生产企业的设立审批、改建扩建项目审批准入关。

4．严格办矿准入，不再受理现有煤矿企业以外的业主提交的办矿申请，只允许核定煤炭生产能力6万吨/年及以上的煤矿企业新上煤矿建设项目（已经依法受理并进入程序的除外）。

5．对水泥生产企业，严格执行水泥生产许可证制度和污染物排放许可证制度，提高建设、建筑工程应用水泥的准入标准。

（四）建立协作机制，加大落后产能淘汰力度

加强信贷、土地、建设、环保、安全等政策与产业政策的协调配合，不符合国家产业政策、供地政策、环境标准和污染物排放总量控制要求、市场准入条件以及国家明令淘汰的项目，不得为其提供贷款和土地，城市规划、建设、环保和安全监管部门不得办理相关手续。依法关闭一批破坏资源、污染环境和不具备安全生产条件的小企业，分期分批淘汰一批落后生产工艺。

1．淘汰类和不符合《电石行业准入条件》的新建或改扩建电石生产项目和生产企业，市质监局不得受理《工业产品生产许可证》申请，市安监局不得为其发放危险化学品生产企业安全生产许可证，市环保局不得为其发放排污许可证，不得办理环保审批手续，电力供应部门依法停止供电。

2．水泥行业要采取“上大关小”、补贴及赎买等多种方式，逐步淘汰立窑等落后的水泥生产工艺，改善环境质量、缓解能源、资源压力。

3．关闭和淘汰开放式及5 000千伏安以下（生产能力低于1万吨）的小电石炉和排放不达标的电石炉；尽快淘汰5 000千伏安以下铁合金矿热炉（特种铁合金除外）、100米^{3}以下铁合金高炉；淘汰300米^{3}以下炼铁高炉和20吨以下炼钢转炉、电炉；彻底淘汰土焦和改良焦设施。

4．通过整合小型煤矿企业，逐步淘汰规模在3万吨/年以下的煤矿企业。

（五）推进技术改造，提高产业集中度

充分利用好国家有关技术改造、新产品开发的鼓励政策，加大工业投资力度，围绕提升技术水平、改善品种、保护环境、保障安全、降低消耗、综合利用等，对传统产业实施改造提高，培育发展高新技术产业。

1．支持汽车生产企业加强研发体系建设，在消化引进技术的基础上，开发具有自主知识产权的技术，重点发展汽车电子、动力系统的关键总成及部件。

2．鼓励钢铁、铁合金、焦炭行业企业进行资产重组和产品结构调整，重点开发汽车、摩托车产业需求量较大的钢铁材料，支持电解铝行业的重大技术改造和新产品开发。

3．围绕“强化创意产业，打造重庆时尚之都”，大力支持纺织关键技术、成套设备的研发和产业集群公共创新平台、服装自主品牌的建设，促使纺织行业产品结构不断调整。

4．支持电石生产企业改造现有装置，采用全密闭技术及单台电石炉容量在2.5万千伏安以上的先进工艺与设施，推广采用电石炉微机控制技术、除尘和尾气利用新技术等。鼓励企业通过联合重组、兼并等方式，进行规模化、集约化生产。

5．按照“资源资产化、企业股份化、区域集团化”要求，以资产为纽带，有计划、分步

骤地将现有小型煤矿企业整合为“产量上规模、质量达标准、管理上台阶、安全创水平”的新型煤矿企业。

6．鼓励有实力的大型水泥企业采取兼并、重组、联合等方式，提高生产集中度，优化资源配置。支持重点水泥企业集团，增强其在区域市场的调控能力。

（六）深化改革，发挥市场配置资源的基础作用

坚持以市场为导向，充分利用市场的力量推动竞争，促进优胜劣汰。通过不断深化行政管理和投资体制改革、建立健全市场价格形成机制、规范市场秩序等，为发挥市场机制作用创造条件。

1．切实实行政企分开，完善和严格执行企业投资的核准和备案制度，真正做到企业自主决策、自担风险，银行独立审贷。

2．积极稳妥地推进资源性产品价格改革，健全反映市场供求状况、资源稀缺程度的价格形成机制，建立和完善生态补偿责任机制。

3．建立健全市场预警机制和搭建行业信息服务平台，完善统计、监测制度，做好产能过剩行业运行动态的跟踪分析，建立定期向社会披露产品供求、产能规模、价格变化等相关信息的制度，引导市场投资。

（七）因地制宜，采取积极措施加快产业发展

1．充分利用我市汽车摩托车在技术创新、自主品牌以及发动机研发制造等方面的优势，积极争取国家在汽车产业布局、发展规划等方面的支持，进一步提升汽车摩托车产业的制造能力、研发能力和营销能力，有效地带动零部件的同步发展。

2．根据煤炭资源条件，对全市小型煤矿企业采取资产整合的办法，分步实施，近期整合3万吨/年以下的小型煤矿企业。力争3年内将1万吨/年的矿井通过技术改造达到3万吨/年以上，控制矿井数量，在2008年年底将我市煤矿矿井个数减少到1 000个以内。

3．充分利用我市丰富的动植物资源，引导各地大力发展特色优势农产品，发展绿色食品、特色农副产品及其深加工业，深入推进“农业产业化百万工程”。加快我市库区柑橘、中药材、榨菜等优势产业带和特色产业基地建设，培育壮大生猪、粮油、丝麻、香料、笋竹等农产品加工产业，促进库区产业发展。

4．加大循环经济政策支持力度

一是将节能降耗、资源综合利用和清洁生产等发展循环经济的项目优先纳入市级贴息贷款项目中，加大发展循环经济的财政支持力度。鼓励各商业银行积极支持循环经济项目。

二是加强大型高效粉磨系统、低热值燃料应用、低温余热发电、城市垃圾处理、工业废渣及可燃废弃物的应用等研究，力争在技术开发和应用方面有所突破；继续鼓励发展散装水泥，散装水泥发展基金由生产环节征收改为使用环节征收等；对高能耗行业执行国家差别电价政策。进一步研究制定针对不同规模、不同工艺装备的电石企业实行差别电价的具体措施。

二〇〇六年九月二十日

重庆市人民政府办公厅关于开展全市固定资产投资项目清理工作的通知

渝办发[2004]142 号

各区县（自治县、市）人民政府，市政府各部门，有关单位：

针对当前国民经济发展中存在的突出矛盾和问题，为有效控制固定资产投资规模增长过快的势头，确保国民经济持续健康运行，国务院办公厅近日下发了《关于清理固定资产投资项目的通知》（国办发[2004]38 号）。为了认真贯彻落实国务院精神，经 2004 年 5 月 11 日市政府第 29 次常务会议审议，现就我市开展固定资产投资项目清理工作有关问题通知如下：

一、提高认识，统一思想，确保投资项目清理工作顺利开展

当前全国经济持续较快发展，经济效益进一步提高，国民经济形势总体上是好的。但是，经济发展中存在的一些突出矛盾和问题没有得到有效缓解，有的还在进一步发展。集中表现在固定资产投资增长过快、规模过大，特别是一些行业投资增长过猛，煤、电、油、运和重要原材料供求紧张，已影响到国民经济健康运行。为此，党中央在全面分析当前经济形势的基础上，明确了进一步做好经济工作的政策措施。国务院决定全面开展固定资产投资项目清理工作，是贯彻落实中央决策的具体行动，是加强和改善宏观调控、遏制固定资产投资过快增长的重要举措，也是优化经济结构、推进增长方式转变的迫切要求，对于保持国民经济持续快速协调健康发展，防止出现大起大落，具有十分重要的意义。

近年来，在党中央、国务院的关心支持下，全市人民共同努力，我市经济保持了良好的发展势头。但是，要清醒地看到，我市经济在快速发展中同样也存在诸多隐患和矛盾，部分行业、部分地区盲目攀比，低水平重复建设的现象有所存在，投资结构不尽合理，长此下去必将影响我市经济健康发展。为此，全市上下一定要从促进当前经济平稳运行和实现长远持续较快发展的高度，充分认识搞好固定资产投资项目清理工作的必要性和紧迫性，进一步提高认识，全面把握形势，切实把思想统一到国务院的决策和部署上来，自觉服务于和服从于国家宏观调控的大局。要站在讲政治的高度，牢固树立大局意识和“全国一盘棋”的思想，认真贯彻执行国务院的决定，按照国务院统一部署，努力完成全市固定资产投资项目清理工作。要通过清理工作，调整和优化投资结构，促进全市固定资产投资健康、稳定增长。

二、求真务实，分类指导，切实做好投资项目清理工作

当前，我市经济正处于发展关键时期，从前几年大力建设基础设施，逐步转向基础设施建设和产业发展并重，特别是在三峡库区，解决库区产业“空心化”问题是实现库区移民安稳致富的关键。在这一关键时期，投资仍是拉动经济增长的主动力，确保全市投资稳定增长，防止投资增长大起大落意义十分重大。因此要全面正确理解国务院精神，结合我市实际，按照国务院确定的原则，积极有效地开展固定资产投资项目清理工作。

一是要贯彻落实科学发展观，按照全面、协调、可持续发展的要求，正确处理好速度和结构、质量、效益的关系，坚决克服盲目攀比、低水平重复建设的现象。积极推进经济增长方式的根本转变，切实把工作着力点转移到提高经济增长的质量和效益上来。

二是要严格按照国家产业政策和行业规划、土地管理、环境保护、银行信贷、项目审批等方面的法律法规和政策，国务院关于控制钢铁、电解铝、水泥、电石和铁合金，以及党政机关办公楼和培训中心、城市快速轨道交通、高尔夫球场等通知的要求进行清理。对不符合要求的项目要采取措施，该停止建设的要停止建设，该限期整改的要限期整改。

三是要坚持突出重点、分类指导、区别对待的原则。对项目处理不搞“一刀切”，继续推进结构调整。对技术含量低、明显超出市场需求、不符合结构调整要求的项目，对盲目投资、低水平扩张和污染严重的项目，特别是死灰复燃的“五小”、“十五小”项目，要坚决压下来。对技术含量高、符合结构调整要求的项目，特别是符合城市规划和产业政策的“退二进三”、北部新区、特色产业园区、环保治理、三峡库区产业发展等方面的项目，以及需要加强的农林水利、生态建设、环境基础设施、社会事业等薄弱领域的项目，要继续抓住西部大开发机遇，抓住中央解决三峡库区产业“空心化”问题的机遇，保护好、维护好、发展好各方面的投资积极性，珍惜和有效利用各种资源，合法合规地推进项目建设，确保全年固定资产投资增长 18%预期目标的实现。

三、规范清理，突出重点，实事求是做好分类处理和善后工作

（一）清理范围

各区县（自治县、市）政府、市政府各行业主管部门和有关单位要对所有在建、拟建项目进行一次全面清理、审核。在建项目是指已开工正在施工建设的项目；拟建项目是指项目单位已提出申请，政府部门正在受理且尚未开工的项目。

清理重点：1. 钢铁、电解铝、水泥、电石和铁合金以及党政机关办公楼和培训中心、城市快速轨道交通、高尔夫球场、会展中心、物流园区、大型购物中心等项目。2. 2004 年新开工的项目。

农林水利（含农村“六小”工程）、生态建设、教育（不含大学城）、卫生、科学（不含科技园区）等方面的项目不在清理范围内。

（二）清理标准

1. 是否符合国家产业政策和行业规划。

2. 是否符合土地利用规划并纳入年度土地利用计划。

3. 是否符合环境保护的有关规定并通过环境影响评价。

4. 是否符合城市总体规划。

5. 是否符合项目审批等各项建设程序。

6. 是否符合信贷政策和固定资产贷款的有关规定。

7. 是否符合《国务院办公厅转发发展改革委等部门关于制止钢铁电解铝水泥行业盲目投资若干意见的通知》（国办发[2003]103 号）、《中共中央办公厅国务院办公厅关于继续从严控制党政机关办公楼和培训中心项目建设的通知》（中办发[2003]3 号）、《国务院办公厅关于加强城市快速轨道交通建设管理的通知》（国办发[2003]81 号）、《国务院办公厅关于暂停新建高尔夫球场的通知》（国办发[2004]1 号）、《国务院办公厅转发发展改革委等部门关于对电石和铁合金行业进行清理整顿若干意见的通知》（国办发明电[2004]22 号）的要求。

8. 是否属于《国务院关于严格禁止违规建设 13.5 万千瓦及以下火电机组的通知》（国办发明电[2002]6 号）、原国家经贸委《淘汰落后生产能力、工艺和产品的目录（第一、二、三批）》（国家经贸委令第 6 号、16 号、32 号）规定范围内的项目。

9. 是否符合与项目建设有关的其他法律、行政法规和国家政策。

（三）严格按照清理标准提出处理意见

各区县（自治县、市）人民政府、市政府各行业主管部门和有关单位在全面清理的基础上，要对项目逐个提出四类处理的初步意见。

1．对国家明令禁止建设的、违反土地管理法等有关法律、行政法规和国家政策的在建项目，要停止建设。妥善处理好遗留问题，争取将损失降低到最低限度。

2．对不符合环保规定、城市规划、项目审批等建设程序以及信贷政策等要求的在建项目，要暂停建设，限期整改。

3．对符合法律、行政法规和国家政策要求的在建项目和拟建项目，要在落实好项目建设条件的基础上，合理安排建设进度。有关方面应在信贷、土地和项目审批等方面给予足够的支持，特别是对符合规定的市级重点建设项目，在政策许可的范围内要加大力度给予支持。

4．对不符合法律、行政法规和国家政策要求的拟建项目，一律取消立项，严禁擅自开工建设。对钢铁、电解铝、水泥项目，年内原则上不再开工新项目。个别调整优化结构的重大项目，确需今年开工的，须报国家批准。

四、加强领导，落实责任，统筹协调推进投资项目清理工作

（一）为加强组织领导和协调工作，市政府决定成立重庆市固定资产投资项目清理工作领导小组（成员名单附后）。各区县（自治县、市）、市政府各部门和有关单位要加强领导，主要负责同志要亲自挂帅，抽调人员组成临时机构，明确责任，制订周密工作方案，从速组织开展项目清理工作。

（二）市级部门及其所属单位的投资项目，由市政府各行业主管部门负责清理；市级投资主体、市属国有控股集团公司作为项目法人或投资控股的项目，由市级投资主体、市属国有控股集团公司负责清理；其他项目按照属地原则，由区县（自治县、市）人民政府负责清理。

（三）市发展改革委负责具体组织和督促落实这次清理工作，并会同市经委从国家产业政策、行业规划、项目审批程序等方面对清理工作进行督导和抽查；市国土房管局、市建委、市规划局、市环保局分别从土地管理、城市规划、环境保护等方面进行督导和抽查；重庆银监局从信贷政策和固定资产贷款规定方面进行督导和抽查。市监察局、人行重庆营管部、市审计局、市外经贸委、市工商局、市质监局等部门要按照各自职责对清理工作进行督导；市统计局及区县（自治县、市）统计部门要在固定资产投资项目统计信息方面给予支持。

（四）各区县（自治县、市）人民政府、市政府各行业主管部门和有关单位的清理工作要在6月4日前完成，同时将清理结果和初步意见送市固定资产投资项目清理工作领导小组办公室（市发展改革委）。主要内容包括：

1．清理范围内所有在建、拟建项目的清理结果和处理意见；

2．对重点清理的项目中总投资 1 000 万元及以上的项目，以及这次清理的其他项目中总投资 3 000 万元及以上的项目，按项目提出停止建设、暂停建设限期整改、取消立项、符合要求的处理意见。

市固定资产投资项目清理工作领导小组办公室在汇总各区县（自治县、市）人民政府、市政府各行业主管部门和有关单位的清理结果和初步意见后，组织领导小组成员单位对全市清理情况进行抽查，于 6 月 20 日前形成全市固定资产投资项目清理工作报告报领导小组审定，并于6月27日前上报国家有关部委，接受国家检查。

（五）固定资产投资项目清理工作，政策性强，涉及面广，市政府各部门要认真履行职责，密切配合，加强沟通，统一步调，及时协调解决清理工作中的问题。重大问题要及时报告清理工作领导小组。各区县（自治县、市）人民政府、市政府各行业主管部门和有关单位要从大局出发，切实做好清理工作，如实上报清理结果。特别要妥善处理好项目停止建设或暂停建设后可能出现的问题，尽早制订预案，做好善后工作。对弄虚作假、有意隐瞒不报的，因工作不力原因造成停止或暂停建设项目出现不良后果的，要追究有关人员的责任。

二〇〇四年五月十三日

附件：

重庆市固定资产投资项目清理工作领导小组组成人员名单

组　长：王鸿举　市政府市长
副组长：童小平　市政府副市长
　　　　于学信　市发展改革委主任
　　　　吴　冰　市经委主任
　　　　李昌伦　市监察局局长
成　员：张定宇　市国土房管局局长
　　　　刘景元　市建委主任
　　　　蒋　勇　市规划局局长
　　　　李建春　市外经贸委主任
　　　　王耘农　市审计局党组书记
　　　　张绍志　市环保局局长
　　　　蔡永生　市统计局局长
　　　　周朝东　市工商局局长
　　　　孙　波　市质监局局长
　　　　杨国中　人行重庆营管部主任
　　　　洪　虹　重庆银监局局长

领导小组下设办公室，办公室设在市发展改革委，负责日常工作。办公室主任由于学信兼任，办公室副主任由市发展改革委副主任沈晓钟担任。

十五、四川

四川省钒钛钢铁产业调整和振兴行动计划（2009—2011 年）

2009 年 7 月

钒钛钢铁产业是我省国民经济重要的支柱产业，是我省工业“7+3”中的优势产业之一，涉及面广、产业关联度高、消费拉动大，在经济建设、社会发展、财政收入以及稳定就业等方面发挥着重要作用。为了应对国际金融危机的影响，落实省委、省政府止滑提速、加快发展的各项政策，保持全省钒钛钢铁产业平稳较快发展，贯彻国家《钢铁产业调整和振兴规划》和《四川省工业“7+3”产业发展规划》，制定《四川省钒钛钢铁产业调整和振兴行动计划》。

一、钒钛钢铁产业现状及面临的形势

我省是我国重要的钒钛资源战略开发基地。攀西地区钒钛资源储量居全国第一，铁资源储量居全国第二。钒钛钢铁产业经过五十多年的发展，已经具备了较为雄厚的基础。钢铁企业培育了“一大四骨干”（即攀钢集团和川威集团、达钢集团、德胜钢铁集团、西南不锈钢）企业，形成了以高速铁路用钢为代表的铁道和大型材系列，以家电板、汽车大梁板、石油管线钢为代表的板材系列，以优质无缝管为代表的管材系列，以及棒线材系列和特殊钢系列等 5 大标志性产品，其中，高技术含量、高附加值的钢材产品占全省钢材产量的 46%。钒钛产业集聚发展的态势趋于明显，攀枝花钒钛产业园区成为钒钛产业集群发展的核心区，聚集了钒钛企业 70 余家。钒钛产业技术和应用取得重大突破，攀钢集团钒氮合金生产技术居世界领先水平。初步形成钒钛资源综合利用和循环经济发展模式。攀西地区已成为全国最大的钒产业基地和钛原料基地，攀枝花市享有“中国钒钛之都”的美誉。2008 年全省生产钒制品 2.6 万吨、钛精矿 97.4 万吨、钛白粉 15.4 万吨；生产粗钢 1 370 万吨、钢材 1 577 万吨。实现产品销售收入 1 584 亿元，完成工业增加值 475 亿元，实现利润 41.4 亿元，分别占全省规模以上工业企业的 11.5%、9.6%和 5.8%。钒钛钢铁企业从业人员达到 19.8 万人。

我省钒钛钢铁产业仍然存在着不少的矛盾和问题。一是产业发展战略定位不准，突出钒钛资源特色不够，资源优势未能充分转化成产品优势和产业优势。二是资源开发分散，浪费严重，企业规模偏小，产业集中度低。三是研发能力较弱，技术创新不够，一些技术瓶颈有待进一步突破。四是产品结构不合理，产品档次整体不高，钛产品和部分钢铁产品在国际国内市场上竞争力不强。五是工艺装备提升缓慢，节能减排任务艰巨。六是产品市场还有待进一步培育和发展。

2008 年下半年以来，随着国际金融危机的扩散和蔓延，我省钒钛钢铁产业受到了较大冲击，出现了产销陡势下滑，价格急剧下跌，经济效益大幅回落，企业生产经营困难的局面。应当看到现阶段，我国和我省城镇化、工业化任务依然繁重，内需潜力巨大。我省的钒钛钢铁产业还有较大的发展空间。我们必须抓住机遇，制定并实施四川省钒钛钢铁产业调整和振兴行动计划，促进我省钒钛钢铁产业平稳较快的发展。

二、指导思想、基本原则和目标

（一）指导思想

突出钒钛资源优势，以钒钛带钢铁，实现特色发展；以钢铁补产业，提升资源综合利用水平。推动联合重组，优化产业布局；加快技术进步，发展循环经济，提高核心竞争力；抓住发展机遇，积极开拓市场，促进钒钛钢铁产业加快发展、科学发展、又好又快地发展。

（二）基本原则

1. 强化钒钛特色。坚持突出钒钛特色，加快发展钒钛产品，以钒钛的发展带动钢铁产业发展。整个钒钛钢铁产业力争在 2009 年逐步走出困境。

2. 调整优化结构。优化产业布局，推动企业联合重组，提高产业集中度；延伸产业链，发展市场需求量大、高档次、高技术含量、高附加值的钒钛钢铁及深加工产品，实现产品结构和产业结构的优化和升级。

3. 推动技改创新。加快攻克钒钛产业关键共性技术，提高技术装备水平。强化产学研联合，提高自主创新能力。大力发展循环经济，努力抓好节能减排，实现产业技术水平的全面提升。

（三）调整和振兴目标

1. 发展目标。到 2011 年，全省钒钛钢铁产业实现销售收入 2 540 亿元，实现工业增加值 750 亿元，钒钛钢铁总量达到 2 000 万吨以上，产品产销率达到 96%以上。

2. 布局目标。围绕攀西钒钛资源综合开发利用，重点建设“一基地、六个产业集聚发展区”。即攀西钒钛钢铁产业基地、江油特殊钢产业集聚发展区、成都清白江冶金产业集聚发展区、威远连界冶金产业集聚发展区、达州冶金产业集聚发展区、乐山沙湾冶金产业集聚发展区、广元冶金产业集聚发展区。

3. 企业振兴目标。到 2011 年，将攀钢集团培育成销售收入超 700 亿元的企业，将川威集团培育成销售收入超 400 亿元的企业，将达钢集团、德胜集团、钢城集团培育成销售收入超 200 亿元的企业。支持西南不锈钢、龙蟒集团、恒鼎集团、三洲特管发展成销售收入超 100 亿元的企业，并支持一批骨干配套企业发展。

4. 资源综合利用与节能环保目标。到 2011 年，全省钒钛磁铁矿中钒的回收利用率达到 50%以上，钛的回收利用率达到 25%以上。钢铁企业吨钢综合能耗降到 0.73 吨标煤以下，吨钢耗新水降到 6 吨以下，固体废弃物综合利用率 78%，主要污染物排放全面达标。

三、重点任务

按照上述指导思想、基本原则和振兴目标，当前和今后一段时间，要着力做好以下六个方面的工作。

（一）加快攀西钒钛资源综合开发基地建设

紧紧依托我省的钒钛磁铁矿资源，切实抓好资源开发和综合利用。一是加快攀西钒钛钢铁产业基地建设，尽快形成规模发展、集聚发展、集约发展、配套发展、开放发展的格局。二是进一步提高钒钛产品的质量和产量，重大产业化项目实现大突破，提高产品整体水平。三是抓好钒钛资源综合开发利用。抓住国家建设攀枝花钒钛资源综合开发基地的机遇，大力发展循环经济，推行清洁生产，实施节能减排，提高钒钛资源综合利用水平。

（二）调整钒钛钢铁产业产品结构

通过巩固一块、加快一块和淘汰一块的方式，优化调整产品结构，增强产业竞争力。一是巩固一块。巩固发展钒渣、钒制品、优质钛原料、高档锐钛型钛白粉、新型硫酸法优质金红石钛白粉、高质量普通建筑钢材等产品。二是加快一块。加快发展钒精细化工产品、氯化法钛白粉、海绵钛、钛合金、高档钛材、钒钛低微合金钢、高速铁路用钢、高强度汽车用钢、高档电站用钢、不锈钢板管、机械用高档工模具钢、高强度建筑钢材、多元优质铁合金等高技术含量、高附加值产品。三是淘汰一块。到 2011 年，全省淘汰落后钢铁产能 420 万吨，落后铁合金产能 20 万吨，落后焦炭产能 300 万吨。

（三）推进技术改造和技术创新

支持企业按照国家产业政策和我省的产业优势大力推进技术改造和创新，紧紧围绕提高技术装备水平和延伸产品链，加大技术改造的力度，加快推进攀钢西昌钒钛综合利用新基地项目建设，川威集团、达钢集团、德胜集团、西南不锈钢、龙蟒集团、三洲特管、攀阳钒钛等骨干企业的钒钛钢铁项目，也要加快建设进度，力争早日建成，投产达效。

鼓励开展产业共性、关键、平台技术的联合攻关。围绕产业链缺失环节，重点支持低品位矿、表外矿、尾矿的综合开发利用，钒钛磁铁矿直接和熔融还原产业化，氧化钒的清洁生产，钒制品和钒钛低微合金钢深度开发，钒钛精细化工产品开发，优质钛原料，含钛高炉渣资源综合利用，氯化法钛白粉生产，海绵钛以及二氧化钛直接电解生产金属钛，钛及钛合金和高档钛材，钒钛矿其生钴、铬、镓、钪等提取和综合利用关键技术攻关。以企业技术中心建设为重点，完善技术创新体系。强化产学研结合，推动科研机构与大型企业集团的联合，加快龙头、骨干企业技术中心建设，加大技术创新投入，加强知识产权保护，把攀枝花建设成为国内钒钛产品研发、检测中心。

（四）促进企业联合重组

抓住当前的有利时机，推动企业联合重组，提高产业集中度。支持攀钢集团与鞍本集团的联合重组。支持达钢集团与宝钢集团多方位的战略合作。支持省内同类型企业特别是采选类企业的联合重组，支持企业沿上下游产业链实施整合。

鼓励国内外大型钢铁集团和具有高新技术的钢铁集团到我省投资，兼并重组，促进全省钒钛钢铁产业的调整和优化升级，努力提升我省钒钛钢铁产业的竞争力和可持续发展能力。

（五）科学有序开发和综合利用资源

鼓励攀西地区钒钛磁铁矿资源的科学、有序开发和综合利用，支持和鼓励省内产业骨干企业，对现有钒钛矿山企业进行参股、兼并，推动优势资源向骨干企业集中，实现钒钛资源的规模化、科学化开发。

支持现有矿山企业的深部开采，鼓励开发利用低品位矿和尾矿。积极推进攀钢白马铁矿二期工程、会理财通公司 300 万吨采选扩建工程、会理秀水河铁矿有限公司 300 万吨采选扩建工程等项目的建设。提高铁矿石的自给率。

支持有条件的重点钒钛钢铁及配套企业到省外和国外开发资源，建立起稳定的资源供给保障体系。

（六）切实保障我省灾后重建钢铁需求

认真落实国家五部委、一部三省和四川汶川地震灾区工业生产力布局与产业结构调整规划、国家《钢铁产业调整和振兴规划》，加强与国家规划项目的对接，争取更多项目资金的支持。要抓好攀长钢重建搬迁技改项目、川威集团高强度抗震钢筋和含钒高强度 H 型钢及抗震结构用钢项目、达钢高速线材等综合配套改造项目、德胜集团的高强度抗震钢筋等项目建设，对重点项目要抓紧开工、抓紧建设，按期建成投产，为三年灾后重建任务两年完成，提供优质钢材保障。

四、专项措施

（一）全面落实国家出台的各项政策

对国家、省出台的灾后重建、拉动内需和调整振兴规划的各项政策进行梳理，重点落实加快技术进步、推动企业联合重组、调整产品结构、淘汰落后产能、鼓励装备制造、造船、汽车、家电等使用国产钢材、调整出口税率、公平税赋等相关政策。

（二）建立技改和创新专项

在 2009—2011 年三年内，在省工业发展资金中，设立钒钛钢铁产业发展专项，组织实施 142 个重点项目，支持重点钒钛钢铁及配套企业，加快技术改造和创新的步伐，推广节能环保新工艺、新技术，加快自动化信息化建设。鼓励省内相关市（州）政府设立相应的专项资金支持钒钛钢铁产业的发展。简化重点技术改造项目的环评、安评、能评和土地征用审批程序，缩短审批时间，加快技术改造项目的进度。

（三）建立落后产能退出机制

严格执行国家产业政策和行业准入条件，认真研究国家落后产能退出机制，帮助淘汰企业尽可能获得国家政策性补偿。比照国家政策，鼓励各市（州）设立淘汰落后专项，用于符合投资管理规定，项目审批手续齐备，因产业政策调整而需要淘汰的企业，在职工安置，资产补偿，呆坏账核销，企业转产等方面给予一定的政策性补偿，确保社会稳定。同时严格实行节能减排、淘汰落后的问责制，完善目标责任，加强监管检查。

（四）帮助企业多渠道融资

省内各级政府要积极搭建银企对接平台，向金融机构推荐行业内的优势重点企业和项目，争取银行贷款支持。鼓励和帮助骨干钒钛钢铁及配套企业通过债券和票据融资。加强对川威集团、达兴能源、德胜集团等企业的服务，推动企业尽快上市。支持已上市钒钛钢铁企业进行再融资。

（五）扩大直购电试点范围

充分利用我省水电资源的优势，支持电、冶结合，研究并逐步建立钒钛开发与丰富水电资源配套发展的机制，促进钒钛钢铁产业的调整和振兴。支持符合条件的骨干钒钛钢铁企业、生产灾后恢复重建急需物资的企业和骨干配套企业纳入直购电试点范围。

（六）积极开拓市场

积极参与国家重点建设项目，扩大四川造在全国的市场份额。积极开拓新的应用领域，支持省内国防军工、航空航天、电力、化工、交通、汽车制造、家电、建筑等领域加快发展，拉动钒钛钢铁产品的消费。省内重大建设项目，特别是灾后重建项目，优先使用含钒高强度钢筋。鼓励企业扩大产品出口，钒钛钢铁产品出口量逐年增长。

（七）加快交通设施建设

加快建设成昆铁路复线。加快雅安—攀枝花高速公路建设，确保 2012 年全线通车。加快成（部）自（贡）泸（州）高速公路建设，确保 2012 年全线通车。

五、行动计划实施

本行动计划期限为 3 年，实施期是从 2009 年至 2011 年，以 2009 年作为启动年，以后每年根据产业发展实际对重点任务、重点项目进行动态调整。

附件：1. 有关部门工作分工表

2. 钒钛钢铁产业技术进步和技术改造专项表

3. 钒钛钢铁产业骨干企业名单（40 户）

4. 钒钛钢铁产业调整和振兴行动计划项目表（技改）（略）
钒钛钢铁产业调整和振兴行动计划项目表（创新）（略）
钒钛钢铁产业调整和振兴行动计划项目表（节能）（略）

附件 1：

有关部门工作分工表

序号	专项工作	牵头单位	参加单位
1	落实国家出台的各项政策	省经委	省发改委、省财政厅、省国税局、省地税局、省建设厅、省商务厅等
2	支持企业技术改造和技术创新	省经委	省财政厅、省科技厅、省中小企业局等
3	淘汰落后产能	省经委	省发改委、省国资委、省财政厅、国土资源厅、省环保局等
4	支持企业融资	省金融办	省经委、省财政厅、省中小企业局、人民银行、银监局、证监局等
5	落实电力优惠政策	省经委	省物价局、省电力公司等
6	加快交通设施建设	省发改委	省交通厅、省财政厅、省经委等
7	支持钒钛钢铁产业战略重组	省经委	省国资委、省财政厅、有关市（州）政府等
8	积极实施“走出去”战略	省经委	省商务厅、省财政厅、省工商局、省质监局等
9	建立产业信息发布制度	省经委	省统计局等

附件 2：

钒钛钢铁产业技术进步和技术改造专项表

类别	专项内容	实施内容
技术研发专项	前沿技术和关键共性技术	支持钒钛磁铁矿煤基直接和熔融还原技术，低品位矿、表外矿和尾矿的综合开发利用，钒电池和钒精细化工开发技术，钛渣冶炼电炉连续加料，氯化法钛白生产技术，钛白粉后处理技术，高钛炉渣综合利用技术，钒钛低微合金钢、高效低成本纯净钢生产技术
成熟应用技术的推广	焦炉煤气还原制取三氧化二钒，电铝热法冶炼高钒铁、钒氮合金，微细粒级钛精矿选矿回收，大型埋弧电炉冶炼高钛渣，大型沸腾氯化炉生产四氯化钛，还原—蒸馏联合法制取海绵钛，高强度汽车板、耐高温高压腐蚀电站用钢管、高强度钢筋等	

类别	专项内容	实施内容
技术改造专项	关键品种	重点发展钒制品和钒精细化工产品、氯化法钛白粉、海绵钛和钛合金及钛材，钒钛低微合金钢材、高速铁路用钢，高强度汽车、家电用钢，大型水、火、核电用钢，电站用高档无缝钢管，高强度机械用钢，高强度建筑用钢，高档不锈钢板管，高档工模具钢，冷渤钢、焊条钢、铆螺钢、钢丝绳钢，多元优质复合合金等
高强度钢筋和节材	采用超细晶料或微合金化等工艺对大中型企业的建筑钢材生产线进行技术改造，开发生产强度为 400MPa 的钢筋，加快淘汰强度 335MPa 的钢筋，促进建筑钢材的升级换代，为灾后重建提供优质建筑钢材。鼓励延伸产业链，专用钢材加工配送，节材钢结构加工等技术	
可循环工艺和节能减排	积极发展高温高压干熄焦技术、烧结余热利用、烧结烟气脱硫、高炉余压发电和干法除尘技术，转炉煤气干法除尘及回收利用技术以及综合能源管理技术	
低品位难选冶矿产资源选矿冶炼技术	鼓励钒钛磁铁矿的综合开发利用，支持现有矿山的深部开采，支持低品位矿和尾矿的开发利用技术	
焦化化产和辅料	支持焦化化产品的回收，铁合金、碳素和耐火材料先进节能减排技术的开发和应用	
信息自动化	支持自主开发钢铁生产工艺自动化控制技术和信息化管理技术	

附件 3：

钒钛钢铁产业骨干企业名单（40 户）

攀钢（集团）公司
四川省川威集团有限公司
四川省达州钢铁集团有限公司
四川德胜集团钢铁有限公司
四川西南不锈钢有限责任公司
四川龙蟒集团有限责任公司
四川恒鼎集团有限责任公司
四川三洲特种钢管有限公司
攀枝花钢城集团有限公司
攀枝花攀阳钒钛工贸有限公司
攀枝花兴辰钒钛有限责任公司
四川省泸沽铁矿
四川省会东满银沟矿业集团公司
广元市浩洋矿业有限公司
四川川投峨眉铁合金有限公司
四川熠晖集团有限责任公司
四川金鹰电化有限责任公司
四川明达集团有限公司
四川金广实业（集团）股份有限公司
德昌铁合金（集团）有限责任公司
四川汉源锰业有限责任公司
四川荥经一名特种合金有限公司

四川恒为制钛科技有限公司
攀枝花钛海科技有限公司
西昌瑞廉钛业有限责任公司
广元市领航科技发展有限公司
四川安宁铁钛股份有限公司
四川省南江矿业集团有限公司
会理县财通铁钛有限责任公司
会理县秀水河矿业有限公司
四川省盐源县平川铁矿
乐山鑫河电力综合开发有限责任公司
攀枝花泓兵钒镍有限公司
攀煤联合焦化有限责任公司
四川达兴能源有限责任公司
四川圣达焦化有限公司
四川冶化建业有限责任公司
四川中油金诺石化有限公司
四川广汉四达碳素股份有限公司
中钢集团四川碳素有限责任公司

十六、贵州

省人民政府关于印发贵州省工业十大产业振兴规划的通知

黔府发[2010]16号

各自治州、市人民政府，各地区行署，各县（自治县、市、市辖区、特区）人民政府，省政府各部门、各直属机构：

现将《贵州省工业十大产业振兴规划》（以下简称《规划》）印发给你们，请结合本地区、本部门实际，认真贯彻执行。

制定实施《规划》，是实施工业强省战略，加快推进我省工业化进程的关键环节和重点，对于振兴工业十大产业，助推全省加速发展、加快转型、推动跨越具有十分重要的意义。各地、各部门要按照《规划》确定的目标、任务和发展重点，加强组织领导，增强服务意识，及时帮助解决《规划》实施中出现的困难和问题。省有关部门要认真履行工作职责，尽快制定和完善各项配套政策措施。各有关企业要发挥企业在项目建设中的主体作用，制定具体工作方案，积极筹措建设资金，按《规划》确定的时限推进项目加快建设，确保项目按时开工、建成、投产、达产。

二〇一〇年十一月七日

贵州省工业十大产业振兴规划

根据《中共贵州省委贵州省人民政府关于实施工业强省战略的决定》精神，结合我省工业发展实际，制定本规划。

一、总体要求、发展原则与振兴目标

（一）总体要求

深入贯彻落实科学发展观，按照又好又快、更好更快和增比、进位、突破的要求，全面实施工业强省战略，深化改革、扩大开放，着力推进科技创新和技术进步，改造提升传统产业，发展壮大支柱产业，培育发展新兴产业，积极发展现代服务业，在增加投资、扩大总量中调整结构，振兴我省工业十大产业，加快新型工业化进程，使工业成为带动我省经济社会发展的主导力量。

（二）发展原则

以市场为导向、企业为主体，加强政府引导；以改革开放为动力，努力扩大投资规模；以做大总量为重点，在加快发展中调整结构；以园区建设为载体，促进工业集约发展；以循环经济为引领，促进可持续发展；以提高自主创新能力为着力点，提升产业竞争力。

（三）振兴目标

——工业经济总量明显扩大。到2015年，工业总产值实现1万亿元以上，年均增速20%

以上，在西部地区位次提升1～3位，工业增加值占国内生产总值的比重提升到40%以上。“十二五”期间，工业十大产业投资累计实现1万亿元以上，年均增速25%以上，年均新增就业人员10万人以上。

——八大千亿元产业、五大基地初步成型。到2015年，电力、煤炭、冶金、有色、化工、装备制造、烟酒、民族医药和特色食品及旅游商品八大产业产值分别超过1 000亿元，初步把我省建成国家重要能源基地、资源深加工基地、装备制造业基地、战略性新兴产业基地，国家优质轻工产品基地。

——经济结构进一步优化。到2015年，非公有制经济占国内生产总值的比重提升到45%，装备制造业和高新技术产业占工业的比重提升到20%，第二产业从业人员占全社会从业人员比重提升到20%。

——集约化程度不断提高。到2015年，培育年销售收入超过100亿元的大企业、大集团达20户以上。新增上市公司20户以上，建成和完善100个具有一定规模的产业园区。

——科技创新和技术进步取得成效。到2015年，工业十大产业研究与发展经费支出大幅增长，创新能力明显增强，技术装备水平显著提高；高新技术产业占国内生产总值的比重达到8%以上，年均增速20%左右。

——可持续发展能力增强。到2015年，资源节约和综合利用水平进一步提高，单位生产总值能耗下降目标和主要污染物减排指标达到国家要求。安全生产状况进一步好转。

二、发展重点

（一）电力产业

充分发挥我省“水火互济”的优势，深入实施“西电东送”和资源就地转化；优化发展火电，大力发展清洁能源，深度开发水电，积极发展风电和生物质能发电；加快建设大型电源基地，优化调整电源点布局，大力推进城乡电网建设改造，建立适应新能源接入和能源布局需要的现代化电网，满足经济社会发展用电需求。力争到2015年，全省电力总装机超过4 500万千瓦，新增装机1 700万千瓦，其中，水电500万千瓦、风电200万千瓦，形成“六交两直”500千伏电网外送通道和“三横两中心”省内500千伏骨干网架；电力行业总产值达到1 500亿元以上，累计投资1 600亿元以上。

1．火电。

在建项目：塘寨电厂（2×60万千瓦）、都匀电厂（2×60万千瓦）、桐梓电厂（2×60万千瓦）、兴义电厂（2×60万千瓦）。

拟建项目：六枝电厂（2×100万千瓦）、黔西电厂（2×60万千瓦）、织金电厂（2×60万千瓦）、盘县电厂以大代小（2×60万千瓦）、金沙电厂以大代小一期（2×60万千瓦）、习水二郎电厂（2×60万千瓦）、盘北煤矸石电厂一期（1×30万千瓦）。

储备项目：清江电厂（2×60万千瓦）、盘南电厂二期（2×60万千瓦）、大方电厂二期（2×60万千瓦）、六枝电厂二期（2×120万千瓦）、安顺电厂三期（2×60万千瓦）、普安电厂（2×60万千瓦）、桐梓电厂二期（2×60万千瓦）、威宁电厂（2×60万千瓦）、习水二郎电厂二期（2×60万千瓦）、盘县电厂“以大代小”二期（1×60万千瓦）、金沙电厂“以大代小”二期（2×60万千瓦）、盘北煤矸石电厂二期（1×30万千瓦）、盘南煤矸石电厂（2×30万千瓦）、六枝煤矸石电厂（3×30万千瓦）、老屋基煤矸石电厂（2×30万千瓦）、汪家寨煤矸石电厂（2×30万千瓦）、二塘煤矸石电厂（2×30万千瓦）、兴义电厂二期（2×60万千瓦）。

2．水电。

继续建设乌江、北盘江流域大型水电站收尾工程，有序推进中小型水电站建设。

拟建项目：沙沱电站（112 万千瓦）、马马崖电站（54 万千瓦）、乌江流域抽水蓄能电站。

3．电网。

“十二五”期间，贵州电网新增 500 千伏变电容量 900 万千伏安，新增 220 千伏变电容量 1 400 万千伏安，新增 110 千伏变电容量 1 600 万千伏安，新增 35 千伏变电容量 1 700 万千伏安。重点建设遵义东、毕节、凯里等 500 千伏输变电工程，赤马、后午等 220 千伏及以下输变电工程，农村电网改造升级工程、煤矿双电源工程和城市配电网建设与改造工程。

“十二五”期间，省内形成 500 千伏“三横两中心”网格型电网。“三横”：毕节—鸭溪—遵义东—大兴组成的北通道，安顺—贵阳—福泉—铜仁组成的中通道，兴仁换流站—独山组成的南通道；“两中心”：分别以贵阳和遵义为中心形成的“五边形”和“三角形”环网。

进一步完善省内 500 千伏及以下电网结构，在独山、八河、兴义、黎平、贵阳西等建成一批 500 千伏变电站，完善省内 500 千伏及以下环网，建成兴义—独山—黎平 500 千伏外环网，继续实施农网、城网完善工程。

拟建项目：遵义东 500 千伏变电工程、六盘水 500 千伏变电站 2#主变扩建工程、毕节 500 千伏输变电工程、松桃 500 千伏输变电工程、凯里 500 千伏输变电工程、醒狮 500 千伏变电站 2#主变扩建工程、贵阳西 500 千伏输变电工程。

（二）煤炭产业

用先进适用技术改造传统煤炭产业，加强高产高效和安全标准化矿井建设，提升矿井产能；合理规划布局，依法大力关闭小煤矿，压减矿井数量，大力推进大煤矿带小煤矿产业体系建设，鼓励煤矿整合技改扩能，建设煤炭大集团、大基地，提高产业集中度，进一步优化煤炭产业结构；大力发展煤炭深加工、精加工及关联产业，提高瓦斯抽采利用率和废弃物利用率；提高煤炭回采率，积极开展煤矸石、煤泥、煤层气（煤矿瓦斯）、与煤共伴生资源的综合利用；坚持安全生产，加强安全保障能力建设。力争到 2015 年，煤炭产量达到 2.5 亿吨，总产值达到 1 500 亿元，累计投资 1800 亿元；建成 1 个年产 5 000 万吨、2～3 个年产 3 000 万吨以上级的大型煤炭企业集团，全省规模以上矿井占 30%以上、产量占 70%以上；新建矿井机械化程度达到 95%；大中型煤矿资源回收率达到 80%，小型煤矿资源回收率达到 60%以上。

1．重点矿区建设。

加大盘江、水城、六枝（黑塘）、普兴、织纳、黔北六大矿区建设力度。盘江矿区建设重点矿井 8 处，水城矿区建设重点矿井 6 处，六枝（黑塘）矿区建设重点矿井 5 处，普兴矿区建设重点矿井 8 处，织纳矿区建设重点矿井 13 处，黔北矿区建设重点矿井 47 处。

2．重点项目建设。

重点建设五轮山矿一期（240 万吨/年）、文家坝一矿（240 万吨/年）、文家坝二矿（240 万吨/年）、新华矿（120 万吨/年）、玉舍东矿（240 万吨/年）、小屯矿（120 万吨/年）、马依西一矿（240 万吨/年）、马依西二矿（240 万吨/年）、茨噶矿（120 万吨/年）、米萝矿（120 万吨/年）、马依东一井（240 万吨/年）、马依东二井（240 万吨/年）、发耳矿二期（300 万吨/年）、五轮山矿二期（210 万吨/年）、黑拉嘎矿（120 万吨/年）、化乐矿一期（300 万吨/年）、黑塘矿（120 万吨/年）。

“十二五”期间，建设矿井 247 处，规模 1.5 亿吨/年，其中：“十一五”结转矿井 182 处，规模 8 660 万吨/年；规划新建矿井 65 处，规模 6 855 万吨/年；建成投产矿井 214 处，新增生产能力 1.2 亿吨/年。

3．煤炭资源勘查。

新增 32 个煤矿勘查项目，面积 1872 平方公里，预获资源量 213 亿吨；加强在建、生产矿井的补充勘探。

4．兼并重组和煤矿整合。

加大盘江、水城、六枝、林东等省属重点煤矿企业兼并重组力度，按照国家有关要求，整合现有 1800 多处煤矿并组建成 200 个左右煤炭企业集团。

5．资源综合利用。

加大煤层气开发和煤矸石、粉煤灰等工业废弃物的综合利用力度。到 2015 年，煤矸石电厂装机总容量达到 180 万千瓦，消耗煤矸石 270 万吨/年，煤矸石发电利用率 30%以上；利用煤矸石、粉煤灰生产水泥、墙体材料的规模达到 250 万吨/年，灰渣利用率达到 50%；重点实施一批煤层气开发利用项目。

（三）化工产业

按照大型化、基地化、规模化、一体化、多联产的要求，加快煤化工产业发展，实施一批现代煤化工项目，大力建设煤化工循环经济基地，改造提升现有生产装置及配套能力，着力发展精细磷化工，加快黄磷尾气、磷渣和磷石膏的综合利用，推进磷矿伴生资源深度开发利用。积极发展橡胶、锰、钡等其他化工。力争到 2015 年，总产值超过 1 000 亿元，累计总投资 1 000 亿元以上。

1．煤化工。

采用先进适用技术，形成结构优化、品种齐全、产业链较长和有一定竞争能力的煤化工产业。到 2015 年，煤化工总产值达到 500 亿元，年均增速 20%以上，累计投资 500 亿元以上。形成年产煤制合成氨 200 万吨、电石 150 万吨、聚氯乙烯 80 万吨、醇醚 300 万吨、烯烃 60 万吨、大型机焦 1 000 万吨、焦油深加工系列产品 100 万吨的生产能力。

依托六盘水、毕节、安顺、黔西南、遵义等优质煤炭产区，以煤制烯烃、醇醚和煤炭气化、焦化等深加工转化为重点，加快推进大型煤化工基地建设。重点建设毕节、清镇、普定、西秀区、六枝、兴义新型煤化工基地，黔北氯碱化工基地，六盘水老鹰山煤电化一体化基地，安龙—兴义—普安循环经济煤化工基地，织金煤、磷、电、化多联产一体化化工基地，盘南煤化工基地。完善桐梓贵州金赤化工有限公司煤化工项目一期、贵州鑫晟化工有限公司老鹰山煤电化一体化基地项目一期、贵州天福化工有限责任公司煤化工项目等一批在建项目。积极推进贵州首黔资源开发有限公司盘县循环经济基地项目、盘江煤电集团盘北和盘南煤化工项目、黔北氯碱化工基地一体化项目、贵州开磷（集团）有限责任公司和（兖矿）贵州开阳化工有限责任公司煤化工等一批重大项目实施。

加大淘汰落后产能力度，改造提升焦化产业水平。重点实施贵州黔桂天能焦化有限责任公司 130 万吨焦化扩能改造、50 万吨煤制天然气液化、5 万吨苯加氢、贵州华能焦化制气股份有限公司焦油及尾气综合利用、兴仁金大地公司焦炭及尾气综合利用等项目。

2．磷化工。

控制磷系复合肥产能规模，有序开发利用磷矿资源，加大综合利用，着力发展精细磷化工，延长产业链，提高附加值。到 2015 年，全省磷化工总产值达到 400 亿元以上，年均增速 20%以上，累计投资 300 亿元以上。形成年产磷矿石 1 500 万吨、磷酸 500 万吨的生产能力，其中食品级和电子级磷酸年生产能力达到 50 万吨以上；高浓度磷复肥控制在 800 万吨以下；磷石膏及磷渣综合利用率达到 60%以上。

推动磷化工产业向黔中经济区北部聚集，构建福泉—瓮安—开阳—息烽—织金磷化工产业带。重点建设福泉磷化工国家新型工业化产业示范基地，织金磷煤化工基地，开阳—大水磷煤化工园区，息烽磷化工多产业耦合工业园，瓮安磷化工循环经济型工业聚集区。

提升现有矿山配套能力。重点建设瓮福（集团）有限责任公司矿山二期接替、贵州开磷（集团）有限责任公司矿山技改扩能、息烽磷矿露天转井下采矿技术改造等项目。

发展精细磷化工。重点实施瓮福（集团）有限责任公司电子级磷酸、碘氟回收，贵州开磷（集团）有限责任公司电子级和食品级磷酸，贵州锦磷化工有限责任公司织金精细磷化工等一批高新技术项目。加快开磷集团公司磷石膏系列新型建材，瓮福集团公司磷石膏制硫铵、磷石膏板等一批综合利用项目建设。

3．橡胶及其他。

调整橡胶工业产品结构，压缩斜交胎生产能力，大力发展子午轮胎，开发新一代无内胎、低断面高速子午胎。发展高性能V带、高强度皮膜、汽车无级变速带等橡胶配件，力争在开发新品种方面上规模、上水平、上档次。重点扶持无汞电解二氧化锰和锑、锌、汞、锰、碘、硒等金属和非金属无机化工产品。扶持发展以五倍子、烤烟、辣椒、山苍子、油菜子、杜仲、银杏等为原料的绿色精细化学品。积极支持发展其他精细化工。鼓励开发精细钡盐产品，限制发展不具备规模优势的一般通用型碳酸钡产品。

（四）装备制造业

以重大技改项目为突破，促进企业聚集发展；以主机带动为重点，促进配套产业链延伸；以国防科技工业为依托，促进军民结合、军地融合，促进产品升级和产业发展；大力发展能矿产业装备、航空航天、汽车及零部件以及数控机床等重大装备技术及产品。力争到 2015 年，总产值超过 1 000 亿元，年均增速 23%以上，累计投资 300 亿元以上。

加快遵义轻卡及微型面包车等低排量汽车生产基地、毕节力帆骏马载货汽车和农用车生产基地和贵阳客车、电动汽车、新能源汽车及其他专用车生产基地等三个汽车基地和安顺轿车及特种车基地建设。到 2015 年，年产汽车 45 万辆，总产值达到 400 亿元。

大力推进以中型涡桨多用途通用飞机整机研发生产为重点的安顺民用航空国家高技术产业基地和航天高新技术工业园区（贵阳小河园区和遵义园区）建设。大力发展飞机及飞机零部件、汽车及汽车零部件、工程机械及零部件、精密数控装备及功能部件、电子元器件和电子信息产品、铁路车辆及备件、新装备及零部件等七大装备系列产品，积极发展船舶制造、输变电器、磨料磨具及钎具、模具等产品。

重点实施毕节力帆骏马振兴车辆有限公司载货汽车、遵义贵州航天成功汽车制造有限公司微型车、安顺贵航青年莲花汽车有限公司莲花轿车、中国航空集团贵州平水机械有限公司采棉机、贵州万达客车股份有限公司和贵州云马汽车工业公司异地建设、贵州詹阳动力重工有限公司异地技改，以及中国振华（集团）科技股份有限公司新型功能材料及电池产业化、贵阳海信电子有限公司 3 D 模组及整机一体化等项目。

（五）冶金产业

以调整结构、合理布局、优化升级、重组发展为重点，加强研发创新，提高产品档次；提高钢铁生产规模，大力发展特钢和精品、新品及其他钢铁深加工；加大整合力度，优化发展铁合金、锰系列深加工。到 2015 年，总产值超过 1 000 亿元，累计投资 500 亿元以上。主要产品生铁 1 200 万吨、粗钢 1 200 万吨、特殊钢 300 万吨、钢材 1 100 万吨、铁合金 300 万吨、工业硅 85 万吨、电解金属锰 50 万吨。

1．钢铁。重点实施水钢老厂区结构调整建设、贵州首黔资源开发有限公司盘县循环经济基地项目、贵阳特殊钢有限责任公司新特材料循环经济异地技改、贵州钢绳集团有限责任公司异地建设、遵义县福鑫钢铁制品有限公司节能环保技改项目。

2．铁合金及工业硅。按照产量不减、市场不丢、扶优汰劣、渐次调整的思路，实施等量置换和减量置换，淘汰落后产能，引导铁合金及工业硅企业技术改造升级。到2015年，25 000千伏安以上的矿热电炉占铁合金矿热电炉总量达到80%，精炼炉容量不低于5 000千伏安，大型企业工艺技术装备和主要技术经济指标接近或达到世界先进水平。

3．金属锰。集中布局铜仁，适度布局黔东南，少量布局遵义，促进生产要素在空间上合理配置，形成合理的区域发展格局。鼓励实施金属锰节能减排技术改造，淘汰落后产能，延长产业链。

（六）有色金属产业

以淘汰落后、技术改造、企业重组为重点，推动铝工业结构调整和产业优化升级，重点发展氧化铝，配套发展电解铝，大力发展铝加工；以增强钛矿资源保障为基础，通过科技创新和技术改造，着力推动钛产业扩大产能、调整结构、发展深加工；积极发展黄金、钒等其他有色金属加工。力争到2015年，总产值超过1 000亿元，累计投资1 000亿元。形成年产氧化铝460万吨、电解铝260万吨、铝加工产品150万吨；海绵钛产能到3万吨，钛深加工1万吨以上；黄金生产能力16吨/年，增加黄金储量80～100吨。

加快麦坝矿区50万吨/年、猫场矿区（0－24线）120万吨/年、务川瓦厂坪矿区和大竹园矿区200万吨/年等铝土矿地下开采项目建设。重点实施清镇广铝80万吨/年氧化铝和40万吨/年电解铝、遵义氧化铝扩能改造等项目，推进遵义（务正道）铝工业基地建设。

重点建设贵阳铝深加工、遵义铝钛深加工基地，积极推进贵阳—安顺—遵义航空铝、钛带材加工项目建设。实施贵州铝厂高性能铝合金材料产业化、贵州今飞轮毂股份有限公司600万只/年汽车铝合金轮毂产业化、中国铝业股份有限公司20万吨/年铝板带箔、广东凤铝铝业有限公司年产10万吨铝合金材料加工、江苏达进集团LED铝合金支撑架、南通华恒机械制造有限公司年产80万套发动机部件、贵州省六盘水双元铝业有限公司10万吨/年铝板带箔加工等铝深加工和遵义钛业股份有限责任公司高纯钛、高钛铁及其他钛深加工项目。

加快发展黄金工业。加大黔西南黄金资源开发力度，力争在黔东南、铜仁、安顺、六盘水等地黄金资源勘探取得突破，加快原生矿开发利用和氧化矿整合复产力度，推进黔西南产金基地建设，推动黔东南、黔南规模化生产，重点实施贵州锦丰矿业有限公司烂泥沟、贵州紫金矿业有限责任公司水银洞、贵州金兴黄金矿业有限责任公司紫木凼、黔西南金龙黄金矿业有限责任公司戈塘等金矿改扩建工程，规划建设贞丰长田、兴仁回龙、普安泥堡等金矿。

（七）建材产业

扶持一批重点企业，加快发展以节能、环保、综合利用为重点的新型建材，加快淘汰落后产能，大力发展以磷石膏、煤矸石、粉煤灰、镁渣、尾矿砂等工业废弃物为原料生产新型墙体材料，支持开发生产新型节能环保建材和绿色装饰材料。积极发展天然石材加工和建筑陶瓷。力争到2015年，总产值达到400亿元，累计投资150亿元以上。水泥产量达到8 000万吨，墙材产量达到400亿块（折标砖）以上，预拌混凝土产量达到2 000万米^3，年利用各种工业固体废弃物达到1 000万吨以上。

1．水泥。重点发展以消纳大宗工业废渣为主的日产 4 000 吨以上新型干法水泥熟料生产线，基本淘汰机立窑产能。鼓励在城市周边及工业废渣集中地建设年产 60 万吨以上能力的大型水泥粉磨站。推进企业联合重组，省内前五强水泥集团水泥产能占全省总产能的比重达到30%以上。

2．墙材。加快淘汰实心黏土（软质页岩）砖和技术装备落后、产品质量低劣的小砖厂。

在工业废渣集聚区和城市周边，鼓励综合利用煤矸石、粉煤灰、磷石膏、脱硫石膏等工业废渣、建筑垃圾和生活垃圾，重点发展煤矸石、粉煤灰烧结制品和粉煤灰蒸压砖、石膏板和砌块、混凝土小型空心砌块等，以及各类自保温墙材等节能利废的新型墙体材料，新型墙材产能占全省墙材产能的80%以上。配套发展墙体保温、隔热和砌筑、抹面砂浆等材料。

3．混凝土及制品。加快预拌混凝土发展，提高生产技术和装备水平，鼓励预拌混凝土能力过剩地区的企业向发展落后地区转移。推广应用节能、环保、再利用技术，重点发展利用废渣微粉生产高性能混凝土。

4．化学建材及其他建材制品。加快发展高品质、多品种的PVC管材、PVC门窗、铝塑门窗等制品，满足节能建筑和城市地下通信、电力等管网基础设施建设需求。支持发展各种新型内外墙涂料。重点发展汽车玻璃、颜色玻璃、低辐射镀膜玻璃、光伏玻璃及超薄、超厚、镀膜、中空、真空、安全、车用等平板玻璃深加工产品，积极发展建筑陶瓷。大力发展保温隔热防水材料，支持以工业废渣为原料生产微晶玻璃、岩棉和岩棉制品等高端产品。

（八）烟酒产业

调结构、转方式、创品牌，充分发挥“贵烟”品牌带动作用，进一步拓展省内外市场，提高卷烟产销规模；加快省内外烟叶基地单元建设，配套建设烟水工程、复烤、仓储和物流等基础设施，推进原料供应基地化、种植技术标准化、烟叶质量特色化、生产方式现代化。充分发挥茅台酒等品牌带动作用，加大白酒工业投入，扩大优质白酒比例，提升贵州白酒的整体竞争力。力争到2015年，烟酒产业累计投资500亿元，总产值超过1 000亿元，其中“两烟”500亿元，白酒500亿元。卷烟总规模300万箱，“贵烟”产销总规模达到80万～100万箱，力争达到120万箱，“贵烟”品牌在高档卷烟（一、二类烟）行业排位进入前10名；烟叶850万担；白酒产量50万千升（茅台酒4万千升），“贵州白酒”品牌竞争力进一步提升，形成一批著名商标和地理标志产品。

1．烟。聚焦“贵烟”、做实“黄果树”，提升品牌价值，实现由规模效益型向结构效益型转变。加快毕节卷烟厂就地技改和30万米^{2}烟叶库等在建项目进度，尽快开工贵定卷烟厂就地技改、遵义卷烟厂技改和贵阳卷烟厂打叶复烤生产线技改项目，铜仁、六盘水、黔南、毕节等卷烟物流中心、烟叶库房及烟叶基层站（点）建设项目，毕节、遵义、贵阳、铜仁、黔南等复烤厂打叶复烤线改造等项目。

2．酒。重点建设茅台酒新增2万吨扩建项目及鸭溪酒5万千升/年、青酒1万千升/年、金沙窖酒1万千升/年、董酒8 000千升/年、安酒1万千升/年、习酒新增1．5万千升/年、匀酒1万千升/年、贵酒1万千升/年、毕节大曲1万千升/年等改扩建工程。加快推进黔北、黔中、黔南3个贵州白酒品牌基地、仁怀白酒工业园等建设。

（九）新兴产业

加快发展电子信息、新材料、生物技术、节能环保、新能源等新兴产业，不断扩大产业规模。重点开发一批比较优势较大的产品，形成新的经济增长点。力争到2015年，总产值达到500亿元，年均增速25%以上，高新技术企业研发投入占销售收入的比重达到5%以上，规模以上工业企业新产品产值占工业总产值的比重达到10%以上，专利申请量年均增速35%以上，专利授权量年均增速30%以上。

1．新材料。重点发展金属及合金材料、无机非金属材料、聚合物材料、电子功能材料、新能源材料等，做大做强高纯海绵钛、钛锭、钛合金、高性能铝合金、高纯电解锰等产品；以高性能聚合物结构功能材料开发为重点，发展新型复合材料；建设以高强度铝合金、钛合金、锰合金、镁合金、新型改性聚合物、纳米材料为重点的国家新材料产业基地。

2．电子及新一代信息技术。重点发展电子元器件、软件与集成电路、三网融合、物联网等。发展以片式电子元器件、厚膜集成电路为代表的新型电子元器件；推进软件业与制造业、信息服务业等的融合；启动三网融合和物联网试点，推进下一代互联网发展，支持云计算等新技术开发。

3．先进制造产业。以工程机械、数控机床、能源与矿山设备、现代农机、“高、精、特、尖”专用装备等新型主机研发与产业化为重点，以液压泵、马达、汽车系统总成与零部件、高速铁路配套装置、新能源产业配套关键设备、智能控制系统、精密微特电机等关键系统集成为重点，以精密铸锻件、新型电子元器件、高新特结构件、工模（刀）具等关键基础件为支撑，形成主机、系统集成与基础件协同发展的产业格局。

4．生物技术。大力发展用于重大疾病防治的生物技术药物、新型疫苗和诊断试剂、化学药物、现代民族制药等创新药物品种，提升生物医药产业水平。加快推进先进医疗设备、医用材料等生物医学工程和生物技术产品研发和产业化，促进规模化发展。重点开发生物育种、生物肥料、生物农药及生物填料等产品。积极研发一批重要生物技术、产品和标准，推进生物制药、生物能源、生物资源开发利用。

5．节能环保。重点发展节能、环保技术、产品和资源综合利用技术。加快污染物治理适用技术研发和应用，发展水污染、空气污染防治及处理设备、固体废弃物处理设备、环境监测设备、生物环保材料、药剂等。

6．新能源。重点发展生物质能、风能、太阳能等新能源，积极发展核能等清洁能源。优先发展沼气、非粮生物乙醇、生物柴油、垃圾发电等生物质能；在具有资源条件的地区建设若干风电工程项目；优先发展光伏发电；启动百万千瓦级核电站建设的前期工作；积极推动省内天然气和煤层气开采项目。

7．新能源汽车。优先发展锂离子动力电池、驱动电机、电控系统及中大型储能电池等关联产品，培育以汽车动力电池为代表的新能源汽车配套产业链，打造国家新能源汽车产业基地。

8．现代服务业。重点发展信息和软件业、科技研发、现代物流业、工业设计、产品质量检验检测等为工业配套的生产性服务业，促进生产性服务业专业化、集聚发展，实现与优势产业的有机融合。

（十）民族医药和特色食品及旅游商品为主的特色产业

立足我省生物资源、旅游资源和民族文化资源，结合特色农产品基地和旅游基地建设，大力发展农副产品深加工、林加工和具有比较优势的特色食品、民族医药和旅游商品。力争到2015年，总产值超过1 000亿元，累计投资300亿元。特色食品和旅游商品总产值达到500亿元，年均增速20%以上；民族医药总产值达到500亿元，年均增速20%以上。全省旅游购物收入达到550亿元，年均增速25%，占旅游业总收入的比重达到25%。

1．民族医药。打造贵州民族医药品牌，做强做大益佰、百灵、同济堂、信邦、神奇、威门等著名企业，培育年销售收入超过5亿元以上企业15家，建成规范化种植示范基地20个。重点发展中药民族药、民族药材、天然保健品和医药商业。通过培育一批大品种和大宗药材，扩大GAP种植规模，开发中药饮片和提取物，支持以大宗地道药为君药的新药研发和现有大品种做大做强，鼓励和支持开发生产以中药民族药为基础的食品、保健品、日化品、食品添加剂及中药农药、中药兽药、饲料等产品；鼓励、支持血液制品及生物检测试剂的研发和产业化；加快流通体系建设，建立多层次医药销售网络；重点实施修文扎佐医药工业园区、益佰工业园区、同济制药生产线改造、信邦制药改扩建等项目。

2．特色食品。依托老干妈风味食品有限公司为代表的辣椒加工企业，建设辣椒加工产业聚集区和绿色农产品生产、加工基地；以名优茶、有机茶等为重点建设茶叶精深加工项目，发展精制茶、茶饮料、茶籽油等产品；优化植物油、调味品、特色农产品的产业布局和产品结构，培植有机型、生态型和原产地农产品深加工产业，提高附加值；积极开展畜禽产品、肉制品、特色小杂粮、矿泉水等系列加工，加快产品加工、保鲜、储运、开发等环节的技术创新，提升加工能力和产品附加值，扩大生产规模。

3．旅游商品。走“小商品、大产业”、“小企业、大集群”的路子，推动旅游商品产业快速发展，使旅游商品产业成为“十二五”期间我省转移农村剩余劳动力、创业带动就业的重要产业。大力发展银器、蜡染蜡画、刺绣、民族服装服饰、民族乐器、雕刻、编织、特色仿制品、特色旅游食品、动漫十大系列产品。重点扶持一百户旅游商品龙头企业，扶持一百个旅游商品专业市场和公共服务平台。扶持一千名“贵州名匠”和“贵州名创”，开发一千种旅游商品新产品。

三、规划实施

省有关部门要按照各自职责分工，加强沟通协商，密切配合，认真落实《中共贵州省委贵州省人民政府关于实施工业强省战略的决定》确定的各项保障措施，确保规划顺利实施；要加强对规划实施的适时调度，掌握实施进度，及时协调处理实施中的问题，定期向省政府报告进展情况。

各地区要加强组织领导，制订保障规划实施的方案，及时处理和解决规划实施中的新情况和新问题，确保涉及本地区的项目顺利实施。

省政府定期召开的全省工业经济运行调度会议将听取各部门、各地区和企业规划实施情况汇报，研究实施规划中的问题，采取措施加以解决，持续推动规划实施。

十七、云南

云南省人民政府贯彻落实国务院办公厅关于清理固定资产投资项目文件的通知

云政发[2004]88 号

各州、市人民政府，各地区行政公署，省直各委、办、厅、局，省属有关企业：

为认真贯彻落实《国务院办公厅关于清理固定资产投资项目的通知》（国办发[2004]38 号，以下简称《通知》）和国家发展和改革委员会“贯彻落实国务院办公厅通知精神部署清理固定资产投资项目工作电视电话会议”精神，省政府第十七次常务会议对我省开展清理固定资产投资项目工作进行了部署，现将有关事项通知如下，请认真贯彻执行。

一、充分认识开展清理固定资产投资项目工作的重要意义

《通知》指出，当前，我国经济持续较快发展，经济效益进一步提高，经济形势总体是好的。但是，经济发展中存在一些突出矛盾和问题没有得到有效缓解，有的还在进一步发展。集中表现在固定资产投资增长过快、规模过大，同时煤、电、油、运和重要原材料供求紧张的矛盾突出。当前，要着力解决投资膨胀问题，促进经济平稳较快发展，防止出现大起大落。如果出现大起大落，对经济发展会造成巨大破坏，恢复起来时间长、代价大。历史经验反复证明，经济增长的大起大落都与投资规模过大有关。投资在拉动经济增长，创造就业岗位等方面发挥着重要作用，要保持平稳较快的发展速度，应该有适当的固定资产投资规模来支撑。但是，投资增长过快，规模过大，超过了国力的可能，超过了资源和环境的承载能力，则会带来一系列的问题：一是加剧煤、电、油、运供应的紧张，使过快的增长难以为继；二是助长信贷规模过度扩张，反过来又推动投资的更快增长；三是拉动生产资料价格上涨，最终传导到最终消费品上，加大通货膨胀的压力；四是占用大量耕地，削弱粮食生产能力；五是加重消费与投资比例关系的失衡，影响整个经济的良性循环；六是加大经济大起大落的风险，最终影响国民经济持续快速协调健康发展。

清理固定资产投资项目工作是贯彻落实中央决策和部署的具体行动，是加强和改善宏观调控、遏制固定资产投资膨胀的重要举措，也是优化经济结构、推进增长方式转变的迫切要求，对于保持国民经济持续快速协调健康发展的良好势头，防止出现大起大落，具有十分重要的意义。各地、各部门一定要进一步提高认识，全面把握形势，切实把思想统一到中央的决策和部署上来。要清醒地看到投资膨胀问题以及带来的不利影响，从促进经济平稳运行和持续较快发展的高度，充分认识搞好清理固定资产投资项目工作的必要性、重要性和紧迫性，增强责任感和使命感，自觉服务和服从国家宏观调控的大局，集中精力落实好《通知》确定的各项政策措施，努力保持固定资产投资的合理增长，促进经济平稳较快发展。

二、清理固定资产投资项目工作的指导思想和原则

对于这次清理固定资产投资项目工作，党中央和国务院已提出了明确的指导思想和原则，我们要深刻领会，认真贯彻。在清理工作中，要切实把握好以下四点：

（一）坚持用科学的发展观指导清理工作。按照全面、协调、可持续发展的要求，正确处理好速度与结构、质量、效益的关系，坚决克服互相攀比、盲目上项目、铺摊子的现象，积极推进经济增长方式的根本转变，切实把工作着力点转到提高经济增长质量和效益上来。

（二）严格依据现行的法律法规和政策进行清理。主要按照国家产业政策和行业规划、土地管理、环境保护、银行信贷、项目审批等方面的法规和政策，国务院关于控制钢铁、电解铝、水泥，以及党政机关办公楼和培训中心、城市快速轨道交通、高尔夫球场等通知的要求进行清理，对不符合要求的项目要采取措施，该停建的要停止建设，该限期整改的要限期整改。

（三）坚持突出重点，分类指导、区别对待。在遏制投资过快增长势头的同时，不搞“一刀切”。继续推进结构调整，对技术含量低、明显超出市场需求、不符合结构调整要求的项目，特别是盲目投资和低水平扩张的高耗能、高耗水、高物耗、污染严重的项目，要坚决压下来。对政府行为推动的建设项目，要加大清理力度。对技术含量高、符合结构调整要求及需要加强的农林水利、生态建设、环境基础设施、社会事业等薄弱领域的项目，要继续给予支持。

（四）按照项目的隶属关系进行清理。地、州、市项目由各地负责清理；省级项目由省各行业主管部门、省属各大型企业集团（公司）负责清理；中央项目由中央进行清理。中央和云南省共同出资建设，以云南省投资为主的项目由行业主管部门、省属各大型企业集团（公司）负责清理；各地、州、市与省共同出资建设的项目，省级投资为主的由省级各行业主管部门、省属各大型企业集团（公司）负责清理；以各地、州、市投资为主的由各地负责清理。

省发展和改革委员会负责清理的组织工作，并与省经济委员会、监察厅、国土资源厅、建设厅、审计厅、环保局、云南银监局、人行昆明中心支行等部门一起，加强对清理工作的督导、检查和验收。

三、清理固定资产投资项目的工作要求

根据《通知》精神和全国清理固定资产投资项目工作电视电话会议精神，结合我省实际，我省清理固定资产投资项目的具体工作要求是：

（一）严格按照清理范围进行清理

各地、州、市，各行业主管部门和省属各大型企业集团（公司）要对所有在建、拟建项目进行一次全面的清理、审核。在建项目是指已开工建设的项目；拟建项目是指项目单位已提出申请，政府部门正在受理且尚未开工的项目。此次清理工作要对项目逐个进行清理。

在进行全面清理的同时，要重点清理以下两类项目：一是钢铁、电解铝、水泥，以及党政机关办公楼和培训中心、城市快速轨道交通、高尔夫球场、会展中心、物流园区、大型购物中心等项目；二是2004年以来新开工的所有项目。农、林、水利（含农村“六小”工程）、生态建设、教育（不含大学城）、卫生、科学（不含科技园区）项目不在此次清理范围内。

（二）严格执行各项清理标准

此次清理工作要把握好以下九个方面的标准：

1．是否符合国家产业政策和行业规划。

2．是否符合土地利用规划并纳入年度土地利用计划。

3．是否符合环境保护的有关规定并通过环境影响评价。

4．是否符合城市总体规划。

5．是否符合项目审批等各项建设程序。

6．是否符合信贷政策和固定资产贷款的有关规定。

7．是否符合《国务院办公厅转发发展改革委等部门关于制止钢铁电解铝水泥行业盲目投资若干意见的通知》（国办发[2003]103 号）、《中共中央办公厅、国务院办公厅关于继续从严控制党政机关办公楼和培训中心项目建设的通知》（中办发[2003]3 号）、《国务院办公厅关于加强城市快速轨道交通管理的通知》（国办发[2003]81 号）、《国务院办公厅关于暂停新建高尔夫球场的通知》（国办发[2004]1 号）的要求。

8．是否属于《国务院关于严格禁止违规建设 13.5 万千瓦及以下火电机组的通知》（国办发明电[2002]6 号）、原国家经贸委《关于淘汰落后生产能力、工艺和产品目录（第一、二、三批）》（国家经贸委令第 6、16、32 号）规定范围的项目。

9．是否符合与项目建设有关的其他法律、行政法规和国家政策。

（三）严格按照清理标准提出处理意见

按照范围和标准清理，要对项目逐个提出以下四类处理意见：

1．对国家明令禁止建设的、违反土地管理法等有关法律、行政法规和国家政策的在建项目，要停止建设。

2．对不符合环保规定、城市规划、项目审批等建设程序以及信贷政策等要求的在建项目，要暂停建设，限期整改。

3．对不符合法律、行政法规和国家要求的拟建项目，一律取消立项，严禁擅自开工建设。对钢铁、电解铝、水泥项目，年内原则上不再开工新项目。个别调整优化结构的重点项目，确需今年开工的，须由省级有关部门上报国家批准。

4．对符合法律、行政法规和国家政策要求的在建项目，要在落实好项目建设条件的基础上，合理安排建设进度。

（四）严格按照时间要求做好清理工作

2004 年 6 月 10 日以前，各地、各行业主管部门、省属各大型企业集团（公司）进行清理，并将处理意见分别报省发展和改革委员会、经济委员会、监察厅、国土资源厅、建设厅、审计厅、环保局、云南银监局、人行昆明中心支行。

上报材料的内容主要包括：此次清理范围内所有在建、拟建项目的清理结果和处理意见；重点清理项目中总投资 1 000 万元及以上项目，以及此次清理的其他项目中总投资 3 000 万元及以上项目，逐个项目提出停止建设、暂停建设限期整改、取消立项、符合要求等四类意见。

2004 年 6 月 11 日至 6 月 20 日，由省政府派出检查组对各地州市、各行业主管部门和省属各大型企业集团（公司）的清理工作进行检查。2004 年 6 月 21 日至 6 月 30 日对检查不合格的地区、行业和集团（公司）进行整改，并形成云南省的清理工作报告，上报国务院。

（五）加强领导，做好清理工作

成立云南省清理固定资产投资项目工作领导小组，统一指导全省清理固定资产投资项目工作。

组　长　省委副书记、常务副省长　秦光荣
副组长　省政府副秘书长　尹建业
　　　　省发展和改革委员会主任　和段琪
成　员　省发展和改革委员会副主任　保明虎
　　　　省经济委员会主任　刘绍忠
　　　　省监察厅厅长　杨建甲
　　　　省国土资源厅厅长　张耀武
　　　　省建设厅厅长　冯志成

省审计厅厅长 马 坚

省环保局局长 李现武

云南银监局局长 李保上

人行昆明中心支行副行长（主持工作） 杨小平

云南省清理固定资产投资项目工作领导小组下设办公室，办公室设在省发展和改革委员会，具体负责清理工作。办公室组成人员为：

办公室主任 省发展和改革委员会副主任 保明虎

办公室副主任 省政府办公厅秘书二处处长 刘海建

省发展和改革委员会固定资产投资处处长 陈 军

办公室成员 由省政府办公厅，省发展和改革委员会、经济委员会、监察厅、国土资源厅、建设厅、审计厅、环保局、云南银监局、人民银行昆明中心支行有关负责同志组成。

（六）严格按照职责分工做好清理工作

各地、各部门开展清理工作的同时，要按照各自的职责分工，对清理工作进行督促、指导。负责组织和督导此次清理工作的有关部门的责任和任务是：

1．省发展和改革委员会负责具体组织和督促落实此次清理工作，并从国家产业政策、行业规划、项目审批程序等方面对清理工作进行督导和检查。

2．省经济委员会按照部门职责，从国家产业政策、行业规划、项目审批程序等方面对清理工作进行督导和检查。

3．省监察厅、审计厅、人行昆明中心支行要按照本部门的职责对清理工作进行督导。

4．省国土资源厅、建设厅、环保局分别从土地管理、城市规划、环境保护等方面对清理工作进行督导和检查。

5．省统计局和各地统计部门要在固定资产投资项目统计信息方面给予支持。

6．云南银监局从信贷政策和固定资产贷款规定方面进行督导和检查，并负责落实对城市建设打捆项目贷款的检查。

各地、州、市政府（行署）和各行业主管部门、省属各大型企业集团（公司）要加强领导，层层落实责任，主要领导要亲自挂帅，组成工作班子，制订工作方案，按照清理范围和清理标准迅速开展清理工作，并在规定的时间内完成清理工作，提出清理结果和处理意见如实上报有关部门。

对项目停建或暂停建设后可能出现的问题要尽早制订预案，妥善处理好各项工作。对清理工作中弄虚作假、有意瞒报的，一经查实，要追究有关领导的责任。

云南省人民政府

二OO四年五月十二日

十八、甘肃

甘肃省钢铁有色产业调整和振兴规划

2010年1月6日

钢铁、有色金属产业是我省工业的支柱产业，占我省工业增加值的三分之一以上。2008年下半年以来，受国际金融危机和市场需求影响，产业增速急剧下滑，库存增加，盈利能力减弱，亏损企业数量增加，钢铁、铝等行业处于亏损状态，部分企业出现减产停产情况，产业发展遇到了前所未有的困难。

为应对国际金融危机的影响，落实党中央、国务院保增长、扩内需、调结构的总体要求，确保我省钢铁、有色金属产业平稳运行，抑制增速下滑，推进产业结构调整，促进产业优化升级，根据国家钢铁、有色金属产业调整和振兴规划，结合我省实际，特编制本规划，规划期为2009—2012年。

一、钢铁、有色金属产业现状及面临的形势

近年来，依托丰富的矿产资源，我省钢铁、有色金属行业取得了长足发展，产业规模、技术及装备水平不断提高，企业综合实力明显增强。受国际金融危机影响，市场需求疲软，产业发展中积累的深层次问题和矛盾凸显，企业经营困难，形势严峻。但市场倒逼机制也为我省加速产业结构调整、淘汰落后产能，转变发展方式带来了机遇。

（一）产业发展现状

1.产业发展具备一定规模。2008年全省钢产量475.71万吨，钢材产量577.74万吨，均占全国总产量的1%；十种有色金属年产量166.05万吨，占全国总产量的6.59%，其中铜、铝、铅、锌、镍产量分别为36.73万吨、95.78万吨、2.08万吨、20.77万吨和10.43万吨，铜、铝分别占全国总产量的9.69%、7.27%。稀土分离产品产量（以稀土氧化物计）1.92万吨，占全国的10%。钢铁、有色金属产业生产力水平得到较大的提升。

2008年全省规模以上钢铁、有色金属企业完成工业增加值370.35亿元，占全省工业增加值的30.3%；利税130.13亿元，比上年减少39.82%。经过多年的技术改造和创新，金川公司、酒钢集团、白银公司、中国铝业兰州分公司、中国铝业连城铝业公司、中国铝业西北铝加工分公司等骨干企业技术及装备水平不断提高，铜冶炼采用了国际先进的闪速熔炼和我国唯一具有自主知识产权的白银炼铜技术，铝冶炼普遍采用大型预焙槽技术，铅冶炼主要采用自主开发的氧气底吹鼓风炉还原炼铅和ISP炼铅技术，国际先进的富氧顶吹熔炼和湿法炼锌技术被应用于镍、锌冶炼行业。共培育金川、酒钢和白银公司3家国家级企业技术中心，6家省级企业技术中心。

2.矿产资源具有比较优势。我省矿产资源丰富，钢铁及有色金属矿产资源比较优势明显，铜、铅、锌、铁、镍等主要资源在全国占有较高比重，截至2007年底，全省铜资源基础储量195万吨，占全国的6.65%，位居全国第七；铅资源基础储量106万吨，占全国的7.89%，位居全国第五；锌资源基础储量463万吨，占全国的10.9%，位居全国第三；铁矿石资源基础储

量7.37亿吨，占全国的3.3%，位居全国第七；镍矿保有资源储量占全国总储量的59.45%，钴占29.5%，铂族元素占49.89%，均位居全国第一。丰富的矿产资源为我省钢铁、有色金属产业可持续发展提供了有力支撑。

3.节能减排初见成效。近年来，我省钢铁、有色金属企业节能减排工作的力度不断加大，通过发展循环经济，实施环境污染治理项目，产品综合能耗不断下降，废物循环综合利用水平得到提高，“三废”排放量逐步减少，重点企业主要技术指标和能耗指标已达到国家行业准入条件和产品能耗标准。2008年全省电解铝企业直流电平均单耗13 502 kW · h/t，处于国内领先水平；铜、铅、锌冶炼总回收率分别达到95.6%、89.1%、88.6%，达到国家行业准入标准。

（二）产业发展面临的形势和存在的问题

1.市场需求严重萎缩，钢铁、电解铝等产品出现产能过剩。受国际金融危机影响，房地产、汽车、电力、家电等主要下游行业对钢铁及有色金属的需求大幅下降，全球钢铁、有色金属行业市场需求大幅萎缩。受出口政策和市场价格的影响，钢铁、有色金属产品出口难度进一步加大。钢铁行业出现阶段性和结构性过剩，国内钢铁产能明显大于表观消费量的状况还将延续，产品结构方面热轧板材产量超出国内实际需求。电解铝在全球范围内供过于求，国内电解铝产能利用率只有73%左右。

2.资源对省外、国外的依存度越来越高，具有优势的稀有金属等勘查开发较慢。我省铜、铅、锌、铁矿、镍钴、铂族资源具有比较优势，经过多年的开采加上企业生产能力的扩大，自有资源已经不能满足企业的生产需要，对外依存度越来越大，一半以上的镍精矿、铅锌、铁矿及绝大部分铜精矿要从省外或国外购进。黄金、钨、钼、锑等矿产资源保有储量较大，勘探开发潜力大，由于勘查投入力度不足，开发进展较慢。此外，矿产资源中的伴生元素和稀有金属勘查利用力度还不够，矿山开采中也存在采富弃贫、浪费资源的问题。

3.初级产品低附加值的产品比例大、产业链短，技术储备不足。初级冶炼产品比重大，高端精深加工产品严重不足，集中表现在产业链条短，产品深加工比例低。在钢材的品种上，热轧薄板、冷轧薄板、镀层板等高附加值品种比例较低。2008年，铜材产量8 758吨，仅占全国总量的0.14%；铝材产量9.80万吨，仅占全国总量的0.83%，有色金属加工材总量远低于冶炼产品占全国产量的比重。合金材料、粉体材料等研究成果、产品品种较少。尽管国际金融危机导致有色金属市场需求低迷、价格下跌、企业亏损增加，但市场“倒逼”机制也将有利于加速淘汰落后产能，推动企业兼并重组，为推进产业结构调整、加快境外资源控制和开发、促进发展方式转变带来机遇。国际金融危机导致的主要矿产资源价格大幅下跌，一些矿业公司资产缩水，而且流动性普遍紧缺，为有实力的企业进行资源整合和低成本扩张带来了契机。

二、指导思想、基本原则和目标

（一）指导思想

紧紧围绕“保增长，扩内需，调结构”这一工作重心，以项目建设为依托，以重组整合、优化提升为手段，抓紧抓好结构调整和产业升级，在壮大有比较优势传统产品规模的同时，加大投入，着力抓好产品深加工和新产品开发，优化工艺流程，提高装备大型化程度，大力发展循环经济，实施节能减排，增强钢铁、有色金属企业在国内、国际上的竞争力。

（二）基本原则

1. 坚持总量提升与结构调整相结合。在淘汰落后产能的基础上，提升重点企业产能、规模。大力发展深加工产品，延伸主导产品产业链条，优化产品结构。

2. 坚持自主创新与技术改造相结合。支持骨干企业加强技术中心建设，大力开发具有自主知识产权的冶炼技术和精深加工产品生产技术，采用高新技术、先进适用技术改造现有生产工艺，提升生产能力和技术水平。

3. 坚持合理开发利用资源与发展循环经济相结合。全方位拓宽资源保障渠道，建立稳定的内外部资源供应基地。加大技术创新力度，提高资源利用率，减少污染物排放，实现清洁生产。以节能减排带动循环经济的发展，提高再生资源利用水平，实现废弃物资源化。

4. 坚持应对危机与提升产业竞争力相结合。鼓励有实力的大型企业集团以合资、合作、联盟等手段对省内企业进行重组，实现规模化、集团化，全面建立现代企业制度，提升产业竞争力和抗御风险能力。

（三）规划目标

到 2012 年，全省钢铁、有色金属工业增加值达到 602 亿元，年均增长 23%。钢铁产品结构进一步优化，增加轨道交通用钢、H 型钢、钢结构、压裂设备用钢、涂镀层板等产品，扩大中厚板、冷轧板产能，钢铁产品由普钢向优质钢专用材、普碳钢向合金钢发展，产能达到 1 000 万吨级。有色金属产能及生产技术水平进一步提高，产能实现翻番，达到 320 万吨，就地加工材比例力争达到 30%左右，加工材要向管棒型、板带箔、合金化产品发展。稀土材料、绿色电池新材料、有色金属粉体材料、钨基钼基合金等新材料向规模化发展。骨干企业实现矿山、选冶、加工一体化发展。钢铁行业淘汰 400 米^{3}及以下高炉、30 吨及以下转炉和电炉，吨钢综合能耗低于 620 千克标准煤。小预焙槽电解铝产能全部淘汰，骨干企业吨铝直流电耗降至 12500 千瓦时以下。钢铁、有色金属骨干生产企业能够保持平稳运行，主要技术经济指标接近或达到国际先进水平，资源保障程度得到提高。形成金昌镍铜钴、张掖钨钼生产基地，中部兰州、白银铜铝铅锌、稀土、钢铁、铁合金生产基地和南部西秦岭地区黄金铅锌生产基地，酒泉钒矿生产基地，嘉峪关钢铁生产基地。建设兰州、白银和金昌国家重要的有色金属新材料产业化基地。

三、产业调整和振兴的主要任务

（一）加大技术改造力度，促进产业升级

围绕国家产业调整和振兴规划支持方向，谋划一批骨干企业的技术改造和产业升级项目，协调加快项目前期进度和建设进度，积极争取国家支持。加快实施金川公司精密铜镍合金和绿色电池生产线及钴扩能改造、酒钢碳钢冷轧镀锌线、白银公司铜冶炼技术提升改造工程、方大碳素高炉碳砖扩建、中铝庆阳大型电解铝、宏达公司白银 10 万吨铝型材等一批骨干项目，促进产业规模、产业链延伸和生产技术水平上新台阶。以产业升级、产品优化为重点，加快高新技术改造传统产业步伐。

（二）加快技术进步和淘汰落后产能，调整产业结构

按照产业政策要求，严格执行行业准入条件和备案制，淘汰落后的钢铁、电解铝产能。全面提高企业自主创新能力，加快技术进步。在钢铁、有色金属企业普遍建立技术中心，构建企业技术研发平台。以新产品开发、资源综合利用、节能降耗、环境保护为重点，在主导业务领域形成具有自主知识产权的核心技术，缩小与国内外先进企业的技术差距。

钢铁：重点开发冷轧不锈钢工艺技术、碳钢冷轧工艺技术、不锈钢中厚板工艺技术，有效发挥生产能力，实现产能、品种、规格、质量的优化配置，提高产品的市场占有率和竞争力。

铜：积极开发铜冶炼及加工短流程工艺技术，重点支持自主知识产权“白银炼铜法”技术再创新，研发共伴生铜矿资源高效利用技术；加快引线框架铜带、高档铜箔、铜钛合金板、高速列车及铁路电气化所需的高性能专用铜材等高、精、尖产品关键技术开发及产业化，满足市场需求。

铝：根据我省电力、煤炭资源丰富的条件，支持中铝在甘企业延伸产业链，通过淘汰落后小预焙电解铝产能，争取中国铝业在我省规划布局大型电解铝生产基地。推广中国铝业具有自主知识产权的SY240～400预焙阳极电解槽技术，通过技术改造淘汰落后产能，提高企业技术装备水平，突破高档厚铝板等关键技术。适应市场需求，提高板坯、扁锭等粗加工材生产比例，支持地方企业大力发展建筑用型材等。

铅锌：积极推广应用国际先进水平的湿法炼锌、氧压浸出炼锌、ISP铅锌冶炼和基夫赛特炼铅技术，提高全省铅锌冶炼工艺技术及装备水平。推进行业清洁生产，保护资源地生态环境。

镍：采用高效低耗强化熔炼技术，淘汰耗能高、污染严重的电炉及鼓风机生产技术，提高技术装备水平；发展镍基合金材料、粉体材料、羰基镍、羰基铁、镍板带材、高纯镍等。

钨钼：积极争取国家支持扩大钨精矿生产配额，开发钼矿资源，发展硬质合金、粉体材料、钨钢、钼钢等产品。

钒：改造提升现有企业生产工艺技术水平，减少污染，支持铁矿伴生钒矿开发，发展钒氮合金等，建设敦煌、肃北钒矿生产基地。

稀土：支持企业发展发光材料、永磁材料及电池材料，控制冶炼分离生产能力，发展清洁生产工艺，提高技术装备水平，大力发展循环经济。

黄金：加大地质勘查找矿投入，增加黄金资源储备，支持武警黄金部队加快文县阳山、岷县寨上金矿勘查步伐，做好大型矿产地勘查开发规划及资源配置工作。引导小型矿产地集中建设规模化的选矿厂。

铁合金：加大淘汰铁合金落后产能力度，在保持硅系铁合金优势的基础上，支持发展铬系、锰系、硅铝等特种合金产品，依托腾达西北铁合金有限公司、酒钢等现有大型骨干企业，引导人口密集区、风景名胜区的铁合金生产企业搬迁改造、联合重组，在矿石资源、电力资源丰富的地方建设10万吨级以上的生产企业，形成嘉峪关、兰州、陇南等几个大型生产基地。

（三）优化省内矿产资源配置，积极开拓利用境外资源

针对目前钢铁、有色金属产业发展的资源瓶颈，一是加大金属矿产资源勘查力度，突出祁连山北山、西秦岭等勘查重点，积极开展白银公司危机矿山接续资源找矿，增加后备资源数量。二是加速矿权整合，优势资源配置给骨干企业，支持省内龙头企业以协议转让及控股方式牵头整合、开发钢铁和有色金属矿产资源，包括陇南厂坝—李家沟铅锌矿、肃南小柳沟钨铜矿、武山温泉钼矿、阳山金矿等，提高资源利用水平。规划建设阳山金矿等大型矿山外部公辅设施和生活服务基地，做好协调服务工作。三是积极推进国外资源开发，推进金川公司参与墨西哥巴霍拉齐铜锌矿、肯尼亚夸勒钛矿、西藏谢通门铜金矿，白银公司参与蒙古国铜矿、新疆索尔库都克铜钼矿等项目的开发，进一步促进酒钢和哈萨克斯坦欧亚财团的合作，建立稳定的资源供应基地。

（四）引导产业战略重组，加快骨干企业上市步伐

打破所有制、隶属关系界限，鼓励有实力的大型企业以多种方式进行重组，培育出具有国际竞争力的大型企业和企业集团。支持金川公司重组国内其他镍钴生产企业，推进金川公司与湖南科力源合作。以白银公司为核心，整合省内有关铅锌企业，组建厂坝、李家沟矿区矿业联合开发体。针对原料供应的瓶颈问题，完成甘肃稀土集团同包钢稀土的联合重组。加强金川公司与必和必拓、中国黄金集团，白银公司与中信集团的合作，支持酒钢与太钢在资源开发、不锈钢生产经营等方面进行战略合作。支持酒钢集团整体、金川公司榆中科技园上市。

（五）促进冶炼企业延伸产业链，大力发展循环经济

争取国家核准酒钢热电联产项目，支持白银公司热电联产项目建设，尽快推动直购电试点，

扩大试点企业范围，鼓励铝电联营，鼓励冶炼企业发展煤电冶一体化，对达到行业准入条件的骨干企业给予一定的电价优惠，降低企业生产运营成本。大力发展铜镍合金、羰基镍粉、钕铁硼、铝箔、碳钢冷轧薄板等深加工产品，发展高精尖有色金属深加工产品和新型合金材料，提高产品质量及附加值，拓宽应用领域，延伸主导产品产业链条。

综合利用低品位矿、氧化矿、难处理复杂矿、尾矿与废渣等资源，对共伴生元素和稀有金属回收利用，研究生产中“固废”（如尾矿、高炉渣、转炉钢渣、粉煤灰等）的综合利用新技术、新工艺，鼓励提高废弃资源的二次利用率，支持对工业炉窑高温烟气余热综合利用、供水系统节能改造、工业废（污）水循环利用等循环经济项目的实施，降低能源消耗，完善复杂原料回收管理体制，打造规模化的再生有色金属生产体系。针对我省有色金属企业硫化矿原料多、副产硫酸数量大的实际，鼓励相关企业发展耗酸较多的盐类、磷钾肥、钛白粉等产品，减少硫酸外运铁路运输压力，拓展无机化工领域。

（六）加快实施地震灾区灾后重建项目

加快陇南地区铅锌企业和白银公司厂坝李家沟铅锌矿采选系统灾后重建工程项目实施，积极争取国家尽快核准酒钢（集团）榆钢公司支持地震灾区恢复重建项目，加快建设进度，满足灾后重建需求。

四、政策措施

（一）加大财税政策支持力度

强化钢铁、有色金属产业政策引导，帮助企业用足、用好国家振兴钢铁、有色金属产业出口退税、增加储备、直供电试点等各种相关政策。支持大型骨干冶炼企业建设自备电厂，鼓励企业发展煤电冶联营，扩大直购电试点范围，争取将金川公司、白银公司等企业纳入范围。在发行股票、企业债券、公司债、中期票据、短期融资以及银行贷款、吸收私募股权等方面对大型骨干企业给予重点支持，防范大型骨干企业资金断链风险。支持金川公司、白银公司开展铜镍钴等相关产品的加工贸易。

（二）推进重大产业基地建设

依托现有骨干钢铁、有色金属企业生产基础和具有重要矿产资源的优势，加快建设嘉峪关钢铁生产基地，金昌以镍、铜为主的有色金属生产基地，兰州白银地区钢铁、铜铝铅锌、稀土、铁合金多金属生产基地，陇南甘南地区黄金、铅锌生产基地，张掖钨钼、酒泉钒矿六大生产基地。规划建设相应的钢铁、有色金属精深加工园区，发展下游新材料，促进产业集聚发展。在基地内谋划建设一批重大升级改造项目，以增加品种、提高质量、促进节能降耗和综合利用。

（三）提高资源保障程度

抓住当前矿产资源价格大幅波动的有利时机，加快实施走出去战略。积极争取境外矿产资源收益投资专项资金、对外经济技术合作专项资金和国外矿产资源风险勘探专项资金，支持骨干企业围绕国内短缺的铜、镍、铝及铅锌资源，以直接投资、购买股权等方式，加强与国外资源企业的合作，增强资源保障。进一步加强境外资产的管理，切实防范和化解境外资产风险。

按照有利于提高矿产资源集约化开发，有利于合理布局，有利于安全生产和建设绿色矿山的原则，科学设置矿权，合理配置资源，提高矿产资源开发准入门槛，储量5 000万吨以上铁矿资源，优先依法配置给国内、省内大中型钢铁企业。支持省内重点企业牵头整合黑色有色金属矿产资源，提高资源开发利用效率；加强对钢铁、有色金属矿产品的调控，促进加工转化增值，延长产业链条，最大限度地发挥有色金属资源优势。积极争取中央地勘资金、国土资源大调查资金支持，加大省地勘资金投入力度，充分发挥省内地勘队伍人员、技术优势，开展一批部省合作整装勘查工程，突出对黄金、钨、钼、镍、铅锌、铁矿等重点矿种的勘查找矿，鼓励企业实施接替资源风险探矿，强化企业后续资源保障。

（四）推进企业兼并重组，提高产业集中度

继续推进巩固现有跨地区、跨行业的兼并重组，加大政府引导力度，支持省内骨干企业积极引入国内外战略投资，与产业关联度高、有资源、技术等优势的企业结成战略伙伴，培育一批具有国际国内竞争力的企业集团。强化政府相关部门在重组整合中的指导协调作用，协调解决兼并重组中出现的各种矛盾和问题，妥善解决人员安置、企业资产划转、债务核定与处理、财税利益分配等问题。

（五）提高自主创新能力，推进品牌建设

加大对新产品、新技术、新工艺、新设备、新材料的科技创新和开发的政策扶持，推进工业试验装置的产业化。支持有条件的大中型企业申报和创建国家级企业技术中心、国家工程研究中心、重点实验室等，省级相关部门要从各自掌握的科技资金中安排经费，对认定的企业研发机构予以资助或奖励。鼓励企业技术中心与科研院所联姻，集中力量对基础性生产技术进行创新，发挥各自优势，提高关键技术开发力度，加快科研成果的转化。组建企业技术服务中心，加大人力、财力支持力度，建立起技术支撑体系和技术共享平台。对钢铁、有色金属行业的主导产品、附加值高的下游产品，以及在节能降耗、循环经济方面具有优势的产品，加大扶持力度，努力形成具有自主知识产权的品牌产品。

（六）落实节能减排问责制，加快淘汰落后产能

用足用好国家支持和鼓励节能减排工作的政策，积极争取国家资金支持。支持企业节能降耗、环境治理及综合利用技术改造，对资源综合利用及处理废渣、废水、废气形成的新兴产业和产品，实行优惠政策。严格审查新建项目节能减排刚性指标，对地方节能减排考核结果未通过的，暂停对该地区有关项目核准和审批，使节能减排措施与企业切身利益结合起来。运用环保、质检等手段，对排污或质量不达标的落后产能、产品予以淘汰。落实省政府关于安全生产责任主体的管理规定，加强项目建设及企业生产运行中的安全措施监管。支持实施尾矿库隐患综合治理工程。

（七）发挥行业协会作用，加强企业自律行为

充分发挥行业协会桥梁和纽带作用，及时反映行业问题与企业诉求，为企业提供信息服务，引导企业落实国家政策，加强行业自律，维护市场秩序，提高行业整体素质。

附件：1. 工作任务分工及进度安排

2. 钢铁有色金属产业调整和振兴规划重点项目

附件 1：

工作任务分工及进度安排

序号	工作任务	牵头单位	参加单位	完成时间
1	加强政策引导，支持大型骨干企业多渠道融资，用好出口退税政策，扩大直购电试点范围	省发改委 省工信委 省商务厅 电监会兰州特派办	省政府国资委 省财政厅 省国税局 省地税局 兰州海关 省电力公司有关企业	2009—2010 年
2	加大资源开发的支持力度，优化资源配置	省国土资源厅	省发改委 省工信委 省财政厅 省商务厅 省安监局	2009—2010 年
3	推进企业兼并重组，提高产业集中度	省政府国资委	省工信委 省财政厅	2009—2010 年
4	加大关键技术及新应用领域开发的支持力度，推动品牌建设	省科技厅 省工信委 省质监局	省发改委 省财政厅	2009—2012 年
5	延伸产业链，发展循环经济	省工信委	省发改委 省环保厅	2009—2012 年
6	落实节能减排问责制，加快淘汰落后产能	省工信委	省环保厅 省发改委 省财政厅	2009—2010 年
7	发挥行业协会作用，加强企业自律行为	省冶金有色工业协会	各有关专业协会	2009—2012 年

附件 2：

钢铁有色金属产业调整和振兴规划重点项目

类别	实施内容
技术改造产能提升	酒钢集团冷轧工程，不锈钢二期炼钢专项工程，不锈钢二期酸洗中心，铁合金项目；金川公司铂族金属扩能改造项目，镍及镍合金线材生产线，镍及镍合金板带材生产线，高精度铜及铜合金板带生产线，高精度铜及铜镍合金管棒材节能降耗技术改造，镍精炼净液系统及电解镍节能降耗，金、银、硒扩能降耗技术改造，海绵钛冶炼工程；白银公司西北铅锌冶炼厂资源综合利用技术改造，自主知识产权白银闪速炼铜技术再创新，金银精炼技术提升，新型高精度有色金属精深加工产业化，有色金属延伸产品及新材料产业化，贵金属产品及制品延伸；中铝连城分公司淘汰落后小型预焙槽，环保节能技术改造项目，高精度板带箔用铝扁锭及工业交通用铝合金圆锭，合金化生产技术改造项目；华鹭铝业 155 kA 电解系列淘汰落后产能置换改造项目、利用电解铝液直接生产铸造铝扁锭铝合金和电工铝杆项目；东兴铝业铝铸轧卷二期项目；临洮铝业电解铝产能置换项目；成州矿冶建设 5 万吨钛锌板；甘肃稀土高性能稀土贮氢合金粉生产线扩产改造项目，高性能钕铁硼永磁材料生产线项目，高纯铈产品及铈基深加工生产线建设项目，高性能稀土发光材料（新型稀土节能灯粉）生产线建设
企业自主创新	酒钢集团难选矿选别工艺技术研究，自产精矿提质降杂工艺流程开发应用，优质高碳钢系列产品开发，专业用途钢板开发；金川公司研究开发冶炼熔融渣还原提铁生产含镍合金，电镀阳极材料，新能源材料及镍氢电池开发，粉体功能材料开发，镍铜及其合金压延加工系列产品的开发研究，镍铜钴化学品质量提升，金川公司矿山深部安全高效开采综合技术研究，金川公司贫矿资源开发技术研究，提高铜镍多金属硫化矿中有价金属回收率的选别技术研究，精炼工艺和装备提升研究，稀贵金属提取综合技术研究，羰化法冶金技术，镍钴冶金过程节能技术研究；中铝连城分公司高石墨质碳块在电解槽上的应用技术，阳极保护环优化技术，智能模糊控制技术，铝电解槽阴极 TiB 涂层材料的应用推广，高硫焦预焙阳极生产技术的应用研究；白银公司研究开发铜、铅、锌、镍、钴等有色冶金产生的废渣中有价金属的综合利用工艺，有色难选冶金属资源（低品位、成分复杂）高效回收工艺以及相关反应分离设备研制；成州矿冶围绕提高采矿回采率、选矿回收率、冶炼直收率和选冶产品主品位等开展技术创新
资源保障	酒钢集团完成桦树沟矿区改造，金川公司贫矿探矿生产。 黑山-公婆泉铁铜镍矿整装勘查，阿尔金山一带铜铁矿整装勘查，多尔诺尔-石板墩铁矿整装勘查，小柳沟钨钼铅锌整装勘查，夏河-合作地区铁铜金整装勘查，雪坪沟-温泉钼金钨铀整装勘查，代家庄-厂坝铅锌多金属矿整装勘查，崖湾-大桥金铜锑整装勘查，石鸡坝-阳山地区金锰矿勘查，梭梭泉-狼娃山一带铁钨金矿普查，白山-南泉一带钨普查，钼多金属矿普查，党河南山地区金铜矿普查，刃刚沟-塔尔沟一带铁银铜矿普查，错沟-九个泉一带铜矿普查，白银厂矿田深部及外围铜铅锌多金属矿普查，清水-张家川铜铁多金属矿普查，迷坝-南康-广金坝一带铜铁金多金属矿普查，筏子坝-阳坝一带铜金矿普查，龙首山铀铜镍矿普查，冷龙岭稀土钛铁铀矿普查
企业重组节能减排和循环经济	酒钢集团与太钢在资源不锈钢领域战略合作，酒钢集团整体上市；金川公司科技园上市，镍都实业公司上市；白银公司以铅锌生产系统培育上市主体；甘肃东兴铝业寻找战略投资者，加强与上下游企业的联合；甘肃稀土集团针对原料供应的瓶颈问题，完成同包钢集团以股权为纽带的联合重组。酒钢集团煤气资源优化利用工程，选矿工序强磁提质降杂建设工程，粉煤灰综合利用改扩建工程项目，矿渣资源综合利用项目；金川公司三厂区供热项目，利用冶炼熔融渣还原提铁生产含镍合金；白银公司废旧有色金属拆解回收利用基地，固体废弃物资源化综合利用，冶炼过程中间渣有价金属回收，燃煤锅炉节能改造及冶炼，供热系统余热余压综合利用，热电联产项目；中铝连城公司工业废（污）水零排放项目，集中供热改造工程，供水系统改造工程；甘肃稀土窑炉系统节能改造项目，稀土厂区能量系统优化工程项目，工业锅炉节能改造项目，氯碱生产能量系统优化工程，小柳沟（钨）钼多金属矿综合开发与保护示范工程，方山口钒磷铀（稀土）资源综合利用与保护示范工程
灾后重建	酒钢集团榆钢公司支持地震灾区恢复重建项目，白银公司厂坝李家沟铅锌矿采选系统灾后重建

甘肃省人民政府办公厅关于贯彻落实制止钢铁电解铝水泥行业盲目投资若干意见的通知

甘政办发[2004]12号

各市、自治州人民政府，陇南行署，省政府有关部门：

为了认真贯彻落实《国务院办公厅转发国家发展改革委等部门关于制止钢铁电解铝水泥行业盲目投资若干意见的通知》（国办发[2003]103号）和“国务院严格控制部分行业过度投资电视电话会议”精神，做好我省钢铁、电解铝、水泥行业建设项目的清理工作，促进工业结构的合理调整，现将有关事项通知如下：

近年来，我省钢铁、电解铝、水泥行业有了较快发展，已成为拉动全省经济增长的重要力量。但从控制过度投资、调整和优化工业结构的角度来看，还存在着一些问题。一是钢铁工业虽然有一定规模，但产品结构调整的步伐还较慢，仍以普通线材和中板为主，并面临资源、市场等方面的制约，同时个别地方“地条钢”的生产尚未杜绝。二是电解铝总生产能力中尚有一定量的自焙槽有待改造，由于氧化铝价格的上涨和电价的调整，今后进一步发展的难度将加大。三是水泥工业受地理、交通和资金等因素的影响，一些小水泥和立窑等落后生产工艺仍未淘汰。对于上述问题，各地、各部门和有关企业必须高度重视，采取有效措施加以解决。

一、认真做好项目清理工作。由省发展计划委会同省经贸委、省国土厅、省环保局、省质监局、省工商局等部门，组织联合检查组，对钢铁、电解铝、水泥行业近年来已建、在建和拟建的项目进行一次全面清理，进一步做好淘汰落后生产工艺工作。各地和有关企业要积极配合，做好自查和清理。对清理工作中发现的问题要妥善处理。

二、严格项目管理。各级计划、经贸部门要认真履行职责，按照市场准入条件，严把项目审批关。各级环保、国土、工商等部门要依法加强监管。凡不符合产业政策和发展规划的钢铁、电解铝、水泥项目，国土资源部门不得办理建设用地和采矿许可手续，环境保护部门不得办理环评批复手续，不准核发排污许可证，工商部门不予颁发营业执照，质监部门不得发放生产许可证。

三、加强产业政策和规划引导。要根据走新型工业化道路的要求，按照国家产业政策，认真研究和分析市场，注重发挥比较优势，制定科学合理的发展规划，加快我省钢铁、电解铝、水泥行业的产品结构调整。通过清理整顿，推进企业联合重组，提高产业集中度，引导行业有序发展，避免低水平重复建设。要正确引导地方和企业加快发展的积极性，推动钢铁、水泥、电解铝产业结构的调整和升级，促进我省工业健康、快速、协调发展。

十九、陕西

陕西省钢铁产业调整和振兴规划实施方案

2009 年 4 月 20 日

钢铁工业是国民经济支柱产业，也是我省重点扶持的产业之一。为确保我省钢铁产业平稳运行，现根据国家钢铁产业调整和振兴规划精神，特制定此实施方案。

一、产业现状及面临的形势

（一）发展概况

2008 年全省钢铁工业产值 319 亿元，占全省工业产值的 4.4%，钢铁总产能 650 万吨，年产粗钢 300 万吨，钢材 500 万吨，在满足省内市场需求方面发挥了重要作用。近几年通过实施结构调整，分别淘汰落后炼铁、炼钢能力 206 万吨和 88 万吨。同时加快技术改造，提升现有装备技术水平，节能减排初见成效。

我省铁矿石资源主要集中在商洛及汉中地区，保有储量 5.78 亿吨，其中工业保有储量 4.23 亿吨，为发展钢铁工业提供了资源保障。

（二）存在问题

装备水平低。目前龙钢、汉钢、略钢三家企业共有高炉 12 座，平均容积 486m^3，转炉 7 座，平均炉容 56 吨，与全国大中型钢铁企业平均高炉容积 800m^3、转炉平均炉容 85 吨相比，明显落后。

产业规模小。2008 年全省粗钢、钢材产量分别为 305 万吨、501 万吨，生产能力分别为 650 万吨、750 万吨，在国内各省市排名第 27 位，产业规模在全国所占比重仍不足 1%。现有钢铁企业产能均未达到《钢铁产业发展政策》中要求的 500 万吨以上水平。

产品结构单一。我省目前生产的钢材产品 80%属于普通建筑用材，其余均为热轧窄带材。钢种为碳素结构钢和低合金钢，没有优特钢品种。产品技术含量不高、附加值低，使得我省钢铁企业税后利润率远低于国内大中型钢铁企业平均水平，缺乏参与国内大钢铁市场竞争的实力。

（三）面临形势

受国际金融危机影响，全球钢材需求大幅下降，国内钢材价格也因需求减少出现急剧下跌，我省钢铁企业被迫采取停产检修的方法限制产量减少亏损。在全国钢铁产业集中度大幅提高、大型钢铁集团占绝对优势的形势下，我省钢铁企业不仅要应对国际金融危机造成的利润锐减、资金短缺等困难，还面临着淘汰落后产能标准不断提高、市场竞争加剧的严峻局面。近期，随着国家拉动内需加大固定资产投资力度等政策的出台，国内钢材市场需求增加，价格有所回升，钢铁生产形势有所好转。因此我省钢铁产业应抓住新一轮大调整的历史机遇，加快兼并重组，淘汰落后产能，提升装备水平，优化产业结构，实现产业升级。

二、指导思想基本原则和目标

（一）指导思想

按照钢铁产业发展政策的总体要求，依托省内铁矿资源，以市场为导向，以控制总量，淘汰落后，企业重组，技术改造为重点，着力推动钢铁产业结构调整和优化升级，不断增强产业发展后劲，实现钢铁产业发展与资源、环境、生态相协调。

（二）基本原则

坚持“以矿定产”与灾后重建相结合。按照国家内陆省份“以矿定产”的钢铁产业发展政策精神，充分利用我省铁矿石资源，结合灾后重建，实现统筹开发，提高矿石自给率。

坚持联合重组与体制创新相结合。通过体制创新，消除影响企业重组的财税利益分配、资产划拨、债务核定和处置等体制性障碍，以优势企业为龙头，以资产为纽带，推进现有钢铁企业联合重组，培育大型钢铁集团。

坚持结构调整与产业升级相结合。加快实施“压小上大”，在淘汰落后产能的同时，推进优特钢项目建设，提高技术装备水平，实现结构优化、产业升级。

坚持自主创新与技术改造相结合。培育企业原始创新、集成创新和引进消化吸收再创新能力，积极采用国际国内先进成熟的工艺技术，加大技术改造力度，增加自主研发能力，提高产品质量、提升产品附加值。

（三）调整和振兴目标

1. 淘汰落后产能有新突破。按照国家钢铁产业调整和振兴规划提出的淘汰落后产能新标准，进一步加大我省淘汰落后钢铁产能工作力度。到 2011 年淘汰全部 400 m^3 以下高炉、30 吨以下转炉和电炉，2015 年淘汰全部 1 000 m^3 以下高炉及相应炼钢产能。

2. 产业结构进一步优化。通过技术改造，全面提升钢铁企业装备水平。到 2011 年，高炉有效容积达到 1 000 m^3 以上，转炉公称容量达到 120 吨以上，电炉公称容量达到 70 吨以上。优特钢产能达到 20%以上，板带比达到 30%以上。

3. 企业重组取得重大进展。在支持省内钢铁企业加快开展联合重组的基础上，积极引进国内大型钢铁企业集团，结合搬迁改造，实施跨区域、跨所有制重组，整合我省钢铁产业，整体提升我省钢铁产业装备水平和竞争实力。

4. 节能减排取得明显成效。通过加大技术改造力度，提高技术装备水平，实现钢铁行业技术经济指标全面提升。吨钢综合能耗不超过 620 千克标准煤，吨钢耗用新水量低于 5 吨，吨钢烟粉尘排放量低于 1.0 千克，吨钢二氧化碳排放量低于 1.8 千克，二次能源基本实现 100%回收利用，冶金渣近 100%综合利用，污染物排放浓度和排放总量双达标。

5. 资源保障能力进一步提高。要加大铁矿资源勘探力度，合理配置与开发铁矿资源，增加资源储备，加强对共、伴生矿资源开发和综合利用，力争到 2011 年铁矿石自给率达到 50%。

三、产业调整和振兴重点

（一）加快联合重组，提升整体实力

充分发挥我省矿产资源、能源、交通、市场等优势，推进钢铁工业的结构调整工作，稳定生产和市场，发展经济，支持灾后恢复重建工作。以优势企业为龙头，以现有钢铁企业为基础，推进钢铁产业的整合重组，组建陕西钢铁股份公司，实现省内钢铁企业的全面联合。同时积极引进战略投资者对我省钢铁产业进行重组，淘汰落后产能，加大技术改造，更新装备，提升水平。整合全省铁矿资源，推动钢铁产业结构的有序调整和稳步发展。

（二）优化布局，建设两大基地

1. 加快建设韩城钢铁产业基地。以龙钢为依托实施改造和产能置换，积极推进龙钢炼铁、炼钢和轧钢系统的技术改造，完善精料入炉、富氧喷煤、铁水预处理、炉外精炼、连轧、控轧和控冷等先进工艺。加快建设 2×1 280 m^3 高炉、3×120 t 转炉、2×100 t 超高功率电弧炉、100 万吨/年全连轧棒材项目。延伸产业链，配套建设建筑钢材、板带材、优质中小型材等项目，构建陕西乃至西北地区高强度抗震建筑钢材生产基地。

2. 全力打造汉中钢铁产业基地。支持汉钢、略钢按照灾后重建规划，在推进企业联合重组的基础上加快淘汰落后产能，通过实施 2×2 500 m^3 高炉、2×200 t 转炉、2×150 t LF 炉外精炼炉、100 万吨/年棒材、80 万吨/年高频焊管、100 万吨/年中厚板、30 万吨/年不锈钢炼轧等生产线建设项目，完成炼铁、炼钢、轧钢生产系统工程改造。重点发展合金钢、弹簧钢、优质结构钢、工模具钢等产品，建设新型优特钢生产基地。

（三）依据市场需求，调整产品结构

支持钢铁企业发展高技术含量、高附加值的特种深加工钢材及其延伸产品，满足我省国防工业和装备制造业发展需求。增加省内重点建设项目急需产品的生产，压缩市场长线产品产能，实现产品结构多元化发展。

（四）加快技术改造，发展循环经济

通过龙钢 120 万吨/年超细粉生产线、钢铁系统改造污水处理、汉钢公司钢渣循环回收处理、3×10 万 m^3 煤气储柜及发电、150 万吨焦化化产回收等项目的建设，全面提升我省钢铁行业技术经济指标、提高企业节能减排水平。力争在五年内我省钢铁企业主要经济技术指标达到国内大中型钢铁企业平均水平。

（五）加快资源勘探，提高保障能力

1. 优化低品位菱铁矿采选技术，加大大西沟铁矿开发力度。加快实施大西沟铁矿开采 800 万吨/年工程项目建设，努力提高资源回收与综合利用率，力争三年内大西沟菱铁矿采选总能力达到 1 000 万吨/年，铁精矿产量达到 300 万吨/年。

2. 加快汉中铁矿资源开发，保障灾后重建需要。加快实施黑山沟铁矿、鱼洞子铁矿及杨家坝铁矿改扩建工程项目，力争 2011 年汉中地区铁精矿产量达到 200 万吨/年以上。此外，加快对木龙沟、阁老岭等已有矿山的节能挖潜，改善资源供给紧缺局面。

3. 推进安康旬阳小金河铁矿的综合开发利用。加快建设小金河磁铁矿 800 万吨/年生产线、120 万吨/年球团铁、60 万吨/年海绵铁生产线项目。

四、政策措施

（一）全面执行国家钢铁产品进出口税收政策

认真落实国家提高部分钢铁产品出口退税率、加快出口退税进度、确保及时足额退税的措施，严格执行国家正在制定的公平贸易政策。

（二）加大技术进步及技术改造投入

积极争取中央预算内基本建设投资中列支的专项资金。同时在省内现有的产业引导资金、节能资金、陕南突破发展资金等专项资金中，以贷款贴息形式支持联合重组的钢铁企业开展技术改造、技术研发和技术引进，推动钢铁产业技术进步，调整品种结构，提升钢材质量。

（三）完善落后产能退出机制

加大淘汰落后产能的财政奖励力度，支持钢铁企业在淘汰落后产能过程中妥善解决职工安置、企业转产、债务化解等问题，促进社会和谐稳定。省工业和信息化厅会同有关部门，加强对淘汰落后产能工作的监督检查，定期向国土资源、金融、环保、工商、质检等部门通报淘汰落后企业名单。各有关市政府要按照与省政府签订的责任书要求，按期完成淘汰落后产能任务。

（四）完善企业重组支持政策

贯彻落实国家鼓励钢铁企业兼并重组的政策措施，妥善解决富余人员安置、企业资产划转、债务核定与处置、财税利益分配等问题，对大型企业跨省（区、市）重组后的改扩建等项目优先进入规划，并加快上报核准。将灾后产业重建资金中预留的4.6亿元专项用于汉中钢铁产业整合。

（五）加快产业集群的培育和发展

通过兼并、重组、股份制改造、组建上市公司等手段，实施大公司、大集团战略，努力提高产业集中度。并以龙头企业为核心，积极向周边地区辐射发展，延伸产业链，带动相关配套产业发展，实现规模生产和经营，促进钢铁产业集群发展，增强国内市场的竞争力。

（六）实现钢铁与相关产业协调发展

促进装备、汽车、家电等相关产业发展，带动钢铁产品消费和产业升级。加强钢铁新技术、新产品研发，适应和促进上下游及相关产业升级和产品换代。鼓励和支持钢铁企业与相关领域用钢企业开展合作，实现协调发展。

（七）继续实施有保有压的融资政策

加大对钢铁重点骨干企业的金融支持力度，对符合环保、土地法律法规以及投资管理规定的项目，以及实施并购、重组、“走出去”、技术进步的企业，在发行股票、企业债券、公司债、中期票据、短期融资券以及银行贷款、吸收私募股权投资等方面给予支持。防范大型骨干企业资金断链风险，必要时给予贷款贴息支持。对违法违规建设、越权审批的项目和产能落后企业，继续实施融资限制等措施。

（八）推广使用省产钢材

建立省产钢材商业储备及政府采购的长效应急机制，增强省内钢铁企业抗风险能力及融资能力。积极推进省级重点建设项目按照招投标法的规定，优先使用省产钢材。

（九）加强矿产资源保障与开发

鼓励省内钢铁企业积极投资矿山资源勘探，加强对共生矿、伴生矿产资源的勘探、开发和综合利用，省级地勘资金适当向铁矿资源开发倾斜。推进现有矿山的深部开拓，充分利用低品位矿和尾矿，提高资源综合利用水平。禁止大矿小开和乱采滥挖，防止资源浪费和生态破坏。严格矿权管理制度，促进省内铁矿资源整合，将铁矿资源优先配置给省内整合后的钢铁企业集团。

（十）发挥行业协（商）会作用

行业协（商）会要及时反映行业问题和企业诉求，为企业提供信息服务，引导企业落实国家产业政策，加强行业自律，提高行业整体素质。

五、规划实施

省政府各有关部门要按照《实施方案》分工，加强沟通协商，密切配合，尽快制订和完善各项配套政策措施，确保实现钢铁产业调整和振兴三年目标。要建立部门联合发布信息制度，适时向社会发布产业调整和振兴的有关信息。有关部门要适时开展《实施方案》的后评价工作，及时提出评价意见。

各有关市要按照《实施方案》确定的目标、任务和政策措施，结合当地实际，抓紧组织落实，确保取得实效。各有关市要将具体工作方案和实施过程中出现的新情况、新问题及时报送省发展改革委、省工业和信息化厅。

陕西省人民政府办公厅关于认真贯彻国务院精神严格控制钢铁电解铝水泥行业过度投资的通知

陕政办发[2004]23 号

各市、县、区人民政府，省人民政府各有关工作部门、直属机构：

最近，国务院办公厅转发了国家发展改革委等部门《关于制止钢铁电解铝水泥行业盲目投资若干意见的通知》（国办发[2003]103 号），并召开“全国严格控制部分行业过度投资电视电话会议”，要求严格控制钢铁水泥电解铝等行业过度投资。为贯彻国务院精神，经省政府同意，现就有关问题通知如下：

一、加强产业政策和规划指导

各市（区）、各有关部门要按照国家制定的钢铁工业、铝工业、水泥工业产业政策，从当地资源、能源、市场的实际出发制定发展规划，引导产业结构调整和升级，及时调整战略布局，推进企业联合重组，切实制止低水平重复建设。有关部门和行业协会要建立和完善市场信息发布制度，及时发布相关产品以及矿石、焦煤等重要原燃料市场供求状况、生产能力及价格变化等方面的信息，引导地方和企业的投资方向。

二、严格市场准入管理

鉴于目前钢铁、电解铝生产能力过剩的矛盾日益突出，原则上不再批准新建项目，确有必要的，须按国办发[2003]103 号文件规定的准入条件，经过充分论证和综合平衡后，报国家有关部门审批。鼓励地方和企业以淘汰落后的水泥生产方式，发展新型干法水泥，重点支持在有资源的地方建设日产 4 000 吨及以上规模新型干法熟料基地项目，严禁地方各级政府越权、违规审批。对违规项目，工商行政管理部门不予登记，质检部门不得发放生产许可证，否则，将追究有关领导的责任。对按规定程序批准并已开工建设的项目，要按照国家规定的市场准入条件积极进行调整。现有生产企业也要通过技术进步、提高装备水平逐步达到国家规定的条件。

三、强化环境监督和执法

加强对钢铁、电解铝、水泥生产企业执行环保标准情况的监督检查，环保部门要定期发布环保不达标生产企业的名单并上报国家环保总局，对达不到排放标准或超过排污总量指标的生产企业实行限期治理，在治理期间，要按标准限产限排，限期治理不合格的要给予停产或关闭处理。对未按法定程序报批环境影响报告书，擅自开工建设的项目，要依照有关法律法规进行严肃处理。

四、加强用地管理

由国土资源行政主管部门牵头会同有关部门，按照国务院关于进一步治理整顿土地市场秩序的统一部署和要求，对 2000 年以来新建、扩建（改建）钢铁、电解铝、水泥企业的用地情况进行一次检查。对未经依法批准擅自占地开工建设的，要停止建设，并依法收回土地，不能收回的，要依法进行处罚。

五、加强资源管理

矿产资源管理部门要严格依法审批采矿权和颁发采矿许可证。要在保护生态环境的前提下，确保矿产资源开采布局合理，制定和完善在矿山开发中的环境保护、土地复垦和生态恢复的政策和措施。企业要综合利用和节约资源，加快推行清洁生产。

六、强化信贷管理

各金融机构要强化信贷审核，对于盲目投资、低水平扩张、不符合产业政策和市场准入条件，以及未按规定程序审批的项目，一律不得贷款，已发生贷款的要采取适当方式纠正。

七、做好项目清理工作

全省各级政府和有关部门要提高认识，严格履行职责，按照国务院严格控制部分行业过度投资的总体要求，尽快组织力量，对钢铁、电解铝、水泥投资建设项目进行认真清理，并按国办发[2003]103 号文件规定进行处理。省政府将派出检查组，检查各地贯彻落实情况。

二十、青海

青海省人民政府关于印发钢铁产业调整和振兴实施意见的通知

西宁市、各自治州人民政府，海东行署，省政府各委、办、厅、局：

现将《青海省钢铁产业调整和振兴实施意见》印发给你们，请认真贯彻执行。

青海省人民政府

二〇〇九年六月二十五日

青海省钢铁产业调整和振兴实施意见

为深入贯彻落实国家钢铁产业调整和振兴规划，以当前钢铁产业技术升级和结构调整为契机，充分发挥自身优势，加快发展规模适当、结构合理、特色鲜明的钢铁产业，促进铁合金产业持续健康发展，制定本实施意见。本意见实施期限为2009—2011年。

一、发展目标和要求

到2011年，钢铁产业基本形成规模适度扩大、布局基本合理、产品特色突出、企业竞争能力和抗风险能力明显提高的发展格局。推进技术进步和技术创新，提高高纯度和复合铁合金产品产量，满足钢铁、有色、化工、电子等行业的需求。

立足现有资源条件和产业基础，优化品种结构，提高产品档次，增强创新能力，优化产业布局，实现产业转型升级。做强、做专特钢产品，适度发展普通钢材，积极发展还原铁及不锈钢产品；合理控制铁合金总量，淘汰落后产能，努力推动钢铁、铁合金产业实现一体化、集约发展及资源循环利用。

二、主要任务

依托海西丰富的铁矿资源及省内现有钢铁及铁合金产业基础，按照现代化、集约化、规模化的标准，适度扩大钢铁产业规模，做专、做精、做强特钢产业，提高铁合金产业集中度，大力提升资源综合利用及节能降耗水平。

（一）加强矿山建设，提高铁精粉产量。重点支持格尔木肯德可克、野马泉和尕林格500万吨铁矿采选工程以及海北等地的铁矿采选工程；支持有色金属尾矿生产铁精粉和硫酸的综合利用项目；实现全省铁精粉300万吨以上的生产能力，为全省钢铁工业发展提供原料保证。

（二）做专、做精、做强特钢产业。在现有100万吨特钢生产能力基础上，持续加大技术改造投入力度，提高装备水平和管理水平、加强市场调研、加快产品结构调整，重点研发生产国内需求大的轴承、齿轮、工模具、耐热、耐冷、耐腐蚀等高附加值特钢产品。

（三）适当发展普通钢材。实施格尔木100万吨还原铁或200万吨钢铁产业一体化项目，重点生产青藏两省区短缺的建筑用钢材，适时发展冷轧板、无缝管、冷弯型钢等产品。

（四）加快建设不锈钢项目。充分利用国内外及我省镍矿资源，结合我省水电优势，支持具备实力和有条件的企业建设金属镍及分阶段实施100万吨不锈钢项目；积极发展不锈钢深加工产业，培育、引进下游制品企业，促进初级产品就地加工升值。

（五）推进铁合金行业健康有序发展。严格执行铁合金行业准入条件和省内相关产业政策，控制铁合金生产规模，加快淘汰矿热炉容量12 500 kVA以下落后产能，提高产业集中度，积极推广精料入炉、余热发电、炉渣综合利用等铁合金生产新技术。

三、产业布局

充分考虑水、电、气、路等各类生产要素的供给能力以及环境、资源的承载能力，集中布局在西宁、海西地区，其他地区依托自身的资源优势，适度发展黑色金属采选业。

四、主要措施

（一）加强宏观调控，完善项目管理。严格执行国家钢铁及铁合金产业发展政策，严格项目管理。加快淘汰落后钢铁、铁合金产能，有效防止低水平重复建设。

（二）加快资源勘查，推进基础设施建设。重点围绕海西州东昆仑西段地区、都兰地区以及青藏铁路沿线西藏境内当曲、碾廷矿区、青新交界地区，加快铁矿资源勘探进度，提高勘查工作程度，为产业发展提供可靠的资源保障和储备；肯德可克、野马泉和尕林格及青新交界处矿区建设要与相关的拟建铁路、公路网规划相衔接，加大各资源开发地基础设施建设力度，鼓励有实力的企业积极进行省外、国外铁矿资源的合作与开发。

（三）加大节能降耗工作力度，提高资源综合利用水平。积极推进钢铁冶炼企业节能减排，鼓励采用有利于节约能源、资源、运力的集约化工艺流程，大力推广高炉、转炉、焦炉煤气回收发电及余压发电装置；建立和完善污水处理和再生利用系统，推行节约用水技术改造，实现水资源循环利用；加强烟尘、粉尘、废渣等废弃物的综合利用。钢铁企业吨钢综合能耗低于0.7吨标煤，吨钢耗新水低于6吨，水循环利用率达到95%以上，煤气、炉渣、钢渣的综合利用率达到95%以上，主要污染物排放全部达标。

（四）控制铁合金总量，加快淘汰落后产能。严格控制新增产能，所有项目必须以淘汰落后为前提。在执行国家现行产业政策的基础上，提高淘汰标准，坚决淘汰高耗能限制类产能。以节能降耗、减少污染、综合利用为重点，推广炉外精炼新工艺、精料入炉技术、矿热炉低压补偿技术、硅微粉回收和综合利用技术以及煤气回收、冶炼炉渣回收及湿法冶炼废渣综合利用等铁合金生产技术。鼓励支持现有铁合金企业进行余热回收技术的开发和推广应用。

（五）加强技术创新，促进新技术推广。加强对难采、难选、低品位铁矿采选技术研发的支持力度，提高我省贫矿资源综合利用能力和水平；支持企业积极引进熔融还原铁的技术；鼓励铁合金企业采用余热回收技术，全面提升我省铁合金行业技术装备水平。鼓励现有铁合金企业按照产业政策要求，开发生产硅铝钙、硅钙钡铝等包芯线产品，以及化学级、太阳能级工业硅产品和其他特种铁合金产品等。

（六）推动企业联合，提高产业集中度。采取“走出去、请进来”的方式，以资本、资源、产业链为纽带，积极参与国内钢铁行业的联合与重组，提高产业集中度，形成具有一定竞争力的企业集团；按照市场原则，以现有的企业为基础，推动西宁、海东等地铁合金企业整合，形成有规模、有比较优势的企业集团。并推动与钢铁企业上下游结合。

五、主要政策

（一）认真落实国家各项政策措施。积极衔接国家有关部委落实扩大内需政策、钢铁产业调整振兴规划和支持青海等省藏区经济社会发展政策，将我省钢铁产业列入国家产业规划和重大产业布局；做好项目储备，积极争取国家项目贴息、补助、投资和技术改造资金；全省各相关部门要进一步加强沟通协调，切实做好国家政策的落实工作。

（二）修订和完善产业政策。抓紧制（修）订钢铁及铁合金产业质量标准、行业准入和支持新技术发展等产业政策，建立有效的激励和约束机制，重点提高技术装备、能耗、水耗、污染物排放、资源综合利用等准入条件，促进钢铁及铁合金产业健康发展。

（三）加大财税政策支持力度。加大财政对技术进步及技术改造投入力度，重点用于项目前期、自主创新和技术进步、技术改造贴息和节能减排等方面，同时引导企业加大投入，加快产业升级和转型；促进高品质特钢新产品的开发、推进低品位铁矿的利用、推动直接还原铁的发展；积极做好企业所得税、增值税等国家税制改革相关配套政策的实施工作，确保各项优惠政策落实到位；结合国家制定的支持产业发展税收政策和我省实际，研究制定相关财税配套政策，支持重点产业发展。

（四）加强金融服务与支持。金融部门要主动加强与企业的沟通和协调，做好金融服务工作；加大对重点技术改造、节能技术改造、节能减排和重点项目建设的信贷支持，保证项目建设。

（五）完善落后产能退出机制。支持钢铁企业在淘汰落后产能中妥善解决职工安置、企业转产、债务化解等问题，促进社会和谐稳定。同时，对采用新技术进行节能技术改造的项目给予贴息或投资补助。严格实行节能减排、淘汰落后问责制，加强对淘汰落后产能工作的监督检查，对不符合规定，属于高耗能、高排放的项目，各部门不予办理任何手续。

六、组织实施

省经委对本意见的实施负总责，建立联席议事会议制度，负责实施中的协调工作。

各有关部门要按照本意见分解任务，制定具体措施，加大协调配合力度，提高工作效率，转变服务理念，强化监督，积极为意见的顺利实施创造良好的环境。

各地区要按照实施意见确定的目标、任务和政策措施，结合当地实际制定具体落实方案，确保取得实效。具体工作方案和实施过程中出现的新情况、新问题及时送省经委等有关部门。

附件：有关部门工作分工及进度安排表（略）

青海省人民政府办公厅关于严格控制部分行业过度投资有关问题的通知

青政办[2004]26号

西宁市、各自治州人民政府，海东行署，省政府各委、办、厅、局：

为贯彻落实《国务院办公厅转发发展改革委等部门关于制止钢铁电解铝水泥行业盲目投资若干意见的通知》（国办发[2003]103号）和“国务院严格控制部分行业过度投资电视电话会议”精神，遏制部分行业过度投资和低水平重复建设，促进我省相关行业的健康有序发展，现将我省开展严格控制部分行业过度投资工作的有关事项通知如下：

一、制止钢铁、电解铝、水泥行业过度投资是党中央、国务院加强和改善宏观调控，保持国民经济平稳较快发展的重要举措。各地区、各部门要切实领会精神实质，以科学的发展观为指导，正确把握调控重点，处理好全局和局部、当前和长远以及改革、发展和稳定的关系，确保此项工作平稳有序地进行。

二、各地区、各部门要进一步转变政府职能，坚持依法行政，按市场规律办事。加强与企业的沟通，主动为企业服务。行业协会和中介组织要建立和完善市场信息发布制度，正确引导投资方向和企业的生产经营活动，帮助企业提高对市场风险的认识。按照规范支持、协调、优化的原则，根据发展规划、产业政策进行优化整合，扶优限劣，促进相关行业规范、健康发展。

三、各有关地区和部门要按照国家有关会议和通知要求，认真负责地抓好此项工作。对2000年以后审批和建设的钢铁工业项目，2002年4月以后审批和建设的电解铝工业项目和2002年以后审批和建设的水泥项目进行认真清理整顿。对现有项目从审批、资源、资金、土地、质监、环保等方面进行认真清理，对项目在审批、建设过程中发生的违法违规问题，要提出切实可行的整改措施。该下马的坚决下马，该停建的坚决停建，该限产的坚决限产。

四、清理整顿工作由省人民政府统一领导，省计委、省经贸委进行综合协调，其他各部门积极配合。各相关地区和部门要将清理整顿意见和结果按原审批渠道，于2004年2月17日前，分别上报省计委和省经贸委，由省计委牵头汇总后于2月25日前报省人民政府。在检查过程中如发现有执行不力或隐瞒情况不报者，将予以严肃处理。

五、由省计委牵头会同省经贸委、省财政厅、省建设厅、省国土厅、省环保局、省质监局等部门及有关金融单位成立联合工作组，督促工作进展，检查各地贯彻落实本通知精神的情况，并负责做好迎接国务院检查组的各项准备工作。

青海省人民政府办公厅

二〇〇四年二月十二日

二十一、新疆

新疆维吾尔自治区人民政府关于清理固定资产投资项目的通知

新政办发[2004]105 号

伊犁哈萨克自治州，各州、市、县（市）人民政府，各行政公署，自治区人民政府各部门、各直属机构：

为了进一步加强宏观调控，国务院决定开展固定资产投资项目清理工作。2004 年 4 月 30 日，国家发展和改革委员会召开电视电话会议，对贯彻落实国务院办公厅通知精神清理固定资产投资项目工作进行了安排和部署。为认真做好自治区固定资产投资项目清理工作，确保按期完成任务，现将有关事宜通知如下：

一、清理工作的指导思想和原则

（一）清理工作要贯彻落实科学发展观，把思想统一到中央的决策和部署上来。通过这次清理，各地州市、各部门要把工作的着力点切实转到提高经济增长的质量和效益上来，坚决克服相互攀比、盲目上项目、铺摊子的现象。

（二）清理工作依据现行的法律、行政法规和国家政策进行。主要按照国家产业政策和行业规划、土地管理、环境保护、银行信贷、项目审批等方面的法规和政策，国务院关于控制钢铁、电解铝、水泥以及党政机关办公楼和培训中心、城市快速轨道交通、高尔夫球场建设等通知的要求进行清理。对不符合要求的项目要采取措施，该停止建设的要停止建设，该限期整改的要限期整改。

（三）清理工作要坚持突出重点，分类指导，区别对待。对技术含量低、明显超出市场需求、不符合结构调整要求的项目，特别是盲目投资和低水平重复建设的高耗能、高耗水、高物耗、污染严重的项目，要坚决压下来。对技术含量高、符合结构调整要求的项目及需要加强的农林水利、生态环境建设、基础设施、社会事业等薄弱领域的项目，继续给予支持。

（四）清理工作按照项目隶属关系进行。自治区计委负责清理的组织工作，并与经贸委、建设厅、国土资源厅、监察厅、审计厅、环保局、统计局、人民银行乌鲁木齐中心支行、新疆银行监督管理局等部门按照各自分工，加强对清理工作的督导和检查。

二、清理的范围

各地州市、各部门和各有关单位要对所有在建、拟建项目进行一次全面清理、审核。在建项目是指已开工建设的项目；拟建项目是指项目单位已提出申请，政府部门正在受理且尚未开工的项目。

清理重点：（1）钢铁、电解铝、水泥以及党政机关办公楼和培训中心、城市快速轨道交通、高尔夫球场、会展中心、物流园区、大型购物中心等项目；（2）2004 年以来新开工的所有项目。

农林水利（含农村“六小”工程）、生态建设、教育（不含大学城）、卫生、科学（不含科技园区）项目不在此次清理范围内。

三、清理的内容

清理中要对在建、拟建项目逐个进行审核，清理的内容是：

（1）是否符合国家产业政策和行业规划。

（2）是否符合土地利用总体规划并纳入土地利用年度计划。

（3）是否符合国家环境保护的有关规定并通过环境影响评价。

（4）是否符合城市总体规划。

（5）是否符合项目审批等各项建设程序。

（6）是否符合信贷政策和固定资产贷款的有关规定。

（7）是否符合《国务院办公厅转发发展改革委等部门关于制止钢铁电解铝水泥行业盲目投资若干意见的通知》（国办发[2003]103 号）、《中共中央办公厅、国务院办公厅关于继续从严控制党政机关办公楼和培训中心项目建设的通知》（中办发[2003]3 号）、《国务院办公厅关于加强城市快速轨道交通建设管理的通知》（国办发[2003]81 号）、《国务院办公厅关于暂停新建高尔夫球场的通知》（国办发[2004]1 号）的要求。

（8）是否属于《国务院办公厅关于严格禁止违规建设 13.5 万千瓦及以下火电机组的通知》（国办发明电[2002]6 号）、原国家经贸委《淘汰落后生产能力、工艺和产品的目录（第一、二、三批）》（国家经贸委令第 6 号、16 号、32 号）规定范围内的项目。

（9）是否符合与项目建设有关的其他法律、行政法规和国家政策。

四、清理后的处理

（1）对国家明令禁止建设的、违反土地管理法等有关法律、行政法规和国家政策的在建项目，要停止建设。

（2）对不符合环保规定、城市规划、项目审批等建设程序以及信贷政策等要求的在建项目，要暂停建设，限期整改。

（3）对符合法律、行政法规和国家政策要求的在建项目，要在落实好项目建设条件的基础上，合理安排建设进度。

（4）对不符合法律、行政法规和国家政策要求的拟建项目，一律取消立项，严禁擅自开工建设。

（5）对钢铁、电解铝、水泥项目，年内原则上不再开工新项目。个别调整优化结构的重大项目，确需今年开工的，须报国家批准。

五、工作方式

（1）自治区有关部门和单位负责清理直属项目；各地州市负责清理本地所属项目。

（2）清理工作由自治区计委牵头，经贸委、建设厅、国土资源厅、监察厅、审计厅、环保局、统计局、人民银行乌鲁木齐中心支行、新疆银行监督管理局等部门参加，组成工作班子，下设办公室，负责落实清理工作。

（3）自治区计委负责具体组织和督促落实清理工作，并从国家产业政策、行业规划、项目审批程序等方面对清理工作进行督导和抽查。国土资源厅、建设厅、环保局分别从土地管理、城市规划、环境保护等方面进行督导和抽查；新疆银行监督管理局从信贷政策和固定资产贷款规定方面进行督导和抽查，并负责落实对城市建设打捆项目贷款的抽查。

六、工作进度要求

（1）各地州市、各部门和各有关单位要高度重视，加强领导，主要负责同志要亲自挂帅，抽调人员组成临时机构，明确责任，制定周密工作方案，从速组织开展项目清理工作。

（2）各地州市、各部门和各有关单位的清理工作要在 6 月 25 日前完成，并将清理结果和处理措施报自治区计委。

1. 清理范围内所有在建、拟建项目的清理结果和处理措施。

2. 对重点清理的项目中总投资 1 000 万元及以上的项目，以及清理的其他项目中总投资 3 000 万元及以上的项目，按项目提出停止建设、暂停建设限期整改、取消立项和符合要求的处理意见。

（3）各地州市、各部门和各有关单位的清理工作结束后，自治区将对清理情况进行抽查。抽查工作结束后，自治区计委会同有关部门形成清理报告上报自治区人民政府审定。

（4）各地州市、各部门和各有关单位要从大局出发，切实做好清理工作，如实上报清理结果，防止出现地方、行业保护主义。特别要妥善处理好项目停止或暂停建设后可能出现的问题，制定预案，做好善后工作。对弄虚作假、有意隐瞒不报的，对因工作原因造成停止或暂停建设后出现新的不良后果的，一经查实，要追究有关领导的责任。

（5）清理固定资产投资项目，政策性强，涉及面大，自治区各部门要认真履行职责，密切配合，加强沟通，及时发现并协调解决清理工作中的突出问题。重大问题要向自治区人民政府报告。

二〇〇四年六月十日

第三部分

通用法律法规和标准目录

一、国家法律法规、规章、标准

（一）法律法规

（1）《危险化学品安全管理条例》（中华人民共和国国务院令第 591 号，2011 年 2 月 16 日修订通过，2011 年 12 月 1 日起施行）

（2）《规划环境影响评价条例》（中华人民共和国国务院令第 559 号，2009 年 8 月 12 日通过，2009 年 10 月 1 日起施行）

（3）《中华人民共和国循环经济促进法》（中华人民共和国主席令第 4 号，2008 年 8 月 29 日通过，2009 年 1 月 1 日起施行）

（4）《中华人民共和国水污染防治法》（中华人民共和国主席令第 87 号，2008 年 2 月 28 日通过，2008 年 6 月 1 日起施行）

（5）《中华人民共和国节约能源法》（中华人民共和国主席令第 77 号，2007 年 10 月 28 日通过，2008 年 4 月 1 日起施行）

（6）《中华人民共和国城乡规划法》（中华人民共和国主席令第 74 号，2007 年 10 月 28 日通过，2008 年 1 月 1 日起施行）

（7）《中华人民共和国防治海岸工程建设项目污染损害海洋环境管理条例》（中华人民共和国国务院令第 507 号，2007 年 9 月 25 日修改公布，2008 年 1 月 1 日起施行）

（8）《中华人民共和国文物保护法》（中华人民共和国主席令第 507 号，2007 年 12 月 29 日修改公布，公布之日起施行）

（9）《风景名胜区条例》（中华人民共和国国务院令第 474 号，2006 年 9 月 6 日通过，2006 年 12 月 1 日起施行）

（10）《防治海洋工程建设项目污染损害海洋环境管理条例》（中华人民共和国国务院令第 475 号，2006 年 8 月 30 日通过，2006 年 11 月 1 日起施行）

（11）《中华人民共和国可再生能源法》（中华人民共和国主席令第 33 号，2005 年 2 月 28 日颁布，2006 年 1 月 1 日起施行）

（12）《中华人民共和国固体废物污染环境防治法》（中华人民共和国主席令第 31 号，2004 年 12 月 29 日修改颁布，2005 年 4 月 1 日起施行）

（13）《中华人民共和国渔业法》（中华人民共和国主席令第 25 号，2004 年 8 月 28 日，第二次修正）

（14）《中华人民共和国土地管理法》（中华人民共和国主席令第 28 号，2004 年 8 月 28 日，第二次修正））

（15）《中华人民共和国放射性污染防治法》（中华人民共和国主席令第 6 号，2003 年 6 月 28 日通过，2003 年 10 月 1 日起施行）

（16）《中华人民共和国环境影响评价法》（中华人民共和国主席令第 77 号，2002 年 10 月 28 日通过，2003 年 9 月 1 日起施行）

（17）《中华人民共和国清洁生产促进法》（中华人民共和国主席令第 72 号，2002 年 6 月 29 日通过，2003 年 1 月 1 日起施行）

（18）《中华人民共和国草原法》（中华人民共和国主席令第 82 号，2002 年 12 月 28 日通过，2003 年 3 月 1 日起施行）

（19）《中华人民共和国水法》（中华人民共和国主席令第 74 号，2002 年 8 月 29 日通过，

2002 年 10 月 1 日起施行）

（20）《中华人民共和国防沙治沙法》（中华人民共和国主席令第 55 号，2001 年 8 月 31 日通过，2002 年 1 月 1 日起施行）

（21）《中华人民共和国大气污染防治法》（2000.9.1）

（22）《中华人民共和国海洋环境保护法》（2000.4.1）

（23）《基本农田保护条例》（1999.1.1）

（24）《建设项目环境保护管理条例》（国务院[1998]第 253 号令，1998.11.29）

（25）《中华人民共和国森林法》（1998.4.29，第二次修正）

（26）《中华人民共和国防洪法》（1998.1.1）

（27）《中华人民共和国环境噪声污染防治法》（1997.3.1）

（28）《中华人民共和国自然保护区条例》（1994.12.1）

（29）《中华人民共和国矿产资源法实施细则》（1994.3.26）

（30）《中华人民共和国水土保持法实施条例》（2010.12.25，第十一届全国人民代表大会常务委员会第十八次会议修订）

（31）《中华人民共和国环境保护法》（1989.12.26）

（32）《中华人民共和国河道管理条例》（1988.6.10）

（二）部门规章

（33）进出口环保用微生物菌剂环境安全管理办法（环境保护部令第 10 号，2010.4.2）

（34）环境行政处罚办法（环境保护部令第 8 号，2010.1.19）

（35）新化学物质环境管理办法（环境保护部令第 7 号，2010.1.19）

（36）放射性物品运输安全许可管理办法（环境保护部令第 11 号，2010.9.25）

（37）限期治理管理办法（试行）（环境保护部令第 6 号，2009.7.8）

（38）环境行政复议办法（中华人民共和国环境保护部令第 4 号，2008.12.3）

（39）进口民用核安全设备监督管理规定（HAF604）（国家环境保护总局令第 46 号，2007.12.20）

（40）民用核安全设备设计制造安装和无损检验监督管理规定（国家环境保护总局令第 43 号，2007.12.28）

（41）民用核安全设备焊工焊接操作工资格管理规定（HAF603）（国家环境保护总局令第 45 号，2007.12.20）

（42）民用核安全设备无损检验人员资格管理规定（HAF602）（国家环境保护局、国防科工委令第 44 号，2007.12.20）

（43）排污费征收工作稽查办法（国家环境保护总局令第 42 号，2007.10.23）

（44）《国务院关于落实科学发展观加强环境保护的决定》（国发[2005]39 号，2005.12.3）

（45）建设项目环境影响评价行为准则与廉政规定（国家环境保护总局令第 30 号，2005.11.2）

（46）建设项目环境影响评价资质管理办法（国家环境保护总局令第 26 号，2005.8.15）

（47）环境保护法规制定程序办法（国家环境保护总局令第 25 号，2005.4.25）

（48）地方环境质量标准和污染物排放标准备案管理办法（环境保护部令第 9 号，2004.11.11）

（49）环境污染治理设施运营资质许可管理办法（国家环境保护总局令第 23 号，2004.11.8）

（50）环境保护行政许可听证暂行办法（国家环境保护总局令第 22 号，2004.6.23）

（51）全国环保系统六项禁令（国家环境保护总局令第 20 号，2003.12.3）

（52）专项规划环境影响报告书审查办法（国家环境保护总局令第 18 号，2003.10.8）
（53）环境影响评价审查专家库管理办法（国家环保总局令第 16 号，2003.9.1）
（54）近岸海域环境功能区管理办法（国家环境保护总局令第 8 号，1999.11.10）
（55）秸秆禁烧和综合利用管理办法（国家环境保护总局文件 环发[1999]98 号，1999.4.12）
（56）环境标准管理办法（国家环境保护总局令第 3 号，1999.4.1）
（57）环境保护法规解释管理办法（国家环境保护总局令第 1 号，1998.12.8）
（58）电磁辐射环境保护管理办法（国家环境保护局令第 18 号，1997.3.25）
（59）环境监理人员行为规范（国家环境保护局令第 16 号，1995.5.11）
（60）环境保护档案管理办法（国家环境保护局、国家档案局令第 13 号，1994.10.6）
（61）环境监理执法标志管理办法（国家环保局令第 9 号，1992.7.7）
（62）国家环境保护局环境保护科学技术研究成果管理办法（国家环保局令第 7 号，1992.2.20）
（63）环境监理工作暂行办法（国家环境保护局，1991.8.29）
（64）防止含多氯联苯电力装置及其废物污染环境的规定（国家环保总局、能源部，1991.3.1）
（65）国家环境保护总局文件（环管字第 359 号，1990.8.15）

（三）标准

1. 大气

（1）《环境空气质量标准》GB 3095—1996
（2）《保护农作物的大气污染物最高允许浓度》GB 9137—88
（3）《炼焦炉大气污染物排放标准》GB 16171—1996
（4）《工业窑炉大气污染物排放标准》GB 8978—1996
（5）《大气污染物综合排放标准》GB 16297—1996
（6）《锅炉大气污染物排放标准》GB 13271—2001
（7）《恶臭污染物排放标准》GB 14554—93
（8）《工业企业设计卫生标准》GB Z1—2010
（9）《钢铁工业大气污染物排放标准 采选矿》（征求意见稿）
（10）《钢铁工业大气污染物排放标准 烧结（球团）》（征求意见稿）
（11）《钢铁工业大气污染物排放标准 炼铁》（征求意见稿）
（12）《钢铁工业大气污染物排放标准 炼钢》（征求意见稿）
（13）《钢铁工业大气污染物排放标准 铁合金》（征求意见稿）
（14）《钢铁工业大气污染物排放标准 轧钢》（征求意见稿）

2. 水

（15）《地表水环境质量标准》GB 3838—2002
（16）《地下水质量标准》GB/T 14848—93
（17）《海水水质标准》GB 3097—1997
（18）《农田灌溉水质标准》GB 5084—92
（19）《渔业水质标准》GB 11607—89
（20）《污水综合排放标准》GB 8978—96

（21）《钢铁工业水污染物排放标准》（征求意见稿）

3. 声和振动

（22）《声环境质量标准》GB 3096—2008
（23）《工业企业厂界环境噪声排放标准》（GB 12348—2008）
（24）《社会生活环境噪声排放标准》（GB 22237—2008）
（25）《建筑施工场界噪声限值》（GB 12523—1990）
（26）《城市区域环境振动标准》GB 10070—88

4. 土壤和固废

（27）《土壤环境质量标准》GB 15618—1995
（28）《危险废物鉴别标准》GB 5085.1～5085.7—2007
（29）《一般工业固体废弃物贮存、处置场污染控制标准》GB 18599—2001
（30）《危险废物贮存污染控制标准》GB 18597—2001
（31）《危险废物焚烧污染控制标准》GB 18484—2001
（32）《危险废物填埋污染控制标准》GB 18598—2001

5. 评价导则

（33）《环境影响评价技术导则 总纲》（HJ/T 2.1—1993）
（34）《建设项目环境影响技术评估导则》（HJ 516—2011）
（35）《海洋工程环境影响评价技术导则》（GB 19485）
（36）《环境影响评价技术导则 大气环境》（HJ 2.2—2008）
（37）《环境影响评价技术导则 地面水环境》（HJ/T 2.3—1993）（正修订为：地表水环境）
（38）《环境影响评价技术导则 地下水环境》（HJ 610—2011）
（39）《环境影响评价技术导则 声环境》（HJ 2.4—2009）
（40）《环境影响评价技术导则 生态影响》（HJ 19—2011）
（41）《建设项目环境风险评价技术导则》（HJ/T 169—2004）
（42）环境影响评价技术导则 土壤环境（编制过程中）
（43）环境影响评价技术导则 固体废物（编制过程中）
（44）《环境影响评价技术导则 公众参与》（编制过程中）
（45）环境影响评价技术导则 社会影响评价（编制过程中）
（46）环境影响评价技术导则 环境保护措施及技术经济论证（编制过程中）
（47）环境影响评价技术导则 环境影响经济损益分析（编制过程中）
（48）环境影响评价技术导则 钢铁建设项目（征求意见稿）

二、地方法规标准

1. 北京

（1）《北京市水污染防治条例》（北京市第十三届人民代表大会常务委员会公告[2010]11 号）（2011.3.1）

（2）《北京市实施中华人民共和国大气污染防治法办法》（2000 年 12 月 8 日北京第十一届

人民代表大会常务委员会第二十三届会议通过）（2001.1.1）

（3）《水污染物排放标准》DB 11/307—2005

（4）《锅炉大气污染物排放标准》DB 11/139—2007

（5）《大气污染物综合排放标准》DB 11/501—2007

（6）《危险废物焚烧大气污染物排放标准》DB 11/503—2007

（7）《生活垃圾焚烧大气污染物排放标准》DB 11/502—2008

2. 天津

（8）《天津市引黄济津保水护水管理办法》（市人民政府令[2002]62 号）（2002.11.11）

（9）《锅炉大气污染物排放标准》DB 12/151—2003

（10）《污水综合排放标准》DB 12/356—2008

3. 河北

（11）《河北省减少污染物排放条例》（2009 年 5 月 27 日河北省第十一届人民代表大会常务委员会第九次会议通过）（2009.7.1）

（12）《河北省环境保护条例》（1994 年 11 月 2 日河北省第八届人民代表大会常务委员会第十次会议通过，2005 年 3 月 25 日河北省第十届人民代表大会常务委员会第十四次会议于 2005 年 3 月 25 日修订）（2005.5.1）《河北省环境污染防治监督管理办法》（河北省人民政府令[2008]2 号）（2008.3.1）

（13）《河北省环境监测管理办法》（省人民政府令[2001]20 号）（2001.2.1）

（14）《河北省环保局关于加强环境保护促进污染减排的通知》（冀环[2007]3 号）（2007.6.1）

4. 山西

（15）《山西省重点工业污染监督条例》（2007 年 9 月 26 日山西省第十届人民代表大会常务委员会第三十三次会议通过）（2007.11.1）

（16）《山西省大气污染防治条例》（1996 年 12 月 3 日山西省人民代表大会常务委员会通过并公布实施，根据 2007 年 3 月 30 日山西省人民代表大会常务委员会发布的《山西省人大常委会关于修改〈山西省大气污染防治条例〉的决定》修改）

（17）《山西省汾河流域水污染防治条例》（2004 年 11 月 27 日山西省第十届人民代表大会常务委员会第十四次会议修订）（2005.5.1）

（18）《山西省企业环境行为评价实施办法》（晋环发[2011]35 号，2011.3.1）

（19）《山西省清洁生产审核实施细则》（省环境保护厅，2008.9.24）

5. 辽宁

（20）《辽宁省辽河流域水污染防治条例》（2011 年 1 月 11 日辽宁省第十一届人民代表大会常务委员会第二十一次会议通过）（2011.4.1）

（21）《辽宁省环境保护条例》（1993 年 9 月 27 日辽宁省第八届人民代表大会常务委员会第四次会议通过，根据 2004 年 6 月 30 日辽宁省第十届人民代表大会常务委员会第十二次会议《关于修改〈辽宁省环境保护条例〉的决定》第一次修正，根据 2006 年 1 月 13 日辽宁省第十届人民代表大会常务委员会第二十三次会议《关于修改〈辽宁省环境保护条例〉的决定》第二次修正）

（22）《辽宁省海洋环境保护办法》（省人民政府令[2006]195 号）（2006.8.1）

（23）《辽宁省固体废物污染环境防治办法》（省人民政府令[2002]134 号）（2002.3.1）

（24）《辽宁省污染源自动监控管理办法（试行）》（省环保局，2010.3.10）

（25）《污水综合排放标准》DB 21/1627—2008

6. 吉林

（26）《吉林省松花江流域水污染防治条例》（2008 年 5 月 29 日吉林省第十一届人民代表大会常务委员会第三次会议通过）（2008.8.1）

（27）《吉林省危险废物污染环境防治条例》（2005 年 9 月 14 日吉林省第十届人民代表大会常务委员会第二十二次会议通过）（2005.12.1）

（28）《吉林省环境保护条例》（1991 年 7 月 13 日吉林省第七届人民代表大会常务委员会第二十三次会议通过，根据 1997 年 11 月 14 日吉林省第八届人民代表大会常务委员会第三十四次会议《关于修改〈吉林省环境保护条例〉的决定》修正，2001 年 1 月 12 日吉林省第九届人民代表大会常务委员会第二十一次会议修改）

7. 黑龙江

（29）《黑龙江省松花江流域水污染防治条例》（2008 年 12 月 19 日黑龙江省第十一届人民代表大会常务委员会第七次会议通过）（2009.5.1）

8. 上海

（30）《上海市环境保护条例》（上海市第十二届人民代表大会常务委员会公告[2005]54 号）（2006.5.1）

（31）《上海市实施中华人民共和国大气污染防治法办法》（2001 年 7 月 13 日上海市第十一届人民代表大会常务委员会第二十九次会议通过，根据 2007 年 10 月 10 日上海市第十二届人民代表大会常务委员会第三十九次会议《关于修改〈上海市实施中华人民共和国大气污染防治法办法〉的决定》修正）

（32）《上海市实施中华人民共和国环境影响评价法办法》（市人民政府令第 24 号，2004.7.1）

（33）《上海市固定源噪声污染控制管理办法》（1986 年 2 月 25 日上海市人民政府发布，根据 1987 年 12 月 13 日《上海市人民政府关于修改〈上海市固定源噪声污染控制管理办法〉的通知》第一次修正，根据 1997 年 12 月 14 日上海市人民政府令第 53 号第二次修正并重新发布，根据 2002 年 4 月 1 日上海市人民政府令第 119 号第三次修正并重新发布）

（34）《锅炉大气污染物排放标准》DB 31/387—2007

（35）《污水综合排放标准》DB 31/199—2009

9. 江苏

（36）关于修改《江苏省长江水污染防治条例》的决定（2010 年 9 月 29 日江苏省第十一届人民代表大会常务委员会第十七次会议通过）（2011.11.1）

（37）关于修改《江苏省太湖水污染防治条例》的决定（2010 年 9 月 29 日江苏省第十一届人民代表大会常务委员会第十七次会议通过）（2011.11.1）

（38）《江苏省固体废物污染环境防治条例》（江苏省第十一届人民代表大会常务委员会公告[2009]29 号）（2010.11.11）

（39）《江苏省太湖水污染防治条例》（江苏省第十届人民代表大会常务委员会公告[2007]141号）（2008.6.5）

（40）《关于加强饮用水水源地保护的决定》（江苏省第十届人民代表大会常务委员会公告[2008]146号）（2008.3.22）

（41）《江苏省海洋环境保护条例》（江苏省第十届人民代表大会常务委员会公告[2007]138号）（2007.9.27）

（42）《江苏省环境噪声污染防治条例》（江苏省第十届人民代表大会常务委员会公告[2005]108号）（2006.3.1）

（43）《江苏省长江水污染防治条例》（江苏省第十届人民代表大会常务委员会公告[2004]94号）（2005.6.5）

（44）《江苏省环境保护条例（修正）》（江苏省第十届人民代表大会常务委员会公告[2004]93号）（2005.1.1）

（45）《江苏省节约能源条例》（2000年6月30日江苏省第九届人民代表大会常务委员会第十七次会议通过　根据2002年4月24日江苏省第九届人民代表大会常务委员会第二十九次会议《关于修改（江苏省节约能源条例）的决定》第一次修正　根据2004年8月20日江苏省第十届人民代表大会常务委员会第十一次会议《关于修改（江苏省节约能源条例）的决定》第二次修正）（2000.9.1）

（46）《关于加强通榆河水污染防治的决定》（江苏省第九届人民代表大会常务委员会公告[2002]26号（2003.3.1）

（47）《江苏省污水集中处理设施环境保护监督管理办法》（江苏省人民政府令[2011]71号）（2011.7.1）

（48）《江苏省环境监测管理办法（试行）》（省环保厅，2008.3.1）

10. 浙江

（49）《浙江省曹娥江流域水环境保护条例》（2010年11月25日经浙江省第十一届人民代表大会常务委员会第二十一次会议通过）（2011.3.1）

（50）《浙江省水污染防治条例》（浙江省第十一届人民代表大会常务委员会公告[2008]5号）（2009.1.1）

（51）《浙江省固体废物污染环境防治条例》（2006年3月29日浙江省第十届人民代表大会常务委员会第二十四次会议通过）（2006.6.1）

（52）《浙江省海洋环境保护条例》（2004年1月16日浙江省第十届人民代表大会常务委员会第七次会议通过）（2004.4.1）

（53）《浙江省大气污染防治条例》（2003年6月27日浙江省第十届人民代表大会常务委员会第四次会议通过）（2003.9.1）

（54）《浙江省乌溪江环境保护若干规定》（2001年12月28日浙江省第九届人民代表大会常务委员会公告第五十二号）（2002.2.1）

（55）《浙江省排污许可证管理暂行办法》（浙江省人民政府令[2010]272号）（2010.7.1）

11. 安徽

（56）《安徽省环境保护条例》（安徽省第十一届人民代表大会常务委员会公告[2010]24号）（2010.11.1）

（57）《关于修改〈安徽省淮河流域水污染防治条例〉的决定》（安徽省第十届人民代表大会常务委员会公告[2006]75 号）（2006.6.29）

（58）《关于修改〈安徽省实施中华人民共和国固体废物污染环境防治法办法〉的决定》（安徽省第十届人民代表大会常务委员会公告[2006]80 号）（2006.6.29）

（59）《关于实施〈中华人民共和国水污染防治法〉第五十九条的决定》（安徽省人民代表大会常务委员会公告[2005]56 号）（2005.4.21）

（60）《安徽省城镇生活饮用水水源环境保护条例》（2001 年 7 月 28 日安徽省第九届人民代表大会常务委员会第二十四次会议通过）（2001.10.1）

（61）《关于印发〈安徽省循环经济试点工作方案〉的通知》（发改环资[2006]155 号，2006.2.21）

（62）《安徽省节能监察办法》（安徽省人民政府令[2009]221 号）（2009.10.1）

12. 福建

（63）《福建省固体废物污染环境防治若干规定》（2009 年 11 月 26 日福建省第十一届人民代表大会常务委员会第十二次会议通过）（2010.1.1）

（64）《福建省海洋环境保护条例》（2002 年 9 月 27 日福建省第九届人民代表大会常务委员会第三十四次会议通过）（2002.12.1）

（65）《关于修改〈福建省环境保护条例〉的决定》（福建省第九届人民代表大会常务委员会第三十次会议于 2002 年 1 月 20 日通过）（2002.5.1）

（66）《福建省人民政府贯彻〈国务院关于加强城市供水节水和水污染防治工作的通知〉》（闽政[2001]173 号）（2001.7.24）

（67）《福建省九龙江流域水污染防治与生态保护办法》（省人民政府令第 65 号）（2001.6.18）

（68）《江西省建设项目环境影响评价文件分级审批规定》（省环保局，2006.2.1）

（69）《江西省生活饮用水水源污染防治办法》（省人民政府令[2006]148 号）（2006.8.1）

（70）《闽江水污染物排放总量控制标准》DB 35/321—2001

（71）《晋江、洛阳江流域水污染物排放总量控制标准》DB 35/529—2004

13. 江西

（72）《江西省环境污染防治条例》（江西省人民代表大会常务委员会公告第 18 号）（2009.1.1）

（73）《江西省建设项目环境保护条例》（2001 年 6 月 21 日江西省第九届人民代表大会常务委员会第二十四次会议修订）（2001.7.1）

14. 山东

（74）《山东省南水北调工程沿线区域水污染防治条例》（2006 年 11 月 30 日山东省十届人民代表大会常务委员会第二十四次会议通过）（2007.1.1）

（75）《山东省实施〈中华人民共和国环境影响评价法〉办法》（2005 年 11 月 25 日省十届人大常委会第十七次会议通过）（2006.3.1）

（76）《山东省海洋环境保护条例》（2004 年 9 月 23 日山东省第十届人民代表大会常务委员会第十次会议通过）（2004.12.1）

（77）《山东省环境噪声污染防治条例》（山东省第十届人民代表大会常务委员会第五次会

议公告[2003]16 号）（2004.1.1）

（78）《山东省实施〈中华人民共和国固体废物污染环境防治法〉办法》（2002 年 9 月 28 日山东省第九届人民代表大会常务委员会第三十一次会议通过）（2003.1.1）

（79）《山东省环境保护条例》（1996 年 12 月 14 日第八届山东省人民代表大会常务委员会第二十五次会议通过。根据 2001 年 12 月 7 日第九届山东省人民代表大会常务委员会第二十四次会议《关于修改〈山东省环境保护条例〉的决定》修正）

（80）《山东省实施〈中华人民共和国大气污染防治法〉办法》（2001 年 4 月 6 日省九届人大常委会第 20 次会议通过）（2001.6.1）

（81）《山东省水污染防治条例》（2000 年 10 月 26 日省九届人大常委会第 17 次会议通过）（2000.12.1）

（82）《山东省人民政府关于印发节能减排综合性工作实施方案的通知》（鲁政发[2007]39 号，2007.6.27）

（83）《山东省人民政府关于贯彻国发[2005]39 号文件进一步落实科学发展观加强环境保护的实施意见》（鲁政发[2006]72 号，2006.6.29）

（84）《山东省防治环境污染设施监督管理办法》（山东省人民政府令[2000]112 号）（2000.6.1）

（85）《山东省南水北调沿线水污染物综合排放标准》DB 37/599—2006

（86）《山东省小清河流域水污染物综合排放标准》DB 37/656—2006

（87）《山东省海河流域水污染物综合排放标准》DB 37/675—2007

（88）《山东省半岛流域水污染物综合排放标准》DB 37/676—2007

15. 河南

（89）《河南省水污染防治条例》（2009 年 11 月 27 日河南省第十一届人民代表大会常务委员会第十二次会议通过）（2010.3.1）

（90）《河南省建设项目环境保护条例》（2006 年 12 月 1 日河南省第十届人民代表大会常务委员会第二十七次会议修订通过）（2007.5.1）

（91）《河南省环境保护厅关于印发河南省建设项目环境影响评价文件限批管理办法（试行）的通知》（豫环文[2009]179 号，2009.6.26）

（92）《中共河南省委 河南省人民政府印发〈关于实行节能减排目标问责制和“一票否决”制的决定〉的通知》（豫发[2008]3 号，2008.1.13）

（93）《河南省建设项目环境影响评价文件分级审批规定》（2004 年 12 月 28 日省政府第 87 次常务会议通过）（2005.4.1）

（94）《河南省排污费征收使用管理办法》（河南省人民政府令[2003]78 号）（2003.10.18）

16. 湖北

（95）《湖北省实施〈中华人民共和国节约能源法〉办法》（湖北省第十一届人民代表大会常务委员会公告[2011]116 号）（2011.6.1）

（96）《湖北省实施〈中华人民共和国水法〉办法》（湖北省第十届人民代表大会常务委员会公告[2006]61 号）（2006.10.1）

（97）《湖北省实施中华人民共和国水污染防治法办法》（省人民代表大会常务委员会公告第 3 号）（2001.1.1）

（98）《湖北省汉江流域水污染防治条例》（1999 年 11 月 27 日湖北省第九届人民代表大会常务委员会第 13 次会议通过）（2000.5.1）

（99）《湖北省排污费征收使用管理暂行办法》（湖北省人民政府令[2007]310 号，2007.9.11）

（100）《湖北省水资源费征收管理办法》（湖北省人民政府令[2005]285 号，2006.3.1）

（101）《湖北省环境保护计划管理办法》（湖北省人民政府令[2001]215 号，2001.6.15）

17. 湖南

（102）《湖南省湘江流域水污染防治条例》（1998 年 8 月 4 日湖南省第九届人民代表大会常务委员会第三次会议通过，根据 2002 年 3 月 29 日湖南省第九届人民代表大会常务委员会第二十八次会议《关于修改〈湖南省湘江流域水污染防治条例〉的决定》修正）

（103）《湖南省环境保护条例》（1994 年 1 月 17 日湖南省第八届人民代表大会常务委员会第六次会议通过 根据 1997 年 6 月 4 日湖南省第八届人民代表大会常务委员会第二十八次会议《关于修改〈湖南省环境保护条例〉的决定》第一次修正，根据 2002 年 3 月 29 日湖南省第九届人民代表大会常务委员会《关于修改〈湖南省环境保护条例〉的决定》第二次修正）（1994.2.1）

（104）《湖南省建设项目环境保护管理办法》（湖南省人民政府令[2007]215 号，2007.8.28）

（105）《湖南省污染源自动监控管理办法》（湖南省人民政府令[2006]203 号，2006.4.1）

（106）《湖南省实施〈排污费征收使用管理条例〉办法》（省政府令[2003]178 号，2003.12.1）

18. 广东

（107）《广东省建设项目环境影响评价文件分级审批管理规定》（粤府[2009]104 号）（2009.11.1）

（108）《广东省实施中华人民共和国海洋环境保护法办法》（2009 年 3 月 31 日广东省第十一届人民代表大会常务委员会第十次会议通过）（2009.7.1）

（109）《广东省珠江三角洲大气污染防治办法》（2009 年 2 月 27 日广东省人民政府第十一届 27 次常务会议通过）（2009.5.1）

（110）《广东省饮用水水源水质保护条例》（广东省第十届人民代表大会常务委员会公告[2007]73 号）（2007.7.1）

（111）《广东省湿地保护条例》（2006 年 6 月 1 日广东省第十届人民代表大会常务委员会第二十五次会议通过）（2006.9.1）

（112）《广东省环境保护条例》（广东省第十届人民代表大会常务委员会公告[2004]33 号）（2005.1.1）

（113）《广东省建设项目环境保护管理条例》（1994 年 7 月 6 日广东省第八届人民代表大会常务委员会第九次会议通过。根据 1997 年 9 月 22 日广东省第八届人大常务委员会第三十一次会议关于修改《广东省建设项目环境保护管理条例》的决定修正。2004 年 7 月 29 日广东省第十届人民代表大会常务委员会第十二次会议关于《修改广东省对外加工装配业务条例》等十项法规中有关行政许可条款的决定修正）

（114）《广东省固体废物污染环境防治条例》（广东省第十届人民代表大会常务委员会公告[2004]25 号）（2004.1.14）

（115）《广东省水资源管理条例》（广东省第九届人民代表大会常务委员会公告[2002]154 号）（2003.3.1）

（116）《广东省节约能源条例》（广东省第十届人民代表大会常务委员会公告[2003] 4 号）

（2003.10.1）

（117）《广东省东江水系水质保护条例》（2002 年 3 月 27 日广东省第九届人民代表大会常务委员会第三十二次会议通过）（2002.5.1）

（118）《广东省韩江流域水质保护条例》（2001 年 1 月 17 日广东省第九届人民代表大会常务委员会第二十二次会议通过）（2001.3.1）

（119）《广东省排污许可证实施细则》（省环保部，2009.12.1）

（120）《广东省废物进口环境保护管理规范》（粤环[2001]4 号），2001.1.3）

（121）《广东省排污费征收使用管理办法》（广东省人民政府令[2007]116 号，2007.8.1）

（122）《水污染物排放限值》DB 44/26—2001

（123）《大气污染物排放限值》DB 44/27—2001

（124）《火电厂大气污染物排放标准》DB 44/612—2009

（125）《锅炉大气污染物排放标准》DB 44/765-2010

19. 广西

（126）《广西壮族自治区环境保护条例》（广西壮族自治区第十届人民代表大会常务委员会公告[2006]78 号）（2006.2.1）

（127）《广西壮族自治区建设项目环境影响评价文件分级审批管理办法（2009 年修订）》（桂环发[2009]52 号，2009.7.1）

20. 海南

（128）《海南省环境保护条例》（1990 年 2 月 18 日海南省人民代表会议常务委员会第九次会议通过根据 1999 年 5 月 20 日海南省第二届人民代表大会常务委员会第七次会议《关于修改〈海南省环境保护条例〉的决定》第一次修正根据 2007 年 1 月 10 日海南省第三届人民代表大会常务委员会第二十八次会议《关于修改〈海南省环境保护条例〉的决定》第二次修正）（2007.2.1）

21. 重庆

（129）《重庆市人民代表大会常务委员会关于修改部分地方性法规的决定》（重庆市第三届人民代表大会常务委员会公告[2010]22 号）（2010.7.30）

（130）《重庆市环境保护条例》（2007 年 5 月 18 日重庆市第二届人民代表大会常务委员会第三十一次会议通过，2010 年 7 月 23 日重庆市第三届人民代表大会常务委员会第十八次会议修正）（2007.9.1）

（131）《重庆市长江三峡库区流域水污染防治条例》（重庆市人民代表大会常务委员会关于修改《重庆市长江三峡库区流域水污染防治条例》的决定 2005 年 5 月 27 日重庆市第二届人民代表大会常务委员会第十七次会议通过）（2002.1.1）

（132）《重庆市饮用水水源污染防治办法》（渝府令[2004]159 号）（2004.3.1）

（133）《重庆市环境噪声污染防治办法》（渝府令[2002]126 号）（2002.3.10）

（134）《燃煤电厂大气污染物排放标准》DB 50/252—2007

22. 四川

（135）《四川省〈中华人民共和国环境影响评价法〉实施办法》（四川省第十届人民代表大

会常务委员会公告[2007]106 号发布）（2008.1.1）

（136）《四川省环境保护条例》（1991 年 7 月 29 日四川省第七届人民代表大会常务委员会第二十四次会议通过；根据 2004 年 9 月 24 日四川省第十届人民代表大会常务委员会第十一次会议《关于修改〈四川省环境保护条例〉的决定》修正）

（137）《四川省〈中华人民共和国大气污染防治法〉实施办法》（2002 年 7 月 20 日四川省第九届人民代表大会常务委员会第十次会议通过）（2002.9.1）

（138）《四川省建设项目环境影响评价分级审批办法》（四川省人民政府川府函[2007]259 号）（2007.12.20）

（139）《四川省人民政府贯彻〈国务院关于落实科学发展观加强环境保护的决定〉的实施意见》（川府发[2007]17 号，2007.3.1）

（140）《中共四川省委、四川省人民政府关于进一步加强环境保护工作的决定》（川委发[2004]38 号，2004.12.30）

23. 贵州

（141）《贵州省环境保护条例》（贵州省第十一届人民代表大会常务委员会公告[2009]3 号）（2009.6.1）

（142）《贵州省污染物排放申报登记及污染物排放许可证管理办法》（1997 年 6 月 25 日贵州省人民政府第 31 号令发布、施行。根据 2008 年 8 月 4 日《贵州省人民政府修改废止部分政府规章的决定》修正）

24. 云南

（143）《云南省废弃危险化学品处置监督管理办法（试行）》（云环控发[2005]51 号，2003.1.30）

（144）《云南省排放污染物许可证管理办法（试行）》（云环控发[2001]806 号，2001.11.29）

（145）《陕西省环境保护局关于对建设项目环境影响评价审批实行分级管理的通知》（陕环发[2005]234 号，2005.12.20）

（146）《陕西省节约用水办法》（陕西省人民政府令[2003] 第 91 号）（2003.11.1）

25. 陕西

（147）《陕西省实施〈中华人民共和国环境影响评价法〉办法》（2006 年 12 月 3 日陕西省第十届人民代表大会常务委员会第二十八次会议通过）（2007.4.1）

（148）《陕西省节约能源条例》（2006 年 9 月 28 日陕西省第十届人民代表大会常务委员会第二十七次会议通过）（2006.12.1）

（149）《陕西省实施〈中华人民共和国水法办法〉》（陕西省第十届人民代表大会常务委员会公告[2006]54 号）（2006.10.1）

（150）《陕西省汉江丹江流域水污染防治条例》（陕西省第十届人民代表大会常务委员会公告[2006]47 号）（2006.3.1）

（151）《陕西省城市饮用水水源保护区环境保护条例》（陕西省第九届人民代表大会常务委员公告[2002]47 号（2002.3.28）

（152）《陕西省实施〈中华人民共和国环境影响评价法〉办法》（2006 年 12 月 3 日陕西省第十届人民代表大会常务委员会第二十八次会议通过）（2007.4.1）

（153）《陕西省节约能源条例》（2006 年 9 月 28 日陕西省第十届人民代表大会常务委员会第二十七次会议通过）（2006.12.1）

（154）《陕西省实施〈中华人民共和国水法办法〉》（陕西省第十届人民代表大会常务委员会公告[2006]54 号）（2006.10.1）

（155）《陕西省汉江丹江流域水污染防治条例》（陕西省第十届人民代表大会常务委员会公告[2006]47 号）（2006.3.1）

（156）《陕西省城市饮用水水源保护区环境保护条例》（陕西省第九届人民代表大会常务委员公告[2002]47 号（2002.3.28）

26. 甘肃

（157）《兰州市锅炉大气污染物排放标准》DB62/1922-2010

27. 青海

（158）《青海省排放污染物许可证管理暂行办法》（青环发[2005]245 号，2005.11.15）

（159）《青海省人民政府关于贯彻〈国务院关于落实科学发展观加强环境保护的决定〉的实施意见》（青政[2006]58 号，2006.7.14）

28. 宁夏

（160）《宁夏回族自治区环境保护条例》（宁夏回族自治区第十届人民代表大会常务委员会公告[2009]68 号）（2010.1.1）

（161）《宁夏回族自治区实施〈中华人民共和国节约能源法〉办法》（宁夏回族自治区第十届人民代表大会常务委员会公告[2009]64 号）（2009.11.1）

（162）《宁夏回族自治区危险废物管理办法》（宁夏回族自治区人民政府令[2011]32 号，2011.4.1）

（163）《宁夏回族自治区排污费征收使用管理办法》（宁夏自治区政府令[2004]68 号，2005.1.1）

（164）《宁夏回族自治区建设项目环境保护管理办法》（宁夏回族自治区人民政府令[2002]51 号，2002.10.1）